AF881288

QUÍMICA ORGÁNICA MODERNA

Compuestos orgánicos representativos

A. hidrocarburos, R—H

1. alcanos (parafinas)

$CH_3CH_2CH_3$

propano

2. alquenos (olefinas)

$CH_2=CH_2$

etileno

ciclohexeno

3. cicloalcanos (alicíclicos)

ciclopropano

ciclohexano

4. alquinos (acetilenos)

$CH_3-C\equiv C-H$

metilacetileno
(propino)

5. alenos (cumulenos)

$CH_2=C=CH_2$

aleno
(propadieno)

6. dienos (polienos)

$CH_2=CH-CH=CH_2$

1,3-butadieno

7. aromáticos Ar-H

benceno

Nota: 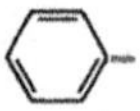 — y C_6H_5 —

ambos representan el grupo fenilo

B. alcoholes, R—OH

1. primarios (1.°), $R-CH_2OH$

$CH_3CH_2CH_2OH$

propanol-1
(alcohol *n*-propílico)

2. secundarios (2.°), R_2CH-OH

$CH_3-CH(OH)-CH_3$

propanol-2
(alcohol isopropílico)

3. terciarios (3.°), R_3C-OH

$(CH_3)_3COH$

alcohol ter-butílico

C. fenoles, Ar—OH

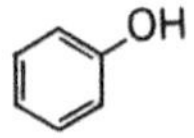

fenol

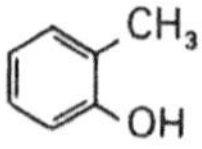

o-cresol
(*o*-metilfenol)

D. compuestos halogenados

$(CH_3)_2CHBr$

bromuro de isopropilo

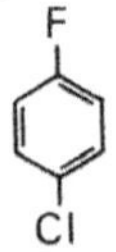

p-clorofluorbencer

E. éteres, $R-O-R$

$(CH_3CH_2)_2O$

éter

tetrahidrofurano

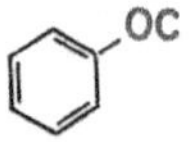

anisol

F. aldehídos, R—CHO

CH_3CHO

acetaldehído

G. cetonas, $R-C(=O)-R$

$CH_3-C(=O)-CH_3$

acetona

ciclopentanona

H. ácidos, $R-CO_2H$

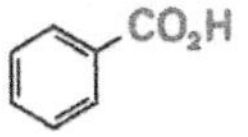

ácido benzoico

CH_3CO_2H

ácido acético

J. nitrocompuestos aromáticos, $Ar-NO_2$

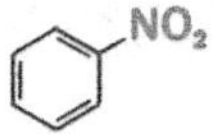

nitrobenceno

I. derivados de los ácidos

1. ácidos dibásicos y sustituidos

$CH_2(CO_2H)_2$

ácido malónico

$CH_3CH(\ddot{O}H)CO_2H$

ácido láctico

2. cloruros de ácido, $R-COCl$

CH_3COCl

cloruro de acetilo

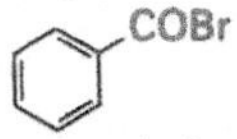

bromuro de benzoílo

3. esteres, RCO_2R'

$CH_3CO_2CH_3$

acetato de metilo

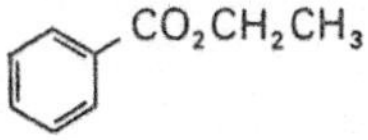

benzoato de etilo

$CH_3O_2C-C\equiv C-CO_2CH_3$

acetilendicarboxilato de metilo

4. amidas, $RCONH_2$

CH_3CONH_2

acetamida

5. anhídridos, $R-CO-O-CO-R'$

$CH_3CO-O-COCH_3$

anhídrido acético

$CH_3CO-O-COC_6H_5$

anhídrido acético benzoico

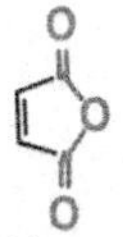

anhídrido maleico

6. nitrilos (cianuros), $R-CN$

CH_3CN

acetonitrilo

(cianuro de metilo)

K. aminas

1. primarias (1.°), $R-\ddot{N}H_2$

$CH_3\ddot{N}H_2$

metilamina

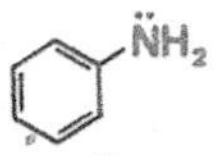

anilina

2. secundarias (2.°), $R_2\ddot{N}H$

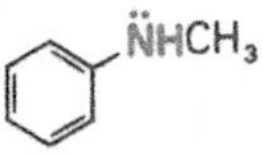

N-metilanilina

3. terciarias (3.°), $R_3\ddot{N}$

$(CH_3)_2\ddot{N}CH_2CH_3$

dimetiletilamina

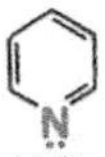

piridina

4. Sales de amonio cuaternario (sales 4.°), R_4N^+

$(CH_3)_4\overset{+}{N}\overset{-}{O}H$

hidróxido de tetrametilamonio

L. compuestos de diazonio (sales), $Ar-N_2^+$

cloruro de bencenodiazonio

M. aminoácidos, $R-\underset{(NH_2)}{CH}-CO_2H$

$CH_2(NH_2)CO_2H$

glicina

$CH_3CH(NH_2)CO_2H$

alanina

QUÍMICA ORGÁNICA MODERNA

RODGER W. GRIFFIN JR.
Profesor de Química,
New College
Sarasota, Florida

EDITORIAL
REVERTÉ

Barcelona · Bogotá · Buenos Aires · Caracas · México

Título de la obra original:
MODERN ORGANIC CHEMISTRY

Edición original en lengua inglesa publicada por
McGraw - Hill Book Company, New York

Edición en español:

ISBN: 978-84-291-7210-2

Traducida por

Dr. Ricardo Granados Jarque
Catedrático de Química Orgánica de la Facultad de Ciencias de la Universidad de Barcelona

y por

Dr. Enrique Meléndez Andreu
Profesor agregado de Química Orgánica de la Facultad de Farmacia
de la Universidad de Barcelona.

Propiedad de:
EDITORIAL REVERTÉ, S. A.
Loreto, 13-15. Local B
08029 Barcelona. ESPAÑA
Tel: (34) 93 419 33 36
Fax: (34) 93 419 51 89
reverte@reverte.com
www.reverte.com

Impreso en España - Printed in Spain

ISBN: 978-84-291-7210-2
Depósito Legal: B-14302-2005

386

Prólogo

Este texto es el resultado de mi experiencia docente con estudiantes de preparatorio de medicina y otros principiantes en Harvard y en la Universidad de California (Berkeley), unida a las modificaciones de las técnicas de enseñanza adecuadas a la unidad del curriculum en el New College. Aunque este libro está concebido para principiantes, nos hemos esforzado más en ofrecer el raciocinio mecanístico y sintético de la química orgánica, que en describir simplemente el material químico que la compone.

Una buena base en esos principios de la química orgánica, familiarizará al estudiante de hoy con la *capacidad de comprensión* necesaria para su carrera futura. En los problemas se exponen algunas aplicaciones médicas e industriales de las reacciones orgánicas, pero, en todo caso, se ha limitado la explicación de las aplicaciones para animar al profesor a proponer ejemplos sacados de su propia experiencia en la enseñanza e investigación.

La química aromática se ha integrado con la alifática; la de los heterociclos y de los compuestos organometálicos se introduce en forma de ejemplos.

El material seleccionado sirve para ilustrar principios químicos que se repiten, elaboran e intercalan a través del texto. Todo aquel que enseña química orgánica está familiarizado con los problemas de presentarla como un cuerpo coherente de conocimientos, particularmente durante las primeras semanas de estudio en las que es forzoso introducir muchos términos y conceptos nuevos. Este texto anima al estudiante a repasar continuamente los conocimientos previos y a colocar los primeros capítulos en su contexto apropiado. Las abreviaciones químicas necesarias se introducen y usan desde el principio.

El libro está organizado en tres partes: Primera: Hidrocarburos y halogenuros (Caps. 1 a 8), Parte segunda: Compuestos orgánicos que contienen oxígeno y nitrógeno (Caps. 9 a 16), Parte tercera: Compuestos orgánicos de interés biológico (Caps. 17 a 21).

Sólo se han incluido los grupos funcionales más corrientes, aunque se hace referencia a otros, tales como cetenas e isocianatos. De entre los diversos tópicos especiales que pudieran haberse adaptado a la parte tercera, los que se han escogido reflejan las preferencias de la mayoría de los principiantes de química orgánica y las del propio autor.

La experiencia me ha demostrado que el comienzo de la Química Orgánica es difícil para muchos estudiantes, especialmente para aquellos en que la química es de interés periférico. La adición de la espectroscopía sería una carga bajo la que muchos podrían titubear. A menos que los estudiantes tengan la oportunidad de usar constantemente en el laboratorio técnicas espectroscópicas, la mera interpretación se reduce a la búsqueda entre montones de datos empíricos en libros de consulta. En consecuencia, he decidido omitir los métodos espectroscópicos, relegando a cada profesor la mención de aquellos detalles apropiados a este efecto.

Aun habiendo elegido el material con moderación, muchos profesores hallarán más del que desearían para desarrollarlo en el tiempo disponible. Los siguientes capítulos pueden omitirse o mencionarse brevemente sin pérdida en continuidad: Cap. 6 (Dienos y polimerización), Cap. 10 (Fenoles), Cap. 11 (Eteres), Cap. 15 (Derivados de los ácidos carboxílicos), y las reacciones sobre sales de diazonio del Cap. 16. Pueden hacerse otras omisiones en los capítulos que quedan con el fin de dejar tiempo para los de la tercera parte.

Acepto la exclusiva responsabilidad por todos los errores de omisión y comisión. Deseo dar las gracias a muchos estudiantes, colegas, revisores, editores e impresores, que han sido tan generosos con su tiempo y aptitudes.

Muchos estudiantes de la Universidad de California han añadido horas extraordinarias a una jornada ya de por sí recargada, para formar un comité del libro que ha proporcionado una valiosa y constructiva crítica durante el verano de 1965. Quisiera agradecer al Prof. J. Deyrup (Universidad de Florida), Prof. R. Olafson (Estado de Pensilvania), y al Dr. B. Rosowsky (Hospital del Cáncer de la Infancia) por sus respectivas revisiones de las partes uno a tres. Agradezco especialmente al Dr. Graham Solomons, de la Universidad de Florida del Sur, que leyó con detalle todo el manuscrito. Estoy agradecido a Mrs. Ruth Croci y colaboradores en la Universidad de California, y a Mrs. Nancy Hall del New College, por su destreza en mecanografiar el manuscrito en sus diversas formas en los cuatro años pasados, y a Mrs. Mary Gall, que mecanografió la última copia del manuscrito.

Rodger W. Griffin Jr.

Al estudiante

Este libro ha sido escrito para ti. Se ha escrito no sólo para impartir conocimientos de química orgánica sino también para ayudarte a hacer tuyos esos conocimientos. A diferencia de la historia o de la filosofía, la química no puede leerse con provecho capítulo tras capítulo, sino que debe atacarse enérgicamente con una docena de lápices afilados y una resma de papel barato en la mano. Incluidos en el conjunto del texto hay muchas preguntas y problemas. Algunas se contestan inmediatamente; otras son fundamento para temas posteriores. Deberías intentar contestar estas preguntas en el lugar en que se formulan, así la materia subsiguiente será más significativa.

Los problemas del final de cada capítulo forman parte integrante del texto. Resuélvelos todos y no necesitarás recurrir a la memoria. Cuando la información se emplea en la resolución de problemas, se transforma rápidamente en parte del propio conocimiento. Es mucho más fácil y más provechoso gastar tiempo en *comprender* química orgánica que en memorizar un conjunto de hechos no relacionados.

Los estudiantes que han empleado las versiones preliminares del manuscrito han señalado repetidamente que los modelos moleculares, especialmente los de diseño orbital-molecular, son indispensables para adquirir una imagen precisa de la geometría molecular. Muchos estudiantes han comentado que la profunda comprensión de los capítulos 1 y 2 desde el principio crea confianza en sí mismo y proporciona una sólida base para estudiar los capítulos restantes.

Ya que este es *tu* libro, tus críticas, comentarios y correcciones serán bien recibidas, puesto que cualesquiera error o erratas que se hubieran deslizado pueden corregirse en sucesivas reimpresiones.

Rodger W. Griffin Jr.

Índice analítico

Parte primera

Hidrocarburos y halogenuros

Capítulo uno

Estamos iniciando un curso sobre el estudio fundado en la curiosidad del hombre por los constituyentes de las materias naturales que le rodean, tales como los pigmentos de las hojas y flores, los venenos de origen vegetal y animal, los componentes del carbón y del petróleo, y los constituyentes químicos del cuerpo humano y los que se transforman por procesos naturales. Los primeros investigadores no sólo aislaron compuestos químicos puros a partir de estas fuentes naturales, sino que también determinaron su composición química, hicieron reacciones con ellos y aprendieron a sintetizarlos en el laboratorio a partir de materiales inorgánicos.

En estos estudios se han elaborado muchos conceptos de la química. Actualmente el campo de la química orgánica, con sus relaciones con la biología, agricultura, medicina y otras áreas de aplicación, proporciona un medio de vida fascinante para miles de personas en todo el mundo. Los principios y las observaciones experimentales de la química orgánica no cambian, aunque alqunas veces se modifiquen o reinterpreten, pero las aplicaciones específicas de los compuestos orgánicos cambian constantemente. Por consiguiente, daremos más importancia a los principios que a las aplicaciones, aunque las últimas se usarán, cuando resulten apropiadas, para ejemplos y problemas.

QUIMICA INORGANICA Y QUIMICA ORGANICA

La Química inorgánica trata del estudio de todos los 103 elementos, pero con frecuencia bastan aproximadamente los 70 primeros para demostrar los principios. La Química orgánica se centra sobre el átomo de carbono y los compuestos que forma, principalmente con los 20 primeros elementos, y en especial con el hidrógeno, oxígeno y nitrógeno. No definiremos aquí formalmente la *Química orgánica,* sino que hacia el final del curso llegaremos a nuestra propia definición de esta expresión. Aunque frecuentemente se ha definido como «la química de los compuestos de carbono», esta frase general, más bien vaga,

Repaso y principios básicos

se sustituye más tarde por otra basada en la propia experiencia. Teniendo en cuenta que existen más de un millón de compuestos orgánicos, no aprovecharíamos el tiempo si lo empleáramos en examinar cada uno de ellos separadamente; en lugar de proceder así, estudiaremos las correlaciones y generalizaciones que se deducen de este estudio detallado. *Esas correlaciones descansan en último término sobre hechos experimentales.*

La parte principal de este texto describe grupos de compuestos orgánicos que resultan análogos debido a que un átomo de carbono se une a un grupo de átomos común en ellos, tal como el —OH, —Cl, —NO_2, etc. En cada una de estas clases de compuestos responderemos a las preguntas siguientes: ¿Cómo se nombran? ¿Cómo se sintetizan? ¿Qué reacciones sufren? *¿Cómo* tienen lugar esas reacciones? ¿Mediante qué propiedades o reacciones puede distinguirse una clase de moléculas orgánicas de las demás? ¿Cuáles son las fuentes de estos compuestos y cuál es su empleo? Los últimos cinco capítulos se refieren a grupos de compuestos orgánicos que tienen especial interés y significado biológico.

Debido a que la magnitud del conocimiento científico en química, física y biología crece continuamente, los límites rígidos entre las ramas clásicas de la ciencia se hacen cada vez más imprecisos y difíciles de definir. Las antiguas divisiones entre química inorgánica, analítica, orgánica, física y nuclear han dado lugar a áreas interdisciplinares tales como química organometálica, física orgánica, bioorgánica. Esas divisiones, algunas veces artificiales, han comenzado también a debilitarse; el límite entre química orgánica y bioquímica es con frecuencia difícil de trazar, ¡incluso en el caso de que exista! Habéis estudiado ya química inorgánica general y conocéis muchos de los nombres y símbolos químicos corrientes, en consecuencia, no explicaremos aquí muchos términos químicos elementales para los que habréis de referiros a vuestro texto de química general, si alguno de ellos no os fuere familiar. La química inorgánica necesaria para entender las reacciones orgánicas se mencionará en el lugar adecuado del texto.

Tabla 1-1. Comparación entre la química orgánica y la inorgánica †

Concepto	*Inorgánico*	*Orgánico*
elementos interesados	todos los 103	relativamente pocos (principalmente C, H, O, N, S, P, F, Cl, Br, I)
enlace	iónico	covalente (pares electrónicos compartidos)
velocidades de reacción:		
a temperatura ambiente	rápidas	lentas
a temperaturas superiores	muy rápidas	desde moderadamente rápidas hasta explosivas
necesidad de catalizadores	no	sí, con frecuencia
mecanismo de reacción	generalmente iónico	iónico, radicalario y otros
reacciones secundarias	no, muchas son cuantitativas	sí, casi siempre
propiedades físicas:		
conductividad de sales	electrolitos	no electrolitos
punto de fusión	$> 700°$	$< 300°$
volatilidad	no volátiles	fácilmente destilables (con frecuencia a presión reducida)
solubilidad:		
en agua	sí	no
en disolventes orgánicos no acuosos	no	sí
conductividad eléctrica en disolución y en estado fundido	sí	no

† Existen excepciones en cada entrada de esta tabla.

La mayoría de los cursos de química del bachiller y del preparatorio universitario tratan de los principios de la química empleando ejemplos sacados de la química inorgánica, por esta razón, la tabla 1-1 compara algunos criterios inorgánicos con otros orgánicos. *Debe tenerse en cuenta que existen excepcio-*

nes en cada una de las entradas de la Tabla 1-1. Los compuestos organometálicos, que contienen conjuntamente átomos metálicos y de carbono, no tienen necesariamente propiedades intermedias entre los compuestos clasificados como inorgánicos y orgánicos. De entre los conceptos que se enumeran, el único en particular que pertenece a este capítulo es el enlace, los demás se discutirán más adelante.

ESTRUCTURA ELECTRONICA DE LOS ATOMOS

La tabla periódica clasifica los elementos conocidos de una manera sistemática fundada en el número creciente de protones (y en consecuencia de electrones) en el átomo neutro. La Tabla 1-2 muestra una pequeña parte de la tabla periódica. Aunque sólo se enumera aproximadamente una cuarta parte de

Tabla 1-2. Tabla periódica parcial

Grupo 0	I	II	III	IV	V	VI	VII
	H						
He	Li	Be	B	C	N	O	(F)
Ne	Na	Mg	Al	Si	P	S	Cl
Ar	K	Ca				Se	Br
Kr	Rb						I
Xe	Cs						

los elementos, son precisamente los que más se relacionan con nuestro objeto. Los elementos del grupo O se incluyen solamente para indicar su relación con los demás. Los símbolos del carbono y del hidrógeno aparecen en color porque esos dos elementos forman el esqueleto de la química orgánica. El fluor se ha puesto entre paréntesis porque, a pesar de ser un halógeno, los compuestos de fluorcarbono y sus reacciones difieren del comportamiento químico de los demás compuestos de halógeno-carbono. *En este texto, el término halógeno excluirá generalmente al fluor.*

1-1 ESTRUCTURA ELECTRONICA

Si partiendo del hidrógeno seguimos la tabla periódica de izquierda a derecha, observaremos que cada elemento nuevo tiene un electrón y un protón más que el que le precede y suficientes neutrones para reunir la masa atómica apropiada. Dos o más átomos que contienen el mismo número de protones, pero distinto número de neutrones son *isótopos*.

En este texto estudiaremos las interacciones de los electrones que enlazan el carbono con otros átomos. Los electrones de un átomo se distribuyen en capas: 1, 2, 3, ..., cada una de las cuales se compone a su vez de *orbitales*.

Los electrones no se mueven en órbitas fijas sino que es probable encontrarlos en un determinado volumen. Aunque el principio de incertidumbre de Heisenberg establece que es imposible determinar simultáneamente con precisión la posición y el momento de una partícula, podemos considerar determinados volúmenes (orbitales) en los cuales la probabilidad de encontrar el electrón es de 0,99 aproximadamente. Esos orbitales se designan por *s*, *p*, *d* o *f* según el tipo de línea (*s*harp, *p*rincipal, *d*iffuse o *f*undamental) que producen en el espectro de rayos X. Aunque cada uno de esos orbitales puede contener dos electrones con espines opuestos, tienen formas muy distintas entre sí. Los orbitales *s* tienen simetría esférica alrededor del núcleo, mientras que los orbitales *p* pueden considerarse con forma de halterio. Los orbitales *d* y *f*, que no tienen importancia en los elementos del primer período, tienen formas geométricas más complejas.

Cada capa contiene un tipo nuevo de orbital sobre la que le precede. La primera capa (designada con el número 1) contiene un único orbital *s*, denominado 1*s*. La segunda capa contiene orbitales *s* y *p*, que se designan por 2*s* y 2*p*; la tercera contiene orbitales 3*s*, 3*p* y 3*d*. Para cualquier capa determinada existe un solo orbital *s*, pero existen tres orbitales *p*, cinco orbitales *d* y siete *f* en aquellas capas que contengan orbitales de cada una de esas clases.

Número de orbitales:	1	3	5	7
Clase de orbital atómico:	*s*	*p*	*d*	*f*

En la tabla 1-3 se resume la estructura electrónica de las capas. Obsérvese que cada orbital puede contener dos electrones. Los así llamados *números mágicos* de 2 electrones (primera capa), 8 (segunda capa), y 18 (tercera capa) se derivan de esas consideraciones sobre los orbitales.

1-2 REPRESENTACION DE LOS ORBITALES ATOMICOS DE LOS DIEZ PRIMEROS ELEMENTOS

Para mostrar con claridad la base electrónica de la tabla periódica, discutiremos aquí la representación de los orbitales atómicos de los diez primeros elementos. Téngase presente que el hidrógeno, el carbono, el nitrógeno y el oxígeno son los átomos que se unen con más frecuencia al carbono en las moléculas orgánicas.

Tabla 1-3. Capas electrónicas y orbitales

Capa	*Orbitales*				*Número de electrones*
4	_ $4s$	_ _ _ $4p$	_ _ _ _ _ $4d$	_ _ _ _ _ _ _ $4f$	32
3	_ $3s$	_ _ _ $3p$	_ _ _ _ _ $3d$		18
2	_ $2s$	_ _ _ $2p$			8
1	_ $1s$				2

Hidrógeno, H: El primer elemento, hidrógeno, tiene número atómico 1. Un átomo de hidrógeno tiene un solo electrón que puede representarse por una esfera en la que la probabilidad de encontrarlo viene indicada por la densidad del sombreado (fig. 1-1). Por conveniencia, la esfera puede proyectarse en un círculo que encierre el volumen de mayor probabilidad. Téngase en cuenta que el círculo *no* es la trayectoria descrita por el electrón, sino que define el área en la que con más probabilidad puede hallarse el electrón. El electrón del átomo hidrógeno se designa por $(1s)^1$, donde el exponente indica que un electrón se

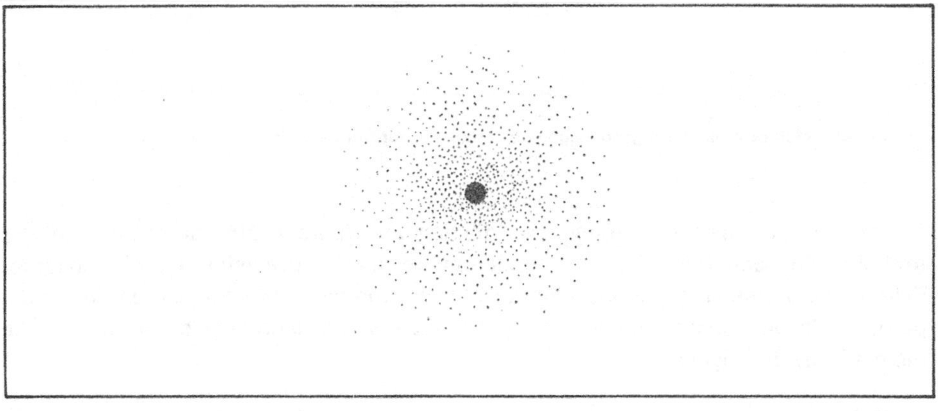

Figura 1-1. Densidad electrónica del átomo de hidrógeno, orbital 1s: el núcleo se representa por el punto central

halla en el orbital 1*s*. El átomo de hidrógeno se representa algunas veces por H·. Al quitar su único electrón al átomo de hidrógeno queda el ion hidrógeno o protón, H^+ (Fig. 1-2).

La geometría de los orbitales moleculares se representará más adelante, pero como una primera aproximación puede dibujarse una molécula de hidrógeno, H_2, empleando el que llamaremos *modelo de orbital atómico*, como indica la Fig. 1-3.

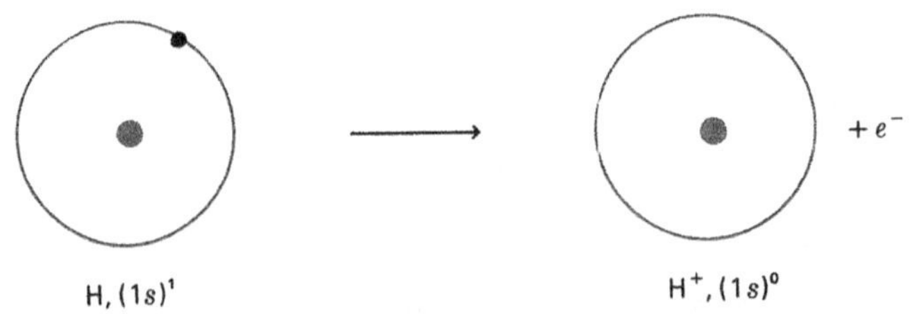

Figura 1-2. Ionización del átomo de hidrógeno

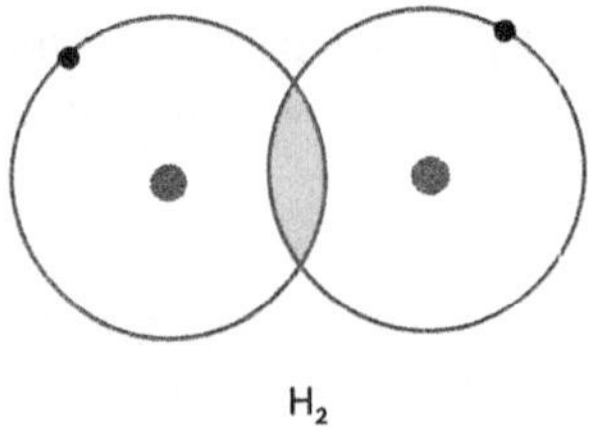

Figura 1-3. Molécula de hidrógeno según el esquema «orbital atómico»

Los dos átomos de hidrógeno se dibujan uno junto a otro de modo que sus orbitales se recubran, sin otra condición de mayor precisión en el concepto. Este modelo indica solamente los orbitales atómicos interesados en la unión, pero no da una visión cuidadosa de los nuevos orbitales que se forman en la molécula de hidrógeno.

Helio, He: La adición de un electrón y un protón (y el número adecuado de neutrones) al átomo de hidrógeno da la imagen del átomo de helio. Este proceso no solamente satura el primer orbital eléctrico ($1s$), sino también la primera capa, puesto que esa primera capa *es* el propio orbital $1s$. La ionización total del átomo de helio da el ion He^{++}, llamado también *partícula alfa* (ver Fig. 1-4).

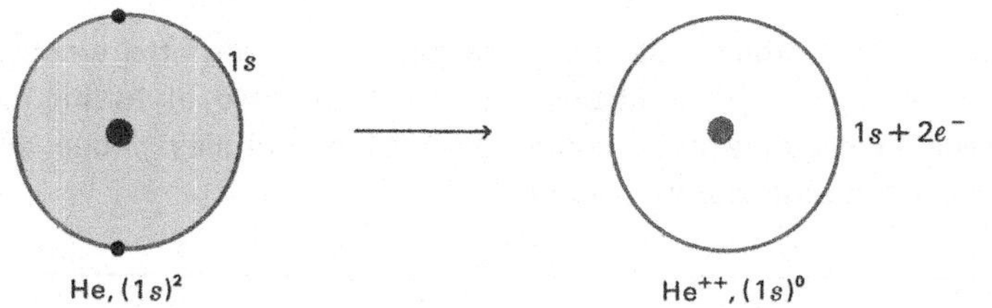

Figura 1-4. Formación de He^{++}, una partícula alfa

Los elementos en los cuales se completa una capa (no sólo un orbital) se encuentran en el grupo O de la tabla periódica y se llaman *gases nobles.* Para separar electrones de esos gases nobles se necesitan energías superiores a las que se emplean en las racciones químicas corrientes. La antigua denominación de esos elementos, gases inertes, se ha invalidado por el descubrimiento de que en condiciones apropiadas pueden formarse compuestos relativamente estables de los términos superiores de esta serie. Tal ocurre especialmente con el xenon, Xe, que forma fluoruros tales como XeF_2, XeF_4 y XeF_6 por combinación directa con el fluor.

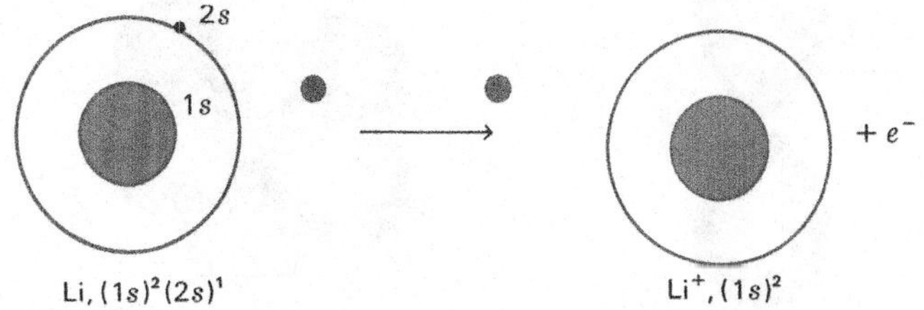

(El área ilustrada indica un orbital interior completo.)

Figura 1-5. Ionización del átomo de litio

Litio, Li: En el litio (número atómico 3) el orbital 1*s* está completo. Como el átomo de hidrógeno, el de litio contiene un electrón exterior, el electrón 2*s*, que puede cederse fácilmente a un aceptor de electrones dejando un ion litio con la misma configuración electrónica que el helio: Li^+, $(1s)^2$ (Ver Fig. 1-5). *Los átomos o iones que tienen la misma configuración electrónica se denominan isoelectrónicos.* El ion litio es isoelectrónico con el átomo de helio y el ion hidruro, H^-, $(1s)^2$.

Berilio, Be: El orbital 2*s* se completa por adición de otro electrón al sistema para dar la configuración electrónica $(1s)^2$ $(2s)^2$, pero el berilio no es un gas noble porque la segunda capa contiene también orbitales *p* que están vacantes en el átomo de berilio neutro (ver Fig. 1-6).

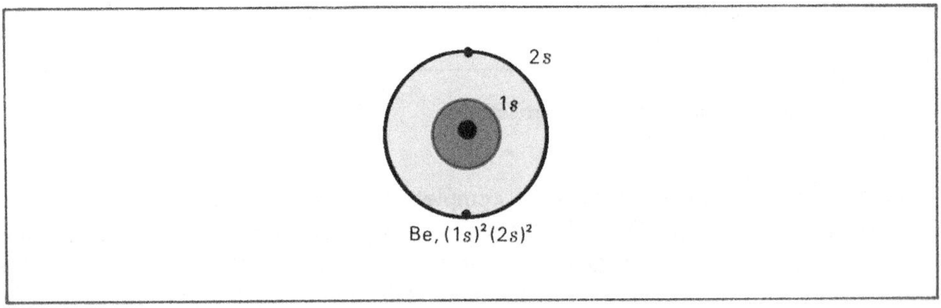

Figura 1-6. Configuración electrónica del átomo de berilio

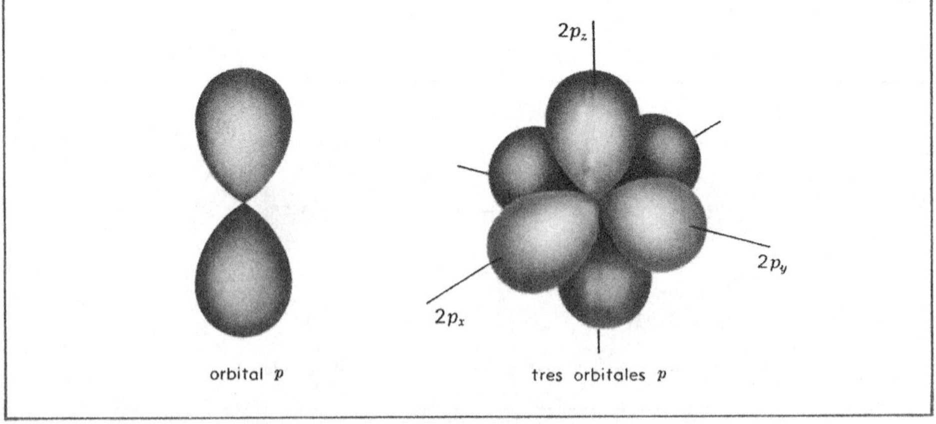

Figura 1-7. Densidad electrónica de los orbitales *p* completos

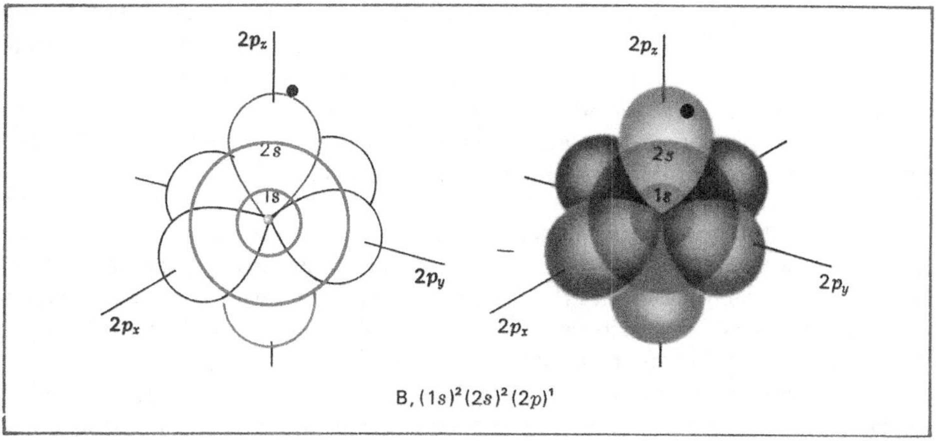

Figura 1-8. Configuración electrónica del átomo de boro

Boro, B: Aunque los orbitales s son esféricos, los tres orbitales p equivalentes en forma de halterio, se dirigen formando entre sí ángulos de 90° según los tres ejes de un sistema de coordenadas cartesianas (Fig. 1-7). Esos orbitales no se recubren. De nuevo aquí resulta más conveniente una proyección que la representación tridimensional. Los ejes de los orbitales p se han designado arbitrariamente por $2p_x$, $2p_y$ y $2p_z$ (el $2p_z$ es perpendicular al plano de la página). El único electrón p del boro puede estar en cualquier lóbulo de cualquiera de esos orbitales equivalentes; tales lóbulos son equivalentes (ver Fig. 1-8).

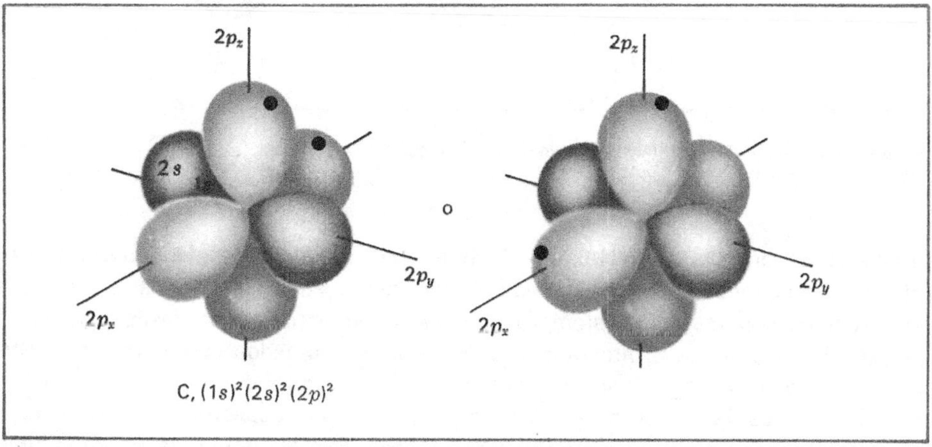

Figura 1-9. Configuración electrónica del átomo de carbono

Los orbitales p de una capa dada tienen un contenido energético ligeramente superior al del orbital s. Esto se representa esquemáticamente extendiendo ligeramente el extremo del orbital $2p$ más allá del radio del orbital $2s$. La diferencia de energía entre los orbitales $1s$ y $2s$ es mucho mayor que la que existe entre los $2s$ y $2p$, puesto que la diferencia de energía entre dos capas es mayor que la existente entre dos orbitales de la misma capa.

Carbono, C: Debido a la repulsión electrónica, el segundo electrón $2p$ del átomo de carbono libre se halla en un orbital (volumen) distinto del primer electrón $2p$. Debido a que un orbital p cualquiera tiene dos lóbulos equivalentes, los dos esquemas del átomo de carbono de la Fig. 1-9 son equivalentes.

Los electrones actúan como cargas en rotación, por este motivo crean pequeños campos magnéticos cuya dirección no puede determinarse en ausencia de un campo magnético externo. Sin embargo, cuando los electrones se sitúan en tal campo externo H_0, esos pequeños componentes magnéticos debidos al electrón H_e se suman al campo mayor o se restan de él. Los espines electrónicos son *paralelos* si tienen la misma dirección y *antiparalelos* si tienen direcciones opuestas (ver Fig. 1-10). Para un número dado de electrones situados en

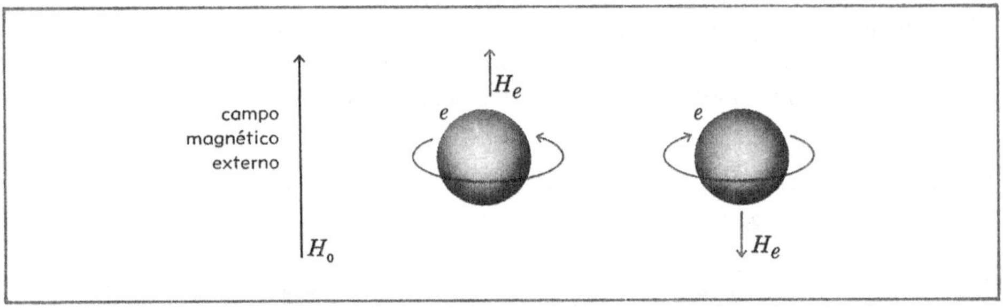

Figura 1-10. Electrones apareados en un campo magnético externo

orbitales de energía equivalente, el estado con menor contenido energético es el que corresponde a la configuración electrónica en la que todos los espines electrónicos son paralelos, siempre que esa configuración sea posible *(regla de Hund)*. En el caso de orbitales s, dos electrones apareados completan el orbital disponible de una capa dada. En cambio, los tres orbitales p (p_x, p_y, p_z) deben completarse de la forma más simétrica posible con respecto al espín electrónico. Por consiguiente, la configuración electrónica del átomo de carbono libre es $(1s)^2\ (2s)^2\ (2p)^2$.

Nitrógeno, N: La configuración electrónica del átomo de nitrógeno, $(1s)^2$, $(2s)$, $2p_x$, $2p_y$, $2p_z$, se deduce de cuanto se ha establecido anteriormente sobre la formación progresiva de los átomos (ver Fig. 1-11).

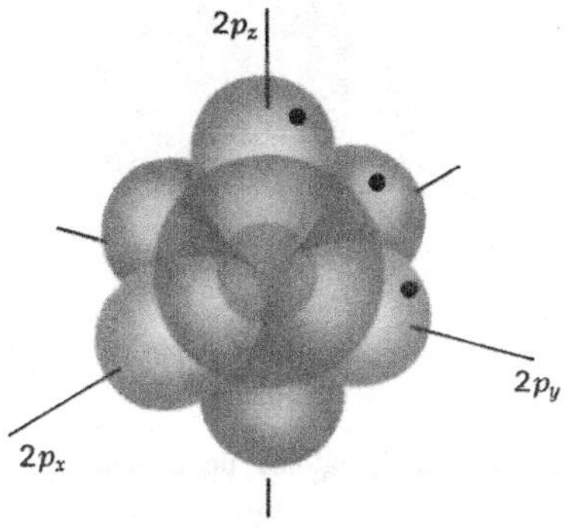

N, $(1s)^2(2s)^2(2p_x)(2p_y)(2p_z)$

Figura 1-11. Configuración electrónica del átomo de nitrógeno.

> Construir la molécula de amoniaco, NH_3, según el modelo de la molécula de orbitales atómicos (de la manera descrita para el H_2). ¿Cuál será, aproximadamente, el ángulo H—N—H esperado?

Oxígeno, O: En el átomo de oxígeno dos de los cuatro electrones p deben

Una predicción razonable para el ángulo H—N—H en el NH_3 deducida de este esquema sencillo sería de 90°. O bien, teniendo en cuenta la repulsión entre los átomos de hidrógeno, pudieran predecirse ángulos un poco mayores de 90°. Desde luego, la verdadera geometría de la molécula de amoniaco no es tan simple como supone esa primera imagen, porque los orbitales atómicos sencillos cambian cuando forman enlaces químicos. El valor de los ángulos de enlace, obtenido mediante un detallado estudio de la estructura molecular, es de 107° y refleja el cambio operado en los orbitales cuando los átomos forman enlaces.

ocupar el mismo orbital y tener espines antiparalelos; esta configuración puede representarse de tres formas equivalentes, una de las cuales se indica en la figura 1-12.

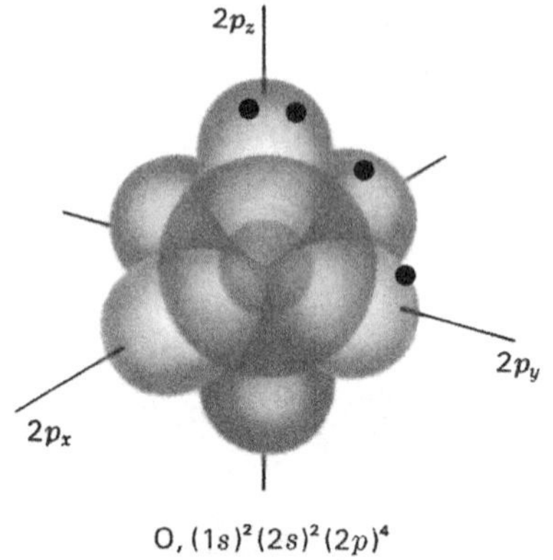

Figura 1-12. Configuración electrónica del átomo de oxígeno

Dibujar la molécula del agua, H_2O, mediante el esquema de orbital atómico.

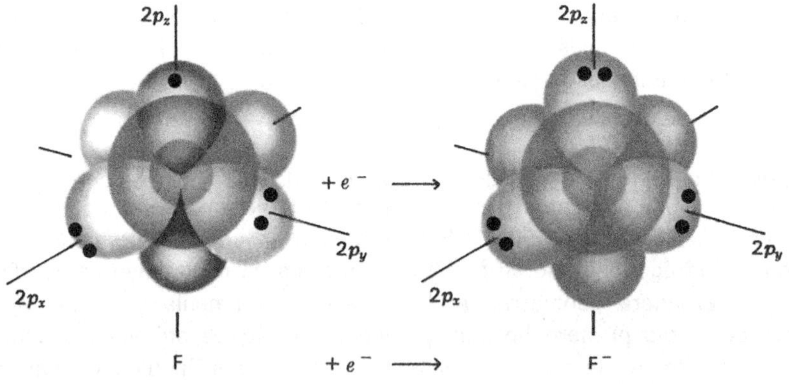

Figura 1-13. Formación del ion fluoruro

Fluor, F: El átomo de fluor, con siete electrones en la capa más externa, sólo necesita un electrón más para completar esa capa y alcanzar la configuración de un gas noble. En consecuencia acepta fácilmente un electrón de otro átomo para transformarse en ion fluoruro, F^-. El ion fluoruro y el átomo de neón son isoelectrónicos con el ion óxido, O^{--} (ver Fig. 1-13).

> **1.** Escribir la configuración electrónica para el átomo de fluor y el ion fluoruro.
>
> **2.** Explicar la reacción entre un átomo de litio y otro de fluor empleando los diagramas de orbitales atómicos.
>
> **3.** **Neón, Ne:** Dibujar la imagen de orbital atómico para el neón, escribir su configuración electrónica y establecer por qué es relativamente inerte frente a las transformaciones químicas.

ENLACES EN LAS MOLECULAS

1-3 ENLACES IONICO Y COVALENTE

Según sus configuraciones electrónicas, los átomos de los grupos I, II y III de la tabla periódica tienden a *perder* sus electrones de valencia para formar iones que son isoelectrónicos con el gas noble precedente, mientras que los átomos de la derecha de la tabla tienden a *ganar* electrones, hasta ser isoelectrónicos con el gas noble superior siguiente. Los compuestos que contienen sólo elementos de los extremos de los períodos cortos de la tabla periódica, son usualmente iónicos. Considérese, por ejemplo, los halogenuros alcalinos tales como Na^+Cl^- y K^+Br^-.

Los elementos del centro de la tabla periódica, y especialmente el carbono, ni ganan ni pierden fácilmente electrones para formar enlaces iónicos. En su lugar, tienden a *compartir* pares de electrones para formar *enlaces covalentes.* Una carga electrónica de +4 o —4 que se requiere para completar o dejar vacía la capa más externa, llevaría a una región de gran deficiencia o densidad electrónica en un átomo relativamente pequeño. Del hecho de que el átomo de carbono tenga cuatro electrones periféricos y esté en el grupo IV, resulta una regla cardinal de la química orgánica. *El átomo de carbono en las moléculas ordinarias tiene cuatro enlaces, o pares de electrones, a su alrededor;* los intermedios transitorios de reacción no suelen tenerlos. El descuido de esta regla es uno de los primeros errores que cometen los principiantes en química orgánica. La Tabla 1-4 reúne algunos ejemplos, indicando los electrones de valencia de los átomos en las estructuras de la segunda columna. Esas estructuras se

Tabla 1-4. Algunas estructuras orgánicas sencillas

Fórmula molecular y nombre	*Estructura de Lewis*	*Estructura plano-lineal*
CH_4 metano	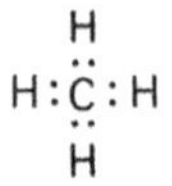	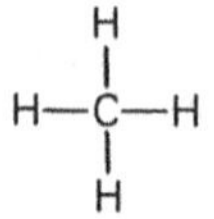
CH_3Cl cloruro de metilo	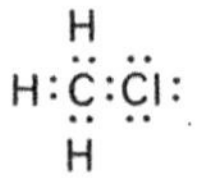	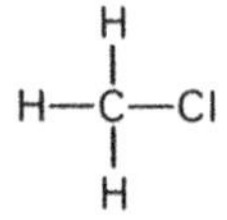
CH_2Cl_2 cloruro de metileno	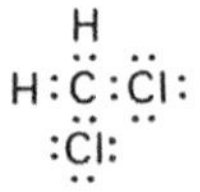	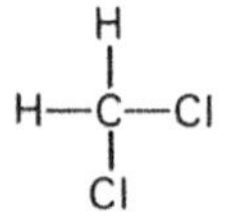
$CHCl_3$ cloroformo	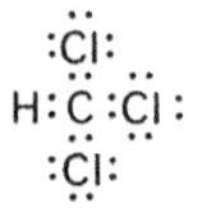	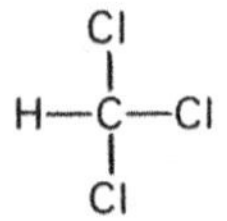
CCl_4 tetracloruro de carbono	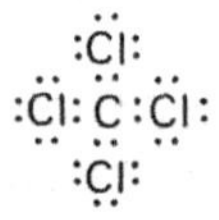	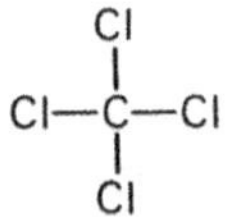
CH_3OH alcohol metílico	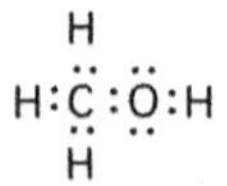	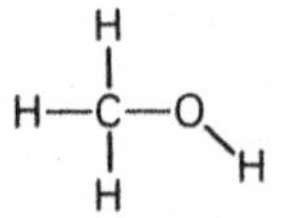

denominan fórmulas de puntos o *estructuras de Lewis.* En la tercera columna se escriben las estructuras representando cada par electrónico de enlace mediante un guión. Se han omitido los electrones no enlazantes.

Puesto que el carbono forma enlaces covalentes compartiendo electrones, *las cadenas carbonadas pueden continuarse indefinidamente o juntarse para formar estructuras anulares, y, además, contener dobles y triples enlaces* (ver Tabla 1-5). Los átomos distintos del carbono e hidrógeno en los compuestos

Tabla 1-5. Moléculas orgánicas representativas

Fórmula molecular y nombre	*Estructuras plano-lineales*	*Estructuras abreviadas*
C_2H_6 etano	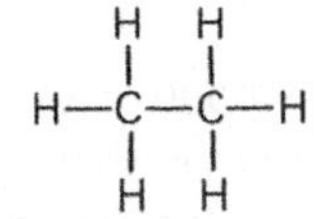	$CH_3—CH_3$
C_3H_6 ciclopropano	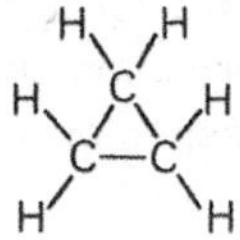	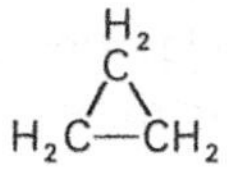
C_6H_{12} ciclohexano	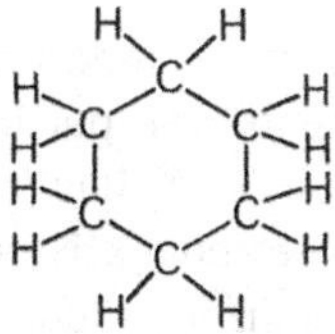	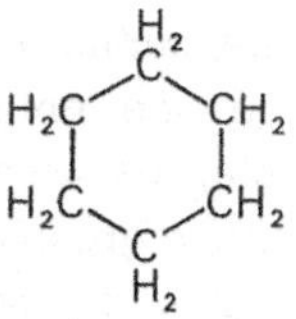
C_2H_4 etileno	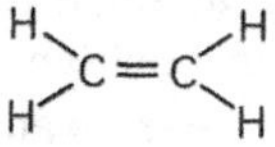	$CH_2{=}CH_2$
C_2H_2 acetileno	$H—C{\equiv}C—H$	$HC{\equiv}CH$
C_6H_6 benceno	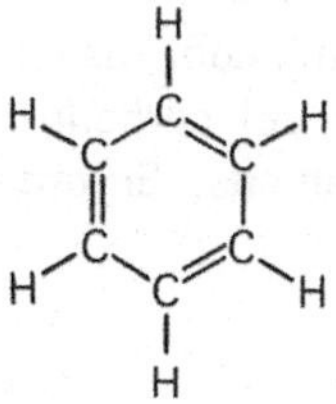	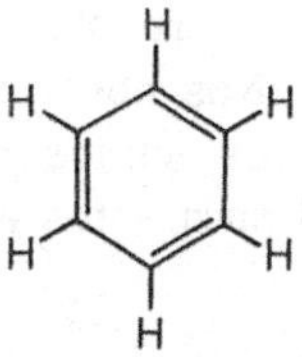
C_5H_5N piridina	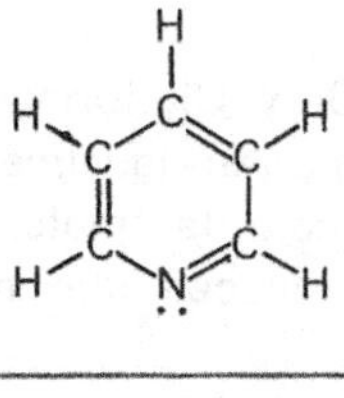	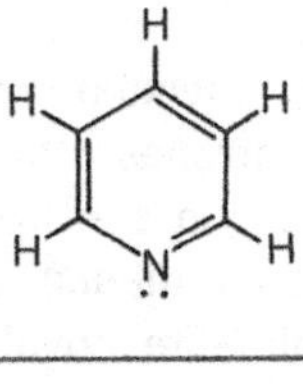

orgánicos se conocen con el nombre de *heteroátomos*. Los elementos que con más frecuencia intervienen en las estructuras de cadena, anillo y enlace múltiple son, el oxígeno, el nitrógeno y el azufre. Debido a esas posibilidades de enlace, se ofrece al químico orgánico una fascinante variedad de compuestos orgánicos; cada día se preparan insospechadas moléculas nuevas con estructuras y reactividades interesantes.

Algunos de los intermedios de carbono más corrientes, referidos a los derivados del metano son, el *ion carbonio* o *carbocatión*, CH_3^+, el *radical libre* de carbono, $CH_3\cdot$, y el *carbanión*, CH_3^-. El ion carbonio y el radical libre son especies aceptoras de electrones y tienden a formar enlaces covalentes por atracción de especies ricas en electrones. El carbanión tiene una carga negativa y tiende a compartir esos electrones con otras especies más positivas.

1-4 ELECTRONEGATIVIDAD Y POLARIDAD DEL ENLACE

Se denomina *electronegatividad* a la tendencia de un átomo a atraer los electrones de enlace. Cualitativamente, si partimos del fluor como punto de referencia, los átomos que se alejan de él hacia la *izquierda* de la tabla periódica son progresivamente *menos* electronegativos, puesto que adquieren menor energía al ceder electrones para alcanzar la configuración del gas noble precedente. Los átomos *por debajo* del fluor también son progresivamente *menos* electronegativos al crecer el número atómico, puesto que los átomos son cada vez mayores y la atracción del núcleo positivo resulta eficazmente blindada por el mayor número de electrones que le rodean. Podemos preguntarnos, ¿cómo podría expresarse cuantitativamente la mayor fuerza de atracción sobre los electrones compartidos por unos átomos frente a otros? Esta es una pregunta difícil de contestar inequívocamente. Existen diversas escalas de electronegatividad. La tabla 1-6 contiene un grupo homogéneo de valores en el que cuanto mayor es el número para un átomo determinado, mayor es su tendencia a ganar electrones. Nos concretaremos al valor del carbono con relación a otros elementos corrientes en los compuestos orgánicos. El orden decreciente de electronegatividad para estos átomos es

$$F \gg O > N > Cl > Br > C > I > H$$

En moléculas tales como H_2, O_2 y Cl_2 formadas por dos átomos idénticos, los electrones de enlace se comparten igualmente por ambos; tales enlaces se dice que son *no polares*. En cambio, las moléculas formadas por átomos desiguales contienen con frecuencia enlaces que no son completamente iónicos ni totalmente covalentes.

Tabla 1-6. Valores de la electronegatividad para una selección de átomos

Grupo	0	I	II	III	IV	V	VI	VII
		H 2,1						
	He	Li 0,97	Be 1,47	B 2,01	C 2,50	N 3,07	O 3,50	F 4,10
	Ne	Na 1,01	Mg 1,23	Al 1,47	Si 1,74	P 2,06	S 2,44	Cl 2,83
	Ar	K 0,91	Ca 1,04				Se 2,48	Br 2,74
	Kr	Rb 0,89						I 2,21
	Xe	Cs 0,86						

Cloruro de hidrógeno: En la molécula gaseosa HCl, los electrones compartidos forman una región de mayor densidad electrónica junto al átomo de cloro que junto al hidrógeno, de tal modo que este último es parcialmente positivo con respecto al halógeno.

$$\overset{\delta+}{\mathrm{H}}\text{—}\overset{\delta-}{\mathrm{Cl}}$$

Las cargas parciales o la separación de cargas se designan por la letra minúscula griega δ, delta. Esta separación de cargas o *polaridad del enlace*, da lugar a un momento dipolar en ese enlace en la dirección de la línea de los centros de ambos átomos, que se representa por una flecha que apunta al extremo negativo del enlace.

$$\underset{+\!\!\longrightarrow}{\overset{\delta+}{\mathrm{H}}\text{—}\overset{\delta-}{\mathrm{Cl}}}$$

Nótese también que la cola de la flecha forma un pequeño signo más. Las moléculas en las cuales no coinciden los centros de las cargas positivas y negativas se dice que tienen un claro *momento dipolar.*

Agua: Una molécula de agua tiene una estructura angular o en forma de V. Teniendo en cuenta que el oxígeno es más electronegativo que el hidrógeno, la densidad electrónica es mayor en el primero (Fig. 1-14). Esto da lugar a dos polaridades de enlace iguales y a un dipolo resultante, que debe hallarse por adición *vectorial,* puesto que las polaridades de enlace tienen *magnitud* y *dirección.*

En este texto no consideraremos los valores numéricos de los momentos dipolares, sino sólo si existen o no polaridades individuales de enlace y si la resultante es distinta de cero, es decir, si da un claro momento dipolar.

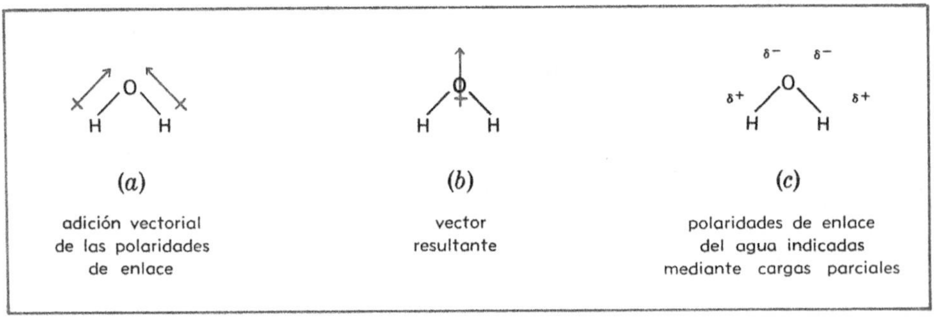

Figura 1-14. Momento dipolar del agua

Tetracloruro de carbono: Un átomo de carbono al que se han unido cuatro átomos tiene una geometría *tetraédrica*; el ángulo entre los enlaces es de 109° 28′.

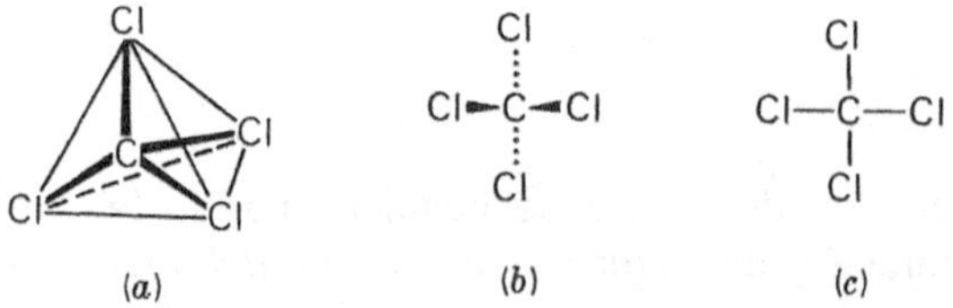

Por conveniencia, esta estructura tridimensional (*a*) o (*b*) se reduce generalmente a una proyección (*c*). Nótese que en (*b*) las cuñas indican átomos por encima del plano de la página, mientras que los puntos indican átomos situados debajo del plano de la página. Consideremos las polaridades de enlace en el tetracloruro de carbono, CCl_4. Cada enlace C—Cl está polarizado con el extremo negativo del dipolo dirigido hacia el cloro. Los cuatro vectores suman cero, de este modo el tetracloruro de carbono no tiene ningún momento dipolar claro.

Metanol: El alcohol más sencillo, metanol, CH_3OH, es una molécula orgánica polar (Fig. 1-15). El ángulo H—O—C (compárese con H—O—H) es de 107 a

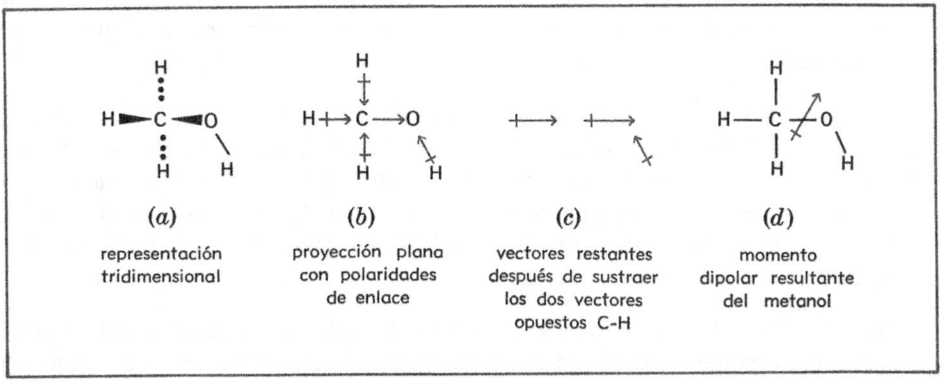

Figura 1-15. Momento dipolar del metanol

108° y el oxígeno es más electronegativo que el hidrógeno y que el átomo de carbono. Las dos polaridades de enlace verticales se eliminan en la segunda parte de la Fig. 1-15 y el vector resultante que se aprecia claramente, se aleja a partir del átomo de oxígeno.

En resumen, *cuanto mayor sea la diferencia de electronegatividades entre los dos átomos enlazados, mayor será la polaridad de enlace.* Nótese, sin embargo, que incluso una molécula con enlaces polares puede no tener un claro momento dipolar.

ESTRUCTURAS DE LEWIS

Teniendo en cuenta que las reacciones químicas implican una redistribución de la densidad electrónica dentro y entre las moléculas para formar nuevos enlaces, si se las quiere estudiar con detalle es necesario conocer la densidad electrónica alrededor de cada átomo de la molécula en particular. Para representar la distribución electrónica de los átomos en una molécula podemos escri bir *estructuras de Lewis,* en las que el símbolo químico representa el núcleo con los electrones internos y los puntos representan los electrones de valencia como se indicó en la Tabla 1-4. Cuando sólo puede escribirse una estructura electrónica razonable para una molécula, es posible predecir las densidades electrónicas relativas a partir de la estructura de Lewis, aplicando las electronegatividades.

Las estructuras de Lewis para moléculas sencillas pueden escribirse corrientemente por intuición; pero las estructuras más complejas requieren con frecuencia recurrir a un largo procedimiento de tanteo. Este procedimiento se facilita procediendo ordenadamente; los pasos que se dan a continuación son sólo de sentido común químico, no se aprendan de memoria, trátese de entender la razón de cada uno y su importancia. La práctica mediante problemas es el mejor camino para familiarizarse con las estructuras de Lewis.

1. *Sitúense los átomos en orden correcto y en la disposición geométrica adecuada.* Para cualquier molécula inorgánica sencilla que no sea familiar, consúltese un texto de química general. La geometría de las moléculas puede deducirse posteriormente, pero generalmente un átomo de carbono rodeado de cuatro, tres o dos átomos, tendrá una distribución geométrica, tetraédrica, plana o lineal, respectivamente.

2. *Añádase el número de electrones de valencia de todos los átomos interesados.* Este número se determina por el grupo de la tabla periódica al que pertenece *cada* átomo. Si se trata de un ion, añádase el número de cargas negativas o sustráigase el número de positivas. Este es un procedimiento bibliográfico que permite comprobar la estructura final una vez escrita.

3. *Dispóngase un octete de electrones alrededor de cada átomo, excepto para el de hidrógeno, que sólo aceptará dos.* Un átomo está normalmente en su estado energético inferior cuando tiene la configuración de un gas noble, alcanzada al ganar, perder o compartir electrones. Existen excepciones entre los átomos situados debajo del primer período, especialmente con el azufre y el fósforo, que pueden usar orbitales *d* para acomodar más de ocho electrones. Considérese PCl_5, SO_3 y SF_6.

4. *Evítense en lo posible cargas formales; en su lugar colóquense cargas negativas sobre el átomo o átomos más electronegativos y aléjense las cargas iguales; evítense dobles cargas sobre un átomo.* La carga formal de un átomo se calcula considerando el número de electrones del átomo dado según su posición en la tabla periódica, el número de electrones no compartidos y el número de los compartidos.

$$\text{Carga formal} = (\text{electrones de valencia del átomo aislado}) - \left(\text{electrones no compartidos} + \frac{\text{electrones compartidos}}{2}\right)$$

Por ejemplo en el monóxido de carbono :C:::O:, el carbono tiene una sola carga negativa formal:

$$4 \text{ electrones valencia} - (2 \text{ electrones no compartidos} + 1/2 \times 6 \text{ electrones compartidos} = 1$$

y el oxígeno tiene una sola carga positiva formal

$$6 - (2 + 6/2) = +1$$

La Tabla 1-7 muestra la aplicación de este procedimiento a algunos iones y moléculas. No todas las especies químicas pueden expresarse por buenas estructuras de Lewis en la forma anteriormente explicada; son excepciones corrientes $AlCl_3$, B_2H_6 y SO_3. Trátese de escribir estructuras de Lewis para esas especies y nótese que se vulnera por lo menos uno de los anteriores principios.

RESONANCIA

Para muchos compuestos pueden escribirse, por el procedimiento anteriormente descrito, dos o más estructuras de Lewis válidas. Por ejemplo, el ion formiato indicado en la Tabla 1-7 puede representarse por dos estructuras equivalentes, (*a*) y (*b*).

(*a*) (*b*)

estructuras de resonancia equivalentes

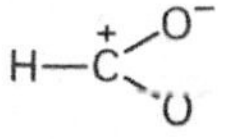

(*c*)

estructuras de resonancia de energía superior

Puede escribirse una tercera estructura (*c*), pero es despreciable frente a las otras dos, puesto que implica una separación de carga innecesaria. Esas formas se denominan *estructuras de resonancia*. Ninguna de ellas por separado representa la verdadera estructura, que es en realidad una combinación de ambas (*a*) y (*b*). denominada *híbrido*. Probablemente la mejor representación de la configuración electrónica real es la fórmula (*d*) en la que cada átomo de oxígeno lleva una mitad de la carga negativa y las líneas de puntos significan medio enlace.

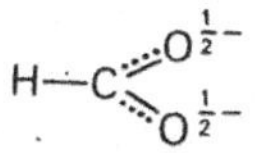

(*d*)

Tabla 1-7. Estructuras de Lewis y cálculos de la carga formal

Molécula o ion	*Geometría*	*Total de electrones valencia*	*Estructura de Lewis*	*Cálculo de la carga formal*
H_2O agua	O H H angular o en forma de V	1(O) = 6 2(H) = 2 8	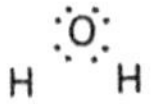 (ver nota 1)	H: $1 - 0 - \frac{2}{2} = 0$ O: $6 - 4 - \frac{4}{2} = 0$
CO_2 dióxido de carbono	O C O lineal	2(O) = 12 1(C) = 4 16	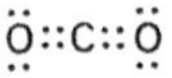	O: $6 - 4 - \frac{4}{2} = 0$ C: $4 - 0 - \frac{8}{2} = 0$
NO_2^+ ion nitronio	O N O lineal	2(O) = 12 1(N) = 5 17 −1 16 (ver nota 2)	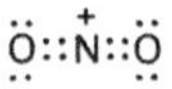	O: $6 - 4 - \frac{4}{2} = 0$ N: $5 - 0 - \frac{8}{2} = +1$
HCO_2H ácido fórmico	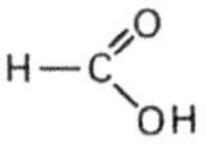	2(H) = 2 2(O) = 12 1(C) = 4 18	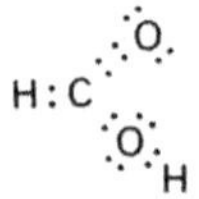	H: por intuición = 0 C: como antes = 0 C =O : como antes = 0 O − H: $6 - 4 - \frac{4}{2} = 0$
HCO_2^- anión formiato	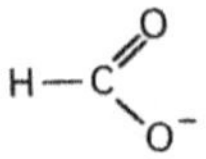 o 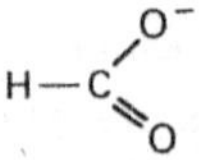	1(H) = 1 2(O) = 12 1(C) = 4 17 +1 18 (ver nota 3)	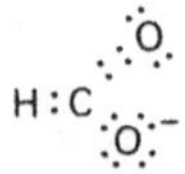 o 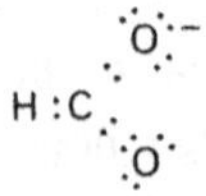	H: por intuición = 0 C: como antes = 0 C =O : como antes = 0 C −O : $6 - 6 - \frac{2}{2} = -1$

Notas:

1. Hay ocho electrones alrededor del oxígeno pero sólo dos alrededor del hidrógeno.
2. Sustráigase un electrón, puesto que el ion está cargado positivamente.
3. Añadir un electrón, puesto que el ion está cargado negativamente.

No es posible representar esta última estructura de una manera inambigua mediante una sola estructura de Lewis. Para representar la resonancia emplearemos una flecha de doble punta.

Debemos resaltar que el anión formiato *no* vibra u oscila entre ambas estructuras, sino que el anión es *siempre* una combinación o híbrido en el cual existe una elevada densidad electrónica alrededor de los átomos de oxígeno. En sentido químico, entonces, es incorrecto decir que una molécula o ion «resuena». En química, resonancia, es un sustantivo, el nombre de una condición. No debiera usarse como verbo.

Cuando pueden escribirse varias estructuras, ¿cuáles de ellas contribuirán significativamente en el híbrido de resonancia? La respuesta cuantitativa pertenece al reino de la mecánica cuántica, que demuestra que *toda* estructura que puede escribirse debe tenerse en cuenta y rebajará en algo la energía del híbrido resultante. La energía de cualquiera de las estructuras equivalentes (o casi equivalentes) que puedan escribirse, es siempre mayor que la energía del híbrido formado a partir de ellas. Los tres criterios siguientes resultan de consideraciones mecanocuánticas; sólo aquellas estructuras que los reúnen contribuyen significativamente en el híbrido de resonancia.

1. *La posición relativa de los átomos (núcleos) no debe cambiar de una estructura formal a otra.* Si hay un cambio en la posición, no se trata de estructuras de resonancia, sino de moléculas diferentes, y por consiguiente no pueden contribuir en un híbrido.

2. *Sólo pueden contribuir estructuras con el mismo número de electrones no apareados.* Si no hay electrones no apareados en las estructuras de Lewis más factibles que puedan escribirse, tampoco habrá ninguno en cualquiera de las estructuras de resonancia. La mayoría de las especies que se hallan aquí, excepto los radicales libres, tales como el radical metilo, $CH_3\cdot$, no tienen electrones no apareados. La molécula de oxígeno es una excepción en cuanto contiene dos electrones de esta condición.

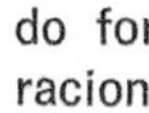

3. *Sólo aquellas estructuras que tienen análogas energías o estabilidades contribuirán apreciablemente en el híbrido de resonancia.* Esta regla puede ser la más difícil de aplicar a un problema concreto porque implica un juicio cualitativo sin contar con valores numéricos específicos para la energía de cada forma. Generalmente, cuando puedan escribirse dos o más formas sin carga, serán éstas las que contribuyan con mayor extensión. Las estructuras en las que hubiere una sola separación de carga tendrán una participación pequeña, pero significativa, en el híbrido. Si la estructura tuviera ya una carga o una separación de cargas, la estructura siguiente con múltiple carga, como por ejemplo la estructura (*c*) en el ion formiato, contribuirá sólo en pequeña proporción. Las estructuras en las que las cargas iguales se alejan tanto como sea posible, serán más significativas que aquellas en las que tales cargas estén sobre átomos próximos, porque la repulsión electrónica o nuclear será menor. La energía total de una estructura híbrida es menor que la de cualquier estructura de resonancia dada que pueda escribirse; esa diferencia se denomina *energía de resonancia.* La energía de resonancia puede medirse estudiando los calores de hidrogenación (Sec. 7-3).

Para representar la estructura electrónica de una molécula se han empleado dos aproximaciones; la primera en discusión es la aproximación de los *enlaces de valencia* en la que se combinan estructuras atómicas formales. Un segundo método es el del *orbital molecular,* que se describe en la sección siguiente. La aproximación enlace-valencia se aplica a continuación a estructuras de resonancia de algunas moléculas o iones concretos.

Etileno: La molécula de etileno, $CH_2{=}CH_2$, puede escribirse por lo menos de cinco maneras

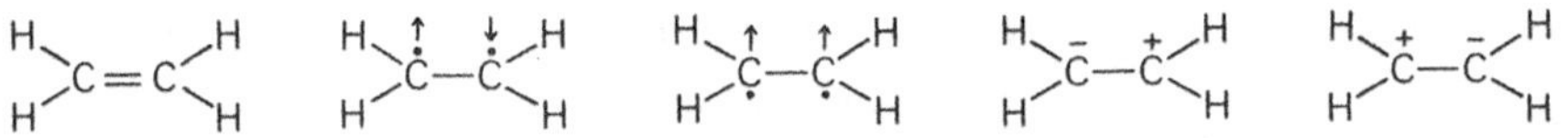

(*a*) (*b*) (*c*) (*d*) (*e*)

Las flechas en (*b*) y (*c*) indican la dirección relativa del espin electrónico sobre los átomos de carbono; en (*d*) y (*e*) los electrones están apareados pero ambos están sobre el mismo átomo de carbono. El etileno es un caso francamente sencillo, conociéndose sin lugar a duda que *(a)* es la estructura de más baja energía. La estructura *(b)* no contribuye sustancialmente en el híbrido de resonancia y puede despreciarse. ¿Cuál de las reglas anteriores vulnera la estructura *(c)*? Las estructuras *(d)* y *(e)* es de esperar que contribuyan sólo ligeramente en el híbrido de resonancia, puesto que son de mayor energía que *(a)* a consecuencia de la separación de carga. En resumen, el etileno se representa mejor por la estructura *(a)*, a la que siguen en importancia las estructuras *(d)* y *(e)* con una sola separación de carga.

1,3-Butadieno: Como en el caso del etileno, sólo puede escribirse una estructura razonable sin carga para el 1,3-butadieno, $CH_2{=}CH{-}CH{=}CH_2$, que es la que contribuye principalmente en el híbrido de resonancia. La consideración de las especies con separación única de carga conduce a otras estructuras que, reunidas, contribuyen un poco a la estructura total.

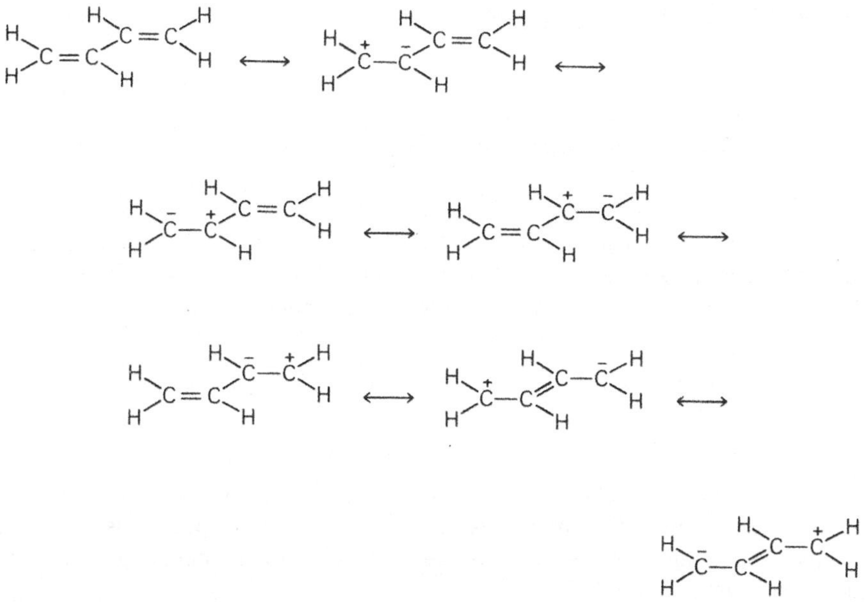

Obsérvese que las dos últimas estructuras atribuyen algún carácter de doble enlace al sencillo entre los carbonos segundo y tercero. Las reacciones del 1,3-butadieno confirman este carácter parcial de doble enlace (Sec. 6-3).

Benceno: El benceno es uno de los ejemplos más comunes del fenómeno de resonancia. Es posible escribir muchas estructuras para el benceno, algunas de las cuales se muestran a continuación. Pueden escribirse otras, pero de entre ellas sólo las neutras contribuyen significativamente y de éstas las dos *estructuras de Kekulé* son las que contribuyen principalmente en el híbrido.

Estructuras de Kekulé:

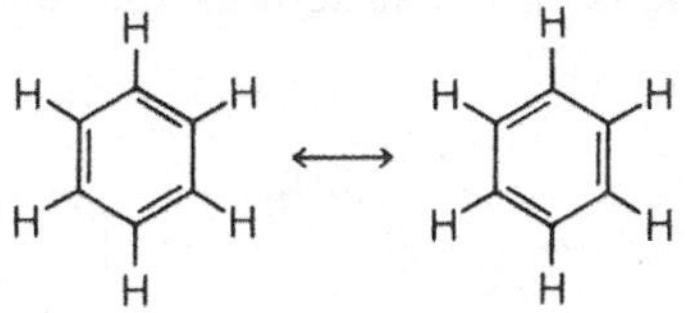

Estructuras de Dewar:

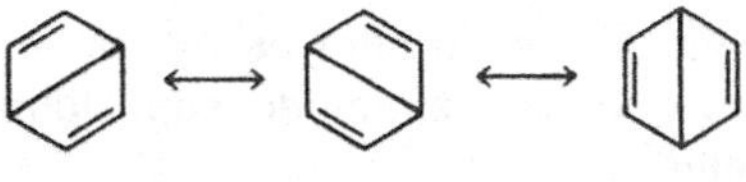

Estructuras dipolares:

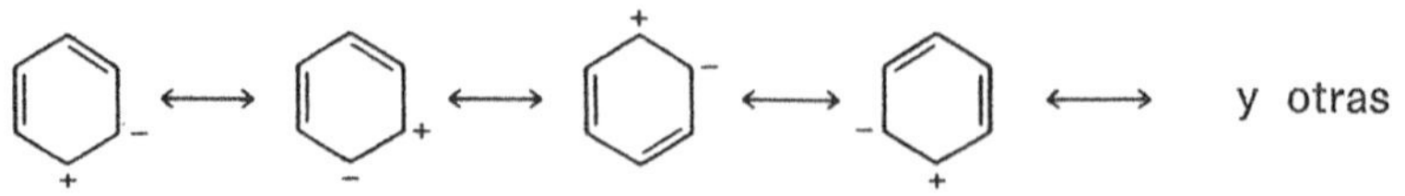

Existe, en teoría, una pequeña contribución de las tres estructuras de Dewar con un enlace largo en cada una. (Recordar que el núcleo no debe moverse.)

Quizás una representación para la molécula del benceno es

en la que se representa la densidad electrónica extendida por igual sobre los seis carbonos. El último símbolo se usa cada vez más, pero nosotros continuaremos empleando las estructuras de Kekulé para el benceno y los compuestos relacionados con él.

Catión, anión y radical bencilo: Uno de los derivados más sencillos del benceno es el metilbenceno o *tolueno.*

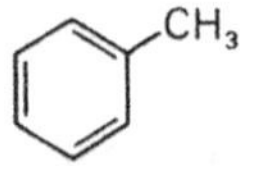

La eliminación de uno de los hidrógenos del metilo en forma de ion hidruro, protón o átomo de hidrógeno, da lugar a la formación del catión bencilo, del anión bencilo o del radical bencilo. Para el tolueno sólo pueden escribirse dos estructuras fundamentales, pero para el correspondiente catión, anión y radical existen nuevas posibilidades. Las estructuras de resonancia para el catión son

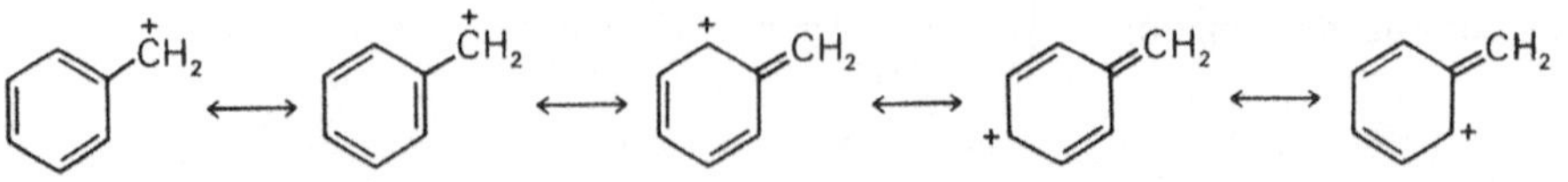

Estas estructuras indican que no sólo es menor la densidad electrónica en el anillo del benceno, sino que ha disminuido especialmente en determinados átomos de carbono del anillo.

La distribución electrónica en la metil azida, CH_3N_3 no es inmediata y debemos comenzar por escribir estructuras de Lewis para todas las formas que pueden contribuir en el híbrido de resonancia. Más abajo se dan varias configuraciones electrónicas para esta molécula en las cuales se adopta para N—N—N el ángulo conocido de 180°. Calcular la carga formal para cada átomo, establecer qué estructuras se espera que contribuyan en el híbrido de resonancia e indicar por qué pueden descartarse otras.

CH_3—N=N≡N CH_3—N=N=N CH_3—N—N≡N CH_3—N≡N—N

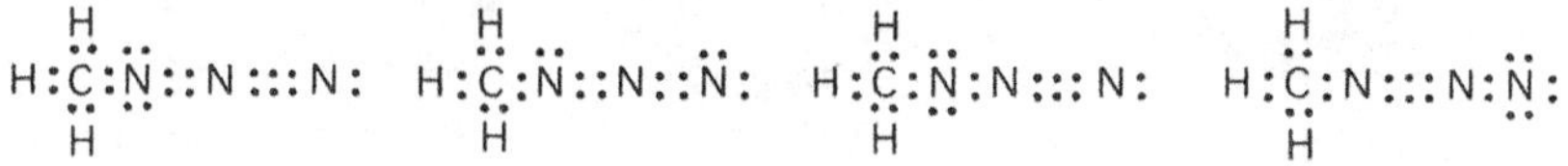

ORBITALES MOLECULARES DEL CARBONO EN LOS COMPUESTOS ORGANICOS

En las secciones anteriores hemos considerado para las moléculas la descripción de los enlaces de valencia en la que se escribe toda estructura razonable y luego se pondera adecuadamente para dar una imagen de la distribución electrónica de la molécula. Aquí discutiremos otra alternativa de aproximación, el *método del orbital-molecular* en el cual se construye un armazón orbital alrededor de los núcleos y a continuación se asignan los electrones al sistema orbital.

1-5 MOLECULA DE HIDROGENO

Consideremos de nuevo la molécula de hidrógeno que en términos de enlace-valencia se describió por la estructura H:H o H—H, con pequeña contribución de las estructuras iónicas H^+H^- y H^-H^+.

En el método del orbital molecular, los dos orbitales atómicos 1*s* se reúnen para formar dos nuevos orbitales moleculares. Esta técnica es un perfeccionamiento de la anterior imagen de la molécula de orbital atómico (Fig. 1-16). Se denomina *combinación lineal de orbitales atómicos* (LCAO) y se usará a través de este texto para representar los orbitales moleculares. La adición de orbitales atómicos hasta obtener una densidad electrónica elevada en las regiones de coincidencia de los átomos, da orbitales moleculares enlazantes; la sustracción produce orbitales moleculares antienlazantes. De este modo, cada combinación de dos orbitales atómicos da lugar a dos orbitales moleculares nuevos, uno enlazante, de menor energía que los orbitales atómicos, y otro antienla-

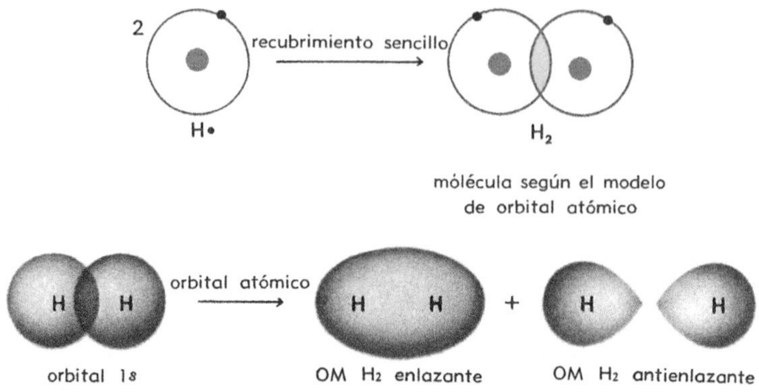

Figura 1-16. Formación de la molécula de hidrógeno

zante de mayor energía. En adelante se despreciarán los orbitales de mayor energía o antienlazantes; el orbital enlazante es el único importante para estudiar las moléculas en su estado normal. Después de haber construido el esquema orbital molecular se sitúan los electrones en el sistema.

1-6 EL ATOMO DE CARBONO EN LOS COMPUESTOS ORGANICOS

La configuración electrónica del átomo de carbono libre es $(1s)^2$ $(2s)^2$ $(2p)^2$. Considerando que en el enlace sólo intervienen los electrones de valencia, en la Fig. 1-17 se han omitido por conveniencia el núcleo y los electrones $1s$. Esta representación del átomo de carbono libre (gaseoso) con dos electrones p no apareados, pudiera llevar a la conclusión de que el carbono es divalente. Esto es sólo cierto para los intermedios transitorios de reacción. Al formar enlaces en las moléculas orgánicas, los orbitales atómicos del carbono adquieren una energía más baja, mezclándose o *hibridizándose*. Los orbitales se hibridizan en distintas proporciones según el enlace formado, para alcanzar una configuración de menor energía, cambiando de este modo su distribución geométrica. En las moléculas orgánicas pueden haber enlaces carbono-carbono sencillos, dobles y triples, como se indica en la Fig. 1-17.

1-7 ENLACES SENCILLOS ENTRE CARBONOS

En el metano, CH_4, el carbono se une a cuatro átomos de hidrógeno. Las propiedades conocidas del metano indican que los cuatro enlaces son equivalentes,

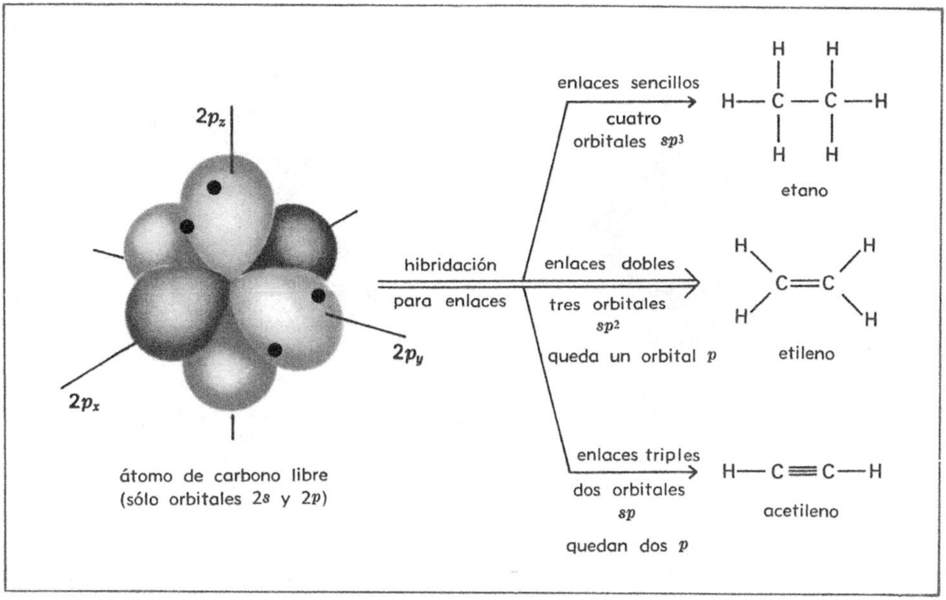

Figura 1-17. Hibridación de orbitales atómicos del carbono para formar enlaces en moléculas

lo que implica cuatro orbitales atómicos equivalentes en el carbono. Si se «combina» un orbital s y tres orbitales p de la segunda capa, el híbrido obtenido contiene cuatro orbitales atómicos nuevos equivalentes, llamados sp^3 (Fig. 1-18)

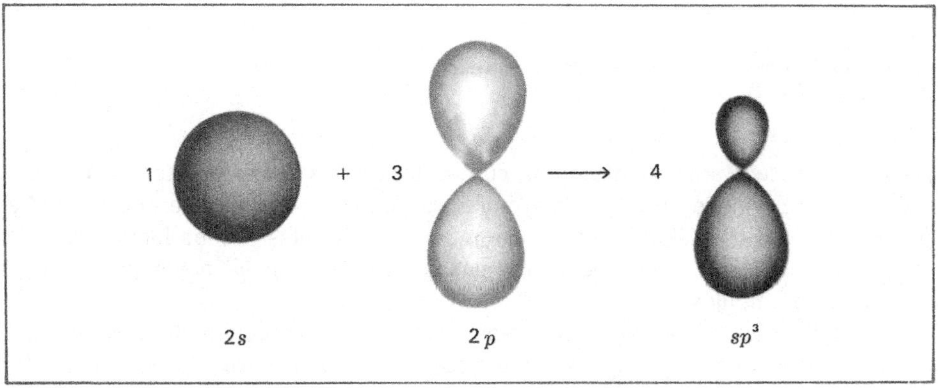

Figura 1-18. Hibridación sp^3

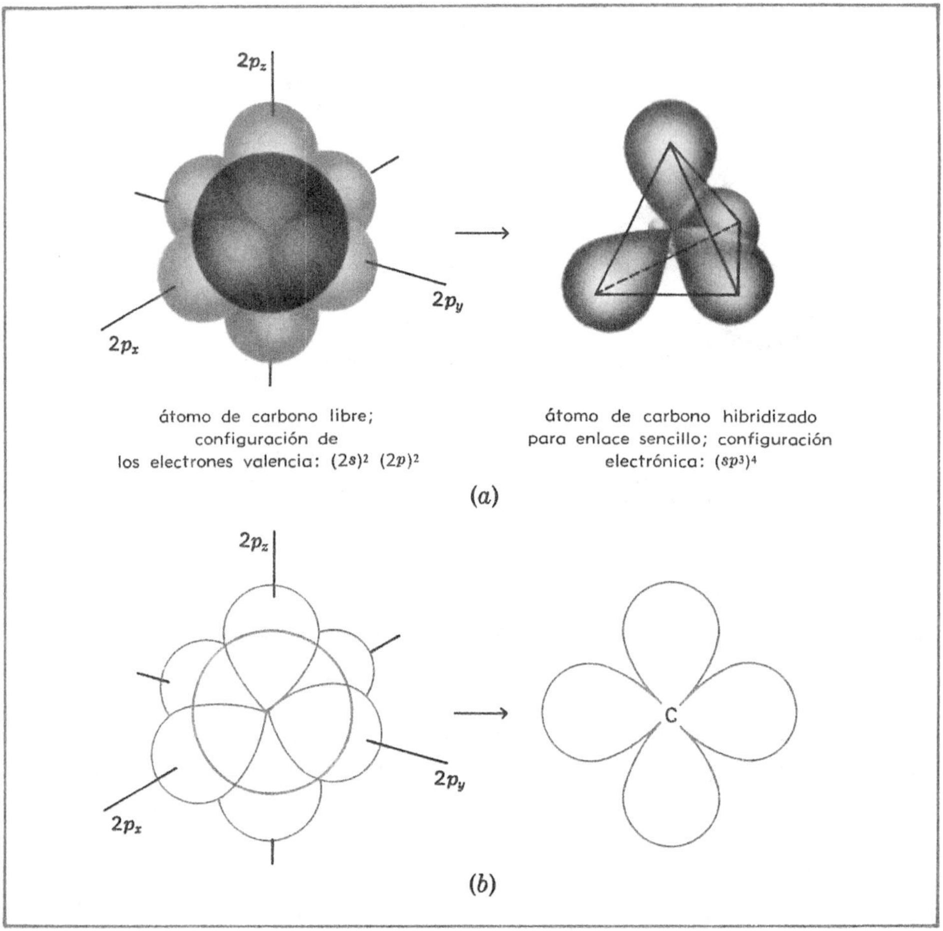

Figura 1-19. Hibridación sp^3 del átomo de carbono

porque consisten formalmente en un cuarto de forma *s* y tres cuartos de forma *p*. Cada orbital sp^3 tiene un lóbulo mayor y otro pequeño. Recuérdese que un orbital *p* tiene también dos lóbulos; sin embargo, en los orbitales *p* esos lóbulos son del mismo tamaño. Los lóbulos pequeños pueden omitirse en la mayor parte de las discusiones y dibujos.

La configuración enlazante de menor energía (correspondiente a la máxima distancia entre los enlaces) es un tetraedro con los cuatro hidrógenos en los vértices y el carbono en el centro; esos nuevos orbitales parten del átomo de carbono formando ángulos de 109° 28′. Generalmente, esta distribución tetraédri-

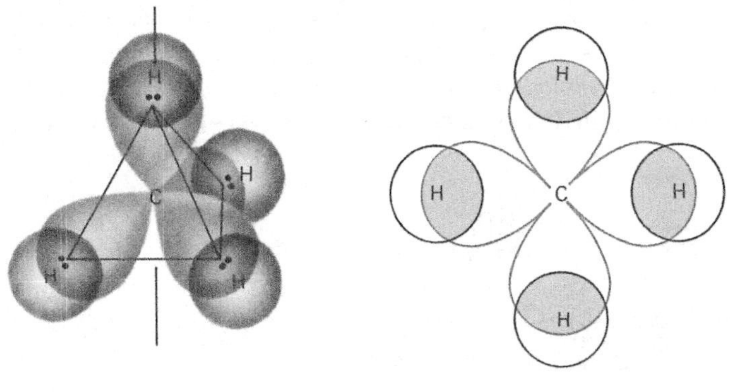

representación según la combinación lineal de orbitales atómicos (LCAO)

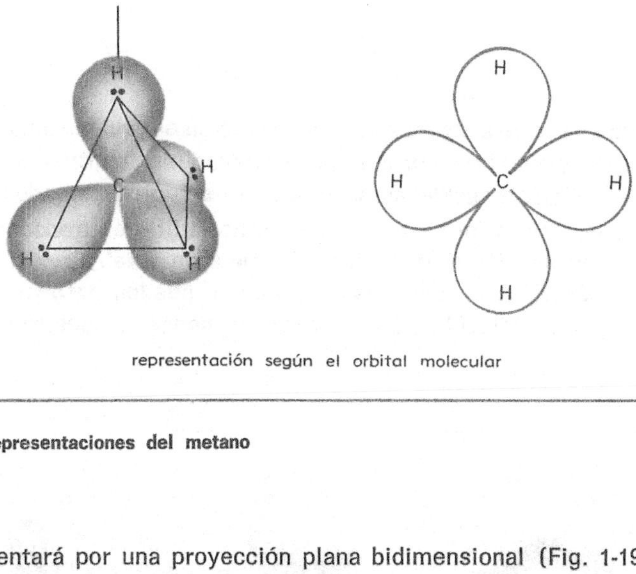

representación según el orbital molecular

Figura 1-20. Representaciones del metano

ca se representará por una proyección plana bidimensional (Fig. 1-19*b*); la distribución geométrica correcta se representa en la Fig. 1-19*a*.

¿Cómo se aplica esta representación de enlaces a una molécula concreta tal como el metano? Se superponen cuatro átomos de hidrógeno, con un electrón en un orbital 1*s* cada uno, en los cuatro orbitales sp^3 equivalentes, compartiéndose los electrones. Cada orbital molecular enlazante contiene así dos electrones, el máximo número que puede contener, y el recubrimiento se denomina *enlace sigma* (σ). La imagen LCAO del metano se indica en la Fig. 1-20, y esta descripción combinación-lineal se usará a lo largo de este texto, atendiendo a que la imagen orbital-molecular (OM) está implícita en ella.

El miembro inmediato superior de los alcanos o serie de los hidrocarburos parafínicos, el etano, CH_3CH_3, se representa a continuación según el esquema LCAO. Desígnense todos los orbitales y enlaces. Dibujar el esquema OM. Predecir los ángulos de enlace H—C—H y H—C—C.

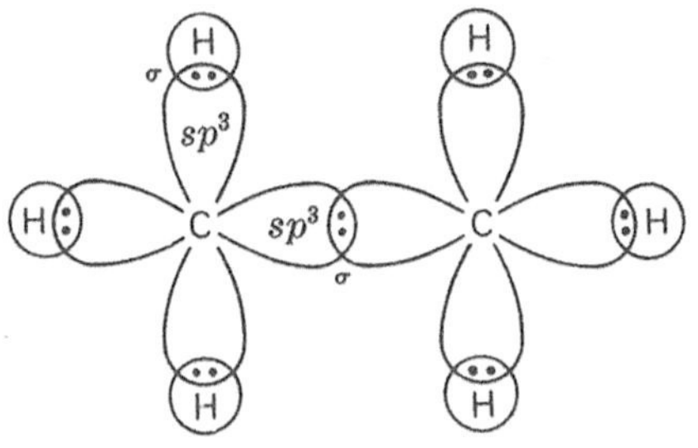

Nótese que el enlace sencillo carbono-carbono en el etano es un enlace σ y como tal tiene simetría axial alrededor del eje de unión de los centros de ambos átomos de carbono. El enlace sencillo carbono-carbono se forma con dos orbitales atómicos hibridizados en la forma sp^3, y existe rotación libre alrededor de él. Obsérvese que cada enlace C—H tiene también simetría axial. Cuando se conoce la geometría de los orbitales atómicos interesados, pueden predecirse los ángulos aproximados en las moléculas. Esas representaciones no destacan la distorsión

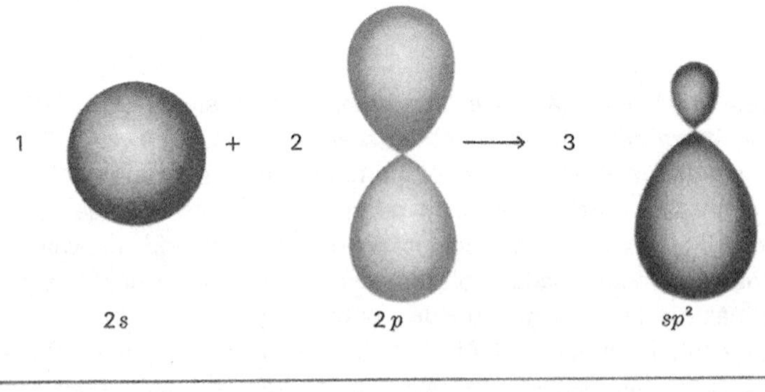

Figura 1-21. Hibridación sp^2

geométrica que tiene lugar cuando se forma la molécula a partir de orbitales atómicos, sin embargo, este ángulo constituye generalmente una buena primera aproximación.

Como extensión de esos conceptos, dibujar y designar completamente la imagen LCAO del propano, $CH_3CH_2CH_3$.

1-8 DOBLES ENLACES ENTRE CARBONOS

En el hidrocarburo más sencillo con un doble enlace carbono-carbono, el etileno, $CH_2{=}CH_2$, existen sólo tres átomos alrededor de cada carbono, aunque cada carbono tiene los cuatro enlaces o pares de electrones que le corresponden. Un orbital *s* se combina con sólo dos orbitales *p* para obtener tres nuevos orbitales sp^2 con dos lóbulos, quedando un orbital *p* (Fig. 1-21). Los tres orbitales híbridos sp^2 del carbono se colocan de manera equivalente sobre un plano formando ángulos de 120°, configuración de menor energía, y el orbital *p* restante es perpendicular a ese plano. De nuevo aquí se omite en la Fig. 1-22*b* el lóbulo menor de cada orbital sp^2.

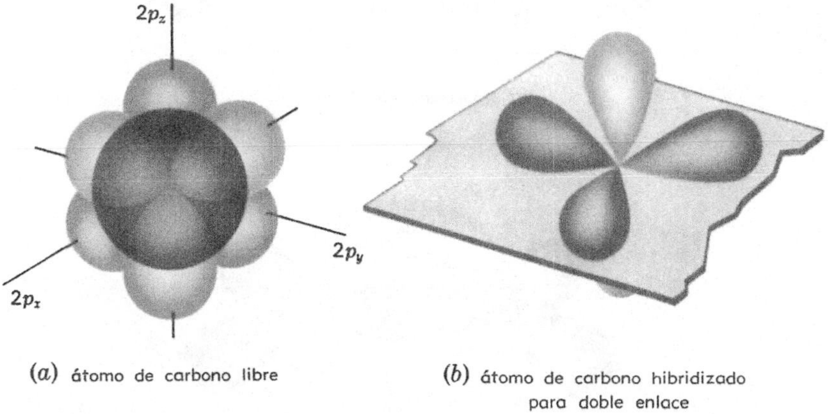

Figura 1-22. Hibridación sp^2 del átomo de carbono

La adición de dos carbonos con orbitales híbridos sp^2 formando un enlace σ y otro π por recubrimiento sp^2-sp^2 y $2p$-$2p$ respectivamente, da lugar al esqueleto carbonado del etileno. El recubrimiento de un orbital $1s$ de un hidrógeno con cada uno de los restantes orbitales sp^2 completa la imagen del etileno. Los seis átomos yacen sobre un plano (ver Fig. 1-23*a*).

El doble enlace se compone de dos enlaces distintos, uno σ y otro π. Los orbitales p se recubren debido a que tienen una orientación favorable (paralela) y tal recubrimiento se representa comúnmente mediante líneas que los conectan. (Si el dibujo se hiciera a escala, los orbitales p se recubrirían efectivamente). Este recubrimiento p-p se denomina enlace π y no tiene carácter σ. Aunque en el etileno, sólo hay un enlace π, tiene dos lóbulos, uno por encima y otro por debajo del plano de la molécula. Los enlaces π son más débiles que los enlaces σ y están más disponibles; esos dobles enlaces o centros insaturados, sufren fácilmente reacciones de adición. Nótese que la molécula no tiene rotación libre alrededor del doble enlace; los enlaces π no tienen simetría axial

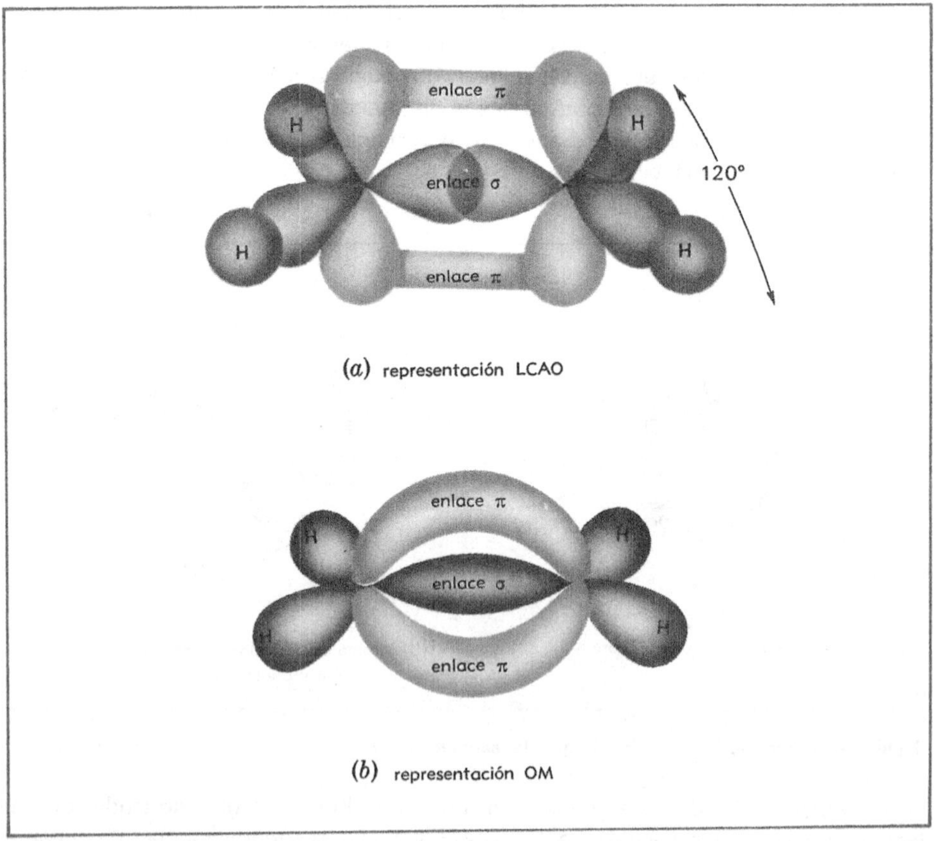

Figura 1-23. Molécula del etileno

entre los átomos y mantienen la molécula en configuración plana debido a que el máximo recubrimiento sólo se alcanza cuando los ejes de los orbitales *p* son paralelos. Los ángulos de enlace esperados para H—C—H y H—C—C son de unos 120°. La imagen, según el enlace orbital-molecular, se indica en la Fig. 1-23*b*. Recuérdese que la combinación de dos orbitales atómicos da lugar a dos orbitales moleculares; aquí sólo se indica el orbital molecular enlazante, el antienlazante se desprecia como antes.

1-9 TRIPLES ENLACES ENTRE CARBONOS

El acetileno, HC≡CH, contiene un triple enlace carbono-carbono. Los átomos de carbono se hibridizan empleando en ello un orbital *s* y sólo un orbital *p* para dar dos nuevos orbitales *sp*; para el enlace π se dispone de dos orbitales *p* inalterados formando entre sí un ángulo de 90° (Figs. 1-24 y 1-25). En el acetileno, dos de los fragmentos híbridos de esos carbonos se combinan con dos orbitales 1*s* del hidrógeno. La nube electrónica de los nuevos enlaces π formados se distribuye con simetría cilíndrica alrededor del enlace σ carbono-carbono (ver Fig. 1-26). Nótese que un orbital *p* sólo puede recubrirse efectivamente con otro *p* adyacente cuando sus ejes son paralelos. El acetileno es una molécula lineal; los ángulos H—C—C y C—C—H son de 180°.

Como se ha indicado anteriormente, los átomos distintos del carbono e hidrógeno, tales como B, N, O y S, se conocen en química orgánica con el nombre de heteroátomos. Los enlaces que forman con el carbono indican que sus orbitales se hibridizan a veces como los del carbono al que se unen. Otros heteroátomos, tales como los halógenos, pueden representarse mediante la imagen de orbital atómico con el recubrimiento adecuado.

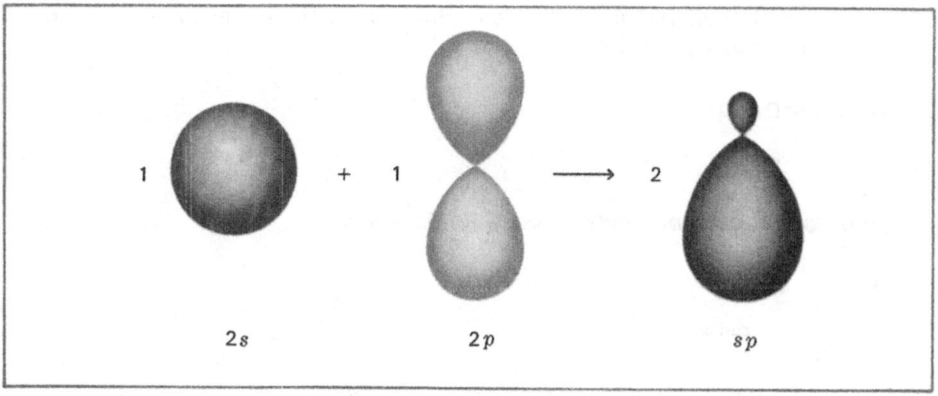

Figura 1-24. Hibridación *sp*

Dibujar la imagen LCAO para cada una de las moléculas siguientes, indicando los orbitales atómicos y los electrones. Nombrar la hibridación de orbitales y los enlaces (σ o π) e indicar los ángulos de enlace aproximados formados por todos los grupos de tres átomos contiguos. Para mayor claridad en los diagramas será muy útil el empleo de lápices de colores.

1. $CH_2{=}CH{-}CH{=}CH_2$

1,3-butadieno

Señálese el recubrimiento de los orbitales p entre C_2 y C_3.

2. 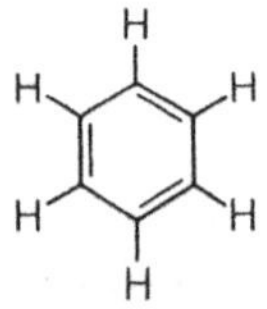

benceno

En esta molécula plana todos los orbitales p contiguos se recubren. ¿Es razonable que un anillo bencénico con un círculo inscrito sea una buena representación? Nótese la analogía del círculo con el orbital molecular π formado por encima y por debajo del plano de los 12 átomos.

3. $CH_2{=}CH{-}C{\equiv}C{-}H$

vinilacetileno

¡Cuidado aquí! Recordar que los orbitales p sólo se recubren con otros cuyos ejes sean paralelos.

4. $CH_2{=}C{=}CH_2$

aleno

¿Por qué el carbono central tiene hibridación sp?

5. CO_2

dióxido de carbono

¿A cuál de las anteriores moléculas se parece?

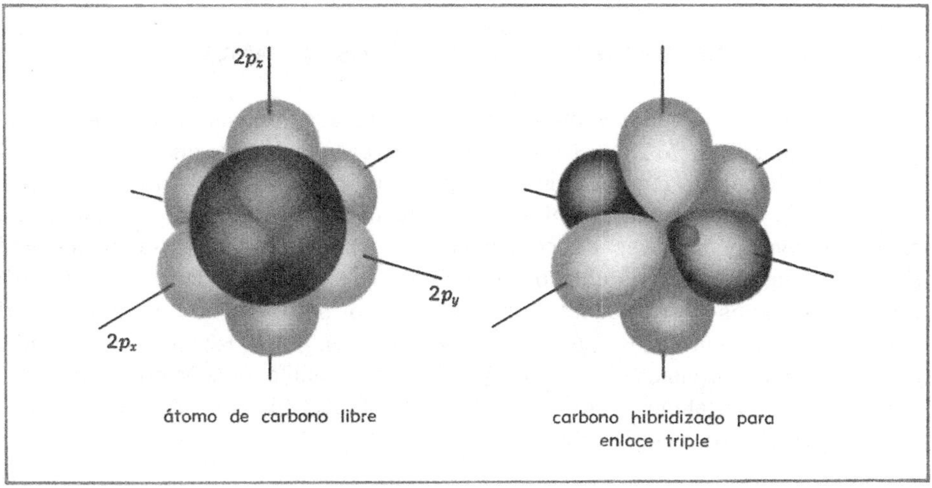

Figura 1-25. Hibridación sp en el átomo de carbono

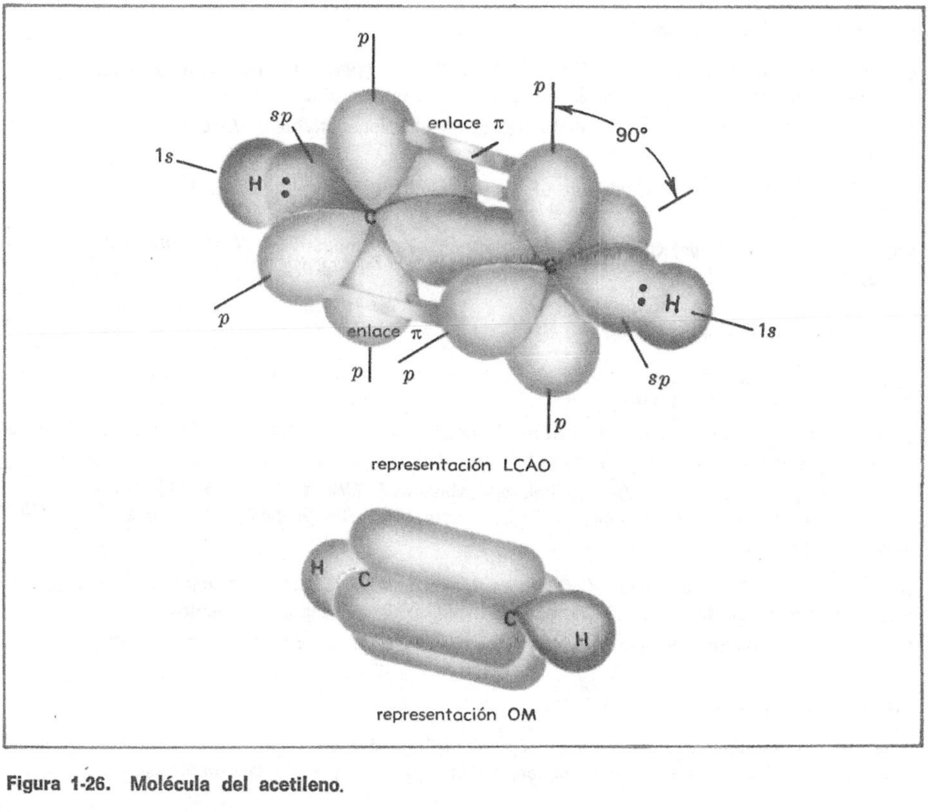

Figura 1-26. Molécula del acetileno.

CLASIFICACION GENERAL DE LOS COMPUESTOS ORGANICOS

El estudio de la química orgánica se simplifica agrupando las moléculas según los *grupos funcionales* (o tipos de lugares reactivos) que contienen. No es posible discutir un grupo funcional sin, por lo menos, referirse a otros. La tabla interior de la cubierta anterior es una *lista de referencia* de estructuras representativas y nombres de compuestos de cada grupo, que se mencionarán antes de que se hayan estudiado con detalle. Dése una ojeada a la lista y búsquense analogías y compuestos familiares; no se menciona para estudiarla ahora *ni ciertamente para aprenderla de memoria*. En la relación, R— significa cualquier grupo orgánico y Ar— un grupo con el anillo bencénico (u otro análogo como el naftaleno o fenantreno) unido al sustituyente. R—, R′— y R″— indican grupos orgánicos distintos.

LECTURAS RECOMENDADAS

Elecronegatividad y polaridad

Benson S. W.: Bond Energies, *J. Chem. Educ.*, **42**, 502 (1965). Un excelente artículo de referencia con discusión, tablas de valores y muchas citas bibliográficas.

Little, E. J. y M. Jones: A Complete Table of Electronegativities, *J. Chem. Educ.*, **37**, 231 (1960).

Thompson, H. B.: The Determination of Dipole Moments in Solution, *J. Chem. Educ.*, **43**, 66 (1966).

Wilmshurst, J. K.: Ionic Character, Polarity, and Electronegativity, *J. Chem. Educ.*, **39**, 132 (1962).

Orbitales atómicos y moleculares

Bent, H. A.: Distribution of Atomic *s* Character in Molecules and Its Chemical Implications, *J. Chem. Educ.*, **37**, 616 (1960).

Berry, R. S.: Atomic Orbitals, *J. Chem. Educ.*, **43**, 283 (1966). Un excelente artículo de referencia con ecuaciones, gráficos y citas bibliográficas.

Cohen, I.: The Shape of the *2p* and Related Orbitals, *J. Chem. Educ.*, **38**, 20 (1961).

Friedman, H. G., Jr., G. R. Choppin, y D. G. Feuerbacher: The Shapes of the *f*-orbitals, *J. Chem. Educ.*, **41**, 354 (1964).

Maybury, R. H.: The Language of Quantum Mechanics, *J. Chem. Educ.*, **39**, 367 (1962). Una discusión elemental de la mecánica cuántica que explica diversos conceptos.

Meislich, H.: Rules for Molecular Orbital Structures, *J. Chem. Educ.*, **40**, 401 (1963).

Estructura y repulsión electrónicas

Bent, H. A.: Isoelectronic Systems, *J. Chem. Educ.*, **43**, 170 (1966). Un excelente artículo de referencia en el que se discute el concepto con ejemplos y citas bibliográficas.

Goldwhite, H.: Elementary One-upmanship: H or C?, *J. Chem. Educ.*, 41, 626 (1964). Una interesante respuesta a la pregunta: ¿Existen más compuestos con carbono o con hidrógeno?

Pankhurt, M. H.: The Electronic Structures and Stereochemistry of NO_2, NO_2^+ y NO_2^-, *J. Chem. Educ.*, **39**, 270 (1962).

Sanderson, R. T.: Principles of Chemical Bonding, *J. Chem. Educ.*, **38**, 382 (1961).

Sanderson, R. T.: A Rational Periodic Table, *J. Chem. Educ.*, **41**, 187 (1964).

Desarrollo histórico de la estructura química

Brown, H. C.: Foundations of the Structural Theory, *J. Chem. Educ.*, **36**, 104 (1959). Pasa revista de los fundamentos sobre los que Kekulé y Couper desarrollaron la teoría estructural.

Kekulé-Couper Centennial Symposium

Campaigne, E.: The Contributions of Fritz Arndt to Resonance Theory, *J. Chem. Educ.*, **36**, 336 (1959). Da una referencia histórica de los primeros químicos que contribuyeron a la teoría estructural de la química orgánica.

Hiebert, E. N.: The Experimental Basis of Kekulé's Valence Theory, *J. Chem. Educ.*, **36**, 320 (1959).

Leicester, H. M.: Contributions of Butlerov to the Development of Structural Theory, *J. Chem. Educ.*, **36**, 328 (1959).

Strong, F. C., III: The Atomic Form Periodic Table, *J. Chem. Educ.*, **36**, 344 (1959).

PROBLEMAS †

1. Determinar la dirección y polaridad de cada enlace y establecer si la molécula tiene o no momento dipolar resultante en cada uno de los compuestos siguientes:

★(*a*) 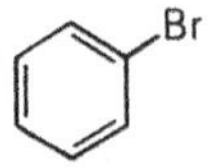

bromobenceno

★(*b*) ICl, monocloruro de yodo

★(*c*) 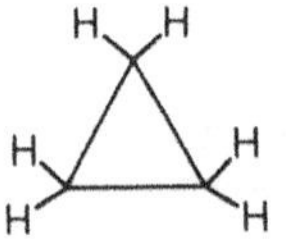

, ciclopropano

★(*d*) HCCH, acetileno

(*e*) CH_2O, formaldehído

(*f*) $CHCl_3$, cloroformo

★(*g*) CH_2CH_2, etileno

★(*h*) 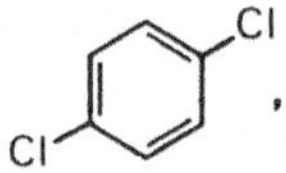

, *p*-diclorobenceno

2. Escribir las estructuras de Lewis (fórmulas con puntos) para cada una de las moléculas siguientes. Disponer todos los electrones de valencia e indicar con claridad las cargas formales en su caso.

(*a*) los compuestos de la Tabla 1-5

★(*b*) CH_3CH_2OH, alcohol etílico

★(*c*) $CHCl_3$, cloroformo

(*d*) CH_3OCH_3, dimetiléter

(*e*) 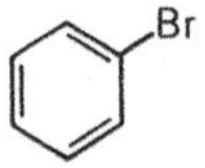

, bromobenceno

★(*f*) CH_3F, fluormetano

★(*g*) CH_3NH_2, metilamina

★(*h*) HCCH, acetileno

(*i*) CH_3ONa, metóxido sódico (iónico)

★(*j*) CH_3MgI, yoduro de metilmagnesio (iónico el enlace C^-Mg^+)

(*k*) $AlCl_3$, cloruro de aluminio

(*l*) PCl_5, pentacloruro de fósforo

(*m*) Cl_2, cloro

★(*n*) CH_2O, formaldehído

(*o*) CH_2CHCl, cloruro de vinilo

★(*p*) H_2NCN, cianamida

† Las contestaciones a los problemas marcados con asterisco se dan en la sección inmediatamente anterior al índice.

3. Empleando estructuras de Lewis (fórmulas con puntos), indicar por lo menos dos estructuras razonables que puedan contribuir significativamente en el híbrido de resonancia de *cada* una de las moléculas o iones siguientes. Disponer *todos* los electrones de valencia e indicar con claridad la(s) carga(s) formal(es) en su caso.

★(*a*) CH_2N_2, diazometano (*Aviso*: contiene un enlace nitrógeno-nitrógeno, pero no es cíclico)

★(*b*) $CH_2{=}CH{-}C(=O)H$, acroleína o propenal

(*c*) $CH_3{-}C(=O){-}CH{=}CH_2$, metil vinil cetona

★(*d*) $(CH_3)_3PO$, óxido de trimetilfosfina

(*e*) CH_3NO_2, nitrometano (*Aviso:* contiene un enlace nitrógeno-carbono).

(*f*) H_2SO_4, ácido sulfúrico

★(*g*) HNO_3, ácido nítrico

★(*h*) 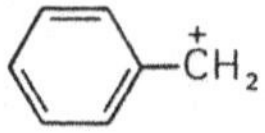 , catión bencilo

(*i*) 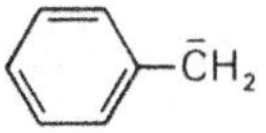 , anión bencilo

(*j*) 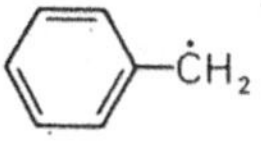 , radical bencilo

(*k*) $CH_2{=}CH{-}\overset{+}{C}H_2$, catión alilo

(*l*) $CH_2{=}CH{-}\overline{C}H_2$, anión alilo

★(*m*) $CH_2{=}CH{-}\dot{C}H_2$, radical alilo

(*n*) SO_3, trióxido de azufre

4. (*a*) Dibujar con claridad y pulcritud la imagen LCAO (orbital-molecular) para cada uno de los compuestos siguientes. Designar la hibridación de cada orbital y todos los enlaces según sean σ o π, señalando mediante sombreado el recubrimiento de los orbitales. Los heteroátomos (excepto los halógenos) suelen hibridizarse de una manera análoga al carbono con el que se unen.

(*b*) Sobre un diagrama aparte que contenga sólo los símbolos de los átomos y los enlaces (fórmulas estructurales desarrolladas), indíquense los ángulos teóricos de enlace.

★(*i*) HCCCN, cianoacetileno

★(*ii*) C_3H_6, propeno o vinilmetano

(*iii*) $CH_3CH{=}CO$, metilcetena

(*iv*) HCCCCH, diacetileno

★(*v*) CH_2CHCHO, acroleína o propenal

(*vi*) CH_2CHCl, cloruro de vinilo

★(*vii*) CH_3CHCCH_2, metilaleno

(*viii*) 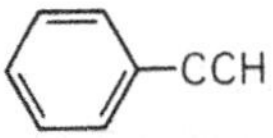 , fenilacetileno

(*ix*) CH_3CN, acetonitrilo o cianuro de metilo

★(*x*) $-CH{=}CH_2$, estireno o vinilbenceno

(*xi*) $H_2N{-}NH_2$, hidracina

(*xii*) $CH_3{-}\underset{\underset{\displaystyle O}{\|}}{C}{-}CH_3$, acetona

★**5.** Véase la tabla de la cubierta anterior y desígnense los grupos funcionales de estas moléculas. Cada una de ellas es un esteroide natural con un esqueleto carbonado de ciclopentano perhidrofenantreno.

(*a*)

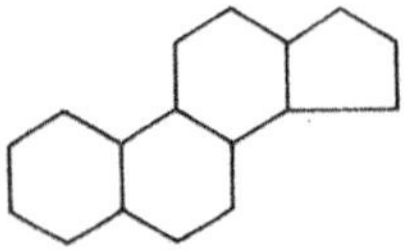

ciclopentano perhidrofenantreno
Indicar claramente todos los átomos de hidrógeno en esta molécula

(*b*)

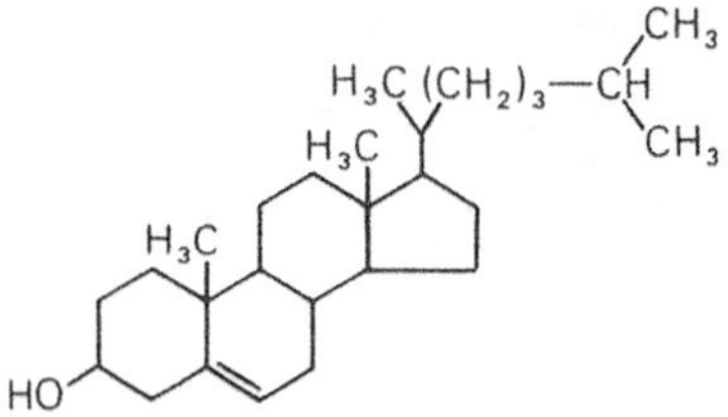

colesterol
se encuentra en la sangre de los animales y cálculos biliares

(*c*)

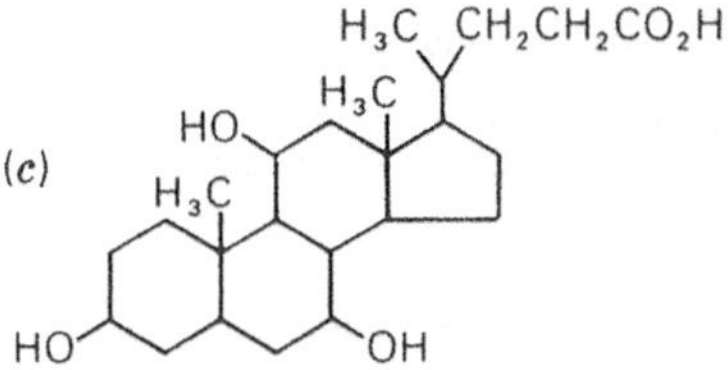

ácido cólico
se encuentra en la bilis humana y de buey

(*d*)

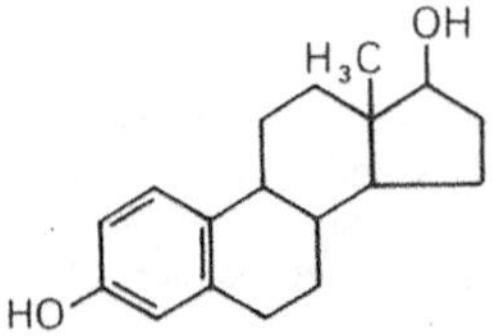

estradiol
hormona sexual femenina producida en los ovarios

(*e*)

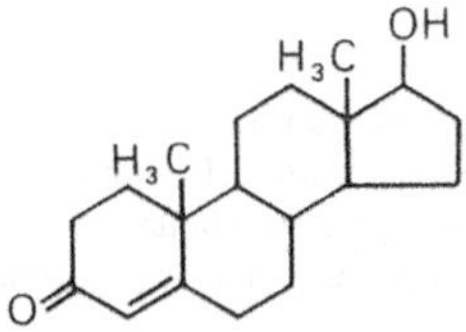

testosterona
hormona sexual masculina producida en los testículos

(*f*)

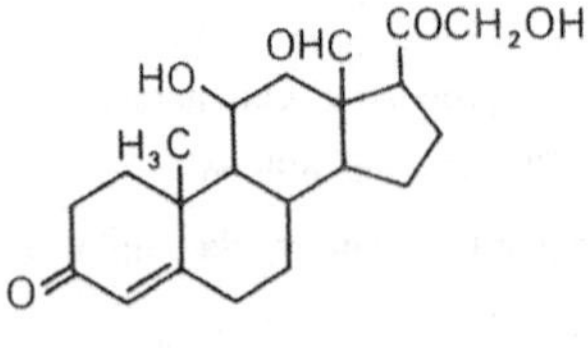

aldosterona
producida en las adrenales situadas en los riñones

(*g*)

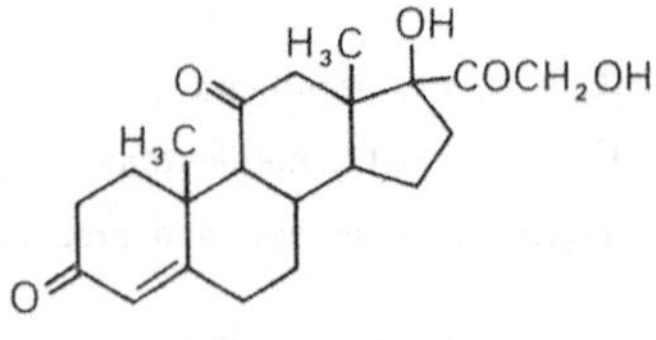

cortisona
empleada en el tratamiento de la artritis reumatoide

Capítulo dos

Los *alcanos,* o *hidrocarburos parafínicos,* que son los compuestos orgánicos más sencillos, no tienen grupos funcionales, ya que todos los átomos de carbono se enlazan, bien a otros carbonos mediante enlaces sencillos, o a átomos de hidrógeno. Estos compuestos son relativamente inertes en las condiciones ordinarias de laboratorio, pero se les puede forzar a entrar en reacción mediante un tratamiento drástico. Con frecuencia esas reacciones son de limitada importancia para el investigador de laboratorio, pero la reactividad de los alcanos tiene considerable interés industrial debido a su empleo como combustibles. El gas natural y la gasolina del petróleo son, en su mayor parte, términos inferiores de la serie de los alcanos. Aunque las reacciones de este capítulo se emplean poco en el laboratorio, constituyen un punto de partida conveniente para el estudio de la química orgánica.

Tiene gran importancia el apartado de nomenclatura. Este lenguaje es necesario para comunicarse eficazmente; se aprende fácilmente con la práctica, pero no es un fin en sí mismo. Después de profundizar en este capítulo se encontrarán menos preguntas de nomenclatura en los sucesivos; es de esperar que se aprenda el lenguaje al principio del estudio de la química orgánica.

Se denomina *mecanismo* de la reacción al camino detallado por el que tiene lugar una reacción. Responde a la pregunta: *¿Cómo* tiene lugar la reacción? Este concepto se introduce avanzado el capítulo y en el texto se usará constantemente para explicar el curso de muchas reacciones químico-orgánicas.

ESTRUCTURA

Teniendo en cuenta que los alcanos contienen sólo enlaces sencillos carbono-carbono y carbono-hidrógeno, todos los orbitales del carbono son híbridos sp^3. En la disposición preferida del esqueleto de carbono, los átomos de este elemento en tales moléculas forman una cadena en zigzag con ángulos C—C—C de unos 109°, en lugar de la cadena recta que se escribe corrientemente en las

Alcanos (Parafinas)

fórmulas estructurales. La posición relativa de los átomos individualmente unidos en una molécula, se denomina *conformación*. A consecuencia de la rotación libre alrededor del enlace sencillo carbono-carbono, son posibles un número infinito de conformaciones en la molécula del etano. Las dos más extremas se muestran en la Fig. 2-1 mediante fórmulas de «caballete» y proyecciones de Newman. Las últimas se construyen mirando la molécula a lo largo del eje del enlace carbono-carbono; sólo se ve el primer átomo de carbono. La conformación de menor energía es aquella en que los átomos de hidrógeno no enlazados

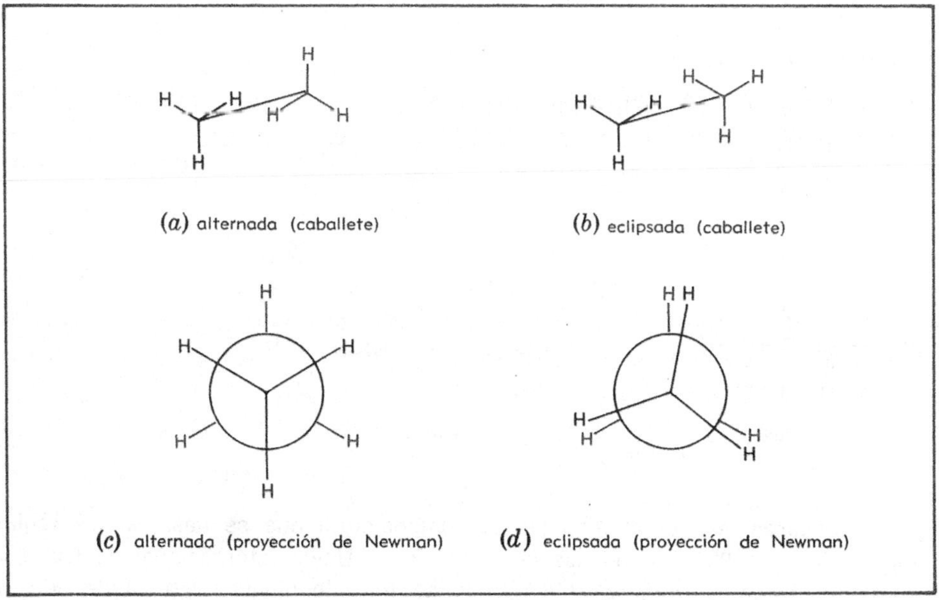

Figura 2-1. Conformaciones alternada y eclipsada del etano

al mismo carbono están lo más apartados posible; se denomina *conformación alternada*. En la *conformación eclipsada* los átomos de hidrógeno están, en realidad, visiblemente eclipsados cuando examinamos el modelo en la dirección del eje del enlace carbono-carbono. Esas consideraciones conformacionales se aplican también a los alcanos superiores y se emplearán más tarde para predecir el curso de ciertas reacciones químicas.

NOMENCLATURA

2-1 METANO, ETANO Y PROPANO

Las fórmulas de los compuestos orgánicos pueden escribirse en forma desarrollada o abreviada

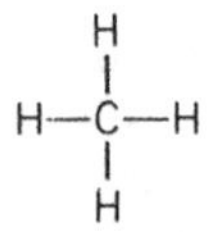

CH_4

desarrollada abreviada

metano

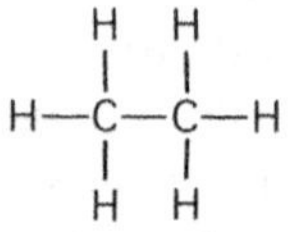

$CH_3—CH_3$ o C_2H_6

desarrollada abreviada

etano

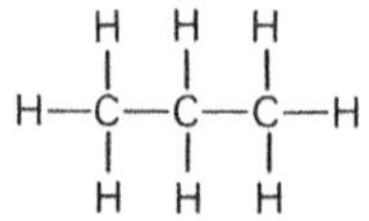

$CH_3CH_2CH_3$ o C_3H_8

desarrollada abreviada

propano

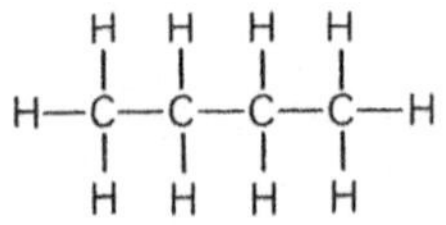

$CH_3CH_2CH_2CH_3$ o $CH_3(CH_2)_2CH_3$

desarrollada abreviada

butano

Estudiaremos aquí el sistema de nomenclatura que se basa en las reglas formuladas en 1930 y revisadas en 1949 por la Unión Internacional de Química Pura y Aplicada, el *sistema IUPAC*. No se formuló ningún sistema de nomenclatura hasta mucho después de reconocer y estudiar ampliamente muchos compuestos orgánicos, aunque en las primeras reuniones científicas se estableció un grupo menos completo de reglas en las que se basan muchas de las actuales. Cierto número de compuestos orgánicos, particularmente aquellos que al principio se encontraron en la naturaleza, se conocen con nombres comunes o vulgares. Estudia y aprende en este texto el sistema de nomenclatura IUPAC. Sus nombres son siempre correctos, aunque incorpora algunos nombres vulgares debido a su empleo corriente.

El metano, etano, propano y alcanos superiores, difieren uno de otro en un grupo —CH_2—. Se puede escribir para ellos la fórmula general C_nH_{2n+2}. A esas series de compuestos que tienen el mismo grupo funcional y en las que cada miembro difiere del anterior en una unidad determinada, se las denomina *series homólogas*. Los miembros de la serie homóloga de los alcanos se designan con el nombre básico de la cadena de carbonos y la desinencia genérica *-ano*.

Metano:	CH_4
Etano:	CH_3CH_3
Propano:	$CH_3CH_2CH_3$
Butano:	$CH_3CH_2CH_2CH_3$
Pentano:	$CH_3CH_2CH_2CH_2CH_3$
Hexano:	$CH_3CH_2CH_2CH_2CH_2CH_3$

Cuando los alcanos reaccionan perdiendo un hidrógeno, el *grupo alquilo* resultante, que es inestable y sigue la reacción, puede escribirse también de forma desarrollada o abreviada. Sólo existe un grupo metilo y un etilo, pero existen dos grupos propilo

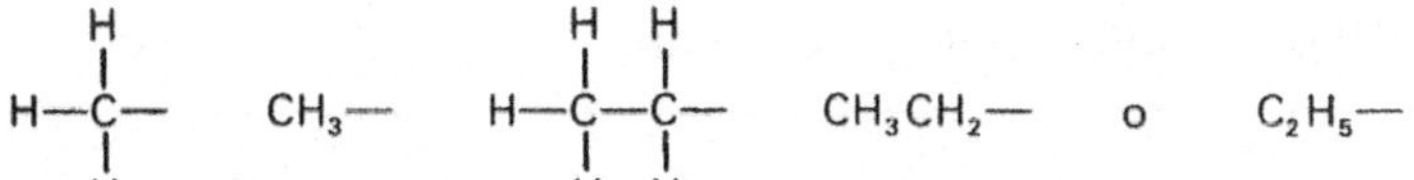

grupo metilo   grupo etilo

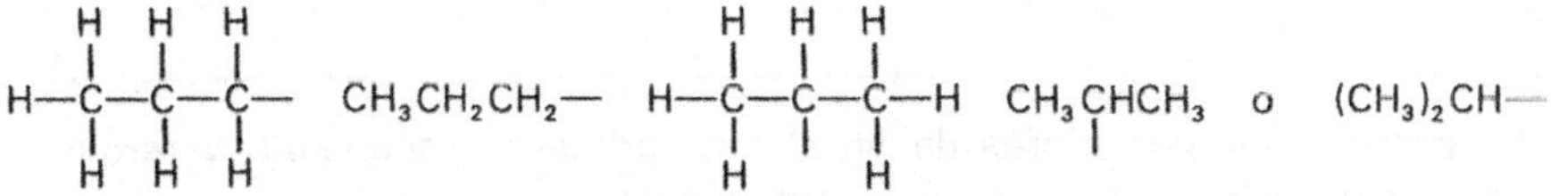

grupo 1-propilo, IUPAC (grupo *n*-propilo, común)   grupo 2-propilo, IUPAC (grupo isopropilo, común)

La formulación $C_3H_7^-$ es por consiguiente ambigua y no debiera usarse. Los hidrocarburos de cadena recta se denominan alcanos *normales*, y los que tienen un grupo metilo como ramificación terminal son los correspondientes *iso-alcanos*. En lugar de escribir $C_3H_7^-$, escríbase *n*-C_3H_7 o *i*-C_3H_7—; esos grupos son el *n*-propilo y el isopropilo. La nomenclatura IUPAC emplea números para señalar la posición de cada sustituyente. El primer compuesto del siguiente problema se denomina bromuro de isopropilo (vulgar, dos palabras) o 2-bromo-propano (IUPAC, una palabra).

> Nombrar los siguientes compuestos
>
> 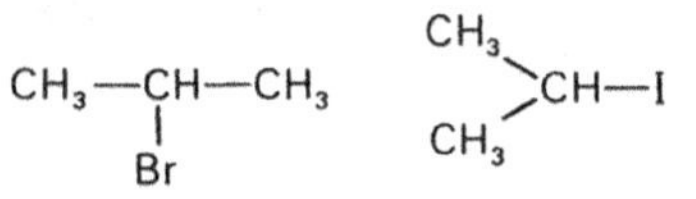
>
> $CH_3CH_2CH_2Cl$

Se dice que un átomo de carbono es *primario* (designado por 1.°); *secundario*, 2.°; *terciario*, 3.°; o *cuaternario*, 4.°, según el número de otros átomos de carbono unidos a él. El propano, $CH_3CH_2CH_3$, tiene dos átomos de carbono primarios (los terminales) y un carbono secundario. Nótese el empleo de paréntesis en el problema siguiente para indicar los grupos situados sobre un átomo dado cuando la estructura química se escribe en línea recta.

> ¿Cuántos átomos de carbono 1.°, 2.°, 3.° y 4.° hay en los siguientes compuestos?
>
> **1.** $(CH_3)_3C—CH_2—CH_2—CH(CH_3)—CH_2—C(CH_3)_3$
>
> **2.** $(CH_3)_2CH—CH(CH_3)—C(CH_3)_2—CH_2—CH_2—CH_3$

Un grupo funcional tal como el hidroxilo —OH de los alcoholes se dice que es primario, 1.°, secundario, 2.°, o terciario, 3.°, según la clase de *átomo de carbono* al que está unido.

> **1.** Escribir las estructuras de un alcohol primario, secundario y terciario, R—OH y las de sus bromuros correspondientes R—Br.
>
> **2.** ¿Por qué no pueden haber alcoholes o bromuros cuaternarios?

2-2 BUTANO

Para el butano, C_4H_{10}, cuarto término de la serie C_nH_{2n+2}, pueden escribirse dos estructuras.

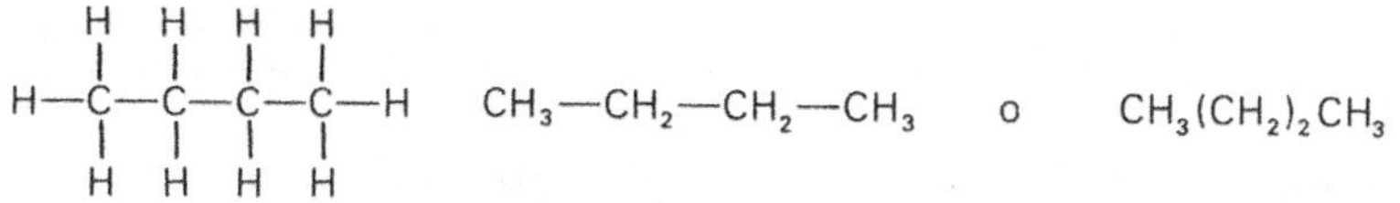

n-butano (nombre común) (butano, IUPAC)

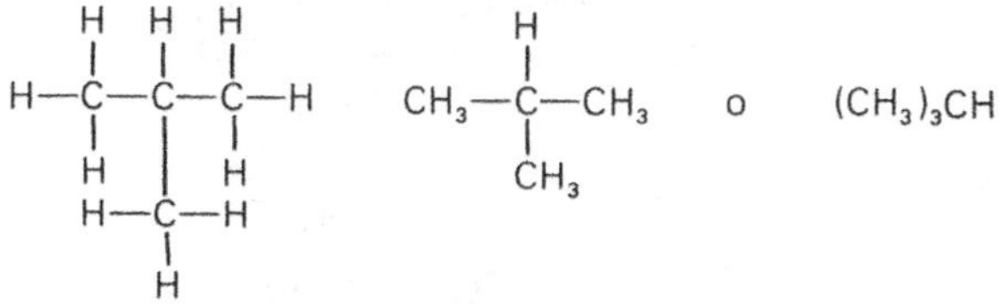

isobutano, común (2-metilpropano, IUPAC)

Los compuestos que tienen la misma fórmula molecular pero distintas fórmulas estructurales, se denominan isómeros estructurales. Hay tres tipos de isómeros estructurales: (1) *isómeros de esqueleto,* tales como los butanos en los que las cadenas de carbono son diferentes; (2) *isómeros de posición,* tales como los bromuros de propilo en los que difiere la posición del sustituyente; y (3) *isómeros funcionales* que explicamos con la fórmula C_2H_6O, que representa el éter dimetílico, CH_3—O—CH_3 o el alcohol etílico CH_3CH_2OH. En capítulos posteriores discutiremos otros tipos de isomería.

Los grupos alquilo que se derivan de los butanos se indican en la Tabla 2-1, empleando como ejemplo los bromuros. Nótense las abreviaciones *sec* o *s* para secundario y *terc* o *t* para terciario. Puesto que las dos estructuras C_4H_{10} no son idénticas, los grupos $C_4H_9^-$ derivados de ellas son distintos. Para determinar el número de isómeros que corresponde a un alcano monosustituido, por ejemplo, $C_5H_{11}Cl$, escríbanse *primero* las estructuras de todos los alcanos C_5H_{12} y véase el número de grupos alquilo diferentes que se derivan de cada una.

Los bromuros derivados del *n*-butano son el bromuro de *n*-butilo (vulgar, dos palabras) o 1-bromobutano (IUPAC, una palabra) y el bromuro de *sec*-butilo o 2-bromobutano. Nótese que el 1-bromobutano es un halogenuro primario y el 2-bromobutano es secundario; este último es un halogenuro de *sec*-alquilo. *Los sistemas de nomenclatura no deben mezclarse.* Los siguientes nombres son incorrectos: bromuro de 1-butilo y cloruro de 2-propilo. El bromuro de *terc*-butilo se llama también 2-bromo-2-metilpropano, que se escribe en una sola palabra empleando guiones para separar los números del nombre del sustituyente. Los números se separan unos de otros mediante comas; por ejemplo, 2,2-dibromopropano, $CH_3CBr_2CH_3$.

Tabla 2-1. Grupos alquilo derivados de los butanos

Del *n*-butano	
$CH_3CH_2CH_2CH_2—Br$	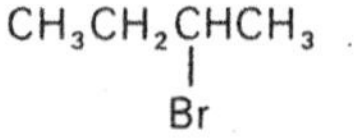
bromuro de *n*-butilo, vulgar (1-bromobutano IUPAC)	bromuro de *sec*-butilo, vulgar (2-bromobutano, IUPAC)
Del isobutano	
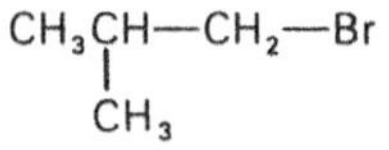	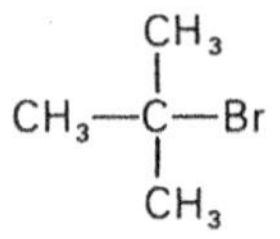
bromuro de isobutilo, vulgar (1-bromo-2-metilpropano, IUPAC)	bromuro de *ter*-butilo, vulgar (2-bromo-2-metilpropano, IUPAC)

2-3 REGLAS DE NOMENCLATURA IUPAC

Los nombres comunes o vulgares resultan excesivamente complejos cuando las estructuras orgánicas contienen más de cinco carbonos; la nomenclatura sistemática IUPAC es por consiguiente cada vez más importante para una explicación consistente. La nomenclatura requiere sencillez, prontitud de comprensión y facilidad de empleo. Una palabra de atención: no confundirse cuando

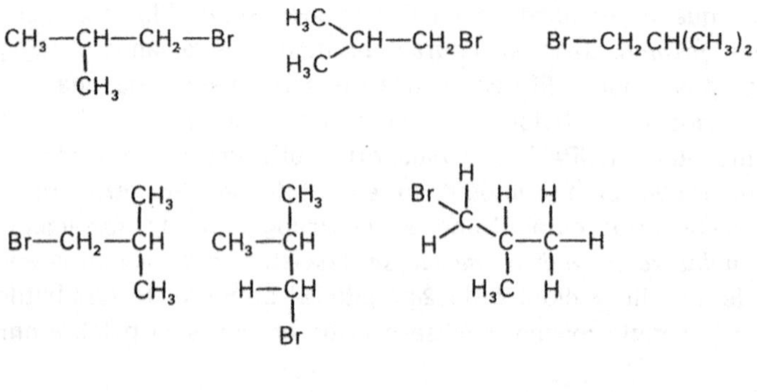

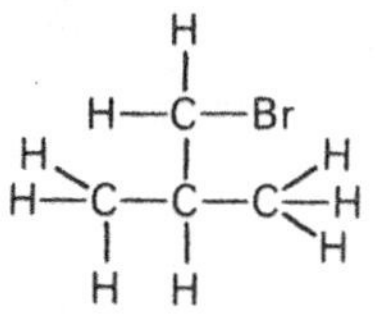
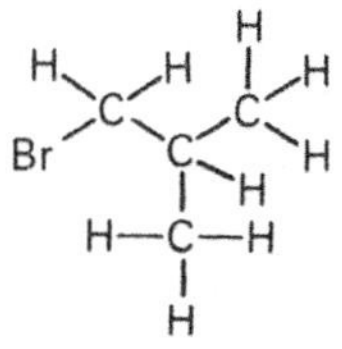

$CH_3-CH(CH_3)-CH_2Br$

una estructura no esté escrita en la forma acostumbrada. Las anteriores representaciones del bromuro de isobutilo son idénticas, aunque algunas de ellas sean más convenientes, más familiares o más convencionales que las demás.

Aunque los cuatro primeros alcanos tienen nombres comunes, los de los restantes se basan sobre raíces griegas que designan el número de carbonos (Tabla 2-2). Los demás compuestos orgánicos tienen nombres IUPAC determinados por el alcano del que se derivan y la naturaleza y posición de los grupos funcionales en la molécula. El grupo funcional orgánico puede ser un enlace múltiple carbono-carbono, el punto de unión de un heteroátomo, tal como el oxígeno, nitrógeno o halógeno o de un grupo de átomos (ver el interior de la cubierta anterior). La mayoría de las reacciones orgánicas ocurren en esos lugares vulnerables e implican cambio o pérdida de la función.

A continuación se dan algunas de las reglas de nomenclatura IUPAC. Puede hallarse un conjunto más completo en el «Handbook of Chemistry and Physics» †. Empleamos como ejemplo $CH_3CH(CH_2CH_3)CH(Cl)CH_2CH(Br)CH_3$.

1. Hallar la cadena continua de carbono más larga. prescíndase de la dirección de la cadena y escríbase el nombre fundamental.

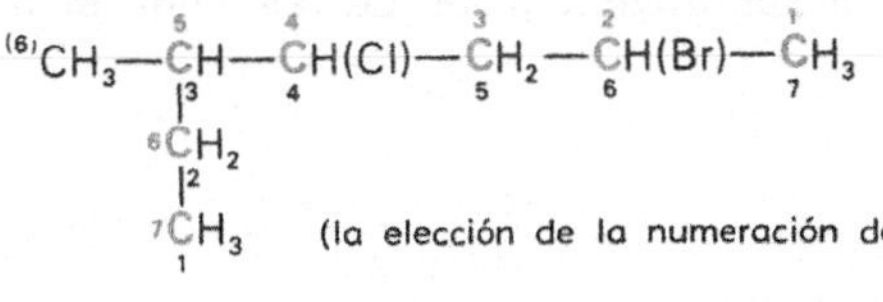

(la elección de la numeración depende de la regla 3)

En este caso la cadena de carbono más larga contiene siete carbonos y el compuesto es, por consiguiente, un *heptano.*

2. En compuestos que contienen grupos funcionales, se da el número más bajo a la *función primaria,* tal como

$-OH \quad >C{=}O \quad$ o $\quad -CO_2H$

† R. C. Weast (ed.) «Handbook of Chemistry and Physics», 49th ed., pp. C1-C52, Chemical Rubber Publishing Company, Cleveland, Ohio, 1968. Existe una traducción española de las Reglas por J. Pascual, editada por la Real Soc. Esp. de Física y Química.

Tabla 2-2. Serie homóloga C_nH_{2n+2}

C_1	metano	C_9	nonano
C_2	etano	C_{10}	decano
C_3	propano	C_{11}	undecano (Latin) hendecano (Griego)
C_4	butano	C_{12}	dodecano
C_5	pentano	C_{20}	eicosano
C_6	hexano	C_{30}	triacontano
C_7	heptano	C_{50}	pentacontano
C_8	octano		

En orden preferente de numeración siguen los dobles y triples enlaces, y finalmente los sustituyentes tales como un grupo alquilo o un átomo de halógeno. Usualmente se elige la cadena más larga que contenga el máximo número de grupos funcionales o sustituyentes.

3. Numerar los átomos de carbono de la cadena que se indica a continuación, de tal modo que a los grupos funcionales o sustituyentes les corresponda el número más bajo posible.

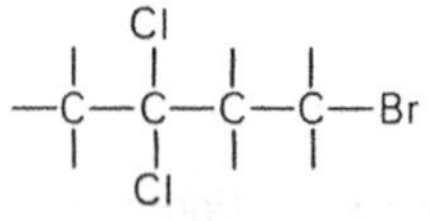

(Nótese que los números 1,3,3 son menores que 2,2,4 en función del menor valor *individual,* esto es 1 vs. 2). La numeración del ejemplo es

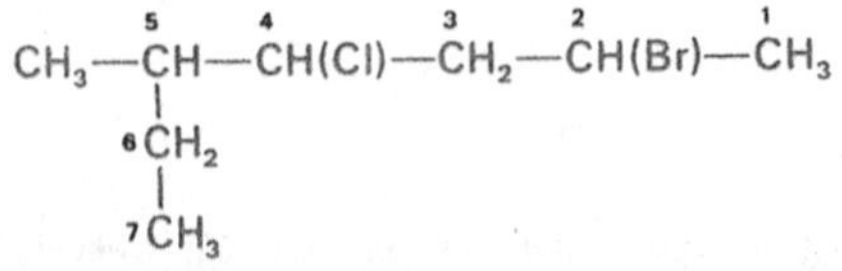

puesto que 2,4,5 es menor que 3,4,6.

4. Dése a cada sustituyente un nombre y un número empleando los prefijos di- (2), tri- (3), tetra- (4), penta- (5), hexa- (6), etc. Si existiera ambigüedad dése preferencia por orden alfabético (bromo antes de cloro) o por el tamaño (metilo antes de etilo). El nombre del compuesto empleado como ejemplo es *2-bromo-4-cloro-5-metilheptano.*

5. Las cadenas laterales complejas se nombran indicando el punto de unión a la cadena principal, dando a ese carbono el número 1 de la cadena lateral, que se expresará entre paréntesis.

Ejemplos :

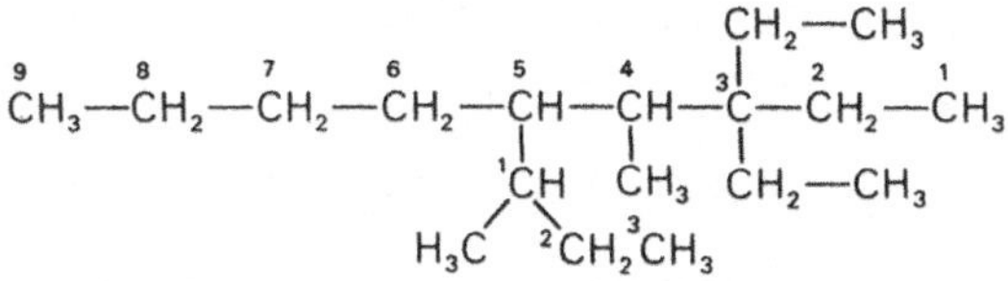

4-metil-3,3-dietil-5-(1-metilpropil)nonano
(4-metil-3,3-dietil-5-*sec*-butilnonano)

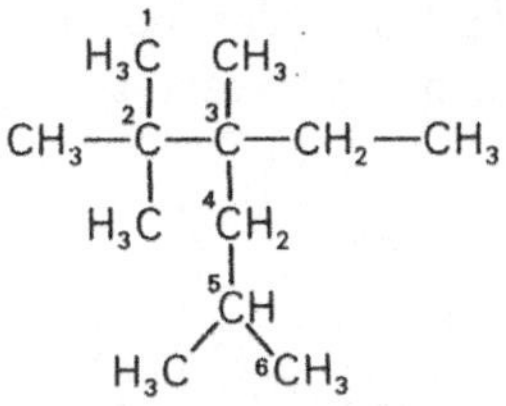

2,2,3,5-tetrametil-3-etilhexano

(Cualquiera de los tres grupos metilo terminales podría haberse numerado con el 1, y cualquiera de los dos últimos pudiera haber sido designado por el 6.)

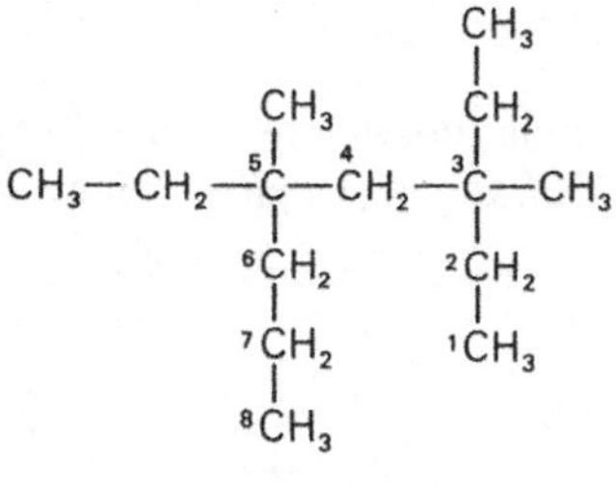

3,5-dimetil-3,5-dietiloctano

PROPIEDADES FISICAS

Los cuatro primeros hidrocarburos de la serie de los alcanos son gases a la temperatura ambiente, pero los alcanos normales de C_5 a C_{18} son líquidos. El *n*-pentano (p. eb. 36°) y el *n*-hexano (p. eb. 68°) se emplean con frecuencia como disolventes debido a que se eliminan fácilmente por destilación. Los hidrocarburos ramificados tienen generalmente puntos de ebullición más bajos que los normales.

La densidad de los alcanos, considerada como *relativa* a la del agua a la misma temperatura, oscila desde 0,6 a 0,8 aproximadamente. Y puesto que los alcanos son inmiscibles con el agua, flotan en su superficie.

REACCIONES

Los alcanos son prácticamente inertes y generalmente insolubles no sólo en los disolventes polares corrientes tales como el agua, sino también en ácido sulfúrico concentrado en frío (25°). En condiciones específicas esos hidrocarburos sufren algunas reacciones, la mayoría de las cuales no son de carácter preparativo en el laboratorio, pero alcanzan muchas y diversas aplicaciones industriales.

2-4 O_2: ANALISIS POR COMBUSTION

La reacción de los combustibles (alcanos) con el aire (oxígeno) desprende energía que proporciona fuerza motriz para usos diversos en nuestra sociedad industrial. La combustión completa de los compuestos orgánicos en el laboratorio permite calcular la fórmula mínima o *fórmula empírica.* Tal fórmula empírica puede calcularse cuando se quema un peso determinado de un compuesto orgánico en exceso de oxígeno y se miden los pesos de CO_2 y H_2O producidos.

Ejemplo : $C_3H_8 + 5O_2 \longrightarrow 3CO_2 + 4H_2O$

(Si se tiene interés por problemas numéricos más detallados, consúltese un texto de química general.) Para determinar la *fórmula molecular* única, es necesario conocer también el peso molecular.

2-5 Cl_2, Br_2: HALOGENACION FOTOQUIMICA

Los alcanos reaccionan con cloro o bromo en presencia de luz para dar hidrocarburos halogenados. El fluor elemental reacciona con violencia explosiva y el resultado final es generalmente tetrafluoruro de carbono, CF_4, con ruptura de todos los enlaces carbono-carbono. En sorprendente contraste, el yodo, I_2, no reacciona frente a los alcanos incluso cuando se emplea en exceso y a temperaturas elevadas. Con el Cl_2 y Br_2, la reacción no da por lo general exclusivamente el producto monohalogenado.

General: $R{-}H + Cl_2 \xrightarrow{h\nu} R{-}Cl + HCl$

Específico: $CH_4 + Cl_2 \xrightarrow{h\nu} CH_3Cl + HCl$

cloruro de metilo
(clorometano)

Este producto puede seguir reaccionando

$$CH_3Cl + Cl_2 \xrightarrow{h\nu} CH_2Cl_2 + HCl$$

cloruro de metileno
(diclorometano)

Los símbolos $h\nu$ representan energía luminosa de frecuencia apropiada y provienen de la ecuación $E = h\nu$, donde E =energía, h= constante de Planck ν (letra griega nu) = frecuencia.

$$CH_3CH_3 + I_2(xs) \xrightarrow{h\nu} N.R.$$

Si no se produce reacción en un tiempo razonable en las condiciones empleadas normalmente para una reacción determinada, escribiremos N.R., que significa *no reacciona*. La palabra «exceso» la abreviaremos con la expresión xs.

En condiciones de halogenación fotoquímica, un anillo aromático que contenga un grupo metilo, se halogenará preferentemente en ese grupo; si fuera posible, la ulterior halogenación ocurriría en un segundo grupo metilo.

Ejemplos:

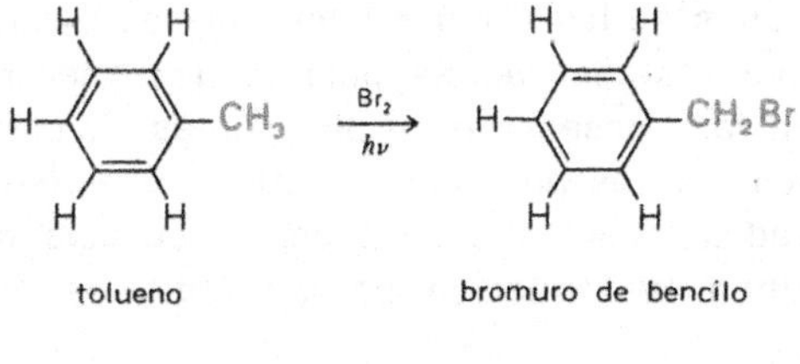

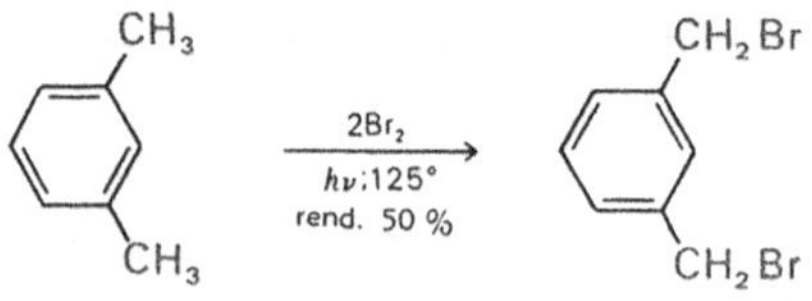

o-xileno

2-6 MECANISMO RADICALARIO DE LA HALOGENACION FOTOQUIMICA

En la sección anterior se han explicado reacciones generales y concretas de halogenación fotoquímica, pero sin indicar todavía *cómo* tiene lugar la reacción. Aquí describiremos formalmente la posición aproximada de los electrones interesados *durante* el curso de la reacción.

El principio de incertidumbre de Heisenberg establece que la posición y el momento (por consiguiente la energía) de una partícula sólo pueden determinarse con una aproximación dada. Así, cualquier mecanismo que escribamos será una aproximación de los valores relativos del tiempo y la energía.

Aunque muchas reacciones orgánicas tienen lugar a través de especies iónicas, es decir, por un *mecanismo iónico*, la halogenación fotoquímica y otras que estudiaremos más adelante transcurren por un camino *radicalario*. Un radical libre es un átomo sin carga o un grupo de átomos unidos, uno de los cuales tiene un electrón impar y necesita otro electrón para completar su octete. Por ejemplo:

El átomo de bromo $:\ddot{\underset{\cdot\cdot}{Br}}\cdot$

El radical metilo $H:\overset{H}{\underset{H}{\ddot{\underset{\cdot\cdot}{C}}}}\cdot$

Generalmente, sólo se representa el electrón impar en la forma siguiente: $Br\cdot$ o $CH_3\cdot$. Los mecanismos iónicos predominan en las reacciones que tienen lugar en disolución polar y entre reactivos que contienen enlaces polarizados, puesto que la formación de iones se facilita por tales enlaces polarizados y las cargas pueden dispersarse por los disolventes polares. Los mecanismos radicalarios son los preferidos en fase gaseosa o en disolventes no polares, puesto que los radicales son especies neutras pero muy reactivas, que tienden a ganar electrones. Las reacciones radicalarias se activan con frecuencia por la luz o temperaturas altas que facilitan la formación de los radicales iniciales. Los peróxidos, sustancias que contienen el enlace —O—O—, son buenas fuentes de radicales, ya que basta un suave calentamiento para romper el enlace —O—O—.

$$H—O—O—H \xrightarrow{\Delta} 2HO\cdot$$

La halogenación fotoquímica es también una *reacción en cadena*, en la cual son suficientes unos cuantos radicales iniciadores para multiplicarse varias veces en el producto final. Los pasos de una reacción en cadena se denominan, iniciación, propagación y terminación.

Mecanismo

Inicación: $Cl_2 \xrightarrow{h\nu} 2Cl\cdot$

Propagación: $Cl\cdot + CH_4 \longrightarrow CH_3\cdot + HCl$

$CH_3\cdot + Cl_2 \longrightarrow CH_3Cl + Cl\cdot$

Estos dos pasos se repiten muchas veces

Terminación: $Cl\cdot + Cl\cdot \longrightarrow Cl_2$ inversa a la iniciación

$Cl\cdot + CH_3\cdot \longrightarrow CH_3Cl$ *menor* fuento de producto

$CH_3\cdot + CH_3\cdot \longrightarrow CH_3CH_3$

La *iniciación* produce los primeros radicales, que sirven para iniciar el proceso en cadena. La *propagación* no implica una *neta* destrucción de los radicales, y el Cl· que se forma en el segundo paso de la propagación puede reaccionar a continuación con CH_4 y continuar, por lo menos teóricamente, indefinidamente. Sin embargo, los procesos de *terminación* dan como resultado la *desaparición neta* de los radicales que por combinaciones entre ellos interrumpen la cadena. Corrientemente los radicales iniciales permiten la producción de varios miles de reacciones de propagación antes de que tenga lugar uno de los pasos de terminación. Debido a su elevado contenido energético, los radicales se combinan con frecuencia sobre o con las paredes de los recipientes de reacción.

El producto que se forma en primer lugar, CH_3Cl en este caso, puede reaccionar ulteriormente y por lo general se observan todos los productos de sustitución posibles, por lo menos en cantidades mínimas. Las condiciones de reacción y las proporciones relativas de los reactivos determinan el producto principal.

$$Cl_2 + CH_4(xs) \xrightarrow{h\nu} CH_3Cl + HCl$$

$$Cl_2(xs) + CH_4 \xrightarrow{h\nu} CCl_4 + HCl$$

CH_4	$\longrightarrow$ CH_3Cl	$\longrightarrow$ CH_2Cl_2	$\longrightarrow$ $CHCl_3$	$\longrightarrow$ CCl_4
	cloruro de metilo	cloruro de metileno	cloroformo	tetracloruro de carbono, vulgar
metano	(clorometano)	(diclorometano)	(triclorometano)	(tetraclorometano, IUPAC)

En el primer paso de propagación el Cl · ataca a la molécula de CH_4. En este libro los intermedios transitorios no aislados (tales como Cl ·) y los estados de transición se encerrarán entre corchetes. Para representar los enlaces que se forman o rompen en el estado de transición entre los materiales de partida y los productos de reacción, se emplearán líneas de puntos.

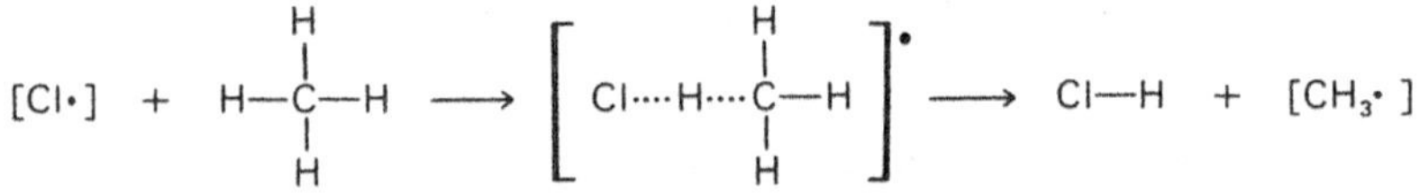

estado de transición

Igual que los iones carbonio, los radicales libres buscan electrones para completar su octete. Por consiguiente, son atraídos por centros de alta densidad electrónica y se denominan *electrófilos*. La facilidad de sustraer átomos de hidrógeno de un alcano, sigue el orden 3.° > 2.° > 1.°, puesto que el orden de estabilidad de los radicales de carbono resultantes es 3.° > 2.° > 1.°. Un radical terciario (o secundario) se estabiliza en parte por contribuciones a la resonancia del tipo siguiente, en las que los hidrógenos de los carbonos contiguos ceden electrones al átomo de carbono portador del electrón impar.

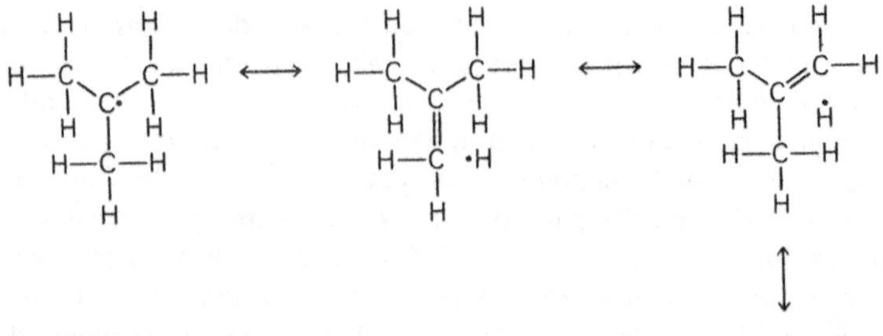

y otras

Esta contribución es pequeña, pero es suficiente para aumentar la estabilidad de un radical o ion carbonio secundario o terciario. Por este motivo se dice que un grupo metilo (y en menor extensión otros grupos alquilo) da electrones.

Ejemplo

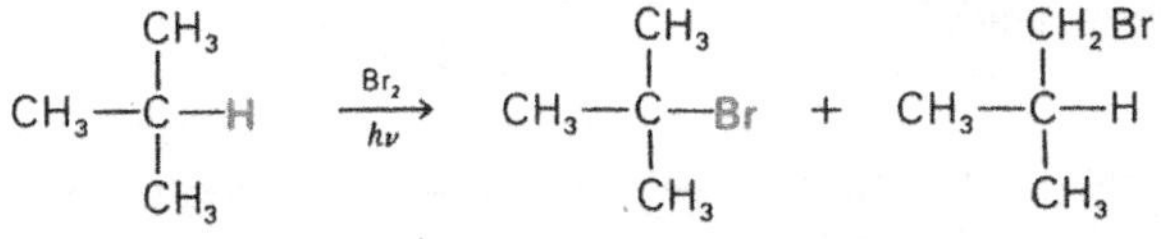

isobutano — bromuro de *t*-butilo (producto preponderante) — bromuro de isobutilo (producto minoritario)

¿Cuántos monoclorohexanos pueden formarse a partir del *n*-hexano? ¿Cuántos isómeros diclorados pueden formarse a partir de cada uno de los monocloroderivados? Nombrar todos los compuestos.

PREPARACION

La síntesis, tanto de compuestos conocidos como nuevos, juega un papel importante en química orgánica. Puesto que para preparar cualquier molécula dada se dispone por lo general de métodos distintos, la elección de uno entre todos ellos se funda en varios factores: pureza (dificultad de separación de los productos secundarios), rendimiento (qué método dará la mayor cantidad de producto deseado del mayor grado de pureza), facilidad en la operación (posibilidad de llevar a cabo la reacción en el *laboratorio* en un tiempo razonable empleando un utillaje asequible), y, finalmente, coste y asequiblidad del material de partida. El coste no es en general un factor importante en el trabajo de investigación si el compuesto se necesita sólo en pequeñas cantidades. Con frecuencia existe más de una secuencia posible en el laboratorio partiendo de productos químicos asequibles y empleando reacciones corrientes.

Cuando se discuten preparaciones y reacciones, se pregunta: ¿De dónde proviene la materia prima? ¿Es asequible comercialmente? ¿Cómo puede sintetizarse? Muchos de los productos de partida de este capítulo son halogenuros de alquilo, que pueden prepararse generalmente a partir del alcohol correspondiente y halogenuro de hidrógeno. La mayoría de los alcoholes sencillos son comerciales.

2-7 LA REACCION DE GRIGNARD

El reactivo de Grignard, RMgX o ArMgX, preparado a partir de un halogenuro de alquilo y magnesio, es uno de los reactivos más importantes y versátiles de la química orgánica; se discutirá en el Capítulo 9. Los hidrocarburos pueden sintetizarse tratando un reactivo de Grignard con un compuesto que contenga un hidrógeno débilmente ácido.

$$\textit{General}\quad R{-}X \xrightarrow[\text{éter seco}]{\text{Mg en}} [R{-}MgX] \xrightarrow{H{-}OH} R{-}H + Mg(OH)X$$

Los átomos de hidrógeno unidos a un acetileno, $-C{\equiv}C{-}H$ o a heteroátomos tales como O, N y S son, por lo general, lo suficientemente ácidos para reaccionar con el reactivo de Grignard, y en consecuencia se denominan *hidrógenos activos*. Los alcoholes, R—O—H, fenoles, Ar—O—H, y ácidos —COOH, reaccionan con el reactivo de Grignard dando hidrocarburos.

El reactivo organometálico se prepara por acción directa del magnesio metálico sobre un halogenuro de alquilo o aromático (no un fluoruro) en un disolvente seco, tal como:

Eter: $CH_3CH_2{-}\ddot{\underset{..}{O}}{-}CH_2CH_3$ o Tetrahidrofurano (THF): 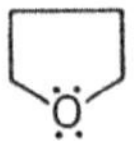

La estructura real del reactivo de Grignard ha sido objeto de muchas investigaciones recientes que han llegado a la conclusión de que su composición exacta varía con cada reactivo en particular y con el disolvente empleado. Aquí escribiremos RMgX para un halogenuro de alquilmagnesio y ArMgX para un halogenuro de arilmagnesio, con la salvedad de que se trata de una formulación muy simplificada que sólo explica los resultados químicos en los términos más sencillos. La polarización del enlace C—Mg indica el carácter de anión de los grupos alquilo o arilo R—MgX.

Específico

$$CH_3CH_2CH_2I \xrightarrow[\text{éter seco}]{\text{Mg en}} [CH_3CH_2CH_2MgI] \xrightarrow{H_2O} CH_3CH_2CH_3 + Mg(OH)I$$

yoduro de *n*-propilmagnesio
(no aislado)

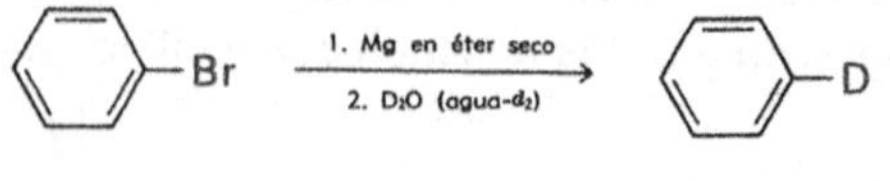

(Nótese el uso de «agua pesada», óxido de deuterio, para introducir un isótopo). La última ecuación muestra los pasos sucesivos de la reacción de manera abreviada, Los reactivos se enumeran sobre la flecha en orden de empleo.

2-8 REDUCCION DE HALOGENUROS DE ALQUILO

Hidruro de aluminio y litio: El hidruro de aluminio y litio, $LiAlH_4$, excelente reductor, es, en realidad, una fuente de ion hidruro, H^-, en la preparación de hidrocarburos a partir de derivados halogenados. Es capaz de reducir muchos grupos funcionales con enlaces múltiples, excepto los dobles o triples enlaces carbono-carbono aislados. Los disolventes más comúnmente empleados son el éter seco y el THF. Para preparar derivados isotópicos se dispone de $LiAlD_4$ para usarlo como disolvente.

$$CH_2{=}CH{-}CH_2Cl \xrightarrow[\text{rend. 85 \%}]{LiAlH_4} CH_2{=}CH{-}CH_3 + LiCl + AlCl_3$$

cloruro de alilo (3-cloropropeno) — propeno

$$CH_3(CH_2)_8CH_2Br \xrightarrow[\text{rend. 70 \%}]{LiAlH_4} CH_3(CH_2)_8CH_3$$

1-bromodecano — *n*-decano

Hidrogenolisis: Se denomina *hidrogenolisis* a la ruptura de un enlace carbono-heteroátomo, tal como C—X, con hidrógeno y un catalizador. Metales como el platino, Pt; rutenio, Ru; rodio, Rh, y níquel, Ni, se han empleado como catalizadores en esta reacción. La molécula de hidrógeno se disocia en átomos de hidrógeno sobre la superficie del metal donde tiene lugar la hidrogenolisis.

$$CH_3CH_2CH_2Cl \xrightarrow{H_2/Pt} CH_3CH_2CH_3 + HCl$$

Acido yodhídrico y fósforo: Para convertir un halogenuro de alquilo en el correspondiente hidrocarburo, es suficiente un sistema reductor de ácido yodhídrico, HI, con fósforo rojo como catalizador.

$$(CH_3)_2CHI \xrightarrow[\Delta]{HI/\text{red P}} CH_3CH_2CH_3 + I_2$$

2-9 HIDROGENACION DE ALQUENOS Y ALQUINOS

Los hidrocarburos *insaturados* son los que contienen dobles o triples enlaces carbono-carbono. Aunque en los siguientes capítulos se consideran con más detalle los alquenos y alquinos, debemos hacer notar que la hidrogenación o deuteración catalíticas (adición de H_2 o D_2 a los carbonos insaturados) conduce a alcanos con casi un 100 % de rendimiento.

General

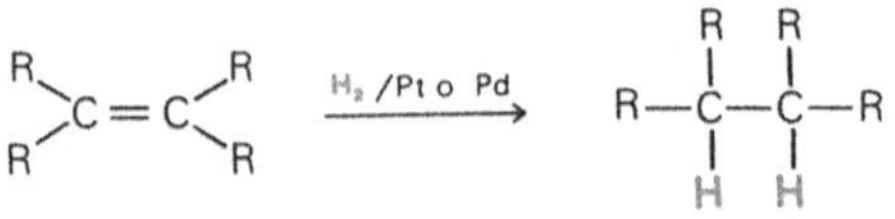

un alqueno — un alcano

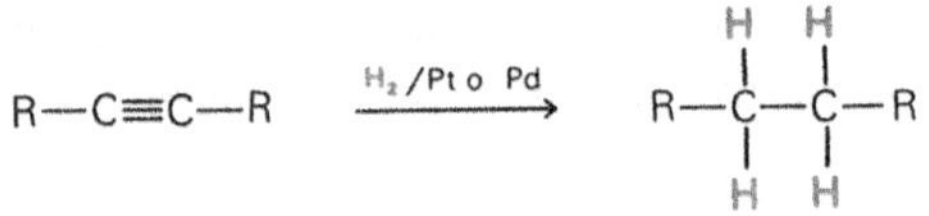

un alquino — un alcano

En esas ecuaciones R= grupos —H, alquilo y arilo, que pueden ser iguales (R) o distintos (R, R′, R‴, etc.).

Específico $CH_2{=}CH{-}CH_3 \xrightarrow{H_2/Pt} CH_3CH_2CH_3$

propeno — propano

$CH_2{=}CH_2 \xrightarrow{D_2/Pd} CH_2D{-}CH_2D$

etileno — etano-1,2-*d*₂

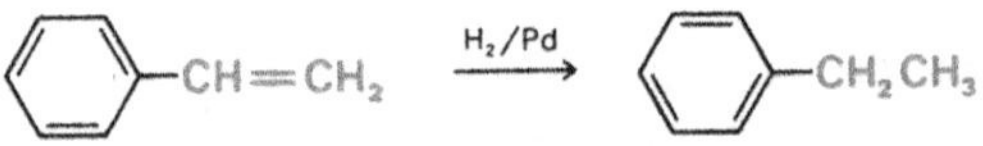

estireno — etilbenceno

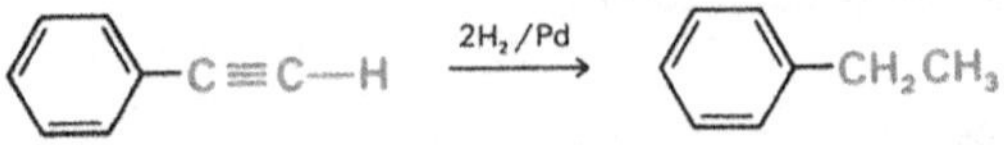

fenilacetileno

El sistema aromático de un anillo bencénico es resistente a las condiciones usuales de reducción (30°, hidrógeno a 1 átm.). El anillo puede reducirse en condiciones más enérgicas o mediante catalizadores muy activos.

La hidrogenación catalítica constituye un medio sencillo para determinar *cuantitativamente* el grado de insaturación.

Ejemplo: Supóngase que 1 mol de compuesto A, C_4H_6, toma dos moles de hidrógeno. Esto significa que el producto, C_4H_{10}, es saturado y no contiene ciclos (los cicloalcanos son de la serie C_nH_{2n}) y que A debe contener o bien dos dobles enlaces o un triple enlace. No puede determinarse una estructura única; el compuesto A puede ser cualquiera de los siguientes:

$CH_2{=}CH{-}CH{=}CH_2$	$CH_3{-}CH{=}C{=}CH_2$	$CH_3{-}C{\equiv}C{-}CH_3$	$CH_3CH_2C{\equiv}CH$
1,3-butadieno	1,2-butadieno	dimetilacetileno	etilacetileno

2-10 LA REACCION DE WURTZ

Pueden prepararse hidrocarburos parafínicos simétricos, tratando un solo halogenuro de alquilo con sodio (reacción de Wurtz). Resulta la unión de dos grupos alquilo con pérdida del halógeno; por consiguiente, el hidrocarburo sintetizado contiene un número par de átomos de carbono. La principal dificultad estriba en la formación de muchos productos secundarios procedentes de la ruptura del enlace carbono-carbono y de la transposición del esqueleto de carbono de los grupos alquilo.

General $2RX \xrightarrow{2Na} R{-}R + 2NaX$

Específico $2CH_3CH_2CH_2CH_2Br \xrightarrow{2Na} CH_3(CH_2)_6CH_3 + 2NaBr$

1-bromobutano — octano

La reacción se lleva a cabo, generalmente, calentando el halogenuro de alquilo con sodio en un disolvente que sea inerte a esos reactivos, tal como el éter etílico (llamado simplemente éter) o el 1,4-dioxano, que constituye un ejemplo de heterociclo.

$CH_3CH_2{-}\ddot{\underset{..}{O}}{-}CH_2CH_3$

éter

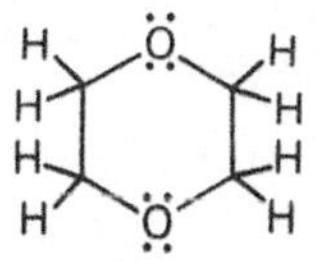

1,4-dioxano

La reacción puede dar rendimientos aceptables en hidrocarburos *simétricos* alrededor de un enlace carbono-carbono, pero raras veces puede emplearse con halogenuros distintos para preparar compuestos asimétricos o con número impar de carbonos. Desde luego, la reacción deseada *tiene* lugar, pero los productos suelen ser difíciles de separar, y otros (no explicados) que pueden formarse mediante reacciones de transposición complican aún más el procedimiento de purificación. Finalmente, la mayoría de las reacciones orgánicas no dan un rendimiento del 100 %, y siempre es necesario pensar en la eliminación de los materiales de partida inalterados.

Nombrar estos compuestos:

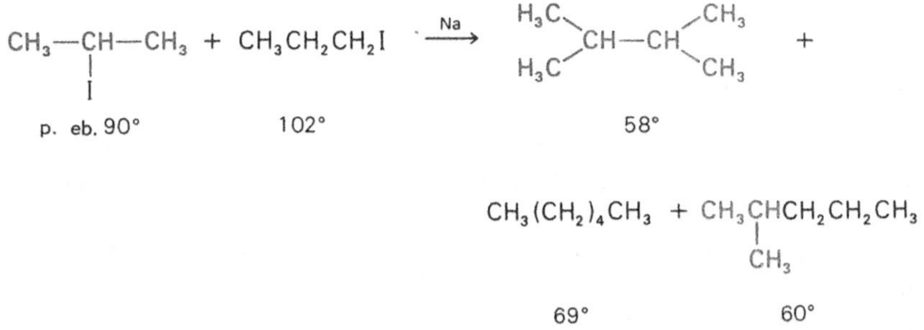

2-11 REACCION DE WURTZ-FITTIG

La síntesis de un hidrocarburo alquilarílico puede lograrse calentando un halogenuro alifático y otro aromático con sodio en un disolvente inerte. Se trata de una reacción mixta o cruzada de dos halogenuros que se conoce con el nombre de reacción de Wurtz-Fittig. Hay métodos mejores para sintetizar el hidrocarburo deseado; sin embargo, los productos son, por lo general, separables a causa de la gran diferencia en el peso molecular y, por consiguiente, en las propiedades físicas.

General $$Ar{-}X + R{-}X \xrightarrow[\Delta]{Na} Ar{-}R + R{-}R + Ar{-}Ar$$

Específico

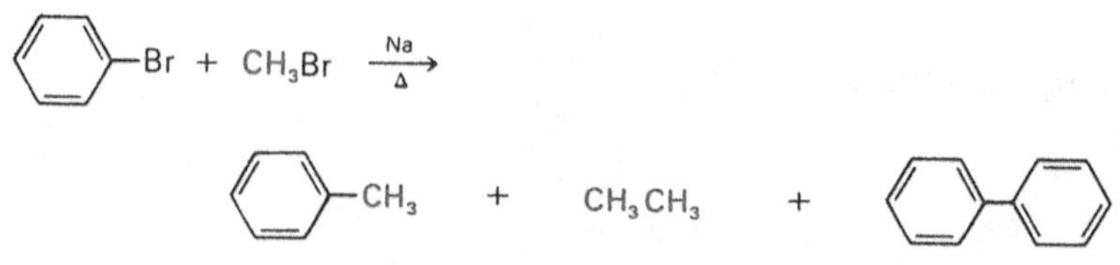

tolueno un líquido de p. eb. 110° | etano un gas de p. eb. — 88° | bifenilo un sólido de p. f. 70°

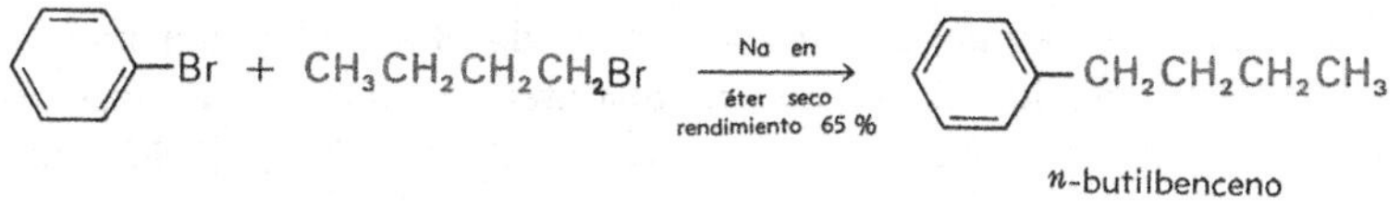

2-12 DESCARBOXILACION DE ACIDOS Y SUS SALES

Al tratar un ácido carboxílico, R—COOH con una base tal como NaOH se obtiene la correspondiente sal sódica. Si se calienta fuertemente esta sal con cal sodada (una mezcla de CaO y NaOH), se obtienen *hidrocarburos inmediatamente inferiores* y dióxido de carbono, perdiéndose un carbono del compuesto orgánico. El átomo de hidrógeno nuevo del producto de reacción procede de la cal sodada.

General $$\text{R—COOH} \xrightarrow{\text{base}} \text{RCO}_2^-\text{Na}^+ \xrightarrow[\text{CaO-NaOH}]{\Delta} \text{R—H} + \text{CO}_2\uparrow$$

Específico $$\text{CH}_3\text{COOH} \xrightarrow[\text{2. }\Delta\text{; CaO-NaOH}]{\text{1. NaOH}} \text{CH}_4 + \text{CO}_2\uparrow$$

ácido acético — metano

Aunque el metano se obtiene con buenos rendimientos a partir del ácido acético, CH_3COOH, muchos otros ácidos producen sólo de un 10 a un 20 % del hidrocarburo correspondiente. A veces es más satisfactoria la descarboxilación del propio ácido en lugar de la sal. La descarboxilación directa de un ácido puede efectuarse calentándolo en una base orgánica tal como la piridina, con una cantidad catalítica de cromita de cobre, $CuO \cdot Cr_2O_3$.

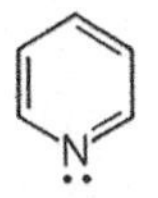

piridina

$$\text{R—COOH} \xrightarrow[\text{en piridina}]{\text{CuO}\cdot\text{Cr}_2\text{O}_3} \text{R—H} + \text{CO}_2$$

ANALISIS CUALITATIVO

A consecuencia de que los alcanos no tienen grupos funcionales, se identifican corrientemente sobre la base de su inercia química más que por sus transformaciones en otras moléculas. Los alcanos se identifican con frecuencia por medios físicos tales como el punto de fusión, punto de ebullición, densidad e índice de refracción. Son insolubles en los disolventes corrientes de análisis orgánico cualitativo, o sea en agua, NaOH diluido, HCl diluido y H_2SO_4 concentrado.

LECTURAS RECOMENDADAS

Estado natural y reacciones

March. J.: The Descarboxylation of Organic Acids, *J. Chem. Educ.,* **40,** 212 (1963).

Mason, B.: Organic Matter from Space, *Sci. Am.,* **208** (3), 43 (1963). Refiere los descubrimientos sobre el contenido de hidrocarburos conocidos en meteoritos.

Pinkerton, R. C.: Electrochemistry and the alkyl Free Radicals, *J. Chem. Educ.,* **39,** 554 (1962).

Rossini, F. D.: Hydrocarbons in Petroleum, *J. Chem. Educ.,* **37,** 554 (1960).

Russell, G. A.: Fundamental Processes of Autoxidation, *J. Chem. Educ.,* **36,** 111 (1959). Discute el mecanismo de las oxidaciones de los compuestos orgánicos con oxígeno molecular.

Nomenclatura

Hurd, C. D.: The General Philosophy of Organic Nomenclature, *J. Chem. Educ.,* **38,** 43 (1961).

Soloveichik, S., y H. Krakauer: Oxidation Stages of Organic Aliphatic Compounds, *J. Chem. Educ.,* **43,** 532 (1966). Asigna un grado de oxidación a las moléculas orgánicas según el nivel de oxidación del átomo de carbono que lleva el grupo funcional.

Análisis conformacional

Eyring, H., D. M. Grant, y H. Hecht: The Rotationai Barrier in Ethane, *J. Chem. Educ.,* **39,** 446 (1962).

Miller, S. I.: Rotational and Pseudorotational Barriers in Simple Molecules, *J. Chem. Educ.,* **41,** 421 (1964).

PROBLEMAS

1. Las siguientes parafinas se han aislado, junto con compuestos cíclicos, con un 0,05 a 1,1 % en volumen de una muestra de gasolina destilada procedente de un pozo de Ponca City, Oklahoma. Escríbase la estructura de cada uno de esos compuestos y desígnese cada átomo de carbono según sea primario (1.º), secundario (2.º), terciario (3.º), o cuaternario (4.º).

★(*a*) 2,3-dimetilbutano
★(*b*) 2-metilpentano
(*c*) *n*-hexano
(*d*) 2-metilhexano
(*e*) *n*-heptano
(*f*) *n*-octano
★(*g*) 2,3-dimetilheptano
(*h*) 4-metiloctano
(*i*) *n*-nonano
(*j*) 2-metilbutano
★(*k*) 2,2-dimetilpentano
(*l*) 3-metilhexano
(*m*) 2-metilheptano
(*n*) 2,6-dimetilheptano
(*o*) 4-metiloctano
(*p*) 3-metiloctano
(*q*) *n*-decano

2. Nombrar cada uno de los compuestos siguientes.

★(*a*) $CH_3—CHBr—CHBr—CHBr—CH_3$

★(*b*) $CH_3—C(CH_3)_2—C(CH_3)_2—C(CH_3)_3$

★(*c*) $CH_2Cl—CHBr—CH_3$

(*d*) $CH_3CH_2CH_2CH(CH_3)CH(F)CH_3$

(*e*) $CH_3(CH_2)_8CH_2Br$

★(*f*)
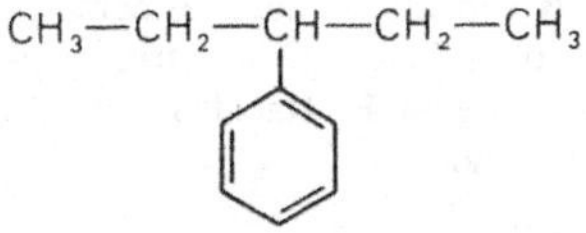

★(*g*)
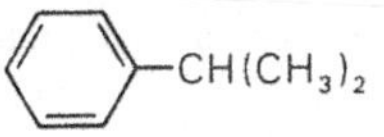

(*h*)
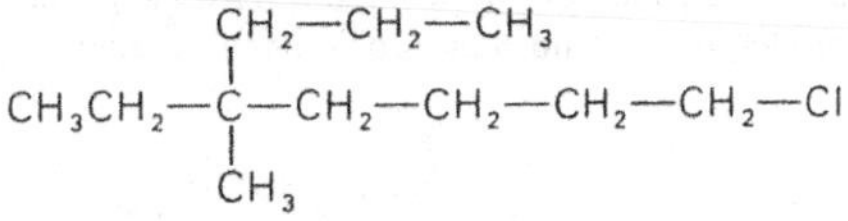

3. Escribir la estructura de:

(*a*) todos los octanos, C_8H_{18}, y su nombre (*Aviso*: Hay 18.)

(*b*) los octanos que podrían prepararse tratando un halogenuro con sodio (reacción de Wurtz)

(*c*) todos los alcoholes $C_8H_{18}O$. Nombrar cada uno y designarlos según sean alcohol primario (1.º), secundario (2.º), o terciario (3.º). El grupo —OH se considera una función principal, y $CH_3CH_2CH_2CH_2OH$ se denomina butanol-1 en vez de 1-hidroxibutano.

Ejemplos

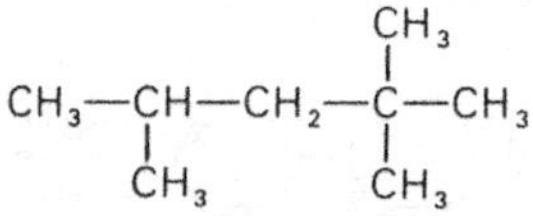

2,2,4-trimetilpentano
(no puede prepararse por la reacción de Wurtz)

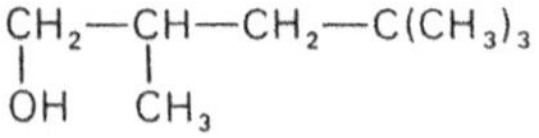

alcohol 1°
2,4,4-trimetilpentanol-1

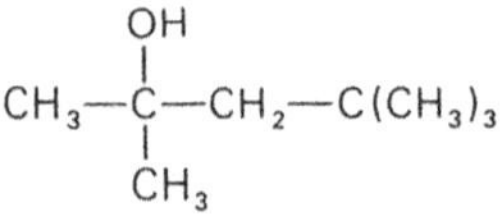

3°
2,4,4-trimetilpentanol-2

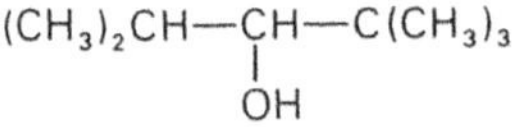

2°
2,4,4-trimetilpentanol-3

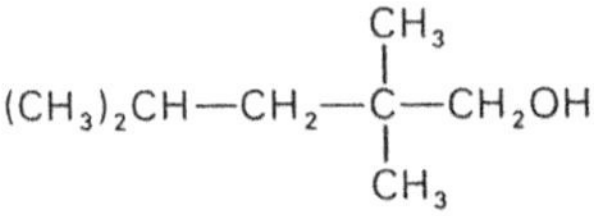

1°
2,4,4-trimetilpentanol-1

Nótese que al —OH, un grupo funcional, se le da el número más bajo.

★ **4.** El compuesto **A**, $C_{14}H_{30}$, se preparó tratando el compuesto **B**, $C_7H_{15}I$, con sodio en éter. El tratamiento de **B** con $LiAlH_4$ daba el compuesto **C**. Aunque **A** dio dos monobromo derivados **(D, E)** por bromación fotoquímica, **C** dio tres compuestos monobromados **(F, G, H)** entre los que predominaba el compuesto **F**. Dar las estructuras y los nombres de cada uno de los compuestos designados por letras.

5. Nómbrese el material de partida y dése la fórmula estructural y el nombre del producto o productos. Si no hubiere reacción, escríbase N. R.

★(*a*) CH_3CH_2I + 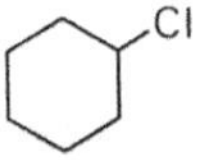 $\xrightarrow{Na}$

★(*b*) $CH_3CH_2CH_3$ $\xrightarrow{LiAlH_4}$

★(*c*) 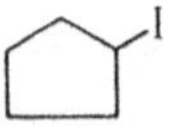 $\xrightarrow[\text{éter seco}]{\text{Mg en}}$

★(*d*) producto de (*c*) $\xrightarrow{CH_3CH_2OH}$

(*e*) $CH_3—CH{=}CH—CH_2Cl$ $\xrightarrow[\Delta]{H_2/Pt}$

★(*f*)  $\xrightarrow{D_2/Pt}$

(*g*) 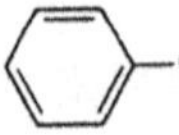—OH + $[CH_3CH_2MgBr]$ $\longrightarrow$

★(*h*) 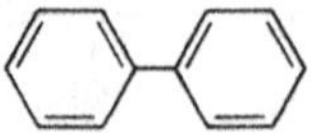 $\xrightarrow[25°]{H_2/Pt}$

(*i*) $CH_3CO_2H \xrightarrow[\text{2. cal sodada}, \Delta]{\text{1. KOH}}$

(*j*) 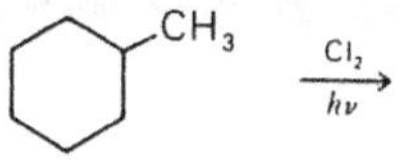

(*k*) $CH_3CH_2CH_3 \xrightarrow{F_2}$

6. Escríbase un mecanismo razonable para la bromación fotoquímica del etano. Señálense los pasos de iniciación, propagación y terminación.

★7. Indicar la síntesis de los siguientes compuestos a partir de estas materias primas orgánicas.

$CH_2{=}CH{-}CH_2{-}Br$ 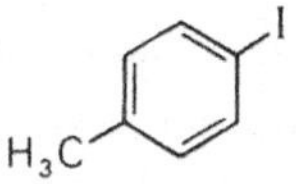 $(CH_3)_3C{-}Cl$

(*a*) 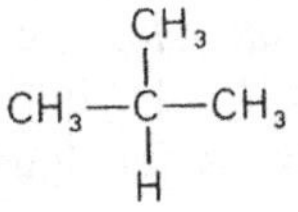

(*b*) 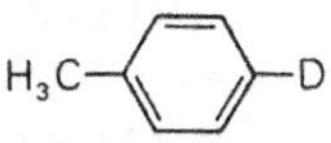

(*c*) $CH_2D{-}CHD{-}CH_2{-}CH_2{-}CHD{-}CH_2D$

(*d*) 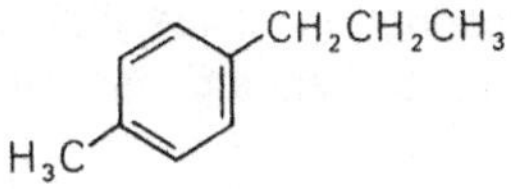

(*e*) 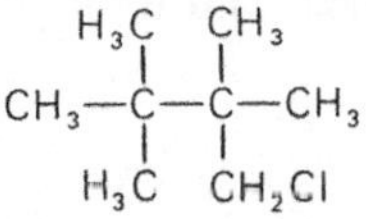

Capítulo tres

La relación entre los *cicloalcanos* y los alcanos puede expresarse como el resultado de quitar dos átomos de hidrógeno no contiguos de los últimos y unir los átomos de carbono para formar un ciclo. Desde luego, no se preparan de este modo en la realidad. Los cicloalcanos o *hidrocarburos alicíclicos* como se les llama algunas veces, pertenecen a la serie homóloga C_nH_{2n}. La química de esos compuestos, excepto para los ciclopropanos y ciclobutanos, es igual a la de los alcanos; i. e., los cicloalcanos no se disuelven en ácido sulfúrico concentrado, pero sufren algunas sustituciones radicalarias de limitado valor en el laboratorio.

Este capítulo se reduce a la discusión sobre los términos inferiores de la serie y a la geometría de los ciclohexanos.

NOMENCLATURA

Los cicloalcanos fundamentales se nombran añadiendo el prefijo *ciclo-* al nombre de alcano correspondiente. Los átomos de carbono de los ciclos se numeran de tal modo que los sustituyentes adquieran los números más bajos posible. Los sustituyentes situados sobre el mismo lado del ciclo se designan por *cis* y los situados en los lados *opuestos* del ciclo se denominan *trans*. Se emplea una nomenclatura análoga para los sustituyentes de un doble enlace, en cuyo caso es también posible tal isomería geométrica (isomería que se basa en la configuración en vez de en el orden de enlace).

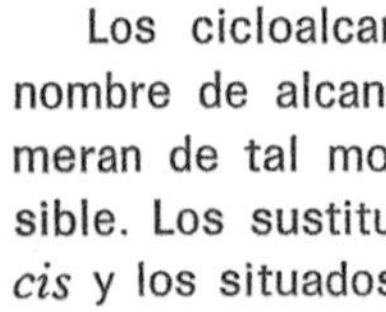

1,1-dimetil-ciclopropano

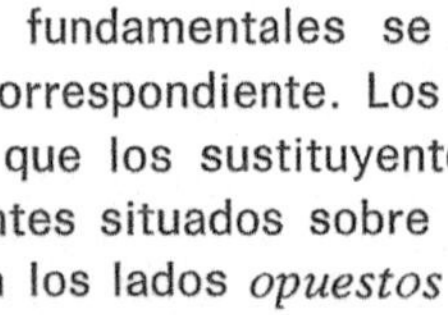

cis-1,2-dimetil-ciclopropano

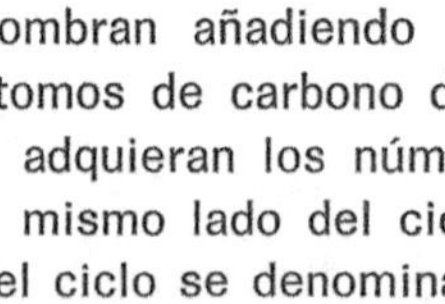

trans-1,2-dimetil-ciclopropano

Cicloalcanos

La Tabla 3-1 da ejemplos representativos de cicloalcanos sencillos y sustituidos.

Tabla 3-1. Cicloalcanos representativos

ciclopropano

ciclobutano

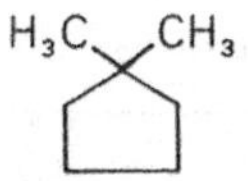

1,1-dimetilciclopentano

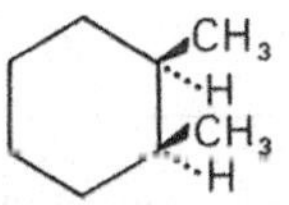

cis-1,2-dimetilciclohexano

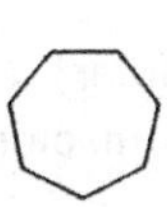

cicloheptano

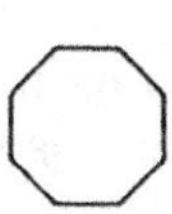

ciclooctano

ESTRUCTURAS CONFORMACIONALES

3-1 CICLOPROPANO, CICLOBUTANO Y CICLOPENTANO

Se denomina *conformación* a la geometría molecular de una determinada estructura química. Los tres átomos de carbono del ciclopropano definen un plano y los seis átomos de hidrógeno están situados en dos planos paralelos, por encima y por debajo de él. El esqueleto de carbono del ciclobutano, que se desvía ligeramente del plano, puede considerarse con una configuración de «mariposa». Cuatro de los cinco átomos de carbono del ciclopentano están prácticamente sobre un plano, pero el quinto se desvía hacia fuera del plano, resultando una conformación en forma de «sobre» (ver Fig. 3-1). Cada una de esas conformaciones representa un estado de mínima energía entre las varias posibilidades disponibles para la molécula.

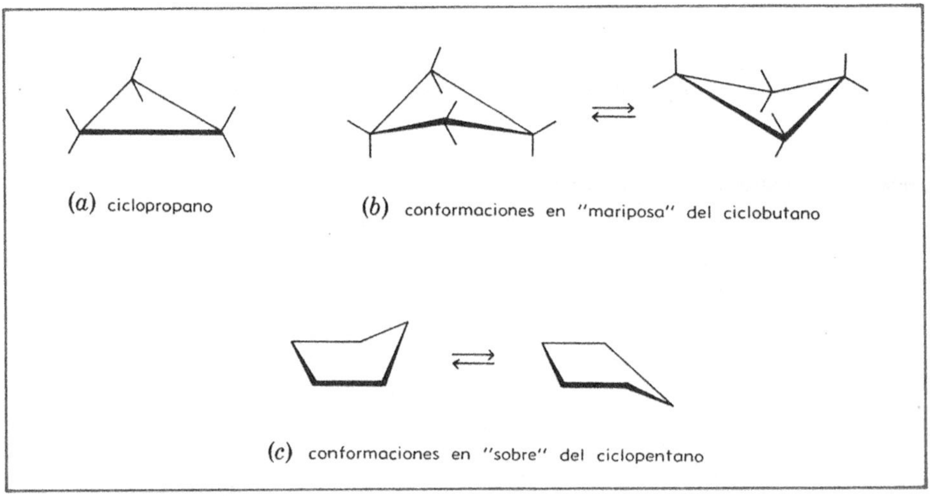

Figura 3-1. Conformaciones de los cicloalcanos C_3 — C_5

3-2 ANALISIS CONFORMACIONAL DEL CICLOHEXANO

El ciclohexano no es plano pero puede oscilar (o alternar) entre dos formas de silla preferidas de baja energía, pasando por una conformación de mayor ener-

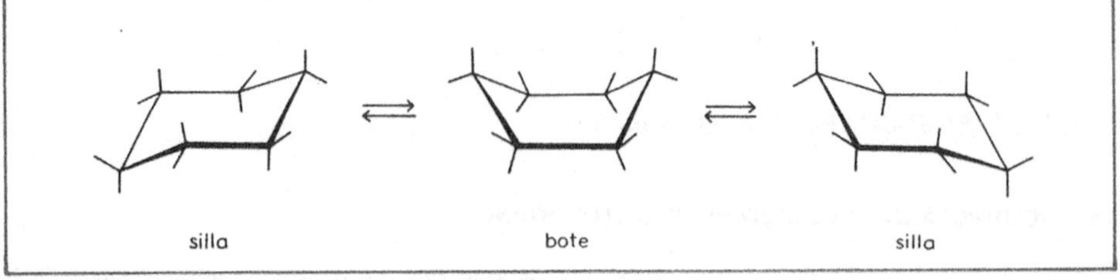

Figura 3-2. Conformaciones de silla y bote del ciclohexano

gía que se parece algo a un bote o a un bote estirado (ver Fig. 3-2). Aunque el ángulo normal del tetraedro es de 109° 28′, los ángulos de enlace carbono-carbono en el ciclopropano son de 60°, y los del ciclobutano de 90°, por consiguiente, los ciclopropanos y ciclobutanos presentan gran tensión. Los ciclopentanos y ciclohexanos relajan la tensión que deberían tener si fueran planos, adoptando esas conformaciones de menor energía, que permiten a los ángulos de enlace carbono-carbono recobrar un ángulo muy cercano al de 109° del tetraedro.

La forma de bote del ciclohexano tiene considerablemente más energía que las formas de silla, como consecuencia de la *repulsión estérea* o de *interacciones no enlazantes* entre H_1 y H_4 y entre los átomos eclipsados H_2 y H_3. Los átomos no enlazados entre sí, pero muy cercanos a consecuencia de la conformación molecular, pueden ejercer fuerzas atractivas o repulsivas. Esas fuerzas se denominan atracciones o repulsiones estéreas o, más generalmente, interacciones no enlazantes (ver Fig. 3-3*a*). Puesto que la forma de bote es inestable con relación a las posibles formas de silla, la omitiremos en la siguiente discusión.

(*a*) interacciones no enlazantes en la conformación de bote

(*b*) interacciones no enlazantes 1,3-diaxiales en la conformación de silla

Figura 3-3

Los átomos de carbono C_2, C_3, C_5 y C_6 del ciclohexano yacen prácticamente sobre un plano, y *con relación a este plano,* todos los átomos de hidrógeno pueden designarse como *ecuatoriales* (con los enlaces más o menos sobre el plano) o *axiales* (con los enlaces más o menos perpendiculares a este plano). Cuando la estructura se dobla, todos los sustituyentes que eran axiales (*a*) se convierten en ecuatoriales (*e*) y viceversa (ver Fig. 3-4).

El examen de un modelo pone de relieve que las interacciones no enlazantes más fuertes en la conformación silla son las que corresponden a la relación 1,3 diaxial; los análisis de las secciones siguientes se basan en esta premisa (ver Fig. 3-3*b*). Los grandes sustituyentes voluminosos son más estables en posición ecuatorial en la que las repulsiones estéreas se reducen a un mínimo. Por ejem-

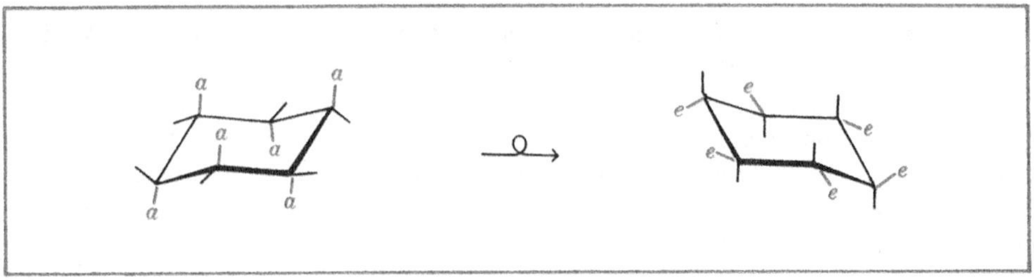

Figura 3-4. Interconversión silla-silla

plo, el metilciclohexano existe predominantemente en la forma de silla con el grupo metilo en la conformación ecuatorial.

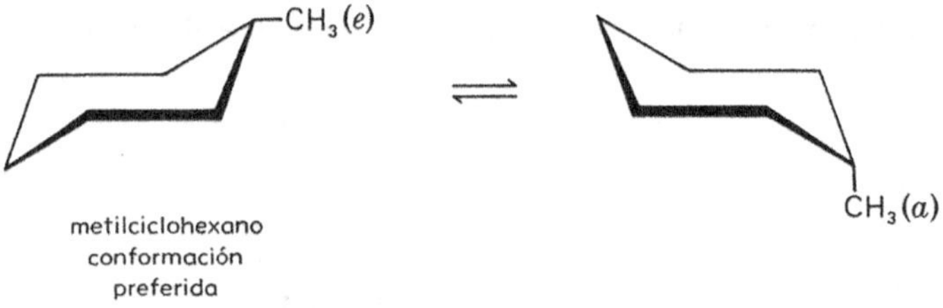

Esto ocurre de una manera general en los ciclohexanos monosustituidos. A temperatura ambiente, el intercambio entre las dos conformaciones cíclicas es muy rápido, de tal modo que *en un tiempo medio apreciable*, el esqueleto de carbono es próximamente plano. Es necesario enfriar la muestra muy por debajo de 0° para poder observar la preferencia conformacional de los ciclohexanos sencillos.

3-3 ANALISIS CONFORMACIONAL DE LOS CICLOHEXANOS DISUSTITUIDOS

Existen sólo tres isómeros estructurales de los ciclohexanos disustituidos, a saber, por ejemplo, 1,2-, 1,3- y 1,4-dimetilciclohexano, pero por cada isómero estructural hay dos isómeros geométricos, las formas cis y trans, y cada isómero geométrico puede existir en dos conformaciones silla. Para predecir el confórmero más estable en cada par de dimetilciclohexanos, tenemos que considerar doce estructuras. Dos grupos situados en átomos de carbono contiguos están próximos entre sí, es decir en cis, cuando uno ocupa una posición axial y el otro una posición ecuatorial contigua.

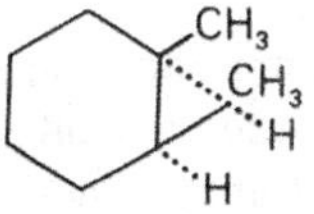

cis-1,2-
dimetilciclohexano

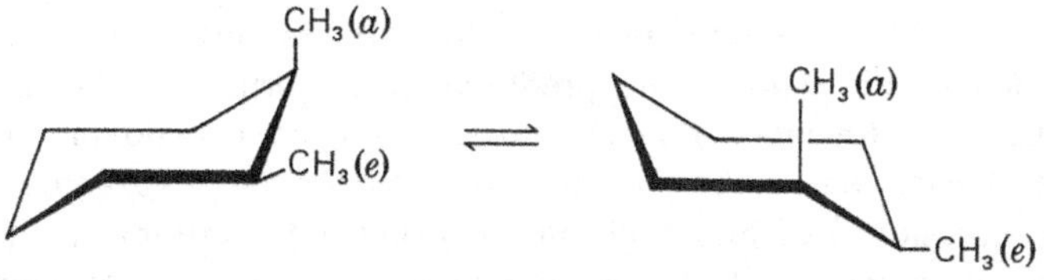

conformaciones equivalentes

Con dos grupos metilo, las conformaciones son aquí idénticas, pero *no* es lo mismo si los dos grupos son distintos. La conformación más estable, tiene en posición ecuatorial el mayor de los dos sustituyentes distintos.

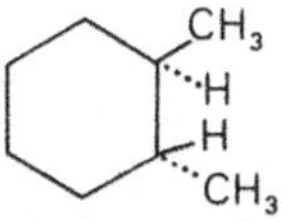

trans-1,2-
dimetilciclohexano

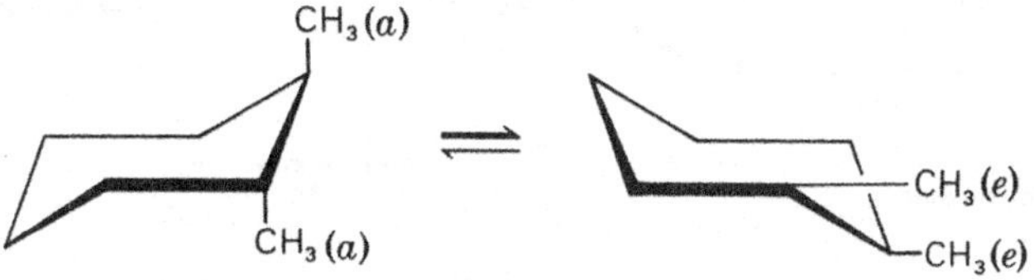

preferida

Los sustituyentes 1,2-diaxiales están lo más alejados posible, esto es, en trans, pero después de una inversión del ciclo, quedan diecuatoriales, (*e*), (*e*), que es la conformación preferida, porque así encuentran menos repulsiones 1,3

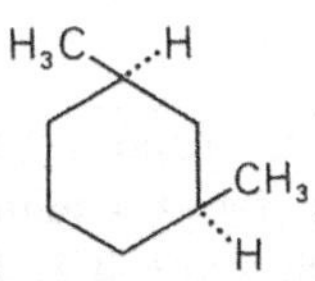

cis-1,3-
dimetilciclohexano

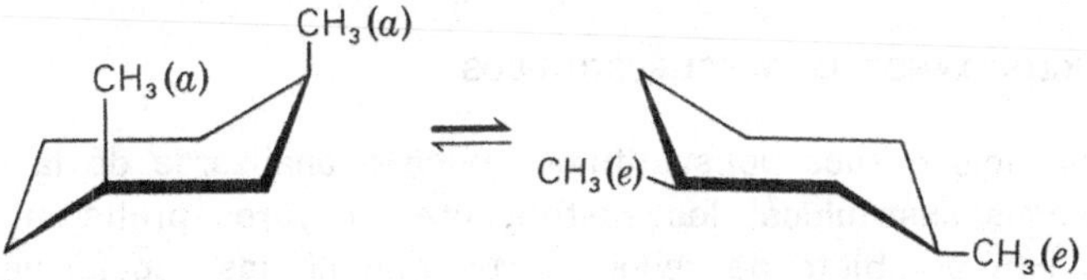

preferida

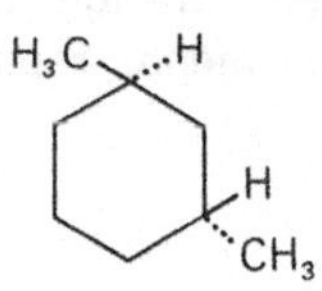

trans-1,3-
dimetilciclohexano

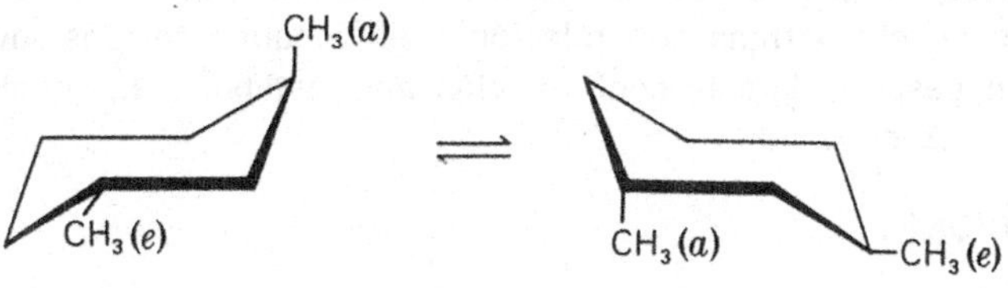

equivalentes aquí

diaxiales. Independientemente de los grupos, los ciclohexanos trans 1,2-disustituidos es de esperar que prefieran la conformación diecuatorial.

Los sustituyentes 1,3 están más cercanos cuando ambos están en disposición diaxial, sin embargo, las interacciones no enlazantes 1,3, se relajan por una inversión del ciclo hacia la conformación preferida (*e*), (*e*). También aquí es esto cierto independientemente de cuales sean los dos sustituyentes elegidos.

El análisis de los isómeros 1,4 se deduce directamente de lo dicho antes para los ciclohexanos 1,2-disustituidos, que son conformacionalmente análogos a los compuestos 1,4-disustituidos.

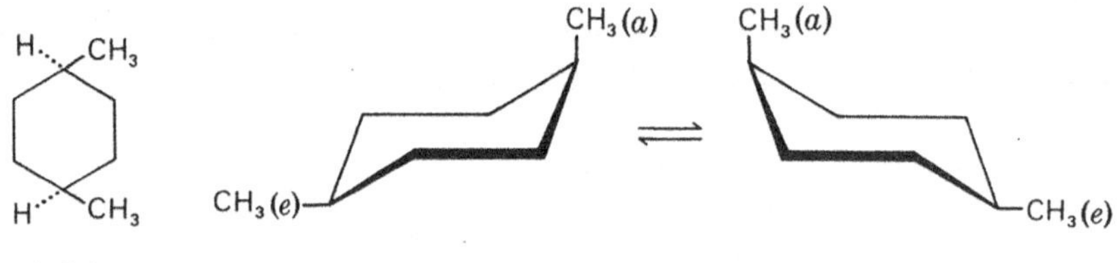

cis-1,4-dimetilciclohexano

equivalentes aquí

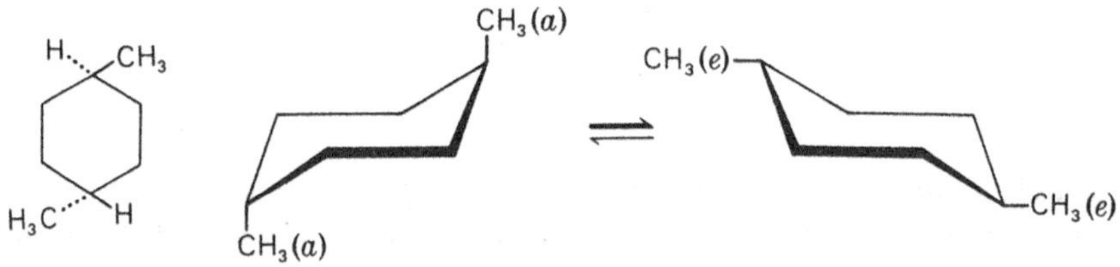

trans-1,4-dimetilciclohexano

preferida

3-4 CICLOHEXANOS TRI Y POLISUSTITUIDOS

Los ciclohexanos polisustituidos pueden analizarse de la misma manera que los menos sustituidos; los sustituyentes mayores prefieren posiciones ecuatoriales con el objeto de reducir a un mínimo las repulsiones diaxiales 1,3. El confórmero más estable de un isómero geométrico dado puede determinarse colocando el primer sustituyente en posición axial, por ejemplo, y luego los demás en cis o trans con relación a él. Finalmente, una inversión del ciclo en caso necesario, dará la conformación más estable ,i.e., aquella con menos repulsiones 1,3 diaxiales.

REACCIONES

En una serie homóloga cualquiera, el primer miembro difiere de los demás en sus reacciones, tal como ocurre con el primer elemento de cualquier grupo de la tabla periódica. Aunque las reacciones de los cicloalcanos son parecidas a las de los alcanos, el ciclopropano y el ciclobutano tienen fuerte tensión a causa de la gran distorsión de los ángulos C—C—C y H—C—H del valor normal de 109° 28′ correspondiente a los enlaces sencillos carbono-carbono. Los modelos de esos compuestos indican que los enlaces están doblados en contraste con los ciclos sin tensión de los cicloalcanos superiores. Por este motivo, esos ciclos se abren con relativa facilidad mediante reactivos tales como el hidrógeno y el bromo.

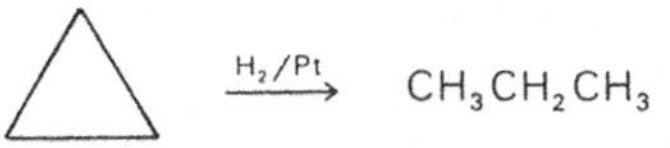

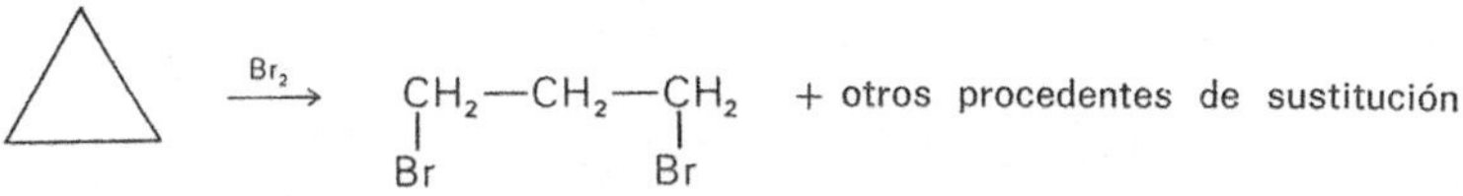

1,3-dibromopropano
(procedente de la apertura del ciclo)

Hemos visto ya que los ciclopentanos y ciclohexanos tienden a adoptar conformaciones estables no planas. Como de este modo tienen menor tensión que los términos inferiores, no sufren por lo general reacciones de apertura de ciclo.

PREPARACION DE CICLOPROPANOS: REACCION DE SIMMONS-SMITH

Debido a la gran tensión de los ciclopropanos y a que varios compuestos singulares derivados del ciclopropano se han encontrado en la naturaleza (Tabla 3-2), sólo expondremos aquí una síntesis reciente (1960) para esos compuestos.

La reacción de Simmons-Smith, designada con el nombre de sus descubridores, consiste en la adición del yoduro de metileno (diyodometano), CH_2I_2, a un alqueno en presencia de un par zinc-cobre †. La reacción de adición tiene lugar en condiciones suaves ,en éter a reflujo a unos 40°, y conduce predominantemente a un solo isómero; por ejemplo, partiendo de la olefina trans, se obtiene casi exclusivamente el correspondiente trans ciclopropano. Las reacciones que producen primordialmente uno solo de los isómeros previsibles se denominan *estereoespecíficas*. Esta reacción estereoespecífica conduce a productos que serían difíciles de sintetizar por otros medios.

† El tratamiento de zinc metálico con una disolución que contenga ion cúprico, Cu^{++}, da luaar a la reducción y depósito del cobre sobre la superficie del zinc.

Tabla 3-2. Productos naturales con el anillo del ciclopropano

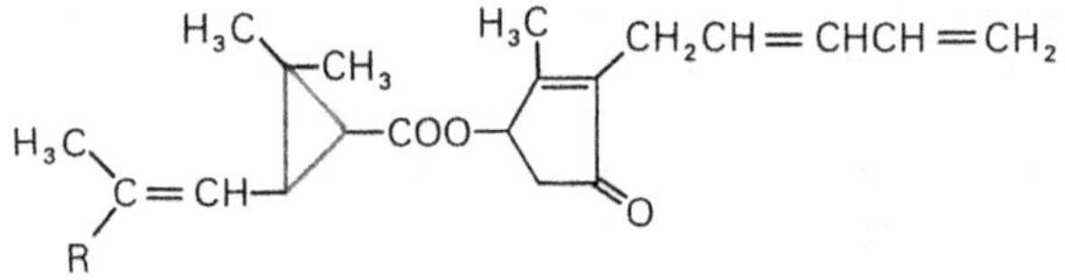

dos compuestos insecticidas aislados de las flores de pelitre

R = —CH_3, piretrina I
R = —CO_2CH_3, piretrina II

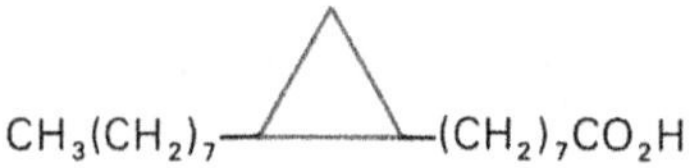

ácido estercúlico

compuesto principal del aceite de un árbol tropical, *Sterculia foetida*

General

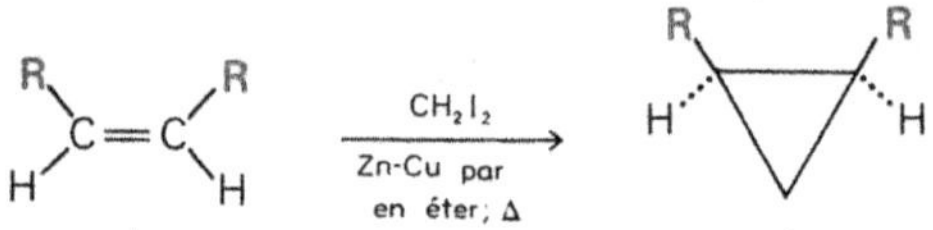

cis *cis*

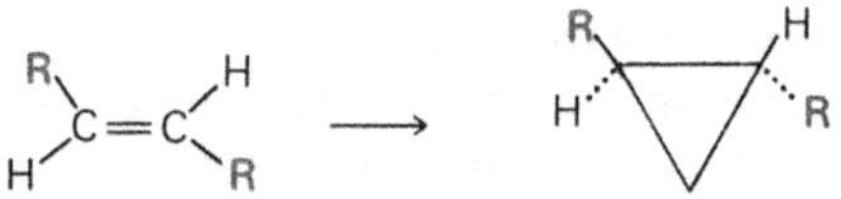

trans *trans*

Específico

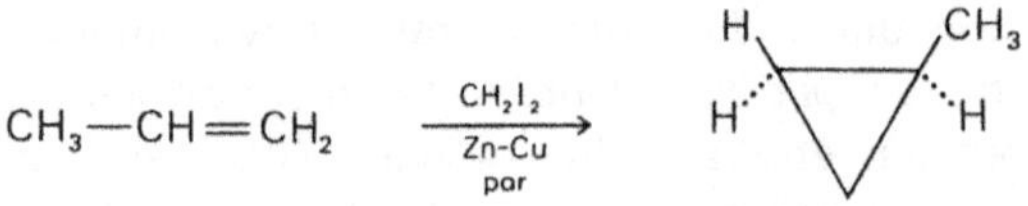

propeno metilciclopropano

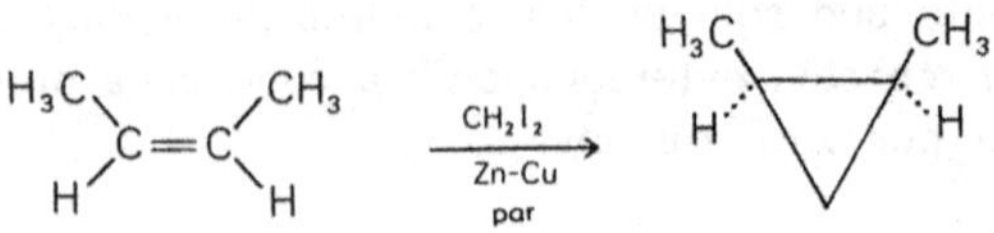

cis-2-buteno *cis*-1,2-dimetilciclopropano

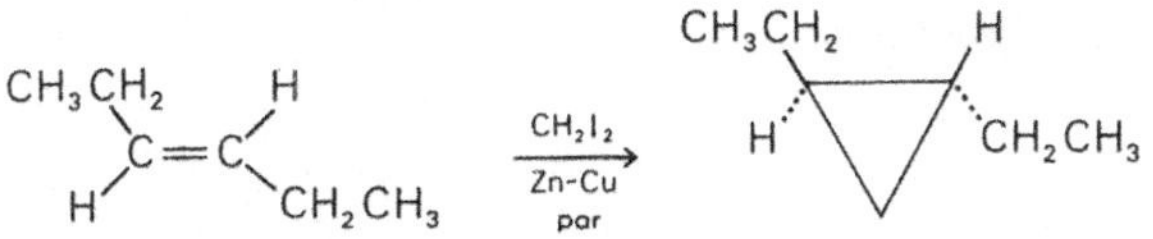

trans-3-hexeno *trans*-1,2-dimetilciclopropano

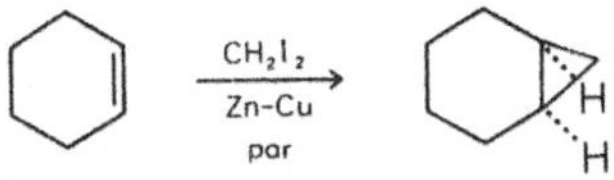

ciclohexeno norcarano

LECTURAS RECOMENDADAS

Síntesis y reacciones

Finley, K. T.: The Synthesis of Carbociclic Compounds, *J. Chem. Educ.*, **42**, 536 (1965). Una revisión histórica de la síntesis de compuestos con grandes y pequeños ciclos.

Gordon, A. J.: Halogenation aud Olefinic Nature of Cyclopropane, *J. Chem. Educ.*, **44**, 461 (1967). Cita las condiciones en las que el ciclopropano reacciona con los halógenos y nombra los productos obtenidos.

Schreck, J. O.: Chemistry of Methylenes, *J. Chem. Educ.*, **42**, 261 (1965).

Wasserman, E.: Chemical Topology, *Sci. Am.*, **207** (5), 94 (1962). Expone la síntesis de un compuesto con dos anillos unidos y sugiere otros isómeros orgánicos interesantes que pueden sintetizarse.

Wilson, A., y D. Goldhamer: Cyclobutane Chemistry I. Structure and Strain Energy; II. Reactions and Mechanisms, *J. Chem. Educ.*, **40**, 504, 599 (1963).

Enlace

Bernet, W. A.: A Unified Theory of Bonding for Cyclopropanes, *J. Chem. Educ.*, **44**, 17 (1967). Discusión de varios modelos empleados para explicar el enlace en los ciclopropanos.

Goldisch, E.: Strain and Interatomic Distances in Small-ring Molecules, *J. Chem. Educ.*, **36**, 408 (1959). Presenta datos estructurales (longitudes y ángulos de enlace) para compuestos orgánicos con ciclos pequeños y expone brevemente cómo se determinan.

Análisis conformacional

Allinger, N. L.: Conformational Analysis in the Elementary Organic Course, *J. Chem. Educ.*, **41**, 70 (1964).

Eliel, E. L.: Conformational Analysis in Mobile Systems, *J. Chem. Educ.*, **37**, 126 (1960).

Vogel, G.: An Aid to Visualizing Fused Ring Systems, *J. Chem. Educ.*, **42**, 278 (1965). Describe un método sencillo para dibujar representaciones conformacionales de sistemas reducidos tales como perhidroantracenos y perhidrofenantrenos.

PROBLEMAS

1. Nombrar los siguientes compuestos por cualquier sistema de nomenclatura consistente.

★(*a*)

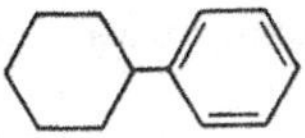

★(*b*)

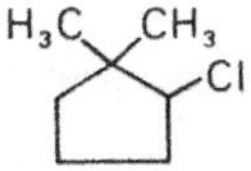

★(*c*)

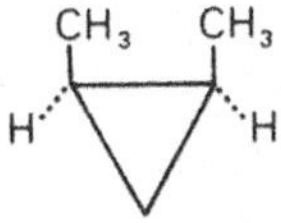

★(*d*)

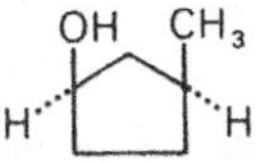

(*e*)

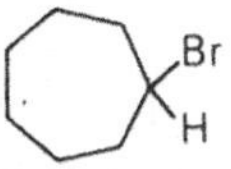

★(*f*)

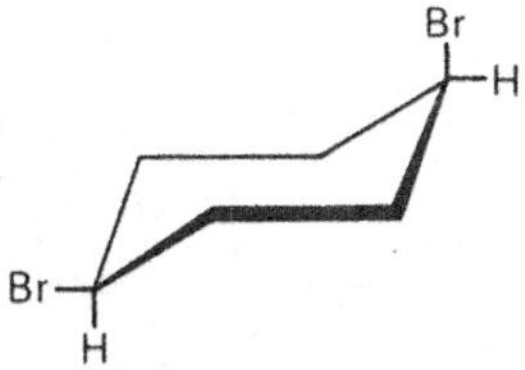

(*g*)

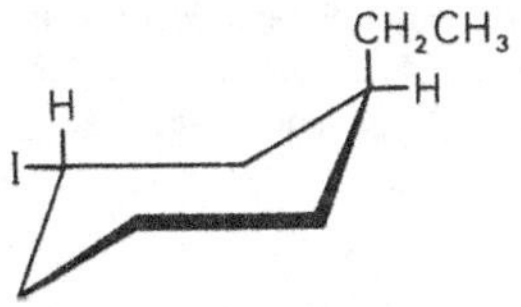

(*h*)

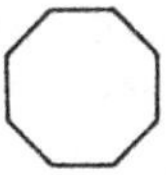

★(*i*)

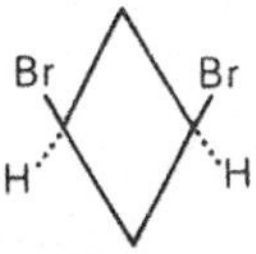

(*j*)

2. Dibujar las estructuras que corresponden a cada uno de los isómeros geométricos de los siguientes compuestos:

★(*a*) 1,2,3-tribromociclopropano

★(*b*) Acido 1,3-dicloro-2,4-ciclobutanodicarboxílico

(*c*) 1,2,4-trifenilciclopentano

(*d*) 1,2,3,4,5,6-hexahidrociclohexano (señalar la conformación preferida de cada isómero geométrico que pueda escribirse)

★ **3.** (*a*) Dibujar la conformación preferida de los dos isómeros geométricos de la decalina.

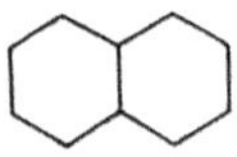

(*b*) Teniendo en cuenta las interacciones 1,3 diaxiales, ¿cuál de los dos isómeros sería de esperar que fuera más estable?

★ **4.** Dibujar la conformación preferida de todos los terciobutilciclohexanoles. Nótese que el grupo alquilo voluminoso preferirá la posición ecuatorial.

5. Dibujar la conformación preferida de todos los isómeros geométricos de las siguientes moléculas (la línea ondulada indica una geometría axial o ecuatorial no definida):

(*a*) 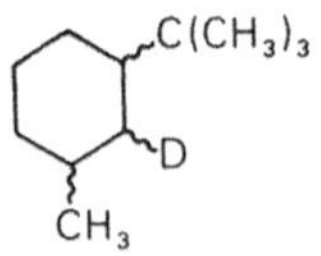

(*b*) 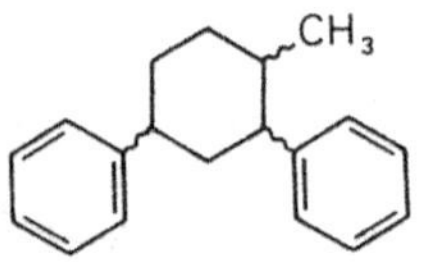

(*c*) 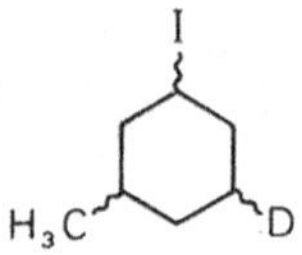

★ **6.** Mediante la reacción de Simmons-Smith se han preparado muchos mono, di, tri y poliderivados del ciclopropano que se han investigado como combustibles potenciales. Escribir las estructuras de los derivados del ciclopropano que se obtendrían tratando cada una de las olefinas siguientes con $Zn(Cu)\text{-}CH_2I_2$ en éter, suponiendo que los dobles enlaces son reactivos.

(*a*) 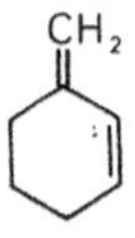

(*b*) 

(*c*) 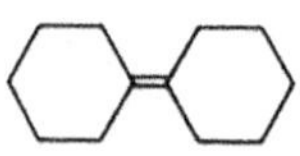

(*d*) 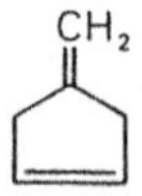

(*e*) $CH_2{=}CH{-}CH{=}CH_2$

Capítulo cuatro

Los hidrocarburos más sencillos que contienen un grupo funcional son los *alquenos*, llamados también *olefinas* que se relacionan formulariamente con los alcanos por eliminación de dos átomos de hidrógeno contiguos y creación de un doble enlace carbono-carbono $>C=C<$ Se reducen a alcanos con hidrógeno en presencia de un catalizador metálico. Puesto que tienen un doble enlace, pertenecen a la serie homóloga C_nH_{2n}. Al contrario que los alcanos, los alquenos se disuelven en ácido sulfúrico concentrado y *adicionan* fácilmente cloro y bromo al doble enlace.

Forman parte importante de este capítulo el concepto y el empleo de los mecanismos de reacción, especialmente de los de *eliminación*, para formar un doble enlace carbono-carbono, y de *adición* al doble enlace carbono-carbono. Muchas reacciones de las olefinas son estereoespecíficas y pueden entenderse a base del mecanismo de la reacción.

NOMENCLATURA

La terminación *-ano* de un alcano se reemplaza por *-eno* en un alqueno. De nuevo aquí, se dan los números más bajos en la cadena más larga a los grupos funcionales, incluyendo el doble enlace. Esta cadena determina también la designación cis o trans de la olefina.

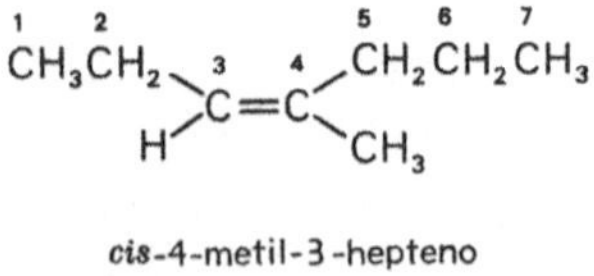

cis-4-metil-3-hepteno

Los dos primeros miembros de esta serie se llaman muchas veces *etileno* y *propileno* en lugar de *eteno* y *propeno*.

Alquenos (Olefinas)

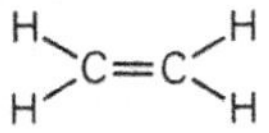

etileno
(eteno)

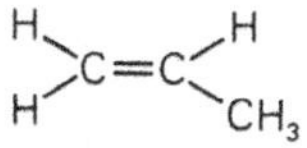

propileno
(propeno)

Existen cuatro alquenos C_4, de los cuales sólo uno se conoce por un nombre vulgar:

$CH_2{=}CH{-}CH_2CH_3$

1-buteno
p. eb. —5°

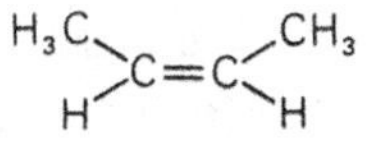

cis-2-buteno
1°

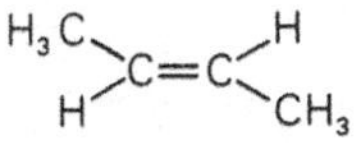

trans-2-buteno
2,5°

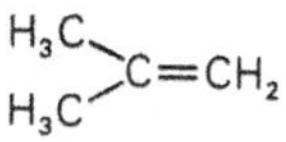

2-metilpropeno
(isobutileno) —6°

Recuérdese que la imagen orbital molecular del doble enlace muestra que el enlace π (recubrimiento máximo del orbital p) impide la rotación alrededor del enlace carbono-carbono. Resultan, por consiguiente, dos ordenaciones posibles para los sustituyentes alrededor del doble enlace, que determinan la existencia de *isómeros geométricos*. En un doble enlace como el del buteno-2, los dos grupos metilo pueden situarse sobre átomos de carbono distintos, del *mismo* lado del enlace (*cis*-buteno-2) u *opuestos* uno a otro (*trans*-buteno-2). Los isómeros cis y trans son dos compuestos distintos con propiedades químicas y físicas diferentes aunque similares.

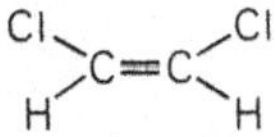

cis-1,2-
dicloroetileno
p. f. —80°
p. eb. 60°
densidad 1,29

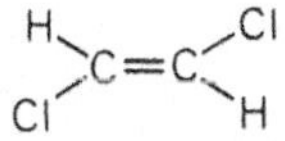

trans-1,2-
dicloroetileno
—50°
48°
1,27

Tabla 4-1. Ejemplos de nomenclatura

$CH_2=$	$CH_2=CH-$	$CH_2=CH-CH_2-$	$CH_3-CH=CH-$
metileno	vinilo	alilo	propenilo
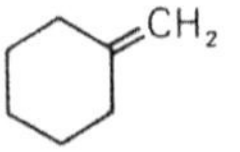	$CH_2=CH-Cl$	$CH_2=CH-CH_2OH$	$CH_3-CH=CH-Br$
metilenciclohexano	cloruro de vinilo	alcohol alílico	bromuro de propenilo

$CH_3CH_2CH_2CH=CH-CH_3$

hexeno-2

Obsérvese que son posibles isómeros cis y trans

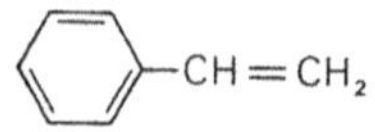

estireno (vinilbenceno)

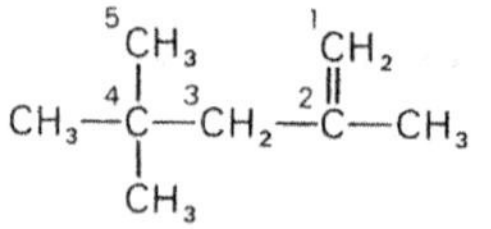

2,4,4-trimetilpenteno-1

$CH_2=CH-CH=CH_2$

butadieno-1,3

Obsérvese que no son posibles los isómeros cis y trans

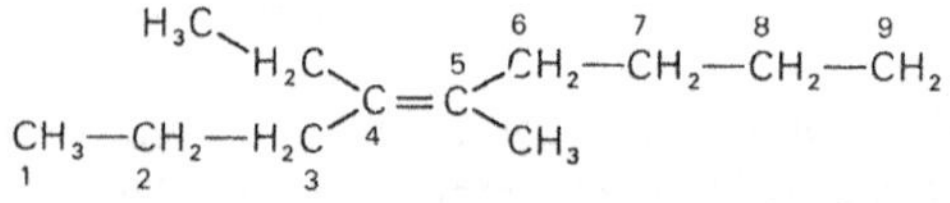

trans-5-metil-4-etilnoneno-4

Obsérvese la cadena más larga y el número más bajo para el doble enlace

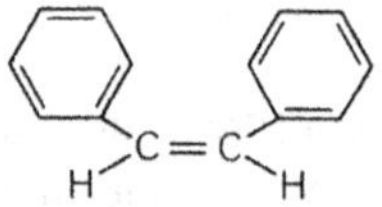

cis-estilbeno

(*cis*-1,2-difeniletileno)

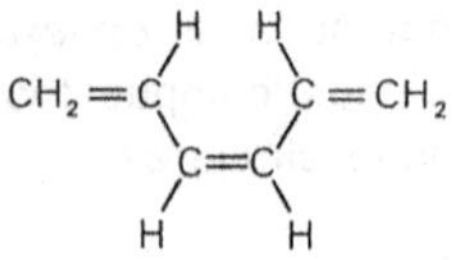

hexatrieno-1,3,5

¿Por qué es ambiguo este nombre? Corríjase.

En la estereoquímica de las estructuras cíclicas sustituidas (Cap. 3) se encontró una situación parecida.

Algunos grupos alquenilo derivados de la serie de los alquenos tienen nombres comunes, véanse en la Tabla 4-1, que da también ejemplos adicionales sobre nomenclatura de los alquenos.

PREPARACION

4-1 DESHIDRATACION DE ALCOHOLES Y ESTABILIDAD DE IONES CARBONIO

Los alquenos pueden formarse por deshidratación de los alcoholes, calentándolos con un catalizador ácido o pasando el alcohol, en estado de vapor o líquido, sobre alúmina, Al_2O_3, caliente. A continuación exponemos el mecanismo del primer proceso; el del último no se conoce con claridad.

General $R{-}CH_2{-}CH_2OH \longrightarrow R{-}CH{=}CH_2 + H_2O$

Específico

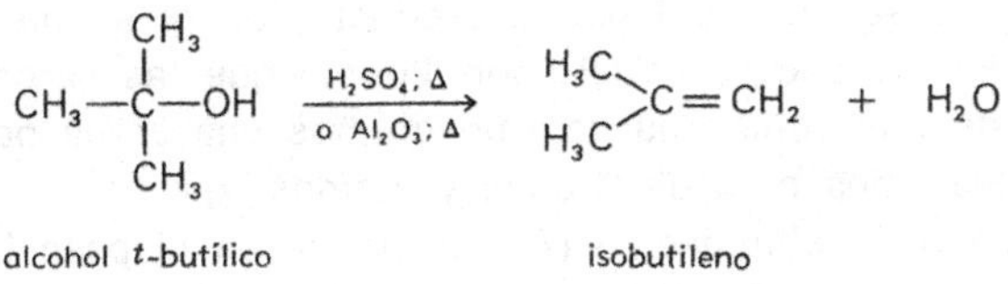

Mecanismo de la reacción ácido-catalizada

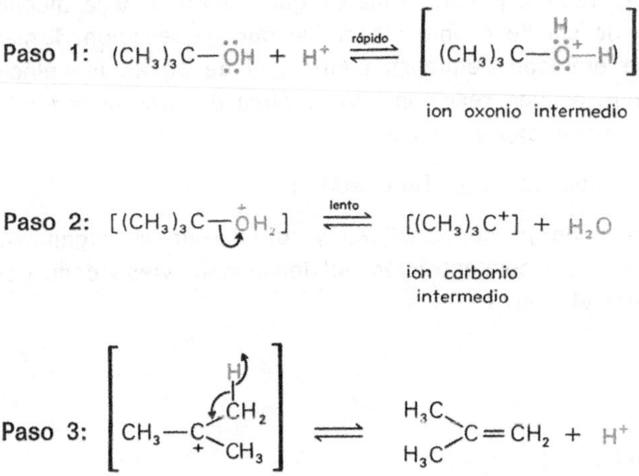

Paso 1: Consiste en la formación reversible de un ion oxonio o sal de oxonio intermedio por protonación del átomo de oxígeno. Compárese el térmi-

no *oxonio* con *carbonio*, que significa un átomo de carbono cargado positivamente.

Paso 2: Como el más lento de la serie, se denomina *paso determinante de la velocidad*, puesto que el paso más lento determina la velocidad a la que se formará el *producto*. En este caso consiste en la pérdida de una molécula de agua del ion oxonio intermedio para formar un intermedio de ion carbonio terciario. En la escritura de mecanismos las flechas curvadas se emplean para indicar el desplazamiento incipiente de *electrones y átomos*.

Algunas analogías pueden aclarar el concepto de paso determinante de velocidad. Supóngase una larga fila única de coches moviéndose a distintas velocidades. Eventualmente el más lento marcará el paso de todos los que estén detrás de él, aunque los de delante le lleven kilómetros de ventaja y se pierdan de vista. Otro simil es un embudo lleno de arena. La velocidad de vaciado del embudo por la arena está esencialmente determinada por el tamaño de la apertura y no por la cantidad de arena en el embudo.

Paso 3: Este es el paso que da lugar al producto; en él se pierde un protón y se regenera el H^+, verdadero catalizador. Puesto que las cargas positivas representan *ausencia* de electrones, nunca «moveremos una carga positiva» con flechas; sólo las emplearemos para electrones y átomos.

Este es un mecanismo de eliminación (E) en el que en el paso lento, determinante de la velocidad, sólo interviene una especie molecular (*unimolecular*). Se distingue con el nombre de *mecanismo* E_1. Puesto que el ion oxonio se forma en una reacción reversible rápida, puede probarse que mientras haya alcohol y ácido habrá siempre algo de sal de oxonio disponible para la reacción. Teniendo en cuenta que cuando se emplean pequeñas cantidades de ácido, la velocidad es sólo función del alcohol, es una reacción con cinética de *primer orden* †. La velocidad de la reacción puede expresarse así:

$$\text{Velocidad de formación de alqueno} = k_1' \text{ (ion oxonio)}$$

donde k_1' es una constante de proporcionalidad y los paréntesis significan la concentración del ion oxonio. La concentración del ion oxonio viene dada por la expresión de equilibrio para el paso 1,

$$K_{eq} = \frac{[\text{ión oxonio}]}{[H^+]\,[\text{alcohol}]}$$

$$[\text{Ión oxonio}] = K_{eq}\,[H^+]\,[\text{alcohol}]$$

† Teniendo en cuenta que la velocidad puede afectarse por una concentración de ácido elevada, esta aparente dependencia exclusiva del alcohol se denomina cinética de reacción de *seudo primer orden*.

Recuérdese que el ácido es un catalizador y puede regenerarse; por consiguiente es constante y puede unirse con K_{eq}, constante de equilibrio para el paso 1. Así,

Velocidad de formación de alqueno = k_1 (alcohol)

donde k_1 incorpora la concentración de ion hidrógeno y K_{eq}.

En la sección 4-2 se da un ejemplo de mecanismo E_2.

En la deshidratación citada anteriormente, el isobutileno era el único producto posible de la deshidratación sencilla del alcohol *t*-butílico. Pero muchos alcoholes, tales como $CH_3CH_2CH(OH)CH_3$, presentan una serie de productos posibles, lo que hace necesario poder predecir el producto principal. Esta predicción se basa en la estabilidad relativa de las olefinas que se forman. Puesto que los grupos alquilo son dadores de electrones y estabilizan el doble enlace, *el producto principal de la deshidratación de los alcoholes catalizada por ácido, será, generalmente, la olefina más sustituida.*

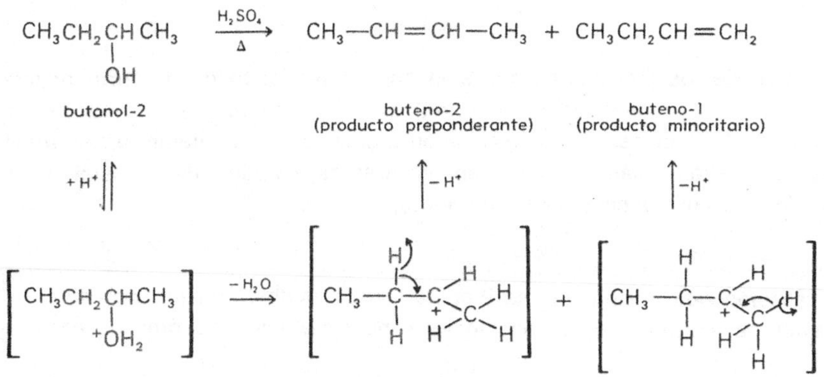

Una vez que se ha formado el ion carbonio secundario, $CH_3CH_2C^+HCH_3$, a partir del butanol-2, existen dos caminos posibles para la reacción. El producto principal es la olefina *interna*, buteno-2; la olefina terminal, buteno-1 se forma en pequeñas cantidades. Por regla general, aunque pueda conseguirse que predomine un producto, siempre se formarán otros, por lo menos en cantidades mínimas.

El carácter repelente de electrones de los grupos alquilo y su tendencia a dispersar la carga sobre los átomos restantes determina el orden de estabilidad de los iones carbonio 3.° > 2.° > 1.°. Este es también el orden de la facilidad de deshidratación de los alcoholes catalizada por ácido. El orden de estabilidad de las olefinas se basa en el efecto repelente de electrones de los grupos alquilo; los datos correspondientes a los calores de hidrogenación (Sec. 7-3), confirman este orden: olefinas tetrasustituidas > tri > di > mono > etileno.

Ejemplo $R_2C{=}CR_2 > R_2C{=}CHR > R_2C{=}CH_2 >$ *trans*-$RCH{=}CHR >$

cis-$RHC{=}CHR > R{-}CH{=}CH_2 > CH_2{=}CH_2$

Al contrario de lo que sucede con la estructura de las olefinas formadas pasando vapor de alcohol sobre óxido de aluminio, el empleo de óxido de torio (torina) da olefinas terminales a partir de los 2-alcanoles. El rendimiento es generalmente del 90 al 95 % y las olefinas obtenidas son casi puras.

$$R{-}CH_2{-}\underset{\displaystyle OH}{\underset{|}{C}H}{-}CH_3 \xrightarrow[Al_2O_3]{\Delta} R{-}CH{=}CH{-}CH_3 + H_2O$$

$$R{-}CH_2{-}\underset{\displaystyle OH}{\underset{|}{C}H}{-}CH_3 \xrightarrow[ThO_2]{\Delta} R{-}CH_2{-}CH{=}CH_2 + H_2O$$

La adsorción de los 2-alcanoles sobre la superficie del óxido de torio ocurre probablemente en la conformación que reduce a un mínimo las interacciones de eclipse (Fig. 4-1). El estado de transición cíclico de seis miembros no tiene prácticamente tensión. Más adelante encontraremos estados de transición intermedios cíclicos con cinco o seis miembros.

La reacción con torina se ha empleado para deshidratar los compuestos siguientes. Formular esas reacciones y nombrar los productos de cada una.

1. 4-metil-pentanol-2
2. butanodiol-2,3
3. 1-ciclohexiletanol

4-2 DESHIDROHALOGENACION DE HALOGENUROS DE ALQUILO

Aunque la reacción de los halogenuros de alquilo con *base diluida* conduce a la formación del alcohol correspondiente ($R{-}CH_2{-}X + OH^- \longrightarrow R{-}CH_2OH + X^-$), el tratamiento de un halogenuro de alquilo con una *base fuerte* concentrada, tal como KOH sólido disuelto en etanol, conduce a la eliminación de HX y formación de un alqueno a través de un mecanismo E_2.

General $R{-}CH_2{-}CH_2Br \xrightarrow{\text{base fuerte}} RCH{=}CH_2 + HBr$

Global $CH_3CH_2CH_2Br \xrightarrow[\text{KOH}]{\text{alc.}} CH_3{-}CH{=}CH_2 + HBr \xrightarrow{\text{KOH}} K^+Br^- + H_2O$

Mecanismo

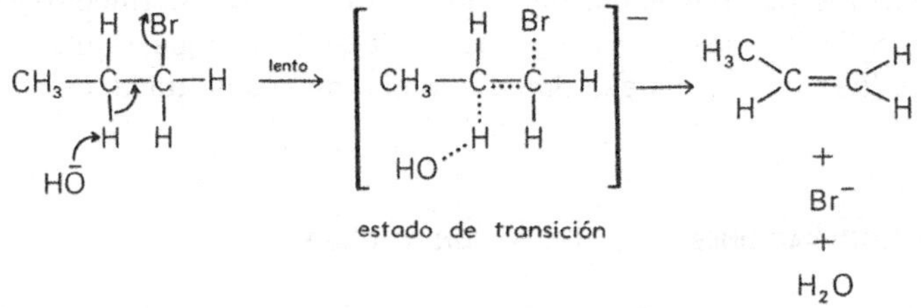

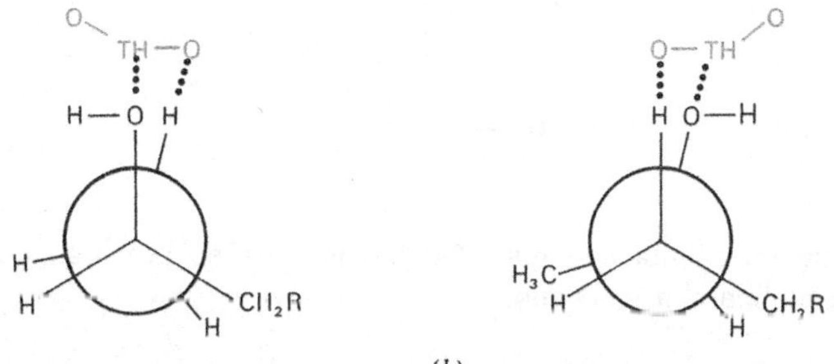

(*a*) adsorción de alcanol-2 sobre la superficie de la torina dando alqueno-1: menor interacción de eclipse

(*b*) adsorción de alcanol-2 en la superficie de la torina dando *trans*-alqueno-2

Figura 4-1. Interacción de alcoholes con torina

El paso lento de esta eliminación requiere dos especies, el ion hidróxido y el halogenuro de alquilo, en consecuencia, es *bimolecular*. Cuando se duplica tanto la concentración del halogenuro como la de la base, se duplica la velocidad. Se trata por consiguiente de una *reacción de segundo orden* (de primer orden respecto al OH^- y de primer orden respecto al halogenuro de alquilo); la velocidad depende de la concentración de ambas especies. Se dice que una reacción tiene lugar según un *mecanismo concertado* cuando se forman y se rompen enlaces simultáneamente. En este caso el doble enlace se forma *al mismo tiempo* que se elimina el protón mediante el OH^-, o dicho de otro modo, los enlaces O—H y C=C se forman *mientras* se rompe el enlace C—Br. De este modo no existe un claro intermedio en este caso, sino sólo estados de transición cargados negativamente. El estado de transición que se representa en la mayoría de las reacciones de este libro está aproximadamente a mitad de camino entre los reactivos y los productos. Todas las reacciones químicas tienen estados de transición, pero no en todas hay intermedios definidos.

La reacción de deshidrohalogenación, igualmente que la deshidratación ácido-catalizada de los alcoholes, da la olefina más sustituida como producto principal.

4-3 DESHALOGENACIONES CON ZINC O ION YODURO

Las deshalogenaciones con zinc o I^- tienen lugar en condiciones relativamente suaves y provocan muy pocas reacciones secundarias.

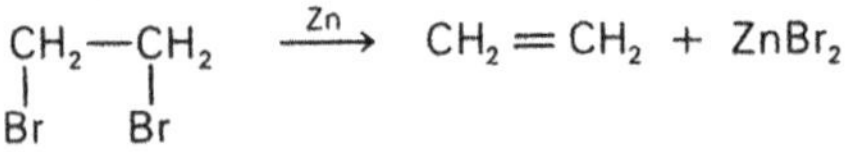

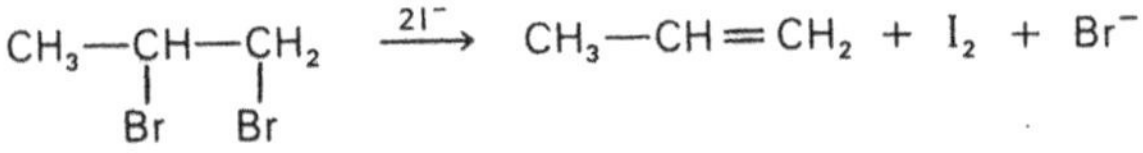

Teniendo en cuenta que los 1,2-dihalogenuros se preparan generalmente tratando una olefina con halógeno,

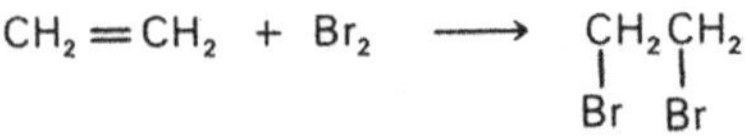

esas reacciones no son aplicables a procedimientos de síntesis, pero pueden emplearse como medios de purificación. Supóngase, por ejemplo, que deseamos separar en sus constituyentes puros una mezcla que contenga ciclohexano (p. de eb. 80°) y ciclohexeno (p. eb. 84°). Los puntos de ebullición son tan cercanos que la destilación no es factible. Sin embargo, el 1,2-dibromociclohexano que hierve a 145° (100 mm), puede separarse fácilmente del ciclohexano, y convertirse de nuevo en la olefina por tratamiento con Zn o I^-.

Los mecanismos de muchas reacciones no se darán o sólo se mencionarán brevemente, debido a limitaciones de tiempo y espacio o a que no tienen interés suficiente. Los mecanismos que *se* exponen no deben aprenderse de memoria. Para una reacción determinada puede escribirse con frecuencia un mecanismo razonable basándose en los principios generales expuestos en el Cap. 1, conociendo la estructura de los materiales de partida y de los productos finales y las condiciones en que tiene lugar la reacción. El *mejor* mecanismo que está de acuerdo con todos los datos conocidos, se halla determinando experimentalmente el orden de la cinética de la reacción, examinando todos los productos formados en la misma y por los métodos instrumentales disponibles para investigar moléculas.

REACCIONES

4-4 H_2: HIDROGENACION CATALITICA

Los alquenos sencillos reaccionan con hidrógeno en presencia de un catalizador metálico para dar el alcano saturado o reducido.

$$CH_3—CH{=}CH_2 \xrightarrow[\text{Pt o Pd}]{H_2} CH_3CH_2CH_3$$

La molécula orgánica se adsorbe sobre la superficie metálica, en la que ya se ha adsorbido y disociado el hidrógeno. Ambos átomos de hidrógeno entran por el mismo lado de la molécula. El resultado consiste en una adición estereoespecífica en cis (Fig. 4-2), puesto que la geometría (estereoquímica) del producto es consecuencia del método de síntesis. Aunque el carácter cis de la

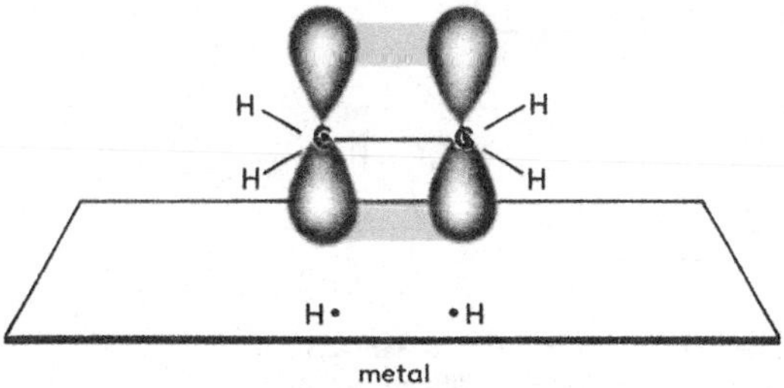

Figura 4-2. Representación esquemática de la hidrogenación catalítica

hidrogenación no puede demostrarse con el etileno, existen otras muchas reacciones en las que puede demostrarse esta adición en cis, entre ellas pueden elegirse la deuteración del ciclohexeno y la hidrogenación del 1-2-dimetilciclohexeno. La primera constituye un ejemplo del empleo de isótopos para contribuir a la determinación de la estereoquímica y del mecanismo.

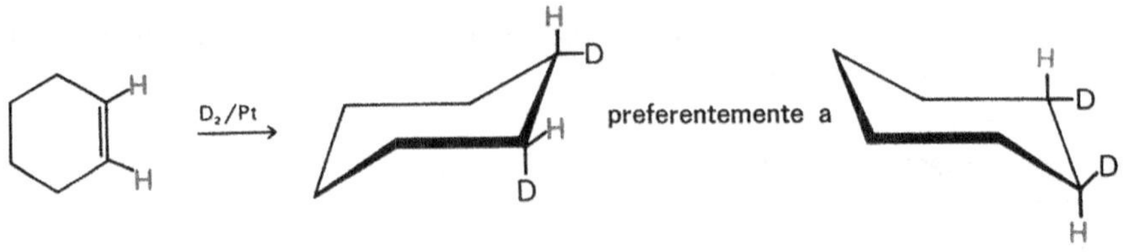

ciclohexeno — *cis*-ciclohexano-1,2-d_2 — *trans*-ciclohexano-1,2-d_2

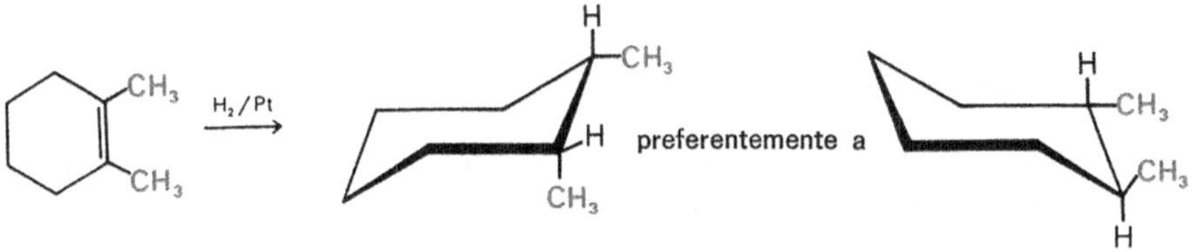

1,2-dimetilciclohexeno — *cis*-1,2-dimetilciclohexano — *trans*-1,2 dimetilciclohexano

4-5 Cl_2, Br_2: ADICION ELECTROFILA DE HALOGENOS EN TRANS

Los 1,2-dihalogenuros se forman por adición estereoespecífica (trans) del cloro o bromo a las olefinas.

General

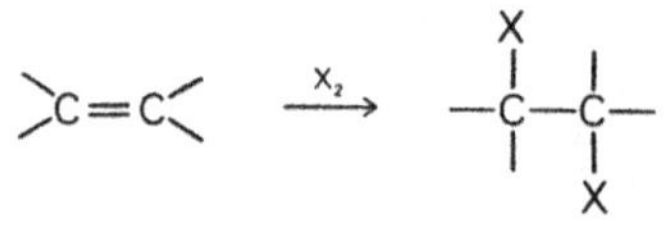

Global

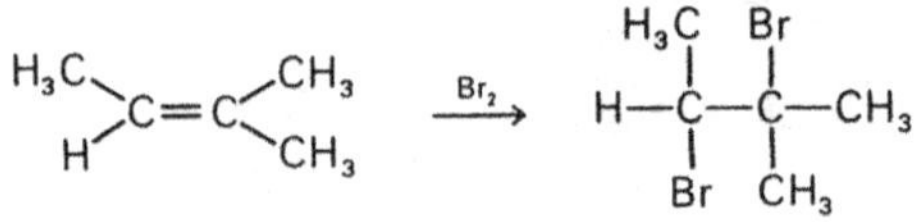

2-metil-buteno-2 — 2-metil-2,3-dibromobutano

Mecanismo

Paso 1: $Br{-}Br \longrightarrow [\overset{\delta+}{Br}\cdots\overset{\delta-}{Br}] \longrightarrow [Br^+\ Br^-]$

Paso 2:

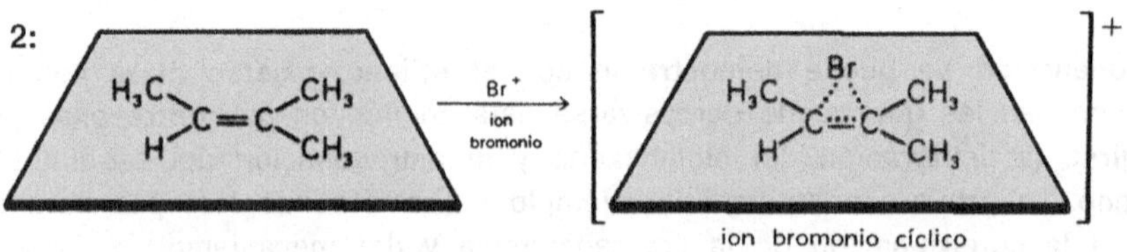

ion bromonio cíclico

Paso 3:

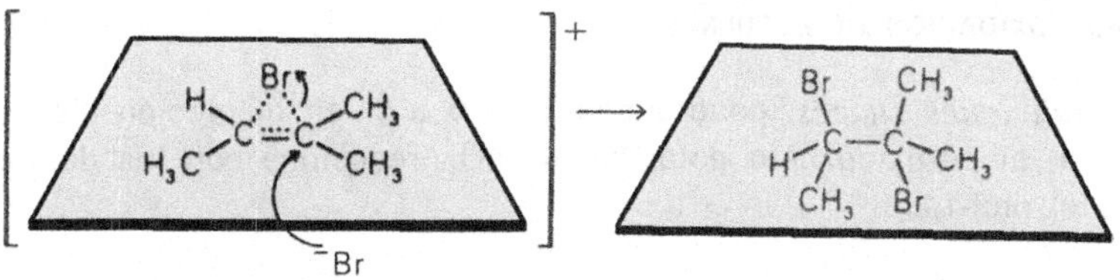

Paso 1: La molécula de halógeno no polar puede considerarse que se polariza parcialmente cuando el halógeno, X_2, se acerca al doble enlace, que es una región de alta densidad electrónica. Puede haber también algo de polarización de la molécula de halógeno si la reacción se lleva a cabo en un disolvente polar tal como el agua o el alcohol metílico, CH_3OH.

Paso 2: El ion bromonio Br^+ o la molécula de bromo polarizada, es atacada entonces por los electrones del doble enlace, formando un *ion bromonio cíclico* **intermedio,** que puede considerarse como un híbrido estabilizado por resonancia:

estructura de ion carbonio 3° — estructura de ion carbonio 2°

Estas dos estructuras tienen energías comparables pero ligeramente distintas. ¿Por qué es de esperar que el ion carbonio terciario sea el que más contribuya en el híbrido? En el ion carbonio secundario sólo un grupo metilo repele electrones hacia el centro positivo, mientras que en el ion carbonio terciario son dos los metilos tributarios.

Paso 3: En el paso final, el ion bromuro, Br^-, ataca el carbono terciario, que es el de menor densidad electrónica, desde el lado opuesto al del primer bromo, formándose el producto trans. Este mecanismo de ataque «dorsal» presupone que la bromación de un alqueno, como el etileno, en presencia de Na^+Cl^- llevaría a la formación de algo de 1-bromo-2-cloroetano, y así se observa en efecto.

Para establecer el carácter trans del mecanismo de adición, podemos considerar la reacción del halógeno con ciclohexeno.

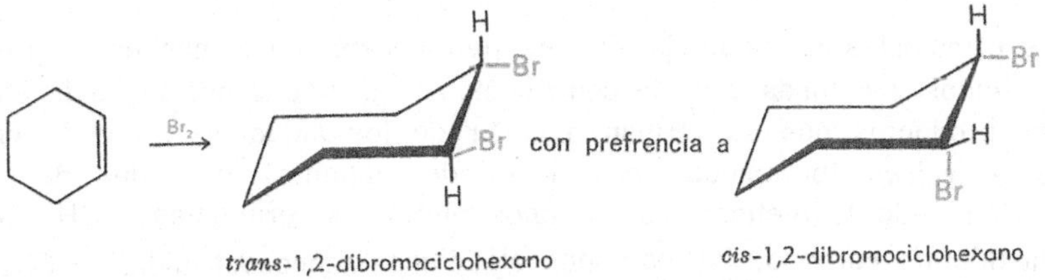

trans-1,2-dibromociclohexano — *cis*-1,2-dibromociclohexano

4-6 $KMnO_4$: OXIDACION DE ALQUENOS

En *condiciones suaves*, generalmente de 0 a 5° en disolución alcalina diluida tamponada, el permanganato potásico, $KMnO_4$, reacciona con los dobles enlaces para dar el diol-1,2.

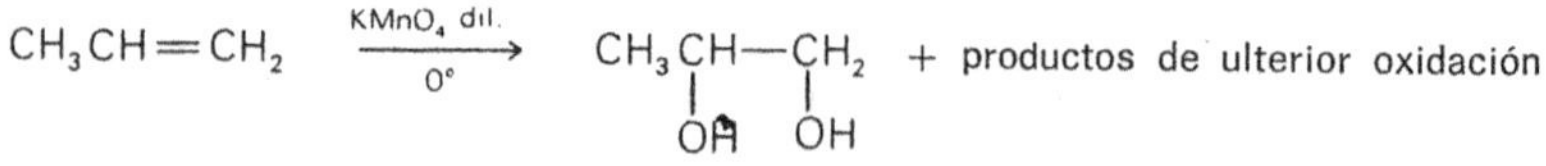

propanodiol-1,2

A los dioles se les denomina también *glicoles* y aquellos en los que los grupos hidroxilos están situados en carbonos contiguos se conocen con el nombre de dioles *vecinales* o glicoles *vecinales*. Estereoquímicamente, la reacción consiste en una adición en cis que probablemente tiene lugar a través de un intermedio cíclico, que luego se hidroliza dando el diol.

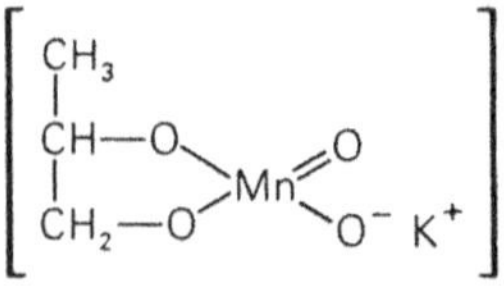

Generalmente este camino de formación de dioles no es el más aconsejable porque el diol intermedio y el dialdehído se oxidan con la misma velocidad o más deprisa que la olefina de partida. A menos que se tomen precauciones especiales para eliminar el alcohol a medida que se forma o para controlar la oxidación empleando base a temperatura ambiente (o inferior), el producto resultante es una mezcla compleja.

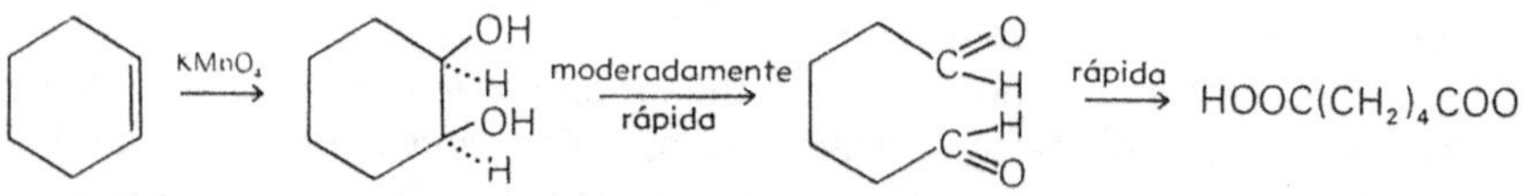

cis-ciclohexanodiol-1,2 un glicol *vecinal* — adipaldehído un dialdehído — ácido adípico un ácido dibásico

Los usos principales de la oxidación con permanganato estriban en la preparación de ácidos y cetonas y en la contribución a la determinación de la estructura. Los productos que se forman a partir de los alquenos y $KMnO_4$ en *condiciones enérgicas* (permanganato concentrado, caliente) dependen de la estructura original de la olefina: los carbonos olefínicos terminales $=CH_2$, se oxidan a dióxido de carbono; los carbonos alquénicos monosustituidos, $=CHR$, dan ácidos RCO_2H en forma de sus sales, y los disustitutidos, $=CR_2$, dan cetonas, $R_2C=O$ (ver Tabla 4-2). Las monoolefinas cíclicas conservan todos los átomos de carbono iniciales en el producto final apropiado. El ácido oxálico HOOC—COOH que pudiera formarse inicialmente en algunos casos, se oxida en las condiciones de reacción dando dos moles de CO_2; también se oxida de

Tabla 4-2. Ejemplos de oxidación con $KMnO_4$

	Observaciones
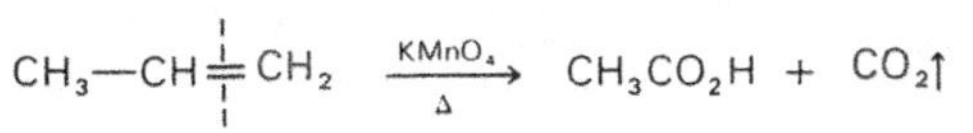	este carbono no se halla entre los productos aislables
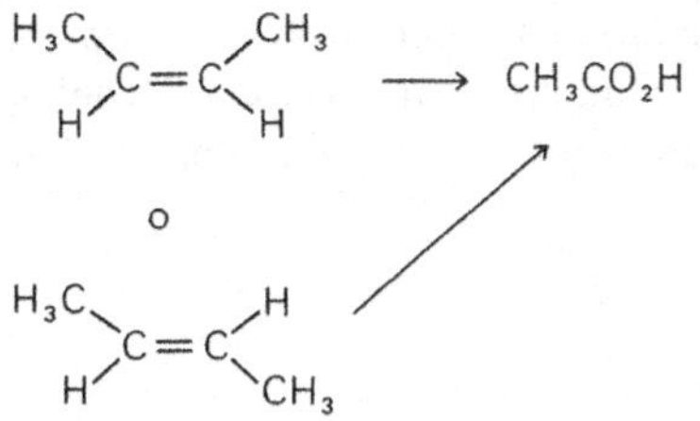	sólo se forma un producto, pero dos moles de ácido por cada mol de olefina de partida
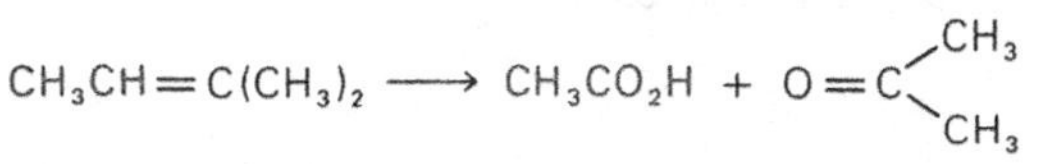 ácido acético acetona	
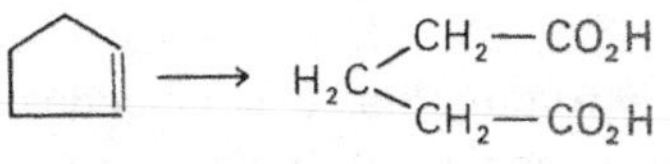 ciclopenteno ácido glutárico	sólo un producto que conserva todos los átomos de carbono iniciales
$CH_2{=}CH{-}CH{=}CH_2 \longrightarrow$ sólo $CO_2\uparrow$	¿por qué?
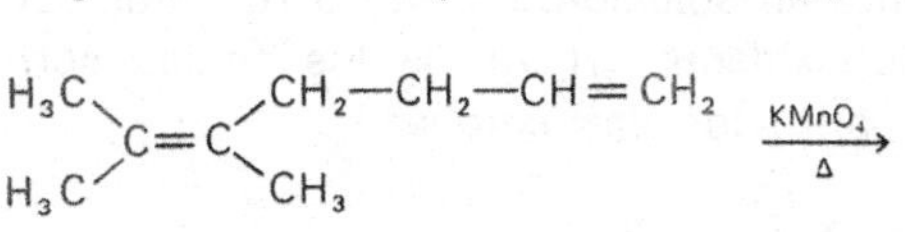 5,6-dimetilheptadieno-1,5 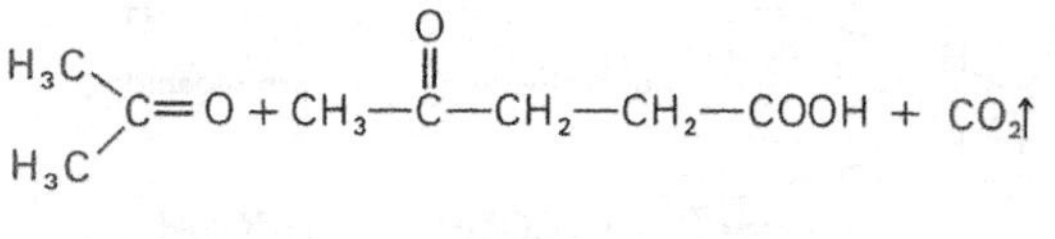 acetona ácido 4-cetoheptanoico	

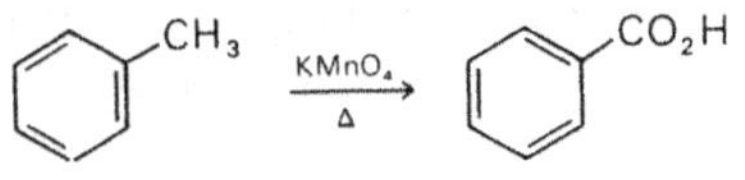

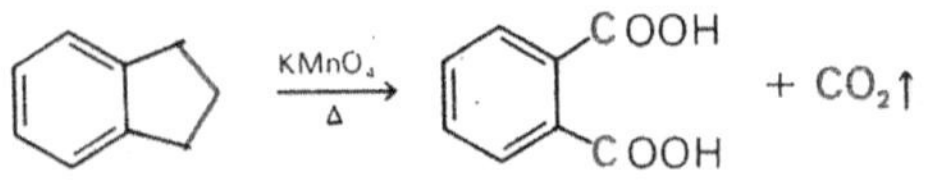

nótese la estabilidad de los sistemas aromáticos

manera análoga el ácido fórmico H—COOH. Los grupos alquilo (especialmente los grupos metilo) unidos a un sistema aromático tal como el anillo del benceno se oxidan dando el ácido aromático correspondiente. Esta estabilidad del sistema anular aromático es análoga a su estabilidad frente a los reductores (Sec. 7-4).

4-7 OZONOLISIS

El ozono, O_3, que se produce a partir del oxígeno,

$$3O_2 \xrightarrow[\text{oscuro}]{\text{descarga eléc.}} 2O_3 \quad \text{rendimiento 4-6 \%}$$

es también muy útil para determinaciones estructurales. Los alquenos reaccionan rápida y cuantitativamente con el ozono, dando un ozónido intermedio incoloro. Los ozónidos intermedios que se forman a partir de los alquenos y este oxidante fuerte son, con frecuencia, explosivos y, por consiguiente, no se aislan sino que se descomponen directamente en solución. En medio reductor (Zn/H_2O) el ozónido da aldehídos y en medio oxidante (H_2O_2) da los ácidos correspondientes. Los carbonos olefínicos disustituidos dan cetonas.

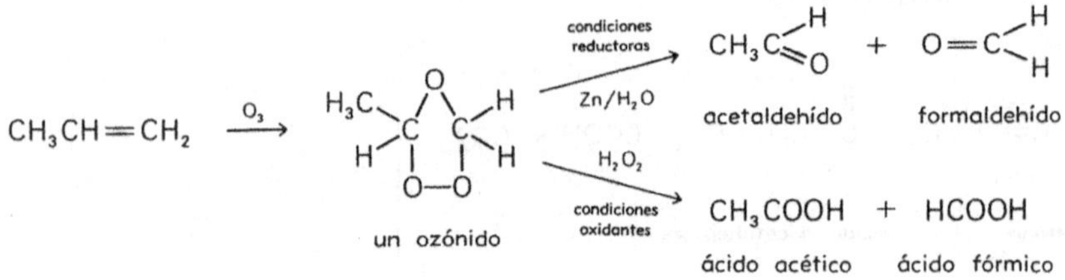

En investigaciones estructurales pueden emplearse datos procedentes de hidrogenación (Sec. 2-9) para completar los obtenidos por oxidación con $KMnO_4$ y O_3.

El compuesto **X**, C_6H_{10}, dio folmaldehído y diacetilo por ozonólisis, terminada en medio reductor. ¿Qué conclusiones pueden sacarse respecto a la estructura?

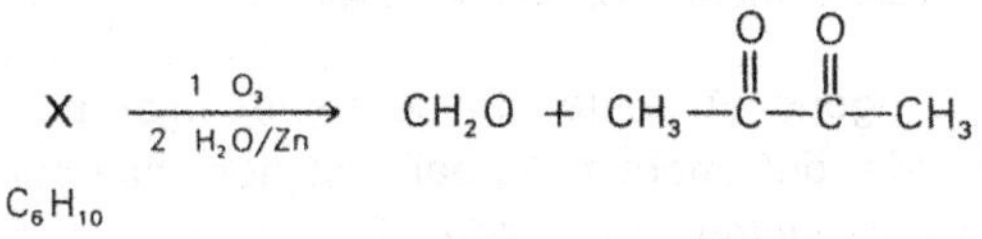

Los productos tal como se han escrito sólo responden a cinco de los seis átomos de carbono inicialmente presentes. Por consiguiente, deben formarse dos moles de CH_2O por cada mol de diacetilo. Por otra parte, tomando como base seis carbonos, la fórmula según la serie homóloga de los alcanos sería C_6H_{14}. Puesto que la que correspondería en la serie homóloga de los alquenos sería C_6H_{12}, podemos asignar a C_6H_{10} una de las siguientes estructuras globales:

1. dos dobles enlaces
2. un doble enlace y un ciclo
3. dos ciclos
4. un triple enlace

Ahora podemos escribir

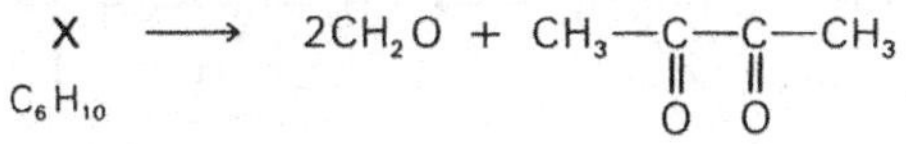

Luego,

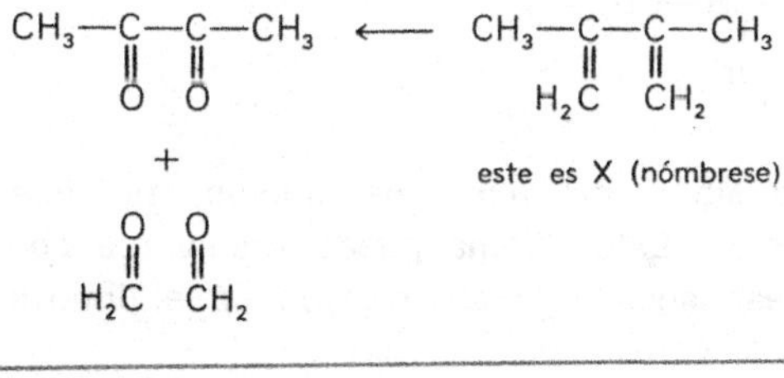

este es X (nómbrese)

> El compuesto **Y**, C_7H_{10}, dio OHC-CHO y $(CH_3)_2C(CHO)_2$ por ozonólisis terminada en medio reductor. Absorbió fácilmente dos moles de hidrógeno. Propóngase una estructura para **Y**.

4-8 ADICION DE HALOGENUROS DE HIDROGENO: REGLA DE MARKOWNIKOFF

La adición de halogenuros de hidrógeno al doble enlace tiene lugar por adición electrófila de un protón seguida del ataque dorsal del ion halogenuro. El mecanismo es parecido al de halogenación (Sec. 4-5).

Ejemplo

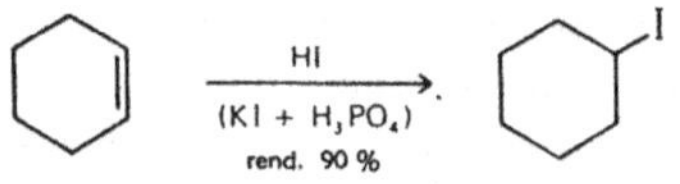

ciclohexeno

$$(CH_3)_2C{=}CH_2 \xrightarrow{HCl} (CH_3)_2\underset{\underset{Cl}{|}}{C}{-}CH_3 + (CH_3)_2\underset{\underset{H}{|}}{C}{-}CH_2Cl$$

producto principal — producto secundario

Global $$CH_3{-}CH{=}CH_2 \xrightarrow{HBr} CH_3{-}\underset{\underset{Br}{|}}{CH}{-}CH_3 + CH_3{-}CH_2{-}CH_2Br$$

2-bromopropano principal — 1-bromopropano secundario

Mecanismo

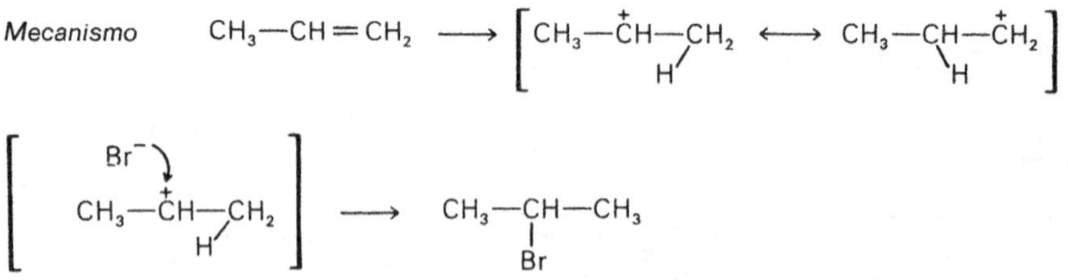

Cuando pueden formarse dos posibles productos de adición, es necesario decidir *cómo* tendrá lugar esa adición. Este dilema puede resolverse considerando las estructuras iónicas de resonancia que contribuyen en el intermedio. Entre las dos que pueden escribirse

I II

la estructura II es la que presta mayor contribución, debido a la mayor estabilidad de los iones carbonio secundarios frente a los primarios. El ataque del Br^- se produce predominantemente en el C_2. Esta línea de razonamiento, basada en la repulsión electrónica de los grupos alquilo, se conoce con el nombre de regla de Markownikoff. *La porción relativamente positiva de cualquier adendo asimétrico va hacia el carbono del alqueno que tiene mayor número de átomos de hidrógeno (y por consiguiente tiene el menor número de grupos alquilo para estabilizar el ion carbonio intermedio).* No limitarse a aprender la regla de memoria, estese seguro de entender las razones fundamentales de su validez.

Ya que la hidrohalogenación del 1-metilciclohexeno no establecería la estereoquímica de la reacción, se emplea 1-metilciclohexeno-2-*d* para demostrarla.

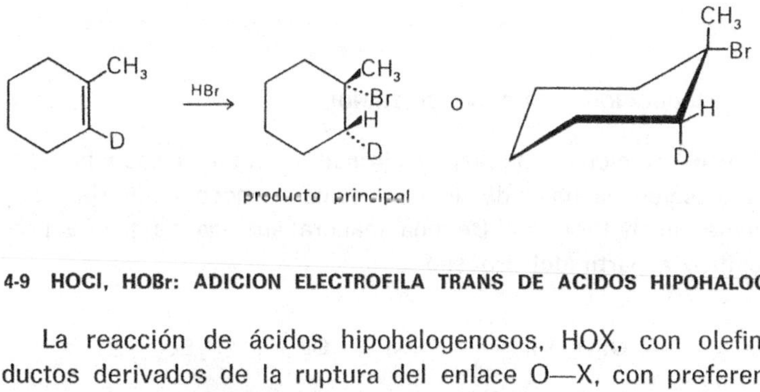

producto principal

4-9 HOCl, HOBr: ADICION ELECTROFILA TRANS DE ACIDOS HIPOHALOGENOSOS

La reacción de ácidos hipohalogenosos, HOX, con olefinas conduce a productos derivados de la ruptura del enlace O—X, con preferencia al H—O, incluso teniendo en cuenta de que son ácidos débiles; i.e., en agua $HOX \rightleftharpoons H^+ + OX^-$. La polarización HO—X, indica que el doble enlace se ataca primero por X^+ u otra especie similar de carácter positivo derivada del halógeno. Nótese también que en los ácidos hipohalogenosos el átomo de halógeno tiene un estado de oxidación de + 1.

Ejemplos $CH_3—CH=CH_2 \xrightarrow{HOBr} CH_3—CH(OH)—CH_2Br$

propeno — 1-bromopropanol-2, una bromhidrina

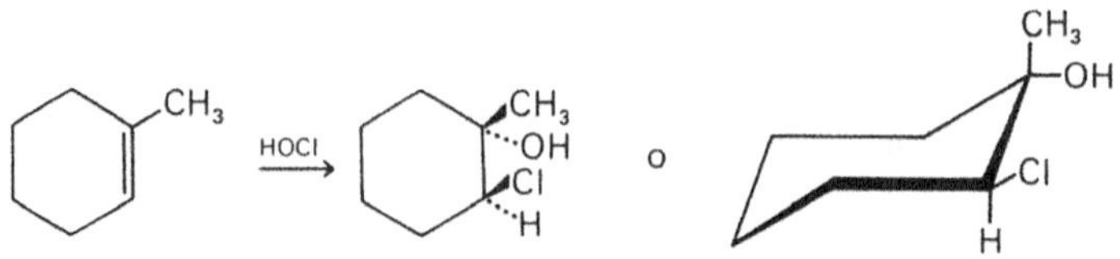

metilciclohexeno

1-metil-*trans*-2-clorociclohexanol
una clorhidrina

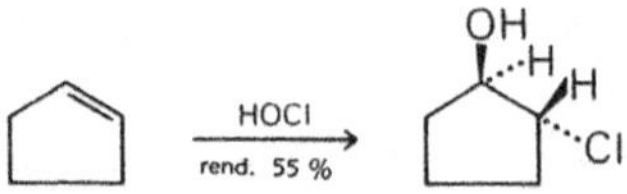

ciclopenteno

trans-2 clorociclopentanol

> Formular claramente el mecanismo de cada uno de los anteriores ejemplos.

4-10 ADICION DE H_2SO_4: PRODUCCION COMERCIAL DE ETANOL

Los enlaces olefínicos adicionan también ácido sulfúrico. En el caso particular del etileno, esta reacción es base de un importante proceso industrial para preparar sintéticamente alcohol etílico. De una manera análoga se puede preparar alcohol isopropílico a partir del propeno.

$$CH_2{=}CH_2 \xrightarrow{H_2SO_4} CH_3{-}CH_2OSO_2OH \xrightarrow[\Delta]{H_2O} CH_3CH_2OH + H_2SO_4$$

Mientras el agua no se adiciona fácilmente a una olefina, el intermedio muy polar (sulfato ácido de etilo) procedente de la adición del H_2SO_4, puede hidrolizarse dando el alcohol correspondiente. Las olefinas «se disuelven» en ácido sulfúrico concentrado porque reaccionan con él; el ion carbonio o sulfato intermedio es soluble en H_2SO_4.

4-11 ADICION DE HBr: EFECTO PEROXIDO

En presencia de aire o peróxidos, la adición de HBr a las olefinas sigue un *mecanismo radicalario*, en lugar de iónico.

Mecanismo iónico $CH_3{-}CH{=}CH_2 \xrightarrow[\text{sin } O_2 \text{ (aire)}]{HBr} CH_3{-}\underset{\underset{Br}{|}}{CH}{-}CH_3$

Mecanismo radical $CH_3{-}CH{=}CH_2 \xrightarrow[O_2 \text{ o peróxidos}]{HBr} CH_3{-}CH_2{-}\underset{\underset{Br}{|}}{CH_2}$

En atención a que el producto principal no es el esperado según la adición de Markownikoff, a esta reacción radicalaria se la conoce con el nombre de *adición anti-Markownikoff*. Y puesto que sólo tiene lugar en presencia de peróxidos u otras fuentes de radicales libres, a este fenómeno se le denomina *efecto peróxido*. El peróxido de hidrógeno, HOOH, el oxígeno (y por consiguiente el aire), los perácidos,

$$R{-}\overset{\overset{O}{\|}}{C}{-}O{-}O{-}H$$

y muchos otros compuestos que contienen un enlace —O—O— se emplean comúnmente para iniciar la reacción radicalaria. El bromuro de hidrógeno es el único adendo común mencionado en este capítulo que es capaz de comportarse de este modo.

Considerando que para formar el producto principal sólo se requieren trazas de radical libre inicial, el mecanismo puede escribirse como una reacción en cadena análoga a la de halogenación fotoquímica de los alcanos (Sec. 2-6).

Iniciación: $HO{-}OH \xrightarrow[h\nu]{\Delta \text{ o}} \underset{\text{radicales hidroxilo}}{2HO\cdot}$

$$HO\cdot + HBr \longrightarrow H_2O + Br\cdot$$

Propagación: $Br\cdot + CH_3{-}CH{=}CH_2 \longrightarrow [CH_3{-}\dot{C}H{-}CH_2Br]$

$$[CH_3{-}\underset{\bullet}{C}H{-}CH_2Br] + HBr \longrightarrow CH_3CH_2CH_2Br + Br\cdot$$

¿Por qué es más estable este radical orgánico que el otro posible? Esos dos pasos se repiten muchas veces.

Terminación: $2HO\cdot \longrightarrow H_2O_2$

$$HO\cdot + Br\cdot \longrightarrow HOBr$$

$$2CH_3{-}\underset{\bullet}{C}H{-}CH_2Br \longrightarrow \underset{H_3C}{\overset{BrH_2C}{>}}CH{-}CH\underset{CH_3}{\overset{CH_2Br}{<}}$$

Escríbanse otras tantas reacciones de terminación como se pueda.

4-12 HIDROBORACION

La hidratación cis anti-Markownikoff produce alcoholes. Por conveniencia representamos el cloruro de aluminio, Al_2Cl_6, por su fórmula empírica, $AlCl_3$, y designamos el diborano, B_2H_6, simplemente por BH_3. El diborano puede prepararse de varias maneras ,dos de ellas son

$$NaBH_4 + AlCl_3 \longrightarrow BH_3$$

borohidruro de sodio

$$NaBH_4 + F_3B{:}O(CH_2CH_3)_2 \longrightarrow BH_3$$

eterato de trifluoruro de boro

Tanto el borohidruro de sodio como el trifluoruro de boro son asequibles comercialmente.

Los enlaces boro-hidrógeno del diborano se adicionan a los dobles enlaces carbono-carbono, dando un alquilborano intermedio que puede oxidarse fácilmente con peróxido de hidrógeno y base dando un alcohol.

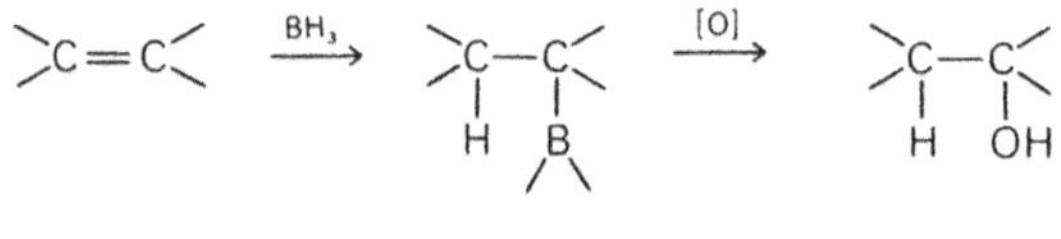

En el primer paso de la reacción, el BH_3 reacciona con el alqueno a la temperatura ambiente para dar el alquilborano; las olefinas sencillas mono- y disustituidas dan un trialquilborano, R_3B; las trisustituidas dan el dialquilborano, R_2BH, pero una olefina tetrasustituida sólo sustituye uno de los hidrogenos del diborano, dando RBH_2.

General $CH_2{=}CHR \xrightarrow{BH_3} B(CH_2CH_2R)_3$

Específico $CH_2{=}CH(CH_2)_3CH_3 \xrightarrow{BH_3} B(CH_2CH_2CH_2CH_2CH_2CH_3)_3$

hexeno-1 — tri-*n*-hexilborano

Esta es una adición cis en cuyo mecanismo parece razonable un estado de transición de cuatro centros.

Mecanismo Nótese el efecto dador de electrones de los grupos alquilo.

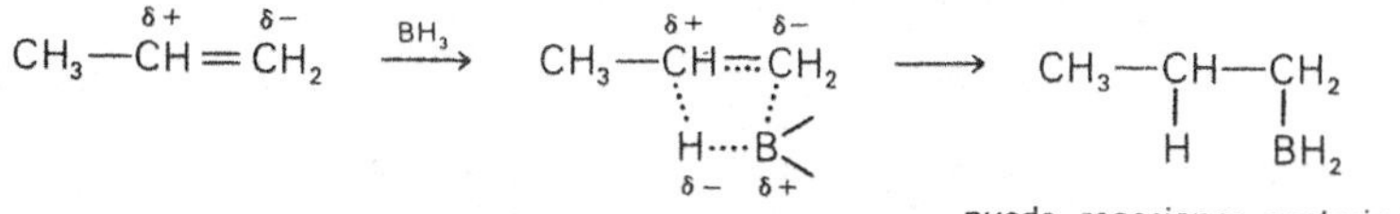

puede reaccionar posteriormente con dos moles de olefina

La estereoquímica cis y el modo de adición pueden verse con el 1-metilciclopenteno o 1-metilciclohexeno.

Ejemplo

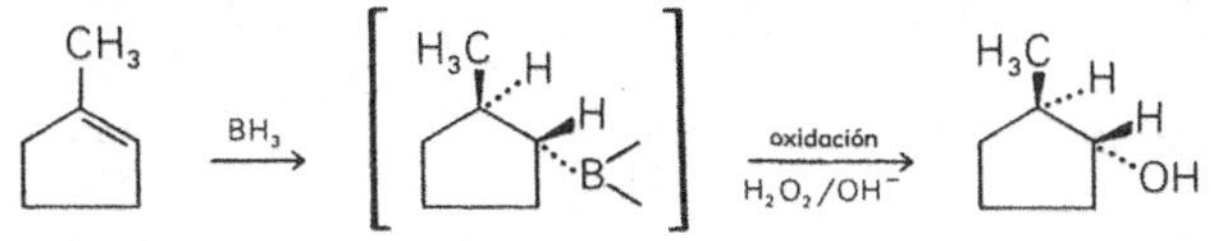

1-metilciclopenteno

trans-2 metilciclohexanol

El segundo paso de la reacción, la oxidación del alquilborano con H_2O_2 al 30 % en base, se consigue generalmente con rendimiento casi cuantitativo sin transposición alguna; la estereoquímica del alcohol es la misma que la del alquilborano. El alquilborano no necesita aislarse para su subsiguiente oxidación y ambos pasos pueden realizarse en el mismo matraz.

La distribución del producto depende, primordialmente, no del tamaño de los grupos alquilo presentes, sino de su capacidad dadora de electrones. Sin embargo, con una olefina trisustituida, la función alcohólica aparece predominantemente en el átomo de carbono menos sustituido (ver Tabla 4-3).

Esas dos reacciones constituyen un método eficaz y selectivo de adición de H_2O al doble enlace en forma cis anti-Markownikoff.

Tabla 4-3. Ejemplos de hidroboración de alquenos

Olefinas terminales: alcoholes primarios

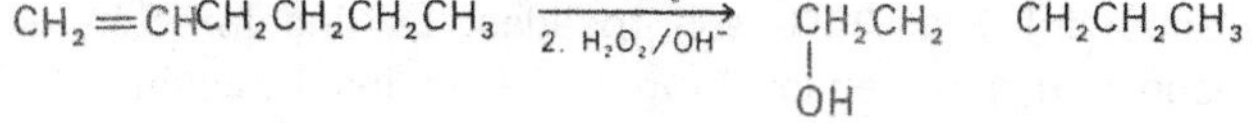

hexeno-1

hexanol-1
94 %

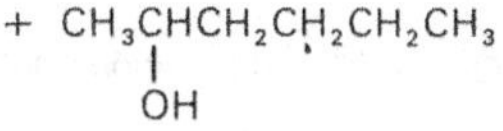

hexanol-2
6 %

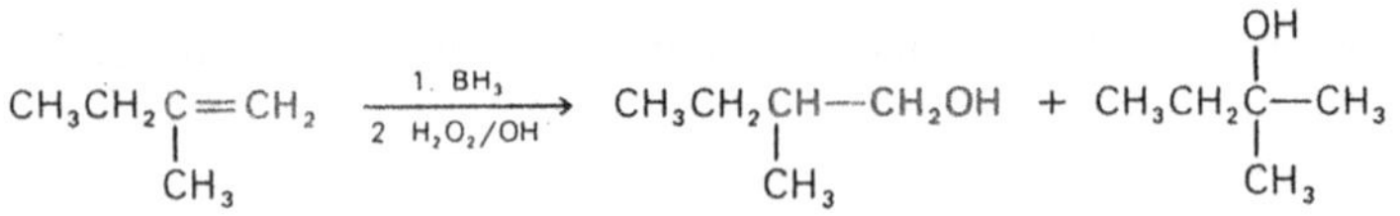

2-metilbuteno-1 — 2-metilbutanol-2 99 % — 2-metilbutanol-2 1 %

Olefinas disustituidas: ambos alcoholes en cantidades aproximadamente iguales

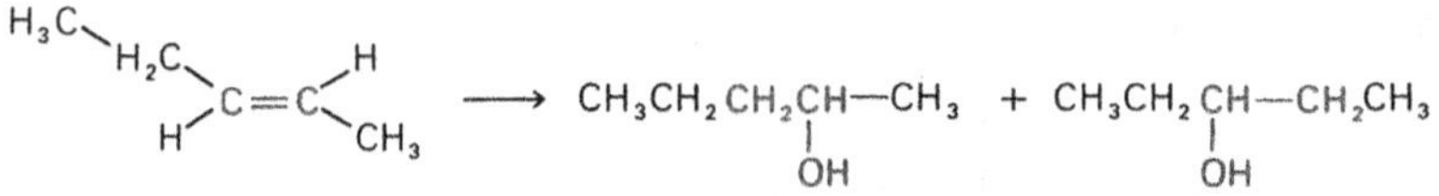

trans-penteno-2 — pentanol-2 51 % — pentanol-3 49 %

Olefinas trisustituidas: alcohol en el carbono menos sustituido

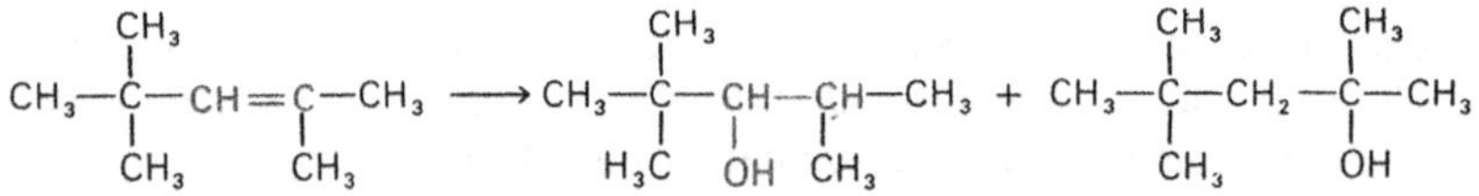

98% — 2%

(Nómbrese esos compuestos.)

Olefinas tetrasustituidas: análogo a las disustituidas.

ENSAYOS CUALITATIVOS

A consecuencia de la formación de sulfatos de alquilo (Sec. 4-10), los alquenos son solubles en H_2SO_4 concentrado frío; los alcanos no lo son.

Las disoluciones de permanganato potásico, $KMnO_4$, son tan coloreadas que incluso a concentraciones del 1 al 2 % son rosadas. La decoloración de tales disoluciones diluidas constituye un ensayo rápido de la insaturación.

$$\text{disolución } KMnO_4 \xrightarrow{\text{olefina}} \text{disolución incolora del producto} + MnO_2 \downarrow$$

color rosado a violeta — precipitado pardo finalmente dividido

Análogamente, las disoluciones diluidas de bromo en tetracloruro de carbono van del rojo al rojo-pardo, y se decoloran rápidamente cuando el bromo se adiciona a las olefinas.

$$\underset{\text{color rojo-pardo}}{Br_2 \text{ (en } CCl_4)} \xrightarrow{\text{olefina}} \text{disolución incolora del producto de adición de bromo}$$

Todos los ensayos anteriores son *negativos* para el benceno y otros hidrocarburos aromáticos sencillos, aunque algunos de ellos se disuelven lentamente en ácido sulfúrico.

LECTURAS RECOMENDADAS

Diaper, D. G. M.: Ozonolysis, *J. Chem. Educ.*, **44**, 354 (1967).

Ihde, A.: The Unraveling of Geometric Isomerism and Tautomerism, *J. Chem. Educ.*, **36**, 330 (1959).

Jones, G.: The Markovnikov Rule, *J. Chem. Educ.*, **38**, 297 (1961)

Snyder, C. H.: Permanganate Hydroxylation of Alkenes, *J. Chem. Educ.*, **43**, 141 (1966).

Trayham, J. G.: The Bromonium Ion, *J. Chem. Educ.*, **40**, 392 (1963).

Walters, E. A.: Models for the Double Bond, *J. Chem. Educ.*, **43**, 134 (1966). Discusión de la imagen de enlace curvo para los dobles enlaces.

PROBLEMAS

1. Nombrar los compuestos siguientes y establecer el número de isómeros geométricos que pueden existir.

★(*a*) $CH_3CH_2CH_2CH{=}CHCH_2CH_3$

(*b*) $CH_3CH{=}CH{-}CH_2CH_2CH(CH_3)CH{=}CH_2$

★(*c*) 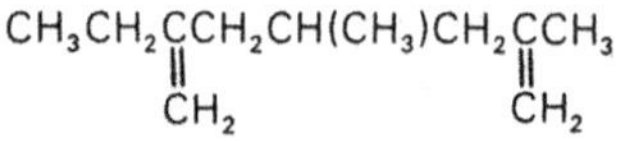

(*d*) 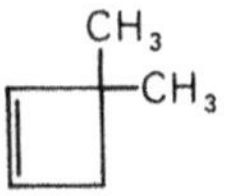

★(*e*) 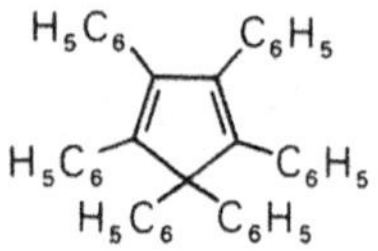

(*f*) 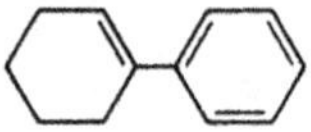

★(*g*) 

★(*h*) 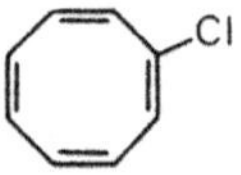

★(*i*) 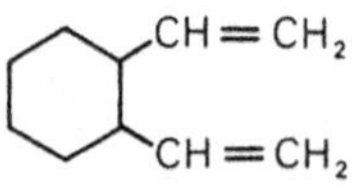

(*j*) 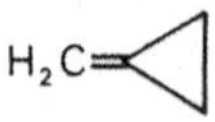

(*k*) 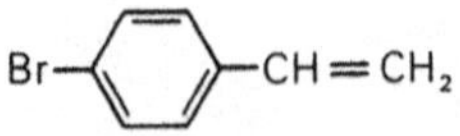

(*l*) 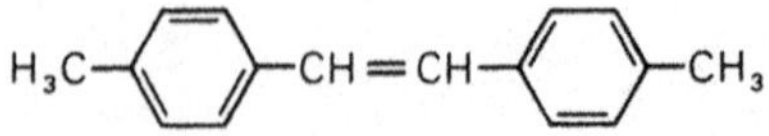

2. Dibujar las estructuras de los compuestos siguientes.

(*a*) *trans*-3-noneno

★(*b*) 1,9-decadieno

★(*c*) ciclobutadieno

(*d*) ciclopentadieno

(*e*) cicloheptatrieno

★(*f*) 2,3-dietilciclohexeno

★(*g*) bromuro de alilo

★(*h*) cloruro de vinilo

(*i*) hexavinilbenceno

★(*j*) ciclohexilciclohexeno

3. Supóngase que cada uno de los compuestos siguientes se somete a deshidratación catalizada por ácido.

★(*a*) Predecir el producto principal y dar las razones para su elección.

(*b*) Calcular el porcentaje de cada olefina que se formaría *según una base estadística.*

★(*c*) Predecir el producto principal formado por deshidratación sobre óxido de torio.

(*d*) Nombrar los alcoholes de partida y las olefinas obtenidas en (*a*) y (*c*).

(*i*) 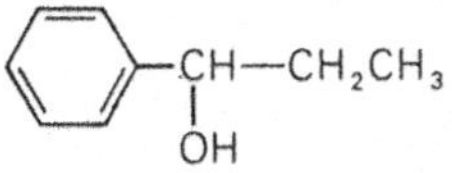

★(*ii*) 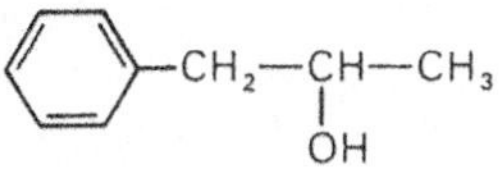

(*iii*) 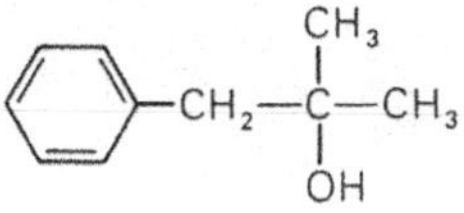

★(*iv*) $CH_2{=}CH{-}CH_2{-}CH(OH){-}CH_3$

(*v*) $CH_2{=}CH{-}CH_2{-}C(CH_3)(OH){-}CH_3$

★(*vi*) 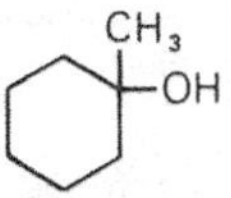

4. Explíquese con detalle cómo podría usarse la deshalogenación con zinc para separar una mezcla de octano (p. eb. 126°) y octeno-1 (p. eb. 123°) con objeto de obtener octeno-1 puro. ¿Cómo se purificaría la mezcla si se quisiera obtener octano puro?

★ **5.** Nómbrese el material de partida y dense los nombres de los productos indicando claramente su conformación preferida.

(*a*) 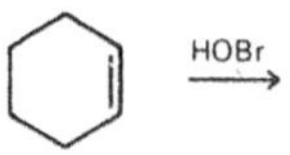

(*b*) 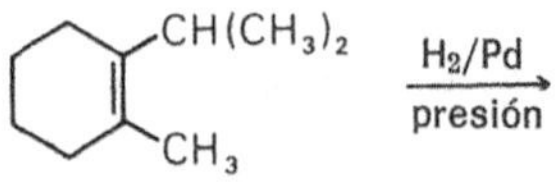

(*c*) 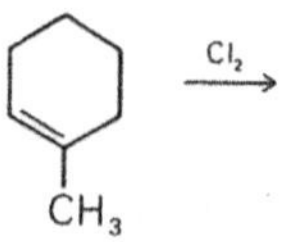

(*d*) 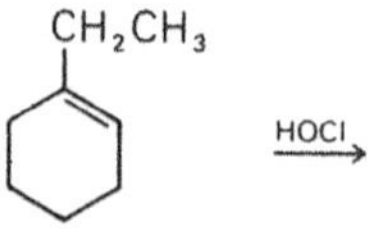

(*e*) 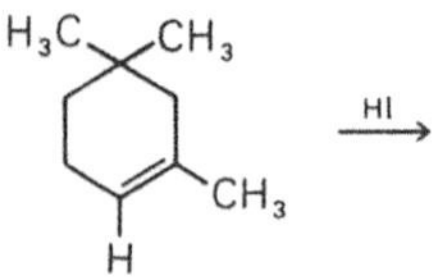

(*f*) 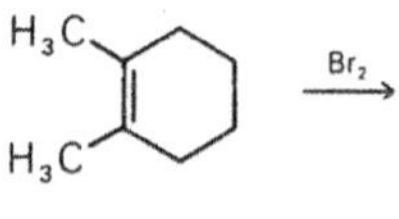

6. Predecir la distribución de los alcoholes posibles en el producto de hidroboración total (seguida de oxidación por H_2O_2) de las olefinas del Prob. 6, Cap. 3. Supóngase que la reacción tiene lugar separadamente en cada doble enlace en el caso de las poliolefinas y destáquense los isómeros cis-trans.

★ **7.** Una olefina, C_6H_{12}, capaz de existir en formas cis y trans, da $C_6H_{12}Br_2$ al tratarla con Br_2 en CCl_4. Este dibromuro, al tratarlo con KOH alcohólica da un dieno que se oxida con $KMnO_4$ dando ácido propanoico, CH_3CH_2COOH y CO_2. Escribir una estructura para la olefina de partida. ¿Puede escribirse una sola estructura que sea consistente con las observaciones químicas?

★ **8.** Se ha encontrado que el etileno estimula el proceso de maduración de los frutos. Esto se atribuye a la capacidad del etileno a unirse con un metal receptor situado en los tejidos vegetativos. ¿Cómo puede tener lugar esa unión?

Capítulo cinco

NOMENCLATURA

Los compuestos que contienen un triple enlace carbono-carbono se denominan *alquinos* o *acetilenos*. Acetileno es también el nombre del primer miembro de esta serie homóloga C_nH_{2n-2}. Los alqu*inos* (compárese con alc*ano* y alqu*eno*) son insaturados y sufren reacciones de adición. Aunque los compuestos cíclicos inferiores pueden contener un doble enlace cis, el menor ciclo que puede contener un doble enlace trans estable es el de ocho eslabones. El ciclo de ocho eslabones es también el menor entre los que pueden formar un acetileno cíclico.

Junto a la nomenclatura IUPAC se emplea también un sistema derivado que se basa en el compuesto inicial, acetileno. La Tabla 5-1 da algunos ejemplos.

Tabla 5-1. Estructuras y nombres (IUPAC y derivados) de acetilenos representativos

$H—C\equiv C—H$	$CH_3—C\equiv C—H$	$CH_3—C\equiv C—CH_3$
(etino) acetileno	propino metilacetileno	butino-2 dimetilacetileno
$CH_3—CH_2—C\equiv C—H$	$CH_2=CH—C\equiv C—H$	$H—C\equiv C—C\equiv C—H$
butino-1 etilacetileno	buten-1-ino-3 vinilacetileno	1,3-butadiino diacetileno

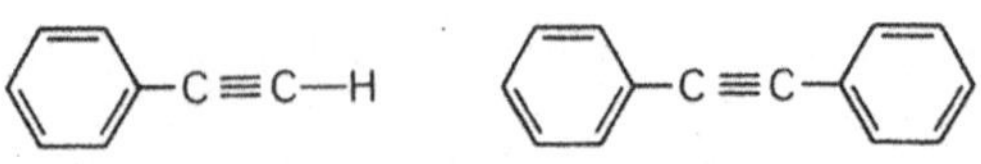

(feniletino)
fenilacetileno

(difeniletino)
difenilacetileno

Alquinos (Acetilenos)

Obsérvese que los dobles enlaces tienen preferencia sobre los triples en la numeración de la cadena de carbono.

Los únicos nombres comunes para los grupos acetilénicos son, etinilo, H—C≡C—, y propargilo, H—C≡C—CH_2—.

ACIDOS Y BASES

El concepto de ácido y base según Arrhenius es extraordinariamente sencillo pero limitado. Un ácido es un dador de protones o una sustancia cuya solución acuosa contiene H^+; una base es un ion hidróxido, OH^-, o una sustancia cuya disolución acuosa contiene OH^-. Ejemplos corrientes de ácido son HCl, HNO_3, H_2SO_4 y ácido acético CH_3COOH; ejemplos de bases son NaOH, KOH, NH_4OH y el hidróxido de tetrametilamonio $(CH_3)_4N^+OH$. La reacción de un equivalente de ácido con un equivalente de base se denomina *neutralización*. Empleando el concepto sencillo de Arrhenius, todas las neutralizaciones se expresan por la ecuación,

$$H^+ + OH^- \rightleftharpoons H_2O$$

Brönsted y Lowry consideraron los ácidos y bases en relación con el protón. En este sistema se define un ácido como aquella sustancia que puede dar un protón, y una base como cualquier otra sustancia que puede aceptar un protón. Esto conduce al concepto de un par *conjugado ácido-base*: un ácido conjugado se convierte en una base conjugada por cesión de un protón, y análogamente, una base conjugada se convierte en un ácido conjugado aceptando un protón.

$$\underset{\text{ácido}}{HA} \underset{+H^+}{\overset{-H^+}{\rightleftharpoons}} \underset{\text{base conjugada}}{A^-}$$

$$\mathrm{B\!:}\ \underset{-H^+}{\overset{+H^+}{\rightleftharpoons}}\ \mathrm{HB^+}$$

base ácido conjugado

Teniendo en cuenta que la fortaleza de un ácido se mide por su tendencia a ceder un protón y la de la base por su tendencia a aceptarlo, *cuanto más fuerte sea un ácido, más débil será su base conjugada, y cuanto más fuerte sea la base, más débil será su ácido conjugado.* Esto indica que en cualquier reacción de neutralización, el equilibrio se desplazará hacia el lado del ácido o base más débil.

Son ácidos fuertes los ácidos minerales tales como $HClO_4$, HCl y HNO_3; y los ácidos orgánicos, Ar—COOH y R—COOH. Los fenoles Ar—OH son ácidos moderadamente fuertes. El agua y los alcoholes, R—O—H, son ácidos débiles, mientras que el hidrógeno, H_2, y los hidrocarburos, Ar—H y R—H, son ácidos extremadamente débiles. Son bases muy fuertes, el ion hidruro H^- así como la mayoría de los carbaniones, Ar^- y R^-. Los iones hidróxido y alcóxido, R—O^- son bases fuertes. Siguen en orden decreciente de fortaleza como bases, los iones fenóxido, ArO^-, aniones carboxilato, R—COO^-, y los iones nitrato, cloruro y perclorato.

G. N. Lewis fue más allá, introduciendo un concepto más amplio de ácidos y bases. *Los ácidos de Lewis son sustancias que pueden aceptar un par electrónico y las bases de Lewis son aquellas que pueden dar un par de electrones.* En este sentido, una reacción de neutralización es aquella en la que se forma un enlace covalente a partir de un ácido y una base. El producto se relaciona con frecuencia con un aducto o *complejo coordinado.* Así, son ácidos de Lewis todos los cationes, los átomos sin un octete de electrones (tales como el B en el BF_3, Al en $AlCl_3$, y Fe en $FeBr_3$), y los átomos que tienen orbitales *d* vacantes disponibles y pueden así expansionar su octete (tales como el Si en SiF_4 y el Sn en $SnCl_4$). Las bases de Lewis incluyen los aniones, átomos con pares de electrones sin compartir, tales como: NH_3 y $H_2\ddot{O}$:, y átomos con enlaces múltiples como $>C{=}C<$ y $—C{\equiv}C—$.

Según el párrafo anterior, debe quedar claro que es importante sentar o entender el contexto dentro del que se afirma que «un compuesto **Z** es un ácido». Hay muchos ejemplos en los cuales un compuesto puede considerarse como un ácido o como una base, según el sistema ácido-base o la reacción en estudio.

5-1 ACIDEZ DE LOS PROTONES ACETILENICOS TERMINALES

Recuérdese que la imagen de orbital atómico para las capas que siguen a la primera, indica que los electrones *s* están por término medio más cercanos al núcleo que los electrones *p*. Así, los orbitales *s* son los más electronegativos y un híbrido *sp*, que contiene una proporción relativamente grande de carácter *s*, será más electronegativo que los híbridos sp^2 y sp^3. Los átomos de carbono con hibridación *sp* pueden estabilizar fácilmente una carga negativa. Los protones terminales del acetileno y acetilenos monosustituidos se unen al carbono por un enlace *sp-s*, y en consecuencia son débilmente ácidos. Los protones acetilénicos no sólo reaccionan con bases muy fuertes tales como KOH alcohólica y $NaNH_2$, sino que los acetilenos que los contienen, precipitan también con cationes de metales pesados tales como Ag^+ y Cu^+. Compárese la estructura y la acidez débil de esos protones con los del cianuro de hidrógeno: $H—C{\equiv}N$, $H—C{\equiv}C—H$, y $H—C{\equiv}C—CH_3$. Los protones de los acetilenos terminales, separan también metano (u otros hidrocarburos) de los reactivos de Grignard formando un nuevo reactivo de Grignard acetilénico, que puede usarse para otras reacciones (Sec. 9-10).

$$CH_3—C{\equiv}C—H + [CH_3CH_2MgBr] \longrightarrow [CH_3—C{\equiv}C—MgBr] + CH_3—CH_3\uparrow$$

PREPARACION

5-2 ACETILENO A PARTIR DE MATERIAS PRIMAS NATURALES

Entre las materias primas naturales más abundantes se encuentran el coque, C, la caliza, $CaCO_3$, y el agua, H_2O. De ellas puede prepararse industrialmente el acetileno. Aunque los caminos resultan muchas veces complicados, casi todos los productos orgánicos pueden prepararse, por lo menos en el papel, a partir del coque, la caliza, el agua y el aire a través de una serie de reacciones; ¡también es necesario el fuego!

Industrial:

$$CaCO_3 \xrightarrow{\Delta} CaO + CO_2$$

$$3C + CaO \xrightarrow[\text{horno eléct.}]{2000° \text{ en}} CaC_2 + CO\uparrow$$

Laboratorio:

$$\underset{\text{carburo cálcico}}{CaC_2} + 2H_2O \longrightarrow \underset{\text{acetileno}}{H—C{\equiv}C—H} + Ca(OH)_2$$

A partir del acetileno pueden prepararse varios productos químicos intermedios y comerciales.

5-3 DESHIDROHALOGENACION DE DIHALOGENUROS VECINALES

Los acetilenos pueden prepararse tratando los dihalogenuros con base fuerte. El mecanismo de esta deshidrohalogenación es análogo al expuesto para la preparación de olefinas a partir de halogenuros de alquilo (ver Sec. 4-2). La sodamida, $NaNH_2$, preparada con sodio y amoniaco líquido en presencia de trazas de sales de Fe^{3+} es la base fuerte comúnmente empleada para este fin.

Ejemplos $$Na + NH_3 \xrightarrow[\text{trazas}]{Fe^{3+}} NaNH_2 + \tfrac{1}{2}H_2\uparrow$$

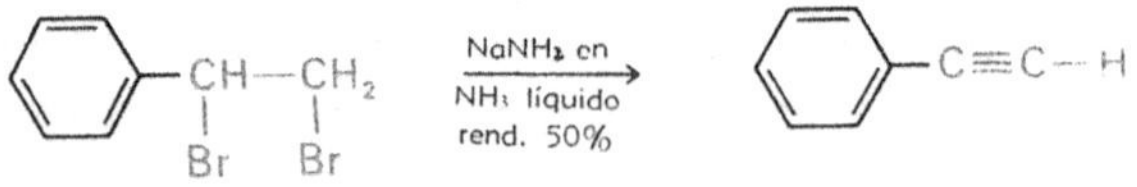

dibromuro de estireno — fenilacetileno

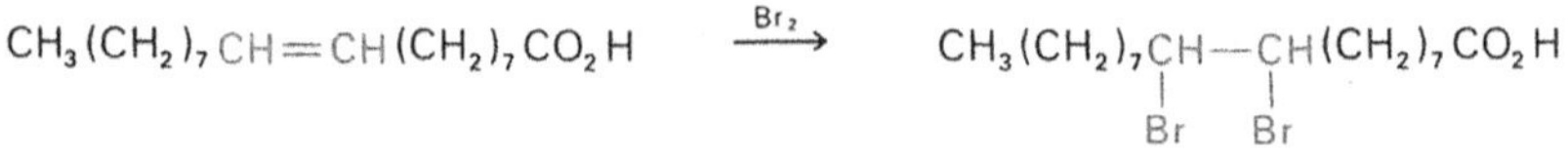

ácido oleico — ácido-9,10-dibromoesteárico

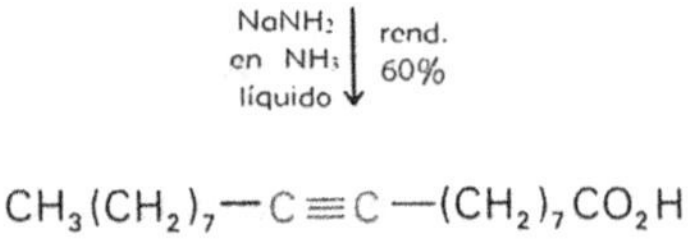

ácido estearólico

Global

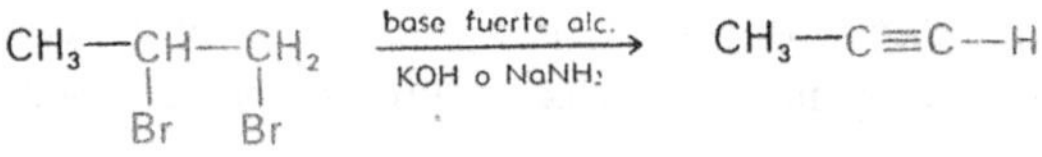

Mecanismo E_2, *trans* eliminación

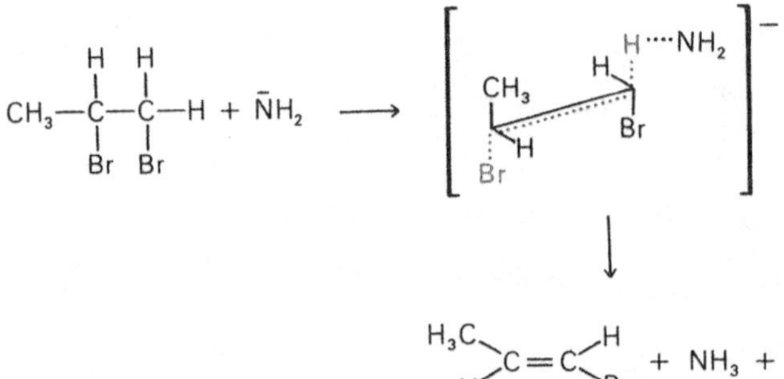

trans-1-bromopropeno

Aunque la reacción puede detenerse en el grado de olefina, se deja seguir hasta que no quede halogenuro orgánico.

$$[CH_3{-}CH{=}CH{-}Br] + NH_2^- \longrightarrow CH_3{-}C{\equiv}C{-}H + NH_3 + Br^-$$

Reacción secundaria importante

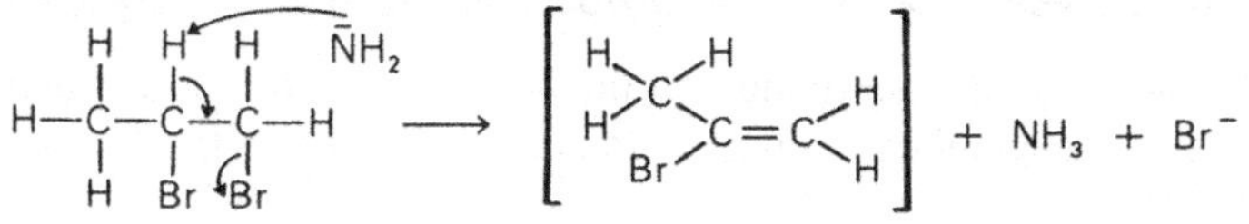

2-bromopropeno

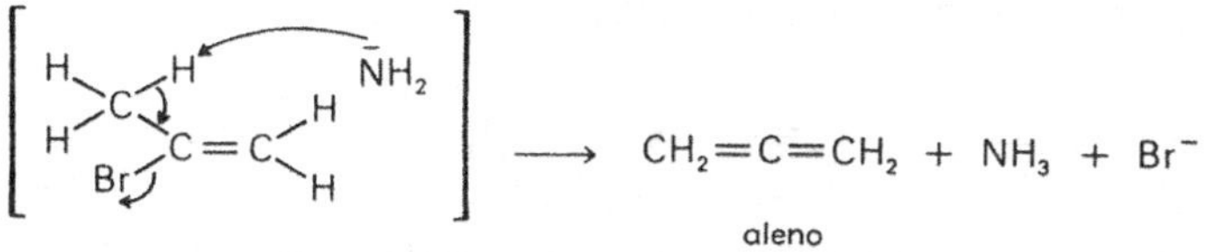

aleno

Si el ion amiduro ataca primero al hidrógeno del átomo de carbono secundario, el intermedio resultante contiene entonces átomos de hidrógeno alílicos primarios, que se atacan a continuación por un segundo ion amiduro. El producto formado es un aleno, un compuesto con dos dobles enlaces en un mismo átomo de carbono. Los alenos pueden obtenerse como producto principal. Los alenos y acetilenos permanecen en equilibrio en las condiciones de basicidad de la reacción y el producto principal depende de las condiciones específicas de la reacción en tiempo, temperatura, disolvente, base empleada y concentración de la misma.

5-4 DESHIDROGENACION DE DIHALOGENUROS GEMINALES

Se conoce con el nombre de sustituyentes *geminales* (de *gemini*, gemelos) a dos sustituyentes iguales situados sobre el mismo átomo de carbono. Los dihalogenuros geminales pueden prepararse a partir de los aldehídos o cetonas por tratamiento con PCl_5 o PBr_5.

aldehídos cetonas

La reacción de eliminación E_2 ocurre fácilmente con base fuerte, dando lugar a acetilenos; también aquí los alenos son los principales productos secundarios.

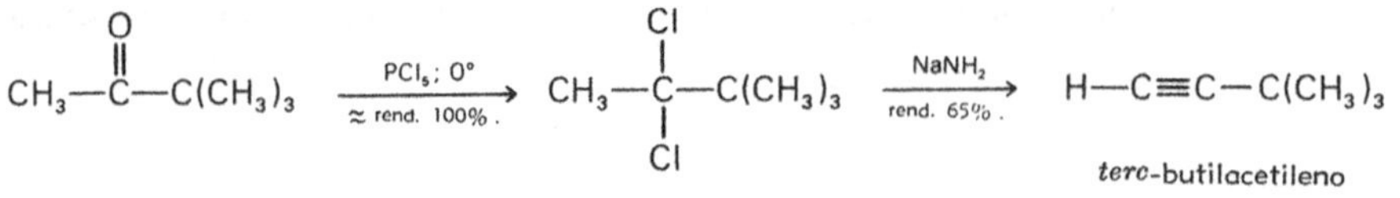

5-5 REACCION DE LOS HALOGENUROS DE ALQUILO PRIMARIOS CON ACETILUROS METALICOS

El acetileno, H—C≡C—H, y los acetilenos terminales, R—C≡C—H, pueden convertirse en las sales correspondientes por tratamiento con base fuerte, generalmente sodio o sodamida.

$$CH_3\text{—}C\equiv C\text{—}H + Na \rightarrow CH_3\text{—}C\equiv C^- \; Na^+ + \tfrac{1}{2}H_2\uparrow$$

$$CH_3\text{—}C\equiv C\text{—}H + NaNH_2 \xrightarrow[\text{líquido}]{\text{en } NH_3} CH_3\text{—}C\equiv C^- \; Na^+ + NH_3$$

En el segundo paso puede añadirse casi cualquier halogenuro de alquilo primario y el desplazamiento del halógeno conduce a la formación de un nuevo enlace carbono-carbono.

Ejemplos

$$CH_3\text{—}C\equiv C^- \; Na^+ + CH_3I \rightarrow CH_3\text{—}C\equiv C\text{—}CH_3$$

$$H\text{—}C\equiv C^- \; Na^+ + CH_3I \xrightarrow[\text{rend.}]{85\%} H\text{—}C\equiv C\text{—}CH_3$$

$$H\text{—}C\equiv C^- \; Na^+ + (CH_3)_2CH\text{—}CH_2\text{—}CH_2Br \xrightarrow[\text{rend.}]{70\%} H\text{—}C\equiv C(CH_2)_2CH(CH_3)_2$$

bromuro de isopentilo — 5-metilhexino-1

Los halogenuros de alquilo secundarios y terciarios sufren muy fácilmente una reacción de eliminación, con bases fuertes tales como Na, NaH_2 y acetiluros metálicos. Los halogenuros aromáticos son generalmente inertes frente a las reacciones de desplazamiento.

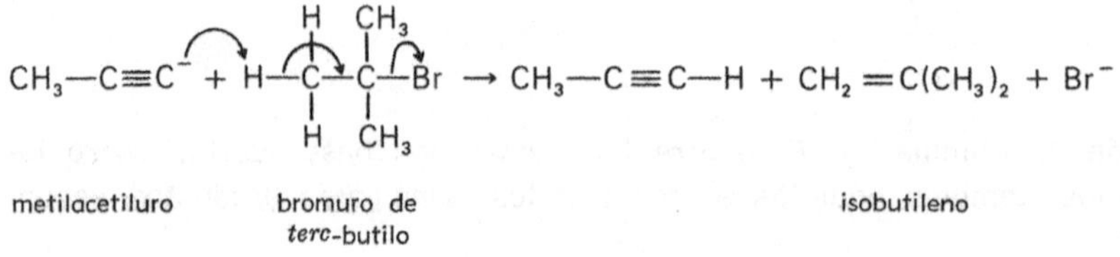

REACCIONES

Las reacciones de los acetilenos se deben principalmente a la insaturación del triple enlace y a la acidez débil de los protones acetilénicos terminales.

5-6 REACCIONES CON H_2, X_2, HX, O_3 Y $KMnO_4$

Estos reactivos reaccionan con los acetilenos de una manera análoga a como lo hacen con los etilenos, con la diferencia de que se necesitan 2 equivalentes; generalmente las reacciones ocurren más lenta y progresivamente. Cuando las reacciones se detienen en un paso intermedio, se comprueba que, tal como era de esperar, tienen lugar de manera estereoespecífica. Por ejemplo, la reducción de un acetileno con un equivalente de hidrógeno y un catalizador especial, paladio sobre carbonato cálcico desactivado con acetato de plomo, conduce a olefina cis. La bromación de un triple enlace da primero el trans dibromo derivado y luego, el tetrabromuro (ver Tabla 5-2).

5-7 REACCIONES CON HCN Y H_2O: TAUTOMERIA

Varias moléculas sencillas, tales como HCN, que no se adicionan fácilmente a las olefinas, pueden adicionarse a los triples enlaces acetilénicos.

$$H{-}C{\equiv}C{-}H \xrightarrow[Ba(CN)_2]{HCN} CH_2{=}CHCN$$

acrilonitrilo
(cianuro de vinilo)
(cianoetileno)

Estos compuestos de adición son intermedios importantes en la Industria química, debido a que el acetileno es un compuesto disponible en gran escala a partir de materias primas baratas. Tiene interés especial el acetaldehído, que puede prepararse por adición de agua al triple enlace en presencia de un sistema catalítico de $HgSO_4$—H_2SO_4.

$$H{-}C{\equiv}C{-}H \xrightarrow[Hg^{++}SO_4^{--}]{H_2O;\cdot H^+} CH_3{-}C\begin{smallmatrix}{=}O\\ {\diagdown}H\end{smallmatrix}$$

El ion mercúrico, Hg^{++}, se coordina con el triple enlace, con lo que se facilita la adición de agua a la molécula. El alcohol vinílico intermedio, $CH_2{=}CH{-}OH$, no es estable y se transpone en acetaldehído más estable.

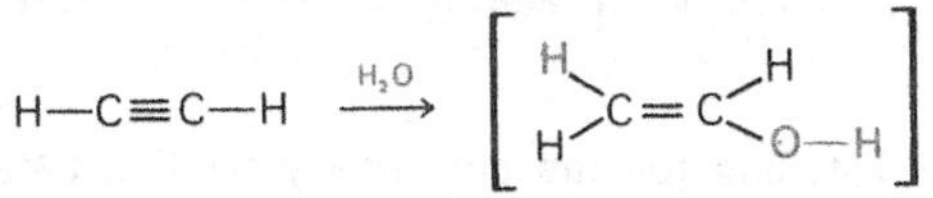

alcohol vinílico (inestable)

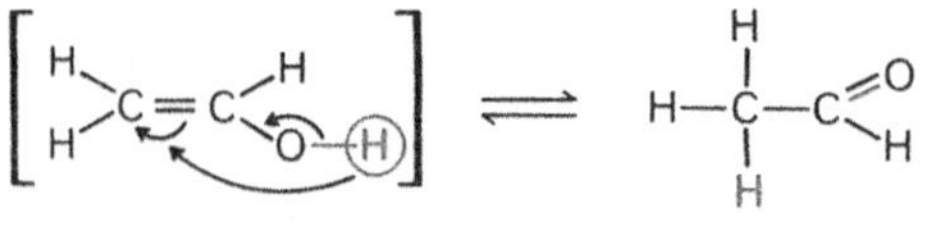

forma enólica — forma cetónica acetaldehído

Tabla 5-2. Algunos ejemplos de reacciones de acetilenos.

Hidrogenación:

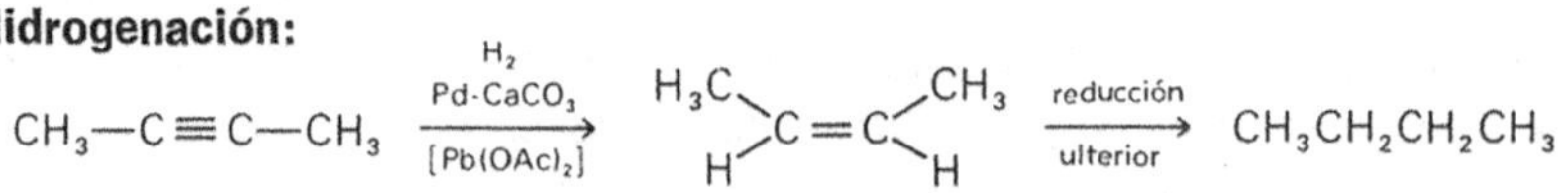

Bromación:

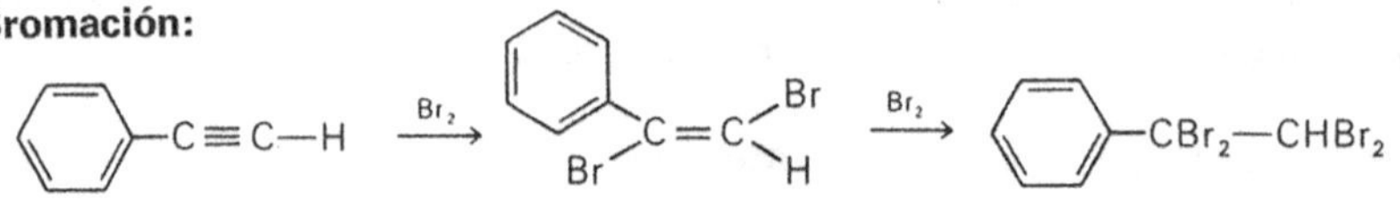

Oxidación:

$$CH_3{-}C{\equiv}C{-}CH_3 \xrightarrow[\Delta]{KMnO_4} 2CH_3CO_2H$$

butino-2 — ácido acético

Adición de HCl:

$$H{-}C{\equiv}C{-}H \xrightarrow{HCl} CH_2{=}CHCl \xrightarrow{HCl} CH_3CHCl_2$$

acetileno — cloruro de vinilo — 1,1-dicloroetano

Ozonolisis:

$$CH_3{-}C{\equiv}C{-}CH_2CH_3 \xrightarrow[H_2O]{O_3} CH_3COOH + CH_3CH_2COOH$$

Tautomería: Esas dos formas, alcohol vinílico y acetaldehído, se conocen con el nombre de *tautómeros* y difieren en la posición del doble enlace ($>C{=}C<$ vs. $>C{=}O$) y del protón ($-O{-}H$ vs. $\geq C{-}H$). El alcohol vinílico (sufijo *ol*), insaturado (sufijo *eno*) es una forma *enólica*, y el acetaldehído es la forma *cetónica* (compárese con *cetona*, $R{-}\overset{\overset{\large O}{\|}}{C}{-}R'$). Las formas cetónica y enólica están en equilibrio, aunque aquí predomina la forma cetónica. Se conocen casos (fenoles, por ejemplo) en los que la forma enólica es la predominante). Esas formas son dos compuestos químicos distintos y en circunstancias favorables pueden separarse.

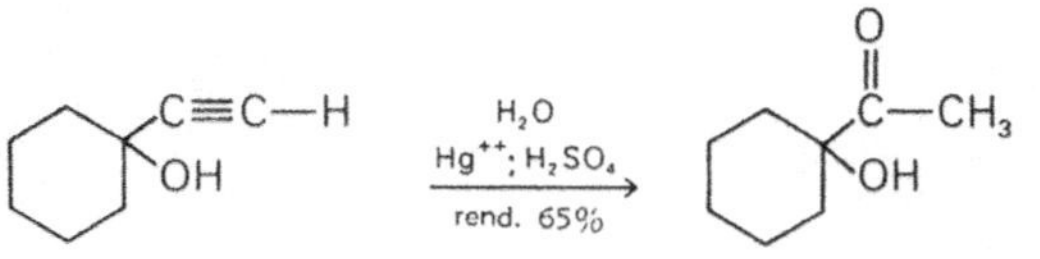

1-etinilciclohexanol   1-acetilciclohexanol

> Predecir el producto de la reacción siguiente e indicar claramente su modo de formación.
>
> $$CH_3—C \equiv C—H \xrightarrow[Hg^{++};\ H_2SO_4]{H_2O}$$

5-8 HIDROBORACION DE ACETILENOS

Al reaccionar con diborano, los acetilenos dan *vinil*boranos de la misma manera que las olefinas dan *alquil*boranos. La oxidación subsiguiente de este intermedio da lugar a un alcohol vinílico intermedio que se tautomeriza en el compuesto carbonílico.

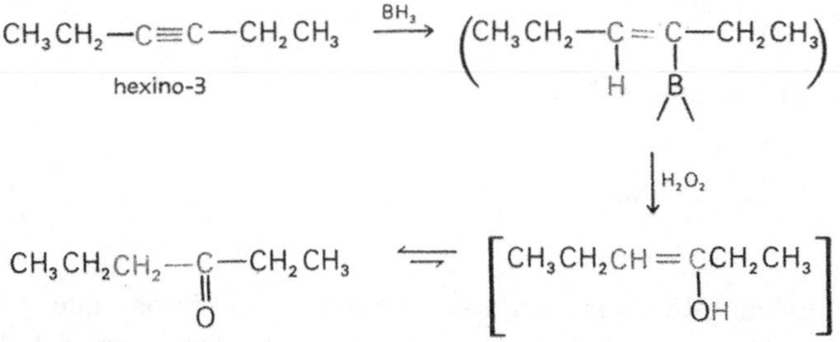

hexanona-3   un alcohol vinílico

5-9 AUTOADICION DE ACETILENO

El acetileno puede adicionarse sobre sí mismo formando compuestos insaturados. La reacción puede detenerse después de la adición de un equivalente de acetileno.

$$2H{-}C{\equiv}C{-}H \xrightarrow[\text{cat.}]{CuCl_2} H{-}C{\equiv}C{-}CH{=}CH_2$$

vinilacetileno (1-buten-3-ino)

$$\downarrow C_2H_2,\ CuCl_2$$

$$CH_2{=}CH{-}C{\equiv}C{-}CH{=}CH_2$$

divinilacetileno

La adición de HCl al triple enlace del vinilacetileno da cloropreno, que es la pieza fundamental de un material sintético semejante al caucho, el neopreno.

$$H{-}C{\equiv}C{-}CH{=}CH_2 \xrightarrow{HCl} H_2C{=}C(Cl){-}CH{=}CH_2$$

cloropreno

ENSAYOS CUALITATIVOS

Tanto el Br_2 como el $KMnO_4$ diluidos se decoloran por los acetilenos. Los acetilenos terminales dan, además, precipitados tanto con Ag $(NH_3)_2^+$ como un $Cu(NH_3)_2^+$. Los reactivos para estos ensayos se preparan disolviendo la sal metálica apropiada en hidroxido amónico concentrado, que sirve de fuente de NH_3.

$$M^+ + 2NH_3 \longrightarrow M(NH_3)_2^+ \qquad M = Ag^+ \text{ o } Cu^+$$

$$R{-}C{\equiv}C{-}H \underset{\text{dil. } H^+}{\overset{M(NH_3)_2^+}{\rightleftharpoons}} R{-}C{\equiv}C{-}M\downarrow$$

Los acetilenos terminales inferiores dan sales sólidas, acetiluros, que son explosivas cuando están secas; pueden aislarse y descomponerse en estado húmedo, dando el compuesto orgánico original. De nuevo aquí, la formación de sal metálica es debida al carácter ácido débil del protón terminal.

¿Cómo se pueden separar el butino-1 y el butino-2 empleando este reactivo?

LECTURAS RECOMENDADAS

Roderick, W. R.: Structural Variety of Natural Products, *J. Chem. Educ.*, **39**, 2 (1962). Menciona, entre otros, algunos alquinos y compuestos cíclicos que se encuentran en la naturaleza.

Rose, N. C.: Hydration of an Alkyne, *J. Chem. Educ.*, **43**, 324 (1966).

PROBLEMAS

1. Nombrar los compuestos siguientes por cualquier sistema racional de nomenclatura.

★(*a*) 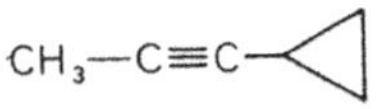

★(*b*) $H—C \equiv C—CH = CH_2$

(*c*) $H—C \equiv C—C \equiv C—H$

★(*d*) 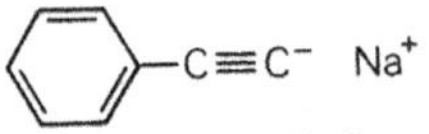

(*e*) $H—C \equiv C—MgBr$

★(*f*) $H—C \equiv C—C(OH)(CH_2CH_3)—CH_2—CH_3$

(*g*) $CH_2 = CH—CH_2—C \equiv C—CH_2CH_3$

2. Todas las deshidrohalogenaciones siguientes se han realizado en baño de aceite a 100-150°, empleando sodamida. Formular las reacciones empleando fórmulas estructurales, o nombrar los compuestos cuando se den las estructuras.

Halogenuro	*Acetileno*	*Rendimiento, %*
2,2 diclorobutano	butino-1	40%
1-cloroheptene-1	heptino-1	60%
2-bromo-4,4-dimetil-penteno-1	4,4-dimetilpentino-1	37%
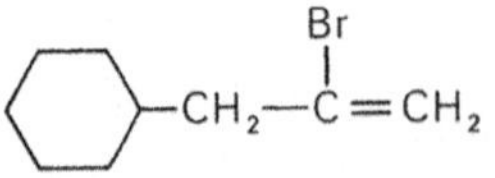	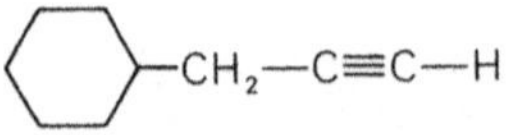	66%
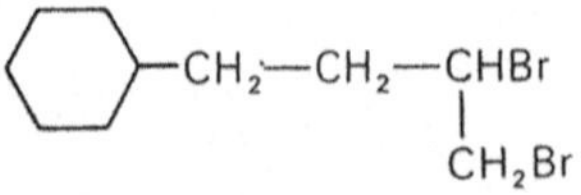	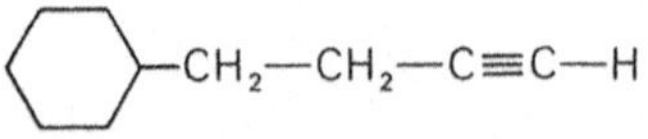	65%
$CH_2 = CBr—(CH_2)_7CH_3$	$H—C \equiv C(CH_2)_7CH_3$	68%

3. Nombrar el(los) material(es) de partida, dar la fórmula estructural *y* nombrar el(los) producto(s). Si no hubiere reacción, escríbase N.R.

★(*a*) 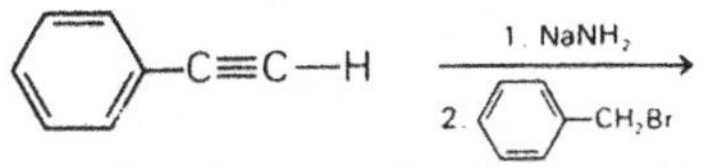

★(*b*) $CH_3CH_2CH{=}CH_2 \xrightarrow[\text{2. alc. KOH}]{\text{1. } Br_2}$

★(*c*) $D{-}C{\equiv}C{-}D \xrightarrow[D_2SO_4]{D_2O,\ Hg^{++}SO_4^{--}}$

(*d*) $CH_3{-}C{\equiv}C{-}H \xrightarrow[\text{2. } CH_3(CH_2)_4CH_2I]{\text{1. } NaNH_2}$

★(*e*) 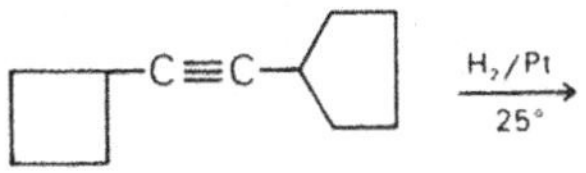

★(*f*) $CH_3CH_2Br \xrightarrow[\text{2. } C_6H_5{-}C{\equiv}C{-}H \quad \text{3. } D_2O]{\text{1. Mg en éter seco}}$

(*g*) 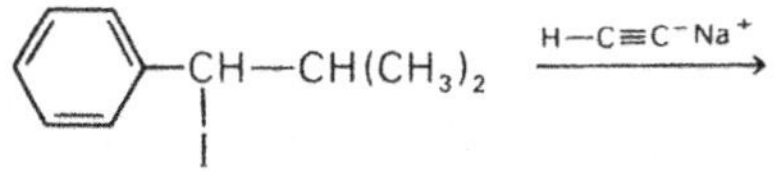

(*h*) $C_6H_5{-}C{\equiv}C{-}C_6H_5 \xrightarrow{Ag(NH_3)_2^+}$

★(*i*) 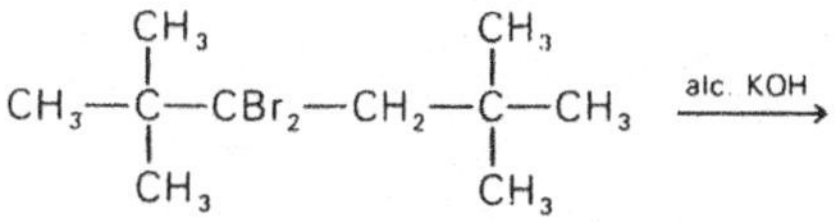

(*j*) $CH_3{-}C{\equiv}C{-}H \xrightarrow[\text{2. } H_2O_2]{\text{1. } BH_3/OH^-}$

★**4.** Proponer una síntesis para los siguientes compuestos a partir de coque, C, caliza, $CaCO_3$, y todos los disolventes y reactivos inorgánicos necesarios. Indíquense todos los reactivos y las condiciones.

(*a*) $CH_3{-}\overset{\displaystyle O}{\overset{\|}{C}}{-}CH{=}CH_2$

metil vinil cetona

(*b*) $\underset{\displaystyle Br}{CH_2}{-}\underset{\displaystyle Cl}{C}{=}CH{-}\underset{\displaystyle Br}{CH_2}$

★**5.** Un compuesto **A**, $C_{10}H_{11}Br$ al tratarlo con $NaNH_2$ da el compuesto **C**, $C_{10}H_{10}$, con rendimiento del 63%. El compuesto **B**, $C_{10}H_{12}Br_2$, en condiciones análogas, da el compuesto **C** con rendimiento del 55%. La ozonolisis del compuesto **A** da formaldehído (y otros productos), pero el compuesto **B** no se ozonoliza fácilmente.

El compuesto **C** da un precipitado con $Cu(NH_3)_2^+$ y toma fácilmente 2 moles de hidrógeno; forzando las condiciones puede llegar a adicionar otros 3 moles más. La oxidación de los compuestos **A**, **B** o **C** con $KMnO_4$ da ácido benzoico, C_6H_5COOH. Escríbanse las estructuras de los compuestos **A**, **B** y **C**.

6. El compuesto **A**, $C_{15}H_{18}$, no reacciona con $Ag(NH_3)_2^+$, pero absorbe fácilmente hidrógeno para dar el compuesto **B**, $C_{15}H_{22}$. La oxidación del compuesto **A** con $KMnO_4$ caliente, da ácido benzoico y ciclohexanona 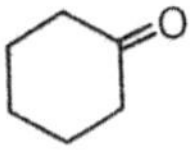 como únicos productos aislables Escribir las estructuras para los compuestos **A** y **B**.

★ 7. El compuesto **X**, $C_{15}H_{16}$, da un precipitado con $Ag(NH_3)_2^+$, decolora el bromo, y da ciclohexanona y ácido benzoico por oxidación con $KMnO_4$ caliente. La hidrogenación catalítica del compuesto **X** da $C_{15}H_{22}$; la hidrogenación ulterior es difícil pero conduce a $C_{15}H_{28}$. Escribir una estructura para el compuesto **X**.

Capítulo seis

En los compuestos orgánicos pueden encontrarse tres tipos generales de dobles enlaces carbono-carbono. Los dobles enlaces de un par cualquiera pueden calificarse de *aislados, acumulados* o *conjugados.*

$CH_2{=}CHCH_2CH_2CH{=}CH_2$

1,5-hexadieno (aislado)

$CH_2{=}C{=}CHCH_2CH_2CH_3$

1,2-hexadieno (acumulado)

$CH_2{=}CH{-}CH{=}CH{-}CH_2CH_3$

1,3-hexadieno (conjugado)

6-1 DOBLES ENLACES AISLADOS

Los dienos aislados tienen los dobles enlaces separados por uno o más átomos de carbono saturados que actúan como aisladores electrónicos. Estos dobles enlaces reaccionan independientemente; e.g., el bromo se adiciona primero a uno y luego al otro. No existe esencialmente influencia alguna de un doble enlace sobre el otro. Nótese que en el pentadieno-1,4 (fig. 6-1) no existe interacción apreciable entre C_2 y C_4; C_3 actúa como un aislador, con lo cual evita un recubrimiento *p-p*.

6-2 ALENOS, DOBLES ENLACES ACUMULADOS

Esta clase general de compuestos se conoce también con el nombre de *cumulenos* debido a que los dobles enlaces se acumulan sobre un carbono o carbonos determinados. El compuesto más sencillo de la serie es el *aleno*, $CH_2{=}C{=}CH_2$.

En la imagen según el orbital atómico de la Fig. 6-2, nótese que HHC_1 y HHC_3

Dienos y polimerización

definen planos perpendiculares que se cortan en C_2. Puesto que los orbitales p sólo pueden recubrirse de una manera efectiva con otros contiguos cuyos ejes sean paralelos, los dos dobles enlaces no se recubren entre sí.

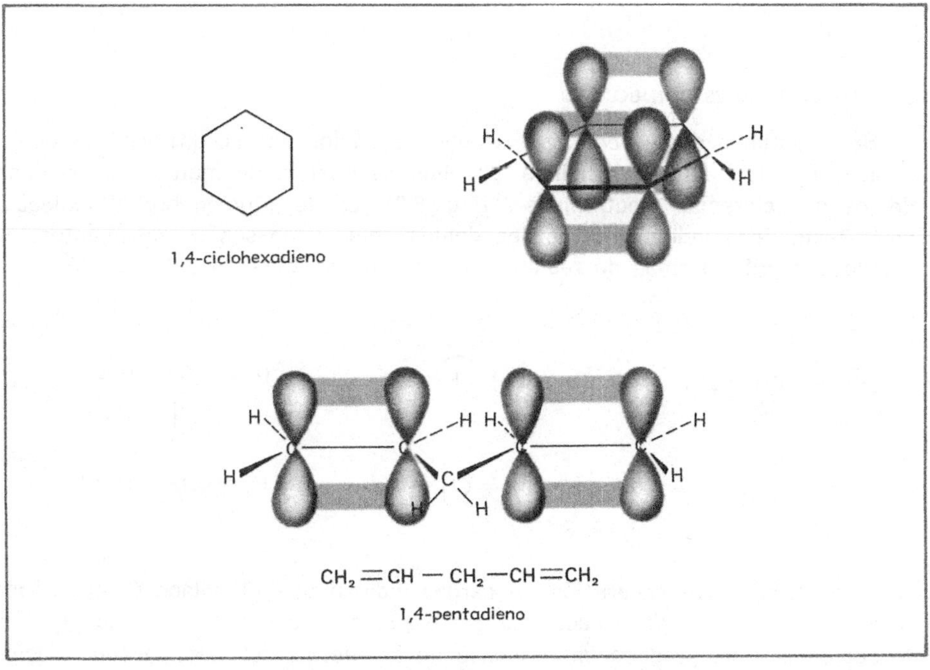

Figura 6-1. Orbitales atómicos del 1,4-ciclohexadieno y del 1,4-pentadieno

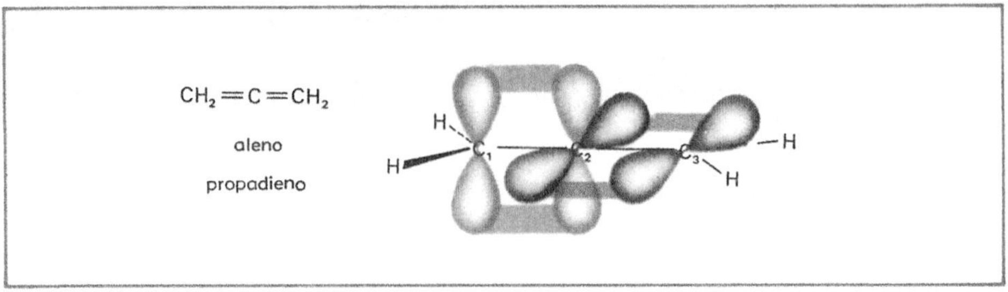

Figura 6-2. Orbitales atómicos del aleno

> Dibújese el homólogo superior de la serie de los cumulenos, el butatrieno, y obsérvese el número de posibilidades que tienen dos grupos metilos de unirse al compuesto. ¿Por qué es posible isomería cis-trans en el butatrieno sustituido pero no en el 2,3-pentadieno?

6-3 DOBLES ENLACES CONJUGADOS

Se denominan dienos *conjugados* aquellos en los que se alternan los dobles enlaces con los enlaces sencillos. En ellos es posible un mutuo recubrimiento de los dos sistemas electrónicos-π (Fig. 6-3). La descripción orbital molecular del 1-3-butadieno indica que los dos dobles enlaces no son independientes, pudiéndose escribir formas de resonancia que prueban también esta relación.

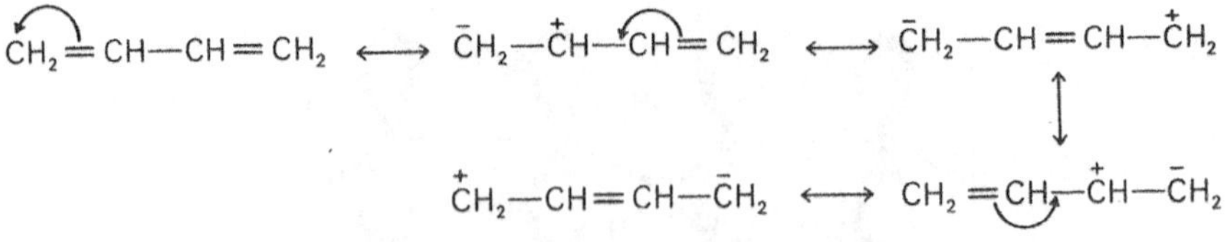

Estas formas con separación de cargas indican que el enlace C_2—C_3 posee algún carácter de doble enlace. Tal como pudiera esperarse, esta conjugación de dobles enlaces produce un descenso de la energía del sistema (en relación con los dos dobles enlaces etilénicos aislados).

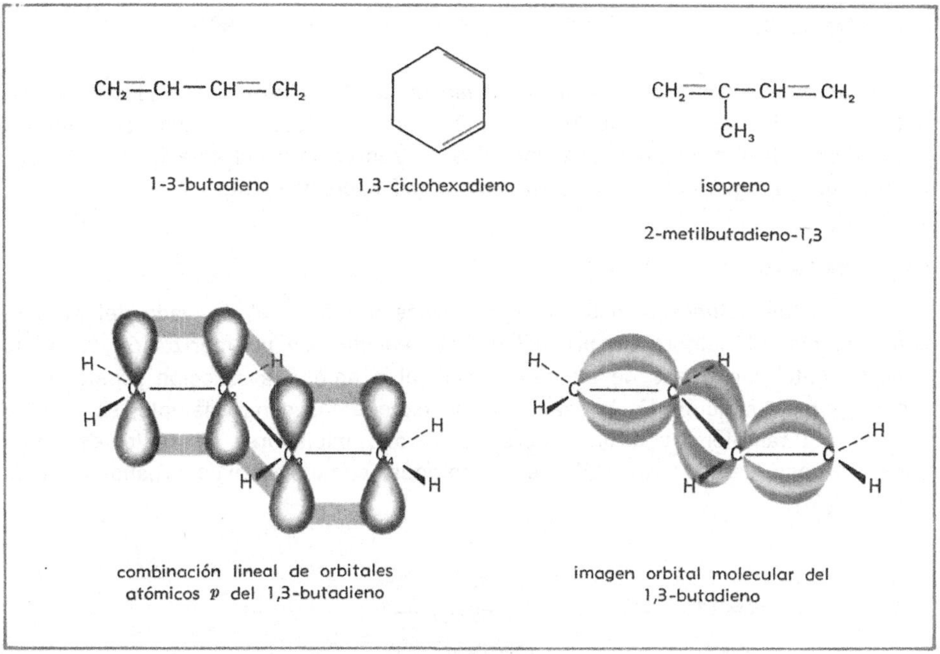

Figura 6-3. Orbitales de los dienos conjugados

Adición 1,4: Las adiciones iónicas a los sistemas conjugados conducen, generalmente, a productos formados según una adición en 1,4.

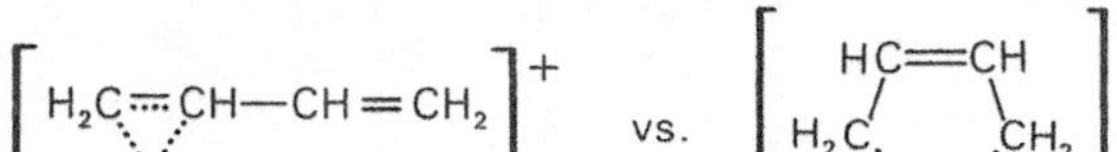

Considérese la diferencia en el tamaño y tensión de los iones bromonio cíclicos correspondientes a las adiciones en 1,2 y 1,4.

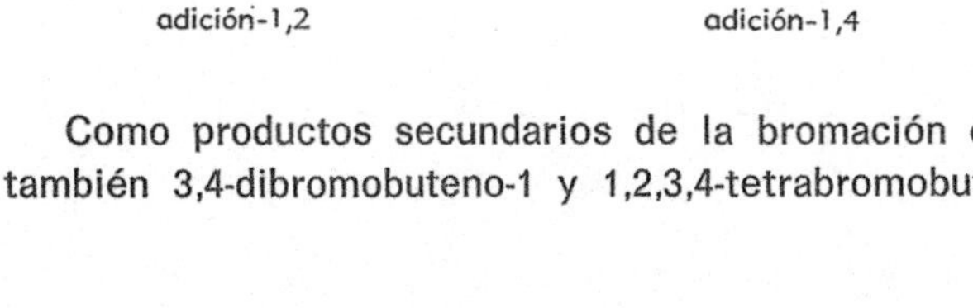

adición-1,2 adición-1,4

Como productos secundarios de la bromación del 1,3-butadieno, se obtienen también 3,4-dibromobuteno-1 y 1,2,3,4-tetrabromobutano.

POLIMERIZACION

Un *polímero* es un compuesto de peso molecular elevado formado por la repetida sucesión de muchas unidades de una molécula sencilla, denominada *monómero*. Si sólo se unen dos unidades, la sustancia resultante es un *dímero*; si tres, un *trímero*, cuatro un *tetrámero*, y así sucesivamente.

6-4 POLIMERIZACION DE OLEFINAS

Uno de los polímeros más sencillos y más útiles es el derivado del etileno, conocido con el nombre de *polietileno*. La reacción de polimerización se inicia generalmente con trazas de un catión, radical o anión; la reacción prosigue entonces por autoadición. En la reacción que exponemos como ejemplo, se emplea ácido, pero también pudieran haberse empleado iniciadores de radicales, tales como oxígeno (aire) y formadores de aniones, como reactivos organometálicos ($TiCl_2$, R_3Al).

Global

$$\underset{\text{etileno}}{x\,CH_2{=}CH_2} \xrightarrow{\text{cat.}} \underset{\text{polietileno}}{-(CH_2{-}CH_2)_x-}$$

Mecanismo

$$CH_2{=}CH_2 \xrightarrow{H^+} CH_3{-}\overset{+}{C}H_2 \xrightarrow{CH_2=CH_2} CH_3{-}CH_2{-}CH_2{-}\overset{+}{C}H_2$$

$$CH_3{-}CH_2{-}CH_2{-}\overset{+}{C}H_2 \xrightarrow{CH_2=CH_2} CH_3CH_2CH_2CH_2CH_2\overset{+}{C}H_2 \downarrow \text{etc.}$$

El proceso de polimerización, una vez iniciado, continúa hasta que ocurre uno de los pasos de terminación, tal como la pérdida de un protón o la transferencia de un protón de otra molécula de polímero.

Terminación:

$$\sim CH_2{-}\overset{+}{C}H_2 \longrightarrow \sim CH{=}CH_2 + H^+$$

o

$$\sim \underset{\displaystyle H}{\underset{|}{C}}H{-}CH_2\sim + \sim CH_2{-}\overset{+}{C}H_2 \longrightarrow \sim \overset{+}{C}H{-}CH_2\sim + \sim CH_2{-}CH_3$$

Desde luego, el proceso puede terminarse también por reacciones químicas con indicios de impurezas, e.g., un constituyente de las paredes de vidrio o metal del recipiente.

Otras muchas olefinas, particularmente las terminales, son excelentes monómeros y producen polímeros útiles muy conocidos (ver Tabla 6-1).

Tabla 6-1. Ejemplos de reacciones de polimerización

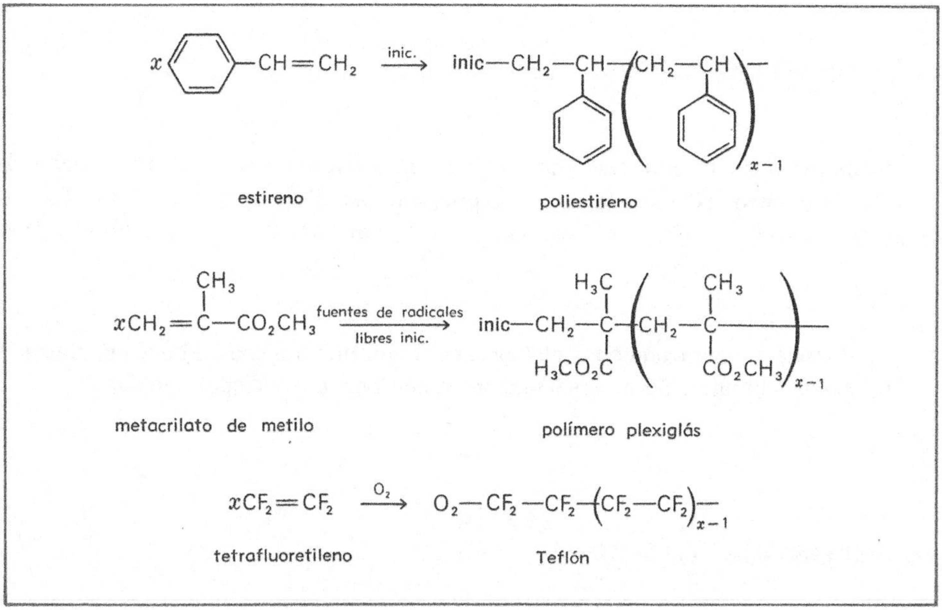

6-5 POLIMERIZACION DE DIENOS CONJUGADOS

Cuando los dienos conjugados sufren polimerización 1,4, los productos resultantes son plásticos y cauchos importantes. El cloropreno, derivado del vinilacetileno, se polimeriza dando neopreno. Esta reacción se explica empleando un iniciador aniónico.

Global

$$x\mathrm{CH_2{=}\underset{\displaystyle Cl}{\underset{|}{C}}{-}CH{=}CH_2} \xrightarrow{\text{inic.}} \mathrm{inic{-}({-}CH_2{-}\underset{\displaystyle Cl}{\underset{|}{C}}{=}CH{-}CH_2{-})_{\mathit{x}}{-}}$$

cloropreno — neopreno

Mecanismo

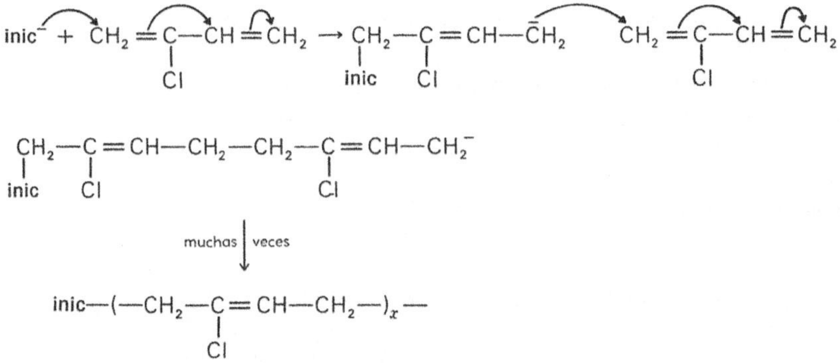

El extremo de la molécula que lleva el sustituyente cloro, puede llamarse la *cabeza* y el otro extremo la *cola*. El producto es el resultado de unir, de una manera regular, la cabeza del monómero a la cola del polímero en crecimiento.

> De una manera análoga, el isopreno (2-metilbutadieno-1,3) se convierte en caucho natural. Formúlese esta reacción con un iniciador radical R·

LA REACCION DE DIELS-ALDER

Las olefinas (y acetilenos) pueden reaccionar con los *dienos conjugados* para formar ciclos de seis miembros con uno (o dos) dobles enlaces. El producto se conoce con el nombre de un *aducto de Diels-Alder* en honor a sus codescubridores. La olefina o acetileno se conoce también con la designación de *filodieno* (amante de los dienos).

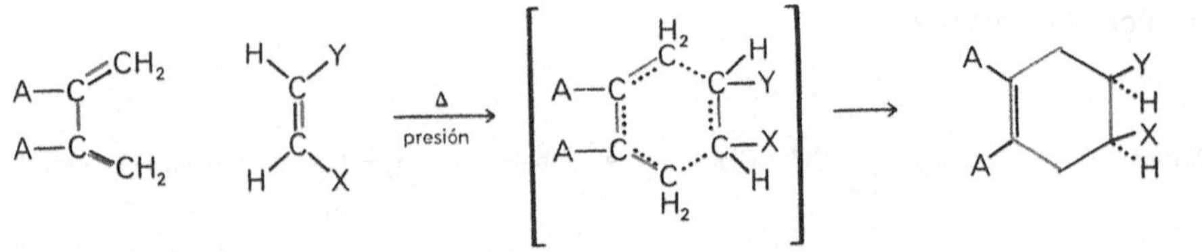

dieno conjugado — filodieno — estado de transición cíclico — aducto de Diels-Adler

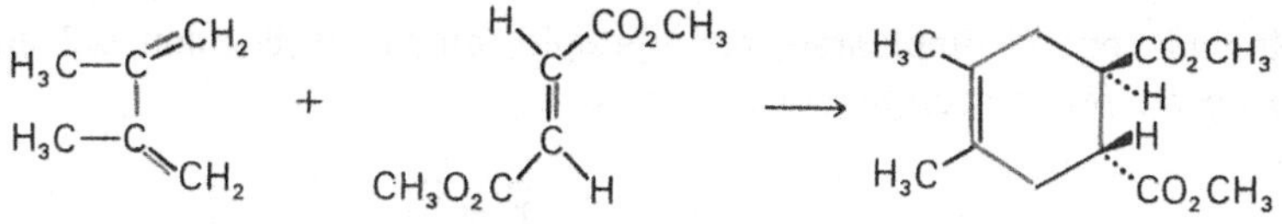

2,3-dimetil-1,3-butadieno

fumarato de metilo

Los sustituyentes dadores de electrones en el dieno y los aceptores de electrones en el filodieno, exaltan considerablemente la reactividad ante la cicloadición. Por lo general es siempre deseable por lo menos alguna activación provocada por un sustituyente. Los grupos alquilo, particularmente el grupo metilo, y los grupos alcoxilo —O—R, son buenos sustituyentes repelentes o dadores de electrones para el dieno. Entre los atrayentes de electrones se encuentran:

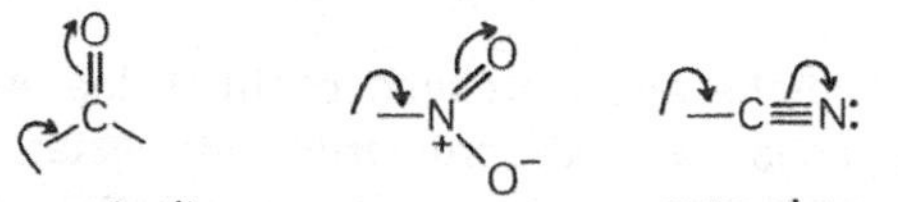

grupo carbonilo

grupo nitro

grupo ciano

Nótese que en el producto se conserva la estereoquímica de la olefina; se trata de una cicloadición cis. La reacción se lleva a cabo generalmente calentando los componentes en un hidrocarburo de alto punto de ebullición, que sirve de disolvente. Cuando se trata de compuestos poco reactivos o de bajo punto de ebullición, la reacción puede desarrollarse a presión elevada, en un recipiente metálico reforzado (*bomba*). Los ácidos de Lewis, tales como el $AlCl_3$, aceleran mucho la reacción a temperaturas inferiores.

Los dienos comúnmente empleados son 1,3-dienos, alquil y aril sustituidos, cíclicos y bicíclicos; incluso pueden emplearse algunos sistemas aromáticos y heterocíclicos reactivos.

Los filodienos son usualmente olefinas o acetilenos sustituidos; algunas veces, los propios dienos actúan también de filodieno, como en el caso del ciclopentadieno.

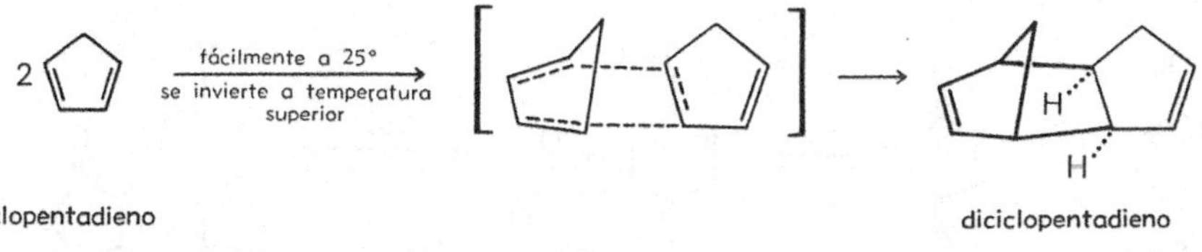

ciclopentadieno

diciclopentadieno

A veces, como en el caso del diciclopentadieno, la reacción de Diels-Alder puede invertirse por simple calentamiento del aducto y recogiendo el(los) producto(s). Esta técnica puede emplearse, por ejemplo, en la purificación del antraceno a través de su aducto con anhídrido maleico.

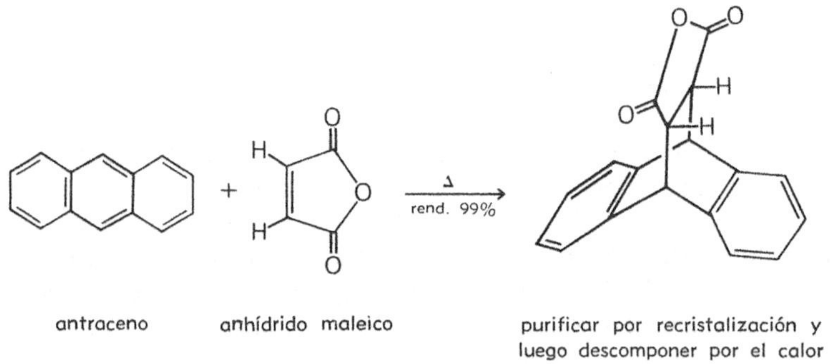

Tal como lo estudiaremos con más detalle en el próximo capítulo, los anillos de seis miembros con tres dobles enlaces son extraordinariamente estables y los compuestos formados en la reacción de Diels-Alder pueden convertirse fácilmente en esos sistemas aromáticos. Muchas veces, pueden eliminarse los átomos de hidrógeno por simple calentamiento de los aductos de Diels-Alder con paladio sobre carbón.

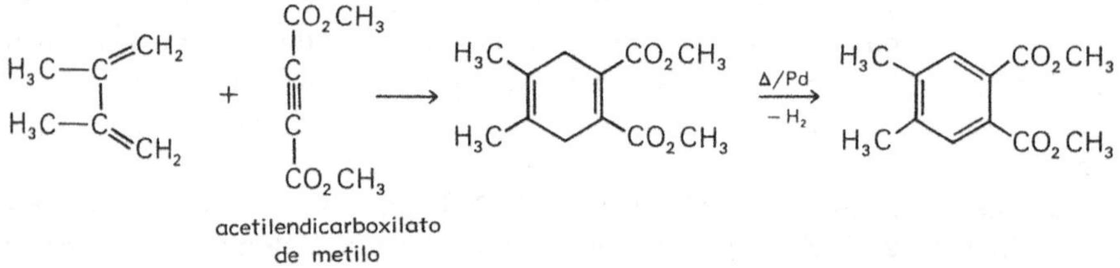

Los propios sistemas aromáticos bencénicos son relativamente inertes a las reacciones de Diels-Alder, pero existen excepciones. Incluso en tales casos, es con frecuencia fácil la transposición del producto dando un nuevo sistema aromático.

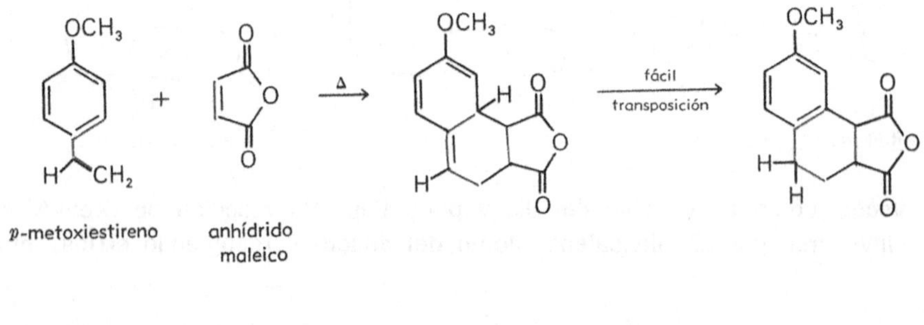

La utilidad de la reacción de Diels-Alder no se limita a la preparación de compuestos *sencillos* con ciclos de seis miembros, sino que puede extenderse a la formación de gran variedad de compuestos con puentes de carbono empleando dienos y filodienos cíclicos.

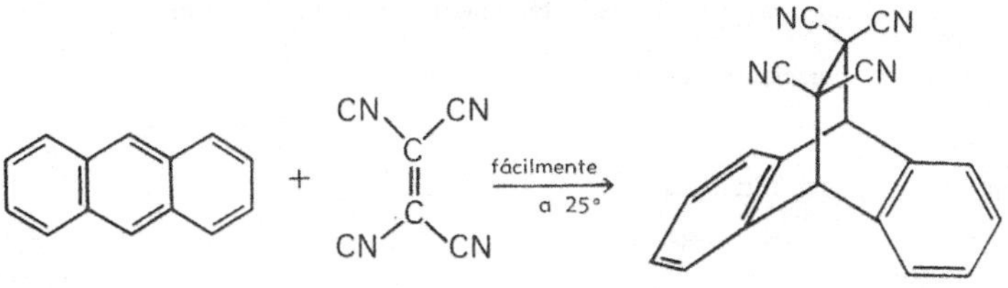

antraceno TCNE aducto de Diels-Adler

El tetra*ciano*etileno (TCNE) es uno de los filodienos más poderosos de entre los preparados hasta ahora, debido al fuerte carácter atrayente de electrones de los cuatro grupos ciano.

LECTURAS RECOMENDADAS

Charlesby, A.: Ionizing Radiation and Organic Chemistry, *Sci. Am.*, **201** (3), 180 (1959). Efectos de la radiación sobre polímeros tales como el Teflón y el polietileno.

Fisher, H. L.: New Horizons in Elastic Polymers, *J. Chem. Educ.*, **37**, 369 (1960).

Wunderlich, B.: The Solid State of Polyethylene, *Sci. Am.*, 211 (5), 80 (1964). Compara polietilenos cristalinos y no cristalinos.

A symposium on polymer Chemistry

Ferington, T. E., Kinetics of Polymer Formation by Free Radical Mechanism, *J. Chem. Educ.*, **36**, 174 (1959).

Mayo, F. R.: Contributions of Vinyl Polymerization to Organic Chemistry, *J. Chem. Educ.*, **36**, 157 (1959).

Price, C. C.: The Geometry Giant Molecules, *J. Chem. Educ.*, **36**, 160 (1959).

Slichter, W. P.: Molecular Characteristics of Rubber-like Materials, *J. Chem. Educ.*, **36**, 185 (1959).

Polymer Chemistry symposium

MacKnight, W. J., G. E. Leroi, and A. V. Tobolsky: Physical Chemistry of Crosslinked Polysulfide Elastomers, *J. Chem. Educ.*, **42**, 4 (1965).

Marvel, C. S.: The Place of Polymers in Beginning Organic Chemistry, *J. Chem. Educ.*, **42**, 3 (1965).

Sorenson, W. R.: Polymer Synthesis in the Undergraduate Organic Laboratory, *J. Chem. Educ.*, **42**, 8 (1965).

Sorenson, W. R.: The Effect of Structure on Chemical and Physical Properties of Polymers, *J. Chem. Educ.*, **42**, 13 (1965).

PROBLEMAS

★**1.** Una preparación corriente del 1,3-ciclohexadieno, cita la deshidrohalogenación con base fuerte a temperatura elevada del producto derivado de la bromación del ciclohexeno. El rendimiento no es alto, incluso en el caso de que el dieno se separe a medida que se forma, y el matraz frío debe generalmente desecharse debido a la gran cantidad de «alquitrán». Sugiérase una estructura para el alquitrán y probar cómo puede haberse formado fácilmente en esas condiciones.

2. Formular los productos de las reacciones siguientes.

★(*a*) isopreno + anhídrido maleico $\xrightarrow[\text{a 100°; bomba}]{\text{en benceno}}$ rend. 100%

★(*b*) 1-vinilciclohexeno + anhídrido maleico $\xrightarrow[\text{a 25°}]{\text{en xileno}}$ rend. 63%

(*c*) 1,3-ciclohexadieno + TCNE $\longrightarrow$

★(*d*) 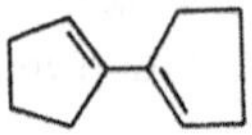 + anhídrido maleico $\longrightarrow$

(*e*) 1,3-butadieno + 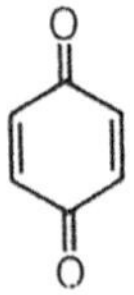 $\xrightarrow{\text{rend. 90\%}}$

3. Empleando varias combinaciones de dienos y filodienos mencionados en la sección de la reacción de Diels-Alder, formular los 10 aductos de Diels-Alder más destacados.

Capítulo siete

Los capítulos precedentes se han referido principalmente a los hidrocarburos alifáticos; ahora nos referiremos a los aromáticos y heterocíclicos. En los siguientes capítulos se explicará conjuntamente la química de los grupos funcionales unidos a esas tres amplias clases de productos. Las moléculas heterocíclicas son compuestos con ciclos que contienen átomos distintos del carbono; comúnmente, nitrógeno, oxígeno y azufre. Los compuestos organometálicos se emplearán a lo largo de este texto como reactivos, e. g., el reactivo de Grignard. Ver Tabla 7-1.

Tabla 7-1. Moléculas orgánicas representativas

Alifáticas	*Aromáticas*	*Heterocíclicas*	*Organometálicas*
$CH_3CH_2CH_2CH_3$		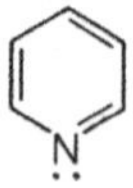	$[CH_3MgI]$
butano	benceno	piridina	yoduro de metilmagnesio
	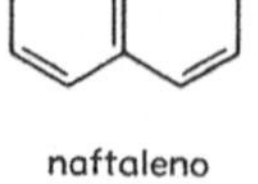		
ciclohexano	naftaleno	tiofeno	fenil litio

Hidrocarburos aromáticos y sustitución electrófila aromática

ESTRUCTURA Y NOMENCLATURA

7-1 DESCRIPCIONES DEL BENCENO SEGUN EL ORBITAL MOLECULAR Y LOS ENLACES DE VALENCIA

Recuérdense las diferencias entre las imágenes según el orbital molecular para un dieno aislado y un dieno conjugado (Secs. 6-1 y 6-3). En el primero, los dos enlaces π están separados por lo menos por un $—CH_2—$ aislante, pero en los últimos, se extiende un orbital molecular sobre los cuatro átomos de carbono. En el benceno, todos los orbitales p contiguos se recubren entre sí formando de este modo un orbital molecular que circunda completamente la molécula con lóbulos por encima y por debajo del plano. Este orbital se ha descrito con forma de buñuelo o rosquilla (Fig. 7-1). El sistema de enlace π del benceno tiene propiedades de instauración distintas a las de los sistemas corrientes con dobles enlaces. Por otra parte, las reacciones en las que se forman sistemas aromáticos son generalmente fáciles.

La aproximación de los enlaces de valencia predice dos estructuras equivalentes para el benceno. Aquí continuaremos representando el benceno por una sola estructura de Kekulé, pero se debe tener siempre presente que es sólo una de las dos estructuras de resonancia equivalentes.

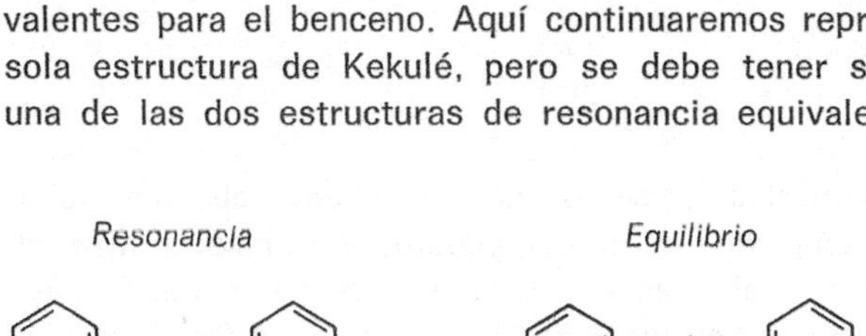

En la práctica el sistema π del benceno se representa corrientemente por un círculo completo:

Para representar el grupo fenilo se emplean alternativamente los símbolos siguientes:

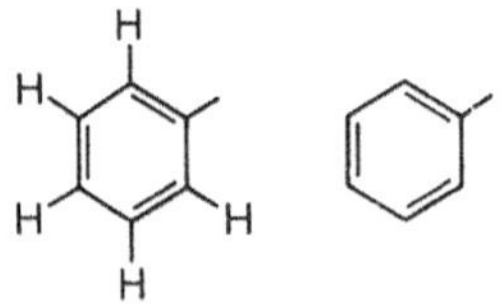

C_6H_5- $\quad$ $\varnothing-$

El símbolo Ar^- designa cualquier grupo aromático. Otro de los grupos aromáticos corrientes se deriva del tolueno y se denomina *grupo bencilo.*

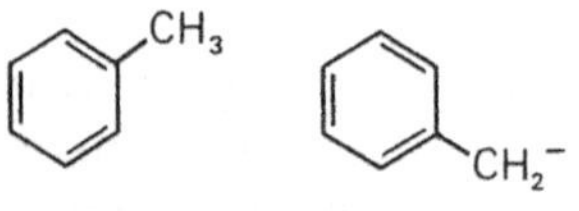

tolueno $\qquad$ grupo bencilo

7-2 NOMENCLATURA

El nombre IUPAC del compuesto aromático fundamental, C_6H_6, es benceno, y los compuestos monosustituidos se nombran usualmente como derivados del benceno.

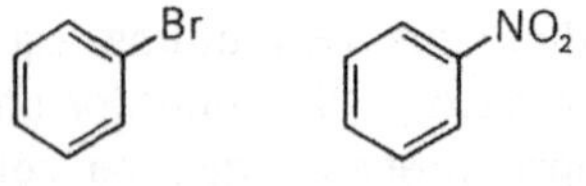

bromobenceno $\qquad$ nitrobenceno

No se necesita el prefijo numérico 1, puesto que sólo puede haber un monobromobenceno. Otro sistema empleado para compuestos sencillos, utiliza el nombre común del grupo, *fenilo*, y algunas veces se ven nombres tales como bromuro de fenilo o fluoruro de fenilo, en lugar de bromobenceno o fluorbenceno.

Hay tres dibromobencenos distintos. Se designan por *orto* (1,2-disustituido), *meta* (1,3) y *para* (1,4).

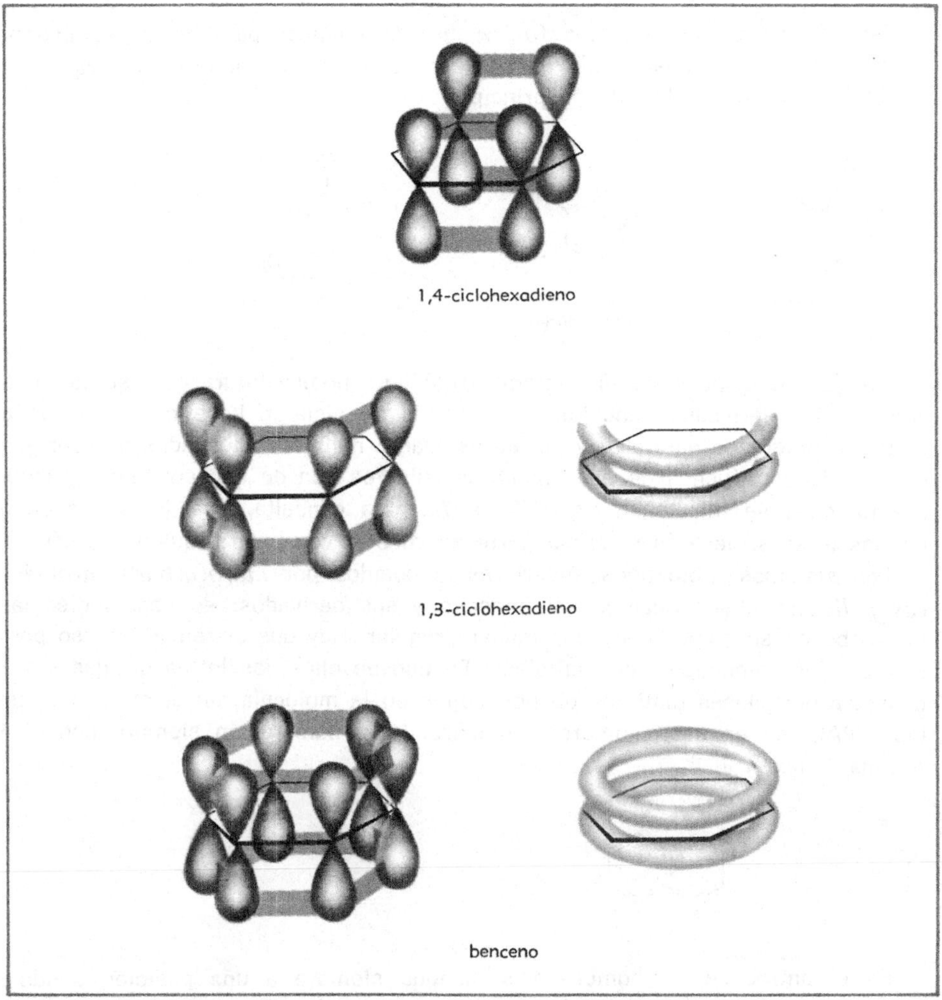

Figura 7-1. Orbitales de los 1,3- y 1,4-ciclohexadienos y del benceno

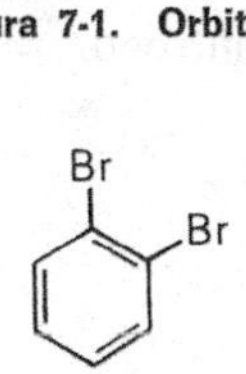

orto-dibromobenceno
o-dibromobenceno
1,2-dibromobenceno

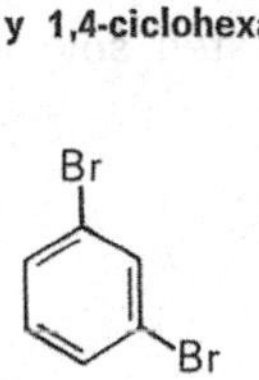

meta-dibromobenceno
m-dibromobenceno
1,3-dibromobenceno

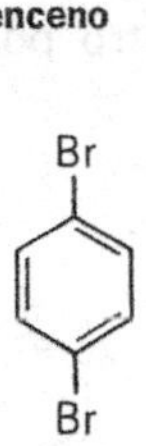

para-dibromobenceno
p-dibromobenceno
1,4-dibromobenceno

Esas designaciones comunes (*o*-, *m*-, *p*-) se emplean para bencenos disustituidos, pero los polisustituidos en número superior, se numeran generalmente dando el número 1 a la función principal.

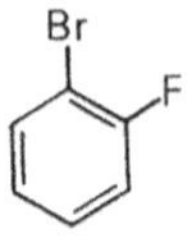

o-bromofluorbenceno

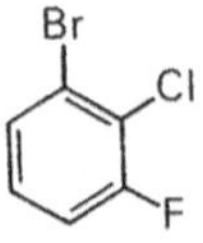

1-bromo-2-cloro
3-fluorbenceno

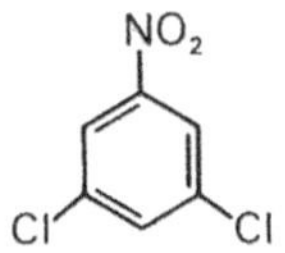

3,5-diclonitrobenceno

Aunque se dispone de un sistema IUPAC de nomenclatura consistente, muchos de los derivados sencillos del benceno se aislaron hace muchos años a partir de productos naturales y se les asignaron nombres adecuados a su origen o propiedades. Muchos de esos nombres vulgares son de uso corriente, y algunos de ellos se relacionan en la Tabla 7-2 para consulta. Usándolos y oyendo usarlos a otros, llegarán a formar parte de vuestro vocabulario químico orgánico.

Los sistemas aromáticos superiores, conocidos por *hidrocarburos aromáticos policíclicos,* son análogos al benceno y sus derivados; en esas moléculas los carbonos se numeran de una manera regular. Hay dos sistemas en uso para nombrar los compuestos del naftaleno. En uno de ellos, las letras griegas α y β designan dos clases distintas de posiciones en la molécula, en el otro, el sistema IUPAC, se emplean números, comenzando la numeración siempre con el 1 en una posición α.

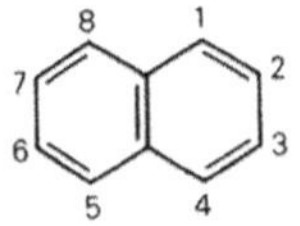

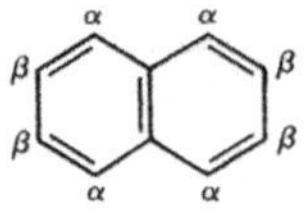

En el antraceno, el número 1 se asigna siempre a una posición seudo-α (α y β se reservan generalmente para el naftaleno). Mientras en el naftaleno y antraceno, hay cuatro posiciones-1, existen sólo dos en el fenantreno.

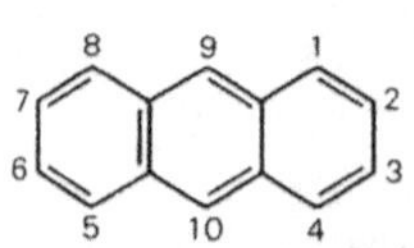

antráceno

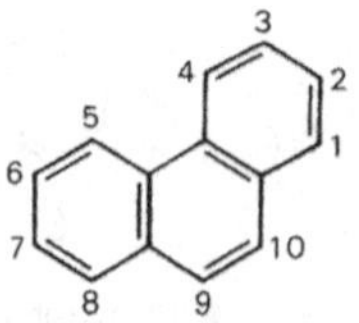

fenantreno

Tabla 7-2. Nombres comunes de algunas moléculas aromáticas

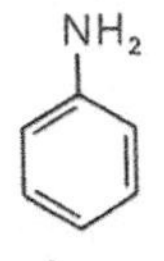
anilina

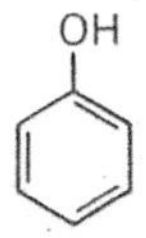
fenol

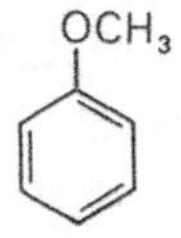
anisol

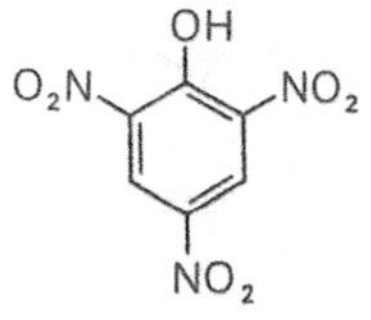
ácido pícrico

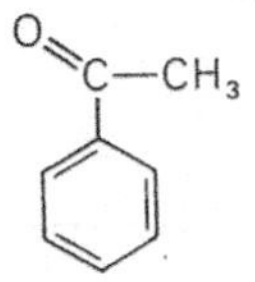
acetofenona

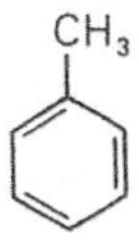
tolueno

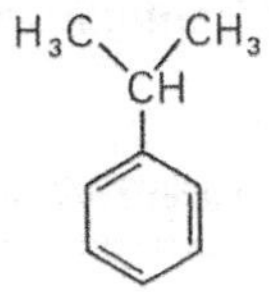
cumeno

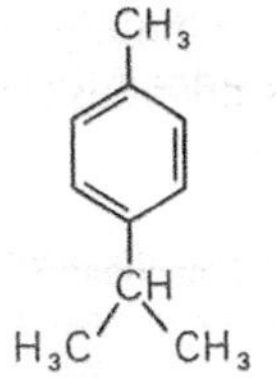
p-cimeno

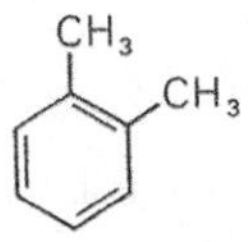
o-xileno

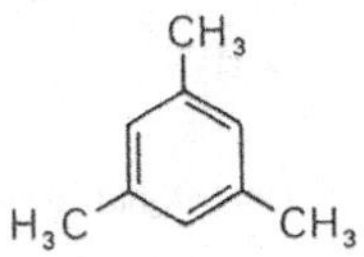
mesitileno

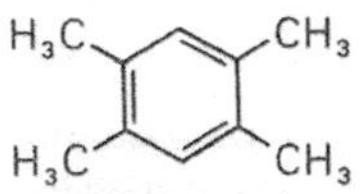
dureno

En la Tabla 7-3 se exponen ejemplos de compuestos aromáticos superiores sustituidos.

> Escribir la estructura del 2-6-dimetilnaftaleno. ¿Por qué es incorrecto el nombre β,β-dimetilnaftaleno?

Los heterociclos se numeran de modo que el heteroátomo (o uno de los heteroátomos en el caso de que hubiere varios), tome el número 1.

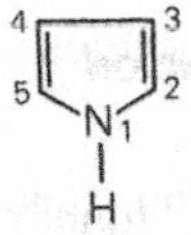
pirrol

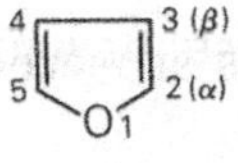
furano

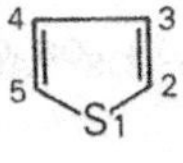
tiofeno

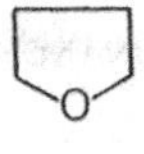
tetrahidrofurano (THF)

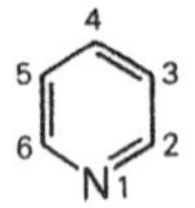
piridina

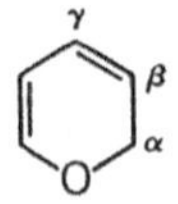
α-pirano

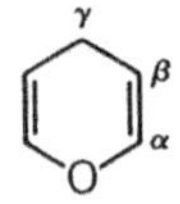
γ-pirano

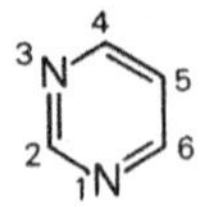
pirimidina

La numeración prosigue en aquella dirección que dará a los otros heteroátomos (o sustituyentes) los números más bajos. Puesto que el heteroátomo es el centro singular de estas moléculas, algunas veces se emplean letras griegas para designar las posiciones contiguas y siguientes al mismo.

Tabla 7-3. Compuestos aromáticos superiores sustituidos

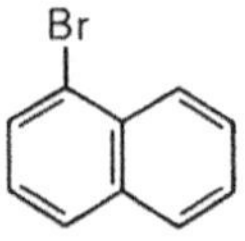
1-bromonaftaleno
(α-bromonaftaleno)

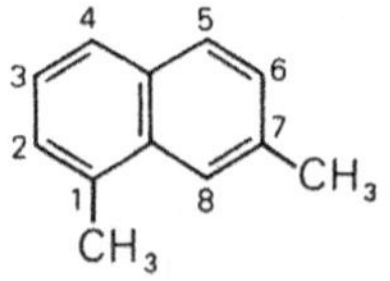
1,7-dimetilnaftaleno

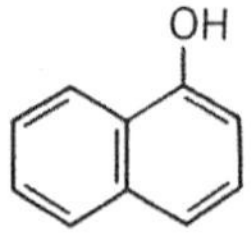
α-naftol

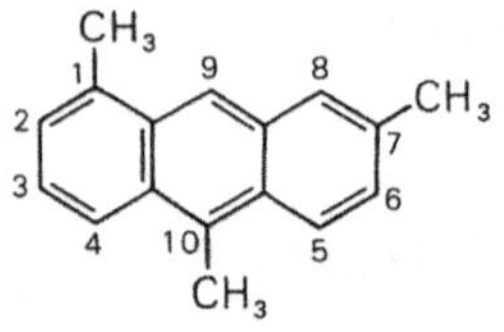
1,7,10-trimetilantraceno

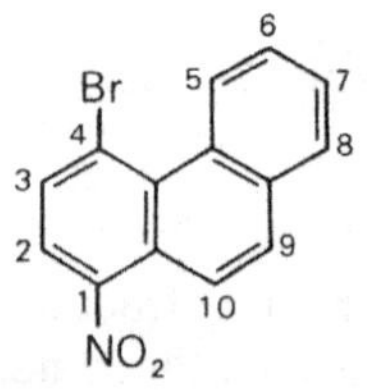
4-bromo-1-nitrofenantreno

7-3 ESTABILIDAD Y ENERGIAS DE RESONANCIA SEGUN LOS CALORES DE HIDROGENACION

Anteriormente se han establecido varios principios cualitativos no fundamentados, referentes a los compuestos insaturados. Consideraremos ahora cuatro de ellos.

1. La olefina más alquilada es la más estable.

2. Generalmente, los compuestos trans son más estables que los isómeros cis.

3. Los dienos conjugados son más estables que los dienos aislados.

4. Los compuestos aromáticos, tales como el benceno, son mucho menos reactivos que las olefinas conjugadas ordinarias frente a las reacciones de adición y ofrecen «menor insaturación» que las olefinas.

En cada caso, los compuestos que se consideran más estables son los de menor energía.

Se dispone de dos métodos para determinar energías relativas: los calores de combustión (quemando el hidrocarburo con oxígeno para formar agua y dióxido de carbono) y los calores de hidrogenación. El último método es más preciso (aunque se dispone de menos datos sobre calores de hidrogenación). La exigencia crítica en este caso consiste en la elección de compuestos «correctos» de comparación.

1. Puede demostrarse que la alquilación progresiva sobre un doble enlace carbono-carbono da lugar a un compuesto cada vez más estable, considerando una serie de compuestos con número creciente de tales grupos, como el metilo. La hidrogenación catalítica del etileno es una reacción exotérmica.

$$CH_2{=}CH_2 \xrightarrow[\text{cat.}]{H_2} CH_3CH_3 + 32{,}8 \text{ kcal/mol}^{\dagger}$$

Cuando se sustituye uno de los átomos de hidrógeno por un grupo metilo, se encuentra experimentalmente que sólo se desprenden 30,1 kcal/mol.

$$\underset{\text{propeno}}{CH_3{-}CH{=}CH_2} \xrightarrow[\text{cat.}]{H_2} \underset{\text{propano}}{CH_3CH_2CH_3} + 30{,}1 \text{ kcal/mol}$$

Una nueva sustitución sobre el mismo átomo de carbono produce un descenso adicional del calor desprendido.

$$\underset{\text{isobutileno}}{(CH_3)_2C{=}CH_2} \xrightarrow[\text{cat.}]{H_2} \underset{\text{isobutano}}{(CH_3)_2CH{-}CH_3} + 28{,}4 \text{ kcal/mol}$$

En cada caso, la adición de un grupo metilo disminuye la cantidad de energía liberada en la hidrogenación del alqueno. El grupo metilo (y otros grupos

† Esto significa que $\Delta H = -32{,}8$ kcal/mol; sin embargo, en este texto adoptaremos la notación que indica el calor desprendido.

alquilo) son sustituyentes dadores de electrones, y aquí podemos ver la evidencia (no la prueba) de la estabilidad creciente de la olefina debida al efecto de los grupos alquilo. Un grupo metilo disminuye la energía en unas 2,7 kcal/mol; un segundo grupo la rebaja en otras 1,7 kcal/mol más. Se escogió el etileno como el mejor modelo o compuesto de referencia disponible para esta serie.

2. El efecto de la isomería cis-trans puede aclararse con los 2-butenos.

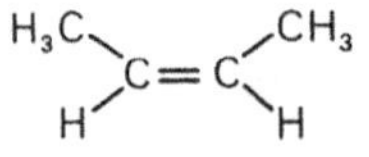 $\xrightarrow[\text{cat.}]{H_2}$ $CH_3CH_2CH_2CH_3$ + 28,6 kcal/mol

cis-buteno-2

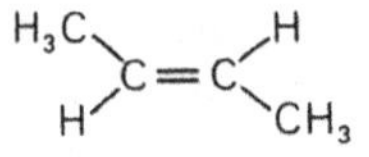 $\xrightarrow[\text{cat.}]{H_2}$ $CH_3CH_2CH_2CH_3$ + 27,6 kcal/mol

trans-buteno-2

La magnitud de 1 kcal/mol para la diferencia debe aceptarse con reservas, puesto que las medidas individuales tienen una aproximación de solamente 0,1 a 0,2 kcal/mol. A pesar de eso, la magnitud de esta diferencia es significativa. Estos resultados pueden desarrollarse en un diagrama como el de la Fig. 7-2.

Ya que el producto es el mismo en ambas reducciones, este sistema de comparación se apoya en una base más firme que los cálculos anteriores sobre la estabilidad de las olefinas.

3. El efecto de conjugación como factor estabilizador se ha puesto de manifiesto anteriormente al considerar el máximo recubrimiento de los orbitales *p* en los dienos 1,3. La magnitud de este efecto puede determinarse experimentalmente a partir de los calores de hidrogenación.

Consideremos el 1,3-butadieno. En este caso tenemos que elegir como mejor modelo el compuesto que, como en el caso general, conduzca al mismo producto de reducción que la molécula en cuestión. Por consiguiente, el etileno sería una mala elección, en cambio el buteno-1 está bien elegido.

$$CH_3{-}CH_2{-}CH{=}CH_2 \xrightarrow[\text{cat.}]{H_2} CH_3CH_2CH_2CH_3 + 30{,}3 \text{ kcal/mol}$$

buteno-1

$$CH_2{=}CH{-}CH{=}CH_2 \xrightarrow[\text{cat.}]{H_2} CH_3CH_2CH_2CH_3 + 57{,}1 \text{ kcal/mol}$$

1,3-butadieno

Empleando un criterio meramente aditivo, debiera esperarse que el 1,3-butadieno desprendiera doble cantidad de calor que el buteno-1 (2×30,3 kcal/mol), o sea 60,6 kcal/mol. Experimentalmente, sin embargo, sólo se observan 57,1 kcal/mol. Esta diferencia de 3,5 kcal/mol se atribuye a la estabilidad adicional debida al estado de resonancia en el 1,3-butadieno provocado por el recubrimiento orbital en C_2—C_3. A esta estabilización se le denomina *enegía de resonancia.*

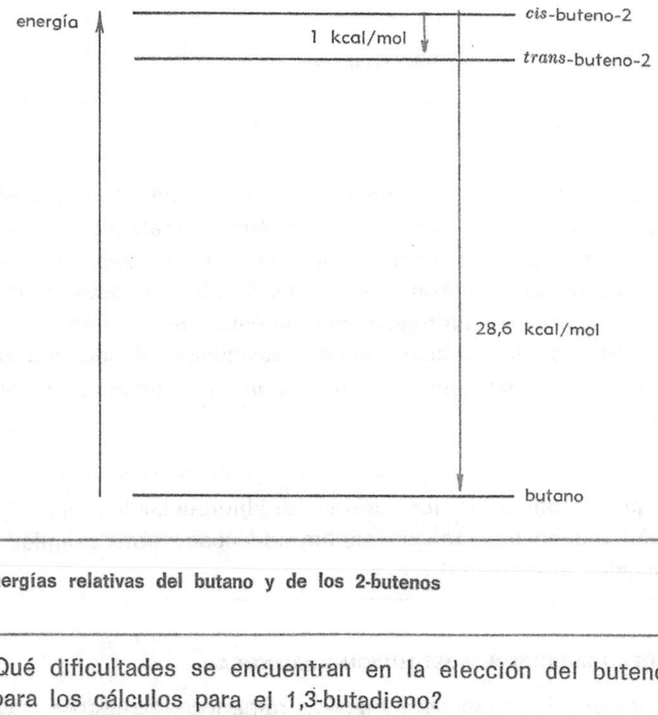

Figura 7-2. Energías relativas del butano y de los 2-butenos

1. ¿Qué dificultades se encuentran en la elección del buteno-2 como modelo para los cálculos para el 1,3-butadieno?

2. Sabiendo que el calor de hidrogenación del 1,3-hexadieno es 55,4 kcal/mol, ¿cuál de los siguientes compuestos (cuyo calor de hidrogenación se indica debajo de cada uno) será el mejor modelo?

$CH_2{=}CH_2$	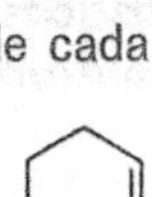	$CH_2{=}CH{-}CH{=}CH_2$	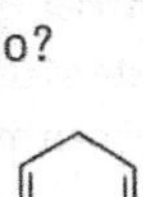
32,8 kcal/mol	28,6	57,1	59,3

3. Calcular la energía de resonancia del 1,3-ciclohexadieno.

4. La energía de resonancia de los compuestos aromáticos puede determinarse experimentalmente por el método empleado más arriba para los dienos conjugados. Por ejemplo, el ciclohexeno constituye el mejor modelo para el benceno.

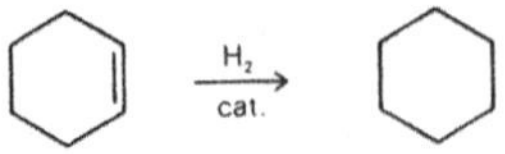

$+$ 28,6 kcal/mol

ciclohexeno ciclohexano

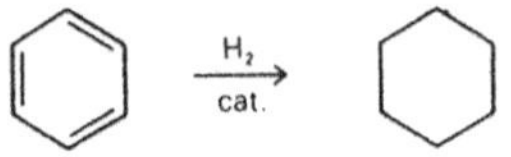

$+$ 49,8 kcal/mol

benceno ciclohexano

La energía de resonancia del benceno determinada por este método es 36,0 kcal/mol $[(3 \times 28{,}6) - 49{,}8 = 36{,}0]$. No estamos tratando del 1,3,5-ciclohexatrieno, cuyo nombre designa un alcatrieno, sino del *benceno*, que es un *sistema nuevo* que se caracteriza por una estabilidad exaltada, cuya medida puede deducirse de los calores de hidrogenación. Además, esos sistemas tienden a dar reacciones de sustitución en lugar de las reacciones de adición características de los alquenos; las reacciones de *sustitución* conservan este sistema aromático estable.

> ¿Por qué la suma de los calores de hidrogenación del 1,3-ciclohexadieno y del etileno no daría un sistema adecuado para calcular la energía de resonancia del benceno?

7-4 REACCIONES DE ADICION Y SUSTITUCION AROMATICA

A pesar de que los alquenos y dienos ordinarios se reducen fácilmente con hidrógeno en presencia de un catalizador, el benceno y otros compuestos aromáticos sufren generalmente esta reacción con gran dificultad. Las reacciones de adición que tienen lugar en los compuestos aromáticos no pueden detenerse, generalmente, antes de que la reacción haya transcurrido totalmente, e.g., la reducción citada anteriormente.

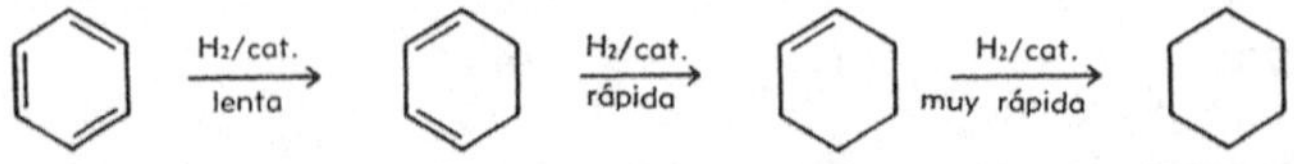

benceno 1,3-ciclohexadieno ciclohexeno ciclohexano

Los diversos intermedios no aromáticos reaccionan más rápidamente que la molécula aromática original.

La cloración del ciclohexeno produce principalmente trans-1,2-diclorociclohexano.

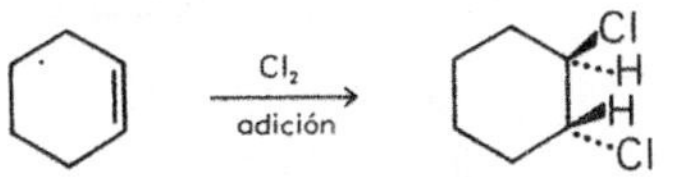

La *adición* al benceno tiene lugar, por el contrario, con alguna dificultad y produce varios isómeros del 1,2,3,4,5,6-hexaclorociclohexano.

Adición:
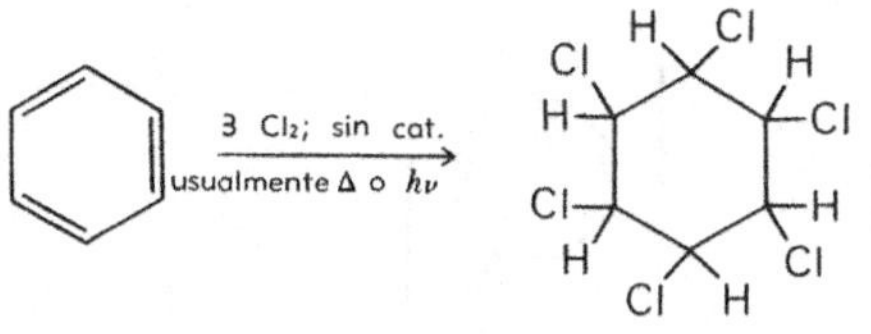

A esos isómeros procedentes de la adición se les designó originalmente por letras griegas (α, β, γ, δ, etc.). El isómero γ se vende como insecticida bajo diversos nombres comerciales, tales como el de Gammexano.

Por otra parte, la *sustitución* por el cloro sobre el benceno, ocurre fácilmente para dar principalmente clorobenceno. Corrientemente se necesita como catalizador un ácido de Lewis como el $FeCl_3$.

Sustitución:
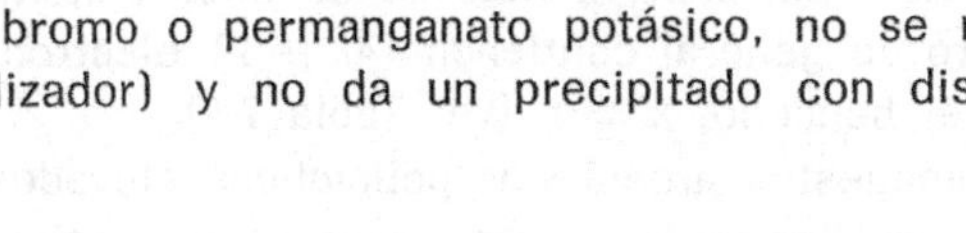

Al contrario que los alquenos o alquinos, el benceno no decolora la disolución diluida de bromo o permanganato potásico, no se reduce fácilmente con hidrógeno (catalizador) y no da un precipitado con disolución amoniacal de plata o cobre.

> Escribir otros isómeros del C_6H_6 que contengan centros de insaturación y mostrar por qué esas estructuras no pueden representar correctamente la molécula del benceno apoyándose en los ensayos cualitativos para esta sustancia.

El término aromático se refirió en principio al aroma agradable de los compuestos naturales que contienen este sistema cíclico de seis electrones π. Ac-

Tabla 7-4. Ejemplos de sistemas de $4n+2$ electrones †

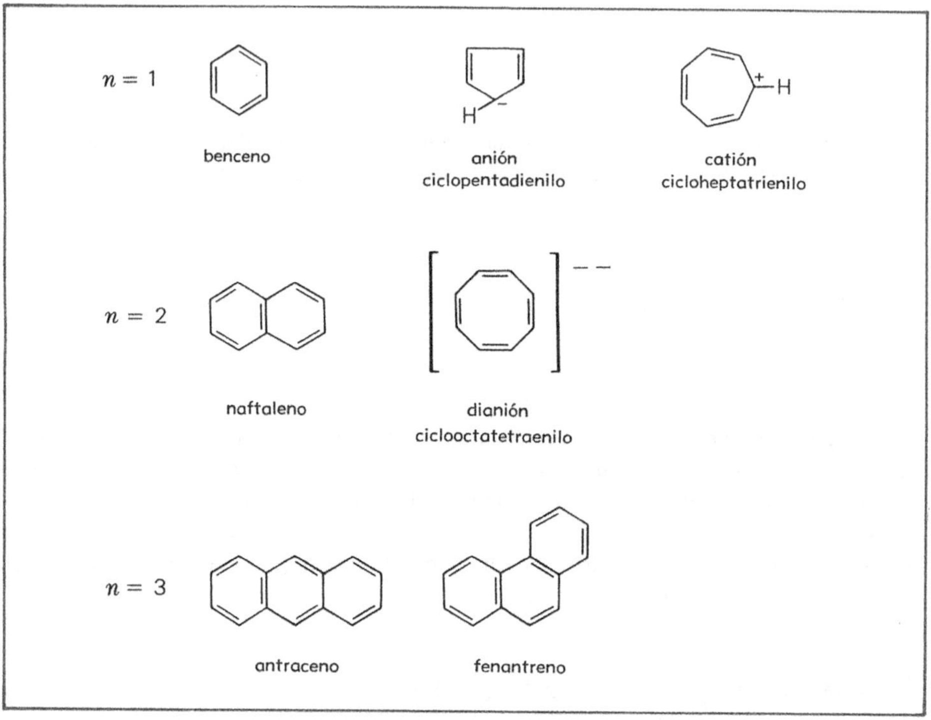

tualmente, aromático, indica un *sistema estable* (con una energía de resonancia razonable) que es susceptible de *sustitución* en lugar de adición, conservando el sistema «cerrado» de electrones π. Muchos de tales sistemas contienen sólo seis electrones π, pero en general contienen $(4n + 2)$ electrones π, siendo n un número entero. Para el benceno, $n = 1$ (ver Tabla 7-4).

En general, los compuestos aromáticos policíclicos elevados son algo menos estables que el benceno. Recuérdese, por ejemplo, la reactividad del antraceno en la reacción de Diels-Alder con filodienos tales como el tetracianoetileno (TCNE) y el anhídrido maleico. También en el fenantreno las posiciones 9,10

† Estrictamente hablando, la regla $4n + 2$ se aplica sólo a sistemas monocíclicos; sin embargo, puede aplicarse a algunos sistemas policíclicos conjugados planos.

son más reactivas que las restantes de la molécula frente a una reacción que destruye el sistema aromático original; nótese que en el producto queda el sistema aromático del bifenilo.

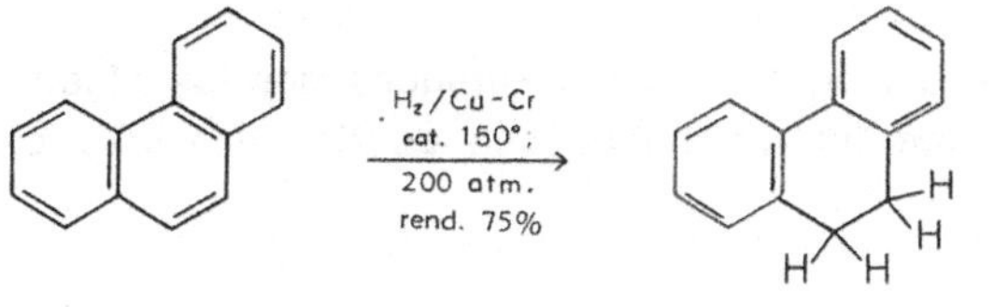

fenantreno 9,10-dihidrofenantreno

SUSTITUCION ELECTROFILA AROMATICA

El benceno y otros sistemas aromáticos son centros de elevada densidad electrónica y se atacan fácilmente por especies positivas *electrófilas* y, en cambio, no se atacan generalmente por otras negativas o nucleófilas. La reacción global con un electrófilo cualquiera, E^+, puede formularse como sigue:

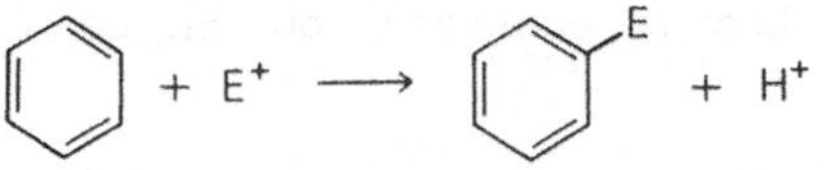

En las secciones siguientes se discuten con detalle cinco reacciones de sustitución electrófila aromática corrientes. Los mecanismos de esas reacciones son análogos en muchos aspectos.

7-5 CLORACION Y BROMACION

La reacción de halogenación requiere generalmente como catalizador un ácido de Lewis tal como AlX_3, SnX_2 o FeX_3. El FeX_3 puede obtenerse por combinación directa de los elementos, para eso es suficiente, por ejemplo, añadir limaduras de hierro a una mezcla de bromo con el sustrato.

Global

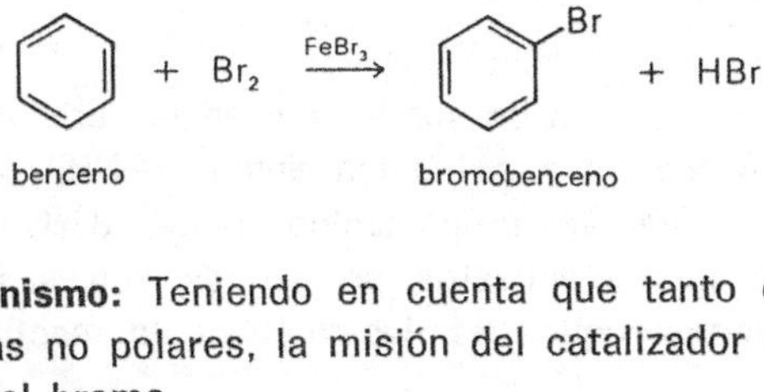

benceno bromobenceno

Mecanismo: Teniendo en cuenta que tanto el bromo como el benceno son moléculas no polares, la misión del catalizador consiste en provocar una polarización del bromo.

$$Br{-}Br + FeBr_3 \longrightarrow [\overset{\delta+}{Br}\cdots Br \cdots \overset{\delta-}{FeBr_3}] \longrightarrow [Br^+ + FeBr_4^-]$$

ion bromonio

El ion bromonio (o una especie análoga) se ataca entonces por los electrones del sistema aromático. Para este intermedio pueden escribirse varias estructuras de resonancia.

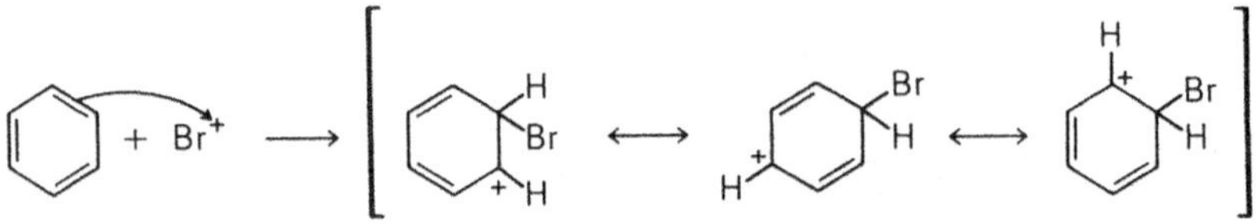

Este *ion aronio* intermedio puede representarse así 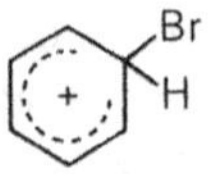

una simplificación que indica que la carga positiva se extiende (desigualmente) sobre cinco átomos de carbono. En el paso final se elimina un protón (con la ayuda de $FeBr_4^-$) con aromatización.

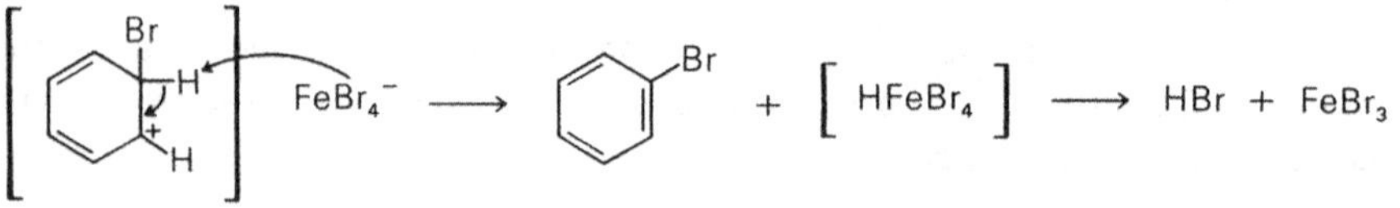

(El $FeBr_3$ regenerado es un verdadero catalizador). El ion aronio intermedio no adiciona más moléculas de bromo ni tampoco ion bromuro, Br^-. De nuevo, la fuerza motriz para la aromatización es la estabilización resultante de la formación del sistema cerrado de seis electrones-π.

7-6 NITRACION

La nitración es una importante reacción de sustitución en la serie aromática. La reducción subsiguiente del grupo nitro a función amina, $—NH_2$, puede llevarse a cabo fácilmente y de este versátil grupo amino pueden derivarse otros grupos funcionales. Casi todos los compuestos aromáticos son susceptibles de nitración, aunque las condiciones requeridas dependen de la reactividad del sustrato.

Las condiciones más corrientes son las correspondientes a la *mezcla de ácidos*, una combinación de ácido nítrico y ácido sulfúrico concentrados.

Global

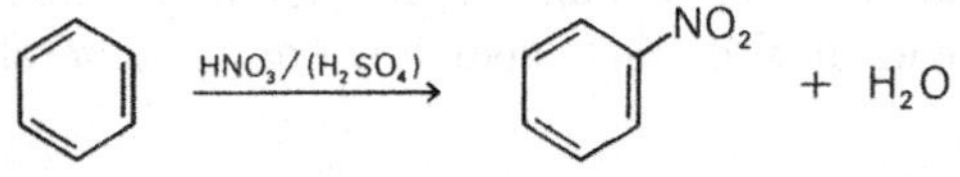

benceno nitrobenceno

Mecanismo: El ion nitronio, NO_2^+, se produce de acuerdo con la siguiente ecuación:

$$HNO_3 + 2H_2SO_4 \rightleftharpoons \underset{\text{ion hidronio}}{H_3O^+} + 2HSO_4^- + \underset{\text{ion nitronio}}{NO_2^+}$$

La función del ácido sulfúrico es doble: (1) diluye el agua formada en la reacción global, y (2) reacciona con el HNO_3 para producir una concentración razonable de NO_2^+.

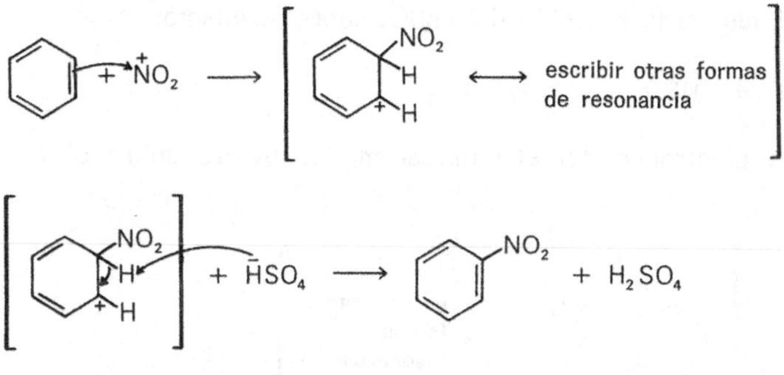

Mientras la halogenación y la nitración son reacciones *irreversibles*, la sulfonación y la reacción de de Friedel-Crafts, que explicamos a continuación, son *reversibles*.

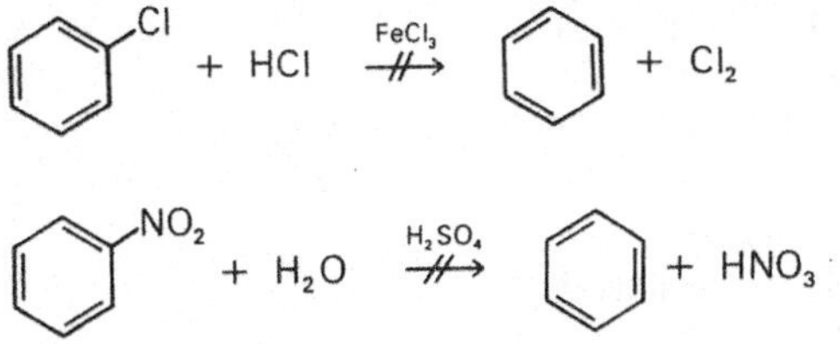

7-7 SULFONACION

El reactivo empleado para la sulfonación es una fuente de SO_3, tal como el H_2SO_4 fumante, conocido también con el nombre de *oleum*. El oleum es H_2SO_4 que contiene cantidades adicionales de SO_3 disuelto. Por lo general la especie actuante es el SO_3

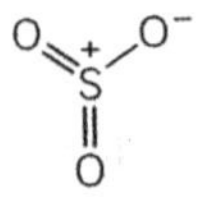

aunque en ciertos casos puede incluirse la forma protonada, HSO_3^+. El átomo de azufre se une así al carbono.

Global

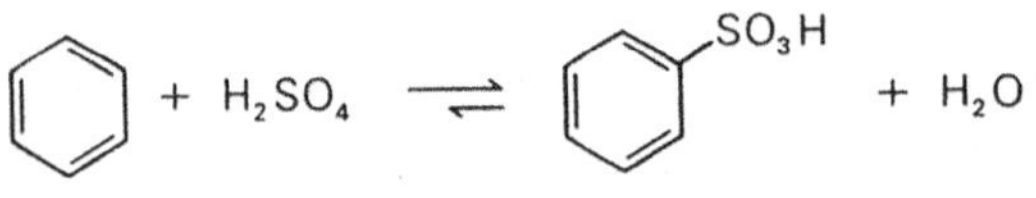

benceno — ácido bencenosulfónico

Mecanismo: La concentración de SO_3 en el ácido sulfúrico puede considerarse como el resultado de la reacción del H_2SO_4 sobre sí mismo:

$$2H_2SO_4 \rightleftharpoons H_3O^+ + HSO_4^- + SO_3$$

El ataque de los electrones del sistema aromático ocurre sobre el átomo de azufre del SO_3.

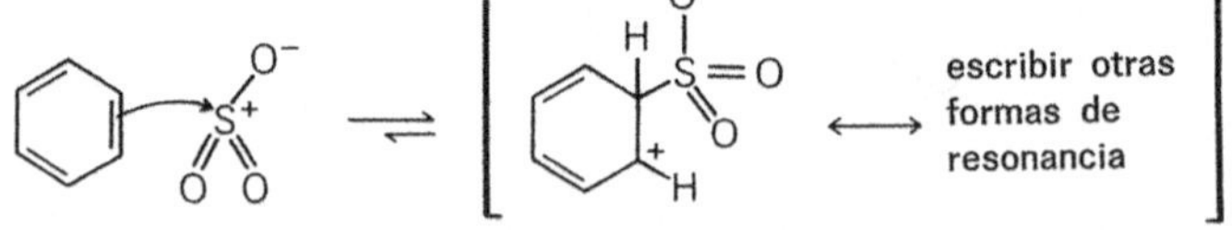

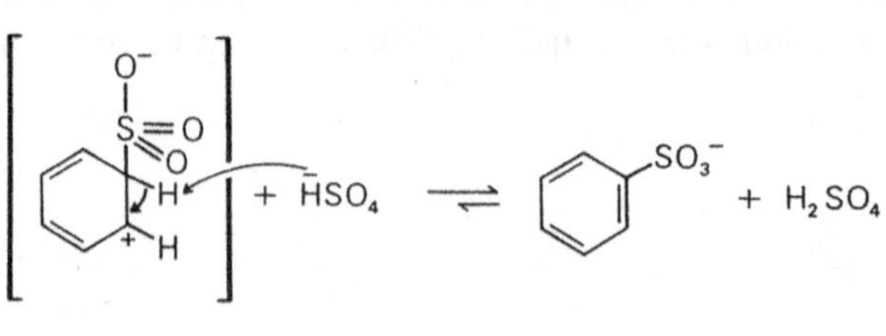

Nótese que en este ejemplo de sustitución aromática el grupo electrófilo, SO_3, no lleva una carga positiva clara, y por consiguiente el intermedio no tiene una carga formal definida. Este intermedio puede representarse mediante una forma única como sigue:

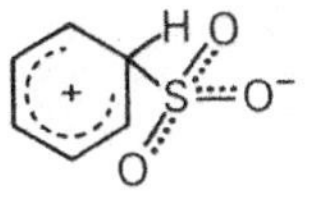

Obsérvense las diferencias en las condiciones de reacción indicadas en la Tabla 7-5, en relación con el ácido empleado y la temperatura a la que se efectúa la sulfonación. Las condiciones de reacción vienen determinadas por la *reactividad* (estructura) de la molécula y se discutirán más adelante en este capítulo. La reversibilidad de la sulfonación puede demostrarse mediante el ejemplo siguiente:

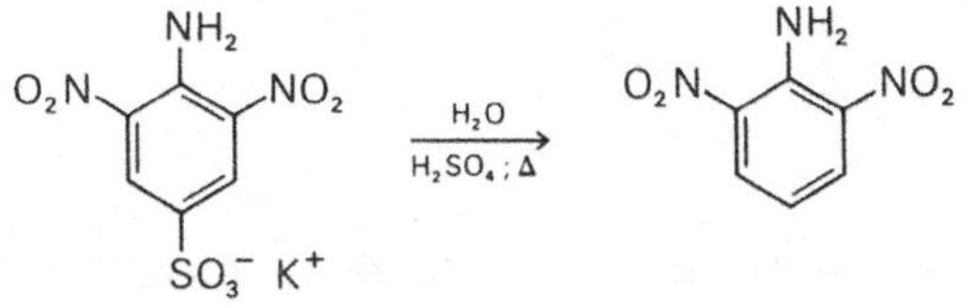

4-amino-3,5-dinitrobenceno-sulfonato potásico — 2,6-dinitroanilina

Tabla 7-5. Reacciones de sulfonación aromática

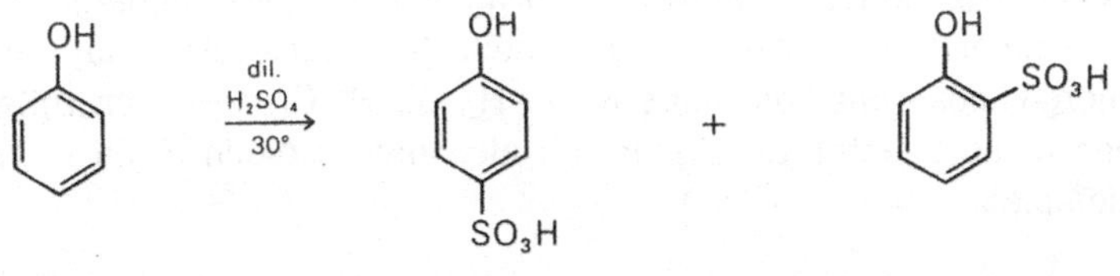

fenol — ácido *p*-hidroxibencenosulfónico — ácido *o*-hidroxibencenosulfónico

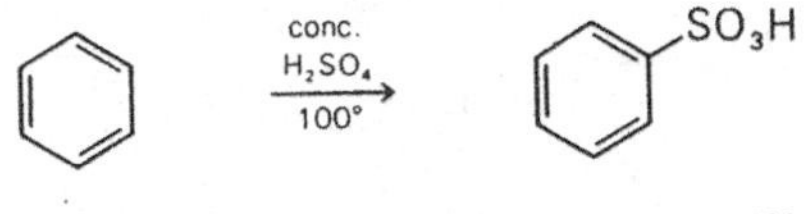

benceno — ácido bencenosulfónico

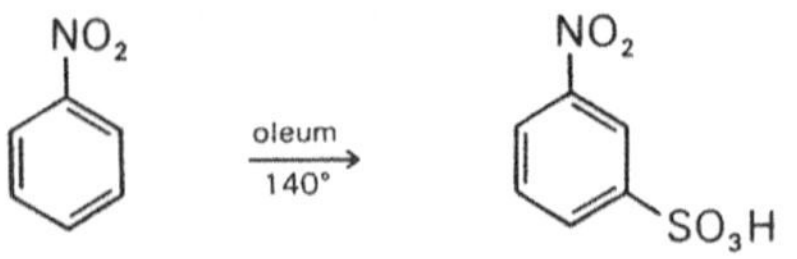

nitrobenceno ácido *m*-nitrobencenosulfónico

7-8 ALQUILACION DE FRIEDEL-CRAFTS

Como su nombre indica, la reacción de alquilación proporciona un método para preparar compuestos aromáticos alquil-sustituidos.

General

Se emplean vestigios de un ácido de Lewis como catalizador, el cual actúa conjuntamente con el halogenuro de alquilo, el alcohol o la olefina empleados como agentes de alquilación. La actividad del catalizador necesario en cada caso, depende de la reactividad (estructura) del agente de alquilación y del hidrocarburo aromático. Los reactivos alquilantes más enérgicos son aquellos que forman con facilidad iones carbonio. Los hidrocarburos con sustituyentes dadores de electrones facilitan la alquilación de Friedel-Crafts. Algunos de los ácidos de Lewis más activos son $AlCl_3$, $SbCl_3$, y $FeCl_3$; los moderados ($ZnCl_2$, $BiCl_3$) se han empleado con reactivos de alquilación o sustratos muy enérgicos. Los ácidos inorgánicos sencillos, tales como H_2SO_4, H_3PO_4 y HF son útiles cuando se emplean como agentes de alquilación alcoholes u olefinas. En la Tabla 7-6 se indican ejemplos.

Nómbrense los reactivos y productos de la Tabla 7-6.

Global

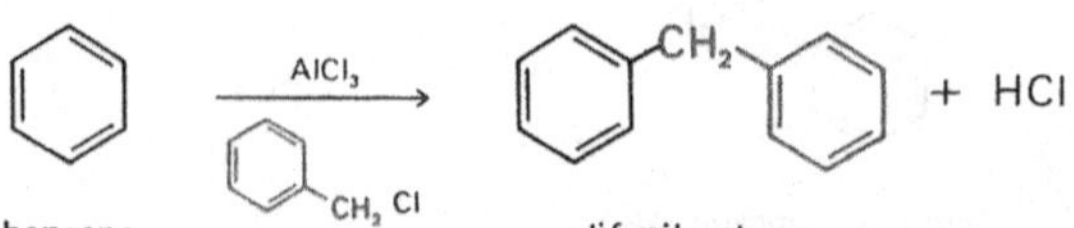

benceno difenilmetano

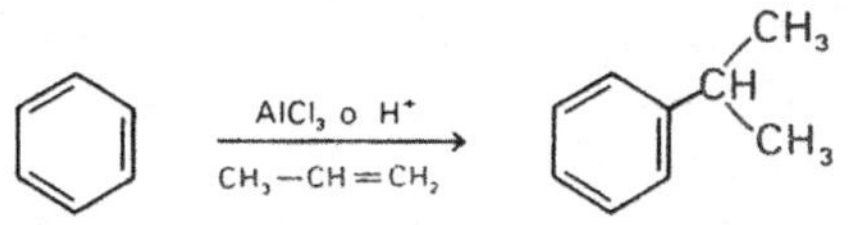

benceno

cumeno
(isopropilbenceno)

Tabla 7-6. Reacciones de alquilación de Friedel-Crafts

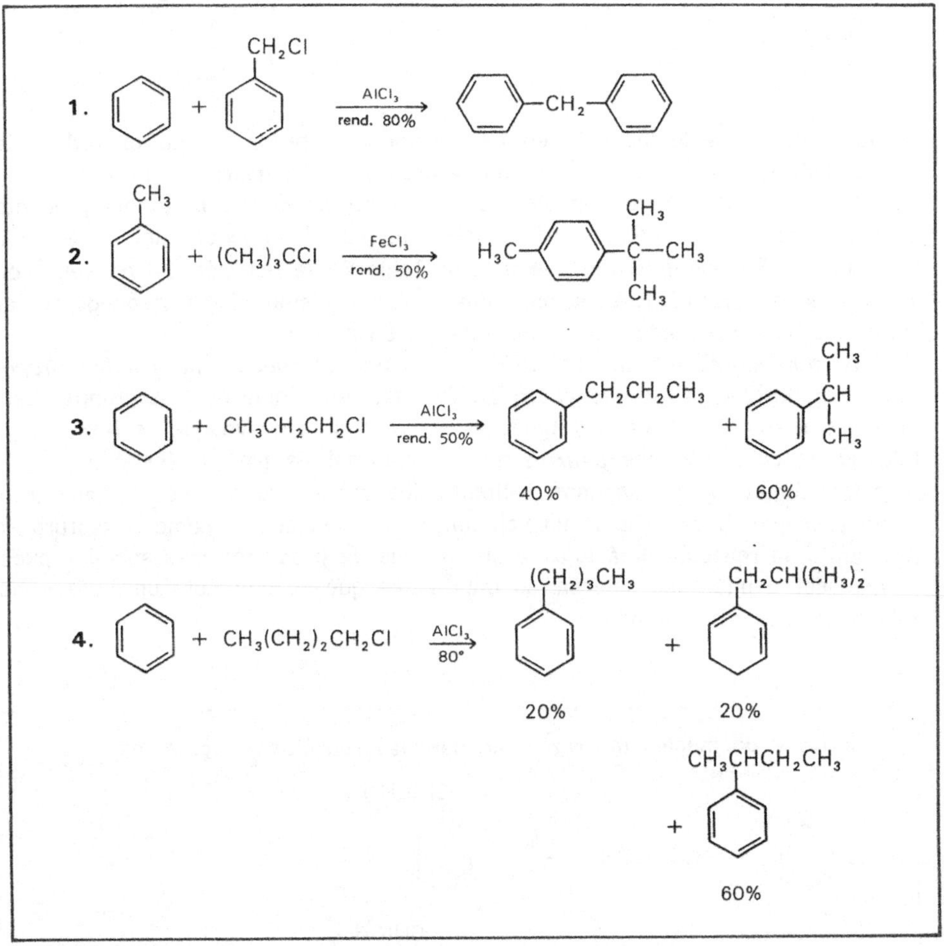

Mecanismo: Tanto si se emplea un halogenuro de alquilo, como una olefina o un alcohol, la especie reactiva tiene cierto carácter de ion carbonio aun cuando no sea un verdadero ion carbonio libre.

$$R{-}X + AlX_3 \longrightarrow [\overset{\delta+}{R}\cdots X\cdots \overset{\delta-}{AlX_3}] \longrightarrow [\overset{+}{R} \quad \overset{-}{AlX_4}]$$

halogenuro de alquilo

$$R{-}CH{=}CH_2 + H^+ \rightleftharpoons [R{-}\underset{+}{C}H{-}CH_3]$$

olefina

$$R{-}CH_2{-}CH_2OH + H^+ \rightleftharpoons [R{-}CH_2{-}CH_2\overset{+}{O}H_2] \rightleftharpoons [R{-}CH_2\overset{+}{C}H_2] + H_2O$$

alcohol

Recuérdese, de lo indicado en explicaciones anteriores, que el orden de estabilidad de los iones carbonio es terciario > secundario > primario. Con frecuencia se observan transposiciones que determinan que parte del producto se derive de un ion carbonio más estable, en vez de proceder del engendrado previamente. Por ejemplo, obsérvese en la Tabla 7-6 la reacción del benceno con 1-cloropropano (y $AlCl_3$). En el paso final del mecanismo, el $AlCl_4^-$ puede actuar como una base ayudando a la eliminación de un protón.

Los monoalquilbencenos sencillos tales como el tolueno no pueden prepararse por alquilación de Friedel-Crafts. Teniendo en cuenta que los grupos alquilo dan electrones al sistema aromático, el compuesto nuevo que se forma, e.g., tolueno, reaccionaría más *deprisa* que el material de partida (benceno), y la reacción conduciría a bencenos polimetilados antes que al tolueno como producto principal. Si se emplea un halogenuro voluminoso, tal como el cloruro de *terc*-butilo, la reacción dará lugar a una mezcla de productos más sencilla, puesto que, sobre una base estérea, es improbable que se obtuviera un *o*-di-*terc*-butilbenceno por este método.

Escríbase un mecanismo razonable para las reacciones siguientes:

1. 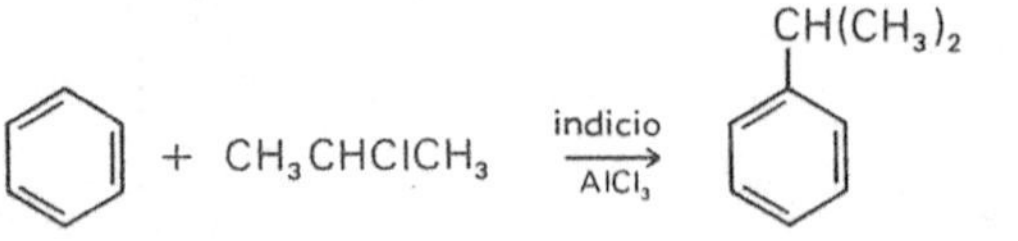

2. 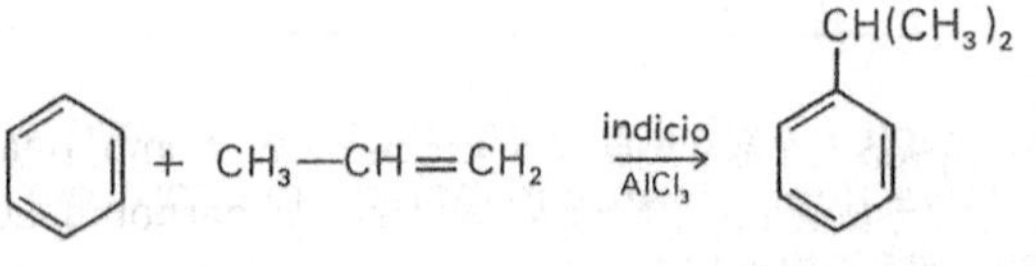

7-9 ACILACION DE FRIEDEL-CRAFTS

La reacción de acilación es análoga a la alquilación de Friedel-Crafts en la que se emplea como catalizador un ácido de Lewis, generalmente $AlCl_3$ anhidro, y un sustrato aromático. En cambio, los reactivos orgánicos son usualmente cloruros o anhídridos de ácido.

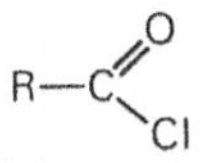

cloruros de ácido

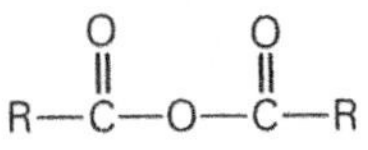

anhídridos

que dan lugar a cetonas, Ar—CO—R. Si el anhídrido es cíclico,

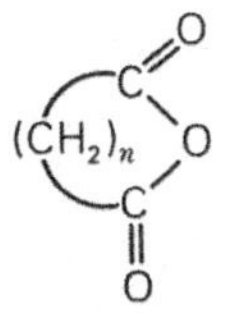

el producto es un cetoácido

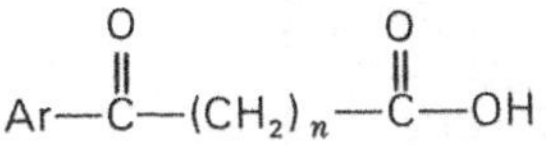

Global

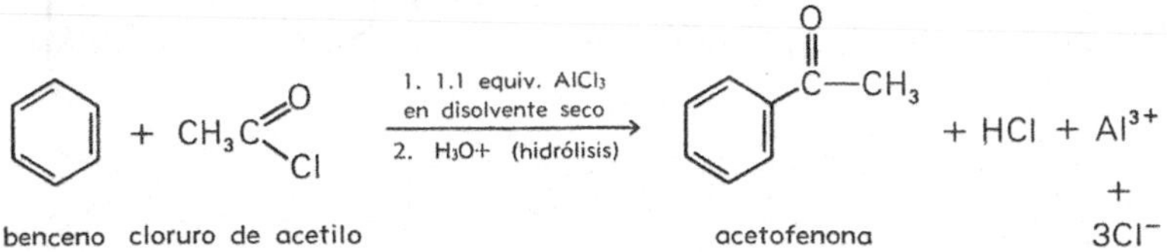

benceno cloruro de acetilo acetofenona

Mecanismo: Teniendo en cuenta que el grupo carbonilo contiene electrones no compartidos, es una base de Lewis; por este motivo, *cada grupo carbonilo está formando complejo con $AlCl_3$*, debiendo emplearse para la catálisis un ligero exceso de $AlCl_3$. Además, el $AlCl_3$ hace más electrófilo el carbono carbonílico contribuyendo así a la facilidad de la reacción. En las fórmulas que siguen, el $AlCl_3$, que está en forma de complejo, se une a los átomos de oxígeno mediante una línea de puntos.

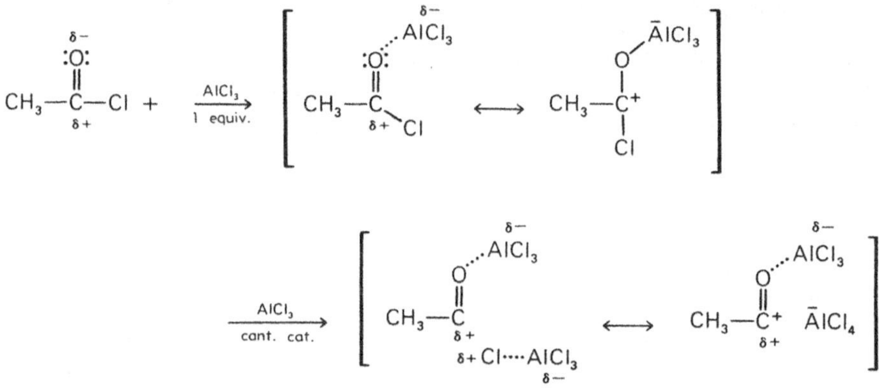

La especie es electrófila y el mecanismo puede formularse como sigue:

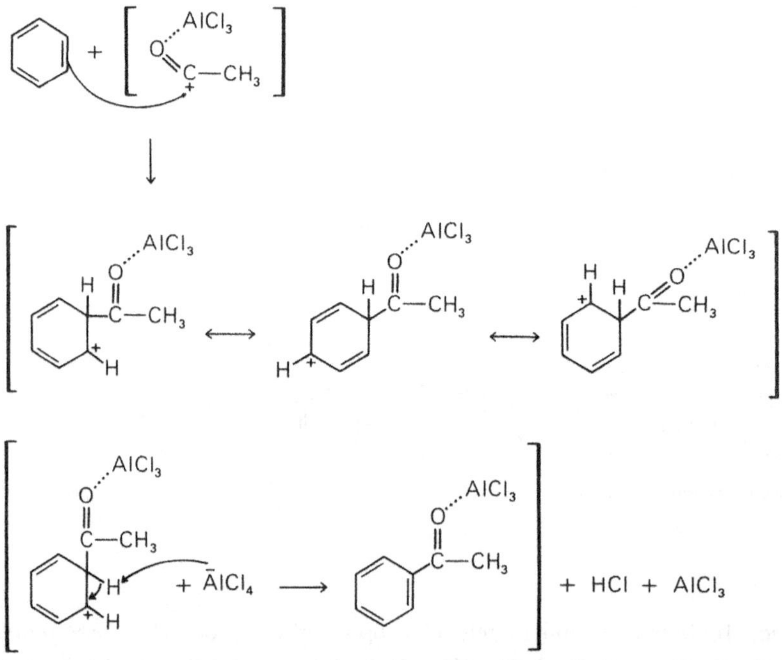

En este punto, el grupo carbonilo del producto está todavía formando complejo con $AlCl_3$, lo que hace necesario un proceso de *hidrólisis*, que se lleva a cabo con hielo y ácido clorhídrico diluido, para liberar la cetona.

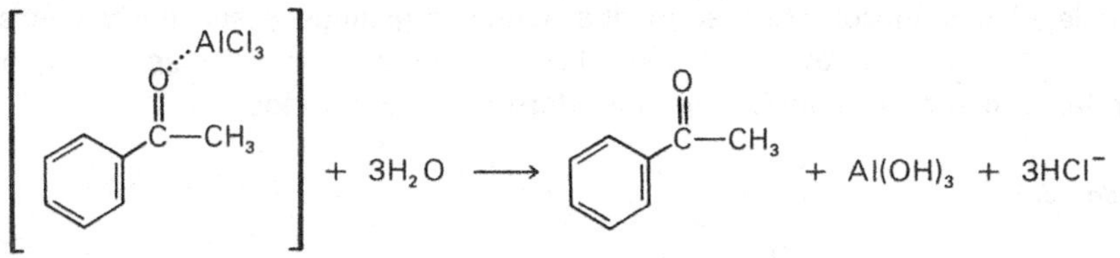

$Al(OH)_3 + 3HCl \longrightarrow Al^{3+} + 3H_2O + 3Cl^-$

El mecanismo es análogo para los anhídridos, siendo el paso inicial el de la formación de un reactivo electrófilo. Aquí se necesitan 2,1 equivalentes de $AlCl_3$. El anhídrido succínico proporciona un método para añadir cuatro átomos de carbono a un compuesto aromático. Este es el primer paso de la síntesis de compuestos del naftaleno y sus derivados (ver Secc. 15-22).

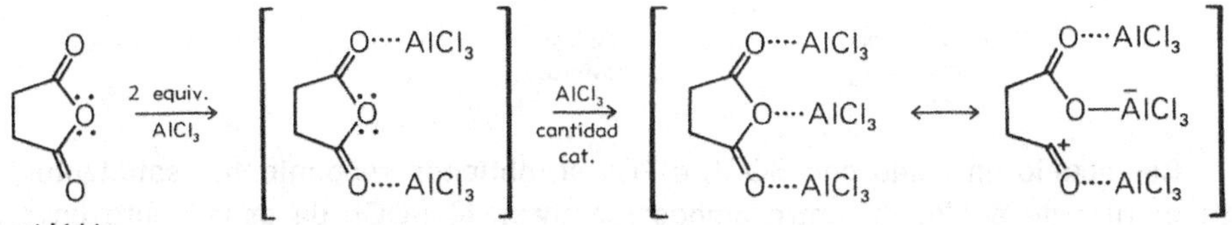

anhídrido succínico

Ejemplo

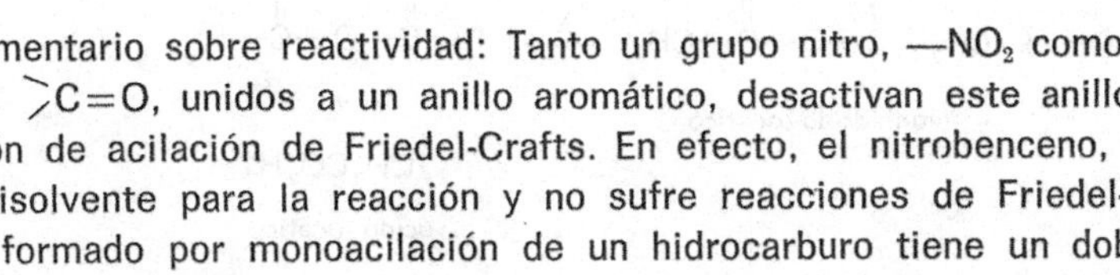

ácido β-benzoilpropiónico

Un comentario sobre reactividad: Tanto un grupo nitro, —NO_2 como un grupo carbonilo, >C=O, unidos a un anillo aromático, desactivan este anillo frente a la reacción de acilación de Friedel-Crafts. En efecto, el nitrobenceno, es un excelente disolvente para la reacción y no sufre reacciones de Friedel-Crafts. El producto formado por monoacilación de un hidrocarburo tiene un doble enlace contiguo al anillo y es generalmente inerte frente a una sustitución ulterior; contrapóngase esto con lo indicado para la alquilación de Friedel-Crafts.

7-10 PREPARACION DE CLORUROS Y ANHIDRIDOS DE ACIDO

Al comienzo del texto se sugirió que cuando se da una reacción o preparación, debierais preguntaros de dónde proviene el material de partida. Considerando que la discusión completa sobre los ácidos orgánicos y sus derivados se difiere hasta mucho más avanzado este texto, intercalamos esta sección para contestar la pregunta formulada para los cloruros y anhídridos.

Cloruros de ácido

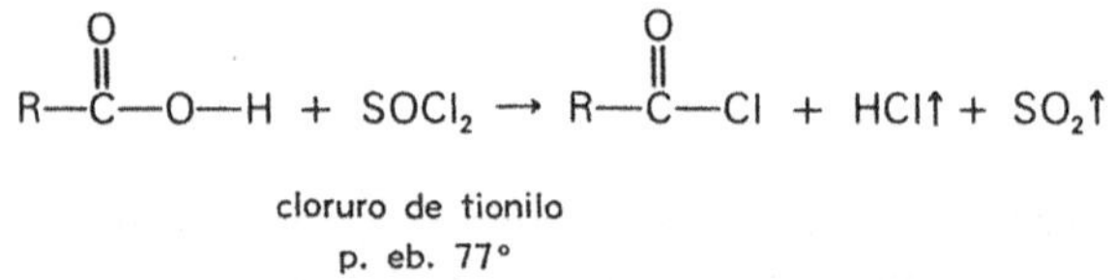

o

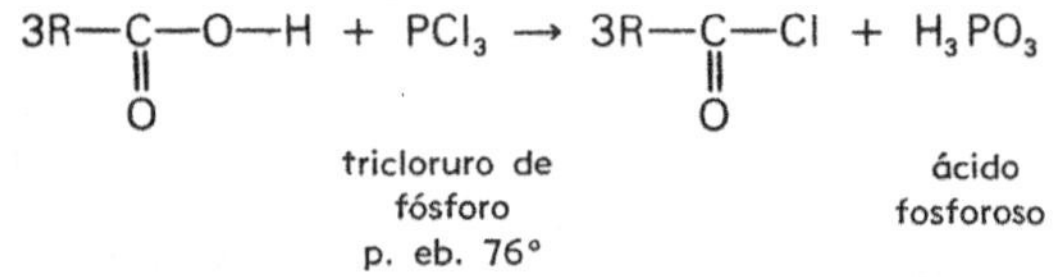

Calentando un ácido con $SOCl_2$ o PCl_3 se obtienen rendimientos satisfactorios de cloruro de ácido; de entre ambos reactivos, el $SOCl_2$ da usualmente un producto más puro, con mayor rendimiento y más facilidad. En este caso, los dos subproductos se desprenden en forma de gas y cuando se ha completado la reacción, el exceso de cloruro de tionilo se elimina fácilmente por destilación. Con PCl_3, el cloruro de ácido debe separarse del ácido fosforoso por un camino más pesado.

Anhídridos

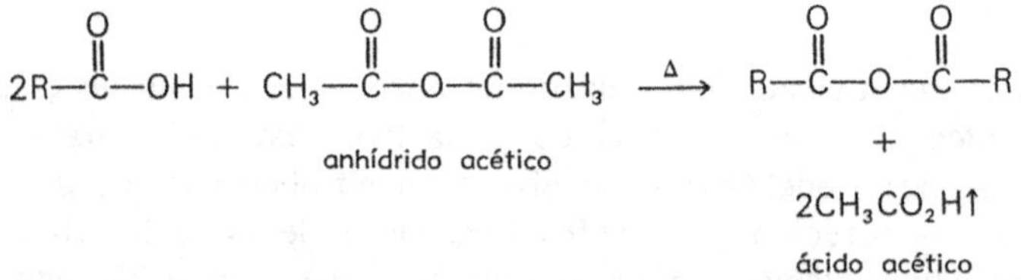

(*a*)

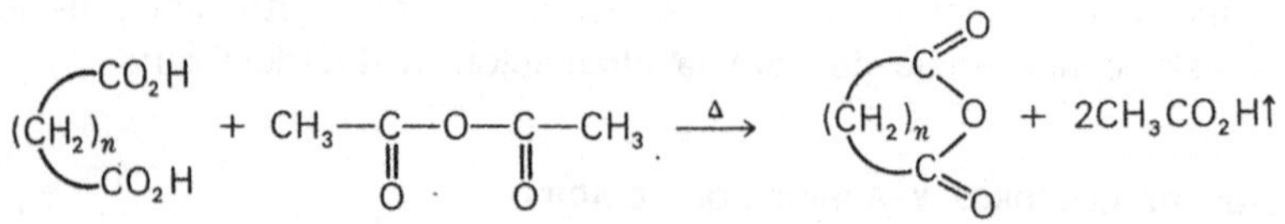

(*b*)

Los anhídridos, excepto el acético, pueden prepararse según la Eq. (*a*) calentando el ácido con anhídrido acético. El equilibrio se desplaza hacia la derecha por eliminación continua del ácido acético, que hierve a temperatura más baja. Los anhídridos cíclicos [Eq. (*b*)] pueden prepararse también de este modo, aunque en ciertos casos basta calentar directamente el ácido dibásico para provocar la deshidratación con formación del anhídrido.

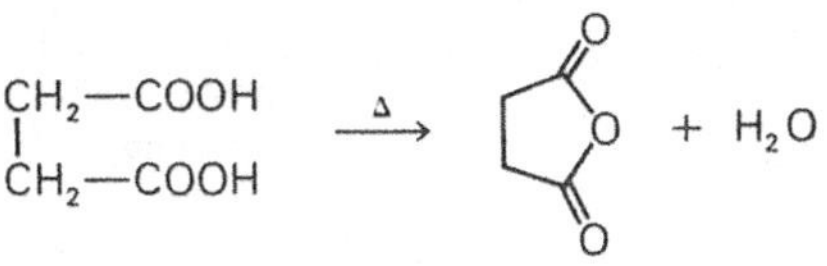

ácido succínico anhídrido succínico

DIRECCION Y FACILIDAD DE LA SUSTITUCION AROMATICA

7-11 CORRELACION ENTRE LAS REACCIONES DE SUSTITUCION AROMATICA

Empleando los datos de la Tabla 7-7 y los de los experimentos de sulfonación indicados en la Tabla 7-5, obsérvese que el derivado del benceno que reacciona en condiciones más suaves (fenol vs. nitrobenceno en la sulfonación y acetanilida vs. nitrobenceno en la nitración) es el compuesto que da a la vez los isómeros orto y para, mientras que los demás dan casi exclusivamente isómero meta. Aunque es peligroso sacar una correlación general a partir de tan pocos ejemplos, es cierto, sin embargo, que *los compuestos con sustituyentes orto-para-dirigentes, se sustituyen con más facilidad que aquellos con sustituyentes metadirigentes.* Los grupos funcionales en los sistemas aromáticos pueden ordenarse según su poder *dirigente* y según provoquen que el compuesto aromático reaccione más deprisa o más despacio que el benceno que se toma como tipo de comparación.

La posición en la que entrará un nuevo grupo depende primordialmente del sustituyente que ya está presente, y sólo de un modo secundario, del tipo de grupo que entra. Como ejemplo recuérdese que la sulfonación del fenol conduce a los isómeros orto y para, mientras que el nitrobenceno da casi exclusivamente el isómero meta.

Para analizar y predecir los productos de la sustitución electrófila aromática, existen por lo menos dos caminos: (1) por consideración del estado fundamental de la molécula aromática (Secc. 7-12 y 7-13) y (2) por consideración de la estabilidad de los varios intermedios posibles. Como veremos en las secciones siguientes, los métodos conducen a resultados un poco distintos; quizás, el método más satisfactorio es el que consiste en el empleo de la estabilidad del ion aronio intermedio.

Tabla 7-7. Reacciones de sustitución aromática electrófila

Cloración y nitración de la acetanilida:

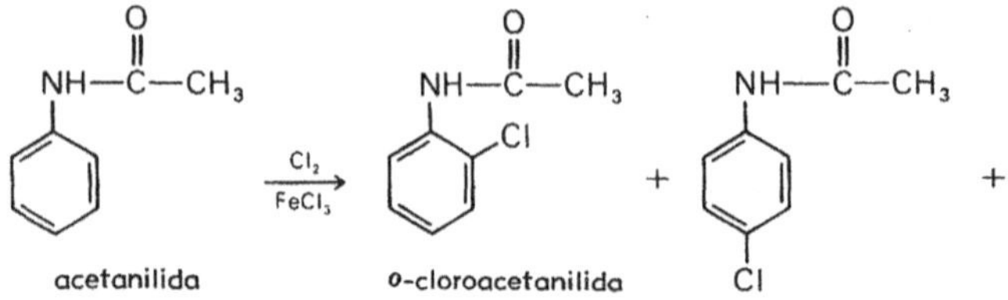

\+ isómero meta muy poco

acetanilida — *o*-cloroacetanilida

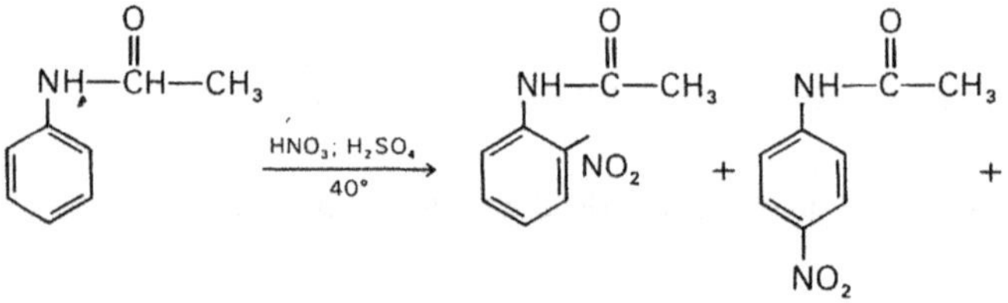

\+ isómero meta muy poco

acetanilida — *o*-nitroacetanilida

33% 67%

Cloración y nitración del nitrobenceno:

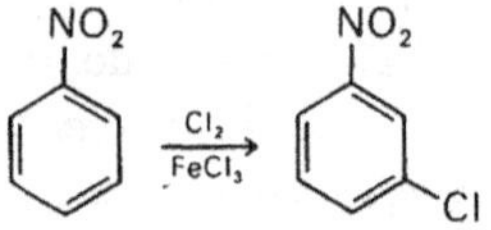

\+ muy poco isómero orto o para

nitrobenceno — *m*-cloronitrobenceno

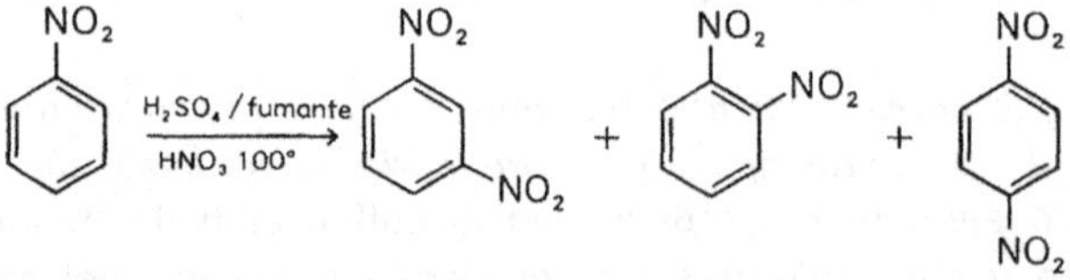

nitrobenceno — *m*-dinitrobenceno

93% 6% 1%

7-12 EFECTOS INDUCTIVO Y DE RESONANCIA

Para comprender los efectos dirigente y activante, deben considerarse tres factores principales: los efectos de resonancia, inductivo y estéreo. Los dos primeros son generalmente los más útiles y se examinan en primer lugar. Algunas veces esos dos efectos son aditivos y otras veces se oponen entre sí; es necesario estudiar cada uno con detalle antes de predecir claramente el resultado. La resonancia tiene por lo general más importancia en la predicción de la posición de ataque y con frecuencia sobrepasa al efecto inductivo, más débil.

Teniendo en cuenta que el reactivo atacante es un electrófilo, E^+, los sustituyentes dadores de electrones son activadores porque aumentan la densidad electrónica del anillo (con relación al benceno). A la vez, dirigen los nuevos sustituyentes a las posiciones orto y para.

El grupo —NH_2 (anilina) como ejemplo de activador y orto-para dirigente.

Resonancia: Atendiendo a que la anilina tiene un par de electrones no compartido sobre el nitrógeno, pueden escribirse las siguientes formas de resonancia con separación de carga:

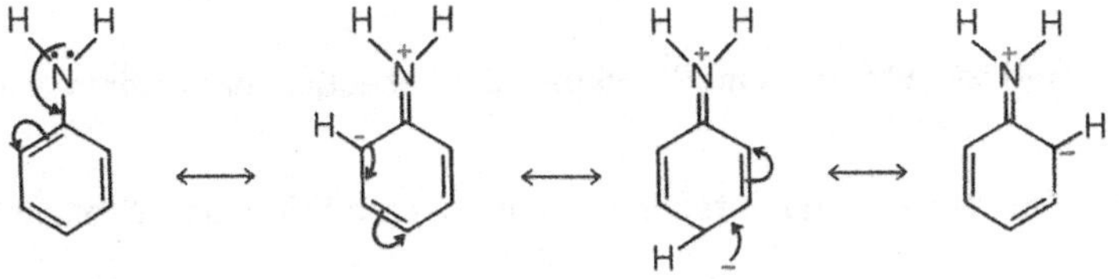

La forma simplificada

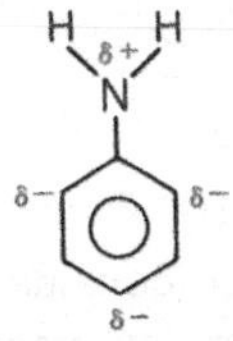

indica claramente que, no sólo se ha aumentado la densidad electrónica del anillo, sino que se ha elevado concretamente en las posiciones orto y para.

Inductivo: Considérese sólo el enlace carbono-nitrógeno. Puesto que un átomo de nitrógeno es más electronegativo que un átomo de carbono, será el extremo negativo del dipolo. (Dicho sea de paso, esto no es estrictamente correcto, porque deberíamos considerar, no la electronegatividad de los átomos aislados, sino la diferencia entre el carbono aromático sp^2 y el átomo de nitrógeno hibridizado.)

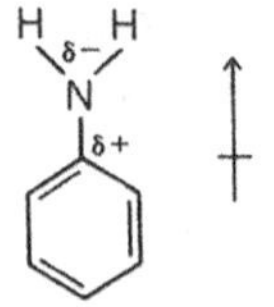

En este caso, los efectos de resonancia e inductivo son opuestos. Según la experiencia, la resonancia predomina y, en consecuencia, el grupo amino es *activador* y *orto-para dirigente*. De una manera general puede decirse que los grupos funcionales con electrones no compartidos en los átomos contiguos al anillo son orto-para dirigentes y activadores, puesto que pueden escribirse para ellos formas de resonancia análogas a las de la anilina.

Llévese a cabo con el anisol, $C_6H_5OCH_3$, un análisis análogo al indicado anteriormente para la anilina.

El grupo —NO_2 (nitrobenceno) como ejemplo de desactivador y meta dirigente.

Resonancia: Las estructuras siguientes representan el híbrido de resonancia del nitrobenceno:

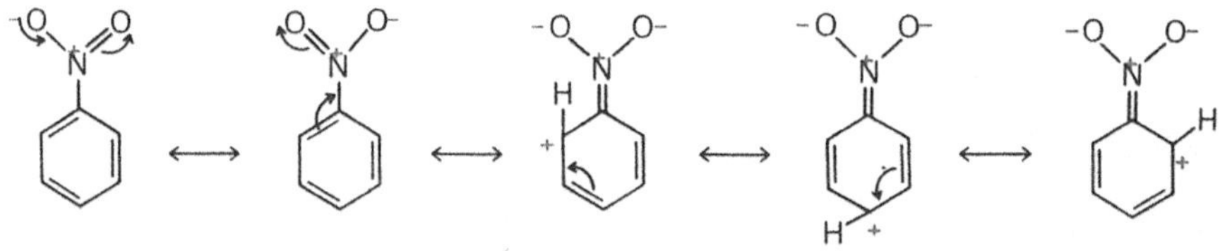

La representación conjunta en una fórmula única, indica que la densidad electrónica del anillo ha disminuido en conjunto y concretamente en las posiciones orto y para.

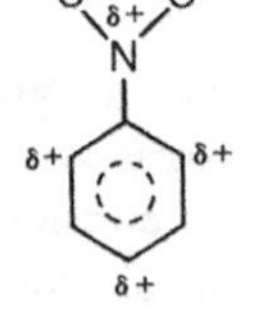

Cuando un electrófilo se une al nitrobenceno, que es menos reactivo que el benceno, entrará por defecto en la posición meta.

Estrictamente hablando, el grupo —NO_2 no «dirige» a la posición meta, sino que la posición meta es, simplemente, la mejor de las tres menguadas posibilidades.

Inductivo: Debido a que las formas de resonancia del grupo —NO_2 tienen una carga positiva sobre el nitrógeno, la mejor representación del dipolo de enlace es como sigue:

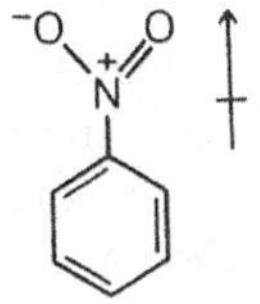

En este caso, los efectos inductivo y de resonancia van en la misma dirección, y el grupo —NO_2 resulta desactivador y metadirigente. Los grupos funcionales con enlaces múltiples contiguos al anillo son generalmente meta dirigentes y desactivadores.

Llévese a cabo un análisis análogo para el benzaldehído, C_6H_5CHO.

Los halógenos: orto-para dirigentes pero desactivadores. Es un hecho experimental que los halogenobencenos reaccionan menos fácilmente que el benceno pero dan los productos orto y para. ¿Cómo razonaremos estos hechos?

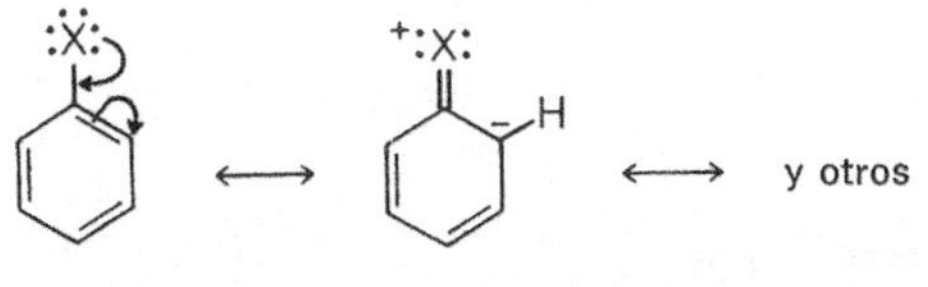

Arguyendo con la resonancia se predice que los halógenos serán orto-para dirigentes y activadores, mientras que el argumento derivado del efecto inductivo sugiere que, debido a su gran electronegatividad, los halógenos serán desactivadores.

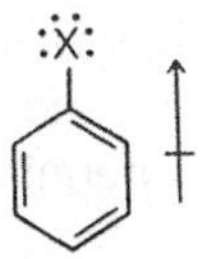

Este dilema se resuelve considerando que para los halógenos (como para la mayoría de los demás sustituyentes) el efecto de resonancia predice la posición de la sustitución, mientras que la rapidez de sustitución lo determina aquí el efecto inductivo.

El grupo —CH_3 (tolueno): orto-para dirigente y activador: Aunque el tolueno se sustituye más fácilmente que el benceno y da productos de sustitución orto y para, es difícil aplicarle el argumento usual de la resonancia. Teniendo en cuenta que los grupos alquilo son repelentes de electrones por el efecto inductivo, el tolueno es más reactivo que el benceno. No es necesario considerar por separado los efectos de resonancia e inductivo, si en su lugar se intenta un análisis de la estabilidad de los diversos iones aronio intermedios posibles (ver Sec. 7-14). Con este tipo de análisis, se explican mejor los efectos dirigentes de los halógenos y de los grupos alquilo.

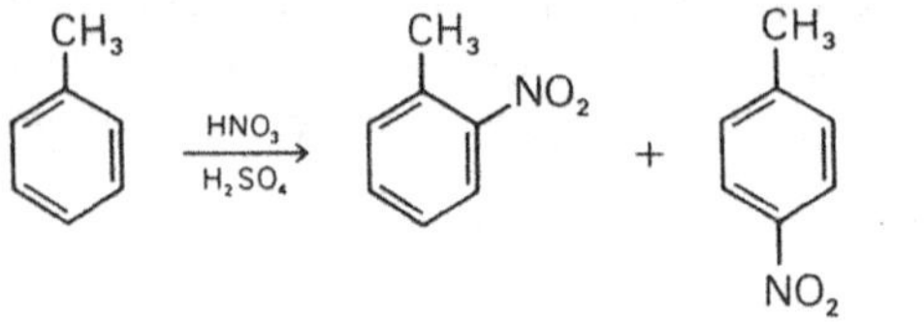

toluено

toluene → *o*-nitrotolueno 59% + *p*-nitrotolueno 37%

7-13 EFECTOS ESTEREOS

La nitración del *terc*-butilbenceno constituye un buen ejemplo de influencia estérea. El producto de la sustitución electrófila es casi exclusivamente el isómero para, debido a la dificultad de acercamiento a las posiciones orto.

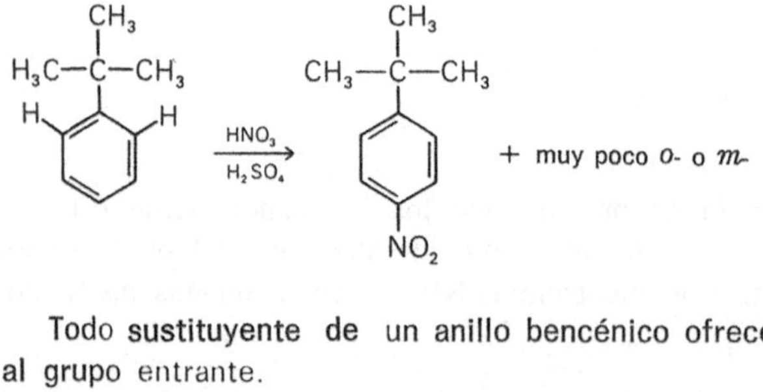

Todo sustituyente de un anillo bencénico ofrece alguna interferencia estérea al grupo entrante.

Los efectos estéreos son importantes en química orgánica, pero lo son de un modo especial en los sistemas biológicos, donde la exacta geometría molecular (junto a los demás factores básicos de la química orgánica) determina el curso de los acontecimientos humanos (y no humanos).

7-14 ESTABILIDAD DEL ARONIO INTERMEDIO

Otra aproximación que se puede emplear para predecir la posición en la que entrará un grupo en las reacciones electrófilas de sustitución aromática, consiste en examinar todas las formas de resonancia posibles para los intermedios de reacción en cada posición. Se llega a la predicción razonable por elección de aquellos intermedios para los que se pueda escribir mayor número de formas de resonancia *buenas*.

En el caso del nitrobenceno hay tres formas de resonancia aceptables para el intermedio que conduce al isómero meta, pero sólo existen dos para los que llevan al isómero orto o al para.

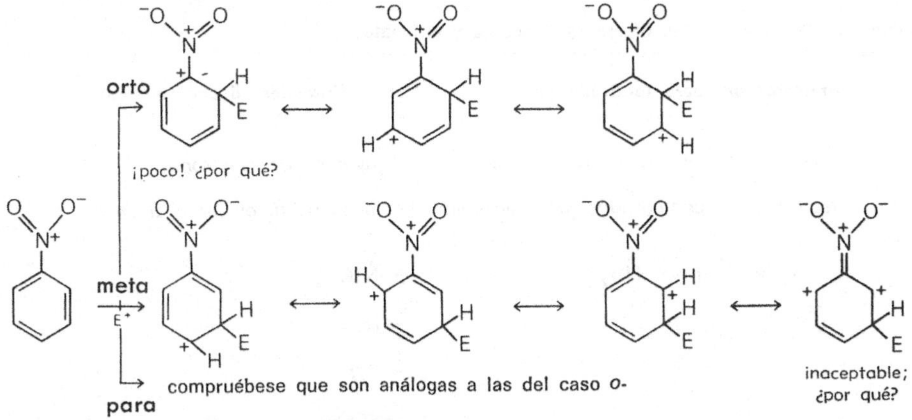

¿Concuerda esta predicción con la anterior fundada sobre los efectos inductivo y de resonancia?

En la anilina hay cuatro formas para cada uno de los intermedios orto y para, pero sólo tres para el isómero meta.

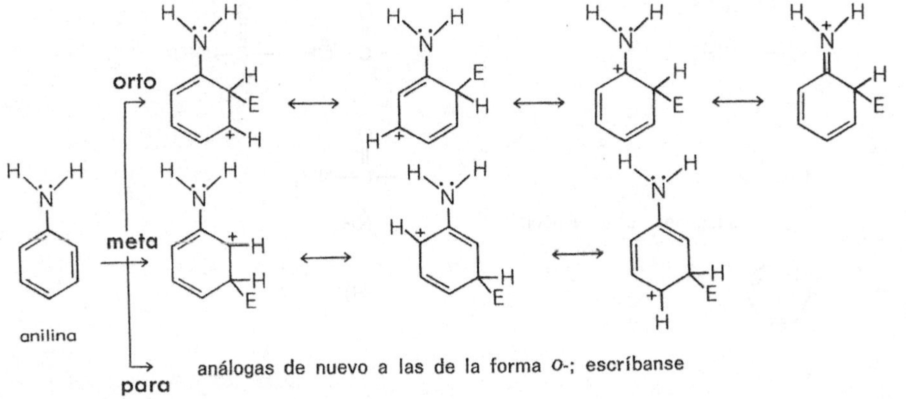

La última de las estructuras de resonancia para el intermedio de la forma orto está especialmente favorecida, puesto que cada átomo tiene a su alrededor un octete de electrones.

7-15 RESUMEN DE LOS EFECTOS DE LOS GRUPOS FUNCIONALES

Existe una diferencia clara entre el poder activador de sustituyentes distintos, por ejemplo un —OH y un —CH_3. Puede demostrarse que el fenol reacciona mucho más rápidamente que el tolueno, mediante reacciones competitivas en las que se trata una mezcla de 1 mol de fenol, C_6H_5OH y 1 mol de tolueno,

Tabla 7-8. Resumen de los efectos activadores y dirigentes

Dirigentes orto-para (activadores)	**Meta dirigentes (desactivadores)**
Repelentes de electrones (dadores):	*Atrayentes de electrones:*
electrones no compartidos junto al anillo	*enlaces múltiples junto al anillo*
$-\ddot{N}R_2$ $-\ddot{N}HR$ $-\ddot{N}H_2$	$-\overset{+}{N}(CH_3)_3$
$-\ddot{\underset{..}{O}}H$	$-NO_2$
	$-CN$
	$-SO_3H$
$-\ddot{\underset{..}{O}}CH_3$ $(-\ddot{\underset{..}{O}}R)$	$-\overset{O}{\overset{\Vert}{C}}-H$ $-\overset{O}{\overset{\Vert}{C}}-CH_3$ $(-\overset{O}{\overset{\Vert}{C}}-R)$
$-\ddot{N}H-COCH_3$	
$-\ddot{\underset{..}{O}}-COCH_3$	$-\overset{O}{\overset{\Vert}{C}}-OH$ $(-\overset{O}{\overset{\Vert}{C}}-OR)$
$-CH_3$ $(-R)$	$-\overset{O}{\overset{\Vert}{C}}-NH_2$
$-\ddot{\underset{..}{X}}:$ (—halógenos: caso especial)	$-\overset{+}{N}H_3$
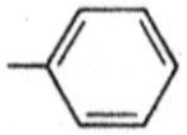	(—H)
(—H)	

$C_6H_5CH_3$, con 1 mol de Br_2 (y un catalizador). De este modo puede establecerse un orden de reactividad (Tabla 7-8). Los activadores (y dirigentes orto-para) más enérgicos son los que contienen átomos con electrones no compartidos, tales como oxígeno y nitrógeno, contiguos al anillo. Los desactivadores (y meta dirigentes) más fuertes contienen usualmente o bien una carga positiva formal o un enlace múltiple sobre el átomo próximo al anillo.

7-16 PRINCIPIOS FUNDAMENTALES DE LA POLISUSTITUCION

Teniendo en cuenta que esta sección es preliminar, sólo discutiremos algunos ejemplos especiales. En general, cuando en un sistema aromático existen varios grupos funcionales, la posición de un nuevo sustituyente viene determinada por adición de las influencias debidas a *cada una* de las funciones previamente existentes. Cuando exista duda en la elección, tendrá preferencia aquel de los grupos funcionales (tal como $—NH_2$, —OH, y sus derivados) de mayor poder de activación.

Ejemplo 1:

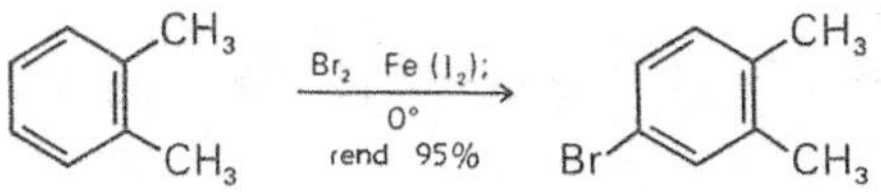

o-xileno   4-bromo-*o*-xileno

En el *o*-xileno cada $—CH_3$ dirige hacia sus posiciones orto y para. Sin embargo, los efectos estéreos predicen el producto observado, con preferencia al 3-bromo-*o*-xileno que situaría el —Br y el $—CH_3$ en posición contigua.

Ejemplo 2:

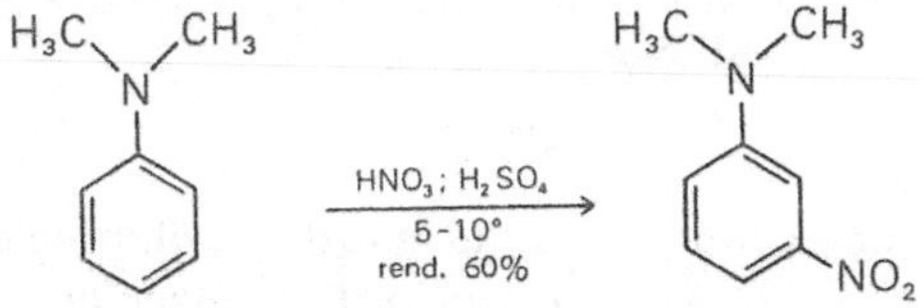

N, *N*-dimetilanilina   *N*, *N*-dimetil-*m* nitroanilina

Este resultado no es inesperado si se tiene en cuenta que la reacción transcurre en disolución fuertemente ácida. El que sufre la reacción es el ion *N,N*-dimetilanilinio cargado positivamente.

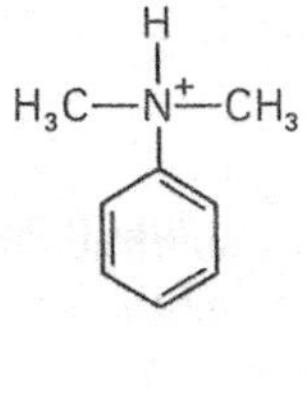

Ejemplo 3:

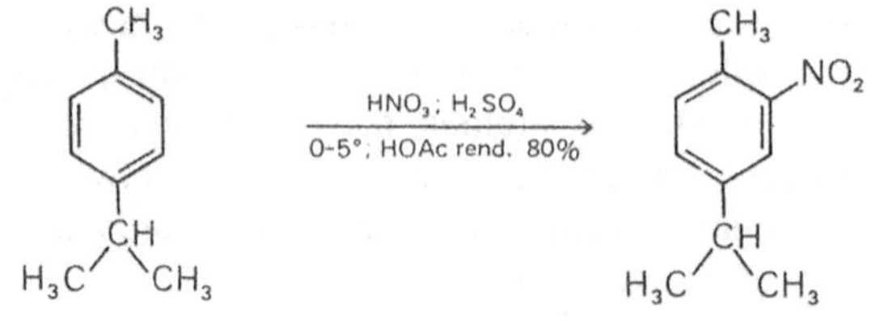

p-cimeno   2-nitro-*p*-cimeno

Como en el ejemplo 1, todas las posiciones están activadas por los dos grupos alquilo; sin embargo, los efectos estéreo y electrónico predicen el producto observado.

Ejemplo 4:

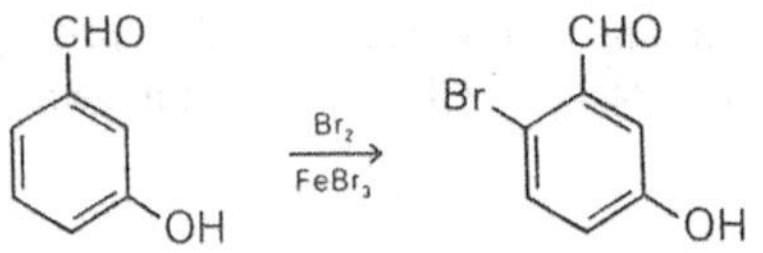

Nótese la influencia del sustituyente activante (—OH) sobre el desactivante (—CHO).

1. Escribir la estructura del principal producto esperado en la succinilación de

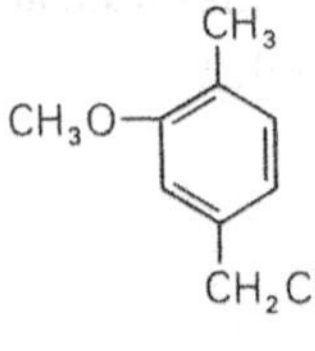

y de

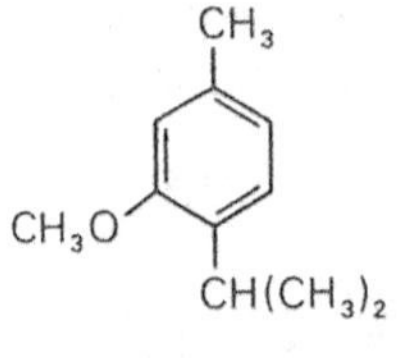

2. Predecir y nombrar el producto principal de la dinitración (obtenido con rendimiento del 60 %) del ácido benzoico. Esta reacción requiere mezcla de ácidos a una temperatura de 140° durante 3 horas.

3. Predecir y nombrar el producto principal de la mononitración del benzaldehído (obtenido con un rendimiento del 80 %). Esta transformación requiere ácido nítrico fumante y ácido sulfúrico concentrado operando de 5 a 10°.. ¿A qué puede atribuirse que no se emplee una temperatura superior (y condiciones menos enérgicas del ácido)?

7-17 METODOS INDIRECTOS DE SINTESIS

Cuando es imposible o impracticable obtener un compuesto por sustitución directa, es necesario introducir un grupo que dirija el nuevo sustituyente a la posición correcta. Este grupo dirigente debe poderse eliminar o modificar. De nuevo debemos considerar esta sección con carácter preliminar, puesto que algunas de esas reacciones se discutirán en capítulos posteriores.

Trinitrobenceno (TNB) a partir de trinitrotolueno (TNT): Aunque el nitrobenceno puede nitrarse en condiciones enérgicas, la nitración ulterior requiere forzar de tal modo las condiciones, debido a que el anillo está muy desactivado, que se provoca una extensa oxidación y descomposición.

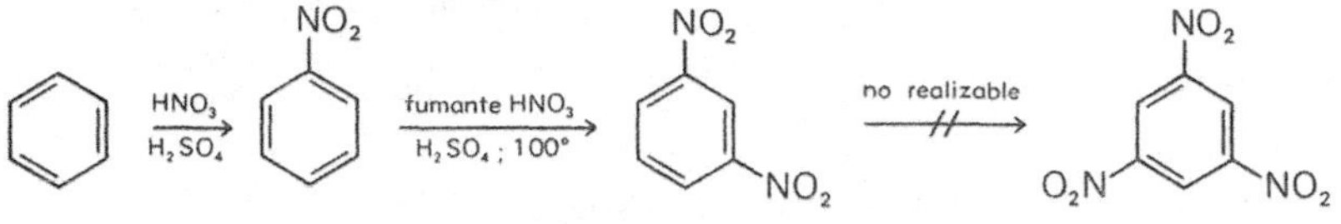

Puede emplearse un camino indirecto basado en la acción activadora del grupo metilo. Es posible lograr la conversión completa del tolueno en el explosivo comercial TNT en un solo recipiente de reacción.

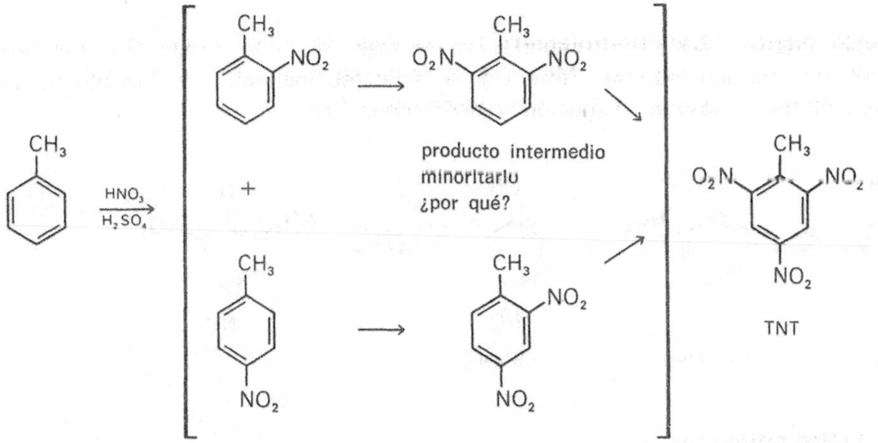

Los pasos parciales y los productos intermedios se mencionan arriba. Nótese que es de esperar que el camino a través del 2,6-dinitrotolueno sea relativamente poco importante debido a interferencia estérea.

Las cadenas laterales alquílicas de los sistemas aromáticos pueden oxidarse al ácido correspondiente con permanganato. En este ejemplo concreto, la sal sódica del ácido se descarboxila muy fácilmente en disolución, dando trinitrobenceno (TNB).

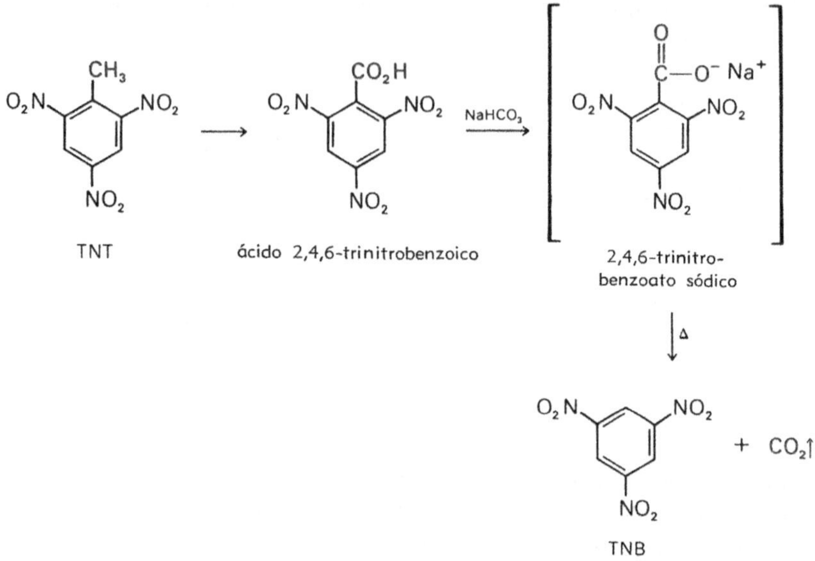

Acido pícrico (2,4,6-trinitrofenol): La síntesis de este compuesto requiere también un método indirecto. Mientras el fenol se mononitra fácilmente, la nitración ulterior ocasiona oxidación y descomposición.

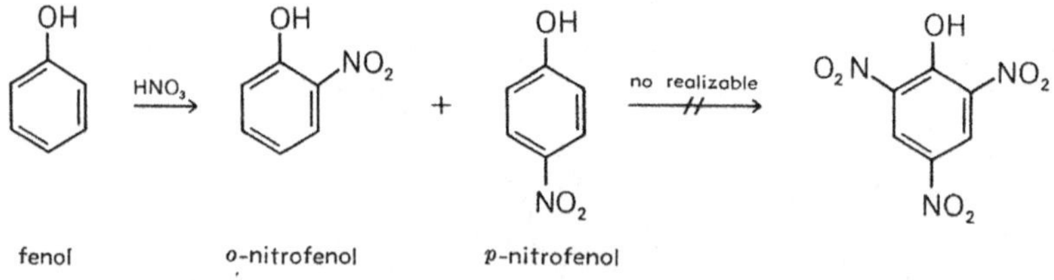

Un camino posible es

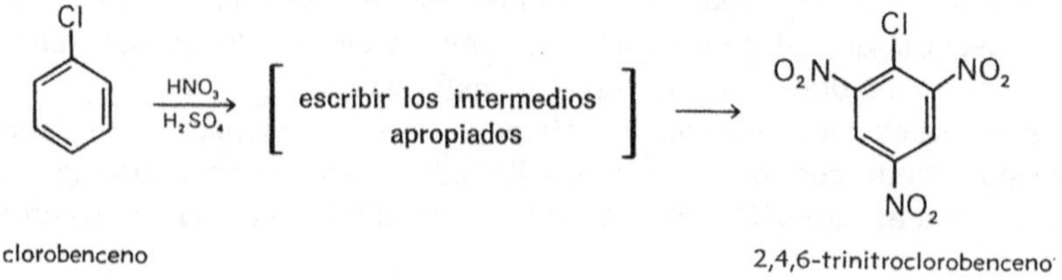

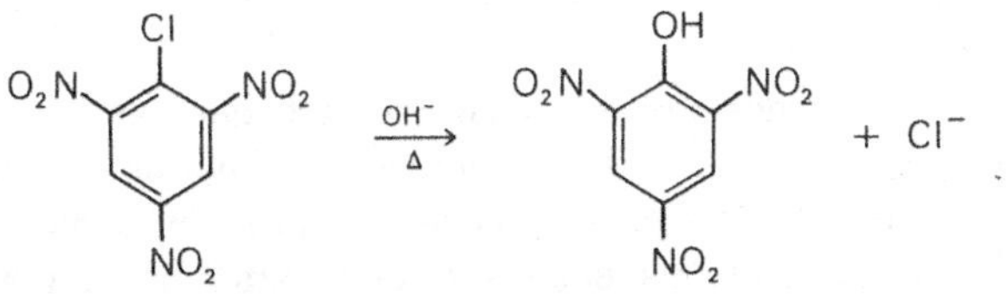

ácido pícrico

Aquí tiene lugar la sustitución de un halógeno aromático por hidroxilo debido al efecto atrayente de electrones de los grupos nitro. Este es un ejemplo de una *sustitución nucleófila aromática.*

El hidrógeno hidroxílico del 2,4,6-trinitrofenol es tan ácido que el compuesto se llama comúnmente ácido pícrico. Para comprender por qué esto es así, quítese el protón, —OH, y escríbanse las diversas estructuras de resonancia posibles para el anión.

***m*-Bromotolueno:** Un ejemplo de compuesto bastante sencillo que requiere síntesis indirecta es el *m*-bromotolueno. Recuérdese que de la bromación directa del tolueno o de la alquilación del bromobenceno, es de esperar que se obtengan primordialmente los compuestos orto y para disustituidos. Un método de preparación parte del *p*-nitrotolueno, que puede reducirse fácilmente al amino compuesto y luego monobromarse en condiciones específicas cuidadosas.

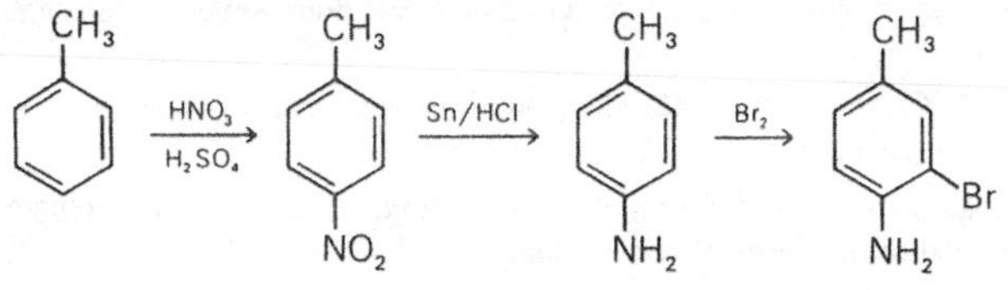

tolueno — *p*-nitrotolueno — *p*-toluidina — 2-bromo-4-metilanilina

El grupo amino puede eliminarse por conversión en la sal de diazonio (ver Cap. 16), que se descompone fácilmente calentando con H_2PO_2.

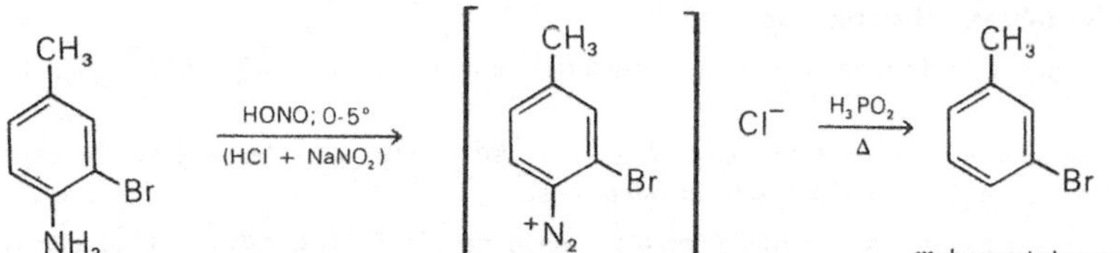

m-bromotolueno

7-18 SUSTRATOS ACTIVADOS

Algunos compuestos están tan activados por los sustituyentes que las reacciones sobre ellos no pueden detenerse en las condiciones ordinarias antes de la sustitución múltiple. Para preparar los correspondientes productos mono y disustituidos deben tomarse precauciones especiales o emplearse otros métodos (se explican más adelante).

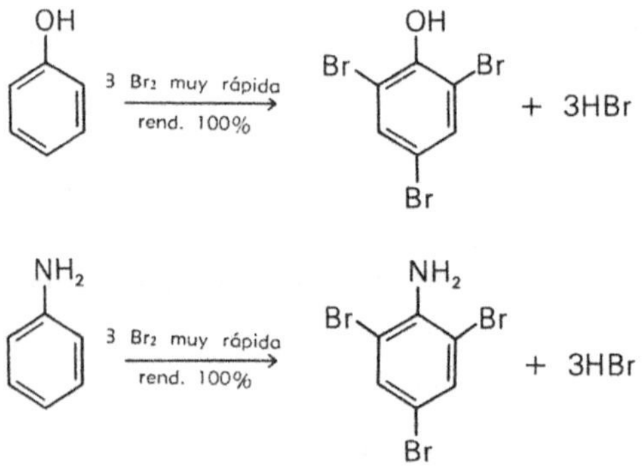

LECTURAS RECOMENDADAS

Sustitución aromática

Ault, A.: The Activating Effect of Fluorine in Electrophilic Aromatic Substitution, *J. Chem. Educ.*, **43**, 329 (1966). Cita pruebas de que en ciertos compuestos un átomo de fluor activa la posición para con respecto a él.

Duewell, H.: Aromatic Substitution, *J. Chem. Educ.*, **43**, 138 (1966). Explica la activación y orientación a base de la estabilidad del estado intermedio.

Jones, M. M.: Activation of Small Molecules by Coordination, *J. Chem. Educ.*, **41**, 493 (1964). Explica la formación de electrófilos, radicales libres y nucleófilos.

Marsi, K. L., y S. H. Wilen: Friedel-Crafts Alkylation, *J. Chem. Educ.*, **40**, 214 (1963).

Meislich, H.: Teaching Aromatic Substitution: A Molecular Orbital Approach, *J. Chem. Educ.*, **44**, 153 (1967).

Stewart, R.: The Reactive Intermediates of Organic Chemistry, *J. Chem. Educ.*, **38**, 308 (1961).

Waack, R.: The Stability of the «Aromatic Sextet», *J. Chem. Educ.*, **39**, 469 (1962).

Compuestos organometálicos y heterociclos

Kaesz, H. D.: Organometallic Derivatives of the Transition Elements, *J. Chem. Educ.*, **40**, 159 (1963).

Katrizky, A. R.: Teaching Heterocyclic Chemistry, *J. Chem. Educ.*, **42**, 636 (1965). Destaca especialmente la química de los heterociclos de seis miembros.

Rochow, E. G.: The Direct Synthesis of Organometallic Compounds, *J. Chem. Educ.*, **43**, 58 (1966).

PROBLEMAS

★ **1.** Dados los siguientes calores de hidrogenación, ¿existe alguna evidencia de estabilización por resonancia del anillo del benceno con el grupo vinilo en el estireno? Razonarlo con claridad.

$CH_2{=}CH_2$

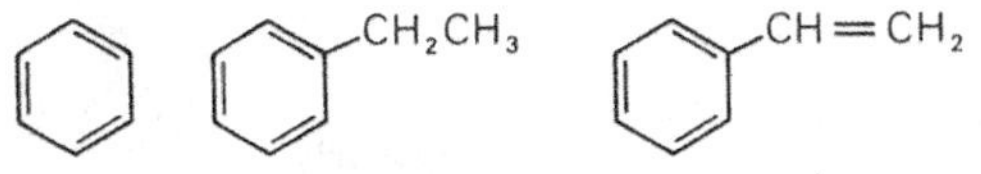

32,8 kcal/mol 49,8 48,9 77,5

2. Dados los siguientes calores de hidrogenación, compárese la energía de resonancia de los dos dienos conjugados.

$CH_2{=}CH{-}CH_2CH_3$	$CH_2{=}CH{-}CH{=}CH{-}CH_3$	$CH_2{=}CH{-}CH{=}CH_2$
30,3 kcal/mol	54,1	57,1

$CH_2{=}CH{-}CH_2{-}CH{=}CH_2$

60,8

★ **3.** Escribir la(s) estructuras(s) de todos los dibromoantracenos que pueden dar sólo dos tribromoantracenos posibles por ulterior reacción con bromo y un catalizador.

4. Dense las estructuras y los nombres de todos los dimetilnaftalenos. ¿Cuántos isómeros monoclorados puede dar cada uno? ¿Podrían distinguirse por este método los dimetilnaftalenos isómeros?

5. Indicar los productos de monosustitución esperados de las reacciones siguientes y explicar completamente la orientación observada empleando fórmulas estructurales pero con las menos palabras posibles. Explíquese por qué el material de partida reacciona más lentamente o más rápidamente que el benceno. Nótese que los compuestos en (*a*), (*b*) y (*c*) son isómeros.

★(*a*)(*i*)

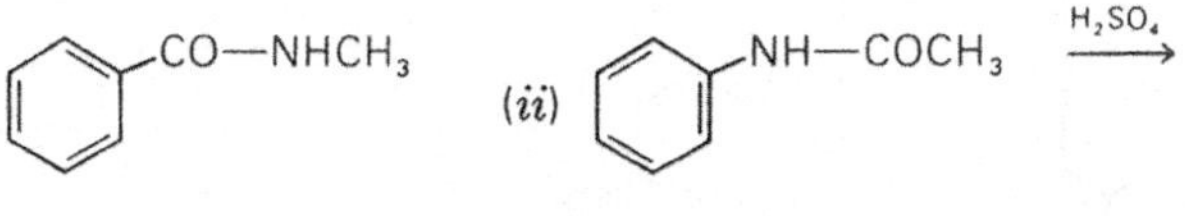

(*b*)(*i*)

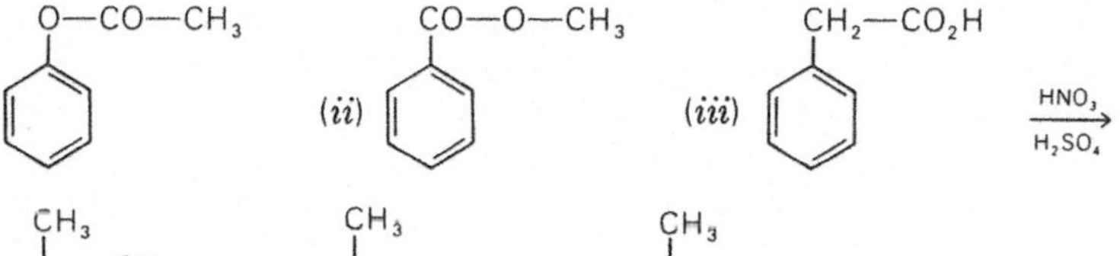

★(*c*)(*i*)

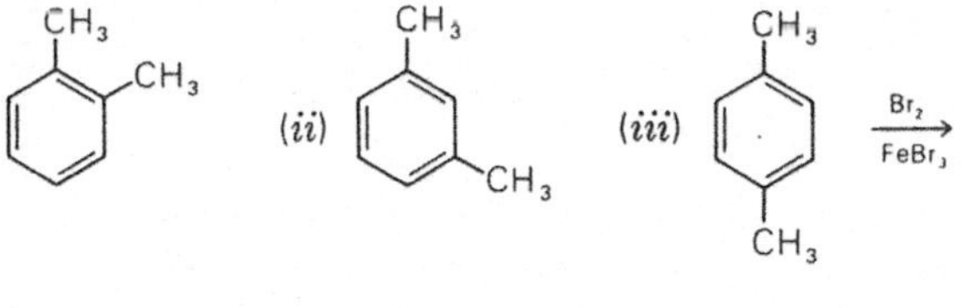

(*d*) 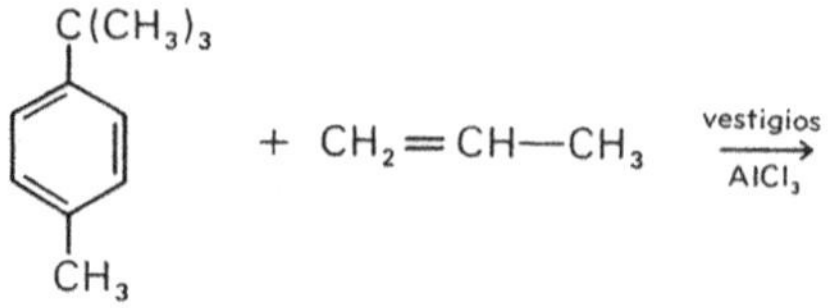

(*e*) 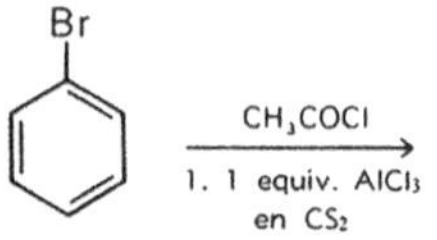

★(*f*) 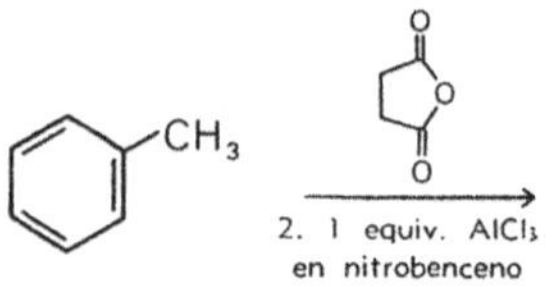

6. Sobre la base de la estabilidad del estado de transición, explicar la orientación y velocidad de bromación de:

(*a*) bromobenceno

(*b*) anisol, $C_6H_5OCH_3$, un éter

(*c*) benzoato de metilo, $C_6H_5COOCH_3$, un ester

★**7.** El 2,4,6-trinitrotolueno es un hidrocarburo relativamente ácido. Explicar por qué se separa fácilmente un protón del grupo metilo.

8. Indíquese cómo se podría preparar cada uno de los compuestos siguientes a partir del benceno, tolueno o uno de los xilenos. Nótese que con frecuencia es importante el orden en que se introducen los sustituyentes.

★(*a*) 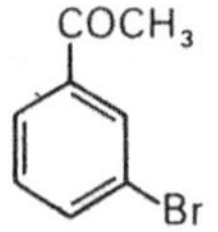

★(*b*) 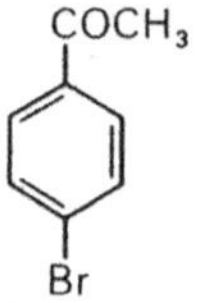

(*c*) 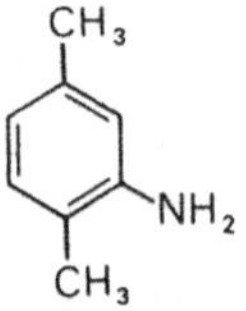

★(*d*) 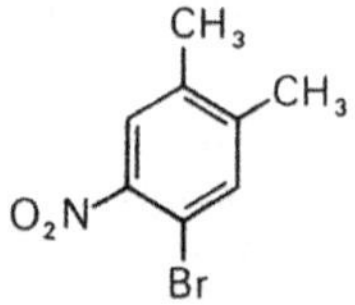

(*e*) 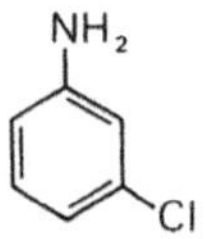

★(*f*) 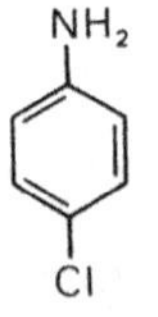

(*g*) 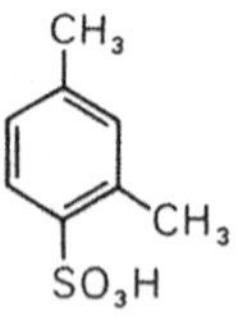

Capítulo ocho

NOMENCLATURA Y ESTRUCTURA

Los compuestos que contienen átomos de halógeno, (F), Cl, Br, I, se clasifican en alquílicos 1°, 2° ó 3°, alílicos, bencílicos, vinílicos o alquinílicos, según el grupo orgánico al que va unido el halógeno. Para nombrar los compuestos orgánicos, los átomos de halógeno no se consideran como grupos funcionales, sino como sustituyentes. En la Tabla 8-1 se dan ejemplos de halogenuros orgánicos.

Los halogenuros de vinilo y arilo son menos reactivos que los halogenuros de alquilo, en cambio los halogenuros de alilo y bencilo son mucho más reacti-

Tabla 8-1. Halogenuros orgánicos representativos

CH_3Cl (alquilo primario)	$(H_3C)_2CH{-}Br$ (alquilo secundario)	$(CH_3)_3CI$ (alquilo terciario)
cloruro de metilo (clorometano)	bromuro de isopropilo (2-bromopropano)	yoduro de *terc*-butilo (2-yodo-2-metilpropano)
CHI_3 (polihalogenado)	$CH_2{=}CH{-}Cl$ (vinilo)	$CH_2{=}CH{-}CH_2{-}Br$ (alilo)
yodoformo (triyodometano)	cloruro de vinilo (cloroetileno)	bromuro de alilo (3-bromopropeno-1)
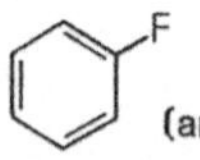 (arilo)	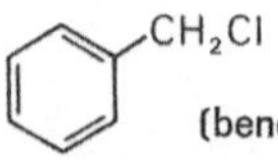 (bencilo)	$H{-}C{\equiv}C{-}I$ (alquinilo)
fluorbenceno	cloruro de bencilo (α-clorotolueno)	yodoacetileno

Halogenuros

vos frente al ensayo del nitrato de plata (se explica más adelante). La analogía estructural entre los miembros de cada par se indica en la Fig. 8-1. Los átomos de halógeno en los compuestos de vinilo y arilo están más estrechamente enlazados a los átomos de carbono, mientras que los *cationes* de alilo y bencilo, producidos por ionización de los átomos de halógeno, están estabilizados por resonancia y, en consecuencia, se forman fácilmente.

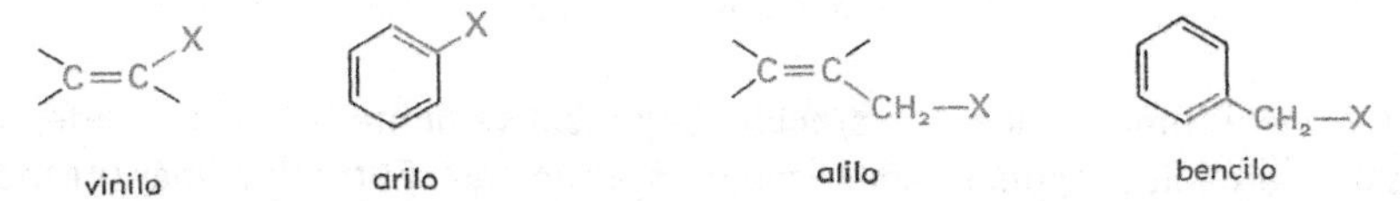

Figura 8-1. Comparación de los halogenuros de vinilo y arilo y los de alilo y bencilo

APLICACIONES

Los halogenuros orgánicos, además de ser valiosos intermedios de síntesis, tienen una amplia variedad de usos prácticos. Sin embargo, casi todos ellos son tóxicos. Su acción, incluso a bajas concentraciones, durante un período prolongado puede causar lesión en el hígado.

Tanto el tetracloruro de carbono, CCl_4, como el tricloro etileno, $CHCl{=}CCl_2$, se emplean en la industria de lavado en seco; en estos disolventes no polares se disuelven las grasas y lubricantes. El tetracloruro de carbono se emplea también para extintores de incendios pero puede engendrar fosgeno, $COCl_2$, un gas extremadamente tóxico, si se usa conjuntamente con el agua.

$$CCl_4 + H_2O \xrightarrow{\Delta} COCl_2 + 2HCl$$

El cloruro de etilo se emplea como anestésico local aplicándolo sobre el área a operar en forma de aerosol. El cloroformo, $CHCl_3$, se ha empleado como anestésico pero es demasiado tóxico. El yodoformo se emplea como antiséptico y tiene el característico olor a hospital.

Algunos compuestos polihalogenados se emplean como gases dispersantes en recipientes de aerosoles y como refrigerantes; se conocen con el nombre de *freones*.

CCl_3F	CCl_2F_2	$CClF_3$
triclorofluormetano Freón-11	diclorodifluormetano Freón-12	clorotrifluormetano Freón-13
$CBrF_3$	$CClF_2—CClF_2$	$CF_3—CF_3$
bromotrifluormetano Freón-13-B1	1,2-diclorotetrafluoretano Freón-114	hexafluoretano Freón-116

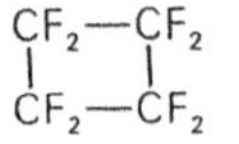

octofluorciclobutano
Freón-C-318

En los últimos años ha crecido significativamente el empleo de los compuestos orgánicos policlorados como insecticidas. Entre los más corrientes citaremos el 1,1-bis-(p-clorofenil)-2,2,2-tricloroetano (DDT), clordano y heptacloro; los dos últimos se preparan a partir del clordeno.

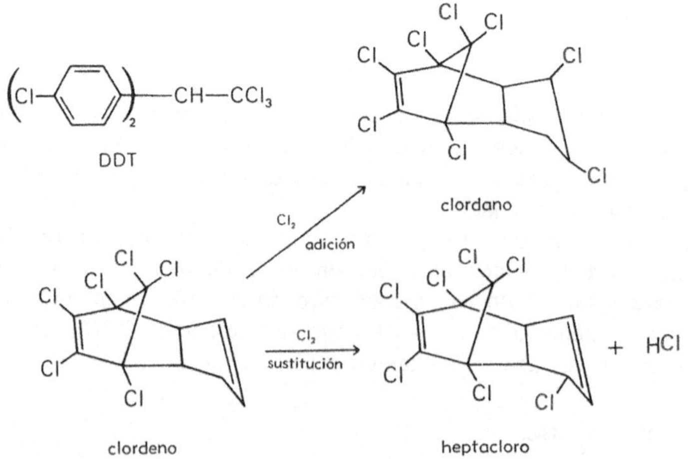

PREPARACION

8-1 ADICION DE HALOGENOS Y DE HALOGENUROS DE HIDROGENO A LOS ENLACES MULTIPLES

Los halógenos y halogenuros de hidrógeno se adicionan fácil y estereoespecíficamente a los enlaces múltiples por un mecanismo electrófilo. Esas reacciones se han explicado ya en las Secc. 4-5 y 4-8 (alquenos), Sec. 5-6 (alquinos) y Sec. 6-3 (dienos). La revisión del material pertinente para esta sección es un método excelente de coordinar los diversos tipos de reacciones orgánicas; tales reacciones se encontrarán bajo los epígrafes de *Reacciones* y *Preparaciones.*

8-2 HALOGENACION DE HIDROCARBUROS

Aunque la halogenación fotoquímica de los hidrocarburos alifáticos y alicíclicos y la separación de los isómeros posibles no es usualmente un método de laboratorio practicable para la preparación de estos compuestos, los hidrocarburos aromáticos con cadenas laterales (en particular con grupos metilo), se sustituyen con facilidad. Junto al calor y/o a la luz, puede emplearse un inicador de radicales libres tal como el aire (O_2) o peróxidos. Estas reacciones producen casi exclusivamente el isómero monobromado cuando se emplea un equivalente de bromo (ver Sec. 2-5).

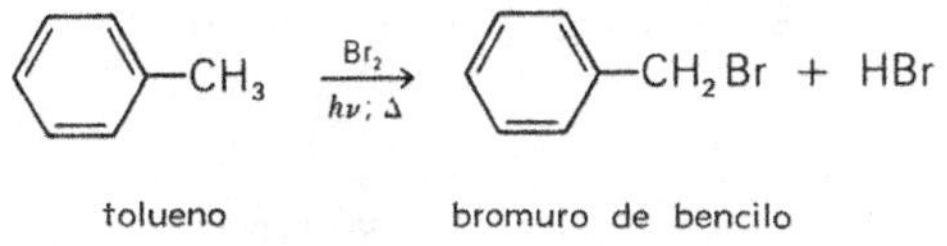

Escribir un mecanismo razonable para la reacción anterior.

Los compuestos con átomos de halógeno en el anillo aromático, se preparan mediante las reacciones usuales de halogenación electrófila (ver Cap. 7).

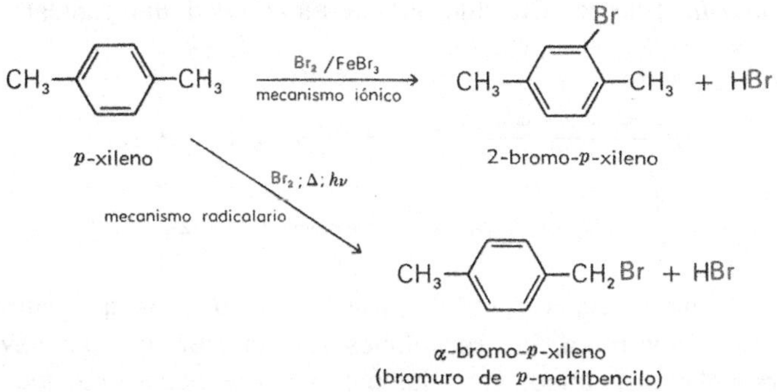

¿En qué condiciones podríamos esperar obtener 4,4'dibromodibencilo a partir de dibencilo? ¿Cómo deberíamos alterar esas condiciones para obtener α,α'-dibromodibencilo?

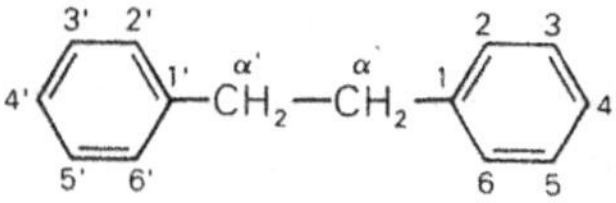

dibencilo

8-3 EMPLEO DE LA *N*-BROMOSUCCINIMIDA

Las posiciones alílicas y bencílicas se broman fácilmente con *N*-bromosuccinimida (NBS), en condiciones de reacción radicalaria. La NBS parece suministrar una concentración baja de moléculas de Br_2 que luego se disocian y actúan como radicales libres propagadores de una cadena de reacción.

Ejemplos

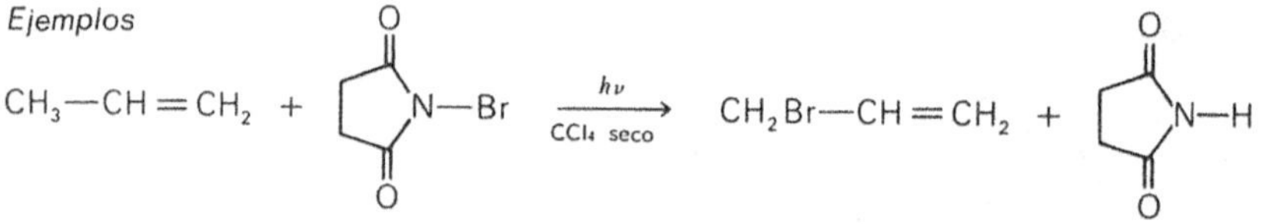

N-bromosuccinimida

succinimida

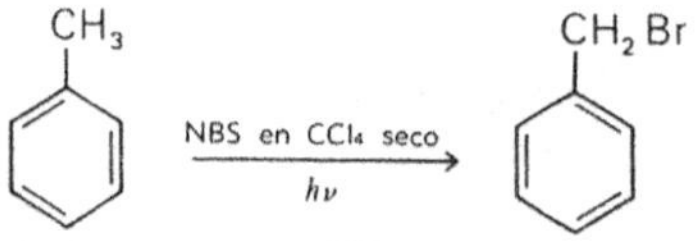

Por lo general, los grupos *metileno* alílicos se broman más fácilmente con NBS que los grupos *metilo* alílicos. Considérese la estabilidad del radical en ambos casos.

$$CH_3(CH_2)_2CH_2{-}CH{=}CH{-}CH_3 \xrightarrow[\Delta;\ \text{rend. }60\%]{\text{NBS en } CCl_4 \text{ seco}} CH_3(CH_2)_2\underset{\displaystyle Br}{\underset{|}{C}H}{-}CH{=}CH{-}CH_3$$

hepteno-2 4-bromohepteno-2

En presencia de vestigios de agua o con sustratos muy polares que sufren con rapidez la sustitución electrófila, las reacciones con la NBS pueden llevar a la bromación de un anillo aromático. Por ejemplo, pudiera esperarse que el agua, un alcohol o un fenol suministraran concentraciones bajas de HOBr que pudieran llevar a la bromación del anillo por polarización de la molécula ($\overset{\delta-}{HO}$—$\overset{\delta+}{Br}$).

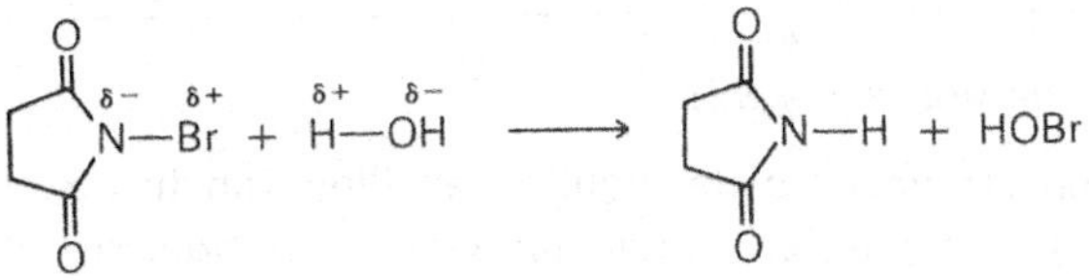

Ejemplo

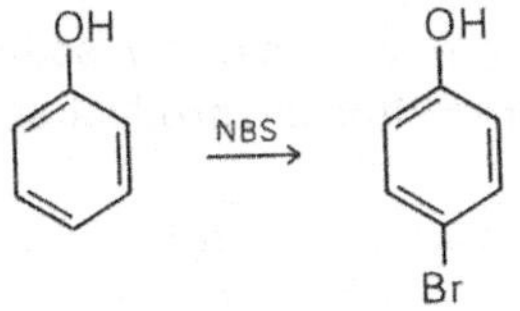

De hecho, la NBS en agua es una fuente conveniente de HOBr que se adiciona fácilmente a las olefinas (Sec. 4-9).

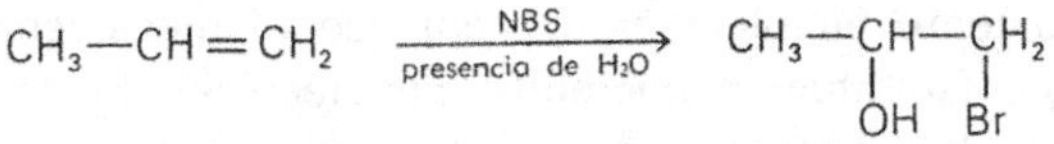

8-4 HALOGENUROS A PARTIR DE ALCOHOLES, ALDEHIDOS Y CETONAS

Los alcoholes reaccionan con HX, PX_3, y $SOCl_2$ dando buenos rendimientos en halogenuros orgánicos. Los aldehídos, RCHO, y cetonas, $R_2C{=}O$, dan dihalogenuros con PCl_5 o PBr_5 (ver Sec. 5-4). Algunas de esas preparaciones se han mencionado en capítulos anteriores y se tratarán con mayor detalle en el Cap. 9.

Ejemplos

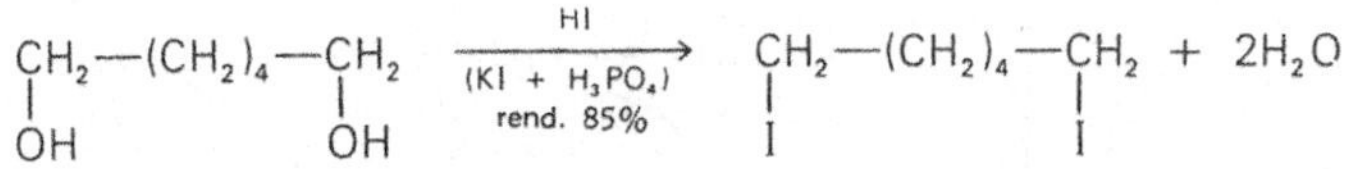

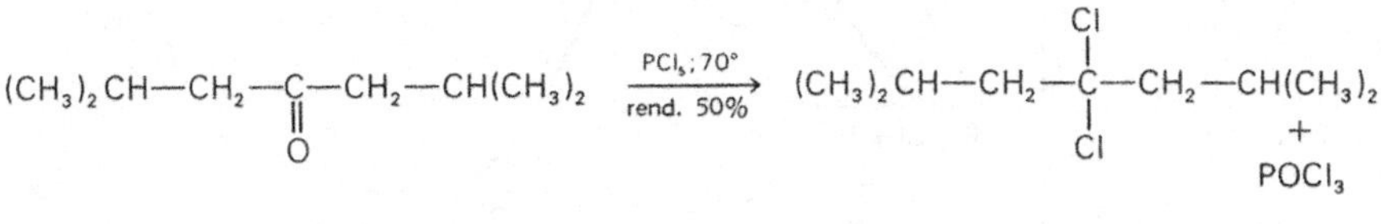

una cetona — un dihalogenuro *geminal*

Téngase presente que los dihalogenuros *geminales* pueden convertirse en aldehídos o cetonas por tratamiento con *base diluida*, pero al tratarlos con *base concentrada* caliente, se convierten en acetilenos.

Nombrar los compuestos de los anteriores ejemplos. Formular la reacción de cada halogenuro con base diluida y concentrada. Nombrar los productos.

8-5 CAMBIO DE HALOGENURO: MECANISMOS S_N2 y S_N1

Un método excelente de preparar yoduros de alquilo sencillos (no halogenuros de vinilo, arilo o alquinilo) consiste en tratar un cloruro o bromuro de alquilo con yoduro sódico en acetona. El yoduro sódico forma un complejo con la acetona y se disuelve fácilmente; el bromuro y el cloruro sódicos son sólo ligeramente solubles en acetona caliente y precipitan al producirse la reacción.

General $$RCl \text{ (o RBr)} + NaI \xrightarrow[\text{seca}]{\Delta;\ \text{acetona}} R{-}I + NaCl\downarrow \text{ (o NaBr)}$$

insoluble en acetona

El mecanismo de esta reacción depende de la estructura del halogenuro orgánico que reacciona. Los halogenuros primarios y secundarios se sustituyen por el nucleófilo I^- en un proceso lento bimolecular. De ahí que el mecanismo de reacción se clasifique como S_N2 (*s*ustitución *n*ucleófila *b*imolecular). El desplazamiento (sustitución) ocurre de tal modo que se forma el enlace yodo-carbono al mismo tiempo que se rompe el enlace cloro- o bromo-carbono. El perfil de reacción puede expresarse mediante un diagrama de energía (Fig. 8-2). Aunque en esta reacción hay muchos estados de transición, en el diagrama de energía se expresa usualmente el de mayor energía.

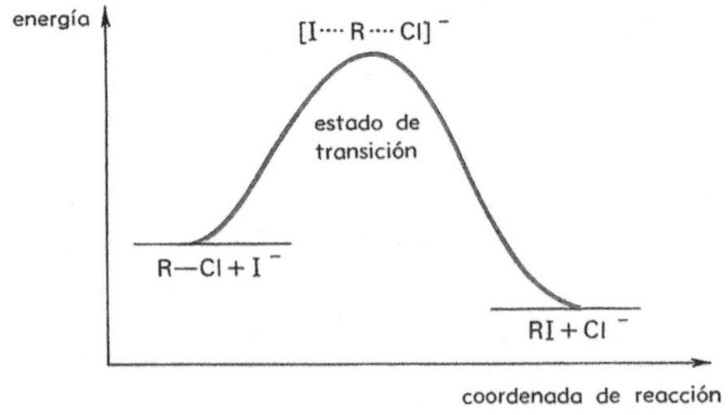

Figura 8-2. Perfil de reacción de las reacciones de desplazamiento S_N2

Mecanismo de los halogenuros primarios y secundarios:

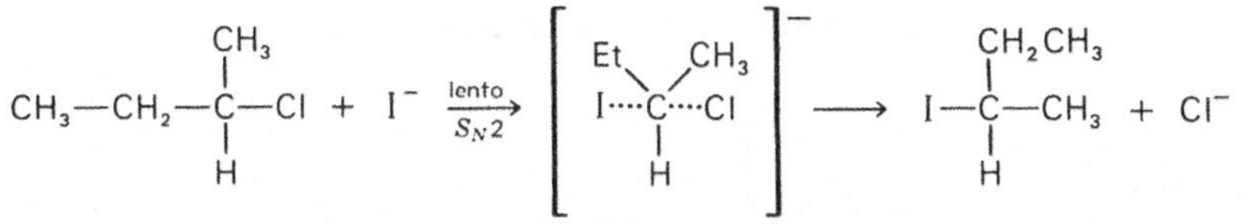

estado de transición

Los halogenuros que forman por ionización un ion carbonio relativamente estable, tales como los halogenuros de alquilo terciario, alilo y bencilo, experimentan como proceso lento de esta sustitución, una ionización unimolecular.

Mecanismo para los halogenuros terciarios y para los de alilo y de bencilo:

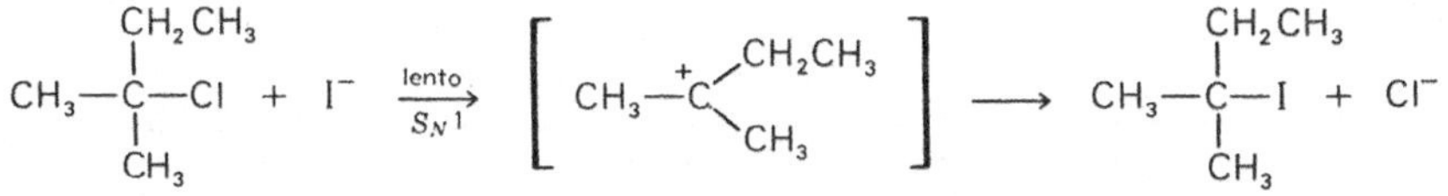

ion carbonio
intermedio plano

Este mecanismo se designa por S_N1 (*s*ustitución *n*ucleófila *uni*molecular). Nótese que el perfil de reacción para un mecanismo de reacción S_N1 (Fig. 8-3) presenta un pequeño «valle» que indica la estabilidad del ion carbonio intermedio separado en la etapa lenta de una reacción. Aunque un mecanismo S_N1 se caracteriza por la formación de un ion carbonio intermedio, existen en él muchos estados de transición: los que conducen al intermedio, que determinan el proceso de ionización, y los que llevan del intermedio a los productos, que representan la formación del enlace carbono-yodo. Los mecanismos S_N1 y S_N2 tienen consecuencias estereoquímicas muy distintas, como veremos en el Cap. 12.

En las reacciones S_N1 tiene mucha importancia el papel del disolvente. Cuanto más polar sea el disolvente, más fácilmente se romperá el enlace carbono-halógeno. Los halogenuros de alquilo terciario y los de alilo y bencilo no son compuestos iónicos sino que se ionizan sólo en disolventes polares, en los que puede dispersarse la carga del ion carbonio por interacción con los electrones del disolvente.

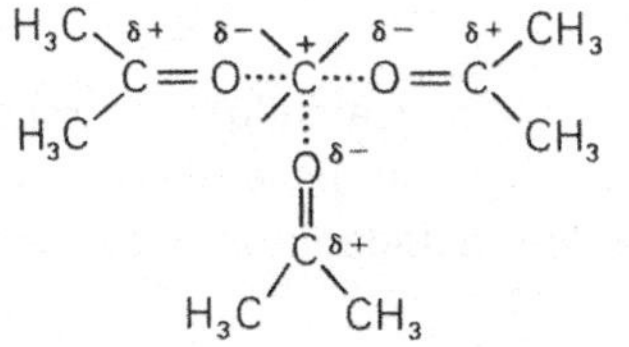

Cuando el mecanismo S_N1 es el camino predominante, puede observarse una reacción secundaria característica, la de *eliminación*, que se favorece por la posibilidad de formación de dobles enlaces muy sustituidos.

Reacción secundaria de eliminación:

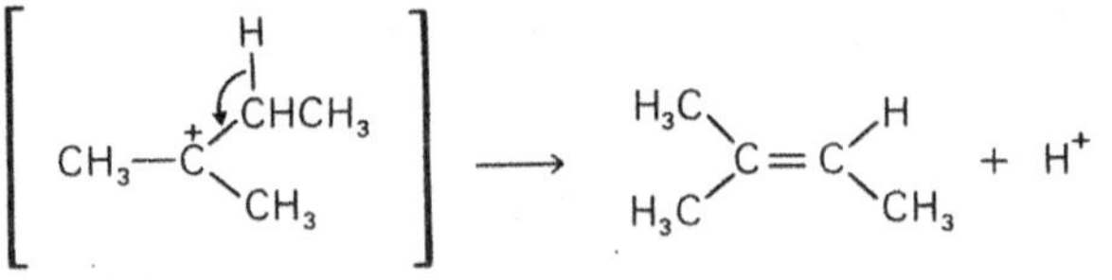

Recuérdese que el ion carbonio es también un intermedio en la deshidratación de un alcohol catalizada por ácido (Sec. 4-1). En el ejemplo citado anteriormente, no debe sorprender encontrar por lo menos pequeñas cantidades de la olefina correspondiente. La otra olefina posible sería menos estable que la trisustituida.

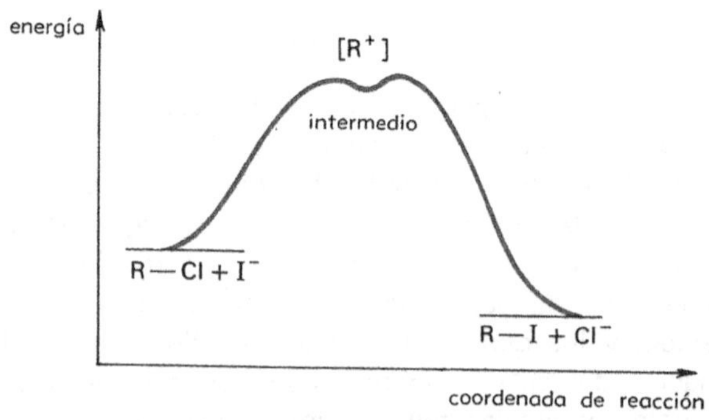

Figura 8-3. Perfil de reacción de las reacciones de desplazamiento S_N1

REACCIONES

8-6 HIDROLISIS CON BASE DILUIDA

En general, los halogenuros (excepto los de arilo, vinilo y alquilo) se transforman en el alcohol correspondiente al tratarlos con agua o base diluida. La Tabla 8-2 resume los mecanismos de solvólisis de los halogenuros más sencillos.

Tabla 8-2. Solvólisis de los halogenuros

Halogenuro	*Tipo*	*Mecanismo*
CH_3Cl	1°	S_N2
CH_3CH_2Cl	1°	S_N2
$(CH_3)_2CHCl$	2°	principalmente S_N2
$(CH_3)_3CCl$	3°	S_N1

Para algunos halogenuros, particularmente para los secundarios, en ciertas condiciones parecen competir los mecanismos S_N1 y S_N2 en el camino que conduce a los productos observados. Con esos compuestos, *una concentración elevada de* OH^-, favorece el esquema S_N2, acompañado de cantidades apreciables de productos formados en una eliminación E_2 (véase Sec. 4-2); *una concentración baja* de OH^- favorece la ionización S_N1, acompañada de menores cantidades de productos de eliminación E_1. En los halogenuros terciarios existe poca competencia por parte del mecanismo de sustitución S_N2 por dos razones: (1) la ionización produce un ion carbonio terciario relativamente estable, y (2) la interferencia estérea de los grupos alquilo del carbono terciario, impide, efectivamente, el acercamiento del ion hidróxido o la molécula de agua al átomo de carbono reaccionante. Después de la ionización con formación de un ion carbonio plano, el impedimento es mucho más reducido.

En esta solvólisis no sólo tiene interés la concentración de base, sino que la polaridad del disolvente es un factor importante en la determinación de la velocidad de reacción. Teniendo en cuenta que el esquema S_N1 implica un ion carbonio intermedio, y que los disolventes polares solvatan fácilmente este ion, tal mecanismo S_N1 se favorece por los disolventes polares. En el esquema S_N2, los materiales de partida y el estado de transición están igualmente cargados, y aunque los disolventes polares elevarán ligeramente la velocidad de reacción, el grado de aceleración no es tan grande como en una reacción S_N1.

$$S_N1: \quad R{-}X \xrightarrow{\text{lento}} \underset{\text{intermedio}}{[R^+]} \xrightarrow[HO^-]{\text{rápido}} \text{productos}$$

$$S_N2: \quad R{-}X + OH^- \xrightarrow{\text{lento}} \underset{\text{estado de transición}}{[HO\cdots R\cdots X]^-} \longrightarrow \text{productos}$$

8-7 REACCIONES GENERALES S_N2 DE LOS HALOGENUROS

Los halògenuros primarios y secundarios sufren desplazamiento S_N2 por diversos iones negativos y moléculas nucleófilas. *Aquellos que forman enlaces carbono-carbono son especialmente útiles para sintetizar compuestos orgánicos nuevos.* En la Tabla 8-3 se indican algunos ejemplos generales y concretos; los tres últimos son reacciones de alquilación importantes que se explicarán con detalle en el Cap. 14.

Tabla 8-3. Ejemplos generales y específicos de reacciones S_N2

De halogenuros a alcoholes:

$$R\text{—}X + OH^- \longrightarrow R\text{—}OH + X^-$$

bromuro de ciclohexilo — ciclohexanol

Hidrolisis:

$$R\text{—}X + H_2O \longrightarrow R\text{—}OH + HX$$

$$CH_3CH_2CH_2Cl + H_2O \xrightarrow{\Delta} CH_3CH_2CH_2OH + HCl$$

cloruro de *n*-propilo — alcohol *n*-propílico

Síntesis de Williamson para éteres:

$$R\text{—}X + R'O^- \longrightarrow R\text{—}O\text{—}R' + X^-$$

halogenuro de alquilo primario o secundario — ion alcóxido — un éter

$$CH_3\text{—}I + CH_3CH_2O^-Na^+ \longrightarrow CH_3\text{—}O\text{—}CH_2\text{—}CH_3 + Na^+I^-$$

etóxido sódico — metil etil éter

Síntesis de nitrilos:

$$R\text{—}X + CN^- \longrightarrow R\text{—}CN + X^-$$

$$CH_3CH_2CH_2Br + CN^- \longrightarrow CH_3CH_2CH_2CN + Br^-$$

1-bromopropano — 1-cianopropano (butironitrilo)

Síntesis de acetilenos:

$$R{-}X + R'{-}C{\equiv}C^- \longrightarrow R'{-}C{\equiv}C{-}R + X^-$$

$$CH_3\,I + CH_3{-}C{\equiv}C^-Na^+ \longrightarrow CH_3{-}C{\equiv}C{-} \quad + Na^+I^-$$

metilacetiluro sódico — dimetilacetileno (butino-2)

Alquilación de aminas:

$$R{-}X + 2NH_3 \longrightarrow R{-}NH_2 + NH_4I$$

Esta amina recién formada puede seguir reaccionando con el halogenuro de alquilo.

$$CH_3CH_2I + CH_3CH_2NH_2 \longrightarrow (CH_3CH_2)_2NH + HI$$

yoduro de etilo — etilamina — dietilamina

Alquilación del éster malónico:

$$R{-}X + {}^-CH(CO_2Et)(CO_2Et) \longrightarrow R{-}CH(CO_2Et)_2 + X^-$$

$$CH_3CH_2Br + Na^{+-}CH(CO_2Et)_2 \longrightarrow CH_3CH_2{-}CH(CO_2Et)_2 + Na^+Br^-$$

sodiomalonato de etilo — etilmalonato de etilo

Síntesis acetilacética:

$$R{-}X + {}^-CH(COCH_3)(CO_2Et) \longrightarrow R{-}CH(COCH_3)(CO_2Et) + X^-$$

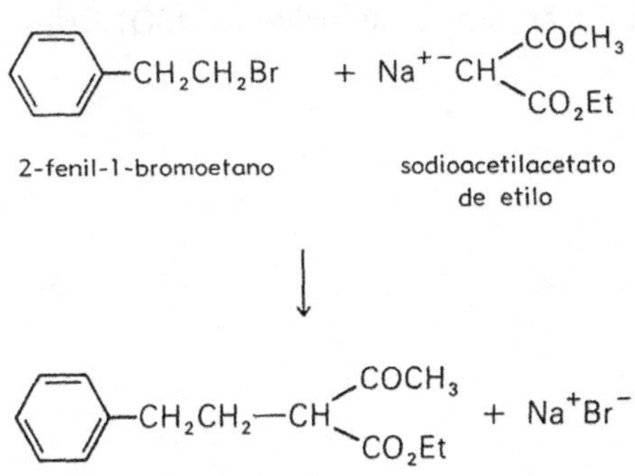

Síntesis cianoacética:

$$R{-}X + {}^{-}CH\begin{smallmatrix} CN \\ CO_2Et \end{smallmatrix} \longrightarrow R{-}CH\begin{smallmatrix} CN \\ CO_2Et \end{smallmatrix} + X^-$$

$$CH_3I + Na^{+}\,{}^{-}CH\begin{smallmatrix} CN \\ CO_2Et \end{smallmatrix} \longrightarrow CH_3{-}CH\begin{smallmatrix} CN \\ CO_2Et \end{smallmatrix} + X^-$$

sodiocianoacetato de etilo — metilcianoacetato de etilo

8-8 EL REACTIVO DE GRIGNARD

La reacción directa de los halogenuros de alquilo y arilo con magnesio metálico en un disolvente seco, produce el reactivo de Grignard, un valioso intermedio de síntesis en química orgánica.

$$R{-}X \quad (o\ Ar{-}X) \xrightarrow[\text{éter seco}]{\text{Mg en}} [R{-}Mg{-}X] \quad (o\ [Ar{-}Mg{-}X])$$

En el Cap. 2 se expuso el empleo de este reactivo en la preparación de hidrocarburos, y su empleo en la síntesis de alcoholes se explicará en el capítulo siguiente.

8-9 CIANO SUSTITUCION AROMATICA

Los halogenuros aromáticos pueden sufrir sustitución nucleófila sólo cuando el sistema está activado por $-NO_2$, $-CN$ u otros grupos fuertemente atrayentes de electrones. Sin embargo, la sustitución de halogenuro por cianuro, es una reacción útil que puede llevarse a cabo con KCN y $Cu_2(CN)_2$ en dimetilformamida (DMF), $(CH_3)_2N{-}CHO$, en piridina o en dimetilsulfóxido (DMSO), $CH_3{-}\overset{O}{\overset{\|}{S}}{-}CH_3$, calientes

p-bromotolueno — *p*-cianotolueno

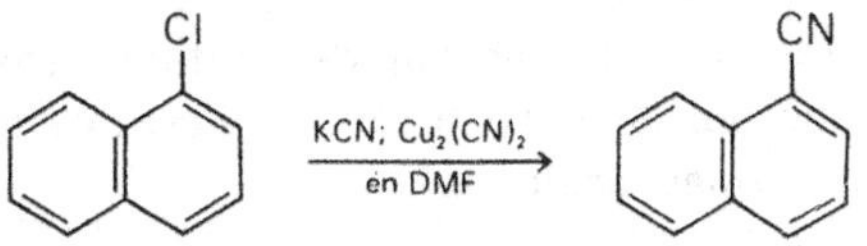

α-cloronaftaleno α-cianonaftaleno

8-10 SUSTITUCION NUCLEOFILA AROMATICA DE SUSTRATOS ACTIVADOS

Para que tenga lugar fácilmente la reacción S_N2 en los halogenuros de arilo, deben estar activados por sustituyentes con fuerte poder atrayente de electrones, tales como —NO_2 o —CN, en las posiciones orto y para respecto al halógeno. Cuando los grupos atrayentes de electrones ocupan la posición meta, tienen muy poco efecto.

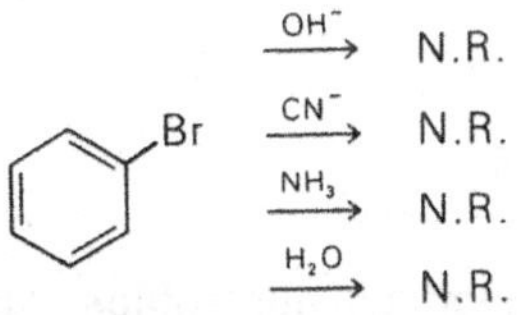

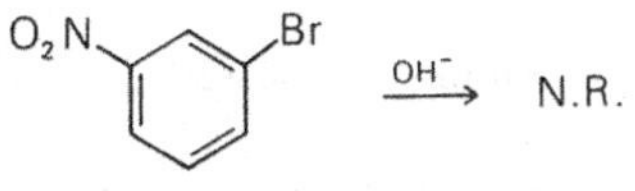

La preparación de ácido pícrico a partir del 2,4,6-trinitroclorobenceno con base, demuestra este desplazamiento cuando los grupos activadores están en las posiciones orto y para.

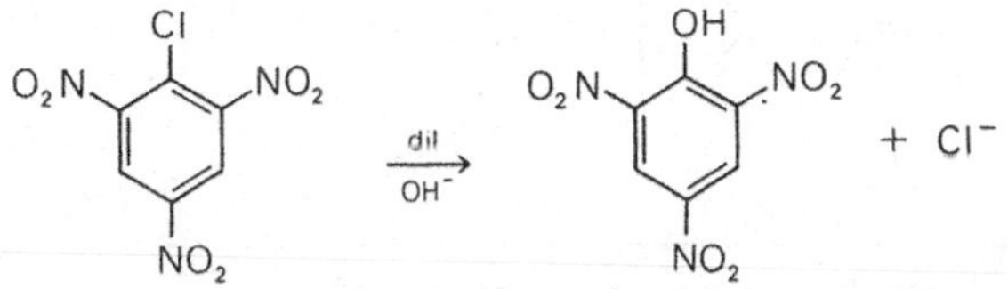

ácido pícrico

Los factores que determinan la facilidad y el mecanismo de esta sustitución pueden verse en la hidrólisis de un compuesto más sencillo, el *p*-nitrobromobenceno. El grupo activador es el mismo y cualquier efecto de resonancia debido al grupo nitro en la posición para, es igualmente válido para los otros dos grupos nitro en orto.

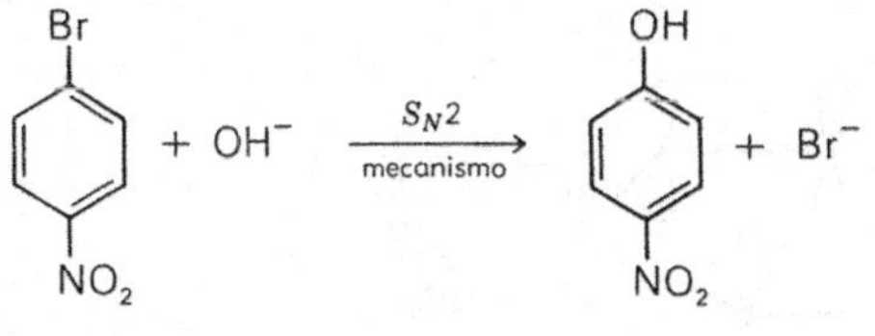

p-nitrobromobenceno *p*-nitrofenol

Mecanismo: Las formas de resonancia para el material de partida señalan una densidad electrónica baja en el carbono portador del halógeno. Para los orto-nitrohalogenobencenos pueden escribirse formas análogas.

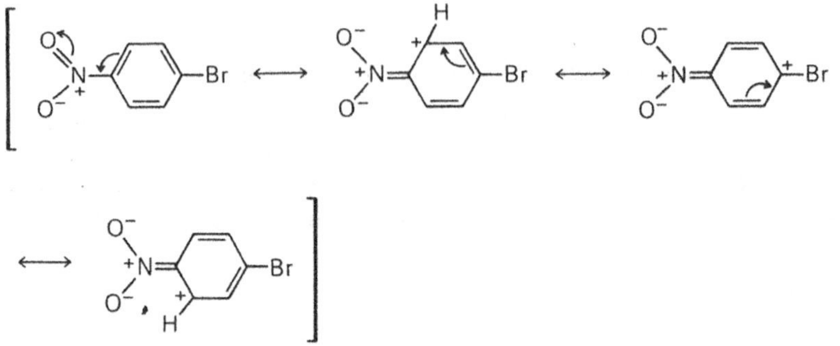

estructuras de resonancia del *p*-nitrobromobenceno

Esto facilita el ataque por el ion hidróxido u otros reactivos nucleófilos. La pérdida del Br^- da *p*-nitrofenol.

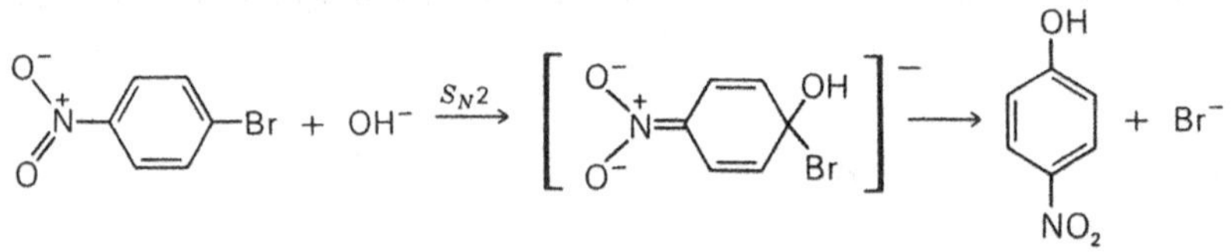

¿Por qué tienen tan poco efecto los grupos nitro en meta?

El esquema S_N1 no es un mecanismo practicable para el desplazamiento de los halogenuros aromáticos, debido a que el halógeno está sólidamente unido al átomo de carbono. La descripción según los enlaces de valencia, atribuye cierto carácter de doble enlace al enlace carbono-halógeno; la imagen orbital molecular señala el recubrimiento halógeno-anillo aromático.

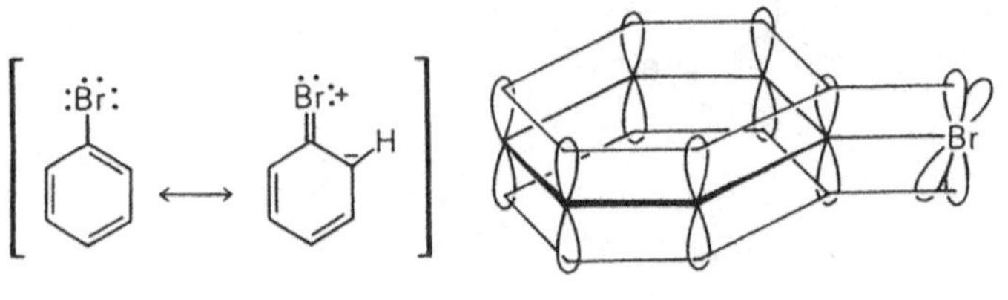

8-11 BENCINOS: REACCIONES DE DIELS-ALDER Y CICLOADICIONES

El tratamiento del *o*-bromofluorbenceno con reactivos que forman compuestos organometálicos en el enlace carbono-bromo conduce a productos derivados del *bencino*, un intermedio transitorio muy reactivo.

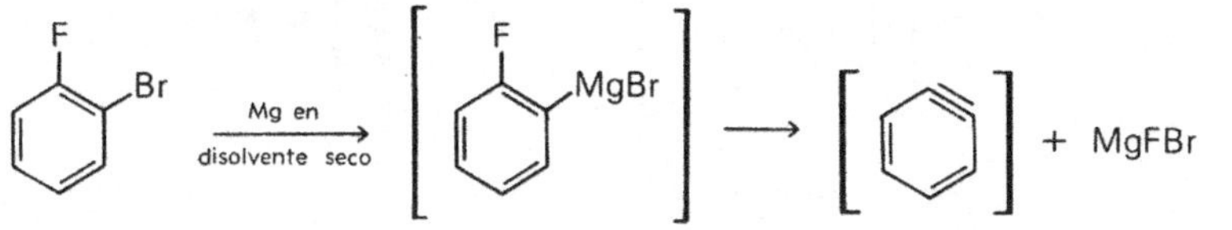

bencino
intermedio

El «triple enlace» recién formado en el sistema aromático reacciona rápidamente consigo mismo o da productos de reacción de Diels-Alder en presencia de dienos reactivos.

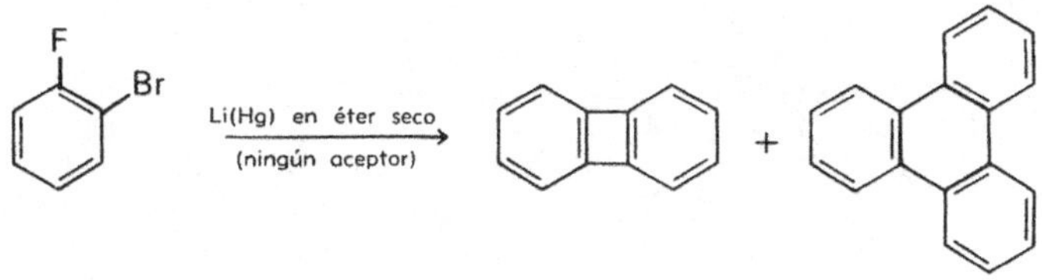

difenileno 24% trifenileno 3%

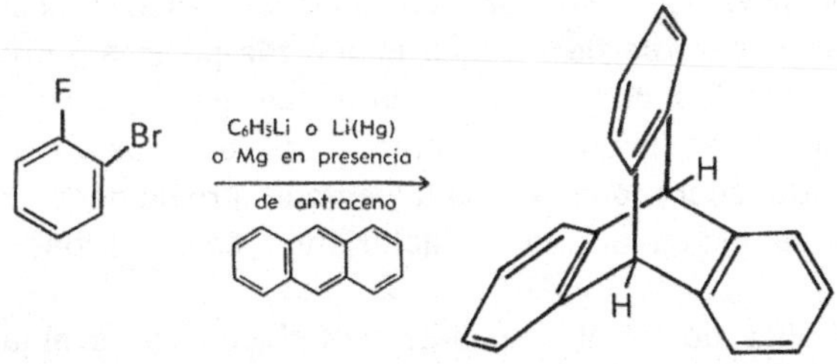

tripticeno
28% (del Mg en THF seco)

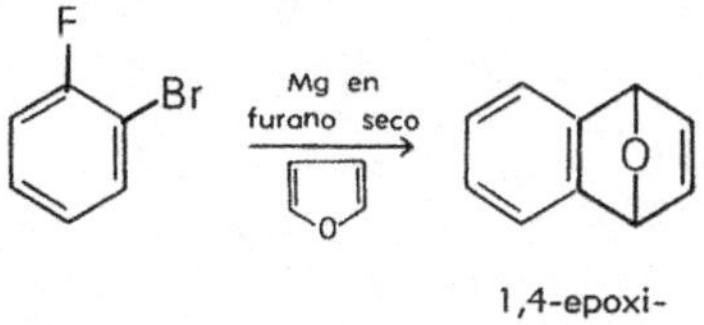

1,4-epoxi-
naftaleno

Los intermedios bencinos pueden producirse también a partir de los halogenuros de arilo con otros reactivos, tales como $NaNH_2$. También se ha empleado como intermedio la sal de diazonio derivada del ácido antranílico.

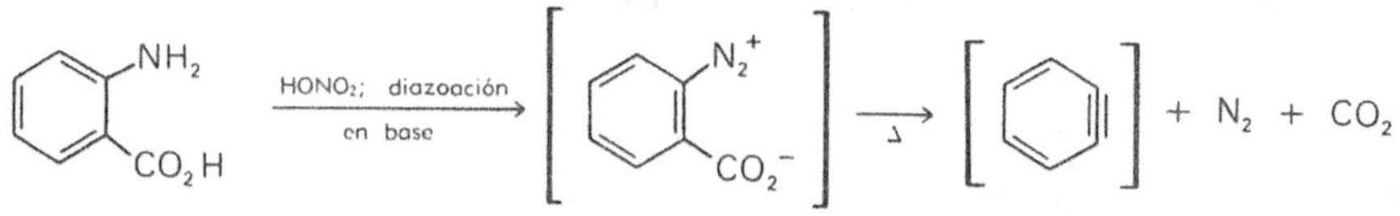

ácido antranílico

El empleo de intermedios bencinos permite la formación de productos difíciles de obtener por otros medios. Por ejemplo, ahora se preparan fácilmente tripticenos sustituidos.

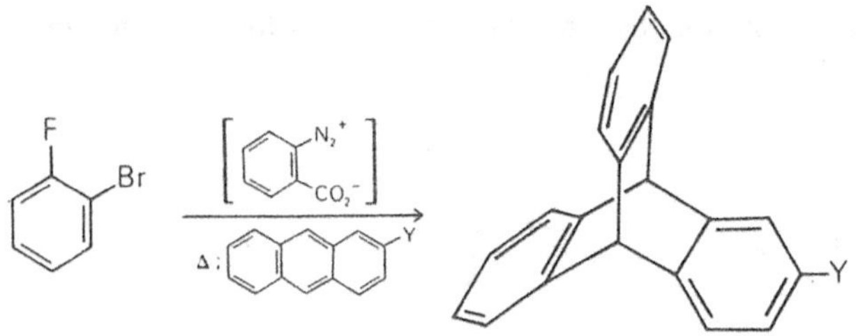

ANALISIS CUALITATIVO

Los halogenuros de alquilo y arilo son insolubles en ácido sulfúrico concentrado frío y de este modo pueden separarse de muchas impurezas polares. Otros ensayos cualitativos son análogos a los de los halogenuros inorgánicos. En el ensayo de Beilstein (no para el F), se vuelve a calentar con vestigios de un compuesto halogenado, un hilo de cobre que se ha calentado previamente al rojo. La presencia de halógeno se indica por un característico color verde de la llama.

Al tratar con disolución alcohólica de nitrato de plata un halogenuro de alquilo (*no* de un arilo normal) da un precipitado de halogenuro de plata. Las condiciones ionizantes llevan la reacción por el camino S_N1, por consiguiente, los ensayos positivos más inmediatos los darán aquellos halogenuros que formen iones carbonio intermedios estables.

alilo, bencilo, 3°	$\gg$	2° > 1°	$\gg$	vinilo, arilo, $CHCl_3$, CCl_4
precipitado inmediato		precipitación muy rápida		inertes

El orden de la reactividad de los halógenos es

I > Br > Cl

Los fluoruros orgánicos no reaccionan en estas condiciones.

LECTURAS RECOMENDADAS

Síntesis y reacciones

Berliner, E.: The Current State of Positive Halogenating Agents, *J. Chem. Educ.*, **43**, 124 (1966).

Bunnett, J. F.: The Chemistry of Benzyne, *J. Chem. Educ.*, **38**, 278 (1961).

Goldwhite, H.: The Side-Chain Halogenation of *n*-Alkyl Benzenes, *J. Chem. Educ.*, **37**, 295 (1960).

Ibne-Rasa, K. M.: Equations of Correlation of Nucleophilic Reactivity, *J. Chem. Educ.*, **44**, 89 (1967). Amplia discusión sobre los nucleófilos y sus reacciones.

Joiner, C. R.: Pesticide Residue Control under the Food, Drug, and Cosmetic Act. *J. Chem. Educ.*, 38, 370 (1961). Describe los hidrocarburos clorados pesticidas corrientes y el modo de identificarlos en los alimentos.

Cinética

DeWolfe, R. H.: Kinetics in the Sutdy of Organic Reaction Mechanisms, *J. Chem. Educ.*, **40**, 95 (1963).

Zimmerman, H. K.: Method for Determining Order of a Reaction, *J. Chem. Educ.*, **40**, 356 (1963).

PROBLEMAS

★ **1.** Escribir una estructura y nombrarla como ejemplo de los compuestos siguientes:

(*a*) un fluoruro bencílico de 8 carbonos

(*b*) dos cloruros primarios de 4 carbonos

(*c*) un bromuro de arilo de 6 carbonos

(*d*) tres diyoduros de 10 carbonos con un halógeno arílico y otro bencílico

(*e*) dos dibromuros secundarios de 5 carbonos

(*f*) cinco trifluoruros primarios de 10 carbonos

(*g*) dos cloruros terciarios de 7 carbonos

★ **2.** Dar un ejemplo concreto de un halogenuro de siete carbonos que sufra un desplazamiento S_N2 con base diluida. Dibújese y rotúlese el diagrama de energía para esta reacción.

★ **3.** Dar un ejemplo concreto de un halogenuro de tres carbonos que sufra hidrólisis S_N1. Dibújese y rotúlese el diagrama de energía para esta reacción.

★ **4.** Dar un ejemplo concreto de:

(*a*) desplazamiento nucleófilo aromático de un átomo de fluor por amoniaco.

(*b*) la síntesis de

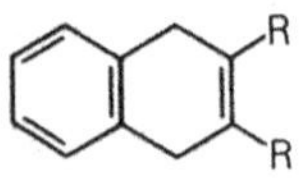

empleando un intermedio bencino

★ (*c*) una solvólisis que ocurre más rápidamente en acetona que en cloroformo (*Sugerencia*: ¿Cuál de los disolventes es más polar?)

(*d*) la síntesis de $(R)_2C(CO_2Et)_2$

(*e*) la adición de un halogenuro de hidrógeno a un doble enlace (indíquese el mecanismo)

(*f*) el empleo de *N*-bromosuccinimida para preparar un compuesto con el anillo del naftaleno.

★ (*g*) la cloración a través de radicales libres de un grupo aril metilo

(*h*) siete compuestos halogenados distintos que den un ensayo negativo con el nitrato de plata

(*i*) un halogenuro terciario que dé negativo el ensayo de Beilstein

(*j*) la preparación de un dihalogenuro *geminal* de 7 carbonos que se trata a continuación con $NaNH_2$

★ (*k*) una reacción con ion alcóxido.

5. Mientras la bromación del propeno en disolución a baja temperatura de 1,2-dibromopropano, la bromación en fase gaseosa a temperatura elevada (200°) da 3-bromopropeno. Explíquese completamente.

6. Nómbrese el material de partida, dese la fórmula estructural *y* el nombre del producto. Si no hubiera reacción, escríbase N.R. Descríbase con una frase o con pocas palabras el tipo de mecanismo por el que procede la reacción.

(*a*) 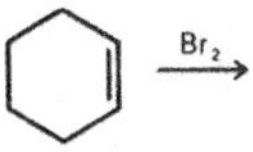

(*b*) 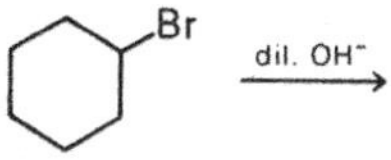

(*c*) 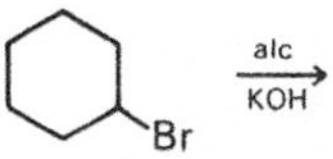

(*d*) 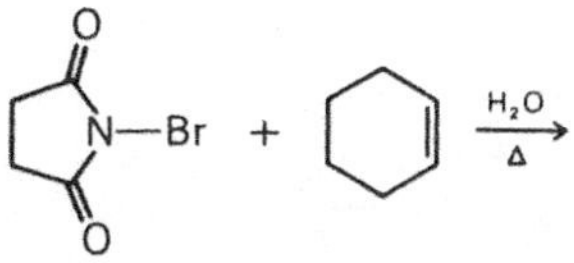

(*e*) 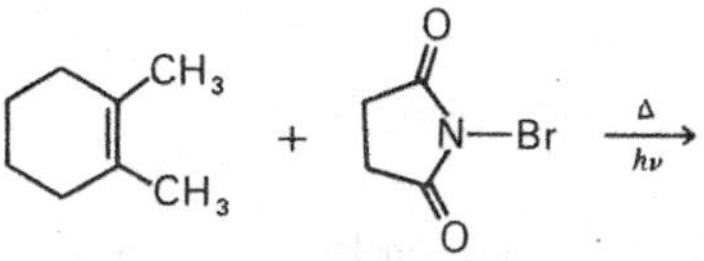

(*f*) 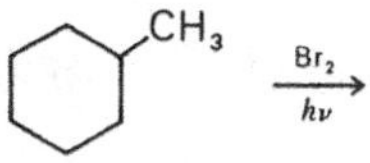 (producto principal)

(*g*) producto de (*f*) $\xrightarrow{H_2O}$

(*h*) 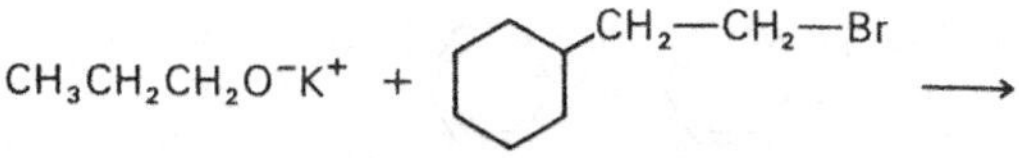

(*i*) 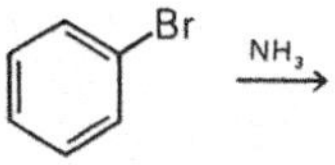

(*j*) 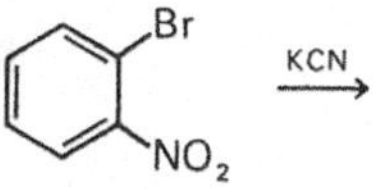

★ (*k*) 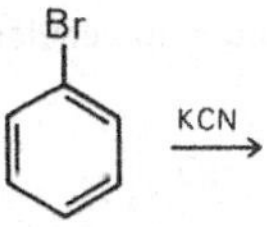

(*l*) 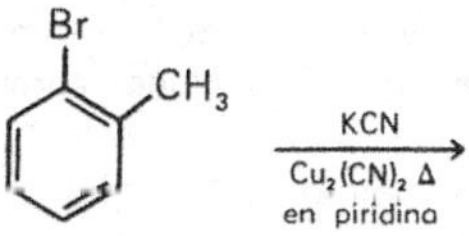

(*m*) 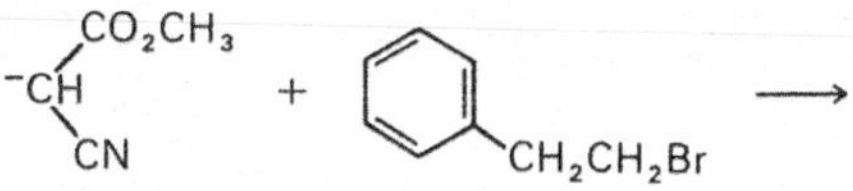

★(*n*) 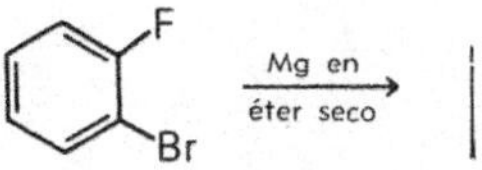

(*o*) 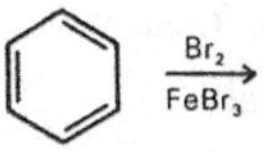

(*p*) producto de (*o*) $\xrightarrow[\Delta]{Cu}$ $C_{12}H_{10}$

(*q*) 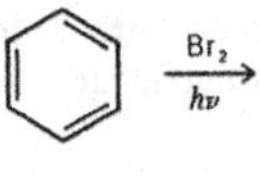

(*r*) 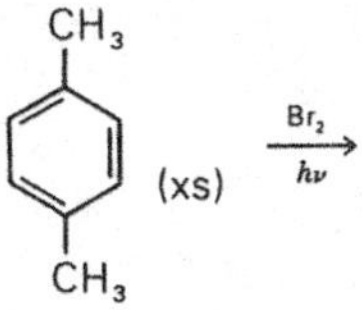

(*s*) producto de (*r*) $\xrightarrow{Na}$

★(*t*) 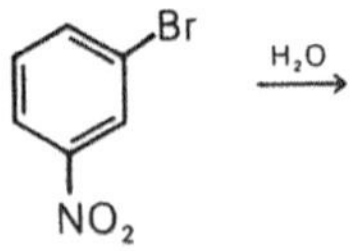

(*u*) 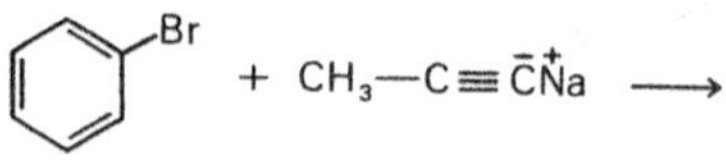

(*v*) 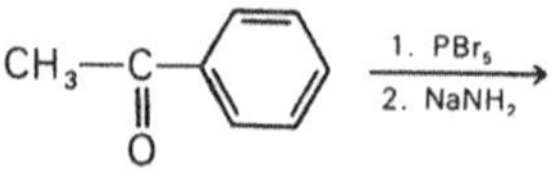

(*w*) 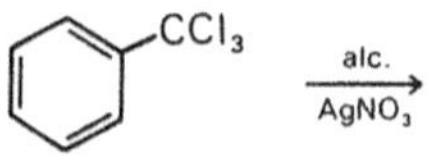

COLECCION DE PROBLEMAS DE REPASO PARA LOS CAPS. 1 A 8

1. Determínese si las siguientes moléculas tienen o no momentos dipolares e indíquese su dirección.

(*a*) 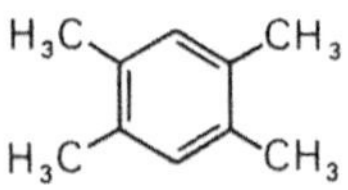

dureno

(*d*) 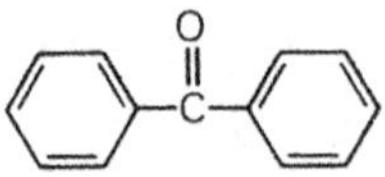

benzofenona

(*b*) *cis*-1,2-dimetilciclopropano

(*c*) *trans*-2-buteno

(*e*) dióxido de carbono, CO_2

(*f*) monóxido de carbono, CO

2. Escribir las estructuras de Lewis (fórmulas con puntos) para las siguientes moléculas, indicando las cargas formales en el lugar apropiado.

(*a*) ácido fosfórico H_3PO_4

(*b*) dimetilsulfóxido $CH_3—\overset{\overset{O}{\|}}{S}—CH_3$ (DMSO)

(*c*) óxido nitroso, N_2O (tiene un enlace N—N)

(*d*) cloruro de tetrametilamonio (iónico)

(*e*) ácido hidrazoico, NH_3 (lineal)

3. (*a*) Debido a la estabilización de los aniones resultantes por la resonancia, ciertos compuestos son más ácidos de lo que de otro modo cabría esperar. Escribir estructuras de resonancia razonables para los aniones formados al quitar en los compuestos siguientes un átomo de hidrógeno de la posición señalada.

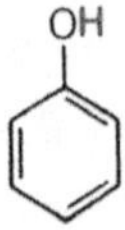

fenol

CH_3NO_2

nitrometano

$CH_3CH_2—O—\overset{\overset{O}{\|}}{C}—CH_2—\overset{\overset{O}{\|}}{C}—O—CH_2CH_3$

malonato de dietilo

(*b*) Dibujar las imágenes LCAO (orbital molecular) para los aniones de los compuestos del apartado (*a*).

4. Nombrar los compuestos siguientes:

(*a*) 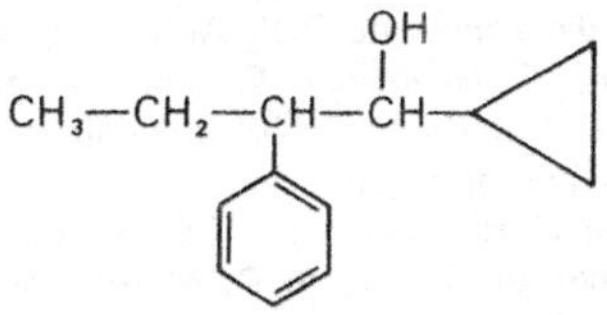

(*b*) 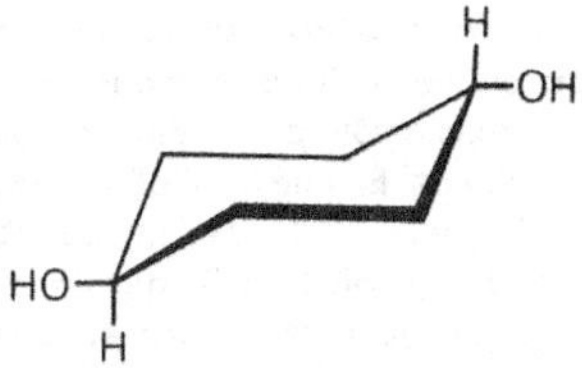

(*c*) 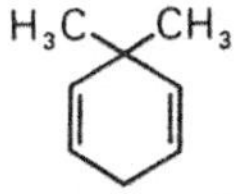

(*d*) 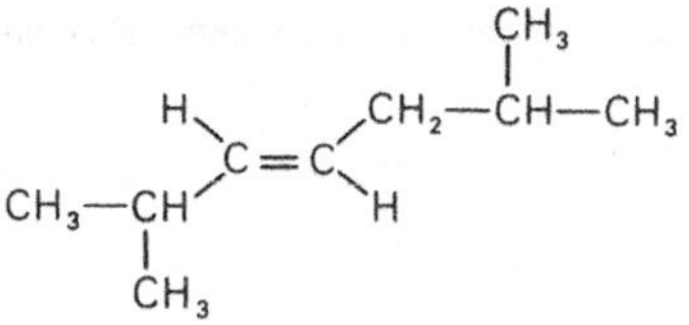

(*e*) 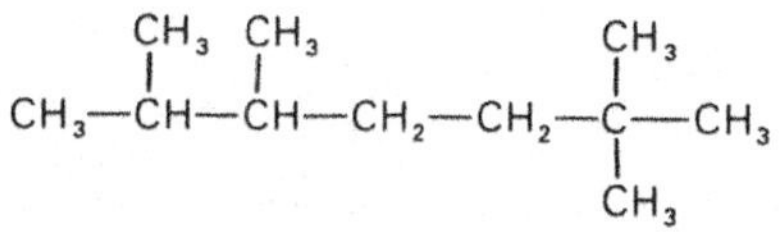

(*f*) 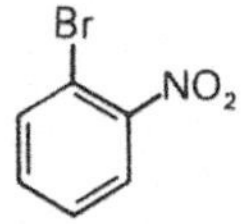

5. Escribir las fórmulas estructurales de los siguientes compuestos:

(*a*) bromuro de *trans*-4-*terc*-butilciclohexilmagnesio

(*b*) *o*-nitroetilbenceno

(*c*) 1-metilciclopentanol

(*d*) vinilciclohexano

(*e*) ciclohexano-*cis*-1,4-diol

(*f*) 3-(*p*-bromofenil)-penteno-1

(*g*) fenilalilacetileno

6. Nombrar los materiales de partida y dar la fórmula estructural y el nombre del producto o productos. Si no hubiere reacción escríbase N.R.

(*a*) $CH_3{-}C{\equiv}C{-}H \xrightarrow[H_2SO_4]{H_2O;\ Hg^{++}SO_4^{--}}$

(*b*) $C_6H_5{-}C{\equiv}C{-}H \xrightarrow{Cu(NH_3)_2^{+}}$

(*c*) 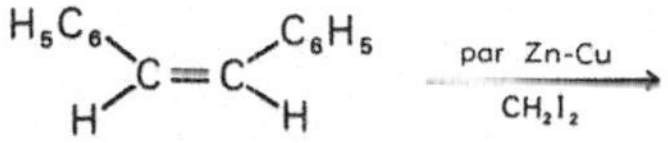

(*d*) $CH_3CHBrCHBrCH_3 \xrightarrow{Zn}$

(*e*) 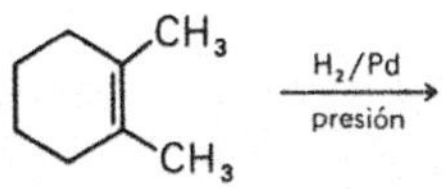 (expresar la conformación preferida)

7. El compuesto **A**, $C_{14}H_{12}$, no da reacción con $Ag(NH_3)_2^+$ pero decolora el bromo, dando el compuesto **B**, $C_{14}H_{12}Br_2$. El tratamiento de **B** con KOH alcohólica da el compuesto **C**, $C_{14}H_{10}$, que tampoco reacciona con $Ag(NH_3)_2^+$. La ozonización de **A** continuada en medio reductor sólo da benzaldehído. Dar las estructuras de **A**, **B** y **C**.

8. El compuesto **A**, $C_{10}H_{20}O_2$, reaccionó con cloruro de acetilo para dar el compuesto **B**, $C_{14}H_{24}O_4$. La deshidratación de **A** dio el compuesto **C**, $C_{10}H_{16}$, que no dio aducto de Diels-Alder con anhídrido maleico. La hidrogenación de **C** dio el compuesto **D**, $C_{10}H_{20}$. El compuesto **C** decolora fácilmente el bromo produciendo **E**, que dio el compuesto **F**, $C_{10}H_{12}$, al tratarlo con KOH alcohólica. **F** liberó dos moles de de metano al tratarlo con CH_3MgCl y dio **D** por hidrogenación.

La oxidación de **C** con $KMnO_4$ dio un ácido dibásico que pierde fácilmente CO_2 (indicando que ambos grupos carboxilo están sobre el mismo carbono) dando el compuesto **G**. Al tratar el yoduro de ciclohexilmagnesio con CO_2 y luego con agua se obtuvo **G**.

Dar la estructura de los compuestos de **A** a **G**.

Parte segunda
Compuestos orgánicos con oxígeno y nitrógeno

Capítulo nueve

NOMENCLATURA

La clase de compuestos que se conoce con el nombre de *alcoholes*, contiene un grupo —OH unido a un átomo de carbono saturado. La desinencia IUPAC para los alcoholes es *—ol*. Los compuestos aromáticos correspondientes, los *fenoles*, Ar-OH, tienen propiedades químicas distintas y sufren reacciones diferentes a las de los alcoholes (ver Cap. 10). Los alcoholes saturados, así como los éteres correspondientes R—O—R, pertenecen a la serie homóloga $C_nH_{2n+2}O$. Compárese la fórmula y estructura del alcohol etílico, $CH_3—CH_2\ddot{\underset{..}{O}}H$, con la del éter metílico, $CH_3—\ddot{\underset{..}{O}}—CH_3$.

> ¿A qué serie homóloga pertenece el alcohol alílico, $CH_2{=}CH—CH_2OH$? ¿Qué otra clase de compuestos pertenecen a esta misma serie? Explicarlo con ejemplos concretos.

Los alcoholes se denominan primarios, secundarios o terciarios, según el grado de sustitución del átomo de carbono al que se une el grupo funcional —OH (ver Tabla 9-1).

En la Tabla 9-2 se dan ejemplos de alcoholes que no pertenecen a la serie saturada. Nótese que algunos pueden también clasificarse como alcoholes alílicos. Los compuestos con dos y tres grupos funcionales —OH se denominan *dioles* y *trioles*.

> **1.** Clasifíquese cada uno de los alcoholes de la Tabla 9-1 como primario, secundario o terciario.

Alcoholes

2. Escríbase la estructura de cada uno de los alcoholes C_5 en esta serie homóloga y nómbrese según el sistema IUPAC.

3. Los alcoholes C_5 se denominan alcoholes pentílicos en el sistema común. ¿Se puede asignar un nombre común a cada uno de los alcoholes C_5 siguiendo los nombres vulgares de los butanoles? (*Sugerencia:* Uno de ellos se denomina alcohol neopentílico).

Tabla 9-1. Nomenclatura de los alcoholes C_1 a C_4

C_1:

CH_3OH

metanol
(alcohol metílico)

C_2:

CH_3CH_2OH

etanol
(alcohol etílico)

C_3:

$CH_3CH_2CH_2OH$

propanol-1
(alcohol *n*-propílico)

$$\begin{matrix} CH_3CHCH_3 \\ | \\ OH \end{matrix}$$

propanol-2
(alcohol isopropílico)

C_4:

$CH_3CH_2CH_2CH_2OH$

butanol-1
(alcohol *n*-butílico)

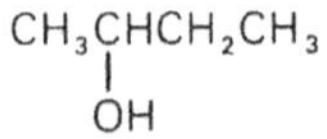

butanol-2
(alcohol *sec*-butílico)

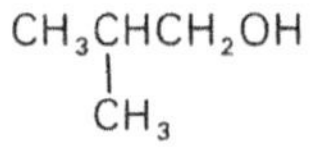

2-metil-1-propanol
(alcohol isobutílico)

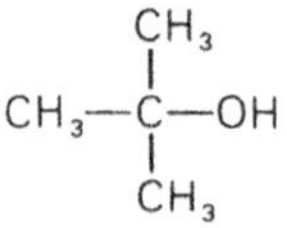

2-metil-2-propanol
(alcohol *terc*-butílico)

Tabla 9-2. Ejemplos de nomenclatura de alcoholes

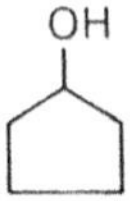

ciclopentanol

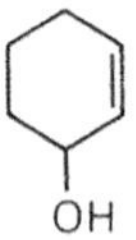

2-ciclohexen-1-ol
(un alcohol alílico)

$CH_2{=}CH{-}CH_2OH$

alcohol alílico
(2-propen-1-ol)

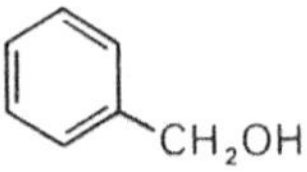

alcohol bencílico

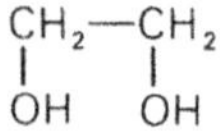

etilenglicol
(1,2-etanodiol)

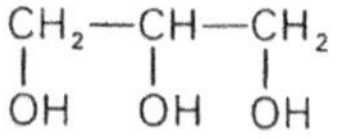

glicerol
(1,2,3-propantriol)

ENLACE DE HIDROGENO

La comparación de los puntos de ebullición de los halogenuros de hidrógeno con sus pesos moleculares pone de relieve el punto de ebullición anormal del HF (Fig. 9-1).

	HF	HCl	HBr	HI
p. eb.	19°	−84°	−67°	−35°
peso mol.	20	36,5	81	128

Una comparación análoga de los puntos de ebullición de una serie de compuestos orgánicos con aproximadamente el mismo peso molecular, señala que los alcoholes y los ácidos tienen también puntos de ebullición superiores a los de los hidrocarburos, halogenuros o éteres.

	$CH_3CH_2CH_2CH_2CH_3$	$CH_3CH_2CH_2Cl$	$CH_3CH_2OCH_2CH_3$
p. eb.	36°	47°	35°
peso mol.	72	78,5	74

$CH_3CH_2CH_2CH_2OH$	CH_3CH_2COOH
118°	141°
74	74

Estas diferencias pueden explicarse por la energía adicional necesaria para romper los enlaces débiles entre las moléculas de HF, alcoholes y ácidos durante la vaporización. Esos enlaces, denominados *enlaces de hidrógeno,* se forman al actuar un átomo de hidrógeno como puente entre dos elementos muy electronegativos (generalmente flúor, oxígeno y nitrógeno) (ver Fig- 9-2). Aunque los enlaces de hidrógeno son débiles en comparación con los iónicos y covalentes, pueden ser apreciables al tener en cuenta su acción sobre los puntos

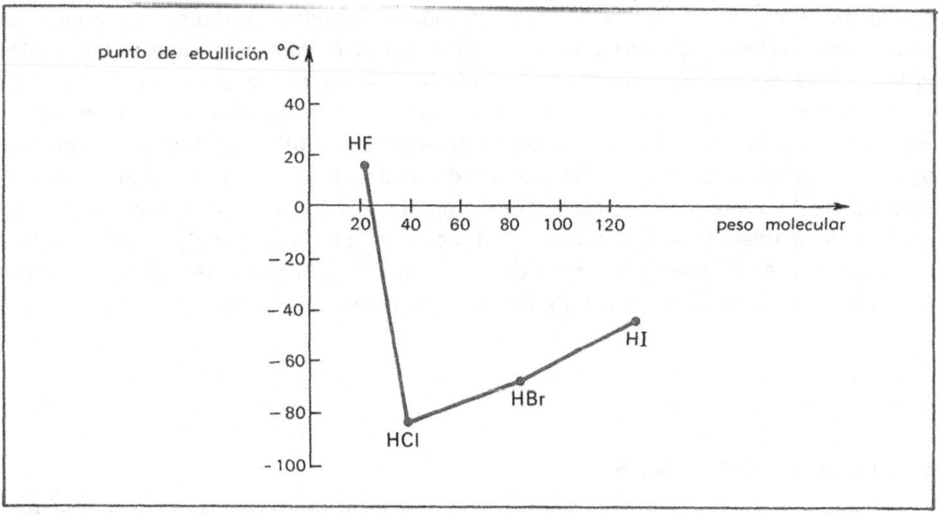

Figura 9-1. Puntos de ebullición de los halogenuros de hidrógeno

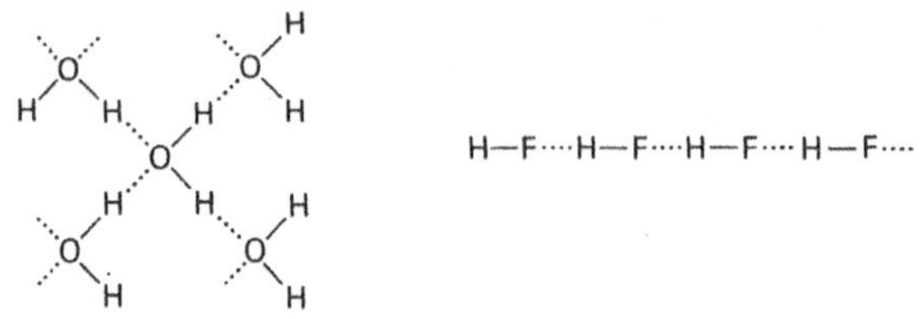

(*a*) enlaces de hidrógeno intermoleculares

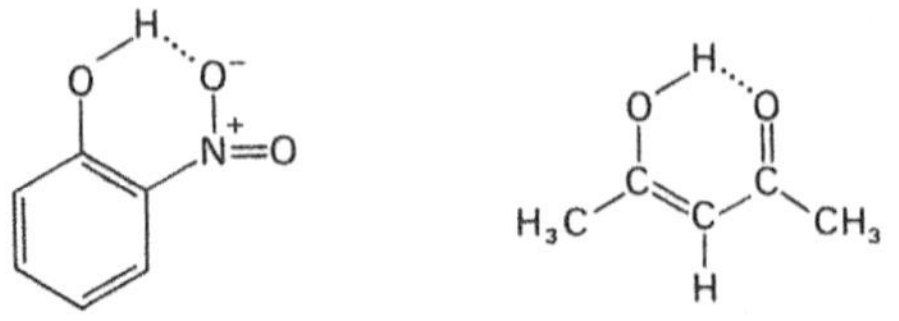

(*b*) enlaces de hidrógeno intramoleculares

Figura 9-2. Moléculas con enlaces de hidrógeno

de ebullición relativos de los alcoholes, ácidos y otros compuestos polares análogos. Los enlaces de hidrógeno entre las distintas partes de una misma molécula *(enlaces intramoleculares)* determinan con frecuencia la configuración preferida de la molécula. En la Fig. 9-2 se indican algunos ejemplos de moléculas unidas por enlaces de hidrógeno intramoleculares e intermoleculares. Las moléculas unidas por enlaces de hidrógeno se dice también que están *asociadas.*

Debe hacerse observar que los elementos electronegativos pueden participar del enlace de hidrógeno sólo cuando la geometría permite recubrir el protón con los orbitales de esos átomos. El tamaño del ciclo es un factor importante en los enlaces de hidrógeno intramoleculares; son raros los ciclos distintos de los de cinco o seis miembros con enlace de hidrógeno. El carbono no es muy electronegativo, por consiguiente es raro dar importancia a enlaces de hidrógeno entre el carbono e hidrógeno en las moléculas orgánicas ordinarias.

REACCIONES

9-1 REACCIONES CON METALES

La mayoría de los metales alcalinos (Li, Na, K) y alcalino-térreos (Mg, Ca, Ba) reaccionan con los alcoholes de C_1 a C_8. El aluminio también reacciona lentamente con estos compuestos. Esas reacciones, en las cuales el alcohol pierde un ion hidrógeno, demuestran la acidez muy débil de los alcoholes.

General: $R{-}OH + Na \longrightarrow R{-}O^- Na^+ + \frac{1}{2}H_2\uparrow$

un alcoxido

Específica: $(CH_3)_3C{-}OH + K \longrightarrow (CH_3)_3C{-}O^-K^+ + \frac{1}{2}H_2\uparrow$

alcohol *terc*-butílico — *terc*-butóxido potásico

Los productos de tipo salino, RO^-M^+, se conocen con el nombre de *alcoxidos;* por ejemplo, $CH_3CH_2O^-Na^+$ es el etoxido sódico. Los alcoxidos son bases fuertes que por tratamiento con agua dan el alcohol original y iones hidróxido.

$$CH_3O^- Na^+ + H_2O \longrightarrow CH_3OH + Na^+ OH^-$$

metóxido sódico — metanol

9-2 HALOGENUROS DE ACIDO INORGANICO DE FOSFORO Y AZUFRE

Los halogenuros de fósforo se emplean con frecuencia en síntesis de halogenuros orgánicos a partir de alcoholes, en condiciones relativamente moderadas (Sec. 8-4). Los compuestos de los que se dispone corrientemente son: tricloruro de fósforo, PCl_3, pentacloruro de fósforo, PCl_5, tribromuro de fósforo PBr_3, y pentabromuro de fósforo PBr_5. El último se prepara directamente: $PBr_3 + Br_2 \rightarrow PBr_5$. Para preparar yoduros de alquilo no se emplean los yoduros de fósforo correspondientes, sino una mezcla de fósforo *rojo* y yodo.

$$CH_3CH_2CH_2CH_2OH \xrightarrow[I_2\ \Delta]{\text{fósf. rojo}} CH_3CH_2CH_2CH_2I + H_3PO_3$$

Para preparar halogenuros secundarios y terciarios a partir de los alcoholes correspondientes se elige preferentemente como reactivo adecuado el PBr_3 (o fósforo rojo y bromo), puesto que el empleo del HBr puede provocar en estos alcoholes una extensa reacción de eliminación y transposición (véase Sec. 9-4).

De entre los halogenuros derivados del azufre, el cloruro de tionilo, $SOCl_2$, proporciona cloruros de alquilo de gran pureza, puesto que los demás productos de la reacción son gaseosos.

$$CH_3CH(OH)CH_3 + SOCl_2 \longrightarrow CH_3CH(Cl)CH_3 + SO_2\uparrow + HCl\uparrow$$

Tanto el cloruro de tionilo como el tricloruro y el pentacloruro de fósforo se emplean también en la preparación de los cloruros de ácido a partir de los ácidos (Sec. 7-10). De esos tres reactivos, sólo el PCl_5 o PBr_5 se emplean para preparar dihalogenuros *geminales* a partir de aldehídos y cetonas.

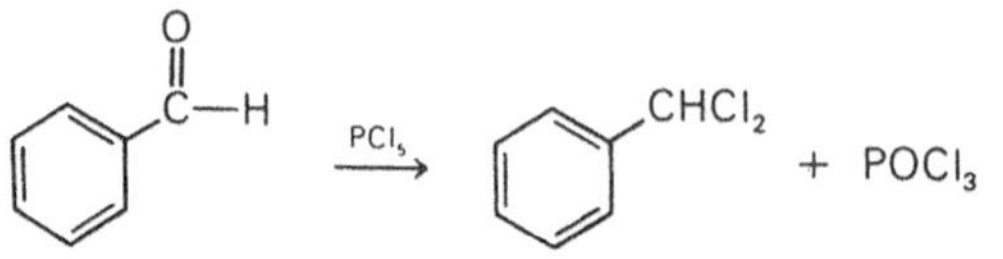

benzaldehído — cloruro de benzal — oxicloruro de fósforo

9-3 HALOGENUROS DE HIDROGENO

Muchos de los alcoholes corrientes son asequibles comercialmente, y la mayoría de los demás pueden sintetizarse mediante el reactivo de Grignard apropiado (ver Sec. 9-14 a 9-16). La reacción de un alcohol con un halogenuro de hidrógeno es un camino conveniente para obtener el halogenuro correspondiente. Muchas veces se añade una pequeña cantidad de ácido sulfúrico como catalizador. El orden de reactividad de los halogenuros de hidrógeno es $HI > HBr > HCl$.

General: $$R{-}OH + HX \xrightleftharpoons{H^+} R{-}X + H_2O$$

Ejemplo: $$\underset{\text{alcohol } n\text{-butílico}}{CH_3CH_2CH_2CH_2OH} \xrightarrow[\text{ó HBr 48\%}]{H_2SO_4 + NaBr} \underset{\text{bromuro de } n\text{-butilo}}{CH_3CH_2CH_2CH_2Br} + H_2O$$

A continuación indicamos el mecanismo mediante un ejemplo concreto.

Global: $$(CH_3)_3C{-}OH + HI \longrightarrow (CH_3)_3C{-}I + H_2O$$

Mecanismo: $$(CH_3)_3C{-}\ddot{\underset{..}{O}}{-}H \xrightleftharpoons{H^+} \underset{\text{un ion oxonio}}{\left[(CH_3)_3C{-}\overset{H}{\underset{+}{\ddot{O}}}{-}H\right]}$$

$$\left[(CH_3)_3C{-}\overset{H}{\underset{+}{\ddot{O}}}\ H\right] \xrightleftharpoons[\text{lento}]{} (CH_3)_3C^+ + H_2O \qquad \left[(CH_3)_3C^+\right] \xrightarrow[\text{rápido}]{I^-} (CH_3)_3CI$$

un ion carbonio (el ion butil carbonio terciario)

Reacción secundaria de eliminación: 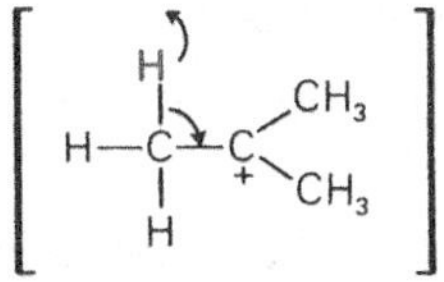 $\longrightarrow (CH_3)_2C{=}CH_2 + H^+$

La formación del ion oxonio (o sal de oxonio) en el primer paso, es una reacción reversible de ácido-base. El agua es un «grupo saliente» bueno, y la reacción subsiguiente del ion carbonio es rápida.

En el caso del etanol y muchos otros alcoholes primarios sencillos sólo se obtienen pequeñas cantidades de productos de eliminación (deshidratación). En los alcoholes secundarios la eliminación adquiere más importancia. Con los alcoholes terciarios el producto principal más frecuente en estas condiciones es la olefina o una mezcla de las olefinas posibles. El empleo de halogenuros de azufre o fósforo da menor proporción de productos de eliminación.

La velocidad relativa de la reacción de varios alcoholes en presencia de una cantidad catalítica de cloruro de cinc proporciona una base para desarrollar un método de identificación de esas sustancias conocido con el nombre de *ensayo de Lucas* (Sec. 9-18). Señalaremos ahora que la reacción de un alcohol primario con HCl requiere un catalizador ($ZnCl_2$) para obtener buenos rendimientos en cloruro de alcohilo en un tiempo razonable. Los alcoholes secundarios, terciarios, alílicos y bencílicos reaccionan con rapidez suficiente sin catalizador.

9-4 DESHIDRATACION DE ALCOHOLES

La deshidratación de alcoholes catalizada por ácido se ha expuesto ya (Sec. 4-1), pero hacemos notar aquí la posible transposición del ion carbonio intermedio inicial en otro más estable.

Global $CH_3CH_2CH_2CH_2OH \xrightarrow[HBr]{H^+} CH_3CH_2CH_2CH_2Br$

butanol-1 1-bromobutano

Productos secundarios: $CH_3CH_2CH{=}CH_2$ y $CH_3{-}CH{=}CH{-}CH_3$

buteno-1 buteno-2

> Escribir el mecanismo de formación del producto principal, 1-bromobutano, y de la olefina terminal como subproducto. (*Aviso*: Véase el ejemplo de la Sec. 9-3).

Mecanismo: Formación de buteno-2:

$$CH_3CH_2CH_2CH_2OH \overset{H^+}{\rightleftharpoons} [CH_3CH_2CH_2CH_2\text{—}\overset{+}{O}H_2]$$ **Paso 1**

$$[CH_3CH_2CH_2CH_2\text{—}\overset{+}{O}H_2] \overset{-H_2O}{\rightleftharpoons} [CH_3CH_2CH_2CH_2^+]$$ **Paso 2**

Paso 3

ion carbonio 1°   ion carbonio 2°

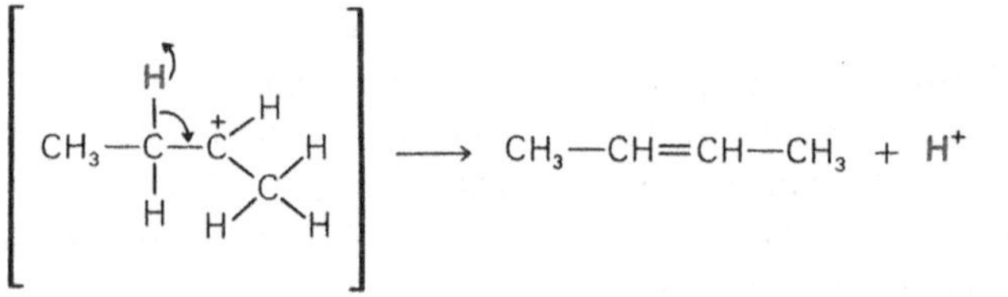

Paso 4

La formación del ion *n*-butil carbonio en los pasos 1 y 2 es análoga a la que se encontró en las Secs. 4-1 y 9-3. La fuerza motriz para la transposición (salto de hidruro 1,2) del paso 3 es la formación del ion carbonio secundario

---

1. Sugerir un mecanismo para la formación de cada uno de los productos posibles de la reacción siguiente. Señálese también si un producto determinado puede obtenerse por más de un camino.

$$(CH_3)_3C\text{—}OH \xrightarrow[H^+]{HBr} (CH_3)_3C\text{—}Br + (CH_3)_2C{=}CH_2$$
$$+ CH_2{=}CH\text{—}CH_2\text{—}CH_3 + CH_3\text{—}CH{=}CH\text{—}CH_3$$

2. Según el mecanismo que se proponga, cuál será la distribución isotópica en cada uno de los productos anteriores si se partiera de:

(*a*) 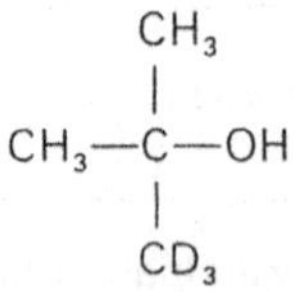

(*b*) 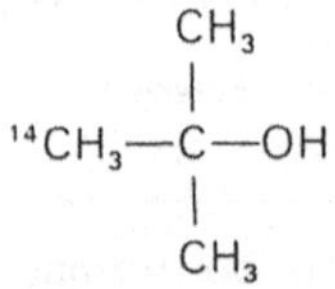

Supóngase que los átomos de deuterio reaccionan como los de hidrógeno y que los átomos de C^{12} y C^{14} se comportan del mismo modo.

---

más estable. No se ha especificado la geometría del buteno-2 recién formado, pero el isómero predominante será la forma más estable (trans) si el ion carbonio secundario tuviere una vida suficientemente larga como para permitir la rotación alrededor del enlace carbono-carbono.

9-5 OXIDACION DE LOS ALCOHOLES

Los productos obtenidos en la oxidación de los alcoholes dependen del tipo de alcohol que entra en reacción.

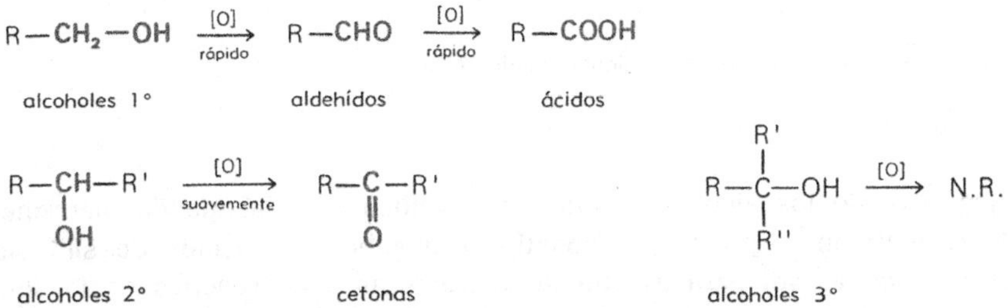

Los oxidantes más corrientes son el permanganato potásico, $KMnO_4$, o una fuente de Cr(VI), tal como el dicromato sódico o potásico, $K_2Cr_2O_7$, el cromato sódico, Na_2CrO_4, o el anhídrido crómico, CrO_3.

La oxidación de los alcoholes primarios no es por lo general un método bueno para preparar aldehidos, puesto que el producto se oxida muy rápidamente a continuación dando el ácido correspondiente. Cuando el aldehído deseado tiene un punto de ebullición muy inferior al del alcohol, puede eliminarse de la mezcla de reacción a medida que se forma, antes de su ulterior oxidación a ácido.

$$(CH_3)_3C{-}CH_2OH \xrightarrow{CrO_3} (CH_3)_3C{-}CHO \quad \text{se separa a medida que se forma}$$

alcohol neopentílico p. eb. 114° — trimetilacetaldehído 75°

La oxidación de alcoholes secundarios a cetona es un método de síntesis excelente y usualmente produce buenos rendimientos.

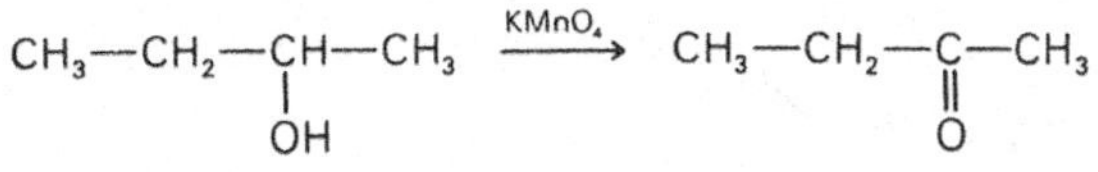

butanol-2 — butanona-2 (metil-etil-cetona)

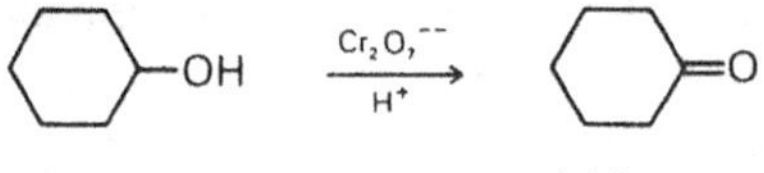

ciclohexanol ciclohexanona

Los alcoholes terciarios son estables a la oxidación en las condiciones ordinarias. Si se fuerzan las condiciones, el alcohol puede sufrir reacciones con ruptura de enlaces carbono-carbono y formación de una mezcla compleja de productos.

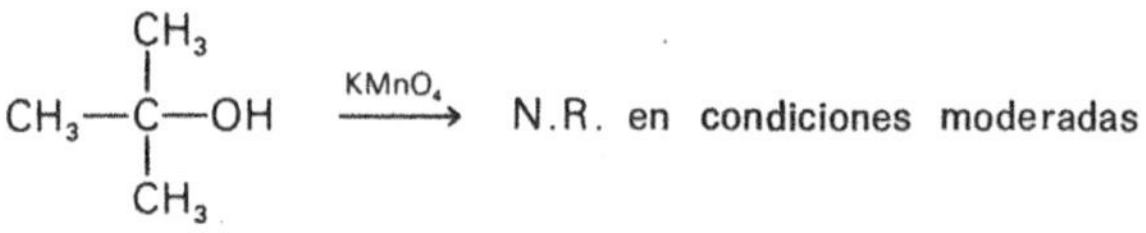

El tratamiento de los alcoholes alílico o bencílico con dióxido de manganeso, MnO_2, recientemente preparado, constituye una buena reacción de síntesis y también un método útil para determinar estructuras. Este reactivo es lo suficientemente enérgico para oxidar el alcohol a aldehído, pero es inhábil para oxidarlo hasta ácido. El MnO_2 se reduce á Mn^{++}.

$$CH_2{=}CH{-}CH_2OH \xrightarrow[\text{reciente}]{MnO_2} CH_2{=}CH{-}CHO$$

alcohol alílico acroleína

alcohol bencílico benzaldehído

9-6 FORMACION DE ESTER

La síntesis de un ester se lleva a cabo fácilmente calentando a reflujo una mezcla de un ácido orgánico y un alcohol en presencia de un poco de ácido mineral tal como HCl o H_2SO_4. Esta reacción de equilibrio se conoce con el nombre de *esterificación de Fischer.*

General:

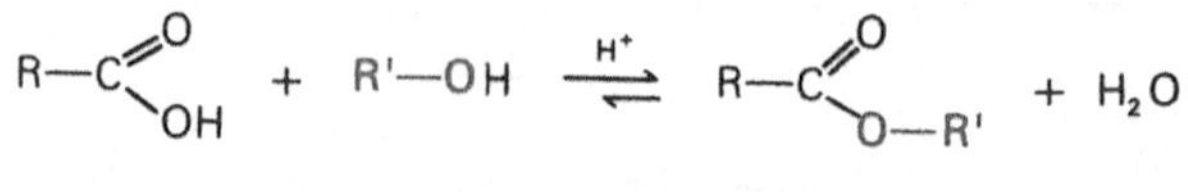

un ácido un alcohol un ester

Específico:

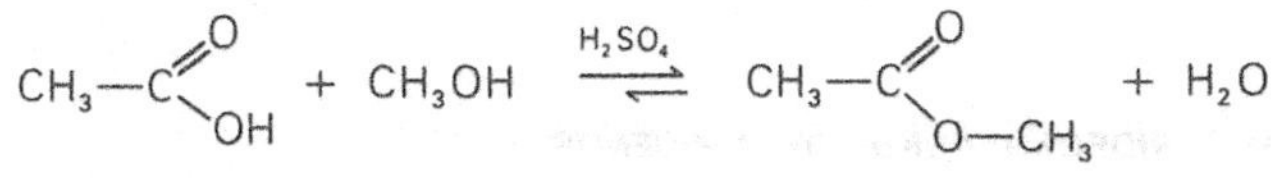

ácido acético | alcohol metílico | acetato de metilo

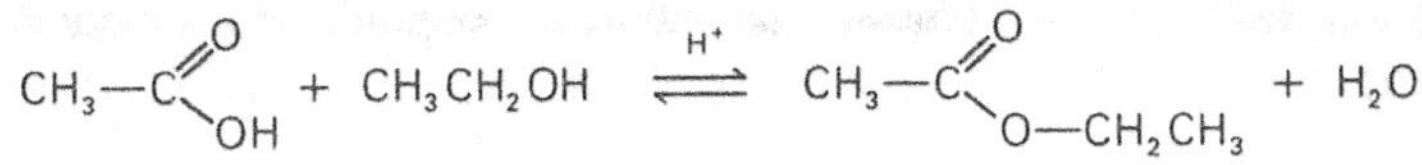

ácido acético | alcohol etílico | acetato de etilo

Por lo general el equilibrio está desplazado del lado del ester cuando se emplea un exceso de alcohol (o de ácido si es el compuesto de menor precio), o se elimina el agua a medida que se forma. Por ahora nos referiremos sólo a los esteres derivados del ácido acético, cloruro dc acetilo, y anhídrido acético, es decir a los *acetatos*. Los reactivos que se indican a continuación se expusieron brevemente al tratar de la acilación de Friedel-Crafts en las Secs. 7-9 y 7-10.

Cloruros de ácido:

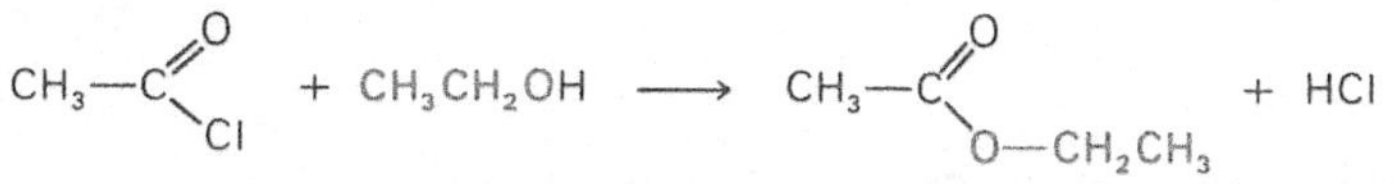

cloruro de acetilo | alcohol etílico | acetato de etilo

Anhídridos:

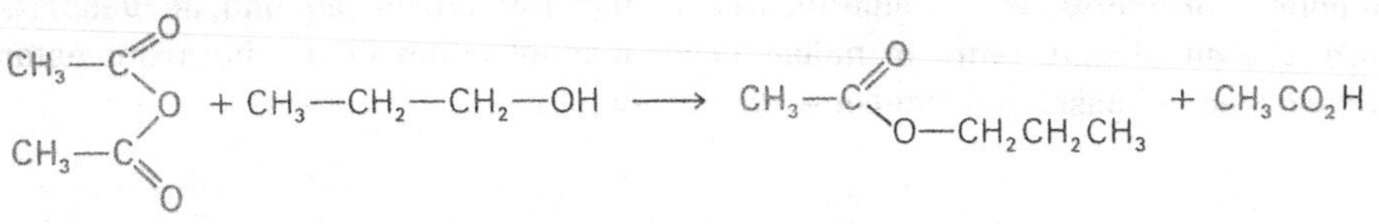

anhídrido acético | alcohol *n*-propílico | acetato de *n*-propilo | ácido acético

Los esteres de los ácidos inorgánicos y de los alcoholes orgánicos son valiosos productos comerciales. Por ejemplo, la nitroglicerina se prepara fácilmente por esterificación del ácido nítrico con glicerol.

glicerina (glicerol) | nitroglicerina

PREPARACION

9-7 HIDRATACION E HIDROBORACION DE ALQUENOS

El agua puede adicionarse al doble enlace carbono-carbono en el sentido de Markownikoff, calentando con ácido sulfúrico diluido (Sec. 4-10) o en dirección anti-Markownikoff con el empleo de diborano seguido de oxidación con H_2O_2 (Sec. 4-12).

9-8 HIDROLISIS DE HALOGENUROS DE ALQUILO: ESQUEMAS S_N1 Y S_N2

Los alcoholes no se preparan generalmente en la práctica de laboratorio por hidrólisis de los halogenuros de alquilo, por dos razones: (1) muchos alcoholes son comercialmente asequibles, y (2) los halogenuros de partida necesarios, se obtienen por regla general preferentemente a partir de los alcoholes. Sin embargo, existen ocasiones en las que se elige este método.

General: $$R{-}X \xrightarrow[\text{OH- dil.}]{H_2O \text{ ó}} R{-}OH.$$

Específico: $$CH_3CH_2CH_2Br \xrightarrow[H_2O]{\Delta} CH_3CH_2CH_2OH + HBr$$

El mecanismo por el que tiene lugar esta reacción depende del sustrato. Los halogenuros primarios y secundarios reaccionan por un mecanismo de desplazamiento S_N2 en el que tanto la molécula de alcohol como el ion hidróxido están implicados en el paso determinante de la velocidad.

Global: $$CH_3CH_2Br \xrightarrow[\text{dil.}]{OH^-} CH_3CH_2OH + HBr \xrightarrow{OH^-} H_2O + Br^-$$

Mecanismo: halogenuros 1.° y 2.°: desplazamiento S_N2.

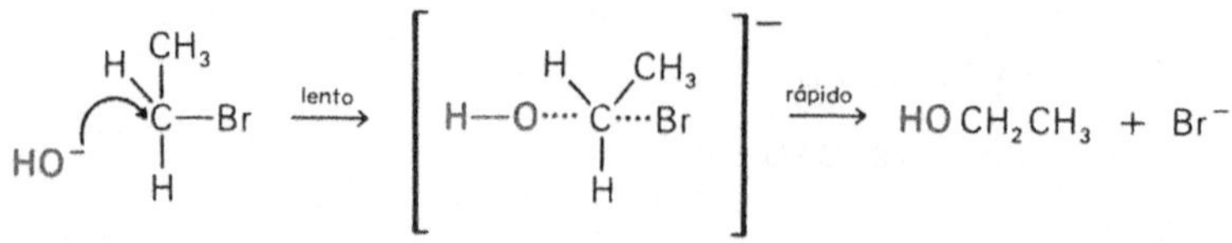

estado de transición

Nótese que en el estado de transición los dos carbonos y los dos hidrógenos (unidos al carbono que reacciona), yacen sobre un plano.

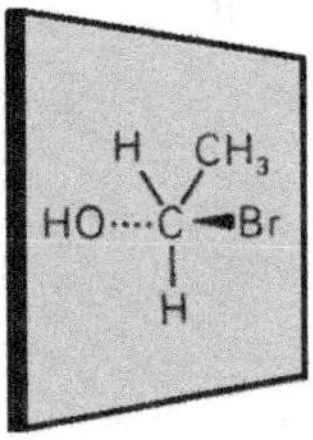

Por el contrario, los halogenuros de alquilo terciario, alilo y bencilo, reaccionan según el esquema de un mecanismo S_N1 que implica ionización del enlace carbono-halógeno en el paso determinante de la velocidad.

Mecanismo:

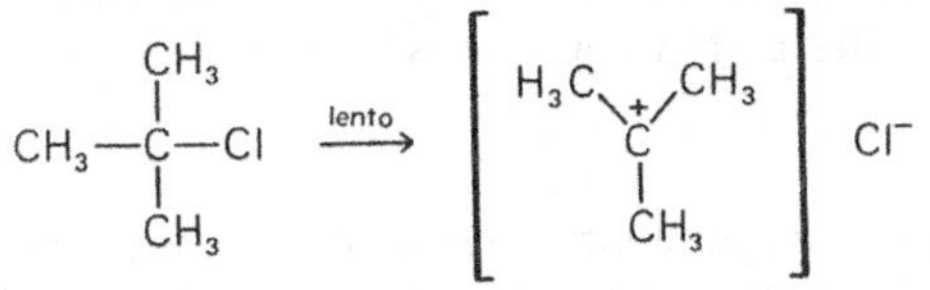

intermedio plano

El ion *terc*-butil carbonio intermedio plano, es relativamente estable en comparación con el primario y el secundario como consecuencia del efecto repelente de electrones de los grupos metilo. Además, la presencia de tres sustituyentes sobre el átomo de carbono impide al OH^- desplazar el ion halogenuro mediante una reacción S_N2, debido a la interferencia entre los grupos.

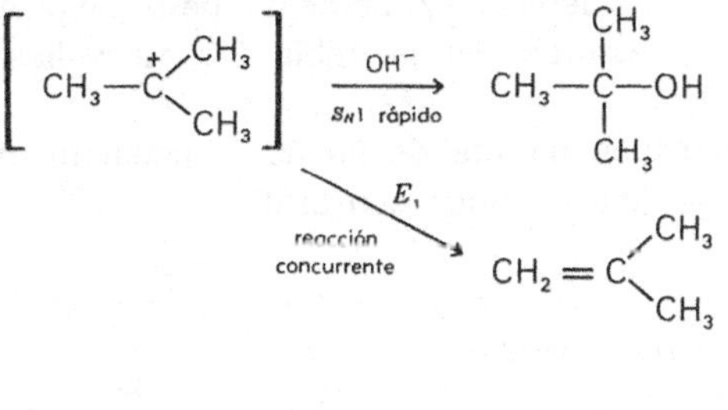

Análogamente, los iones bencil y alil carbonio determinan un intermedio estabilizado por resonancia que facilita esta ionización.

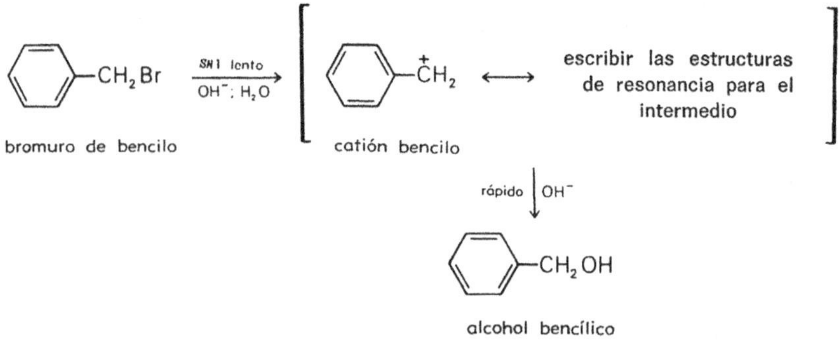

9-9 REDUCCION DE LOS COMPUESTOS CARBONILICOS CON HIDRUROS METALICOS

Los hidruros metálicos tales como el $LiAlH_4$ y el $NaBH_4$ son buenos reductores y se emplean para la preparación de alcoholes a partir de varios compuestos carbonílicos tales como los aldehídos, RCHO, las cetonas, R_2CO, ácidos RCOOH, y esteres RCOOR′. El más reactivo de esos hidruros, el $LiAlH_4$, se combina enérgicamente con cualquier fuente de protones acídicos (H^+, R—O—H, H—O—H, R—COOH) para liberar hidrógeno gas.

$$H^- + H^+ \longrightarrow H_2$$

Los iones litio y aluminio se combinan con el resto de la molécula para formar sales. Las reacciones orgánicas de reducción corrientes mediante $LiAlH_4$ se llevan a cabo en éter seco o en tetrahidrofurano y requieren una hidrólisis independiente para liberar el alcohol de la sal.

$$4R_2C{=}O + LiAlH_4 \longrightarrow \left[R_2HC{-}O \right]_4{-}LiAl \xrightarrow{H_3O^+} 4R_2CHOH + Li^+ + Al^{3+} + 4OH^-$$

El hecho de que el $LiAlH_4$ sea un reductor más enérgico que el $NaBH_4$ puede probarse de dos maneras: (1) El $NaBH_4$ puede emplearse en disolución acuosa o alcohólica, mientras que el $LiAlH_4$ reacciona con el disolvente en esas condiciones; (2) ambos reactivos reducen los aldehídos y cetonas, pero sólo el $LiAlH_4$ es capaz de reducir los ácidos y esteres. En la Tabla 9-3 se indican ejemplos.

Una alternativa favorable para la reducción directa de un ácido consiste en la reducción del correspondiente ester metílico o etílico con $LiAlH_4$.

$$R{-}C({=}O){-}OH + CH_3OH \xrightarrow{H^+} R{-}\overset{O}{\overset{\|}{C}}{-}O{-}CH_3 + H_2O$$

$$R{-}C({=}O){-}OCH_3 \xrightarrow[2.\ H_3O^+]{1.\ LiAlH_4} R{-}CH_2OH + CH_3OH$$

Tabla 9-3. Ejemplos de reducción con $LiAlH_4$

1.

$$R{-}CHO \xrightarrow[2.\ H_3O^+]{1.\ NaBH_4\ o\ LiAlH_4} R{-}CH_2OH$$

aldehído — alcohol 1°

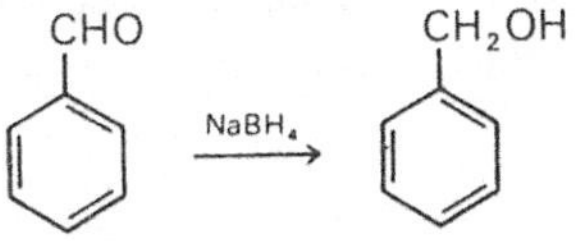

benzaldehído — alcohol bencílico

2.

$$R{-}\overset{\overset{\displaystyle O}{\|}}{C}{-}R' \xrightarrow[2.\ H_3O^+]{1.\ NaBH_4\ o\ LiAlH_4} R{-}\underset{\underset{\displaystyle OH}{|}}{CH}{-}R'$$

cetona — alcohol 2°

$$CH_3{-}\underset{\underset{\displaystyle O}{\|}}{C}{-}CH_2CH_3 \xrightarrow[2.\ H_3O^+]{1.\ LiAlH_4} CH_3{-}\underset{\underset{\displaystyle OH}{|}}{CH}{-}CH_2CH_3$$

metil etil cetona — butanol-2

3.

$$R{-}\overset{\overset{\displaystyle O}{\|}}{C}{-}O{-}H \xrightarrow[2.\ H_3O^+]{1.\ LiAlH_4\ (no\ NaBH_4)} R{-}CH_2OH + H_2\uparrow$$

ácido — alcohol 1°

$$CH_3{-}CH_2{-}COOH \xrightarrow[2.\ H_3O^+]{1.\ LiAlH_4} CH_3CH_2CH_2OH$$

ácido propanoico — propanol-1

4.

$$R{-}\overset{\overset{\displaystyle O}{\|}}{C}{-}O{-}R' \xrightarrow[2.\ H_3O^+]{1.\ LiAlH_4\ (no\ NaBH_4)} R{-}CH_2OH + R'OH$$

ester — alcohol 1°; generalmente no recuperable si R = alquilo bajo

$$CH_3{-}\overset{\overset{\displaystyle O}{\|}}{C}{-}O{-}CH_3 \xrightarrow[2.\ H_3O^+]{1.\ LiAlH_4} CH_3CH_2OH + CH_3OH$$

acetato de metilo

Comúnmente se emplean esteres metílicos debido a que se preparan fácilmente y son más solubles en el disolvente que los ácidos o los esteres de mayor peso molecular. En la reducción de los esteres sólo se recupera por lo general el alcohol primario derivado del ácido; el alcohol metílico es más soluble en agua y se elimina durante el proceso de aislamiento.

La reducción de estos compuestos carbonílicos puede llevarse a cabo también con hidrógeno y un catalizador, pero las condiciones son con frecuencia más enérgicas (alta temperatura, alta presión) y requieren un aparato de hidrogenación especial.

LA REACCION DE GRIGNARD

La reacción de Grignard es una de las reacciones más importantes de la química orgánica debido a su versatilidad para formar nuevos enlaces carbono-cabono. Este reactivo, que podemos representar por R—Mg—X, se expuso brevemente en el Cap. 2 como un camino de síntesis para los alcanos, pero aquí estudiaremos extensamente su aplicación, especialmente para la síntesis de alcoholes.

9-10 PREPARACION DE REACTIVOS ALQUILICOS DE GRIGNARD

Los reactivos alquílicos de Grignard se preparan por la reacción de un halogenuro de alquilo con magnesio en un disolvente seco; la menor cantidad de agua reacciona con el reactivo de Grignard para dar el hidrocarburo (Sec. 2-7).

General:
$$R—X \xrightarrow[\text{ó THF seco}]{\text{Mg en éter seco}} [R—Mg—X]$$

Específico:
$$\underset{\text{bromoetano}}{CH_3CH_2Br} \xrightarrow[\text{seco}]{\text{Mg en éter}} \underset{\text{bromuro de etilmagnesio}}{[CH_3CH_2MgBr]}$$

$$\underset{\text{yoduro de metilo}}{CH_3I} \xrightarrow[\text{seco}]{\text{Mg en éter}} \underset{\text{yoduro de metilmagnesio}}{[CH_3—Mg—I]}$$

El halogenuro de alquilo puede ser primario o secundario; los terciarios son por lo general menos estables por razones electrónicas y estéreas. Pueden emplearse cloruros, bromuros y yoduros. La elección del átomo de halógeno en el halogenuro de alquilo depende de muchos factores, a saber, la disponibilidad (generalmente $Cl > Br > I$), coste de los materiales (generalmente $I > Br > Cl$), y reactividad ($I > Br > Cl$). Es necesario tener en cuenta el punto de fusión, punto de ebullición y facilidad de manejo del halogenuro, así como la sencillez de los aparatos. Considerando todos estos factores, los más adecuados y los que se usan con más frecuencia son los bromuros. Constituyen excepción los derivados metílicos. El yoduro de metilo es un líquido fácilmente manejable, de bajo punto de ebullición (p. eb., 42°), mientras que el cloruro de metilo (p. eb., —24°) y el bromuro de metilo (p. b., 3,5°) son gases a la temperatura ambiente.

El empleo de reactivos de organolitio, R—Li y Ar—Li es análogo en muchos aspectos al de los reactivos de Grignard, pero los factores sutiles que determinan la elección de esos reactivos quedan fuera del alcance de esta obra. Pueden considerarse en conjunto como intermedios de síntesis equivalentes.

9-11 PREPARACION DE REACTIVOS AROMATICOS DE GRIGNARD

En la serie aromática es necesario el empleo de *t*etra*h*idro*f*urano (THF), en lugar de éter, para preparar el reactivo de Grignard a partir de un *cloruro* de arilo, que es considerablemente menos reactivo que el bromuro y yoduro.

General: $$\text{Ar—X} \xrightarrow[\text{seco}]{\text{Mg en éter}} [\text{ArMgX}] \qquad X = I, Br$$

$$\text{Ar—X} \xrightarrow[\text{THF}]{\text{Mg en éter}} [\text{ArMgX}] \qquad X = Cl, Br, I$$

Específico:

bromoetano — bromuro de etilmagnesio

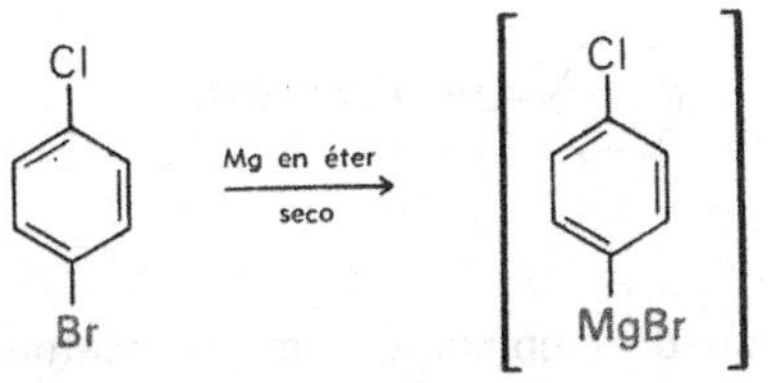

p-bromoclorobenceno — bromuro de *p*-clorofenilmagnesio

Nótese la diferencia de reactividad de los átomos de bromo y de cloro cuando se emplea éter como disolvente en el ejemplo del *p*-bromoclorobenceno. Si se empleara THF, cabrían dificultades para asegurar un buen rendimiento en reactivo de Grignard debido a reacciones secundarias (Sec. 9-12).

9-12 REACCIONES SECUNDARIAS CON EL AIRE DURANTE LA PREPARACION DE GRIGNARD

Por lo menos tres de los constituyentes del aire pueden reaccionar con un reactivo de Grignard e interferir en la reacción siguiente y en el proceso de separación, éstos son: el agua, el oxígeno y el dióxido de carbono.

$$H_2O\text{:}\quad [CH_3MgI] + H_2O \longrightarrow CH_4 + Mg(OH)I$$

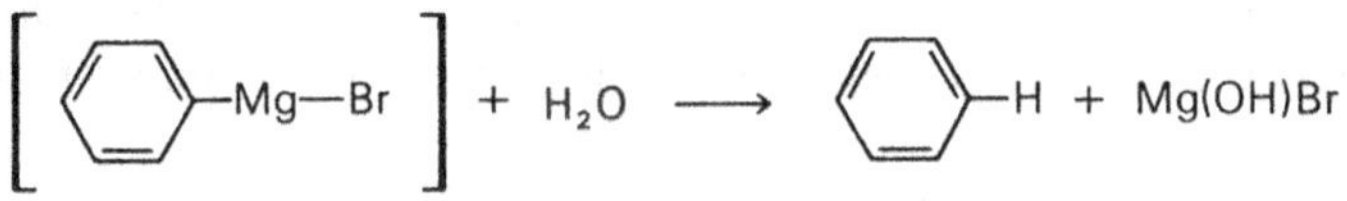

Como anteriormente hemos hecho notar, la reacción de un reactivo de Grignard con H_2O o D_2O es un método excelente de preparación de hidrocarburos a partir de halogenuros, pero éstos a su vez son un serio e inesperado subproducto en otras síntesis. El éter o el THF deben secarse escrupulosamente, incluso por destilación de los disolventes sobre sodio metálico o $LiAlH_4$.

$$O_2\text{:}\quad [CH_3MgI] + O_2 \longrightarrow [CH_3{-}O{-}O{-}MgI] \xrightarrow{H_2O} CH_3OH + Mg(OH)I$$

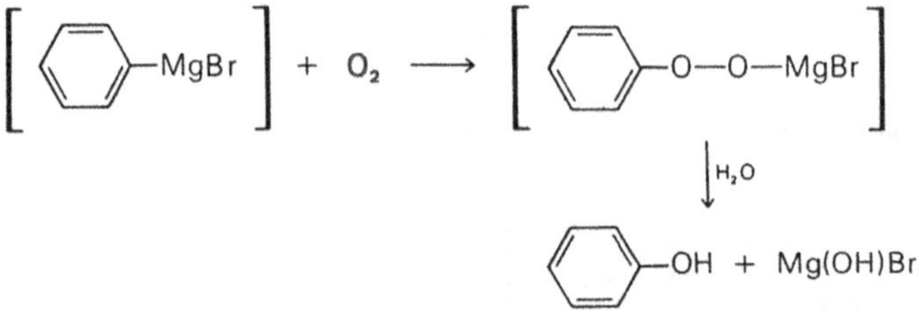

Aunque esta reacción secundaria puede emplearse como un método excelente de síntesis de fenoles, *no constituye una síntesis practicable para alcoholes,* debido a los bajos rendimientos en producto impuro que generalmente se obtienen.

$$CO_2\text{:}\quad [CH_3MgI] + CO_2 \longrightarrow \left[CH_3{-}\overset{\overset{\displaystyle O}{\|}}{C}{-}O{-}MgI \right] \xrightarrow{H_2O} CH_3COOH + Mg(OH)I$$

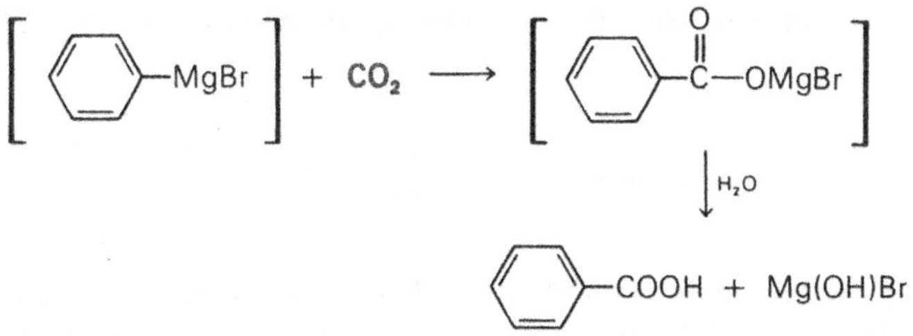

Si se vierte una disolución de un reactivo de Grignard sobre hielo seco (CO_2 sólido) y se trata luego con ácido mineral diluido, pueden obtenerse rendimientos excelentes del ácido orgánico inmediato superior. Sin embargo, en las reacciones señaladas más adelante, esta formación de ácido por reacción del reactivo de Grignard con el CO_2 atmosférico puede constituir una reacción secundaria importante.

El reactivo de Grignard no puede prepararse a partir de una molécula que contenga un grupo funcional con hidrógeno activo, por ejemplo, —CO_2H, —OH, C_6H_5—OH, —C≡C—H, —NH_2; un grupo nitro, otro halógeno reaccionable o cualquier otro grupo funcional que reaccione con el *incipiente* reactivo de Grignard.

9-13 ESTRUCTURA DEL REACTIVO DE GRIGNARD

Aunque se han publicado muchas investigaciones sobre la estructura de varios reactivos de Grignard, está claro que no hay formulación general alguna que represente correctamente todos los reactivos de Grignard. La estructura detallada depende de la parte orgánica, del disolvente empleado y, a veces, de la manera como se prepare el producto. Parece haber acuerdo general sobre el hecho de que el disolvente juega un papel muy importante en la estructura y que los éteres tales como el éter etílico y el THF facilitan mucho la formación del reactivo a partir del halogenuro orgánico y magnesio. Los estudios han indicado que es razonable la formación de $R_2Mg \cdot MgX_2$. Nosotros omitiremos los diversos puntos de controversia sobre la estructura del reactivo y continuaremos empleando la formulación R—Mg—X.

Obsérvese que el átomo de carbono en $\overset{\delta-}{R}—\overset{\delta+}{Mg}—X$ es un nucleófilo; el carbono que lleva el átomo de magnesio tiene una gran proporción de carácter de carbanión. Los grupos carbonilo contienen un carbono electrófilo y son generalmente muy polares: $>\overset{\delta+}{C}=\overset{\delta-}{O}$. La combinación de ambos da lugar a la formación de un enlace carbono-carbono nuevo

$$\overset{\delta-}{R}—\overset{\delta+}{MgX} + >\overset{\delta+}{C}=\overset{\delta-}{O} \longrightarrow R—\overset{|}{\underset{|}{C}}—\overset{\delta-}{O}—\overset{\delta+}{MgX}$$

El subsiguiente tratamiento con agua o ácido diluido separará el alcohol recién formado de la sal

De este modo pueden sintentizarse alcoholes muy diversos mediante esta reacción escogiendo adecuadamente el reactivo de Grignard y el sustrato carbonílico. Los *desplazamientos nucleófilos* (Sec. 8-7), así como las *adiciones nucleófilas*, pueden dar lugar a nuevos enlaces carbono-carbono. En las secciones siguientes expondremos las síntesis de alcoholes primarios, secundarios y terciarios.

9-14 SINTESIS DE ALCOHOLES PRIMARIOS

Se dispone de dos caminos para sintetizar alcoholes primarios. El camino A estriba en la adición de un carbono vía formaldehído, y el B consiste en la adición de dos átomos de carbono mediante el óxido de etileno, un éter cíclico de tres miembros muy reactivos.

Camino A

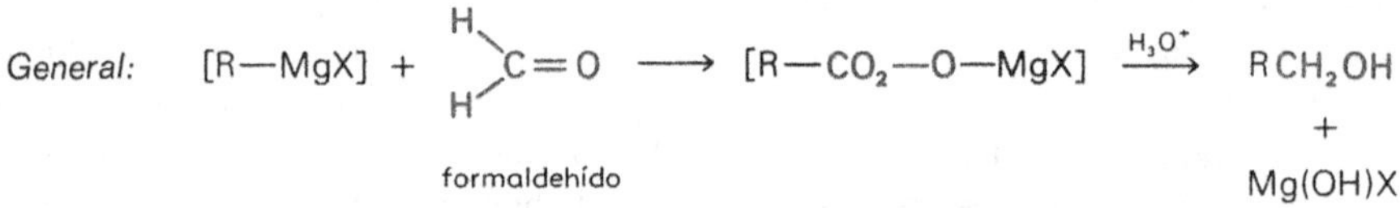

Específico: $[CH_3CH_2MgBr] + CH_2O \longrightarrow [CH_3CH_2CH_2OMgBr] \xrightarrow{H_3O^+} CH_3CH_2CH_2OH + Mg(OH)Br$

Camino B

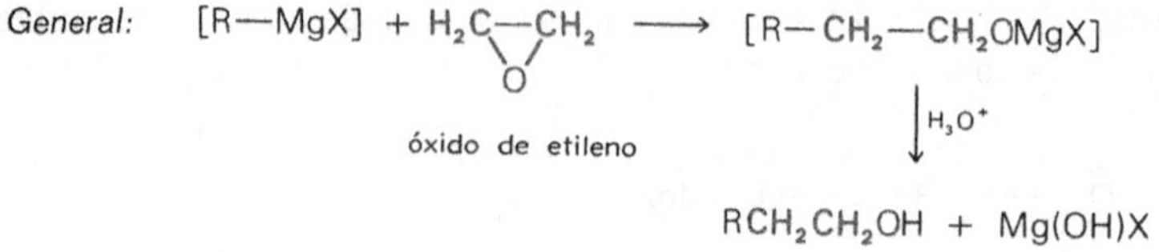

Específico:

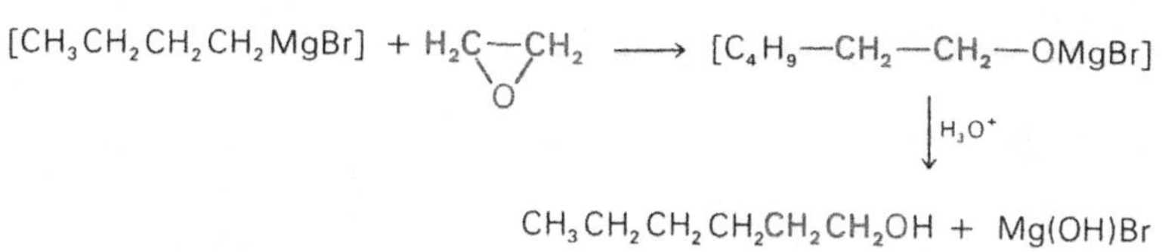

1. Nombrar el reactivo de Grignard de partida y el alcohol formado en los dos ejemplos específicos anteriores.

2. Escribir el mecanismo detallado para la reacción de cada uno de los reactivos de Grignard concretos con el sustrato dado. Indentificar cuál de esas reacciones es una sustitución nucleófila y cuál es una adición nucleófila.

3. ¿Cómo se prepararían cada uno de los reactivos de Grignard indicados a partir de etanol y los demás compuestos necesarios?

9-15 SINTESIS DE ALCOHOLES SECUNDARIOS A PARTIR DE ALDEHIDOS

La reacción de un reactivo de Grignard con un aldehído distinto del formaldehído, seguida de hidrólisis con ácido diluido, da lugar a un alcohol secundario. Tales alcoholes pueden clasificarse en simétricos, R_2CHOH, o asimétricos, RR′CHOH, según la naturaleza de los dos grupos alquilo unidos al carbono portador del grupo —OH. Por consiguiente, hay una sola combinación de esos

Alcoholes secundarios simétricos

General:

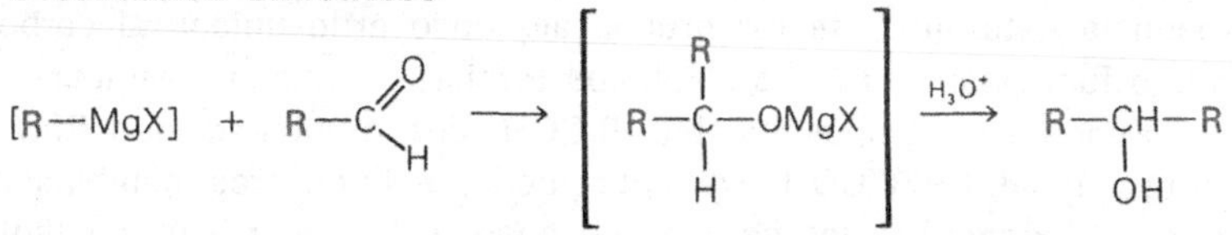

Específico:

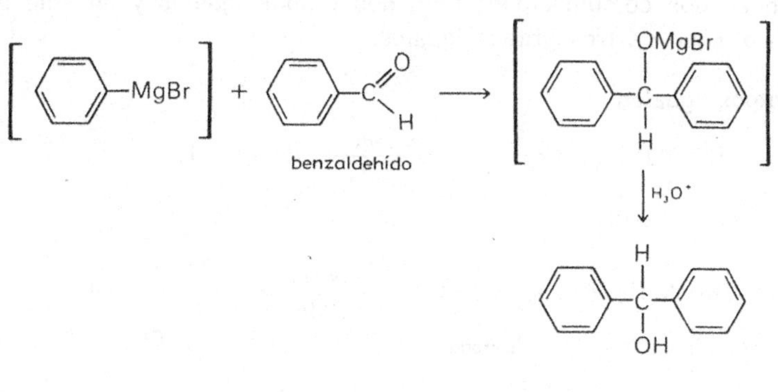

Alcoholes secundarios asimétricos

General: $$[R{-}MgX] + R'{-}C(=O){-}H \xrightarrow{\text{(luego } H_3O^+)} R{-}CH(OH){-}R'$$

$$[R'{-}MgX] + R{-}C(=O){-}H \xrightarrow{\text{(luego } H_3O^+)} R{-}CH(OH){-}R'$$

Específico:

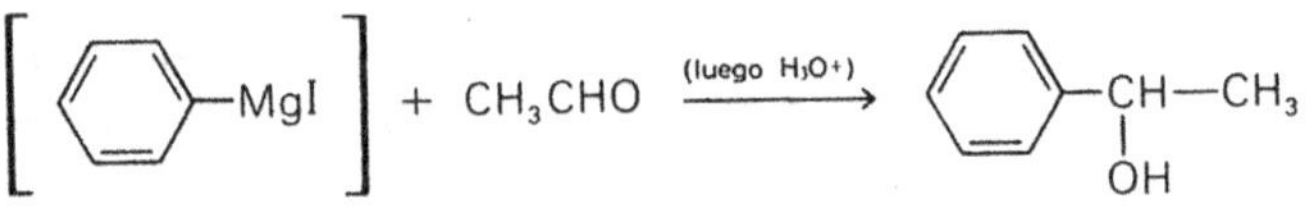

acetaldehído feniletanol-1

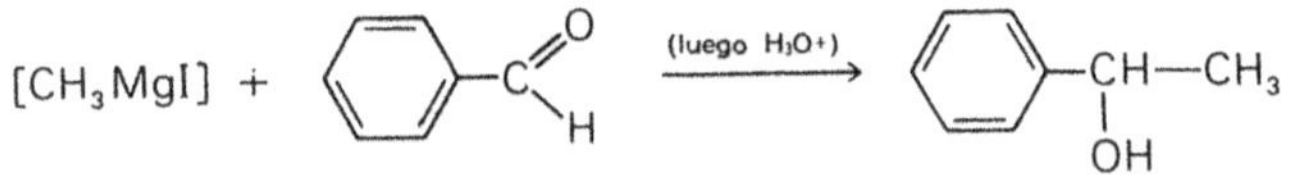

benzaldehído

reactivos que conduzca a un alcohol secundario simétrico, pero son posibles dos combinaciones para la síntesis de los asimétricos. Puesto que la atención se centra en el producto orgánico, omitiremos el inorgánico, [Mg(OH)X], en el paso final de las futuras explicaciones.

9-16 SINTESIS DE ALCOHOLES TERCIARIOS A PARTIR DE CETONAS Y ESTERES

Según la naturaleza de los grupos alquilo o arilo unidos al carbono portador del grupo funcional —OH, los alcoholes terciarios pueden clasificarse en aquellos que contienen tres grupos iguales, R_3COH, dos grupos iguales RRR′COH, o ningún grupo igual RR′R″COH. De este modo, existen tres combinaciones de un reactivo de Grignard y una cetona que pueden dar lugar a un alcohol con ningún grupo igual, dos combinaciones para dos grupos iguales y un solo par de reactivos en el caso de tres grupos iguales.

Tres grupos iguales

General: $$[R{-}MgX] + R{-}C(=O){-}R \xrightarrow[H_2O)]{\text{(luego } NH_4Cl} R{-}C(R)(R){-}OH$$

Específico: $$[CH_3MgI] + CH_3{-}C(=O){-}CH_3 \xrightarrow[H_2O)]{\text{(luego } NH_4Cl} CH_3{-}C(CH_3)(CH_3){-}OH$$

acetona

Dos grupos iguales

General:

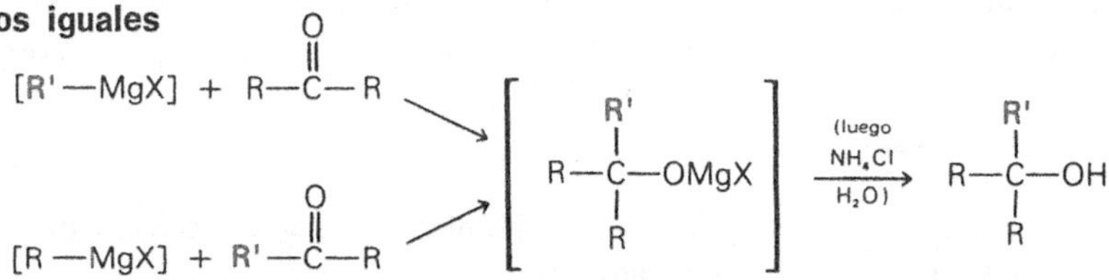

Específico:

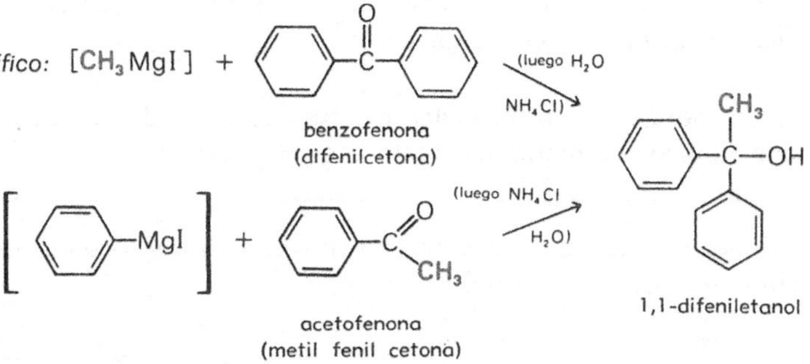

Ningún grupo igual

General:

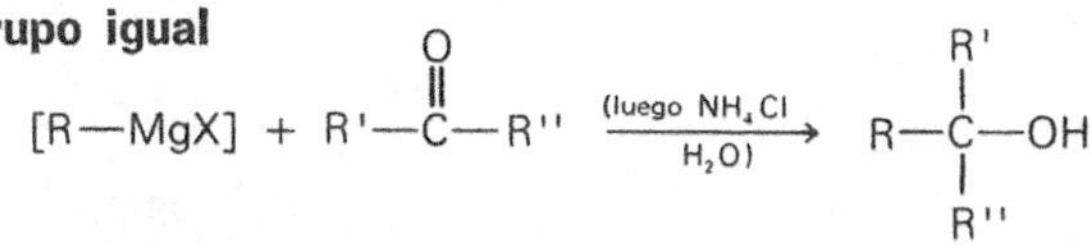

Los alcoholes terciarios y ciertos alcoholes alílicos y bencílicos

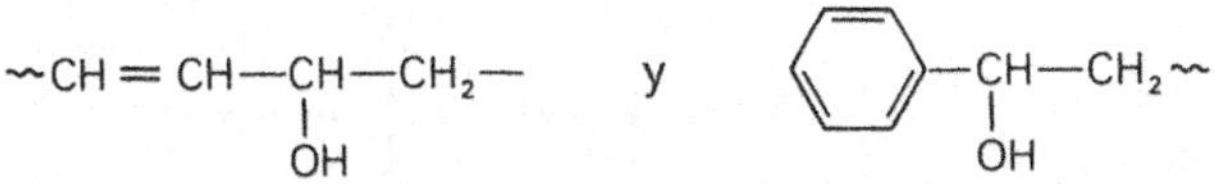

un alcohol alílico — un alcohol bencílico

se deshidratan fácilmente dando olefinas, dienos o alquenos semejantes al estireno al tratarlos con ácido fuerte. Todos esos alcoholes forman iones carbonio relativamente estables por protonación y pérdida de agua. Aunque esta reacción de deshidratación puede constituir un paso útil en síntesis, incluso semejante con la reacción de Grignard, *cuando quieran obtenerse alcoholes terciarios deberán emplearse condiciones suaves de hidrólisis.* En lugar de ácidos minerales, se emplean usualmente disoluciones diluidas de cloruro amónico. Esas disoluciones son muy débilmente ácidas debido a la hidrólisis del ion amonio:

$$NH_4^+ + H_2O \rightleftharpoons NH_4OH + H^+$$

Además, la combinación de sales amónicas y magnésicas es más fácilmente manejable en el proceso de separación.

1. Escríbanse las otras dos combinaciones posibles de los reactivos que darían lugar al alcohol terciario general.

2. De una manera análoga, formular las tres síntesis de Grignard del 1-fenil-1-ciclohexiletanol. Nombrar los materiales de partida.

La reacción de un reactivo de Grignard con un ester da un alcohol que debe tener por lo menos dos grupos iguales.

Global:

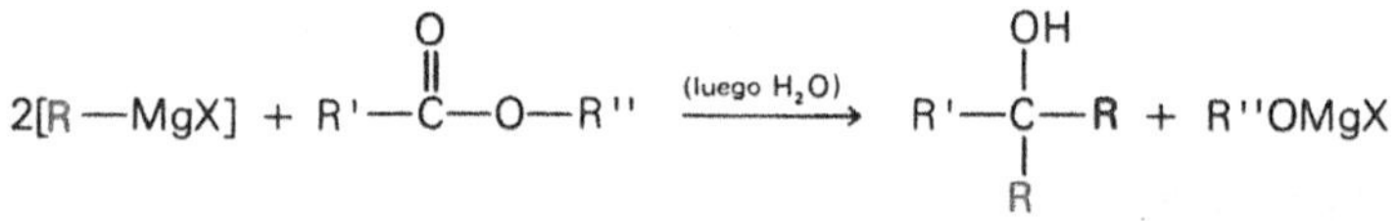

Mecanismo:

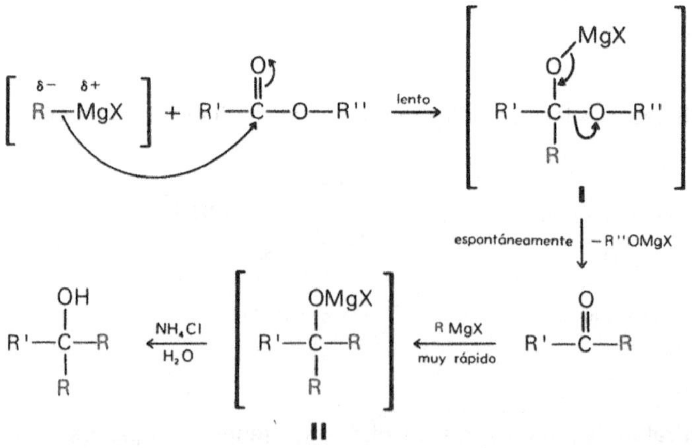

$$[R''OMgX] \xrightarrow{H_2O} R''OH + Mg(OH)X$$

Sígase estrictamente el mecanismo y nótense los puntos siguientes: (1) El primer intermedio, I, se forma en un paso lento, pero una vez formado pierde espontáneamente un halogenuro de alcoximagnesio, R″OMgX, donde R″OH es el alcohol a partir del cual se preparó el ester inicial.

$$R'\text{—}COOH + R''OH \xrightarrow{H^+} R'\text{—}COOR'' + H_2O$$

(2) Aquí la cetona intermedia, II, reacciona con el reactivo de Grignard varias veces más deprisa que el ester original. Por consiguiente, esta cetona no puede aislarse. (3) El paso siguiente, III la reacción de una cetona con un reactivo de Grignard se ha expuesto anteriormente; el alcohol terciario se libera entonces por hidrólisis con NH_4Cl—H_2O. (4) Por cada mol de ester de partida, se consumen dos moles de reactivo de Grignard. (5) Puesto que la porción alcohólica del ester no queda en el producto orgánico principal, es prácticamente indiferente el empleo de cualquier alcohol inicial. Generalmente se prepara un ester metílico o etílico debido a que el metanol y el etanol son baratos y fácilmente asequibles; esos esteres de peso molecular inferior son fácilmente solubles en éter o THF y los grupos metilo y etilo ofrecen un mínimo de interferencia estérea al reactivo de Grignard entrante. Finalmente, se separan fácilmente del alcohol terciario deseado en el proceso de aislamiento.

Específico:

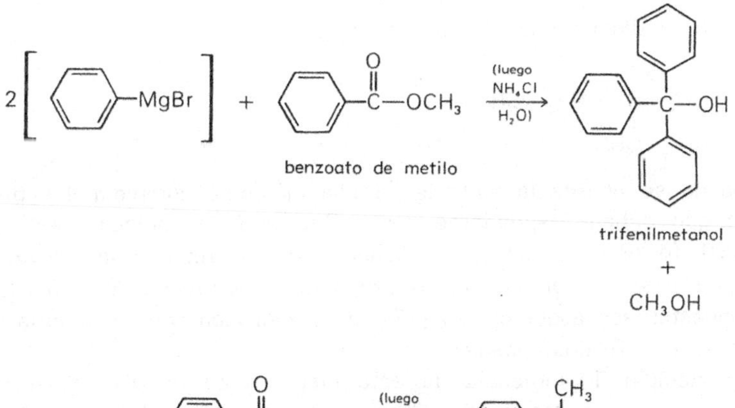

benzoato de metilo

trifenilmetanol

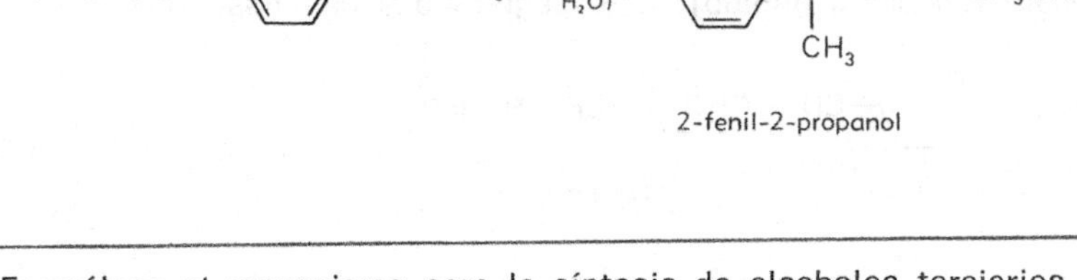

2-fenil-2-propanol

1. Formúlese el mecanismo para la síntesis de alcoholes terciarios en cada uno de los ejemplos específicos anteriores.

2. Suponer que se añade 1 mol de bromuro de metilmagnesio a 1 mol de benzoato de etilo y luego NH_4Cl-H_2O. ¿Qué compuestos orgánicos se esperaría aislar? ¿Cuántos de ellos alcanzarían un rendimiento casi cuantitativo?

3. Dar un ejemplo específico de la síntesis de un alcohol terciario en el cual los tres grupos sean iguales, partiendo de un ester y CH_3CH_2MgBr.

PROBLEMAS DE SINTESIS: EL PLANTEAMIENTO

Teniendo en cuenta que la reacción de Grignard es un método versátil para preparar alcoholes a partir de los cuales pueden prepararse a continuación otros compuestos, esta es una ocasión excelente para explicar con detalle el planteamiento de problemas de síntesis con varios pasos. Para los primeros ejemplos, en lugar de especificar materiales de partida concretos, trabajaremos a la inversa, desde el alcohol deseado a los compuestos más sencillos que hemos estudiado y por este método determinaremos una sucesión de reacciones que pueden emplearse para preparar el alcohol. Por lo general, en el enunciado del problema se darán ciertos compuestos orgánicos de partida.

Ejemplo 1: Indicar cómo se sintetizaría

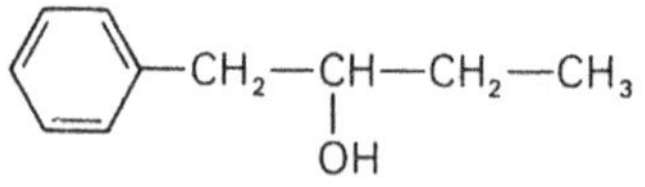

Cuando se aborda la síntesis de una molécula compleja, las primeras preguntas que deben responderse son: ¿Qué tipo de molécula es? ¿Qué grupo funcional (o grupos) contiene? Cuando se han reunido las diversas síntesis para esta clase de compuestos, la pregunta se centra en: Si *todos* los reactivos y compuestos son asequibles, ¿qué combinación concreta conduciría a este compuesto en uno (o dos) pasos?

Por ejemplo, la molécula de este ejercicio es un alcohol secundario que puede prepararse tratando un aldehído con un reactivo de Grignard (seguido de hidrólisis con ácido diluido). Esto sugiere dos caminos.

Camino A:

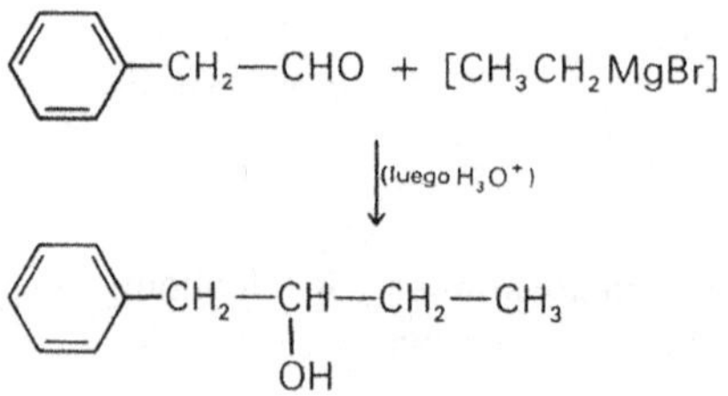

Este camino concreto requiere ahora la síntesis de fenilacetaldehído y bromuro de etilmagnesio.

$$CH_3CH_2Br \xrightarrow[\text{éter seco}]{\text{Mg en}} [CH_3CH_2MgBr]$$

$$CH_3CH_2OH \xrightarrow[\text{ó } H^+ \text{ y } HBr]{PBr_3 \text{ ó } PBr_5} CH_3CH_2Br$$

ó

$$CH_2{=}CH_2 \xrightarrow{HBr} CH_3CH_2Br$$

Recuérdese que el etanol y el etileno se relacionan por las reacciones siguientes:

$$CH_3CH_2OH \xrightarrow[Al_2O_3;\ \Delta]{H^+;\ \Delta \text{ ó}} CH_2{=}CH_2 + H_2O$$

$$CH_2{=}CH_2 \xrightarrow[\substack{2.\ H_2O;\ \Delta \\ \text{ó hidroboración}}]{1.\ H_2SO_4} CH_3CH_2OH$$

Las síntesis de aldehídos anteriormente expuestas, consisten en la oxidación de un alcohol primario y la ozonización de un alqueno continuada en medio reductor. A falta de métodos mejores, que se explican en el Cap. 13, puede emplearse el primero, salvando la dificultad de la sobreoxidación.

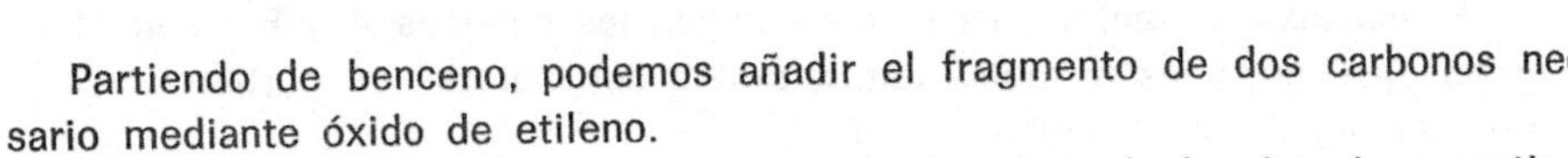

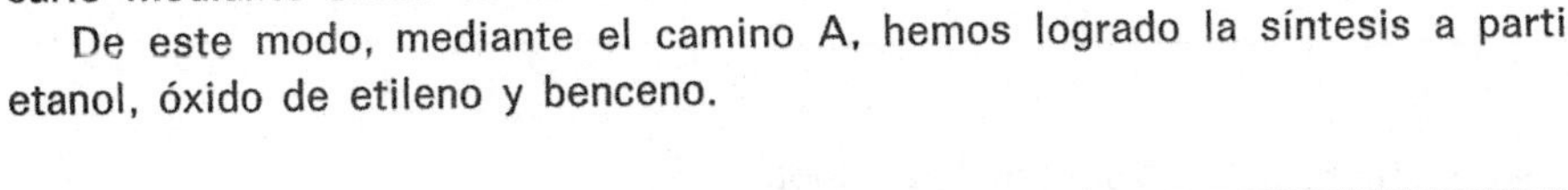

Partiendo de benceno, podemos añadir el fragmento de dos carbonos necesario mediante óxido de etileno.

De este modo, mediante el camino A, hemos logrado la síntesis a partir de etanol, óxido de etileno y benceno.

Explicar cómo se puede obtener etanol a partir de coque, caliza, agua y otros reactivos inorgánicos.

En los problemas de síntesis supondremos siempre que se dispone de todos los reactivos inorgánicos y de los disolventes orgánicos e inorgánicos, pero un disolvente orgánico no se debe emplear como reactivo a menos que se sintetice o sea dato del problema.

Camino B:

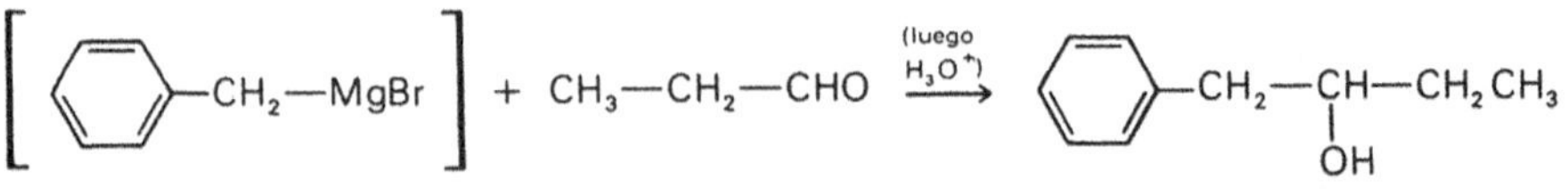

La otra combinación de reactivos requiere bromuro de bencilo y propanoaldehído Para el halogenuro se dispone de dos métodos: convertir el alcohol bencílico en el bromuro o halogenar el tolueno en la *cadena lateral*, en condiciones de proceso radicalario:

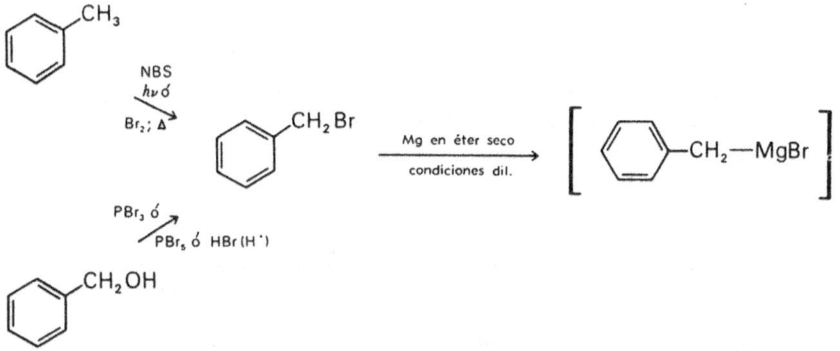

Resúmanse las anteriores síntesis según los caminos A y B en *un* diagrama indicando las fórmulas estructurales del material de partida, de los productos y de los reactivos.

Ejemplo 2: Sintetizar 2,3-dimetil-3-pentanol.

Este es un alcohol terciario con tres grupos distintos en el carbono portador del grupo funcional —OH, lo que sugiere una síntesis de Grignard a partir de una cetona; son posibles tres combinaciones. Obsérvese que aquí *no puede* usarse un ester y un reactivo de Grignard, puesto que los esteres dan sólo alcoholes terciarios con dos grupos iguales por lo menos.

Camino A:

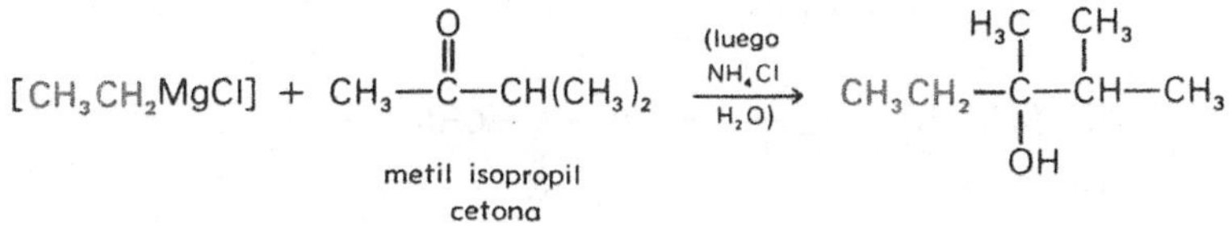

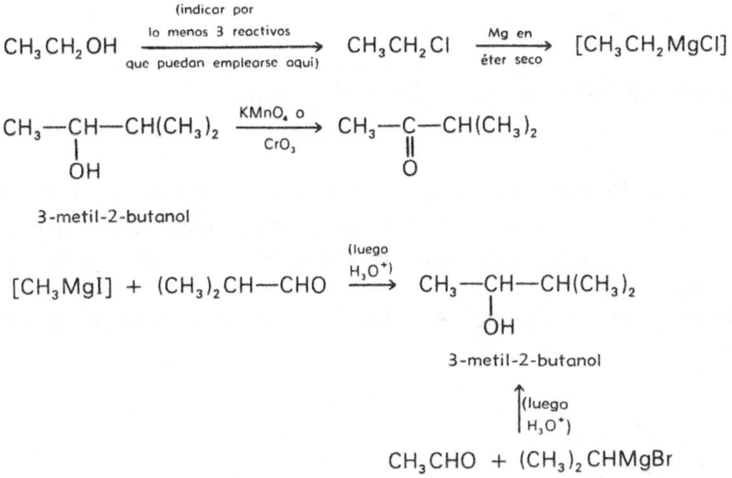

Indíquese una síntesis para [CH_3MgI] y para [$(CH_3)_2CHMgBr$].

Yendo hacia atrás, este camino requiere metil isopropil cetona, que a su vez puede prepararse por oxidación del alcohol correspondiente. Este alcohol se puede preparar por dos métodos distintos.

Camino B:

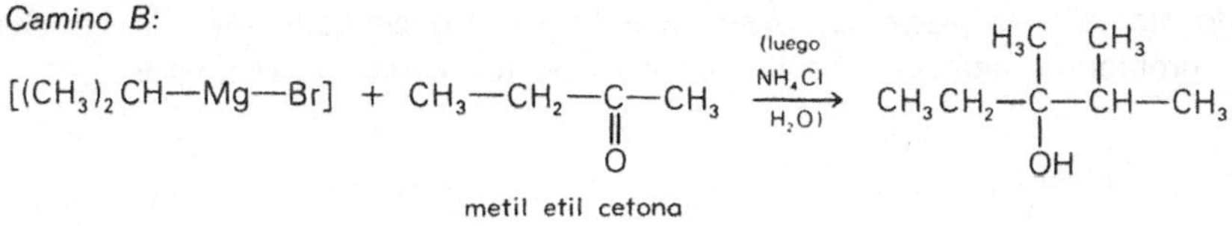

Continúese este camino descendiendo hacia los materiales más sencillos.

Camino C:

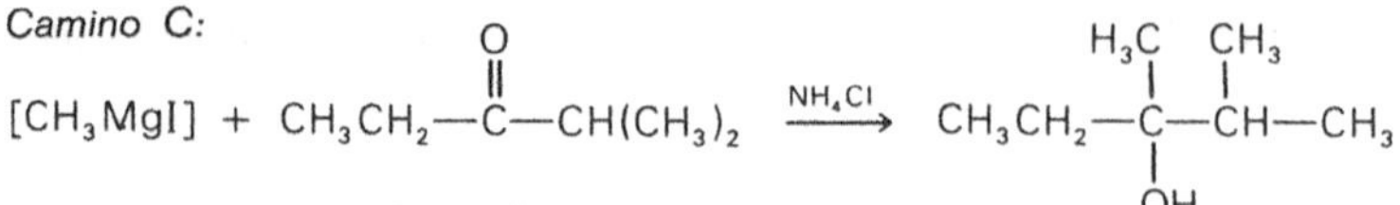

etil isopropil cetona

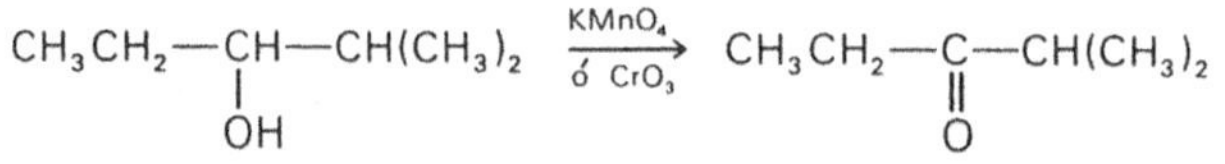

2-metil-3-pentanol

Bosquejar dos síntesis para el 2-metil-3-pentanol.

En muchos de estos ejemplos se han indicado varios reactivos. Esto se ha hecho con el solo objeto de recordar las diversas posibilidades que existen para efectuar muchas transformaciones orgánicas; en adelante escribiremos, por lo general, una sola.

Si se escriben las diversas síntesis del ejemplo 2 en un folio, de la manera siguiente:

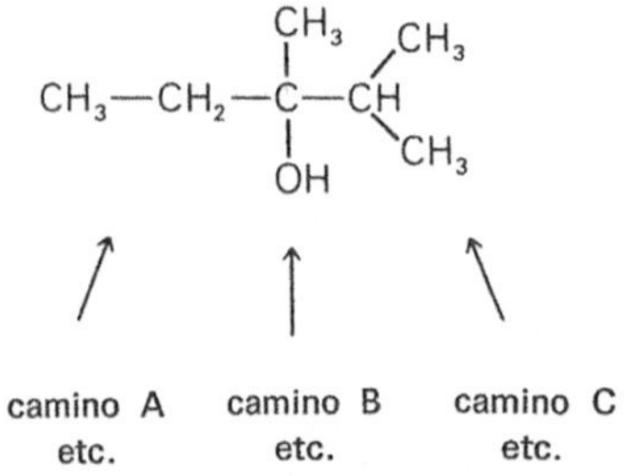

se observará que forma una pirámide definida, cuya base contiene algunas de las reacciones más sencillas expuestas en los ocho capítulos previos. Los problemas de síntesis se proyectarán sobre todo vuestro conocimiento de química orgánica; problemas análogos se encontrarán en los capítulos restantes.

Ejemplo 3: Sintetizar

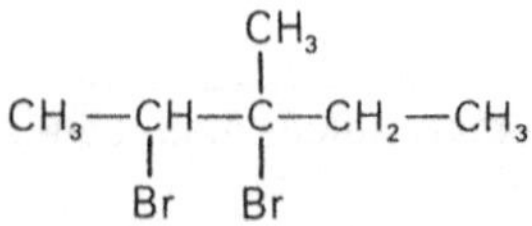

Aquí está claro que la reacción que dará lugar fácilmente a este producto es

$$CH_3{-}CH{=}C(CH_3)CH_2CH_3 \xrightarrow{Br_2} CH_3{-}\underset{Br}{CH}{-}\underset{Br}{C}(CH_3)CH_2CH_3$$

Siguiendo hacia atrás observaremos que pueden deshidratarse dos alcoholes para dar principalmente

$$\underset{\text{3-metil-2-pentanol}}{CH_3{-}\underset{OH}{CH}{-}CH(CH_3)CH_2CH_3} \xrightarrow[-H_2O]{\Delta;\ H^+} \underset{\text{3-metil-2-penteno}}{CH_3{-}CH{=}C(CH_3)CH_2CH_3}$$

$$\uparrow \ \Delta;\ H^+ \ | \ -H_2O$$

$$\underset{\text{3-metil-3-pentanol}}{CH_3CH_2{-}\underset{OH}{C}(CH_3)CH_2CH_3}$$

O bien, pueden deshidrohalogenarse con KOH alcohólica los bromuros (derivados de esos alcoholes). El problema se reduce ahora a la síntesis de cada uno de estos alcoholes. El alcohol secundario sugiere dos caminos diferentes mediante el empleo de aldehídos y reactivos de Grignard. El alcohol terciario puede obtenerse por tres caminos: dos de ellos requieren una cetona (con el reactivo de Grignard apropiado), y el tercero un ester (concretamente un acetato) y halogenuro de etilmagnesio.

Continúese este problema hasta llegar a compuestos sencillos.

Ejemplo 4: Sintetizar

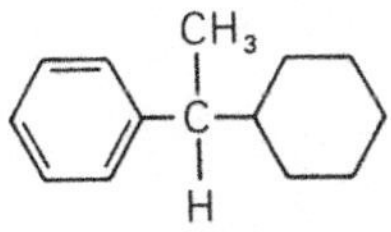

Aquí se sugieren varias posibilidades: dos requieren hidrogenación en el último paso y otra emplea la reacción de Grignard con agua.

Continúese la serie hacia atrás de tal modo que se llegue a partir sólo de formaldehído, CH_2O, acetaldehído, CH_3CHO, benceno, tolueno y ciclohexanona. Nótese que puede no ser necesario emplear cada uno de ellos para cada proceso; de hecho, alguno puede incluso no ser necesario en absoluto.

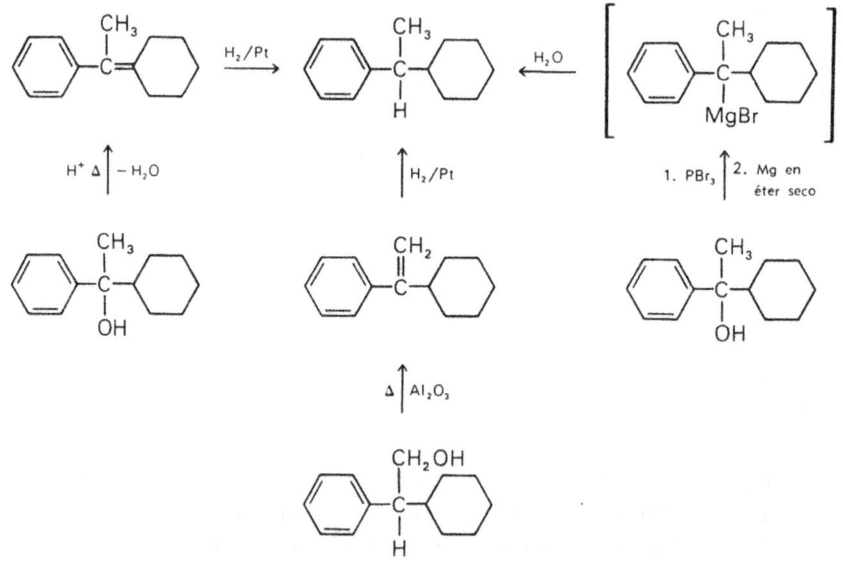

Recuérdese que el benceno puede convertirse en acetofenona, $C_6H_5{-}\overset{O}{\overset{//}{C}}{-}CH_3$, por acilación de Friedel-Crafts.

Además la ciclohexanona.

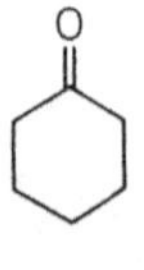

puede reducirse a ciclohexanol con $NaBH_4$ (o con $LiAlH_4$ seguido de hidrólisis).

Ejemplo 5: Sintetizar $CH_3{-}CH{=}CH{-}CH(Br){-}CH_3$ a partir de cualesquiera compuestos orgánicos C_1, C_2, y C_3.

Un posible paso final consiste en tratar el penteno-2 con *N*-bromosuccinimida (NBS) en CCl_4 (*h*ν).

$$CH_3—CH{=}CH—CH_2—CH_3 \xrightarrow[\text{en } CCl_4 \text{ seco}]{NBS; h\nu} CH_3—CH{=}CH—\underset{\displaystyle Br}{\underset{|}{C}H}—CH_3$$

En el capítulo anterior se mencionó un detalle sutil de este problema, a saber, los grupos *metileno* alílicos se broman más fácilmente con NBS que los grupos *metilo*. Este problema se reduce ahora a uno, que es análogo al ejemplo 3.

ENSAYOS CUALITATIVOS

9-17 SODIO METALICO

Los alcoholes que contienen menos de nueve átomos de carbono son usualmente reactivos frente al sodio metálico y pueden identificarse por el visible desprendimiento de hidrógeno gas que produce la reacción. Los alcoholes superiores reaccionan mucho más lentamente, de tal modo, que el ensayo resulta dudoso y no tiene valor.

9-18 EL ENSAYO DE LUCAS

Las distintas clases de alcoholes pueden diferenciarse por sus velocidades de reacción con $HCl—ZnCl_2$. El cloruro insoluble obtenido aparece en forma de turbidez o de capa separada. Los alcoholes con menos de seis átomos de carbono son solubles en el reactivo y susceptibles del ensayo.

Alcoholes primarios $\xrightarrow{HCl\text{-}ZnCl_2}$ N.R. (a temperatura ambiente en 15 min.)

Alcoholes secundarios $\xrightarrow{HCl\text{-}ZnCl_2}$ Disolución turbia en 5-10 min.

Alcoholes terciarios, alílicos y bencílicos $\xrightarrow{HCl\text{-}ZnCl_2}$ *inmediato* con disolución o separación de capa.

Fenoles $\xrightarrow{HCl\text{-}ZnCl_2}$ N.R. (incluso a temperaturas elevadas).

9-19 FORMACION DE ACETATOS

Los alcoholes primarios y secundarios dan acetatos por simple calentamiento con cloruro de acetilo o anhídrido acético, mientras que los terciarios requieren la adición de piridina, una base orgánica, para obtener rendimientos aceptables.

Por lo general los acetatos tienen olores agradables característicos. Pueden aislarse para obtener información cuantitativa adicional sobre el número y tipo de grupos hidroxilo presentes.

General:

cloruro de acetilo — un acetato

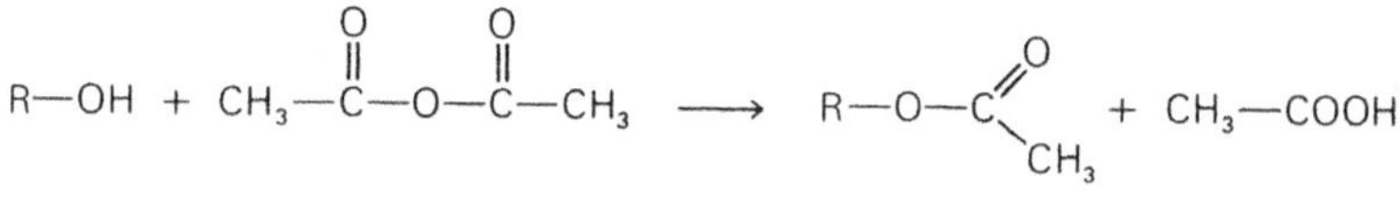

anhidrido acético — un acetato

Específico:

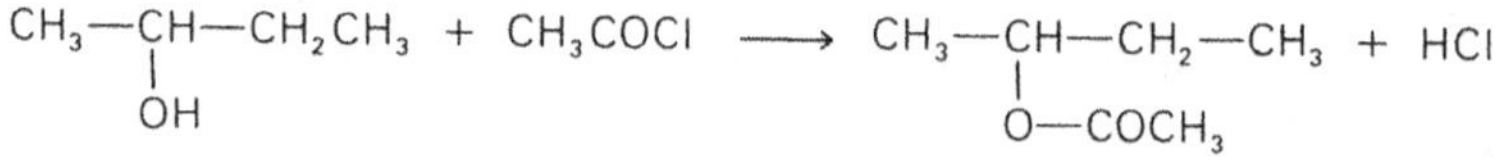

alcohol *sec*-butílico — acetato de *sec*-butilo

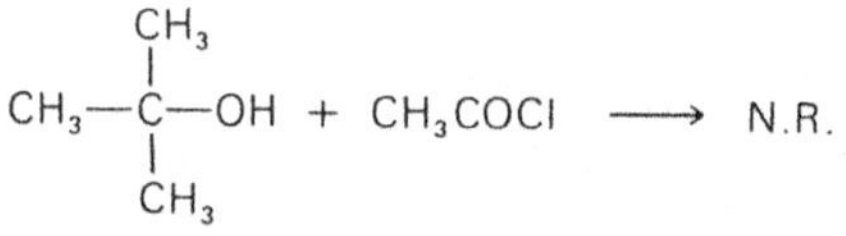

(Recuérdese que los alcoholes terciarios requieren piridina.)

1. El compuesto **A**, $C_4H_{10}O_2$, por tratamiento con cloruro de acetilo da $C_6H_{12}O_3$, pero cuando la reacción se lleva a cabo en presencia de piridina, se obtiene $C_8H_{14}O_4$. Escribir una estructura para **A**.

Puesto que el compuesto **A** es de la serie homóloga $C_nH_{2n+2}O_2$ debe contener sólo las funciones alcohol o éter. Además, según los datos, ambas deben ser alcoholes de los cuales uno es primario o secundario y el otro terciario. Escribir la estructura y formular las reacciones con cloruro de acetilo.

2. El compuesto **X**, $C_6H_{14}O_2$, da $C_{10}H_{18}O_4$ por tratamiento con anhídrido acético solamente en presencia de piridina; en ausencia de ella no hay reacción. Escribir una estructura para el compuesto **X** y sugerir una síntesis a partir de acetona.

LECTURAS RECOMENDADAS

Bordwell, F. G., y K. M. Wellman: A Rapid Test to Distinguish Tertiary from Primary or Secondary Alcohols, *J. Chem. Educ.*, **39**, 308 (1962). Emplea CrO_3 H_2SO_4 en agua.

Donohue, J.: On Hydrogen Bonds, *J. Chem. Educ.*, **40**, 598 (1963).

Phelan, N. F., H. H. Jaffé, y M. Orchin: A Molecular Orbital Description of the Non-classical Ion in 1,2-rearrangements, *J. Chem. Educ.*, **44**, 626 (1967).

Swinehart, J. S.: The Decolorization of Baeyer's Reagent [$KMnO_4$] by Primary and Secondary Alkanols, *J. Chem. Educ.*, **41**, 392 (1964).

Young, W. G.: Unexpected Rearrangement and Lack of Rearrangement in Allylic System, *J. Chem. Educ.*, **39**, 455 (1962).

PROBLEMAS

*1. Escribir la estructura y nombrar cada uno de los heptanoles isómeros, $C_7H_{16}O$ según el sis-sistema IUPAC. Desígnese cada uno según sea primario, secundario o terciario. Dar una síntesis razonable para cada alcohol mediante una reacción de Grignard. Pueden emplearse los siguientes materiales orgánicos de partida y los disolventes y reactivos inorgánicos necesarios:

CH_2O CH_3CHO CH_3CH_2CHO 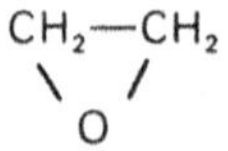

2. Con los compuestos dados en el problema 1 y además benceno y tolueno, sintetizar los siguientes productos:

(*a*) 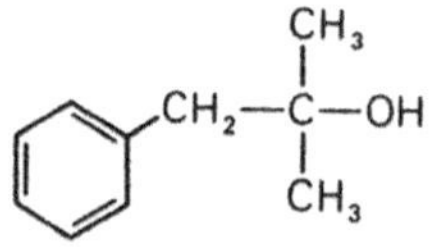

★(*b*) 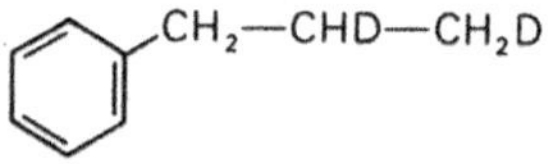

★(*c*) 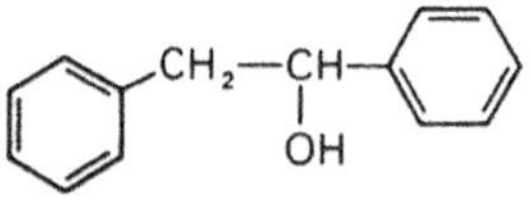

(*d*) 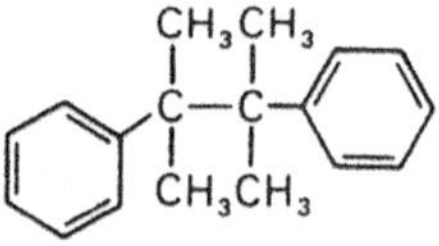

(*e*) 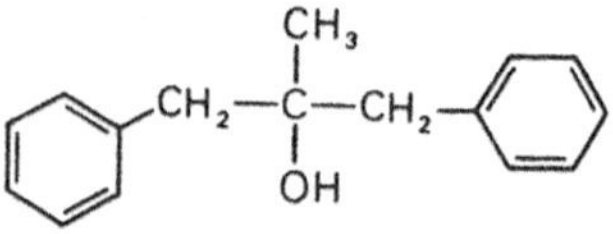

3. Nombrar el material de partida y dar la fórmula estructural y el nombre del (de los) producto(s) de cada una de las reacciones siguientes. Si no hubiera reacción, escríbase N.R.

★(*a*) 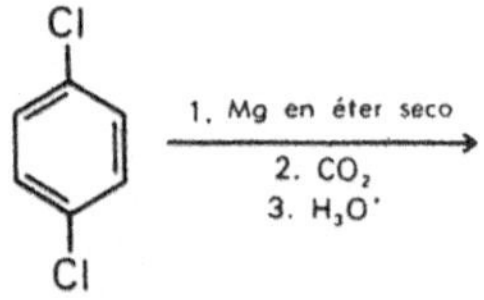

★(*b*) $[CH_3CH_2CH_2MgBr] + CH_3CH_2CO_2CH_3 \xrightarrow[H_2O]{NH_4Cl}$

(*c*) 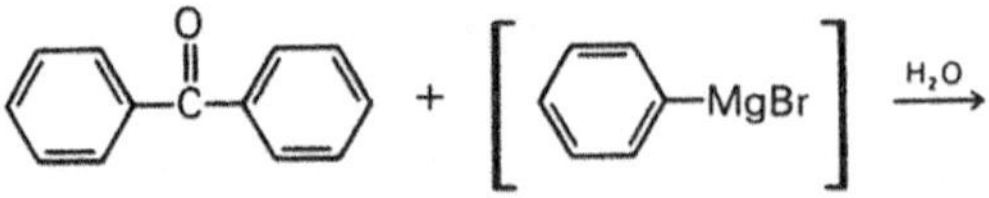

★(*d*) $CH_3CH_2CH(OH)—CH_3 \xrightarrow[H^+]{K_2Cr_2O_7}$

★(*e*) 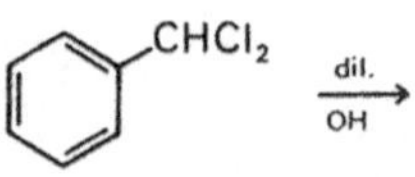

★(*f*) $CH_3CH_2OH + Na \longrightarrow$

★(*g*) **producto de (*f*)** $+ (CH_3)_3CBr \longrightarrow$

(*h*) 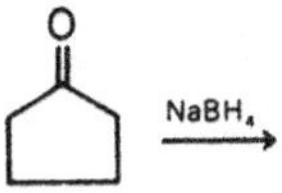

★(*i*) 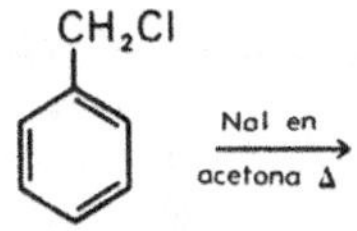

(*j*) 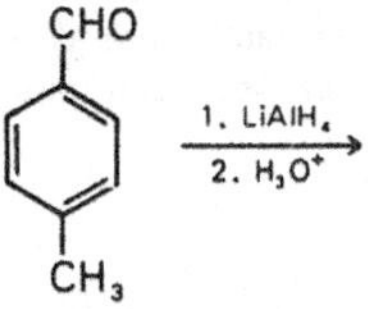

(*k*) producto de (*j*) $\xrightarrow{HBr}$

(*l*) producto de (*k*) $\xrightarrow[\text{2. } CO_2 \text{ 3. } H_3O^+]{\text{1. Mg en éter seco}}$

★(*m*) $[CH_3CH_2CH_2MgI]$ +

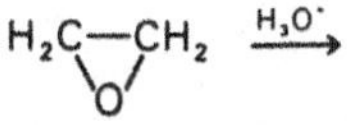

★ **4.** Escribir una fórmula estructural para cada fórmula molecular indicada a continuación (*aviso*: partir de C_6H_6).

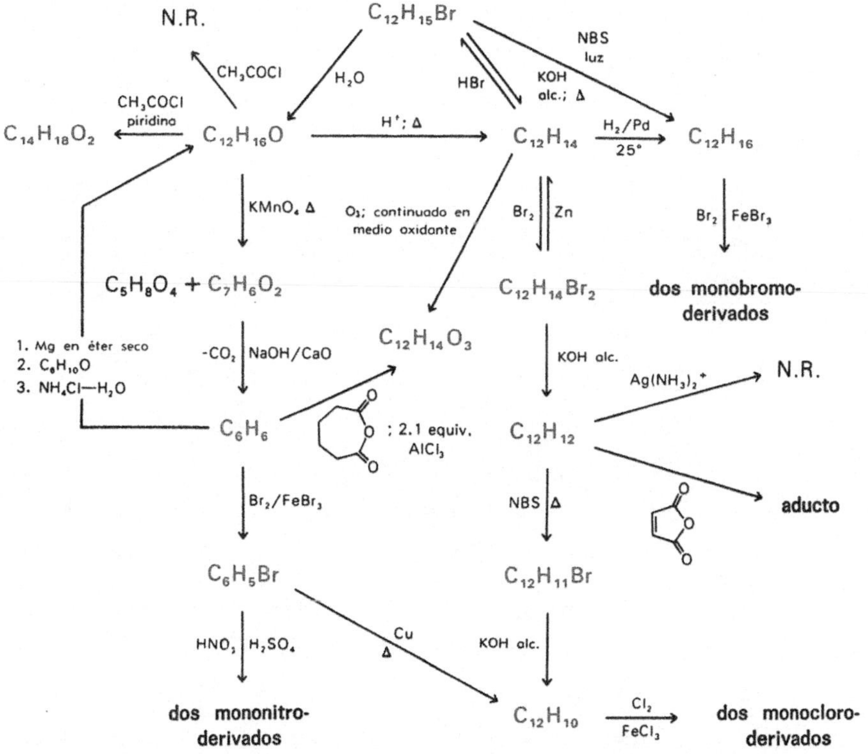

★ **5.** El compuesto **A**, $C_7H_{16}O_2$ dio el compuesto **B**, $C_{11}H_{20}O_4$, al tratarlo con cloruro de acetilo en piridina. La deshidratación de **A** dio el compuesto **C**, C_7H_{12}, que no daba aducto de Diels-Alder con anhidrido maleico. La hidrogenación de **C** dio el compuesto **D**, C_7H_{16}.

El compuesto **C** decoloró fácilmente el bromo, dando el compuesto **E**, que a su vez daba **F**, C_7H_8 al tratarlo con KOH alcohólico. El compuesto **F** dio un precipitado con Ag $(NH_3)_2^+$ y liberó dos moles de metano al tratarlo con CH_3MgI. La hidrogenación de **F** dio **D**. El compuesto **C** se oxidó con $KMnO_4$, dando el compuesto **G** (un ácido dibásico), que pierde fácilmente dióxido de carbono, dando el compuesto **H**. Al tratar yoduro de isopropilmagnesio primero con dióxido de carbono y luego con agua se obtuvo **H**.

Identificar los compuestos desde **A** a **H**.

6. Dados como materiales de partida los ocho alcoholes saturados sin más de cuatro átomos de carbono, proyéctese la síntesis de los siguientes compuestos utilizando el reactivo de Grignard.

★(*a*) 2,3-dimetil-2-pentanol

(*b*) 2,3,4-trimetil-3-pentanol

★(*c*) 2,4-dimetilpentano

(*d*) 3-etil-2-penteno

Capítulo diez

A diferencia de los alcoholes corrientes, los fenoles, Ar—OH, tienen un hidrógeno francamente ácido. Por ejemplo, los fenoles se disuelven en hidróxido sódico pero no en bicarbonato sódico, débilmente básico. El ion fenóxido que se forma está estabilizado por resonancia. Los fenoles pueden considerarse como la forma enólica de las ciclohexadienonas, cuyo equilibrio está casi completamente desplazado del lado del enol.

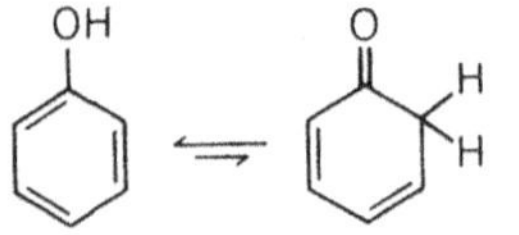

La fuerza causal de este predominio de la forma enólica es la formación del sistema aromático de seis electrones-π. Los fenoles son extraordinariamente reactivos frente a la sustitución electrófila aromática debido a la cesión de electrones de los pares no compartidos del átomo de oxígeno (Sec. 7-18).

En general, un fenol no puede convertirse directamente en el halogenuro correspondiente, pero la función fenólica puede eliminarse fácilmente con buen rendimiento en condiciones moderadas (Sec. 10-8).

NOMENCLATURA

Muchos hidroxi compuestos aromáticos se conocen por nombres vulgares, que se conservan en el sistema IUPAC cuando se han consagrado por el uso. En casos complejos, el —OH se designa como sustituyente del sistema aromático (ver Tabla 10-1).

Fenoles

Tabla 10-1. Ejemplos de nomenclatura de fenoles

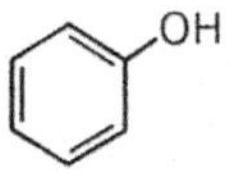 fenol	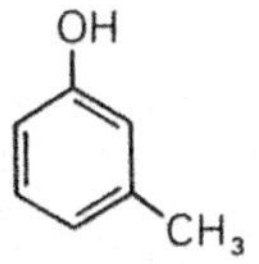 *m*-cresol (*m*-metilfenol)	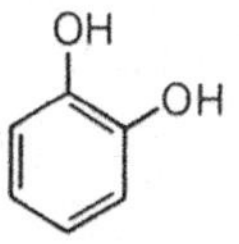 pirocatequina	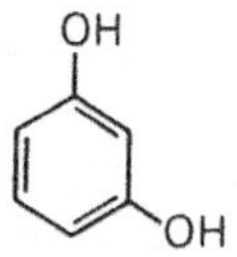 resorcina
 hidroquinona	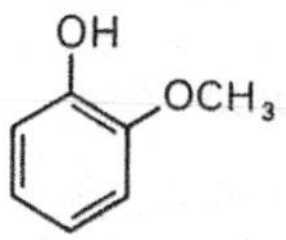 guayacol (*o*-metoxifenol)	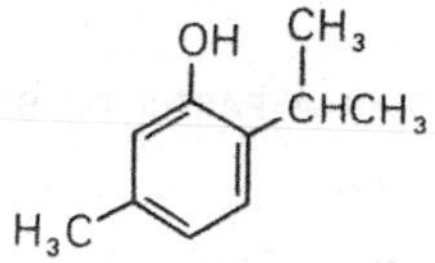 (5-metil-2-isopropilfenol)	
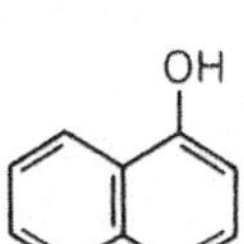 1-naftol (α-naftol)	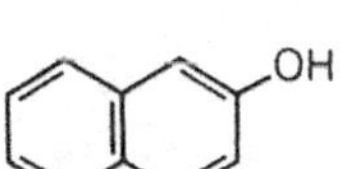 2-naftol (β-naftol)	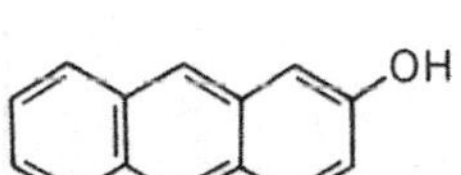 2-hidroxiantraceno	

PREPARACION

10-1 FUSION DE LAS SALES DE ACIDOS SULFONICOS

Los ácidos sulfónicos, Ar—SO_3H, derivados de la reacción reversible de los hidrocarburos aromáticos con H_2SO_4 u óleum, pueden convertirse en sales, por ejemplo, Ar—$SO_3^-K^+$, tratándolos con base diluida (Sec. 7-7). La fusión de esas sales con KOH fundido a temperaturas altas conduce a la formación de fenóxidos, es decir, a las sales de los fenoles.

Ejemplo:

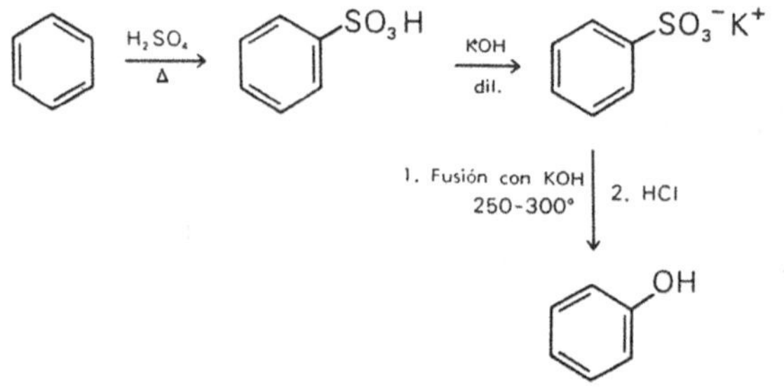

El fenol se libera al tratar la mezcla de reacción fría, con ácido sulfúrico diluido. Evidentemente, esta reacción no puede emplearse en presencia de grupos funcionales sensibles a las bases o al calor. Incluso en circunstancias favorables los rendimientos son sólo moderadamente buenos.

10-2 FENOLES A PARTIR DE SALES DE DIAZONIO

Probablemente el mejor método general para preparar fenoles consiste en la descomposición de una sal de arildiazonio, Ar—N_2^+, en presencia de ácido diluido. Estas sales se preparan a partir de aminas aromáticos primarias, Ar—NH_2, a temperaturas bajas, mediante ácido nitroso, HONO, que se produce en la disolución con HCl o H_2SO_4 y $NaNO_2$. Puesto que estas sales de arildiazonio son inestables en seco, se emplean usualmente en disolución.

Ejemplos:

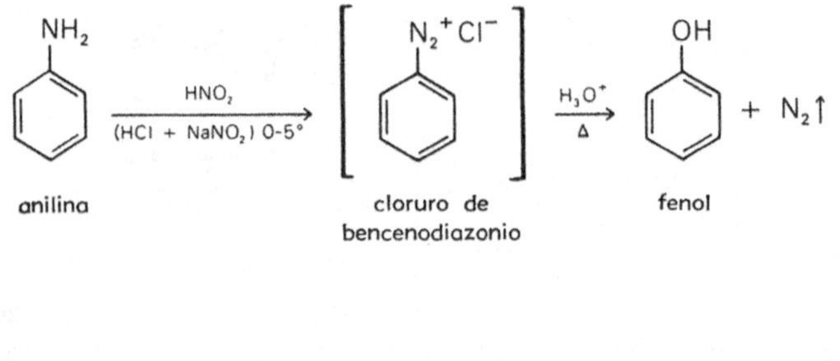

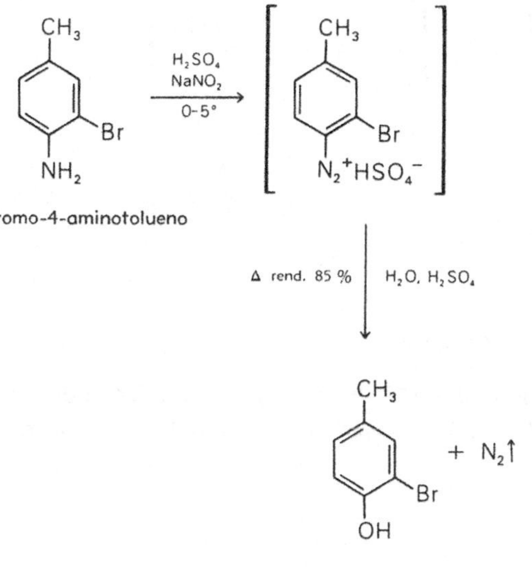

3-bromo-4-aminotolueno

3-bromo-4-hidroxitolueno

Este procedimiento para la obtención de fenoles es conveniente porque muchos compuestos aromáticos se nitran fácilmente y la reducción subsiguiente puede lograrse con buen rendimiento mediante un sistema metal-ácido.

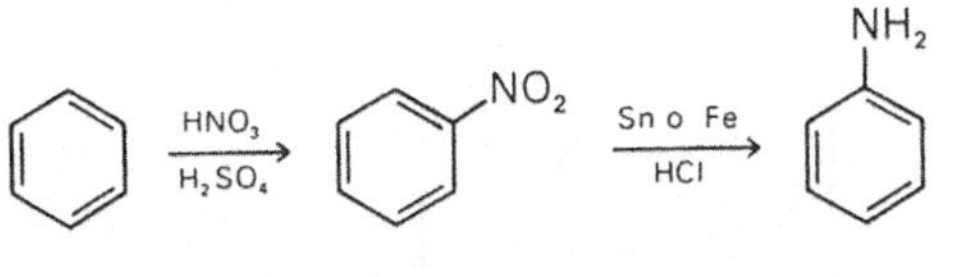

nitrobenceno anilina

10-3 FENOLES A PARTIR DEL REACTIVO DE GRIGNARD

La reacción secundaria corriente de los reactivos de Grignard con oxígeno puede emplearse como un método preparativo conveniente de fenoles. En el ejemplo que sigue la reacción del cloruro fenilmagnesio con oxígeno desprende energía en forma de luz (en lugar de calor), este fenómeno se conoce con el nombre de *quimiluminiscencia*.

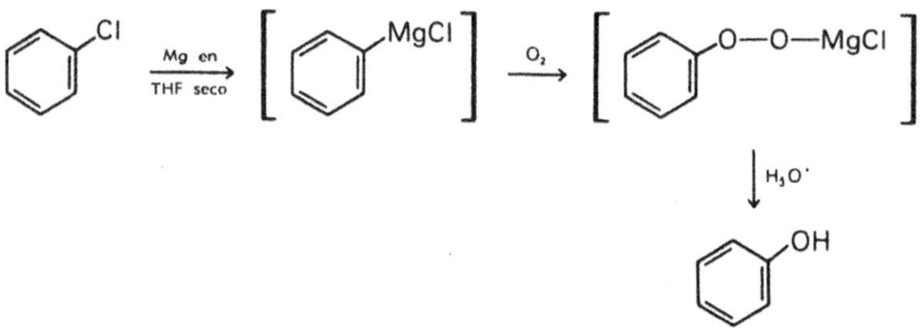

10-4 DESPLAZAMIENTOS DE HIDROCARBUROS ACTIVADOS

Los fenoles tales como en *o*- y el *p*-nitrofenol y el ácido pícrico, pueden prepararse tratando el correspondiente halógenonitro compuesto con base (ver Sec. 8-10).

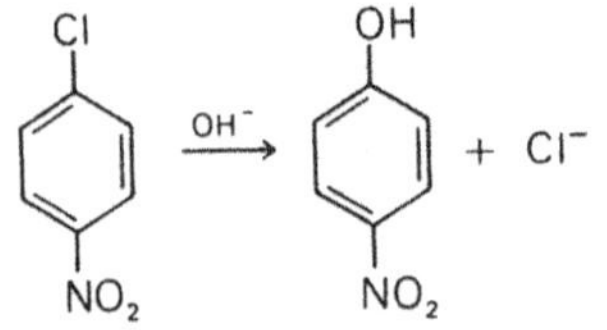

La sustitución ocurre sólo cuando en las posiciones orto y para del halógenobenceno existen sustituyentes muy atrayentes de electrones. Las formas de resonancia de estos orto y para halógenonitro compuestos indican la existencia de una baja densidad electrónica en el carbono portador del átomo de halógeno que facilita el ataque por el OH^-.

Mecanismo:

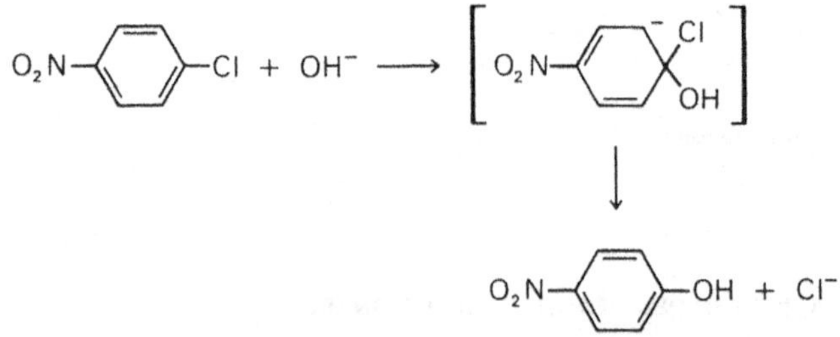

La reacción *industrial* del clorobenceno con base concentrada a altas temperaturas constituye una notable excepción de esta necesidad de activación. Esta es la base del proceso Dow Chemical Company como fuente comercial de fenoles.

Preparación industrial: 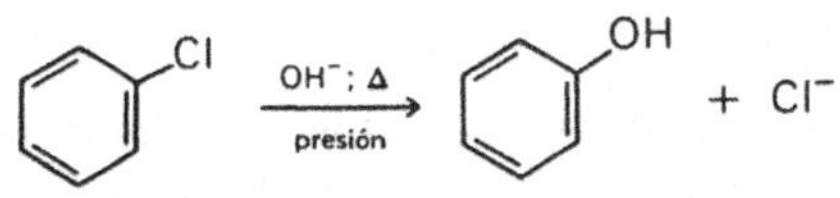

clorobenceno fenol

REACCIONES

10-5 ACIDEZ

Los alcoholes ordinarios son neutros. Los fenoles son débilmente ácidos y se disuelven en hidróxido sódico diluido pero *no* en bicarbonato sódico diluido; los ácidos orgánicos más fuertes, aquellos que contienen el grupo carboxilo, R—CO_2H, se disolverán en ambos. La estabilización por resonancia del ion fenóxido constituye una enérgica fuerza motriz para la formación del anión.

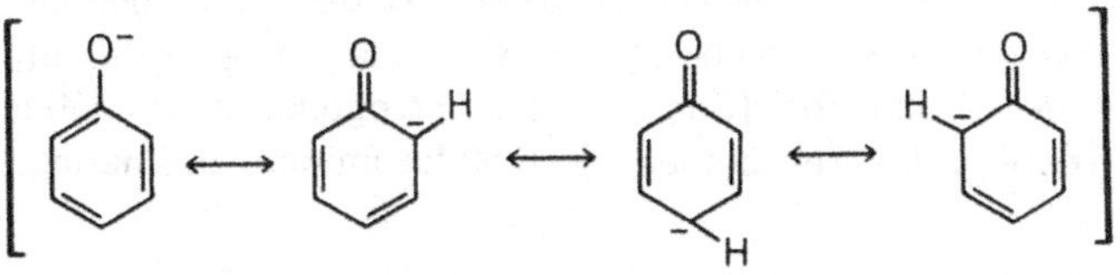

En la Fig. 10-1 se comparan el fenol y el ciclohexanol.

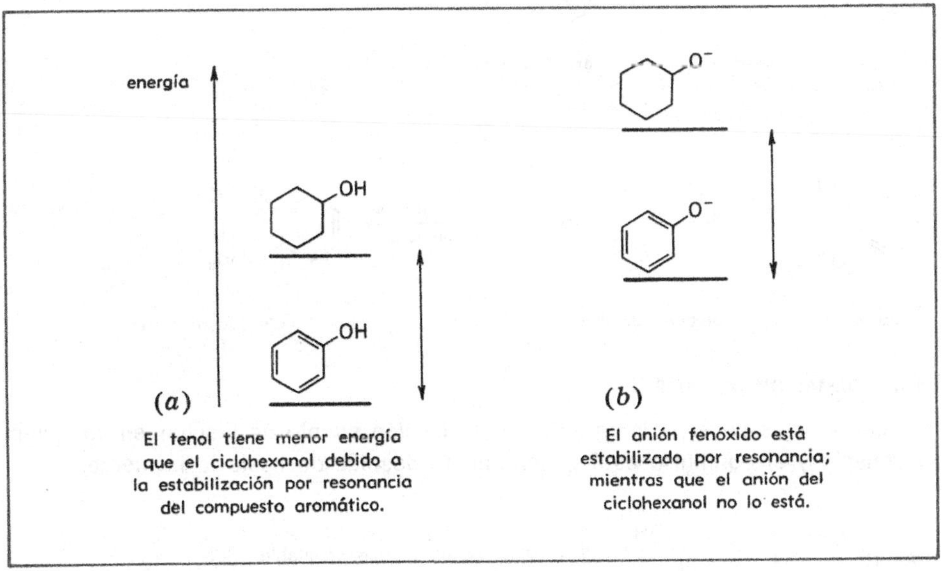

Figura 10-1. Estabilidad relativa del fenol, ciclohexanol y sus aniones

10-6 FORMACION DE ETER

Los fenoles pueden convertirse en los correspondientes metil o etil éteres por reacción del ion fenóxido con sulfato de dimetilo o dietilo. Aunque ambos grupos alquilo del sulfato pueden desplazarse, el segundo requiere condiciones más enérgicas.

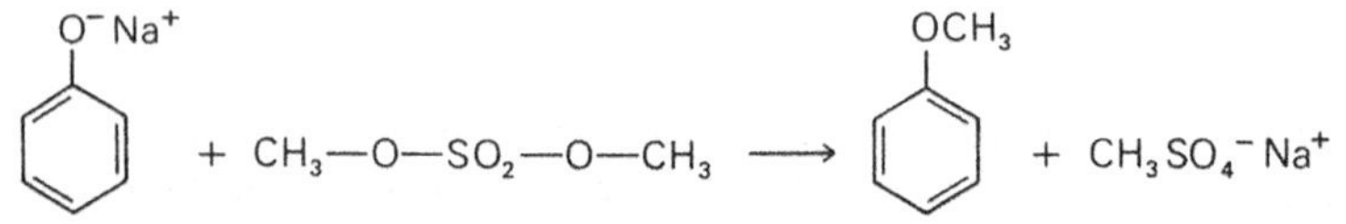

fenóxido sódico | sulfato de dimetilo | anisol | sulfato de metilo y sodio

El ion fenóxido desplaza también el átomo de halógeno de los halogenuros de alquilo primarios y secundarios; los halogenuros terciarios experimentan extensamente la reacción de eliminación (Sec. 8-7). Los halogenuros aromáticos sencillos son inactivos frente a las reacciones de desplazamiento ordinarias.

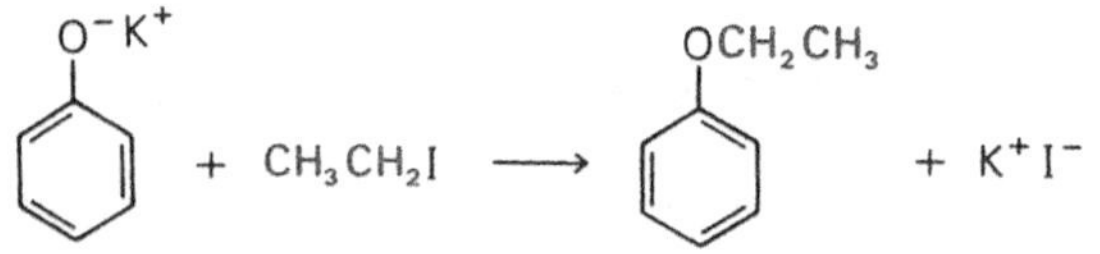

fenóxido potásico | yoduro de etilo | etil fenil éter

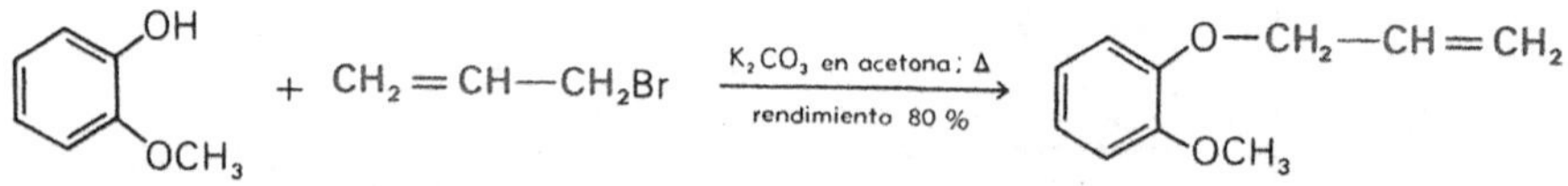

guayacol | bromuro de alilo | alil guayacol éter

10-7 FORMACION DE ESTER

Los fenoles no experimentan la esterificación simple de Fischer en un tiempo razonable y el equilibrio está generalmente desplazado hacia la izquierda.

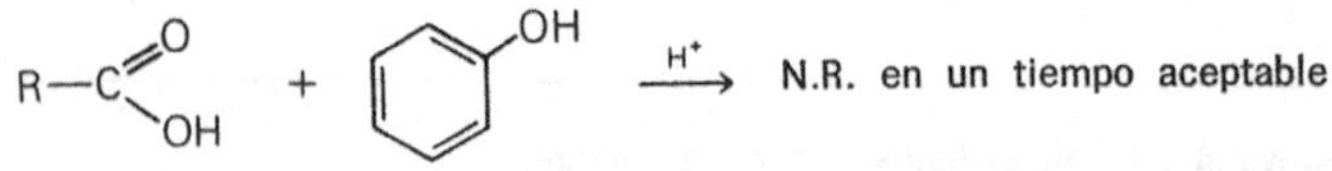

En lugar de la reacción directa con un ácido orgánico, se emplea un derivado más *reactivo* de éste con la sal del fenol. Las reacciones son generalmente irreversibles.

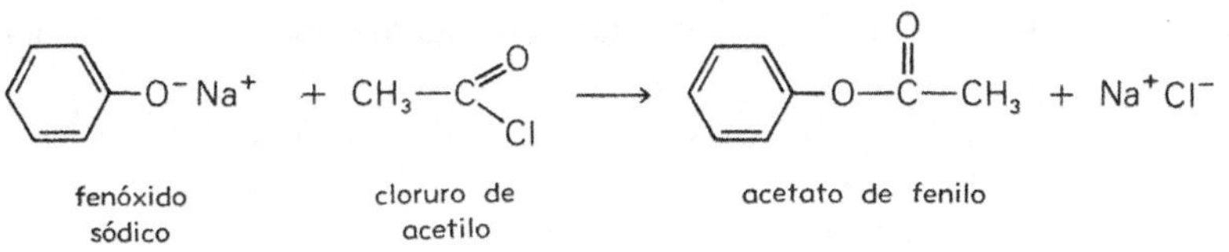

10-8 ELIMINACION DEL GRUPO —OH FENOLICO

Recientemente se ha descubierto una reacción de hidrogenolisis en la que los grupos hidroxilo fenólicos se eliminan fácilmente en condiciones moderadas. Pueden emplearse varios reactivos heterocíclicos, pero se prefiere el 1-fenil-5-clorotetrazol, seguido de hidrogenolisis del éter con paladio sobre carbón vegetal al 5 % en etanol o THF a 35°.

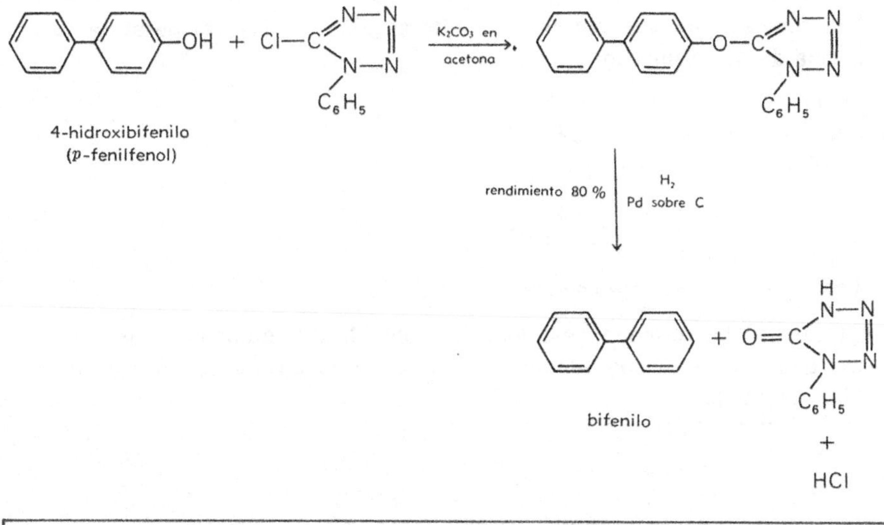

Los fenoles siguientes se han reducido mediante el 1-fenil-5-clorotetrazol (los rendimientos se dan entre paréntesis); formúlense las reacciones:

1. naftol-2 (65 %)

2. guayacol (86 % de anisol)

3. *p*-clorofenol (70 % de benceno; incluye hidrogenolisis del enlace C—Cl)

10-9 SUSTITUCION ELECTROFILA AROMATICA

Las reacciones de sustitución electrófila aromática, muy facilitadas en los fenoles y sus sales, se expusieron en la Sec. 7-18. Deben repasarse esas reacciones observando particularmente los esquemas de sustitución orto-para que implican.

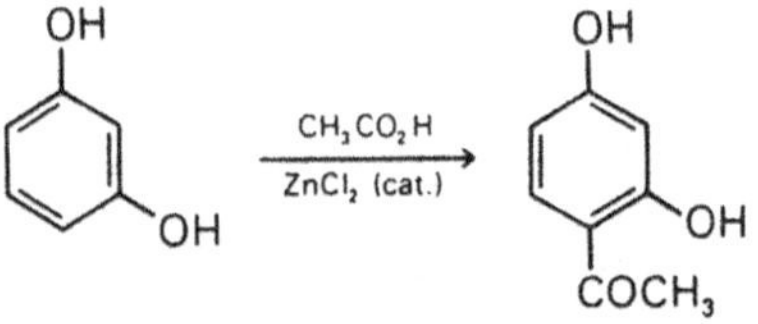

resorcinol 2,4-hidroxiacetofenona

Los fenoles son susceptibles de nitrosación a bajas temperaturas en presencia de ácido nitroso.

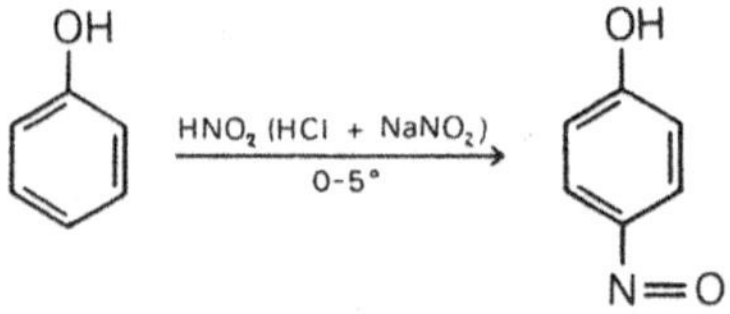

fenol *p*-nitrosofenol

¿Cómo se ha formado este ion nitrosonio NO^+?; propóngase un mecanismo para esta reacción suponiendo que se trata de una sustitución electrófila aromática.

10-10 LA TRANSPOSICION DE CLAISEN

Los éteres fenilalílicos se transponen por simple calentamiento a unos 140° para dar el correspondiente fenol sustituido en orto.

Específico:

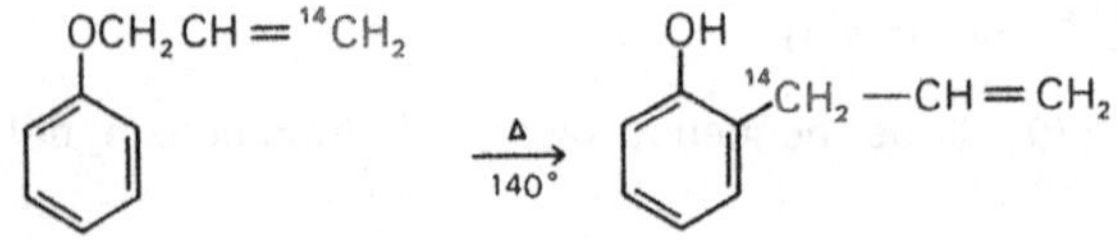

Si el carbono terminal se marca con ^{14}C, este carbono queda contiguo al anillo aromático en el producto final. Un estado de transición de seis miembros conduce inicialmente a la dienona intermedia que luego se tautomeriza fácilmente, como era de esperar, en el fenol observado.

Mecanismo:

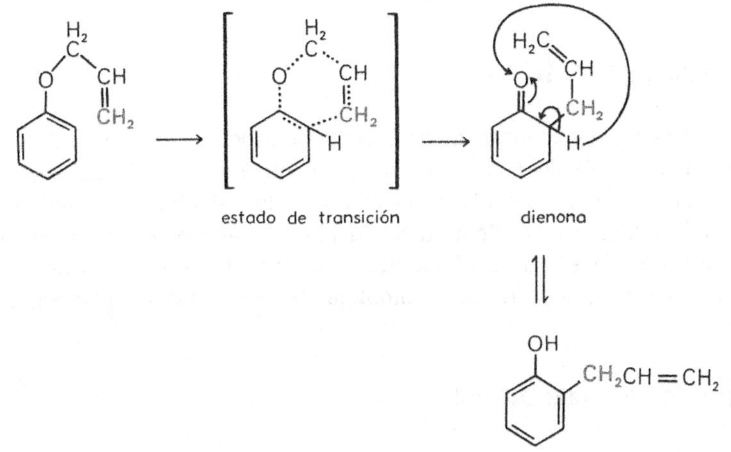

La posición del carbono marcado en el producto se probó por oxidación del metiléter del compuesto sustituido con ^{14}C, que produce CO_2 con contenido isotópico normal de ^{12}C. Puesto que la oxidación del fenol libre daría lugar a una considerable oxidación del anillo aromático, el compuesto se convierte primero en un éter que es relativamente estable en esas condiciones de oxidación.

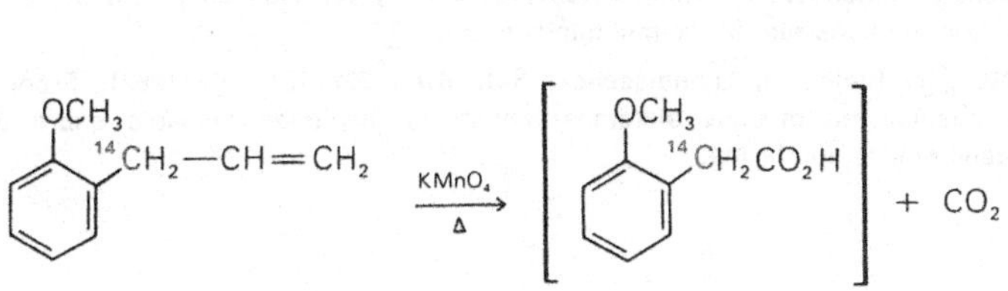

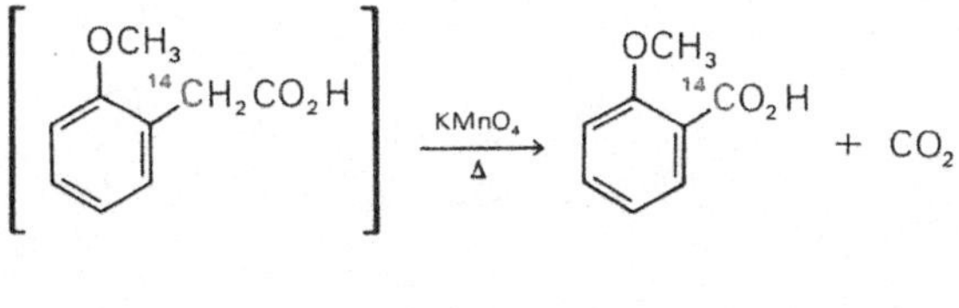

La descarboxilación del ácido *o*-metoxibenzoico da finalmente todo el carbono radioactivo en forma de $^{14}CO_2$.

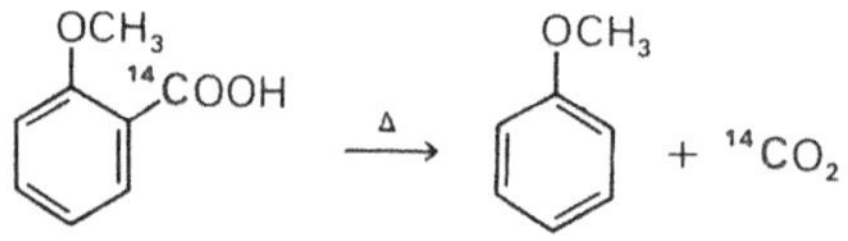

ENSAYOS CUALITATIVOS

Los fenoles se identifican con frecuencia por su solubilidad en bases fuertes tales como hidróxido sódico, pero no en bicarbonato sódico; por lo general los ácidos orgánicos se disuelven en ambos y los alcoholes en ninguno.

Una disolución amarillo-naranja de cloruro férrico, $FeCl_3$, cambiará usualmente de color (desde el verde al violeta y pardo) al tratarla con un fenol o un enol. El color se debe a la mezcla compleja de productos de oxidación obtenidos.

LECTURAS RECOMENDADAS

Fenoles

Clevenger, S.: Flower Pigments, *Sci. Am.*, **216** (6), 84 (1964). Una descripción de varios fenoles heterocíclicos naturales.

Offenhauer, R. D.: The Direct Esterification of Phenols, *J. Chem. Educ.*, **41**, 39 (1964).

Steelink, C.: What is Humic Acid? *J. Chem. Educ.*, **40**, 379 (1963). Exponen la composición de la mezcla de derivados fenólicos obtenida por extracción del suelo con base.

Quimiluminiscencia

Haas, J. H.: Chemiluminiscent Reactions in Solution, *J. Chem. Educ.*, **44**, 396 (1967). Discute sistemas químicos concretos que demuestran la quimiluminiscencia.

McElroy, W. D., y H. H. Seliger: Biological Luminiscence, *Sci. Am.*, **207** (6), 76 (1962). Expone el fenómeno tal como se observa en muchos sistemas biológicos, haciendo hincapié sobre el material de la luciérnaga denominado luciferina.

PROBLEMAS

1. Nombrar el material de partida y dar la fórmula estructural y el nombre del (de los) producto(s). Si no hay reacción escribir N.R.

★(*a*) *o*-cresol $\xrightarrow{KHCO_3}$

(*b*) 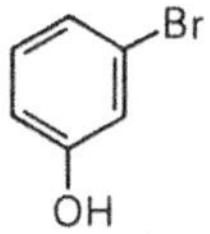 + $CH_3CH_2CH_2OH$ $\xrightarrow{H^+}$

★(*c*) 2,4,6-tribromofenol $\xrightarrow[0\text{-}5°]{HCl\text{-}NaNO_2}$

★(*d*) 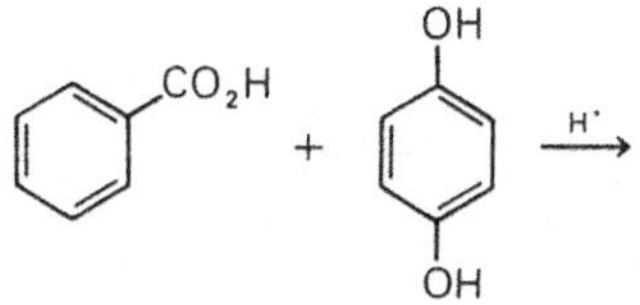

(*e*) α-naftol $\xrightarrow{NaOH}$

(*f*) 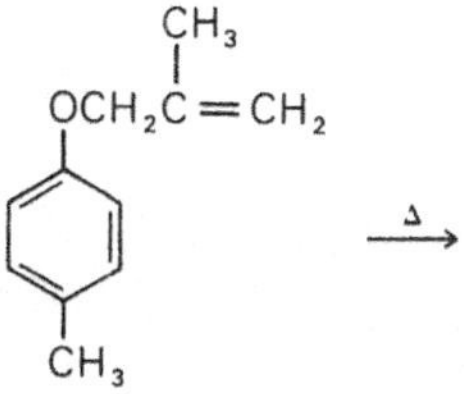

★(*g*) 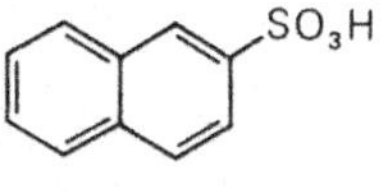 1. KOH dil. 2. Fusión con KOH 3. H_3O^+ ⟶

★(*h*)  1. HNO_3-H_2SO_4 2. Fe/HCl 3. HONO a 0-5° 4. H_3O^+; Δ 5. $CH_3OSO_2OCH_3$; KOH ⟶

(*i*) 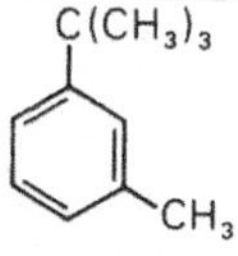 1. H_2SO_4 2. Fusión KOH 3. HCl dil. 4. NaOH 5. $CH_3CH_2CH_2\overset{O}{\overset{\|}{C}}Cl$ ⟶

(*j*) 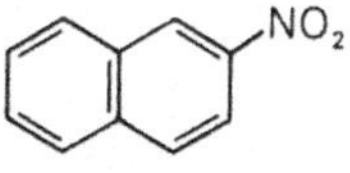 1. Sn/HCl 2. HCl-$NaNO_2$, 0° 3. Δ; H_3O^+ 4. NaOH ⟶

★ **2.** Supóngase que se dan los compuestos puros siguientes en tubos de ensayo separados. ¿Cómo se podría distinguirlos rápidamente entre sí por medios químicos? Nombrarlos.

(*a*) 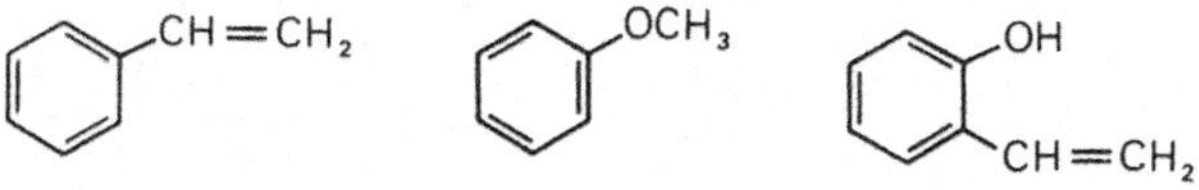

(*b*) 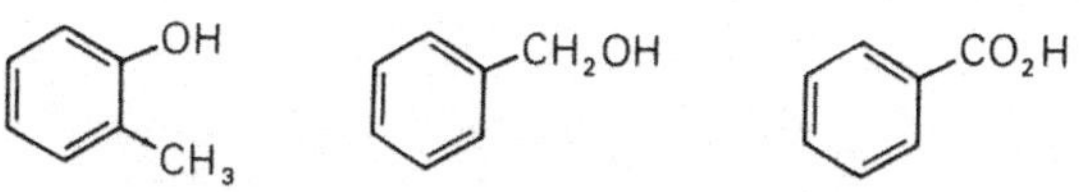

3. Sintetizar los siguientes compuestos empleando sólo benceno, tolueno, cualquiera de los aldehídos de C_1 a C_4 y todos los disolventes y reactivos inorgánicos necesarios.

(*a*) 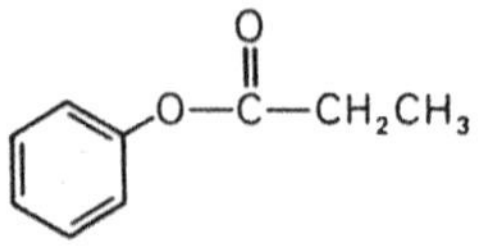

★(*b*) 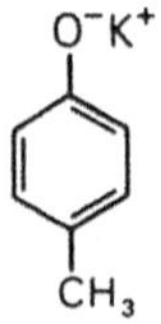

(*c*) 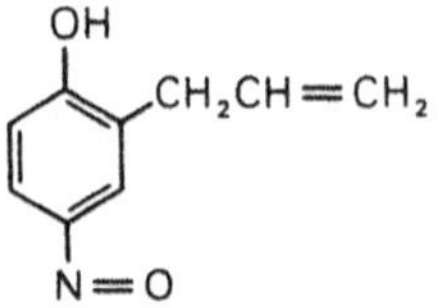

★(*d*) 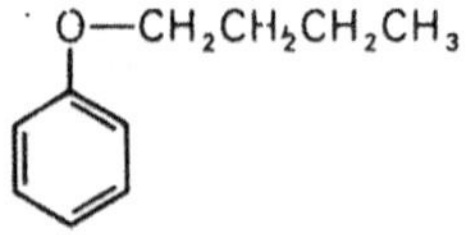

vía una reacción de sal de diazonio

Capítulo once

Los éteres orgánicos, R—O—R′, son químicamente inertes y se usan con frecuencia como disolventes. El éter etílico y el éter cíclico tetrahidrofurano son excelentes disolventes para la síntesis de Grignard (Sec. 9-11). El éter etílico es también un anestésico común.

La función éter puede formar parte de una estructura cíclica como en el tetrahidrofurano.

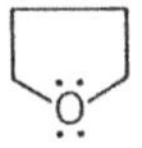

tetrahidrofurano

En contra del comportamiento de los éteres acíclicos, los éteres heterocíclicos inferiores, tales como el óxido de etileno

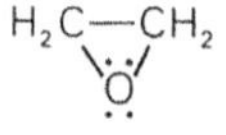

óxido de etileno

son muy reactivos, puesto que las reacciones de apertura de anillo relajan la tensión.

La mayoría de los éteres alquílicos son líquidos, pero muchos de los alquilaromáticos y diarílicos son sólidos. El éter etílico se emplea corrientemente como disolvente para extracción, no sólo por su capacidad de disolución sobre muchos compuestos orgánicos, sino también porque se elimina fácilmente en su punto de ebullición, 35°.

NOMENCLATURA

Existen dos sistemas para nombrar los éteres orgánicos. El sistema IUPAC designa el grupo alcoxilo, RO—, como sustituyente de la cadena más larga;

Eteres

$CH_3OCH_2CH_3$, se llama metoxietano. El otro método nombra cada uno de los grupos alquilo o arilo unidos al oxígeno seguidos de la palabra éter. Este nombre se escribe con tres (o dos) palabras; $CH_3OCH_2CH_3$ se llama metil étil éter. Se nombra primero el menor de los dos grupos:

$CH_3—O—CH_2CH_3$

metoxietano
(metil etil éter)

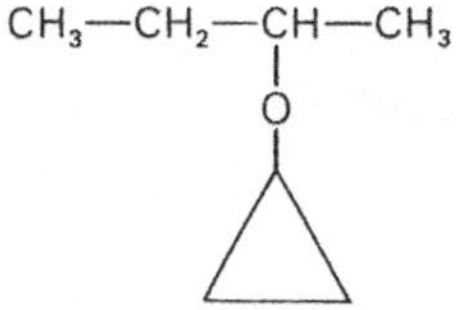

2-ciclopropoxibutano
(ciclopropil *sec*-butil éter)

tetrahidrofurano (THF)
(óxido de pentametileno)

$CH_3CH_2—O—CH_2CH_3$

etoxietano
(etil éter;
comúnmente éter)

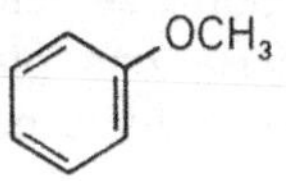

anisol
(metil fenil éter)

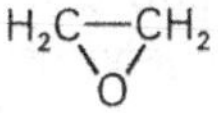

óxido de etileno

PREPARACION

Los éteres se preparan corrientemente por tres métodos: (1) Por reacción de un halogenuro orgánico con un anión alcóxido o fenóxido (síntesis de Williamson), (2) por deshidratación de los alcoholes para formar éteres dialquílicos, y (3) por reacción de un anión fenóxido con sulfato de metilo o etilo.

11-1 SINTESIS DE WILLIAMSON

Los alcóxidos y fenóxidos se forman tratando un alcohol con sodio metálico o un fenol con hidróxido sódico.

Formación de alcóxido: $R{-}OH \xrightarrow{Na} RO^- Na^+ + \frac{1}{2}H_2$

Formación de fenóxido: $C_6H_5OH \xrightarrow{NaOH} C_6H_5O^- Na^+ + H_2O$

Estas sales sódicas pueden desplazar el átomo de halógeno de un halogenuro primario o secundario a través de un esquema de reacción S_N2.

General $RO^- + R'{-}CH_2{-}X \longrightarrow R{-}O{-}CH_2R' + X^-$

Específico

$(CH_3)_2CH{-}OH \xrightarrow{Na} (CH_3)_2CH{-}O^- Na^+ \xrightarrow{CH_3CH_2Br} (CH_3)_2CH{-}O{-}CH_2CH_3$

alcohol isopropílico — isopropóxido sódico — 2-etoxipropano (etil isopropil éter)

Mecanismo desplazamiento S_N2.

$(CH_3)_2CH{-}O^- + CH_2CH_3{-}Br \longrightarrow (CH_3)_2CH{-}O{-}CH_2CH_3 + Br^-$

Esta reacción, conocida con el nombre de síntesis de Williamson, puede emplearse para preparar éteres simétricos o asimétricos. No pueden emplearse halogenuros terciarios, puesto que la reacción se lleva a cabo en presencia de una base fuerte; el producto principal sería una olefina formada por eliminación E_2 (Sec. 8-7). Los halogenuros de arilo y vinilo no pueden emplearse porque son inertes a las reacciones S_N2 (Sec. 8-7).

Ejemplos

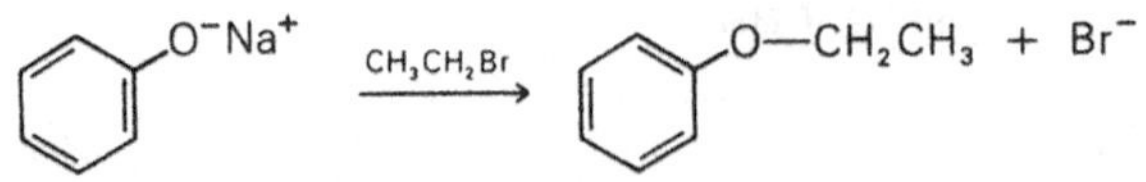

fenóxido sódico — etil fenil éter

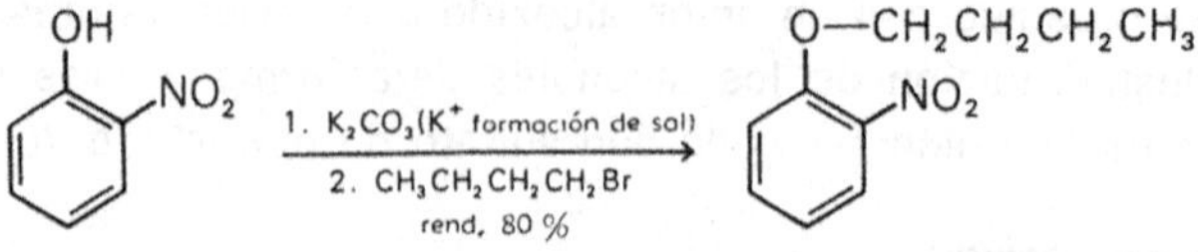

o-nitrofenol — *o*-*n*-butoxinitrobenceno (butil *o*-nitrofenil éter)

11-2 ETERES SIMETRICOS A PARTIR DE ALCOHOLES

La reacción de un alcohol con ácido sulfúrico da productos que dependen de la estructura del alcohol y de las condiciones empleadas en la reacción. Los alcoholes terciarios, por ejemplo, dan casi exclusivamente olefinas, que son productos de deshidratación.

$$(CH_3)_3C\text{—}OH \xrightarrow[140°]{H^+} (CH_3)_2C{=}CH_2 + H_2O$$

El ion carbonio terciario intermedio se forma fácilmente y está considerablemente estabilizado por los sustituyentes alquílicos (Sec. 9-4). Los alcoholes primarios, y en alguna extensión los secundarios, reaccionan con ácido sulfúrico a 140° formando el éter simétrico.

$$2CH_3CH_2OH \xrightarrow[140°]{H_2SO_4} CH_3CH_2\text{—}O\text{—}CH_2CH_3 + H_2O$$

p. eb. 35°; se separa a medida que se forma

Incluso con etanol, se forman cantidades apreciables de etileno a 150°.

$$CH_3CH_2OH \xrightarrow[150°]{H_2SO_4} CH_2{=}CH_2 + H_2O$$

Los iones carbonio primarios y secundarios son relativamente inestables y reaccionan inmediatamente con el alcohol para dar un éter protonado que está en equilibrio con el éter libre.

Mecanismo

$$CH_3CH_2\ddot{O}H \xrightarrow{H^+} [CH_3CH_2\overset{+}{O}H_2] \xrightarrow{-H_2O} [CH_3\overset{+}{C}H_2] \xrightarrow{CH_3CH_2\ddot{O}H}$$

$$[CH_3CH_2\text{—}\overset{+}{\ddot{O}}(H)\text{—}CH_2CH_3] \rightleftharpoons CH_3CH_2\text{—}\ddot{O}\text{—}CH_2CH_3 + H^+$$

Los éteres fenólicos no pueden formarse por reacción con ácido sulfúrico por dos razones: (1) la sulfonación de los fenoles ocurre fácilmente a temperaturas muy inferiores a 140°, y (2) porque al tener los fenoles una densidad electrónica disminuida en el átomo de oxígeno, la protonación inicial no ocurre fácilmente.

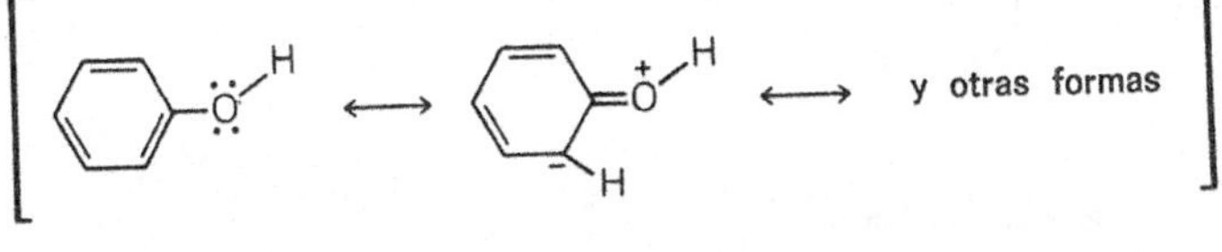

11-3 ALQUIL ARIL ETERES A PARTIR DE SULFATOS DE ALQUILO

Los aniones fenóxido pueden desplazar los grupos alquilo del sulfato de metilo, $CH_3O{-}SO_2{-}OCH_3$, o de etilo, $CH_3CH_2O{-}SO_2{-}OCH_2CH_3$, de la misma manera que desplazan los iones halogenuro de los halogenuros de alquilo primarios o secundarios.

Mecanismo

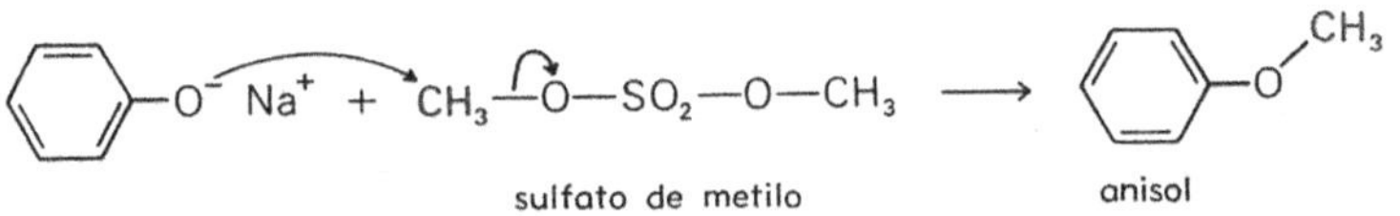

sulfato de metilo — anisol

+

$CH_3OSO_3^-Na^+$

sulfato de metilo y sodio

Pueden desplazarse ambos grupos alquilo, pero el segundo requiere condiciones más enérgicas, puesto que implica el ataque del anión fenóxido cargado negativamente sobre el anión metilsulfato cargado también negativamente. Cuando el fenol es valioso, se trabaja con una relación molar 1:1 utilizando sólo el primer grupo alquilo.

11-4 EPOXIDOS

Los éteres cíclicos de tres eslabones, conocidos con el nombre de *epóxidos* u óxidos de etileno, tienen mucha tensión y son muy reactivos frente al ataque nucleófilo. Los epóxidos se preparan comúnmente en el laboratorio por reacción de un alqueno con un *perácido*, $R{-}\overset{\overset{O}{\|}}{C}{-}O{-}O{-}H$, que a su vez puede formarse a partir de un ácido o anhídrido orgánico con peróxido de hidrógeno. Son ejemplos corrientes el ácido peracético el trifluorperacético, CF_3CO_3H, el ácido perbenzoico y el monoperftálico.

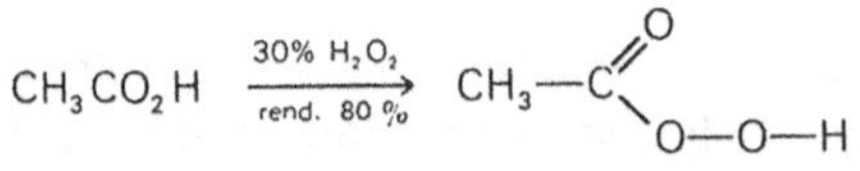

ácido acético — ácido peracético

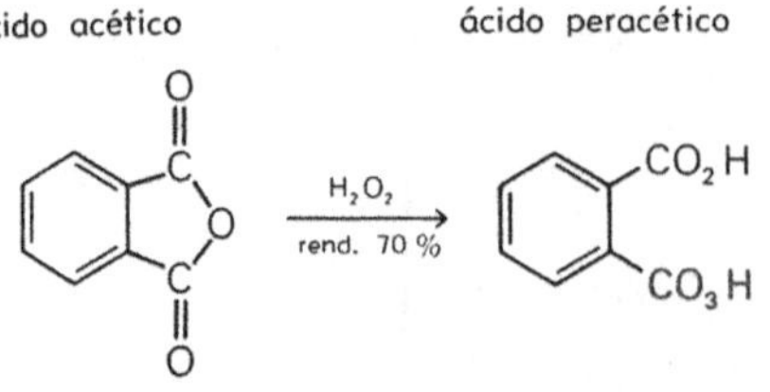

anhídrido ftálico — ácido monoperftálico

Cuando se trata un alqueno con el perácido extraordinariamente reactivo, da el epóxido correspondiente en el que se conserva la estereoquímica de los sustituyentes del alqueno.

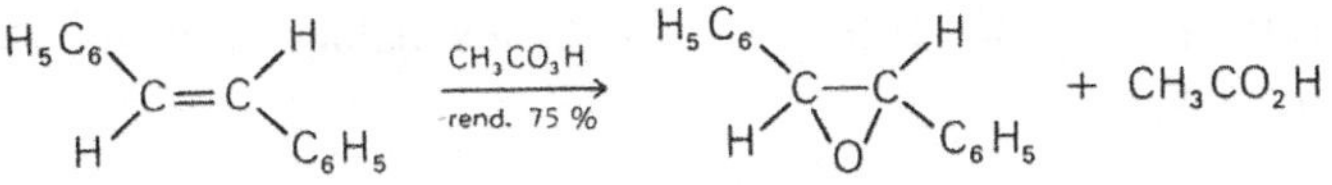

trans-estilbeno — óxido de *trans*-estilbeno

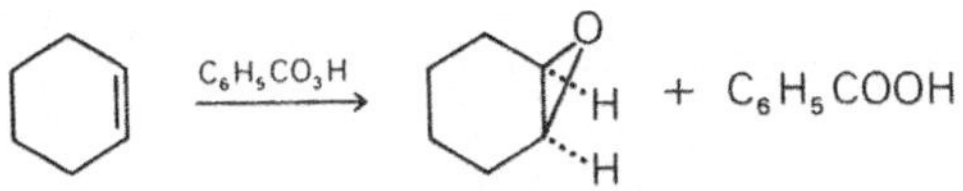

ciclohexeno — óxido de ciclohexeno

La preparación comercial del óxido de etileno se basa en un desplazamiento S_N2 interno en la etilenclorhídrina. El tratamiento de las halogenohidrinas con base puede emplearse también con buen rendimiento en el laboratorio, a pesar de que las reacciones de eliminación y desplazamiento del halógeno son con frecuencia concurrentes.

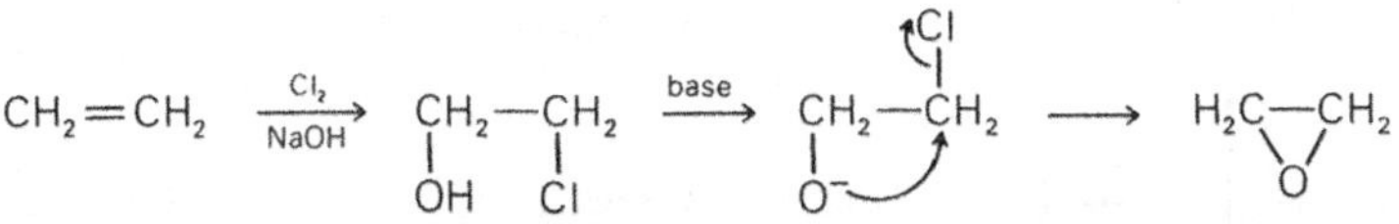

etileno — etilen clorhidrina — óxido de etileno

La reacción específica de apertura de ciclo del óxido de etileno con reactivos de Grignard, se ha expuesto ya como un método para preparar alcoholes primarios (Sec. 9-14). También otros nucleófilos reaccionan fácilmente. Además, los epóxidos se abren fácilmente en reacciones catalizadas por ácidos.

Global

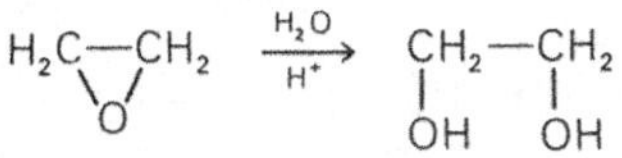

Mecanismo

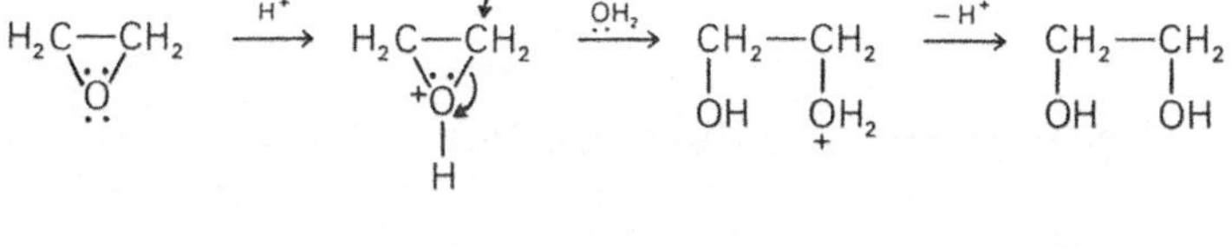

REACCIONES

11-5 RUPTURA POR HBr Y HI

Los éteres alquílicos corrientes son inertes frente a la mayoría de los reactivos pero pueden escindirse mediante HBr ó HI, dando los halogenuros de alquilo correspondientes y agua.

General $$R{-}\ddot{\underset{..}{O}}{-}R' \xrightarrow{2HBr} R{-}Br + R'{-}Br + H_2O$$

Específico $$(CH_3)_2CH{-}\ddot{\underset{..}{O}}{-}CH_2CH_3 \xrightarrow{2HBr} (CH_3)_2CHBr + CH_3CH_2Br + H_2O$$

El mecanismo implica la protonación del éter [Eq. *(a)*] seguida de la ruptura del enlace carbono-oxígeno para dar un alcohol y el ion carbonio más estable [Eq. *(b)*]. Obsérvese que se forma el ion carbonio secundario con preferencia al primario. Este ion se combina luego con el ion halogenuro [Eq. *(c)*].

Mecanismo $$(CH_3)_2CH{-}\ddot{\underset{..}{O}}{-}CH_2CH_3 \rightleftharpoons \left[(CH_3)_2CH{-}\overset{H}{\underset{+}{\ddot{O}}}{-}CH_2CH_3\right] \quad (a)$$

ion oxonio

$$\left[(CH_3)_2CH{-}\overset{H}{\underset{+}{\ddot{O}}}{-}CH_2CH_3\right] \longrightarrow [(CH_3)_2\overset{+}{C}H] + HO{-}CH_2CH_3 \quad (b)$$

$$[(CH_3)_2\overset{+}{C}H] \xrightarrow{Br^-} (CH_3)_2CH{-}Br \quad (c)$$

Otra alternativa para las Eqs. *(b)* y *(c)*, que puede observarse con nucleófilos fuertes, consiste en el desplazamiento directo del alcohol del ion oxonio por el ion halogenuro.

$$\left[(CH_3)_2CH{-}\overset{H}{\underset{+}{\ddot{O}}}{-}CH_2CH_3\right] \xrightarrow{Br^-} (CH_3)_2CH{-}Br + HO{-}CH_2CH_3$$

El alcohol se convierte luego en el halogenuro a través del mecanismo expuesto en la Sec. 9-3.

$$CH_3CH_2OH \xrightarrow{HBr} [CH_3CH_2\overset{+}{O}H_2] \xrightarrow{Br^-} CH_3CH_2Br + H_2O$$

Pueden formarse pequeñas cantidades de olefina debido a que la ruptura del éter implica un ion carbonio intermedio.

Reacciones secundarias: $[(CH_3)_2\overset{+}{C}H] \xrightarrow{-H^+} CH_2{=}CH{-}CH_3$

$$[CH_3CH_2^+] \xrightarrow{-H^+} CH_2{=}CH_2$$

Los éteres cíclicos también se abren fácilmente con el bromuro y el yoduro de hidrógeno. A partir del tetrahidrofurano y del tetrahidropirano, se obtienen 1,4- y 1,5 dihalogenoderivados con buen rendimiento.

Ejemplos

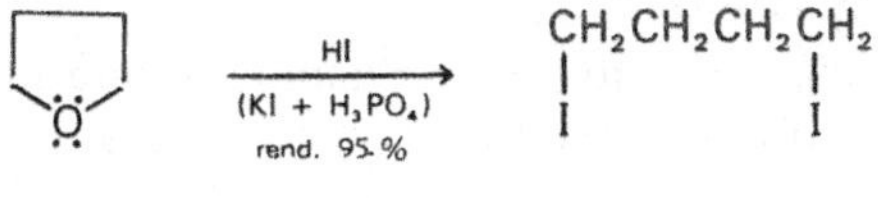

tetrahidrofurano 1,4-diyodobutano

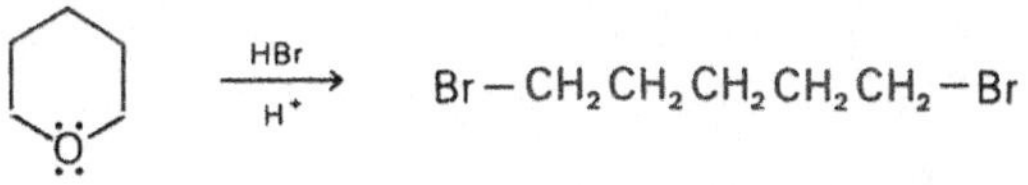

tetrahidropirano 1,5-dibromopentano (bromuro de pentametileno)

> Escribir un mecanismo razonable para una de esas reacciones de apertura de ciclo.

Los éteres fenilalquílicos por ruptura con HI o HBr dan el fenol y el halogenuro de alquilo. Al no reaccionar los fenoles con HBr o HI, no se forman halogenuros de arilo.

Global

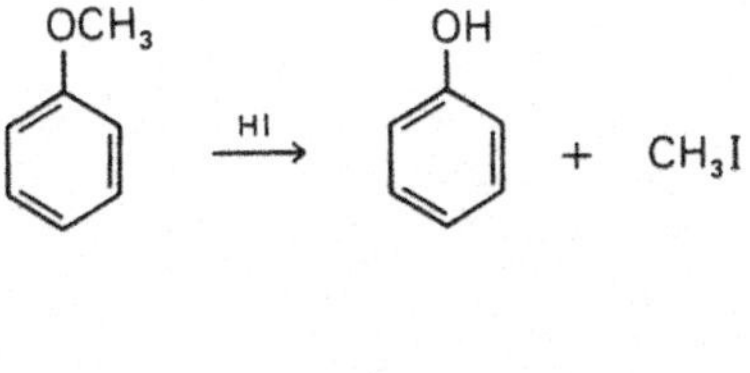

Mecanismo

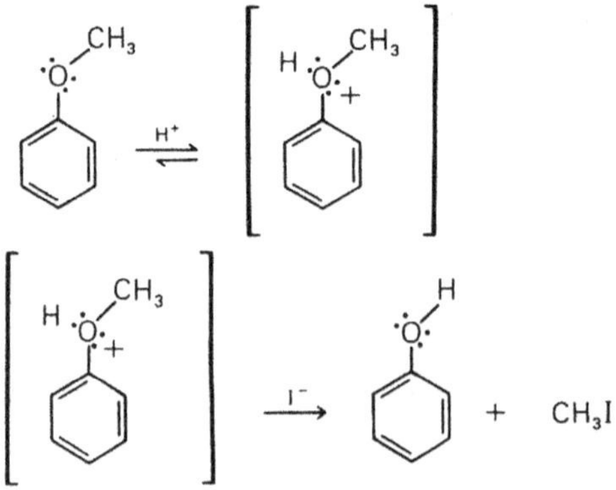

11-6 SUSTITUCION AROMATICA DE LOS ETERES FENOLICOS

Los éteres fenólicos, como los fenoles, son orto-para dirigentes y sólo ligeramente menos reactivos que los fenoles correspondientes.

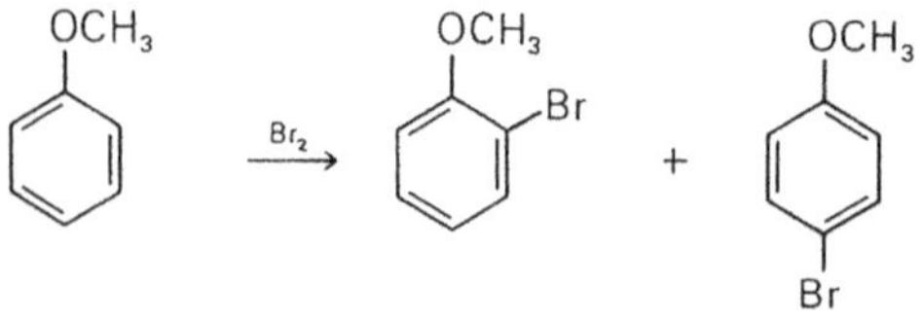

anisol *o*-bromoanisol *p*-bromoanisol

11-7 LOS ETERES COMO DISOLVENTES

El éter etílico, el tetrahidrofurano, el 1,4-dioxano y el diglime

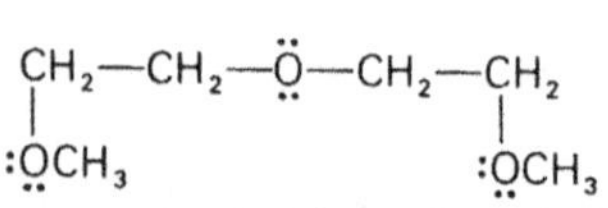

diglime

son disolventes corrientes, particularmente en las reacciones de Grignard. Debido a que los pares de electrones no compartidos del átomo de oxígeno de esos compuestos pueden ser cedidos a especies positivas y coordinarse con ellas, solvatan fácilmente centros de baja densidad electrónica.

PROBLEMAS

1. Nombrar cada uno de los compuestos siguientes empleando un sistema de nomenclatura consistente:

★(*a*) 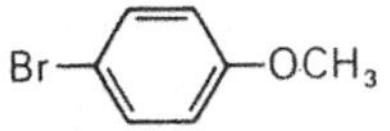

(*b*) $(CH_3)_2CH—O—CH(CH_3)_2$

★(*c*) 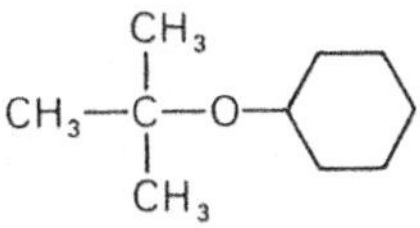

★(*d*) 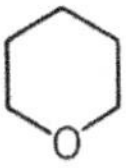

(*e*) 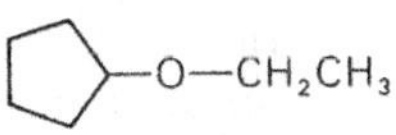

★(*f*) 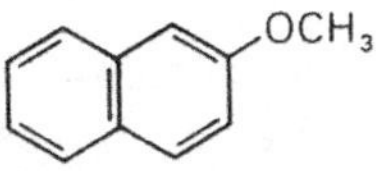

2. Considerando los tres métodos de síntesis de éteres expuestos en este capítulo (Secs. 11-1 a 11-3), elíjase el método más apropiado para la preparación de cada uno de los compuestos del Prob 1.

3. Indicar el (los) producto(s) y el mecanismo de cada una de las reacciones siguientes:

(*a*) óxido de etileno + HCN ⟶

(*b*) $(CH_3)_3COCH_2CH_3 \xrightarrow{HBr} CH_3CH_2Br + (CH_3)_2C{=}CH_2 + H_2O$

★(*c*) 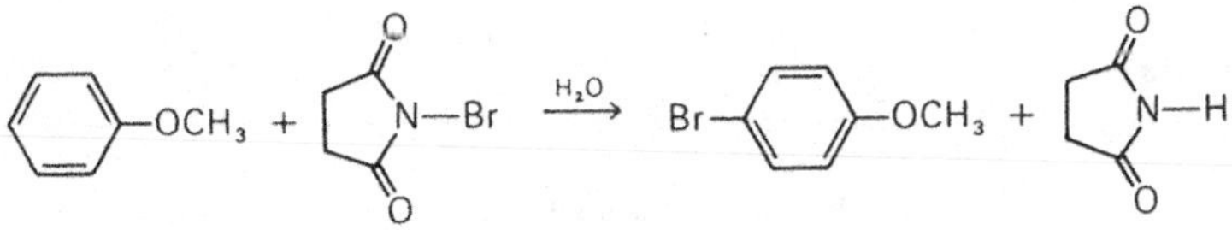

★4. Sugerir un mecanismo para la reacción siguiente:

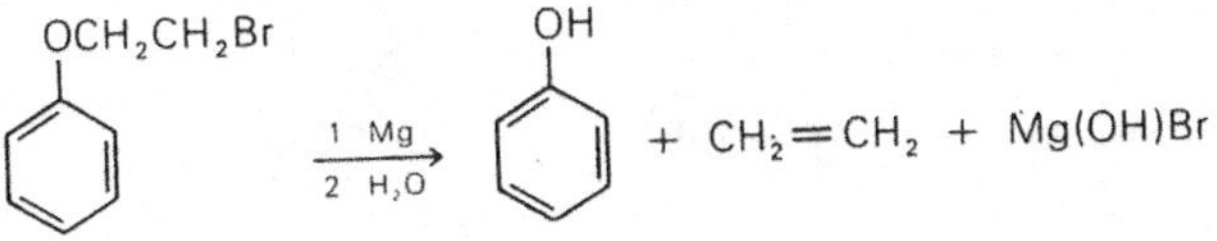

Capítulo doce

Existen tres tipos de isomería: estructural (Cap. 2), geométrica (Caps. 3 y 4), y óptica, que examinaremos en este capítulo. Los *isómeros ópticos* son compuestos que tienen los mismos átomos unidos entre sí, pero el orden de unión a un átomo dado (y la disposición de los átomos en el espacio) es diferente. Veremos que el criterio fundamental es que los dos isómeros no sean superponibles. La Tabla 12-1 muestra las relaciones formales entre los tres tipos de isomería y ejemplos de cada una de ellas. La disposición espacial de los átomos es de gran importancia en sistemas biológicos en los que debe mantenerse un delicado equilibrio entre las interacciones; por ejemplo, dos isómeros ópticos pueden tener efectos biológicos muy diferentes.

Tabla 12-1. Isomería

Isomería estructural

Isómeros de esqueleto

$CH_3CH_2CH_2CH_3$ — *n*-butano

$(CH_3)_3CH$ — isobutano

Isómeros de posición

$CH_3CH_2CH_2OH$ — propanol-1

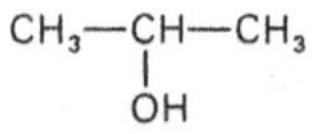

propanol-2

Isómeros funcionales

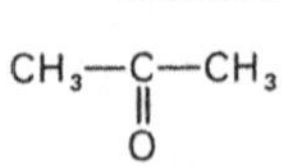

acetona
una cetona

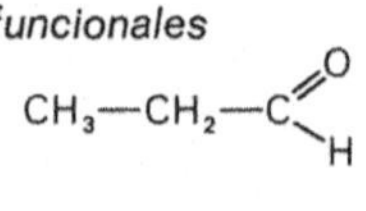

propionaldehído
un aldehído

Isomería óptica y estereoespecifidad

Estereoisomería

ISOMERÍA GEOMÉTRICA

Enlaces dobles carbono-carbono

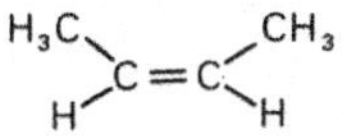

cis-2-buteno

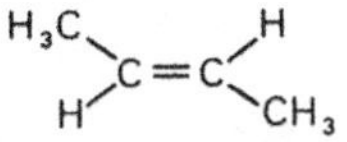

trans-2-buteno

Enlaces dobles carbono-nitrógeno

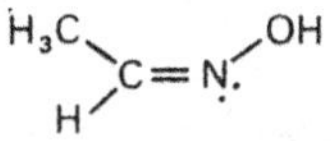

anti
H y OH "trans"

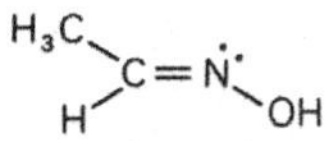

sin
H y OH "cis"

Compuestos cíclicos

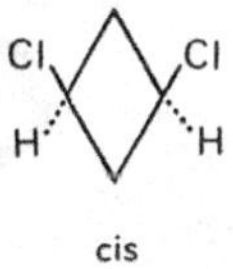

cis

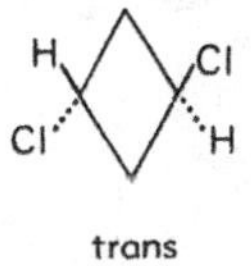

trans

ISOMERÍA ÓPTICA

Compuestos con carbonos asimétricos

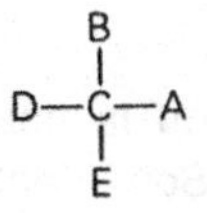

Compuestos cíclicos

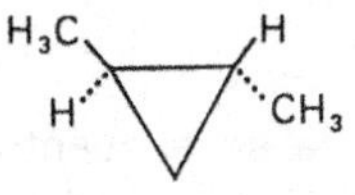

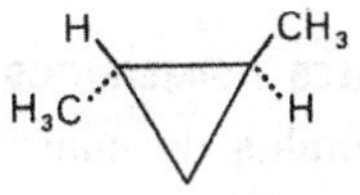

Alenos

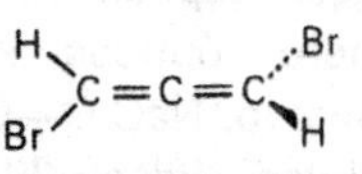

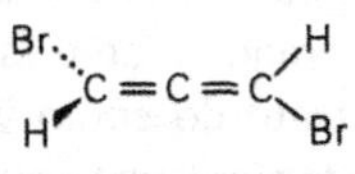

Moléculas apiñadas, no planas, bifenilos y otras

Las moléculas con cuatro grupos diferentes unidos a un átomo de carbono determinado, tales como $CH_3CHBrCl$ o $CH_3CH(NH_2)COOH$, se han escrito en este texto, sin considerar su situación respectiva en el espacio; pero su situación real es importante y frecuentemente hay que precisarla. Los dos isómeros de $CH_3CHBrCl$ son imágenes especulares que no se pueden superponer por un movimiento rotacional (ver Fig. 12-1). Las colecciones de modelos moleculares ayudan enormemente a visualizar la configuración espacial de las moléculas orgánicas y especialmente las de los isómeros ópticos discutidas en este capítulo.

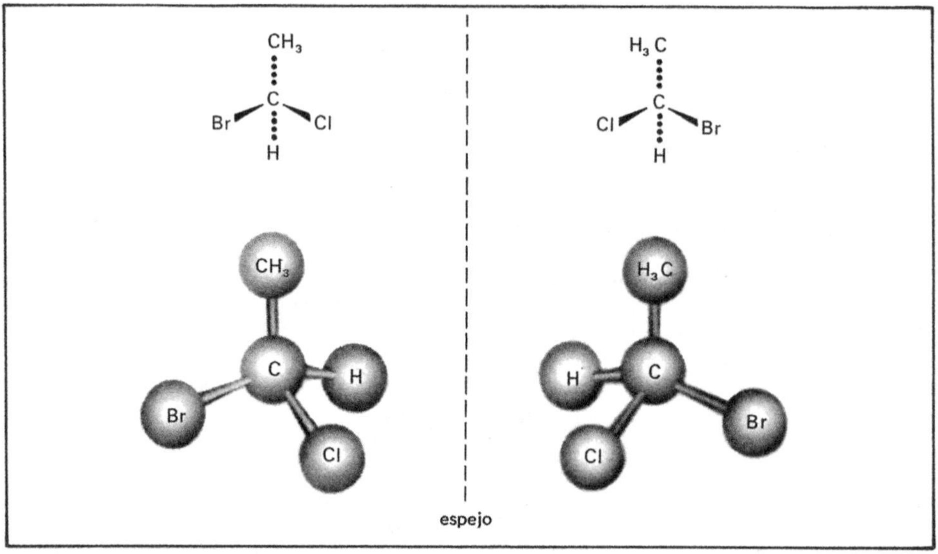

Figura 12-1. Isómeros ópticos de $CH_3CHBrCl$

ACTIVIDAD OPTICA Y CENTROS DE ASIMETRIA

12-1 CRISTALES ASIMETRICOS

Los cristales de cuarzo que se encuentran en la naturaleza son hemihédricos (Fig. 12-2) y tienen un *sentido* o *quiralidad*. Son idénticos excepto en su geometría tridimensional, por lo que son como un objeto y su imagen especular. Un par de manos o de zapatos también guardan esta relación entre ellos. Este fenómeno no es privativo de algunos cristales, puesto que aparece asimismo en ciertas moléculas. Aunque cada molécula tiene una imagen especular, sólo aquellas que sean *superponibles* a dicha imagen son isómeros ópticos. Pasteur, al examinar con una lupa cristales de tartrato de sodio y amonio, $NaO_2C—CH(OH)—$ $—CH(OH)—COONH_4$, encontró que tenían una quiralidad discernible, por lo

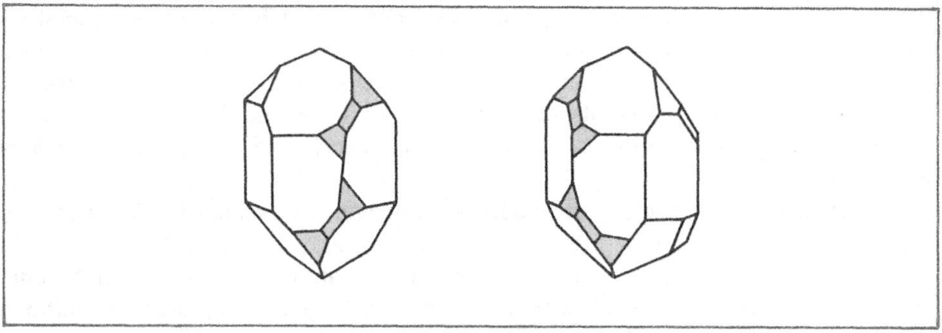

Figura 12-2. Cristales de cuarzo hemihédricos

que pudo separar los cristales en dos grupos basándose en su diferente aspecto externo. Cuando disolvía en agua estos cristales, cada una de las dos disoluciones mostraba quiralidad, según se podía apreciar con un polarímetro rudimentario, lo que indicaba que *ni* los cristales *ni* las moléculas eran superponibles a sus imágenes especulares.

12-2 EL POLARIMETRO

Es importante discutir de antemano el método utilizado para detectar cualitativamente y analizar cuantitativamente los isómeros ópticos, ya que para estudiarlos hay que poder detectarlos. Los instrumentos, como el polarímetro descrito más abajo, *no crean* propiedades ópticas, sólo revelan las existentes.

Se llama *luz polarizada en el plano* a aquella cuyos rayos están orientados en una dirección. La polarización se consigue generalmente haciendo pasar la luz a través de un cristal de calcita, variedad cristalina del carbonato cálcico. Si la luz polarizada atraviesa después un cristal de cuarzo, se puede observar que a su salida ha sufrido una rotación a la derecha o a la izquierda (Fig. 12-3). Si un cristal de cuarzo hace girar la luz hacia la derecha, otro que sea su imagen especular la hará rotar hacia la izquierda. Las *disoluciones* que contienen un isó-

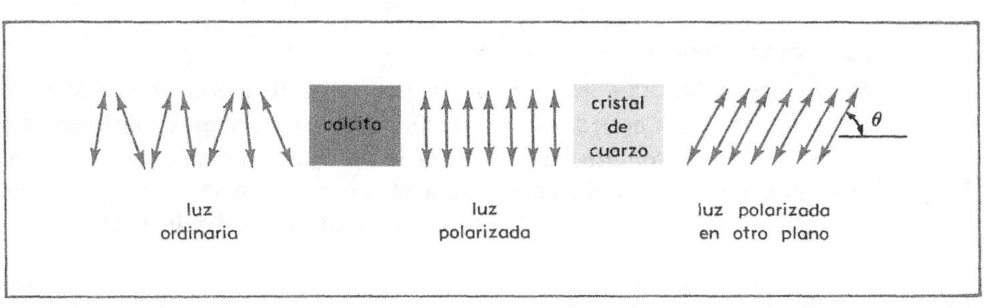

Figura 12-3. Esquema de la polarización y rotación de la luz

mero óptico actúan sobre la luz polarizada de la misma forma que el cristal de cuarzo. La única propiedad diferencial de dos isómeros ópticos de una molécula dada es la *dirección* en que cada isómero hace girar el plano de polarización de la luz. La magnitud absoluta de la rotación es la misma. La capacidad de las moléculas para hacer girar el plano de polarización de la luz se denomina *actividad óptica*.

El instrumento utilizado para medir la dirección y la magnitud de esta rotación es el *polarímetro* (ver Fig. 12-4). La lámpara es una fuente de radiación de longitud de onda determinada; generalmente se utiliza la raya D del sodio (5893 Å). El polarizador y el analizador son similares a dos piezas de vidrio o plástico Polaroid comercial, que únicamente permiten un máximo de transmisión a la luz polarizada en un plano. El tubo de muestra, de longitud conocida (10 cm es la más frecuente), debe permanecer a temperatura constante mientras se efectúan las medidas. Si el analizador permite un máximo de transmisión mediante un giro en el sentido de las agujas del reloj (hacia la derecha), la muestra se designa, por convención, *dextrógira* o (+); si hay que girar el analizador hacia la izquierda, la muestra será *levógira* o (—).

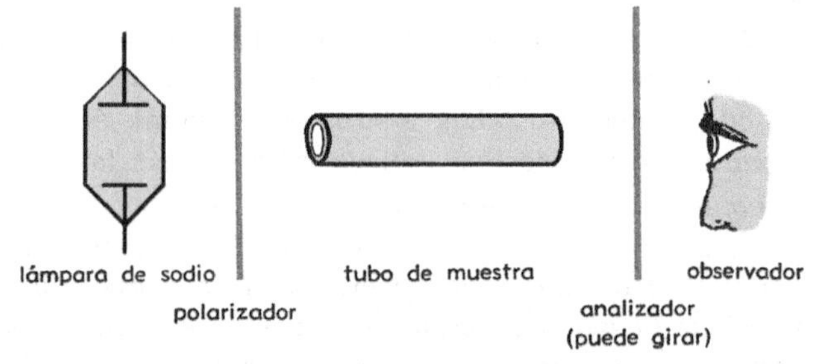

Figura 12-4. Diagrama esquemático de un polarímetro

12-3 MEDIDAS POLARIMETRICAS

La rotación específica, que se representa por α, es una propiedad física de cada isómero óptico que depende de las siguientes condiciones experimentales empleadas en la medida: *longitud de onda de la luz* λ, *temperatura T, disolvente*, y *concentración c* del soluto. La rotación observada a, está relacionada con la rotación específica por la siguiente ecuación, válida para disoluciones:

$$[\alpha]_{\lambda}^{T^\circ} = \frac{100 \cdot a}{1(\text{cm}/10) \cdot c(\text{g}/100 \text{ ml soln.})}$$

Por lo tanto, la notación $[\alpha]_D^{25°} = -30°$ (0.1 en H_2O) indica que la rotación específica α a 25° C utilizando la línea D del sodio es de 30° hacia la izquierda, cuando la medida se efectúa en solución acuosa con una concentración de 0.1 gr en 100 ml. Frecuentemente se utilizan disolventes orgánicos o disoluciones en ácidos o bases. Al indicar una rotación específica, debe especificarse siempre el disolvente o la disolución, ya que el signo de la rotación puede cambiar con el disolvente.

Sólo los isómeros ópticos aislados hacen girar el plano de polarización de la luz; las moléculas ópticamente inactivas, es decir las que son superponibles a sus imágenes especulares o las mezclas 1 : 1 de dos isómeros ópticos de una sustancia dada no producen rotación.

12-4 CONCEPTOS FUNDAMENTALES ILUSTRADOS CON AMINOACIDOS

La mayoría de los aminoácidos naturales, $RCH(NH_2)COOH$, pueden presentar isomería óptica, pero normalmente sólo se encuentra en la naturaleza uno de los isómeros. La alanina, $CH_3—CH(NH_2)—COOH$, es el aminoácido natural ópticamente activo más sencillo. Contiene un átomo de carbono asimétrico (con asterisco), un carbono al que van unidos cuatro grupos *diferentes*. Es ésta una condición para originar actividad óptica; existen otras condiciones que serán discutidas en otros apartados de este capítulo. Al tratar de la actividad óptica de compuestos con átomo de carbono asimétrico, se acostumbra a marcar este átomo de carbono con un asterisco.

Los dos isómeros de la alanina tienen idénticas propiedades físicas, exceptuando la *dirección* del giro que imprimen a la luz polarizada en el plano; la cantidad o magnitud de la rotación de los isómeros puros es idéntica.

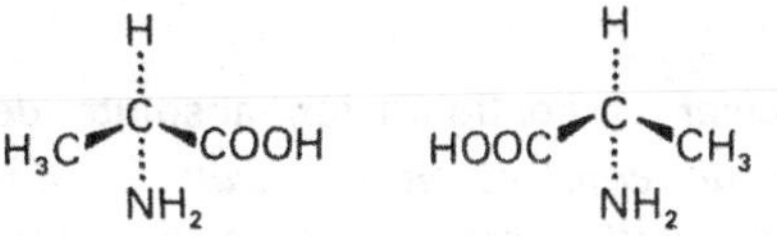

A la mezcla equimolecular de los dos isómeros se la denomina *racemato, mezcla racémica* o *par* D,L †. En este texto no consideraremos el racémico como un isómero definido a pesar de que posee propiedades físicas diferentes de las de cada isómero constituyente considerado por separado. Por ejemplo, la densidad de la D- y L-alanina es de 1.401 g/ml, y la del racemato es de 1.424. Cada uno de los isómeros ópticamente activos de un par determinado se denominan *enantiómeros* o antípodas ópticos.

Las dos formas pueden ser representadas en tres dimensiones, pero no he-

† Las minúsculas *d* y *l* se usaron en el pasado para designar rotaciones e isómeros; en este texto no se usa esta notación antigua.

mos especificado qué isómero hace girar la luz hacia la derecha o la izquierda. Estas representaciones son las configuraciones relativas de los dos isómeros. Para especificar la *configuración absoluta*, es decir, para determinar cuál de los dos isómeros la hace girar realmente hacia la derecha (o la izquierda), se debe tomar de común acuerdo un *compuesto de referencia.*

12-5 CONFIGURACION ABSOLUTA

El aldehído glicérico, CHO—CHOH—CH_2OH, tiene un solo átomo de carbono asimétrico. Emil Fischer asignó arbitrariamente, en 1891, la configuración absoluta siguiente al isómero con rotación positiva:

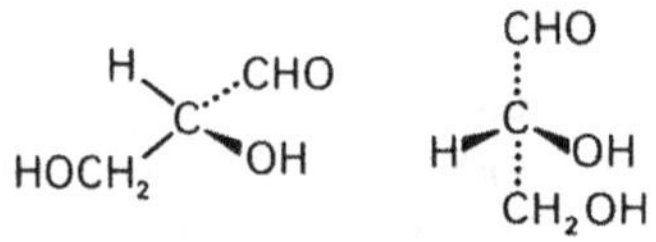

D(+)-gliceraldehído

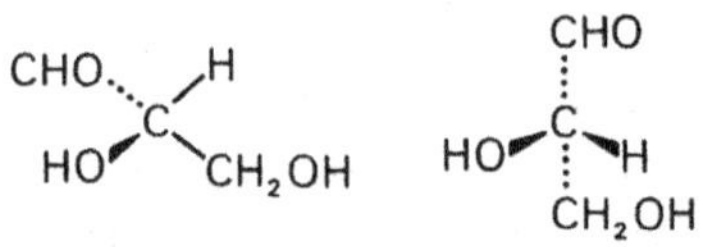

L(—)-gliceraldehído

En 1951, utilizando técnicas analíticas de rayos X, se ha demostrado que esta asignación arbitraria era la exacta. Fue una suerte verificar que la asignación de Fischer era correcta, ya que al mismo tiempo, se demostraba la corrección, en términos de configuraciones absolutas, de todos los compuestos conocidos que habían sido relacionados con el D(+)-gliceraldehído. Los signos + y — se utilizan para indicar la *dirección* de la rotación; las letras D y L se refieren a la configuración absoluta del compuesto. *No es necesaria una correlación entre el signo de la rotación y la configuración absoluta.* Por ejemplo, existen muchos pares de isómeros ópticos del tipo D(—) y L(+).

12-6 CONVENCION DE CAHN-INGOLD-PRELOG

Se empieza a usar otro método para precisar la configuración absoluta de centros asimétricos, conocido con el nombre de *convención de Cahn-Ingold-Prelog.* Se asigna una secuencia relativa a los sustituyentes A, B, D, E, localizados sobre un átomo de carbono C. Si observando la disposición tetraédrica del átomo de carbono desde el lado opuesto al del sustituyente de menor prioridad (E), el orden A → B → D tiene el sentido del movimiento de las agujas de un reloj, la designación es R (del latín *rectus,* derecho o recto); si el orden A, B, D, tiene sentido contrario al del reloj, la designación es S (del latín *sinister,* izquierdo).

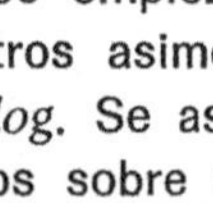

A→B→D en el sentido del reloj; por lo tanto, R

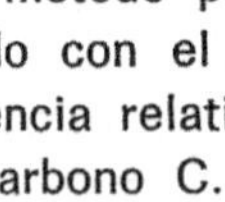

A→B→D en sentido contrario al reloj; por lo tanto, S

A los sustituyentes A, B, D y E se les asigna una prioridad, siendo A el primero, sobre la base del *número atómico más alto*. De acuerdo con esto, los halógenos estarán en el orden I, Br, Cl, F. Si el sustituyente contiene un *grupo* de átomos, se da prioridad al grupo en el cual el *primer* átomo tiene el número más alto. Si, por ejemplo, los sustituyentes son CH_3, OH, y NH_2 el orden de prioridad (sobre la base del número atómico) es OH, NH_2, y CH_3. Si en dos o más sustituyentes el *primer* átomo es el mismo, se asigna la prioridad considerando el *segundo* átomo o segundos átomos combinados. Por lo tanto en el caso de los grupos —COOH y —CHO, la prioridad relativa corresponde al —COOH y después al —CHO. En casos más complicados hay que proceder a examinar toda la cadena para determinar la prioridad.

La notación D,L presenta ciertas ventajas, y puesto que la convención R,S aún no está aceptada universalmente, no la utilizaremos en este texto.

12-7 PROYECCIONES DE FISCHER

Es relativamente fácil representar sobre el papel moléculas que sólo contengan un carbono asimétrico. Las representaciones tridimensionales de moléculas más complejas son más difíciles. Para representar bidimensionalmente moléculas que contengan varios carbonos asimétricos podemos utilizar esquemas tetraédricos, en los que se coloca el átomo de carbono en el centro de un tetraedro con los sustituyentes en los vértices, o las proyecciones de Fischer derivadas de los esquemas tetraédricos, en las que la cadena carbonada (detrás del plano del papel) se dibuja como una línea vertical, y los sustituyentes (proyectados fuera del plano del papel) se colocan en las terminaciones horizontales. Las intersecciones de las líneas verticales y horizontales representan los átomos de carbono de la cadena.

Tabla 12-2. Representaciones de las tetrosas

Esquemas tetraédricos:

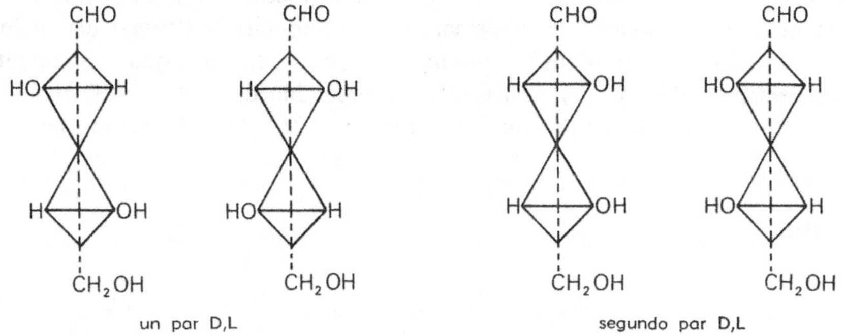

un par D,L — segundo par D,L

Proyecciones de Fischer:

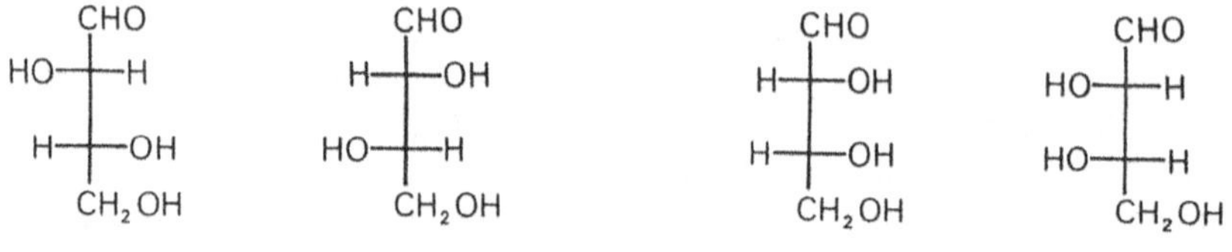

Consideremos los azúcares de cuatro átomos de carbono (CHO—CHOH—CHOH—CH_2OH) de la Tabla 12-2. En las representaciones tetraédricas, C_2 y C_3 no están dibujados explícitamente pero se encuentran en el centro de los dos tetraedros. Las proyecciones de Fischer, también en la Tabla 12-2, muestran únicamente los sustituyentes y llevan implícitos C_2 y C_3 en las intersecciones.

Supongamos que deseamos comparar dos esquemas de proyección; por ejemplo, *(a)* y *(b)*, ¿representan un isómero único, o representan un par D,L?

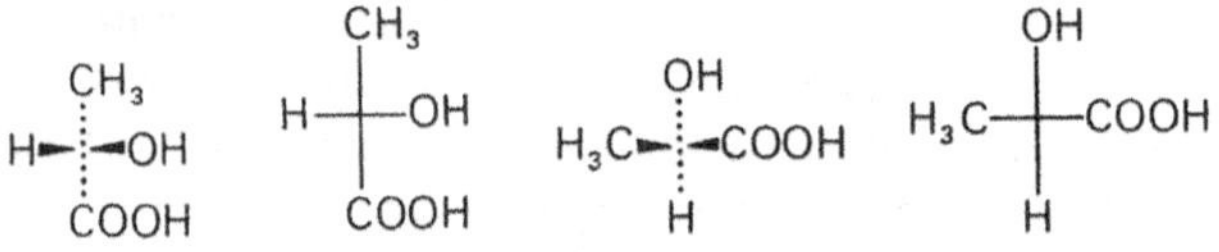

(*a*) (*a*) (*b*) (*b*)

Nótese que *(a)* y *(b)* son proyecciones en las que los sustituyentes verticales están detrás del plano del papel y los horizontales están delante de él. En este texto adoptaremos la convención de *permutación* para responder a estas preguntas. Según esta convención el intercambio de dos sustituyentes invierte la configuración; dos intercambios restauran la configuración original aun cuando la representación resultante pueda tener una forma poco familiar. Adviértase que con esta convención cada isómero óptico tiene 12 representaciones diferentes, y habrá también 12 para su imagen especular. Con un número par de intercambios no podemos transformar un isómero en su imagen especular. Hagamos los dos intercambios siguientes en *(b)* y examinemos los resultados: (1) intercambio de —CH_3 y —OH y (2) intercambio de —H y —COOH. El resul tado es *(c)* imagen especular de *(a)*; luego *(a)* y *(b)* representan un par D,L.

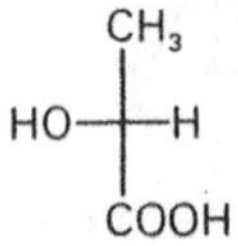

(*c*)

Deducir la relación entre los siguientes pares :

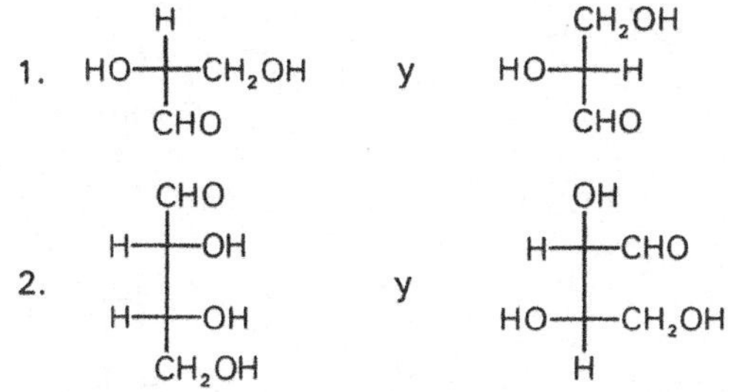

12-8 COMPUESTOS CON MAS DE UN CARBONO ASIMETRICO DIFERENTE

El ácido tartárico, HOOC—CH(OH)—CH(OH)—COOH, contiene dos átomos de carbono asimétricos *iguales*; esto es, tanto C_2 como C_3 tienen como sustituyentes —H, —OH, —COOH, y —CH(OH)—COOH. Si uno de los grupos carboxilo lo convertimos en su sal sódica, NaOOC—CH(OH)—CH(OH)—COOH, tendremos una estructura con dos carbonos asimétricos *diferentes:* C_2 es portador de —H, —OH, —COONa, y —CH(OH)—COOH, mientras que sobre C_3 encontramos —H, —OH, —COOH, y —CH(OH)—COONa. Como hemos visto con los azúcares en la Sec. 12-7, una molécula con dos átomos de carbono asimétricos *diferentes* puede existir en cuatro formas isoméricas. *En general una molécula con n carbonos asimétricos diferentes tiene* 2^n *isómeros y* $2^n/2$ *pares D,L.*

Escríbanse estructuras (proyecciones de Fischer) para todos los azúcares con cinco carbonos, CHO—CHOH—CHOH—CHOH—CH_2OH. Por convención los azúcares se escriben con el grupo —CHO en el extremo superior y el grupo —CH_2OH en el inferior de la estructura (Sec. 12-7).

12-9 COMPUESTOS CON ATOMOS DE CARBONO ASIMETRICOS IGUALES

Las moléculas que contienen átomos de carbono asimétricos iguales tendrán menos de 2^n isómeros ópticos. Los centros asimétricos iguales originan los isómeros meso que son ópticamente inactivos. En el ácido tartárico hay dos carbonos asimétricos *iguales*. Cada carbono tiene cuatro grupos idénticos, —H, —OH, —COOH, y —CH(OH)COOH. No existen conformaciones de los isómeros ópticamente activos que sean superponibles a sus imágenes especulares; sin embargo el isómero meso posee tales conformaciones. Dado que los isómeros meso poseen un plano de simetría,

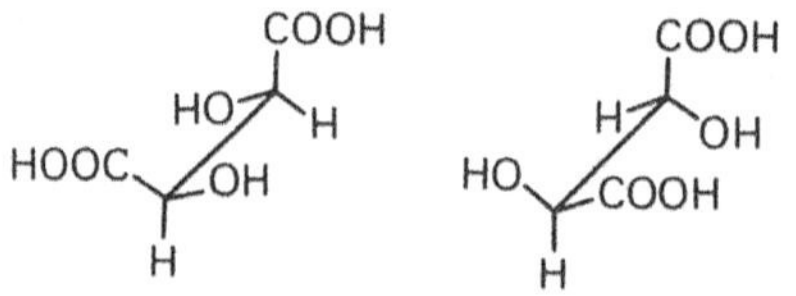

par D,L

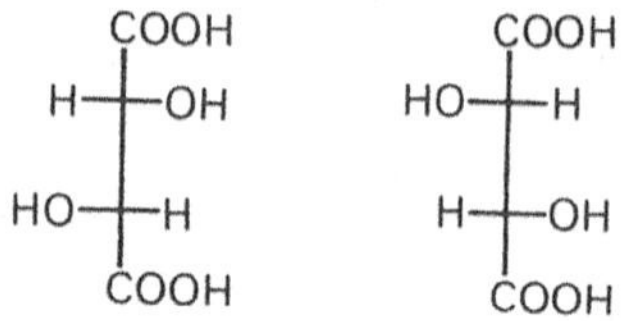

par D,L

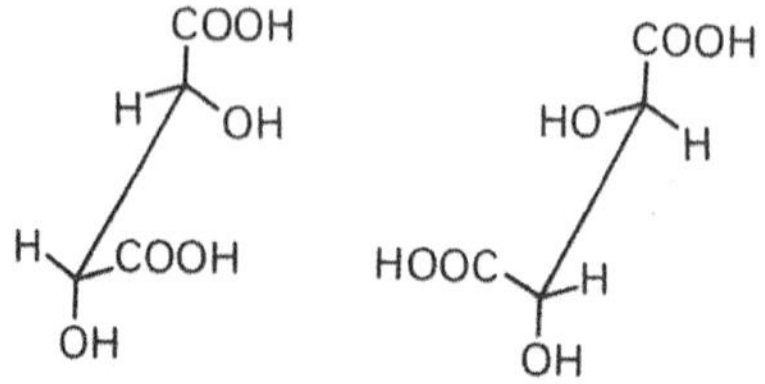

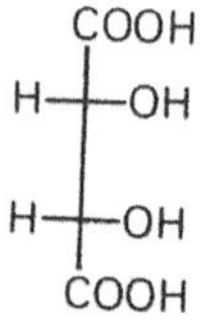

isómero meso
dos conformaciones

la luz polarizada en el plano actúa sobre la molécula dando una rotación neta nula. Otra explicación de la inactividad óptica es que la molécula tiene un número igual de átomos de carbono con configuraciones D y L.

En resumen, existen dos reglas en química orgánica que *no tienen excepciones* (y tales reglas son bastante raras en química orgánica):

1. *Si una molécula no es superponible a su imagen especular, puede existir en formas D,L. La recíproca también es cierta.*
2. *Si una molécula tiene un punto o un plano de simetría, se trata de una forma ópticamente inactiva y por lo tanto idéntica a su imagen especular. La recíproca también es cierta.*

Un método rápido para determinar si una molécula es ópticamente activa o no, es buscar un punto o plano de simetría. Recuérdese que el criterio primario es que la molécula sea superponible o no a su imagen especular. En la Tabla 12-3 se encuentran algunos ejemplos de simetría.

12-10 CONCEPTOS ADICIONALES ILUSTRADOS CON AZUCARES

La fórmula general de los azúcares de cinco carbonos, CHO—CHOH—CHOH—CHOH—CH_2OH, muestra que las moléculas poseen tres átomos de carbono asimétricos *diferentes* y que por lo tanto existen 2^3, o sea ocho isómeros ópticos, que forman cuatro pares D,L (Tabla 12-4).

Los isómeros ópticos que son imagen especular tales como *(a)* y *(b)*, *(c)* y *(d)*, *(e)* y *(f)*, y *(g)* y *(h)*, se llaman *enantiómeros* o *antípodas ópticos*. Los isómeros que difieren sólo en la configuración de uno de los varios centros asimétricos posibles se denominan *epímeros*. Los siguientes isómeros son epímeros: *(a)* y *(c)*, epímeros en C_4; *(a)* y *(g)*, epímeros en C_2; *(d)* y *(g)*, epímeros en C_3, y otros. Los isómeros ópticos de un compuesto dado que no sean imágenes especulares y que no sean idénticos se conocen como *diastereoisómeros* (o *diastereómeros*). Los siguientes pares son diastereoisómeros: *(a)* y *(c)*, *(b)* y *(c)*, *(a)* y *(d)*, y otros. *Todos los epímeros son diastereoisómeros, pero no todos los diastereoisómeros son epímeros; los epímeros constituyen un grupo especial de los diastereoisómeros.*

RESOLUCION Y RACEMIZACION

Supongamos que el ácido propanoico se broma con fósforo y bromo, ¿cuántos isómeros se obtendrán?

$$CH_3CH_2COOH \xrightarrow[\text{P rojo}]{Br_2} CH_3-\underset{\displaystyle Br}{\overset{*}{C}H}-COOH$$

Tabla 12-3. Ejemplos de simetría molecular

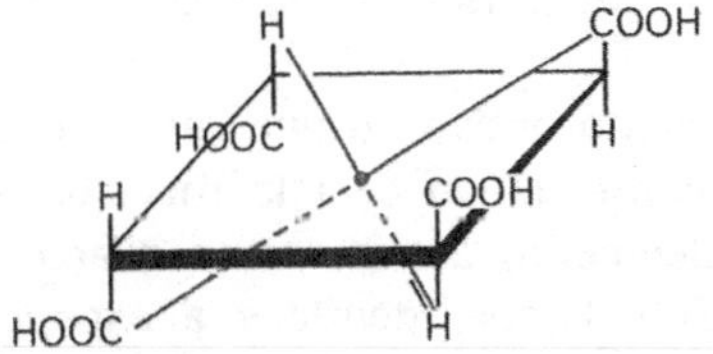

punto de simetría en el centro del anillo; es decir, si trazamos una línea recta desde el centro del anillo en dos direcciones encontraremos átomos o grupos de átomos iguales en ambas extremidades de la línea

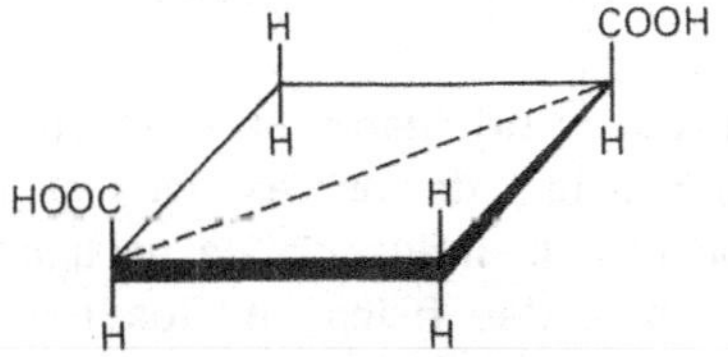

plano de simetría (y otro plano perpendicular al mostrado)

muchos planos de simetría perpendiculares al anillo y también el plano en el que está la molécula

Tabla 12-4. Las aldopentosas

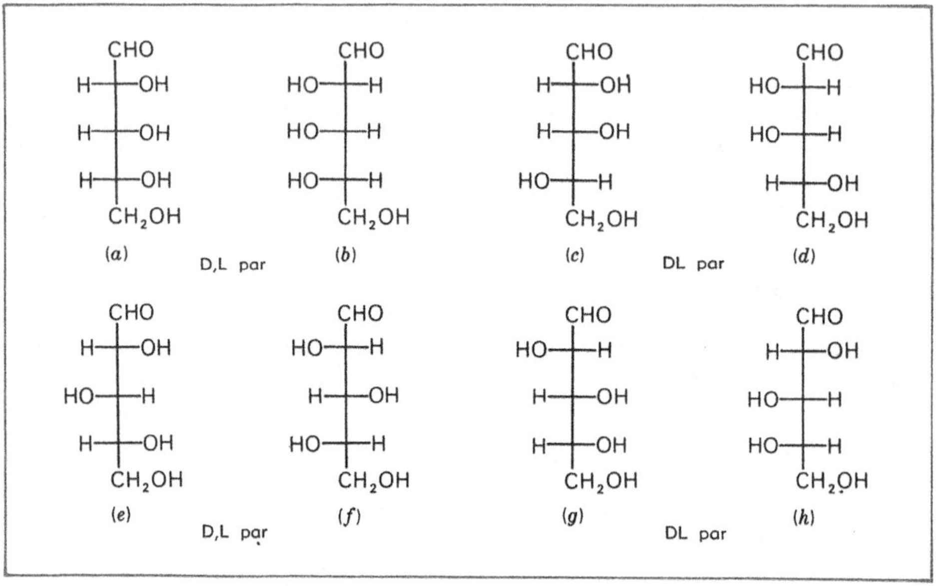

Se ha creado un átomo de carbono asimétrico, y por lo tanto de la mezcla de reacción, un racemato, puede, en potencia, separarse el isómero D, y el isómero L.

No puede originarse un producto ópticamente activo en una reacción química, excepto si uno de los reactivos es ópticamente activo o si la reacción se lleva a cabo bajo la influencia de un agente ópticamente activo, como cuarzo D, o L. Las propiedades físicas de los isómeros D y L son idénticas a excepción del signo de la rotación óptica, y los dos isómeros no se pueden separar sin la intervención de algún elemento de asimetría. *Cuando empleamos materiales de partida ópticamente inactivos en una "atmósfera" ópticamente inactiva, el producto obtenido debe ser una mezcla racémica y no puede ser el isómero D o L puro.*

La separación de un racemato en sus isómeros constituyentes ópticamente activos se conoce como una *resolución.* En las reacciones orgánicas se crean frecuentemente nuevos centros de asimetría, por lo que cabe preguntarse, ¿cómo pueden resolverse las mezclas racémicas? Los principios de los métodos de resolución empleados hoy, fueron descubiertos por Pasteur hace 100 años. La manera de ponerlos en práctica ha sido modificada y mejorada.

12-11 SEPARACION MECANICA

La separación manual depende de la asimetría de estructuras cristalinas grandes y no es un método de separación seguro. Parece difícil esperar que una mezcla cristalice de tal forma que los dos isómeros se formen independientemente uno de otro; sin embargo se han señalado varios casos de resolución de este tipo.

12-12 FORMACION DE SALES O DERIVADOS DIASTEREOISOMEROS

El método más general de resolución de un par D,L es la formación de dos diastereoisómeros por reacción con un compuesto previamente resuelto. Las mezclas racémicas de ácidos constituyen material apropiado para estos procesos, ya que pueden ser tratadas con bases naturales ópticamente puras como cinconina, quinina, brucina o estricnina (ver Tabla 12-5). Los ácidos forman sales con el par de electrones incompartido del átomo de nitrógeno de la base orgánica.

$$\underset{\text{ácido}}{R{-}COOH} + \underset{\text{base}}{{>}N{:}} \longrightarrow \underset{\text{sal}}{{>}\overset{+}{N}H \quad R{-}COO^{-}}$$

Tabla 12-5. Bases naturales empleadas en la resolución de ácidos racémicos

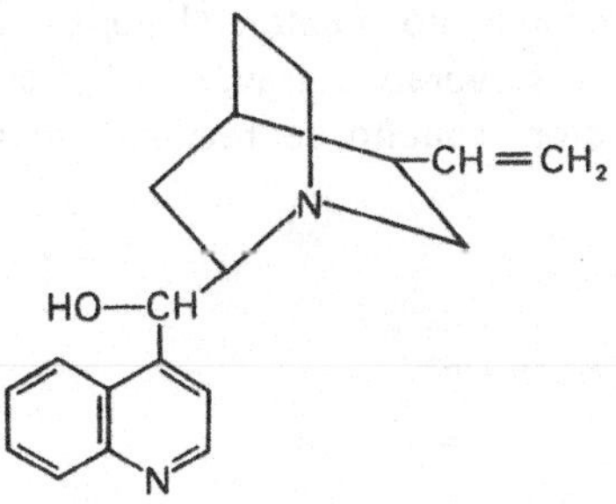

cinconina

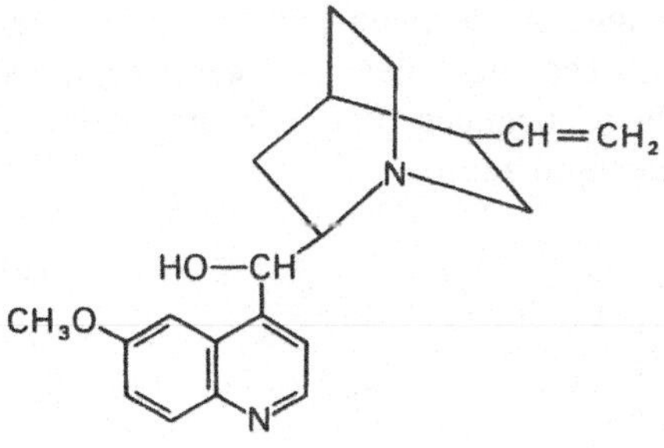

quinina

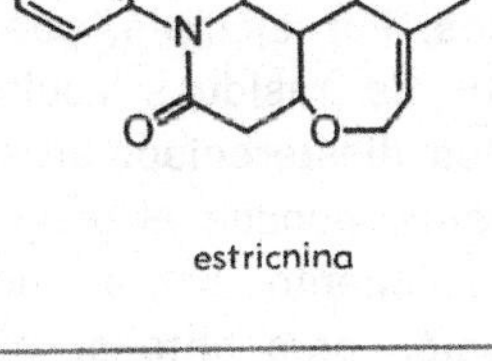

estricnina

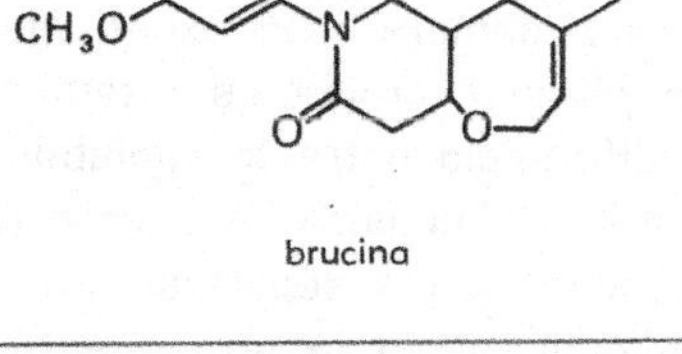

brucina

Las sales formadas en este proceso tienen diferentes propiedades y, en particular, diferentes solubilididades en una gran variedad de disolventes puros o mezclados. Generalmente una sal es más soluble que la otra, y la separación puede efectuarse. La descomposición de la sal con HCl o H_2SO_4 restituye el isómero óptico.

ácido D,L + base L ⟶ [sal ácido D · base L ; sal ácido L · base L]

mezcla racémica — de origen natural — mezcla de diastereoisómeros

separación por cristalización fraccionada:

sal ácido D · base L $\xrightarrow{H^+ \text{ dil.}}$ ácido D

sal ácido L · base L $\xrightarrow{H^+ \text{ dil.}}$ ácido L

\+ base L · HCl

Los compuestos que no son ácidos o bases se pueden convertir frecuentemente en derivados ácidos o básicos, que se resuelven como se ha descrito y se regeneran después por medio de reactivos que no afecten el centro de asimetría. Los alcoholes, por ejemplo, pueden resolverse a través del monoester ftálico o succínico. Por hidrólisis del monoester resuelto se recupera el alcohol ópticamente puro.

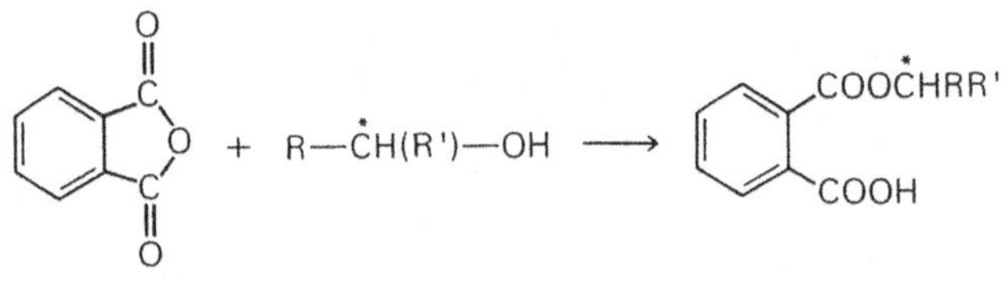

anhídrido ftálico — alcohol D,L — monoester ftálico D,L

Aunque la resolución de compuestos diastereoisómeros es una operación corriente, no siempre está exenta de dificultades. Por ejemplo, puede ser casi imposible obtener productos cristalinos a partir de residuos aceitosos. Otras veces la diferencia entre las solubilidades de los diastereoisómeros es tan pequeña que hace imposible la separación. Finalmente, aunque el diastereoisómero menos soluble pueda separarse por este procedimiento, habrá que recurrir a repetir la operación con otro agente de resolución para obtener el otro enantiómero.

12-13 RESOLUCION ENZIMATICA

Dejando crecer un organismo en el seno de una mezcla D,L, se han conseguido algunas resoluciones. Frecuentemente uno de los isómeros es destruido (metabolizado) quedando intacto el otro. Pasteur observó que tratando una solución diluida de tartrato amónico D,L con *Penicillium glaucum* el isómero D se destruía más deprisa que el isómero L. Estas transformaciones pueden realizarse también por medio de enzimas que son catalizadores proteicos ópticamente activos. La resolución enzimática tiene el inconveniente de que al destruirse uno de los isómeros, hay que recurrir a otros métodos para obtenerlo.

Las transformaciones de este tipo catalizadas por enzimas son muy importantes en los sistemas biológicos. De hecho los enzimas son capaces de ayudar a transformar moléculas simétricas, ópticamente inactivas, en moléculas que presentan actividad óptica.

12-14 RACEMIZACION

Racemización es el proceso por el cual un isómero óptico puro se transforma en un racémico o mezcla D,L. Muchos antípodas ópticos sufren esta reversión o racemización por calefacción o sencillamente por permanencia en estado disuelto.

Una causa corriente de racemización es la enolización en un centro asimétrico. Por ejemplo, pongamos la siguiente cetona resuelta.

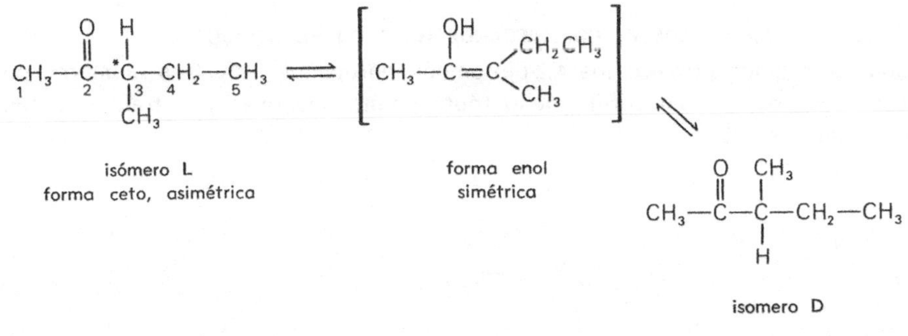

La forma cetónica, en disolución, está en equilibrio con la forma enólica, en la cual la asimetría en C_3 ha desaparecido por la introducción de un doble enlace. El protón enólico tiene igual probabilidad de volver a C_3 por un lado u otro del doble enlace. Así se origina un número igual de moléculas de ambos isómeros, es decir, una mezcla racémica. *Cualquier proceso que destruya la asimetría de un isómero óptico conduce a racemización.*

ACTIVIDAD OPTICA DE CICLOALCANOS

12-15 CONSIDERACIONES GENERALES

Hemos considerado conveniente dividir las moléculas en varias clases generales para determinar con rapidez el número de posibles estereoisómeros. En todos los casos aplicaremos el criterio principal: *Una molécula que no sea superponible a su imagen especular es ópticamente activa.* La primera clase de compuestos, considerada en las secciones precedentes, es la de los que contienen *átomo de carbono asimétrico.* En esta sección consideramos los *cicloalcanos sustituidos* que también contienen carbonos asimétricos. Esta división, que se continúa en el capítulo con los *alenos* y *moléculas apiñadas,* es un tanto artificial pero útil en la determinación de los elementos de simetría que puedan existir. Recuérdese que si existe un elemento de simetría la molécula no puede presentar isomería óptica.

Aunque se ha demostrado que todos los cicloalcanos, excepto los ciclopropanos (y quizás algunos ciclobutanos), existen en conformaciones no planas, las conformaciones están en equilibrio dinámico a temperatura ambiente, de forma tal que los carbonos de un anillo pueden considerarse en un plano a la hora de determinar el número de isómeros ópticos posibles. Esto simplifica considerablemente el proceso de recuento. Es cierto, por ejemplo, que la conformación preferida del ciclohexano es la forma silla; no obstante, el anillo oscila tan rápidamente a temperatura ambiente que la posición promediada en el tiempo de los seis carbonos define un plano.

12-16 EJEMPLOS ESPECIFICOS DE CICLOALCANOS (C_3 A C_6) SUSTITUIDOS

Consideraremos primero los 1,2-dibromociclopropanos. Hay tres isómeros posibles: el cis, que es una forma meso (ópticamente inactiva) y el trans que consiste en un par D,L.

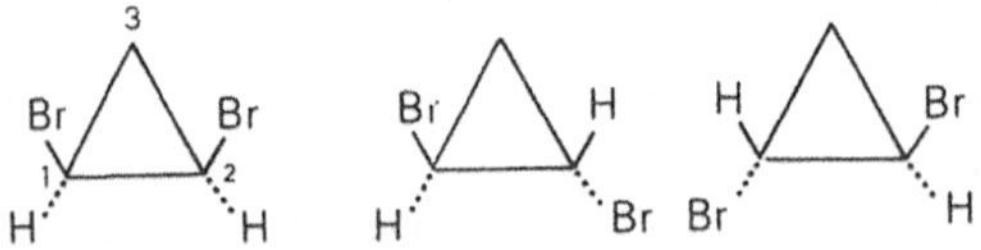

cis: meso *trans*: par D,L

Obsérvese que el isómero cis tiene un plano de simetría que pasa por la mitad del enlace C_1—C_2 y secciona el C_3 y sus dos átomos de hidrógeno por el centro. En este texto reseñaremos nuestra búsqueda de estereoisómeros en una tabla de cuatro columnas, como la Tabla 12-6, en la que están anotados el compuesto, el número total de estereoisómeros, el número de los ópticamente activos (contando cada isómero una sola vez) y finalmente una breve descripción de los isómeros Generalmente es útil dibujar cada isómero o, todavía mejor, construir su modelo para ver claramente si contiene o no elementos de simetría.

> **1.** Dibujar todos los isómeros del 1,2,3-tribromociclopropano. Para encontrar todas las combinaciones posibles de los cicloalcanos sustituidos, se recomienda considerar primero el isómero sin sustituyentes hacia arriba, es decir, sobre el plano, después el caso de un sustituyente hacia arriba, dos sustituyentes hacia arriba, etc. Nótese, sin embargo, que en este caso particular, un sustituyente hacia arriba (dos hacia abajo) es lo mismo que dos hacia arriba (uno hacia abajo).
>
> **2.** Dibujar todos los isómeros del dibromodiclorociclobutano. Resumir la información en una tabla como la Tabla 12-6. Adviértase que es posible colocar dos átomos de halógeno sobre el mismo átomo de carbono.

Consideremos ahora el problema de dibujar todos los diclorociclopentanos y discutir su estereoquímica. Podemos empezar el proceso de combinación y permutación colocando un átomo de cloro sobre uno de los cinco átomos de carbono equivalentes y preguntándonos cuántas posiciones diferentes quedan disponibles para el segundo.

1. Colocar un átomo de cloro sobre el anillo:

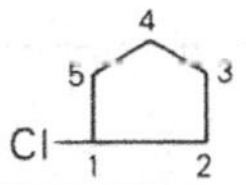

2. Posiciones disponibles para el segundo cloro: tres (C_1, C_2 y C_3). Obsérvese que C_2 es equivalente a C_5 y que C_3 es equivalente a C_4. El isómero 1,1 es considerado como inactivo más bien que como meso, puesto que sólo existe un isomero 1,1 posible.

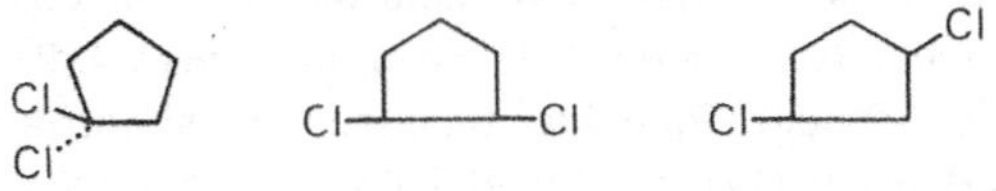

isómero 1,1 isómero 1,2 isómero 1,3

3. Puesto que los compuestos del apartado 2 representan isómeros estructurales, ¿cuáles son las relaciones estereoquímicas posibles de los átomos de cloro en los dos isómeros? Tienen las fórmulas siguientes:

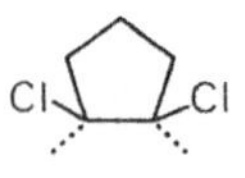

cis-1,2-diclorociclopentano
meso

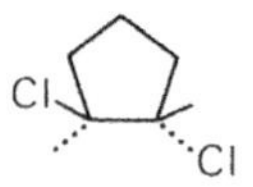

trans-1,2-diclorociclopentano
par D,L

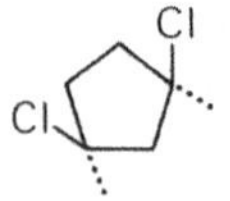

cis-1,3-diclorociclopentano
meso

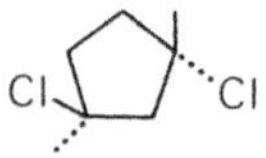

trans-1,3-diclorociclopentano
par D,L

4. Tabulación

Compuesto	*Número total de estereoisómeros posibles*	*Número de formas optic. activas*	*Comentarios*
Diclorociclopentano	7	4	isómero 1,1: inactivo isómeros 1,2: cis-meso, trans-par D,L isómeros 1,3: cis-meso, trans-par D,L

Nótese que en el proceso de contaje no se tienen en cuenta los isómeros 1,4 porque son idénticos a los 1,3. Aquí, como en muchos casos, hay que evitar la duplicidad al contar y nombrar los compuestos.

1. Utilizando el procedimiento descrito para los diclorociclopentanos, dibujar todos los dimetilciclohexanos. Nótese que el *cis-* y el *trans*-1,4-dimetilciclohexano son isómeros meso puesto que hay un plano de simetría en cada isómero que corta en C_1HCH_3 y C_4HCH_3. En el isómero cis existe un plano de simetría adicional.

2. Dibujar todos los inositoles, 1,2,3,4,5,6-hexahidrociclohexanos.

3. Señalar las conformaciones preferidas de cada isómero del apartado 2.

Tabla 12-6. 1,2-dibromo- y 1,2,3-tribromociclopropanos

Compuesto	*Número total de estereoisómeros posibles*	*Número de formas óptic. activas*	*Comentarios*
1,2-dibromociclopropanos	3	2	cis: meso trans: par D,L
1,2,-3-tribromociclopropanos	2	0	cis, cis: meso cis, trans: meso

ACTIVIDAD OPTICA DE CUMULENOS

Los *cumulenos* son compuestos orgánicos que contienen como mínimo un átomo de carbono unido por dos enlaces dobles a otros átomos. Los más sencillos son los alenos, $R_2C = C = CR_2$. Recuérdese que la representación del orbital molecular de los alenos muestra que los constituyentes de los carbonos terminales están en planos perpendiculares (Sec. 6-2). Por ello, ciertos alenos sustituidos, $R — CH = C = CH — R$, presentan actividad óptica (Fig. 12-5). Los cumulenos inmediatamente más altos, $R — CH = C = C = CH — R$, tienen los sustituyentes terminales en el mismo plano (Fig. 12-5) y pueden existir en modificaciones cis-trans, pero no presentan actividad óptica. Nótese que en los alenos y cumulenos más altos que tengan un número impar de carbonos cumulados

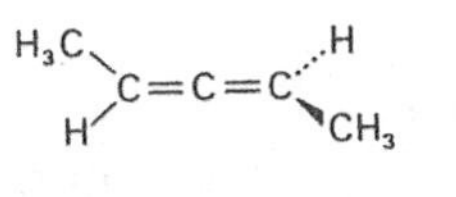

D,L-2,3-pentadieno
un aleno

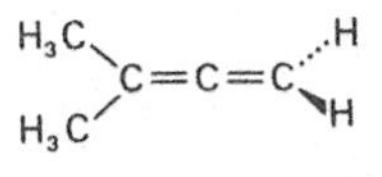

3-metil-1,2-butadieno
un aleno (inactivo)

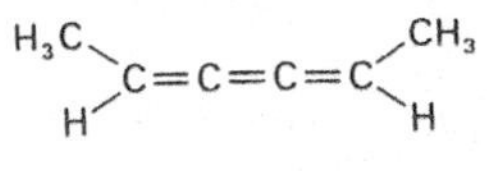

cis-2,3,4-hexatrieno

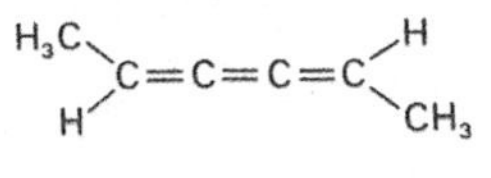

trans-2,3,4-hexatrieno

Figura 12-5. Cumulenos representativos

hay que examinar, como elementos de simetría, dos planos: el que corta C_1 y sus sustituyentes y contiene C_n y sus sustituyentes, y el que contiene C_1 y sus sustituyentes y secciona a C_n y sus sustituyentes, siendo C_1 y C_n los carbonos cumulados terminales. Si uno de estos planos es un plano de simetría, la molécula es ópticamente inactiva.

ACTIVIDAD OPTICA DEBIDA A APIÑAMIENTO MOLECULAR

12-17 BIFENILOS OPTICAMENTE ACTIVOS

Los sustituyentes voluminosos localizados en las posiciones orto de una molécula de bifenilo impiden la libre rotación del enlace que une los dos anillos aromáticos. Los compuestos bifenílicos orto-sustituidos exhiben asimetría molecular y actividad óptica si cumplen dos condiciones: (1) los sustituyentes deben ser lo suficientemente grandes para impedir la libre rotación, y (2) la

Tabla 12-7. Actividad óptica de algunos bifenilos

No se pueden resolver:

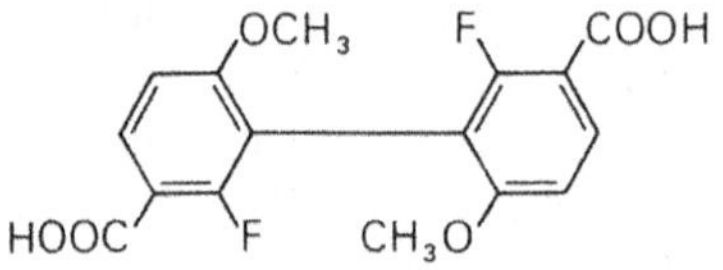

libre rotación

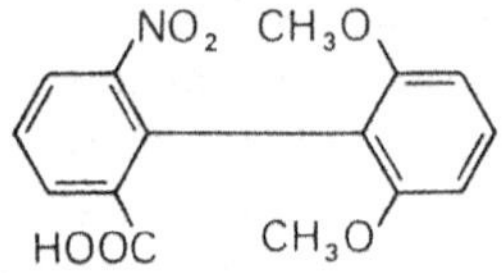

simétrico

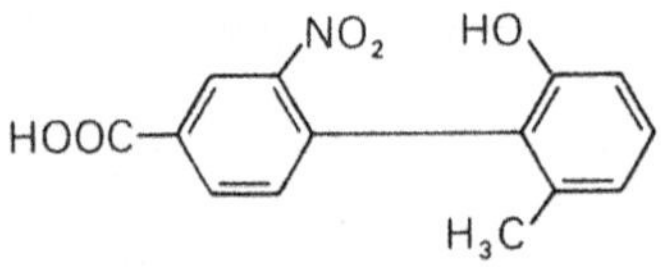

libre rotación

Resolución posible:

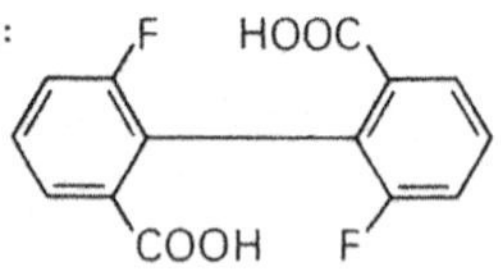

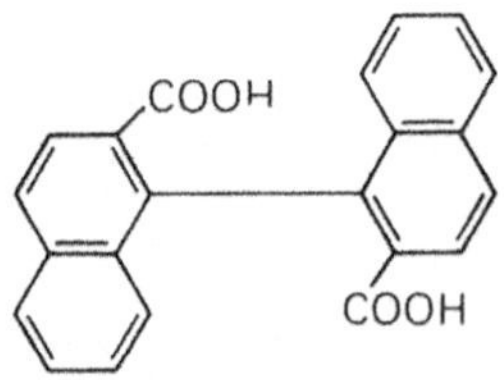

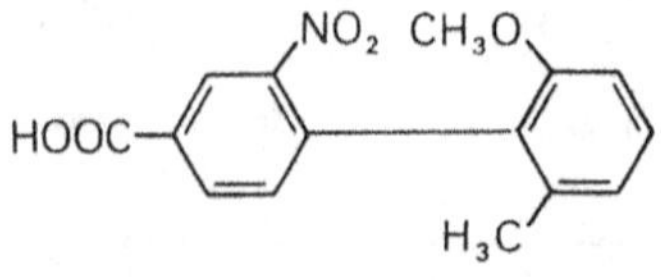

molécula debe estar asimétricamente sustituida. Aunque los dos anillos aromáticos no se mantengan en una conformación perpendicular rígida, es conveniente considerarlos así para posteriores razonamientos sobre su simetría.

¿Qué sustituyentes son lo suficientemente grandes para impedir la libre rotación? Se ha encontrado que los sustituyentes corrientes más pequeños como —H, —F, —OH y —OCH_3, *no* impiden la rotación. Les siguen en tamaño —COOH y —NO_2 que impiden la rotación, pero los isómeros obtenidos racemizan fácilmente en disolución a temperatura ambiente. Si en conjunción con estos dos últimos sustituyentes se encuentran otros más voluminosos como —I, —Br, —Cl y —CH_3, los isómeros ópticos son perfectamente estables y sólo racemizan a altas temperaturas. En la Tabla 12-7 se presentan algunos ejemplos.

12-18 ASIMETRIA MOLECULAR HELICOIDAL

En el último tipo de moléculas que vamos a considerar, la actividad óptica se debe a la asimetría de la molécula entera. Se trata frecuentemente de compuestos apiñados en los que se produce una distorsión de los ángulos normales de enlace para reducir las interacciones no enlazantes. La geometría aparente recuerda, en cierto sentido, la de una vuelta de hélice. Se puede describir una hélice dada (o una escalera de caracol) como derecha o izquierda según avance en el mismo sentido o en sentido contrario al de las agujas de un reloj. El hexaheliceno es el nombre común de una molécula distorsionada; ha sido resuelto y muestra una rotación óptica elevada.

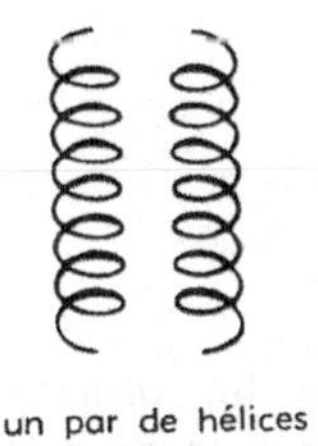

un par de hélices

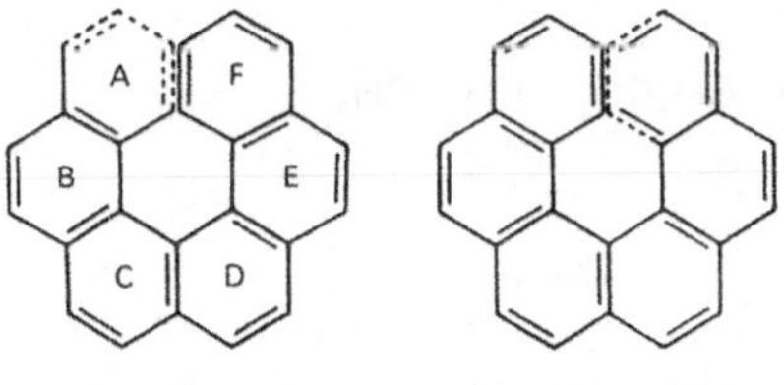

isómeros D y L del hexaheliceno

ESTEREOESPECIFICIDAD DE LAS REACCIONES QUIMICAS

Debemos recalcar que partiendo de productos y disolventes ópticamente inactivos, en una atmósfera ópticamente inactiva, no se pueden formar isómeros ópticamente activos. *Siempre* se obtienen racematos que se resuelven con intervención de un agente ópticamente activo para dar el antípoda puro. La mayoría de las reacciones químicas son de este tipo; algunas se muestran como ejemplos. A estas alturas del texto, una discusión de la estereoespecifidad nos proporciona la ocasión de revisar algunas reacciones estudiadas previamente.

Por ejemplo, dos reacciones que generan centros asimétricos son la formación de un alcohol terciario por reacción de Grignard y la adición de HCN a un aldehído.

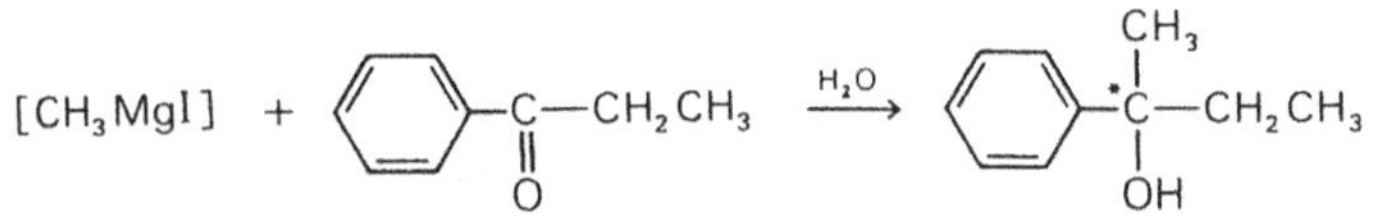

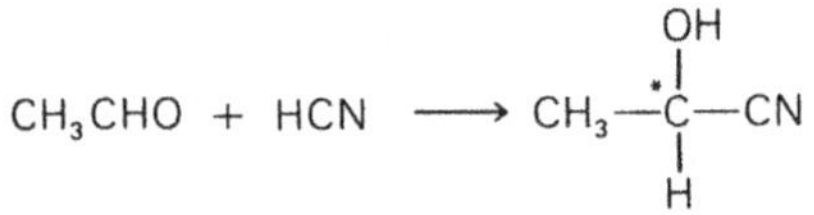

12-19 SINTESIS ASIMETRICA

Muchas reacciones químicas con isómeros ópticos puros conducen a compuestos que conservan la integridad óptica. Esto es cierto en reacciones que no afectan el centro asimétrico, p. ej., la conversión de un ácido en un cloruro de ácido, o le afectan de una manera conocida, predecible, p. ej., reacciones S_N2.

isómero D isómero D

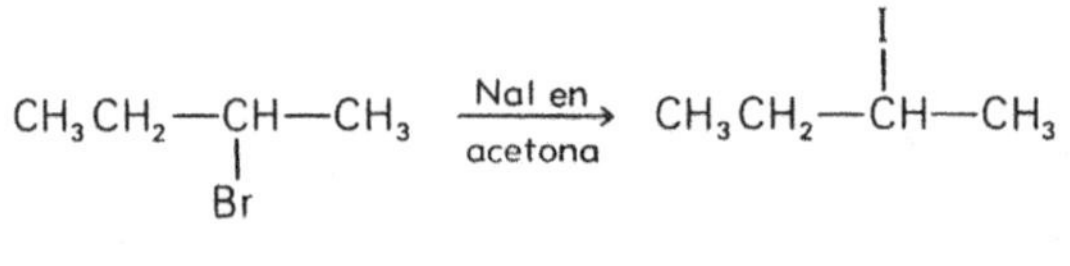

isómero D isómero L

Las reacciones que ocurren con desplazamiento dorsal de un grupo o ion se llaman reacciones S_N2 o *inversiones de Walden,* puesto que la reacción es una sustitución nucleófila, bimolecular, que invierte la configuración absoluta. Tomando el NaI en acetona como ejemplo, el enlace C—I se forma mientras se rompe el enlace C—Br.

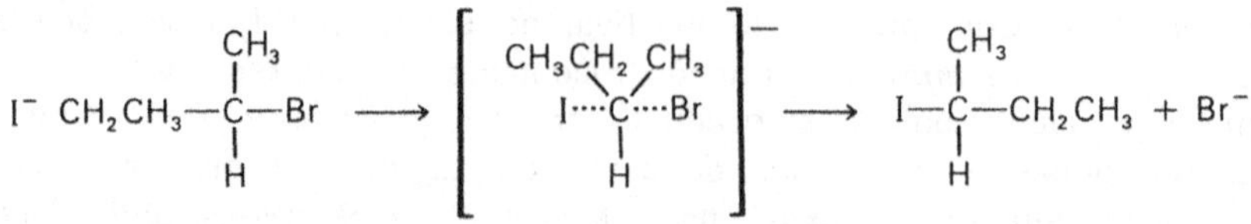

isómero D isómero L

Por lo tanto, si se sigue un mecanismo, S_N2, y partimos de un compuesto de configuración conocida, obtendremos un producto de configuración absoluta opuesta. Recordemos que a falta de otra información adicional, este supuesto no nos sirve para predecir la dirección de rotación del producto. La inversión de Walden, o mecanismo S_N2, ocurre normalmente en los desplazamientos solvolíticos de los halogenuros primarios y secundarios.

La estereoquímica de los productos obtenidos por el mecanismo S_N2 contrasta con la de los formados por el mecanismo S_N1; estos últimos son racémicos (o casi), puesto que el ion carbonio intermedio, plano, puede adicionar el anion atacante por un lado o por otro del plano. *En general, las reacciones S_N2 (inversiones de Walden) ocurren con inversión de configuración, y las reacciones S_N1 conducen a productos racémicos.*

Las moléculas que poseen un centro de asimetría pueden favorecer la formación de un isómero (diastereoisómero) en detrimento del otro, si el centro de nueva formación está próximo al ya existente. Se trata de una *inducción asimétrica.* Un caso muy estudiado es la reacción de Grignard de aldehídos y cetonas ópticamente activos. Adviértase que la aproximación del reactivo de Grignard estará determinada por los efectos estéreos de los grupos adyacentes al centro asimétrico incipiente.

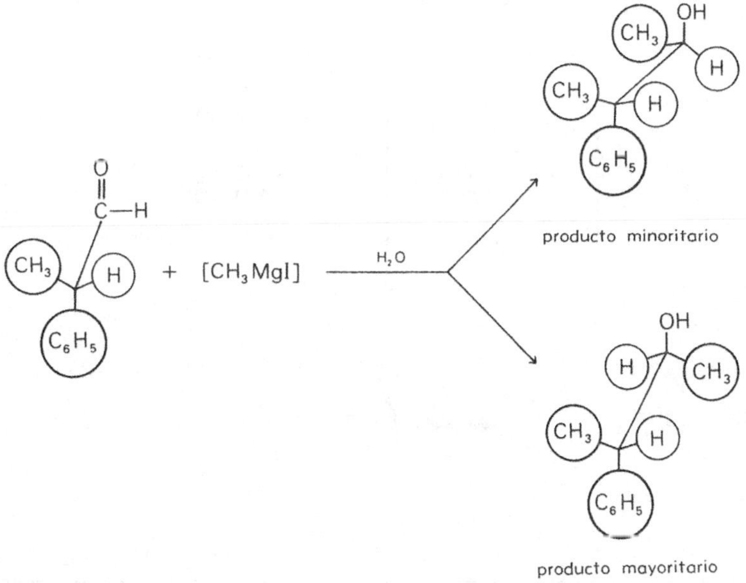

Los dos diastereoisómeros no se forman en cantidades iguales; se obtiene en mayor proporción el producto resultante de un ataque al carbonilo por el lado en el que está el grupo más pequeño, en este caso —H.

12-20 ESTEREOESPECIFICIDAD GEOMETRICA

Es útil revisar brevemente varias reacciones que son estereoespecíficas en el sentido *geométrico*: hidrogenación de enlaces múltiples (Sec. 4-4), hidroxilación de dobles enlaces (Sec. 4-6), formación de ciclopropano por reacción de Simmons-Smith (Cap. 3), halogenación, hidrohalogenación, e hipohalogenación de enlaces múltiples (Secs. 4-5, 4-8 y 4-9).

La hidrogenación catalítica de enlaces dobles y triples transcurre principalmente por adición cis, aunque se conocen casos en los que se producen transposiciones en el esqueleto en presencia de los catalizadores metálicos como Pt, Pd y Ni.

Para la formación de glicoles cis se trata un alqueno con $KMnO_4$ en disolución diluida básica y a bajas temperaturas. El intermedio cíclico formado se abre por ruptura de los enlaces Mn—O.

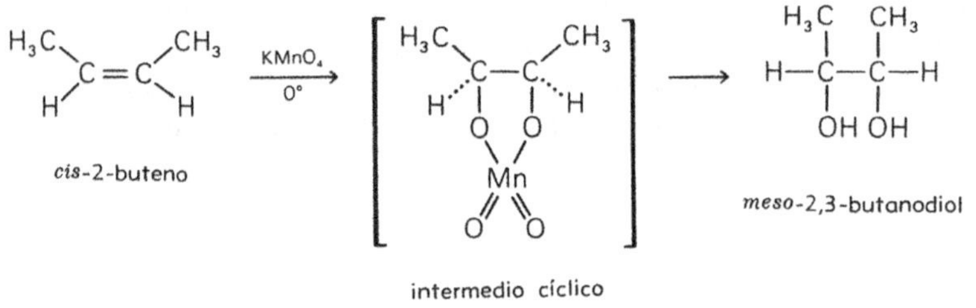

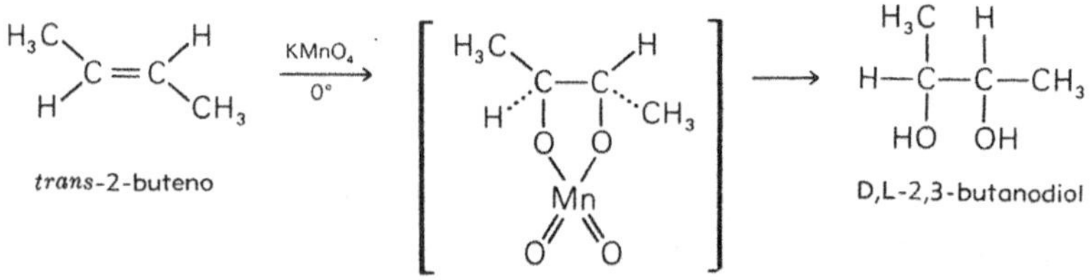

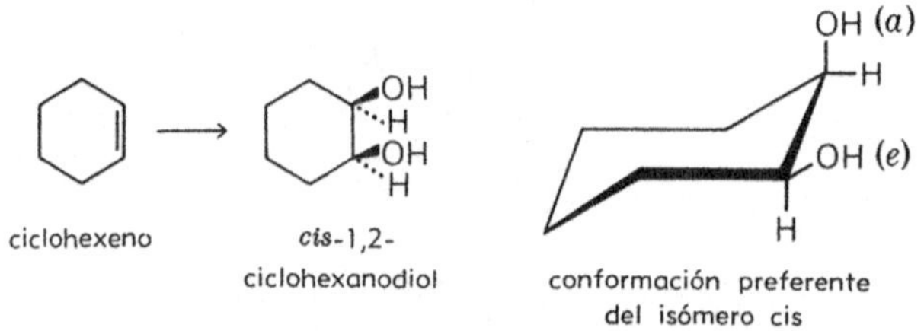

El intermedio de cinco eslabones no puede asumir una configuración trans, por lo que, en ausencia de reacciones de transposición, se obtienen siempre glicoles cis. Si la olefina de partida es el isómero cis, el producto es el glicol meso; las olefinas trans, sometidas a esta adición cis dan el racémico D,L. Los ciclos pequeños olefínicos sólo pueden tener el doble enlace con configuración cis y por ello originan siempre inicialmente el isómero meso.

La reacción de Simmons-Smith produce derivados del ciclopropano a partir de olefinas y de un intermedio organozíncico, I—CH_2—ZnI, preparado con ioduro de metileno, CH_2I_2, y un par zinc-cobre, Zn—Cu. También en este caso la adición del fragmento monocarbonado es una adición cis, preservándose la integridad estereoquímica de la olefina de partida. Con olefinas cíclicas se obtienen productos bicíclicos.

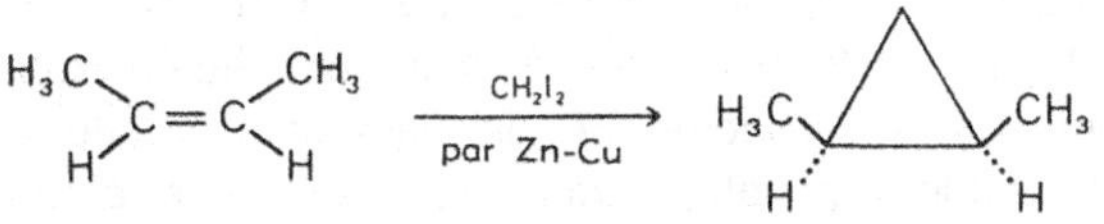

cis-2-buteno — *cis*-1,2-dimetilciclopropano

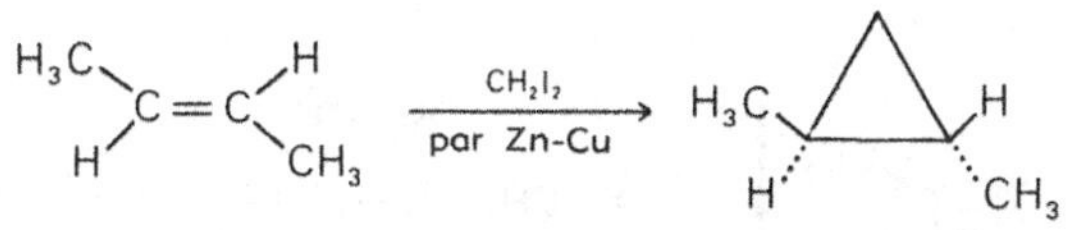

trans-2-buteno — *trans*-1,2-dimetilciclopropano

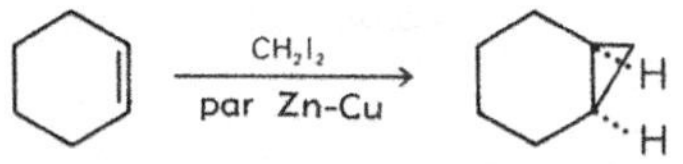

ciclohexeno — norcarano (biciclo[4.1.0]heptano)

La reacción de Diels-Alder (Cap. 6), ejemplo de cicloadición cis, proporciona anillos de seis eslabones (aductos) por adición 1,4 de una olefina a un dieno. En estos aductos se mantiene la geometría de la olefina.

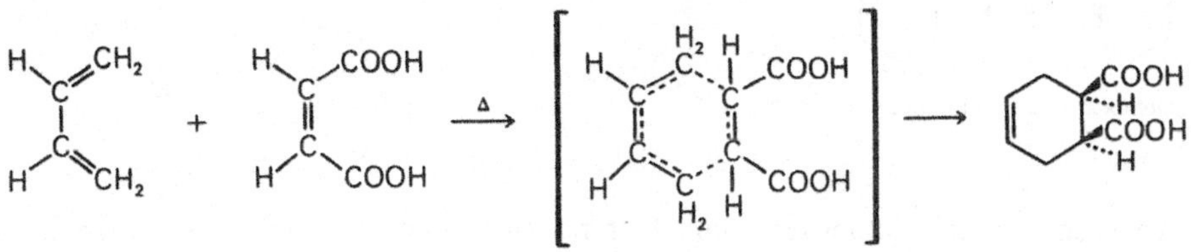

1,3-butadieno — ácido maleico — estado de transición — ácido *cis*-4-ciclohexen-1,2-dicarboxílico

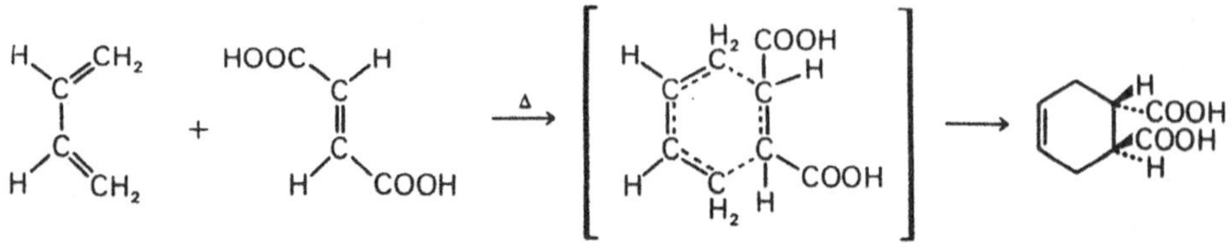

1,3-butadieno ácido fumárico estado de transición isómero trans

Las reacciones mencionadas hasta ahora son adiciones cis o cicloadiciones; pero las adiciones a enlaces múltiples también pueden ocurrir por adición trans. Tres ejemplos de adiciones trans son la reacción de un halógeno, X_2, de un ácido hidrohalogenado, HX, y de ácido hipohalogenado, HOX, con una olefina (o un acetileno); obsérvese que en todos los casos se trata de un ataque electrófilo por H^+ o X^+, seguido de un ataque por la parte opuesta de X^- u OH^-.

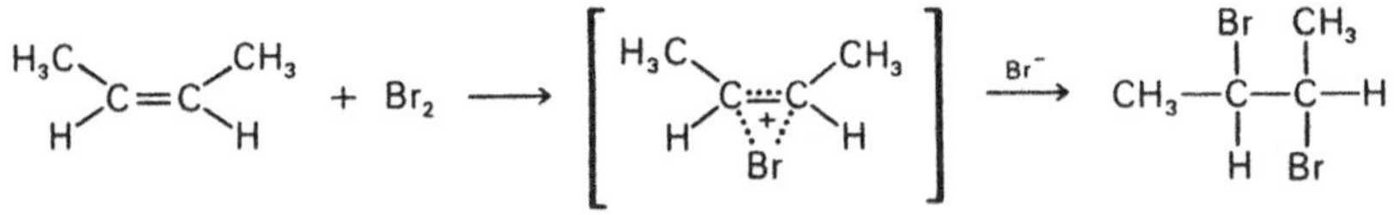

cis-2-buteno ion bromonio cíclico isómero D,L

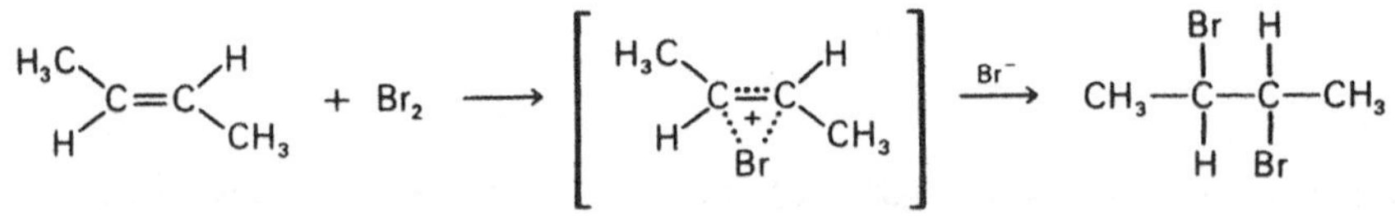

trans-2-buteno ion bromonio cíclico isómero meso

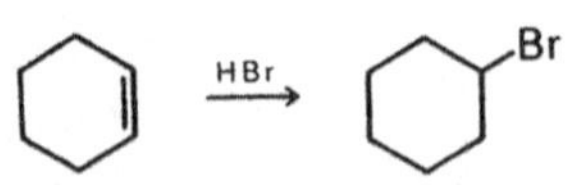

ciclohexeno bromociclohexano

La reacción del ciclohexeno con HBr no sirve para determinar el curso estereoquímico de la reacción, pero la reacción del 1,2-dideuterociclohexeno con HBr demuestra la estereoespecificidad.

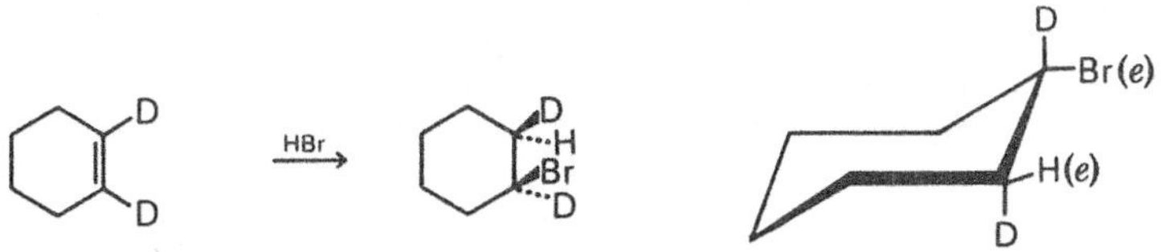

1,2-dideuterociclohexeno — *trans*-1,2-dideuterobromociclohexano — conformación preferente

> Fórmular las reacciones del ácido hipobromoso con cis-2-buteno, trans-2--buteno, y ciclohexeno. Dibujar proyecciones o utilizar modelos para demostrar, basándose en consideraciones estéreas, la conformación preferente de cada producto .

LECTURAS RECOMENDADAS

Baxter, J. N.: Systematic Names for the Tartaric Acids, *J. Chem. Educ.*, **41**, 619 (1964).

Cahn, R. S.: An Introduction to the Sequence Rule, *J. Chem. Educ.*, **41**, 116 (1964).

Cammarata, A.: Optical Studies in Organophosphorus Chemistry, *J. Chem. Educ.*, **43**, 64 (1966).

Cram, D. J.: Recent Advances in Stereochemistry, *J. Chem. Educ.*, **37**, 317 (1960).

Eliel, E. L.: Teaching Organic Stereochemistry, *J. Chem. Educ.*, **41**, 73 (1964).

Glasser, L.: Teaching Symmetry: The Use of Decorations, *J. Chem. Educ.*, **44**, 502 (1967). Presenta varios tipos de simetría encontrados en la obra del artista holandés M. Escher.

Ingraham, L. L.: Three-dimensional Effects in Biochemistry, *J. Chem. Educ.*, **41**, 66 (1964).

Kauffman, G. B.: Foundations of Nitrogen Stereochemistry: Alfred Werner's Inaugural Dissertation, *J. Chem. Educ.*, **43**, 155 (1966).

Lyle, R. E., and G. G. Lyle: A Brief History of Polarimetry, *J. Chem. Educ.*, **41**, 308 (1964).

Natta, G.: Precisely Constructed Polymers, *Sci. Am.*, **205** (2), 33 (1961). Discute procesos catalíticos estereoespecíficos para sintetizar polímeros «estereorregulares» a partir de hidrocarburos ópticamente activos.

Noyce, W. K.: Stereoisomerism of Carbon Compounds, *J. Chem. Educ.*, **38**, 23 (1961).

Thompson, H. B.: The Criterion for Optical Isomerism, *J. Chem. Educ.*, **37**, 530 (1960).

Williams, F. T.: Resolution by the Method of Racemic Modification, *J. Chem. Educ.*, **39**, 211 (1962).

PROBLEMAS

1. Hacer una tabla como la del ejemplo para todos los compuestos enumerados. Es muy útil escribir las fórmulas de proyección o construir un modelo para cada uno de los estereoisómeros.

Compuesto	*Número total de estereoisómeros posibles*	*Número de formas optic. activas*	*Comentarios (número de cis, trans, meso, pares D, L, etc.)*
000. 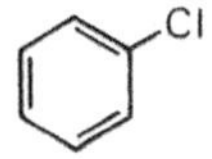	0	0	
00. 1,2-dicloroetileno	2	0	una cis una trans
0. $HO_2C—CHOH—CHOH—CO_2H$	3	2	una meso un par D,L

(*a*) ácido 2,4-difenil-1,3-ciclobutandicarboxílico (ácidos truxílicos)

*(*b*) 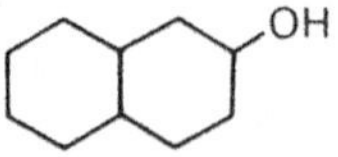 β-decalol (mostrar también la conformación preferente)

★(*c*) 4-bromo-1,4-dimetilciclohexanol (conformaciones preferentes)

★(*d*) $CH_2(NH_2)CO_2H$, glicina

(*e*) $CH_3CH(NH_2)CO_2H$, alanina

★(*f*) 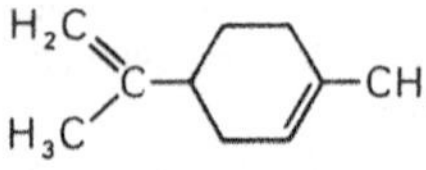 limoneno

★(*g*) $HC{\equiv}C—C{\equiv}C—CH{=}C{=}CH—CH{=}CH—CH{=}CHCH_2CO_2H$, micomicina

(*h*) $C_6H_5CH(OH)—CH(NHCH_3)CH_3$, efedrina

(*i*) 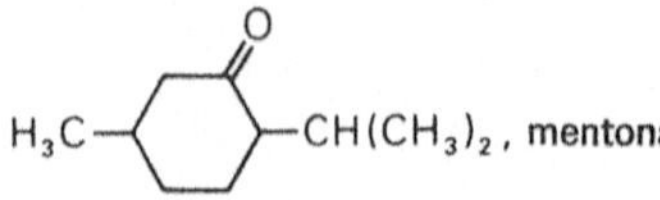 mentona

(*j*) $HOCH_2—CH(OH)—CH(OH)—CHO$

(*k*) $C_6H_5CH_2CH(NH_2)CH_3$, anfetamina

★(*l*) 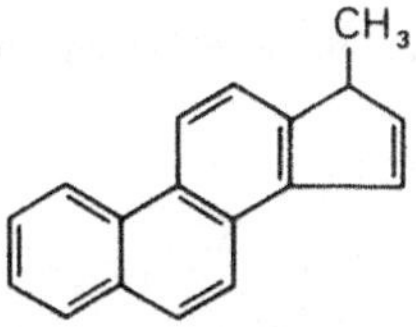 metilciclopentenofenantreno

★(*m*) 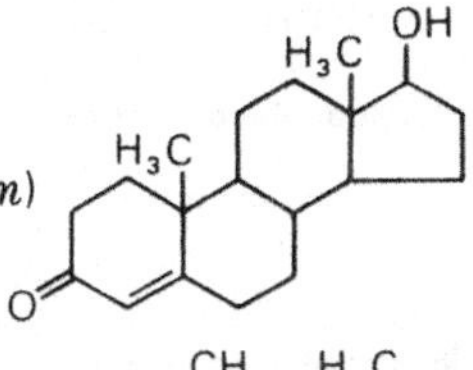 testosterona

(*n*) 1,2-dimetilciclobutano

★(*o*) 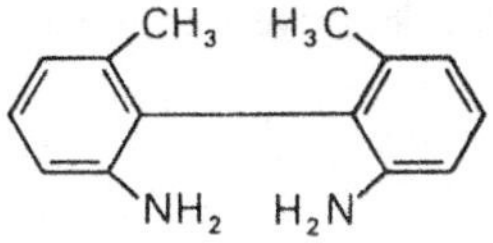

★(*p*) 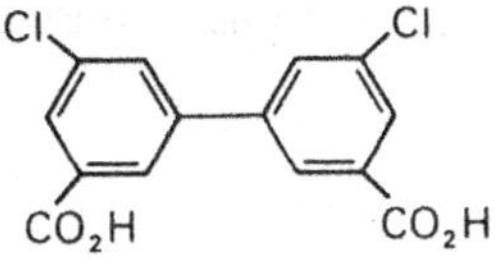

(*q*) $CH_3(CH_2)_4—CH=CH—CH_2—CH=CH—(CH_2)_7CO_2H$

(*r*) 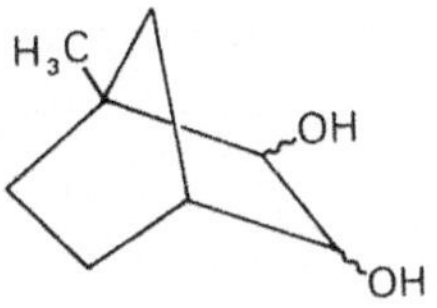

2. Los compuestos siguientes han sido resueltos. Indicar la causa de la actividad óptica y el número total y tipo de los estereoisómeros esperados.

★(*a*) 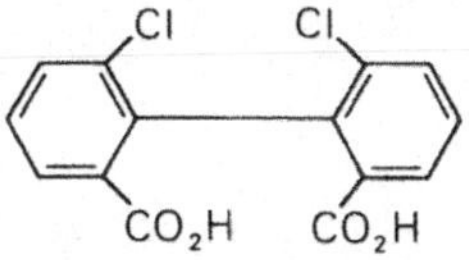

★(*b*) 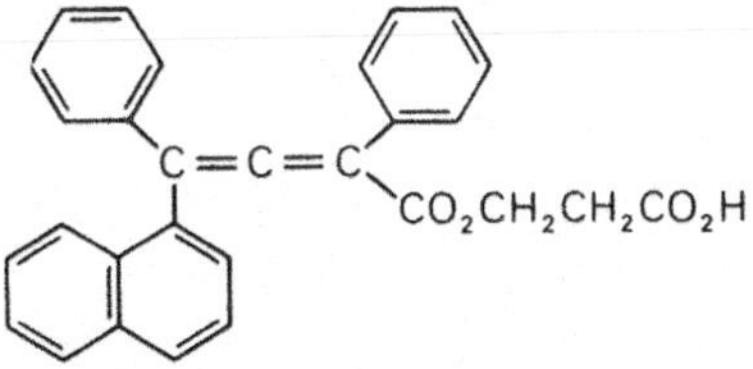

(*c*) 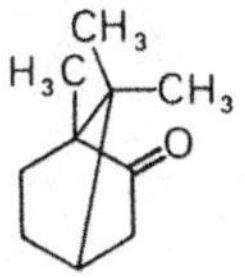 alcanfor

★(*d*) 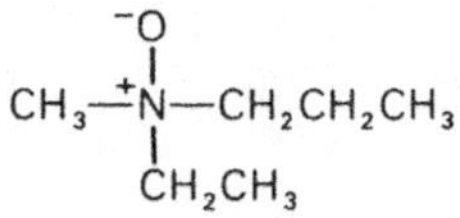

★(*e*) cicloocteno

(*f*) 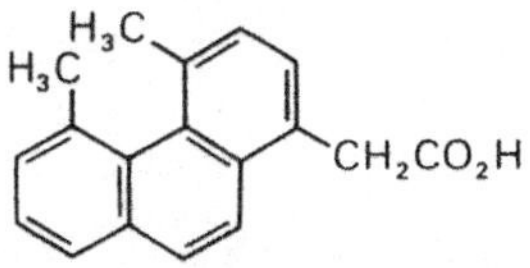

★ **3.** No ha sido posible resolver los siguientes compuestos. Establecer sin ambigüedad por qué razón.

(*a*) 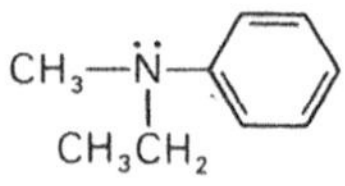

(*b*) 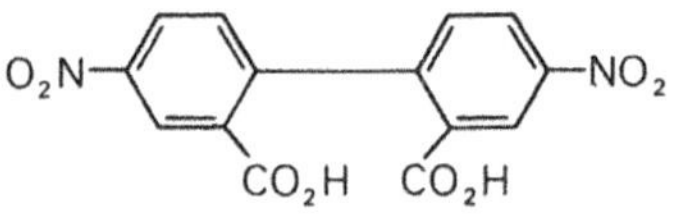

(*c*) $CH_3CH{=}C{=}C{=}CHC_6H_5$

(*d*) 1,2,3,4,5-pentaclorociclopentano

(*e*) ácido meso-tartárico

★ **4.** Dibujar todas las aldohexosas, $CHO{-}(CHOH)_4{-}CH_2OH$, utilizando proyecciones de Fischer.

Capítulo trece

Tanto los aldehídos como las cetonas contienen un grupo carbonilo

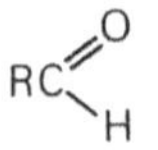

aldehído

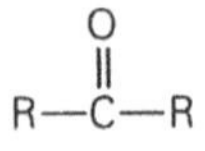

cetona

La semejanza de sus estructuras determina que tengan muchas reacciones comunes. La organización general de este capítulo está regida por dichas similitudes. Después de discutir la nomenclatura de estas dos clases de compuestos, se estudian los métodos de preparación en secciones independientes. Las reacciones se estudian conjuntamente en la tercera sección. Las diferentes reacciones de condensación que sufren los aldehídos y las cetonas, con formación de enlaces carbono-carbono, se tratan en la sección siguiente. En la última parte del capítulo se consideran los ensayos cualitativos utilizados para diferenciar los aldehídos de las cetonas.

NOMENCLATURA DE ALDEHIDOS Y CETONAS

Los aldehídos, R—CHO, y las cetonas R—CO—R′, pueden denominarse por su nombre vulgar o siguiendo las reglas de la IUPAC. El nombre común de los aldehídos deriva del nombre vulgar del *ácido* de igual número de átomos de carbono cambiando la terminación *-ico* por el sufijo *-aldehído*. El sistema IUPAC emplea la terminación *-al* añadida al nombre IUPAC del hidrocarburo. El nombre vulgar de $CH_2CH_3CH_2CHO$ es butiraldehído; el nombre IUPAC, butanal.

En la nomenclatura vulgar de las cetonas se nombra cada uno de los grupos alquilo o arilo unidos al carbono carbonílico, seguido de la palabra cetona.

Por ejemplo, el compuesto $CH_3CH_2COCH(CH_3)_2$ se denomina etil isopropil cetona. La terminación IUPAC para las cetonas es *-ona*. El compuesto citado sería la 2-metil-3-pentanona (ver Tabla 13-1).

Aldehídos y cetonas

PREPARACION DE ALDEHIDOS

Dado que los aldehídos representan un grado de oxidación intermedio entre los alcoholes y los ácidos, parece razonable proyectar métodos de síntesis para obtener aldehídos por oxidación de alcoholes primarios o por reducción de los ácidos o derivados de ácidos correspondientes.

$$R{-}CH_2OH \xrightarrow[\text{lento}]{[O]} R{-}CHO \xrightarrow[\text{rápido}]{[O]} R{-}CO_2H$$

Esta sería la hipótesis; sin embargo, el aldehído así formado es frecuentemente más susceptible a la oxidación que el alcohol primario de partida. Por otra parte, también es más fácil reducir el aldehído a alcohol que el ácido a aldehído. De aquí surge el desafío al químico orgánico para encontrar reactivos que efectúen la transformación deseada sin consumir el aldehído en reacciones subsiguientes de oxidación o reducción.

13-1 OXIDACION DE ALCOHOLES PRIMARIOS

La preparación de aldehídos por oxidación del alcohol primario correspondiente con disolución caliente de permanganato, $KMnO_4$, o algún compuesto de Cr(VI), como CrO_3 o $K_2Cr_2O_7$, es generalmente un mal método puesto que el propio aldehído se oxida con más facilidad al ácido correspondiente en las condiciones experimentales empleadas.

$$R{-}CH_2OH \xrightarrow[\text{lento}]{[O]} R{-}CHO \xrightarrow[\text{rápido}]{[O]} R{-}CO_2H$$

Existen casos, por supuesto, en los que se puede superar la dificultad: si el aldehído tiene un punto de ebullición más bajo que el del alcohol se podrá eliminar de la mezcla de reacción a medida que se vaya formando (Sec. 9-5).

La oxidación de alcoholes primarios *alílicos* y *bencílicos* a aldehídos con dióxido de manganeso, MnO_2, recién preparado, es un método de preparación

Tabla 13-1. Ejemplos de nomenclatura de aldehídos y cetonas.

Ácidos	*Aldehídos*	*Cetonas*
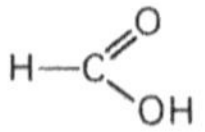 ácido fórmico	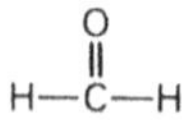 formaldehído (metanal)	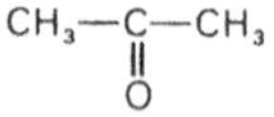 dimetil cetona (2-propanona; vulgarmente, acetona)
CH_3COOH ácido acético	CH_3CHO acetaldehído (etanal)	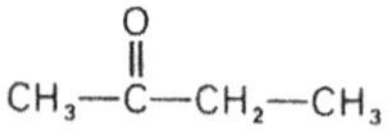 metil etil cetona (2-butanona)
CH_3CH_2COOH ácido propiónico	CH_3CH_2CHO propionaldehído (propanal)	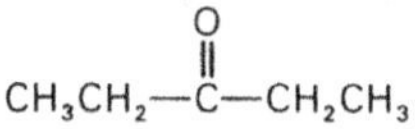 dietil cetona (3-pentanona)
$CH_3CH_2CH_2COOH$ ácido butírico	$CH_3CH_2CH_2CHO$ butiraldehído (butanal)	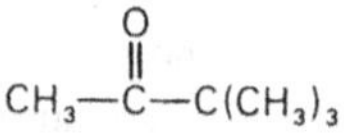 metil *ter*-butil cetona (3,3-dimetil-2-butanona; vulgarmente, pinacolina)
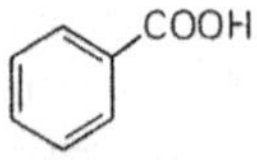 ácido benzoico	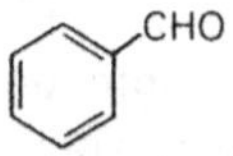 benzaldehído	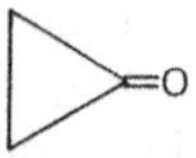 ciclopropanona
CCl_3COOH ácido tricloroacético	CCl_3CHO tricloroacetaldehído (vulgarmente, cloral)	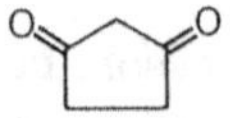 1,3-ciclopentadiona

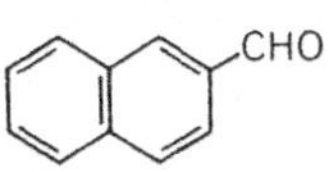 β-naftaldehído	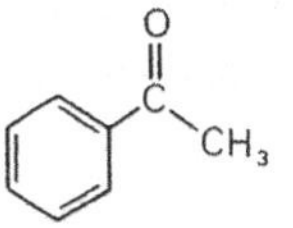 metil fenil cetona (vulgarmente acetofenona)

adecuado. El MnO_2 es lo suficientemente fuerte para efectuar la oxidación deseada ($MnO_2 \rightarrow Mn^{++}$), pero no es un oxidante lo bastante enérgico para convertir los aldehídos en ácidos (Sec. 9-5).

13-2 HIDROLISIS DE DIHALOGENUROS GEMINALES TERMINALES

Los dihalogenuros *geminales* se hidrolizan con buen rendimiento a aldehídos o cetonas por tratamiento en caliente con una base diluida. Los dihalogenuros *geminales* terminales dan aldehídos; los internos dan cetonas (Sec. 8-4). El mecanismo más razonable puede representarse por alguno de los pasos siguientes:

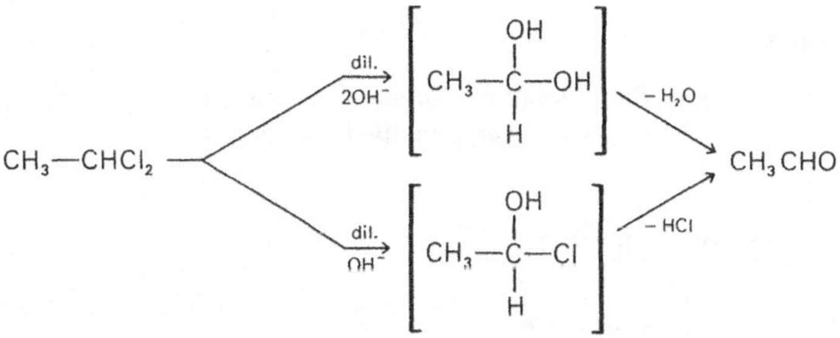

Se sabe que los dos intermedios reseñados son inestables y conducen al aldehído.

Esta reacción de hidrólisis es especialmente útil en la serie aromática, puesto que el dihalogenuro correspondiente se obtiene con facilidad por halogenación fotoquímica radicalaria en la cadena lateral (Sec. 8-3).

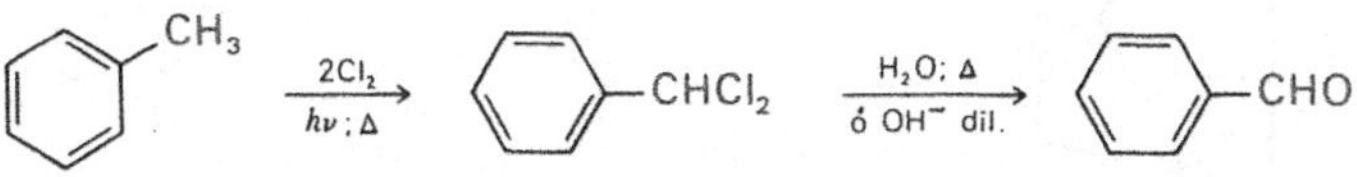

13-3 REDUCCION DE ROSENMUND (CLORUROS DE ACIDO)

La reducción de cloruros de ácido a aldehídos, conocida como *reducción de Rosenmund,* es una especie de trampa que permite lograr la reducción hasta el término deseado. La reacción consiste en una hidrogenolisis catalítica en condiciones cuidadosamente controladas para evitar la posterior reducción a alcohol.

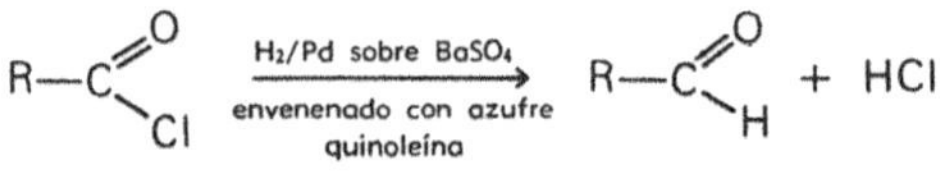

Esta reacción se efectúa con un catalizador de paladio (sobre soporte de $BaSO_4$) que ha sido parcialmente desactivado o «envenenado» con una mezcla de azufre y quinoleína.

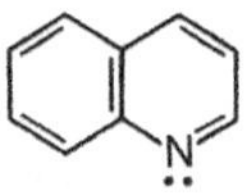

quinoleína

La reacción se ha aplicado con éxito a cloruros de ácidos alifáticos y sobre todo aromáticos.

13-4 REACCION DE SOMMELET

Este método de preparación de aldehídos consiste en la conversión de un halogenuro primario en una sal de amina, seguida de hidrólisis ácida.

HMTA sal de HMTA

El reactivo utilizado para la conversión del halogenuro en sal es la *h*exa*m*etil-en*t*etr*a*mina (HMTA, nombre vulgar: urotropina) que se obtiene por condensación del formaldehído con amoniaco. Obsérvese que la conformación de los anillos del producto es en forma de silla.

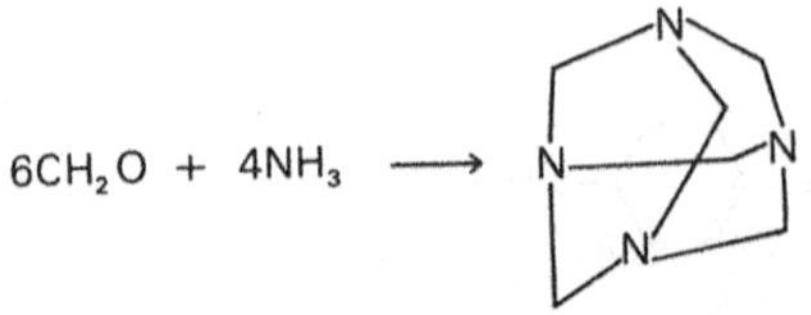

HMTA

La HMTA reacciona con los halogenuros, particularmente con los de bencilo, en etanol acuoso y forma una sal que, por reflujo en medio ácido diluido se descompone dando el aldehído correspondiente. Cuando se emplean halogenuros de bencilo, los rendimientos en aldehído son buenos o incluso excelentes.

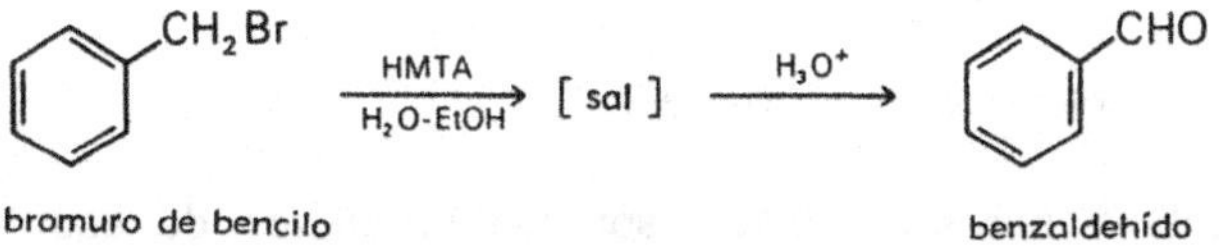

bromuro de bencilo — benzaldehído

Esta reacción constituye una vía sintética apropiada de obtención de aldehídos aromáticos mono-, di-, y en general polisustituidos, ya que es fácil disponer de los halogenuros de bencilo correspondientes por halogenación radicalaria fotoquímica de los metilhidrocarburos.

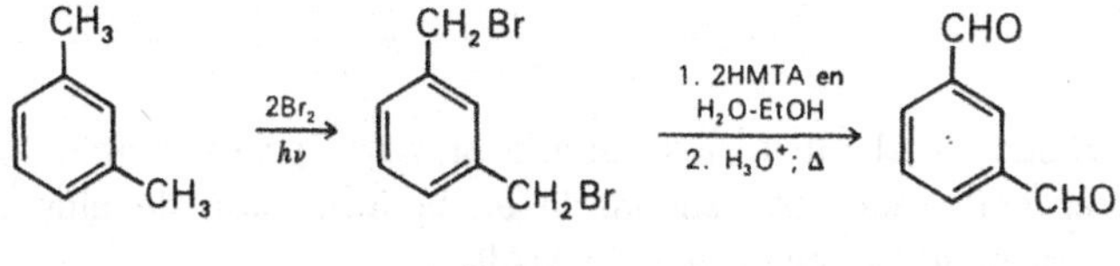

m-xileno — α,α'-dibromo-*m*-xileno — aldehído isoftálico

13-5 ALDEHIDOS A PARTIR DE NITRILOS

Disponemos por lo menos de dos métodos corrientes para sintetizar aldehídos a partir de nitrilos, R—C≡N, (o *cianuros*). Las síntesis se aplican a nitrilos alifáticos o aromáticos; los rendimientos en ambos casos son sólo regulares.

El primer método se basa en que el cloruro estannoso, $SnCl_2$, en disolución clorhídrica, es un buen agente reductor ($Sn^{++} \rightarrow Sn^{4+}$) y puede convertir los nitrilos, especialmente los alifáticos, en una sal de estaño. La descomposición de esta sal con agua origina el aldehído.

$$R{-}C{\equiv}N \xrightarrow[2.\ H_2O]{1.\ SnCl_2/HCl} R{-}CHO$$

El hidruro de litio y aluminio, $LiAlH_4$, en éter, reduce algunos nitrilos bajo condiciones cuidadosamente controladas, dando principalmente la imina, que por hidrólisis da el aldehído correspondiente y amoníaco.

General

$$R{-}C{\equiv}N \xrightarrow{LiAlH_4} [(R{-}CH{=}N)_4{-}LiAl] \xrightarrow{H_2O} [R{-}CH{=}N{-}H]$$

una aldimina

$$\xrightarrow{H_2O} R{-}CHO + NH_3$$

Específico

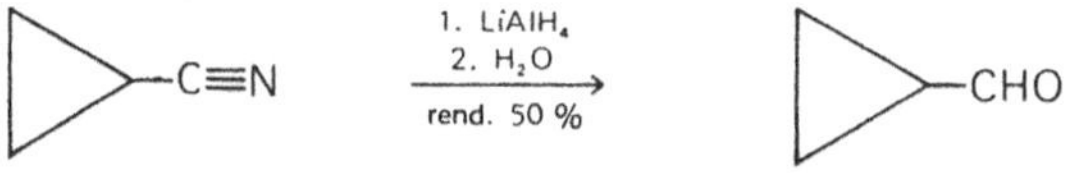

ciclopropanocarbonitrilo   ciclopropanocarboxaldehído

Las iminas, llamadas también *bases de Schiff,* son los productos de equilibrio de aldehídos o cetonas con aminas, R—NH_2, o amoniaco, NH_3. Los aldehídos forman *aldiminas;* las cetonas forman *cetiminas* (Sec. 13-14).

> Sugerir un mecanismo para la hidrólisis de una aldimina con formación de aldehído.

Un exceso de $LiAlH_4$ reduciría el nitrilo a la amina primaria correspondiente, R—CH_2NH_2; para minimizar esta reacción secundaria en la formación de aldehídos, se debe utilizar sólo la cantidad calculada de $LiAlH_4$.

13-6 OBTENCION DE ALDEHIDOS POR REACCION DE GRIGNARD

El tratamiento del ortoformiato de etilo, $HC(OCH_2CH_3)_3$, con un reactivo de Grignard produce el acetal dietílico del aldehído con un átomo de carbono más.

$$\underset{\text{bromuro de 1-pentilmagnesio}}{CH_3(CH_2)_3CH_2MgBr} + \underset{\text{ortoformiato de etilo}}{HC(OCH_2CH_3)_3} \longrightarrow \underset{\text{acetal dietílico del } n\text{-hexaldehído}}{CH_3(CH_2)_3CH_2{-}CH(OCH_2CH_3)_2} + CH_3CH_2OMgBr$$

$$CH_3(CH_2)_3CH_2CH(OCH_2CH_3)_2 \xrightarrow{H_3O^+} \underset{n\text{-hexaldehído}}{CH_3(CH_2)_4CHO} + 2CH_3CH_2OH$$

El aldehído se libera por hidrólisis ácida del acetal (ver también Sec. 13-13 con reacciones de los acetales). El ortoformiato de etilo se prepara en un solo paso como sigue:

$$2CHCl_3 + 6CH_3CH_2OH + 6Na \longrightarrow 2CH(OCH_2CH_3)_3 + 3H_2\uparrow + 6NaCl$$

1. Sugerir un mecanismo para la formación del ortoformiato de etilo.
2. Sugerir un mecanismo para la reacción de un reactivo de Grignard con ortoformiato de etilo.

PREPARACION DE CETONAS

La mayoría de las preparaciones de cetonas difieren de las empleadas para aldehídos, puesto que los aldehídos son grupos funcionales terminales que se oxidan fácilmente. No obstante, los alcoholes secundarios se oxidan suavemente a cetonas (Sec. 9-5), y los dihalogenuros *geminales* se hidrolizan a cetonas (Sec. 13-7).

13-7 HIDROLISIS DE DIHALOGENUROS GEMINALES INTERNOS

De igual forma que los aldehídos se preparan a partir de los dihalogenuros *geminales* terminales (Sec. 13-2), las *cetonas* se obtienen en la hidrólisis de dihalogenuros *geminales* internos.

Como los dihalogenuros *geminales* alifáticos se preparan generalmente partiendo del compuesto carbonílico apropiado y PX_5, este método no es útil en este caso; sí lo es, en la serie aromática en la que los dihalogenuros *geminales* se pueden obtener por halogenación fotoquímica.

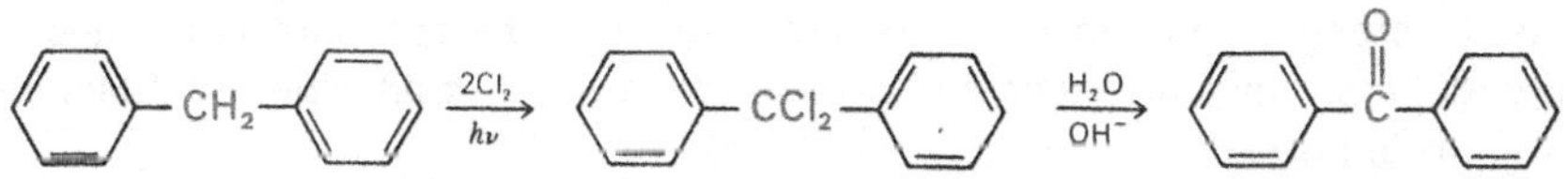

1. En el ejemplo inmediatamente superior, la cetona puede prepararse por una reacción de acilación de Friedel y Crafts. Formúlese esta reacción.
2. Nombrar los compuestos del mismo ejemplo.

13-8 CETONAS CICLICAS CON CINCO Y SEIS ESLABONES

Nuestra discusión sobre los cicloalcanos y el estudio de los modelos apropiados nos indicaban que el ciclopropano y el ciclobutano son moléculas con tensiones fuertes, mientras que el ciclopentano y el ciclohexano están relativamente libres de estas tensiones. Los cicloalcanos superiores adoptan conformaciones con tensiones mínimas. La formación de cetonas cíclicas de cinco y seis eslabones por calefacción fuerte de las sales báricas o cálcicas de los correspondientes ácidos dicarboxílicos de cadena abierta, confirma aquellas observaciones.

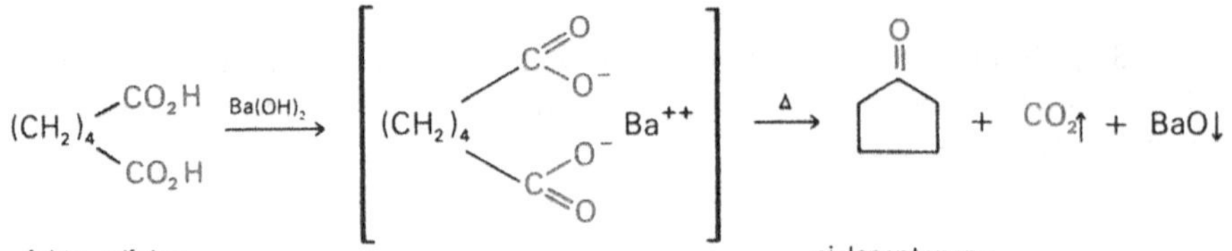

ácido adípico   ciclopentanona

El ácido dicarboxílico de cadena abierta se trata con hidróxido de bario o de calcio y forma la sal, que se seca y se calienta a fondo. La cetona se elimina por destilación a medida que se forma. La ciclopentanona y la ciclohexanona se obtienen así con rendimientos medianos, y los miembros más bajos y más altos de la serie con rendimientos despreciables o nulos. Los sistemas de tres y cuatro eslabones se preparan por otros métodos, ya que estos ciclos presentan tensiones muy grandes. La dificultad de obtención de los ciclos mayores radica en la poca probabilidad de encontrar los extremos del diácido lo suficientemente próximos para que pueda ocurrir la ciclación. Adviértase que la estructura polimérica de las sales de los ácidos dicarboxílicos de cadena larga, compite eficazmente con la estructura cíclica.

$$[Ba^{++}\ {}^{-}O_2C{-}(CH_2)_n{-}CO_2^{-}\ Ba^{++}\ {}^{-}O_2C{-}(CH_2)_n{-}CO_2^{-}\ Ba^{++}\ {}^{-}O_2C{-}(CH_2)_n{-}CO_2^{-}]$$

13-9 OBTENCION DE METIL ARIL CETONAS CON EL REACTIVO DE GRIGNARD

Las metil cetonas aromáticas se preparan con buen rendimiento por reacción del yoduro de metilmagnesio con un cianuro de arilo, y posterior hidrólisis de la sal de imina intermedia.

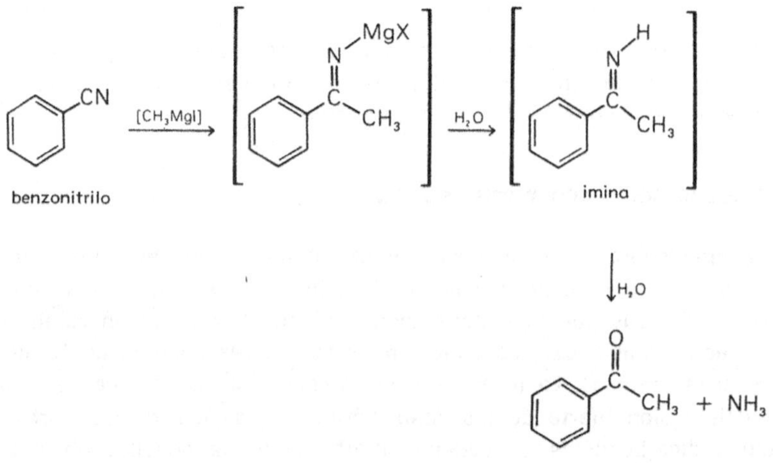

benzonitrilo   imina   acetofenona

La imina intermedia de esta reacción es análoga a las descritas en la reducción de nitrilos a aldehídos con $LiAlH_4$ (Sec. 13-5). Esta reacción se usa poco por existir métodos de síntesis más seguros como la acetilación de Friedel y Crafts vista en la Sec. 7-9.

13-10 OBTENCION DE CETONAS A PARTIR DE CLORUROS DE ACIDO Y COMPUESTOS DE DIALQUILCADMIO

La reacción directa entre un reactivo de Grignard y un cloruro de ácido no es un buen método para obtener cetonas, porque éstas, una vez formadas, reaccionan con el reactivo de Grignard mucho más deprisa que el cloruro de ácido inicial, incluso a bajas temperaturas. Pero podemos acudir a un método indirecto. Tratando el reactivo de Grignard con cloruro de cadmio anhidro, $CdCl_2$, se obtiene el dialquilcadmio, R_2Cd.

$$2[R{-}MgX] + CdCl_2 \text{ (seco)} \longrightarrow [R_2Cd] + 2MgXCl$$

Los compuestos de dialquilcadmio actúan poco más o menos como los reactivos de Grignard, pero son menos reactivos; son capaces de transformar el cloruro de ácido en cetona pero reaccionan muy lentamente con la cetona formada. El compuesto de cadmio que se origina en la primera sustitución puede reaccionar de la misma forma con otro equivalente de cloruro de ácido.

$$R'{-}C{\lt}^{O}_{Cl} + RCdCl \longrightarrow R'{-}\overset{O}{\overset{\|}{C}}{-}R + CdCl_2$$

13-11 ACILACION DE FRIEDEL Y CRAFTS †

Las metil cetonas se pueden obtener acetilando compuestos aromáticos, según el método de Friedel y Crafts, con cloruro de acetilo y cloruro de aluminio en nitrobenceno o sulfuro de carbono.

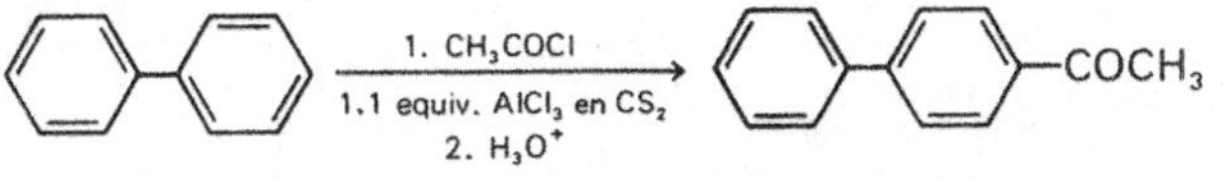

bifenilo 4-acetilbifenilo

Utilizando cloruros de ácido más altos se obtienen las correspondientes cetonas.

† Ver también Secs. 7-9 y 7-10.

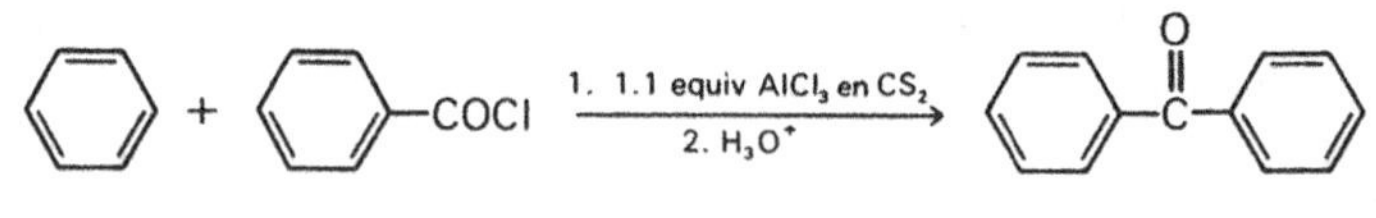

benceno cloruro de bencilo benzofenona

Con los anhídridos cíclicos se originan cetoácidos. El anhídrido succínico se utiliza corrientemente para añadir de una vez cuatro átomos de carbono a un sistema aromático.

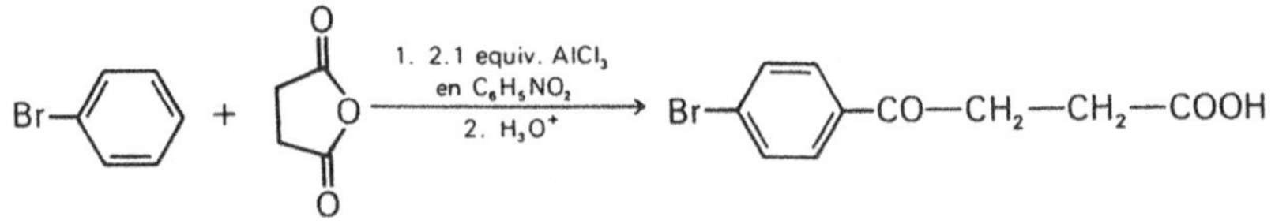

Este es el primer paso de la síntesis de muchos compuestos naftalénicos a partir de bencenos sustituidos, como estudiaremos con detalle en la Sec. 15-22.

Como vimos en la Sec. 7-9 al estudiar el mecanismo de la acilación de Friedel y Crafts, cada grupo carbonilo del cloruro de ácido o del anhídrido forma un complejo con un equivalente de $AlCl_3$; el 0,1 equivalente adicional de $AlCl_3$ actúa como catalizador en la reacción.

REACCIONES DE ALDEHIDOS Y CETONAS

Los aldehídos y las cetonas son compuestos insaturados ya que contienen un grupo carbonilo que posee un doble enlace carbono-oxígeno, $\gt C{=}O$. Los átomos de carbono y oxígeno están unidos por un enlace σ y otro enlace π (Fig. 13-1).

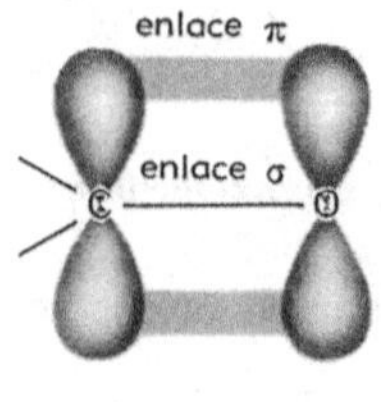

Figura 13-1. Representación LCAO del grupo carbonilo.

Como el oxígeno es más electronegativo que el carbono, la estructura de resonancia más adecuada en el modelo de enlace de valencia es la que coloca la carga negativa sobre el átomo de oxígeno.

Las principales reacciones de los aldehídos y las cetonas son las de ataque nucleófilo sobre el átomo de carbono del grupo carbonilo y las debidas a los átomos de hidrógeno en α del carbonilo que son enolizables.

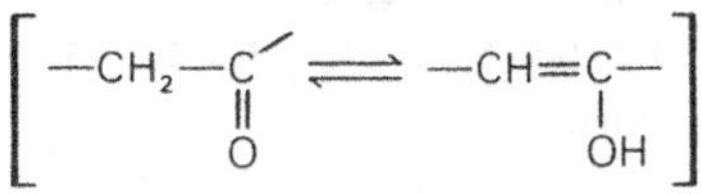

Es importante señalar que el átomo de hidrógeno unido directamente al grupo carbonilo de los aldehídos, —CHO, *no* se elimina fácilmente.

13-12 REDUCCION

La hidrogenación catalítica de aldehídos y cetonas (para dar alcoholes primarios y secundarios), ha sido relegada a un segundo plano, entre los métodos de laboratorio, desde que se dispone de hidruros reductores como $LiAlH_4$ y $NaBH_4$ (Sec. 9-9). A escala industrial, sin embargo, se usa casi exclusivamente la reducción catalítica, y las investigaciones sobre catalizadores más efectivos y condiciones de reacción óptimas se prosiguen sin descanso.

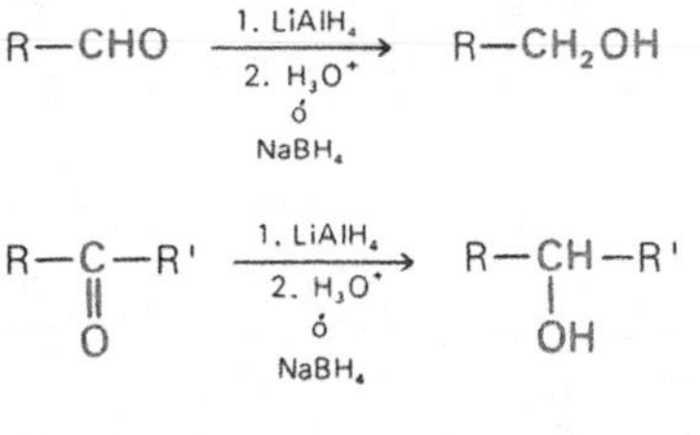

La reducción total de los compuestos carbonílicos a los correspondientes hidrocarburos se consigue normalmente por alguno de los tres métodos expuestos a continuación. Si en la molécula existen otros grupos funcionales, la eficacia de la reducción dependerá del carácter ácido, básico o neutro del medio en que se efectúe.

Condiciones ácidas: La reducción en medio ácido se lleva a cabo normalmente tratando la cetona con amalgama de cinc, Zn(Hg), y HCl diluido. Cuando se trata una superficie limpia de cinc metálico con una sal mercúrica, generalmente cloruro mercúrico, se deposita una capa fina de mercurio sobre la superficie de cinc. La unión del cinc y el mercurio metálicos, en proporciones no estequiométricas, produce *amalgama de zinc.*

$$Zn^0 + Hg^{++} \longrightarrow Zn^{++} + Hg^0$$

$$Hg^0 + Zn^0 \longrightarrow Zn(Hg)$$

Aunque también se pueden amalgamar otros metales, se prefiere el zinc para efectuar esta reacción, que se conoce con el nombre de *reducción de Clemmenson.* Al tratar la amalgama con HCl diluido se produce hidrógeno en la superficie metálica, reduciéndose la cetona a hidrocarburo.

$$Ar{-}\underset{\underset{O}{\|}}{C}{-}R \xrightarrow[HCl]{Zn(Hg)} Ar{-}CH_2{-}R$$

Este método de reducción no da resultados satisfactorios con los aldehídos, porque éstos originan frecuentemente mezclas de productos. Las cetonas mixtas alifáticas y aromáticas que no contengan grupos sensibles a los ácidos reaccionan suavemente y con rendimientos excelentes. El método es particularmente eficaz en la reducción de cetoácidos obtenidos por acilación de Friedel y Crafts con anhídrido succínico.

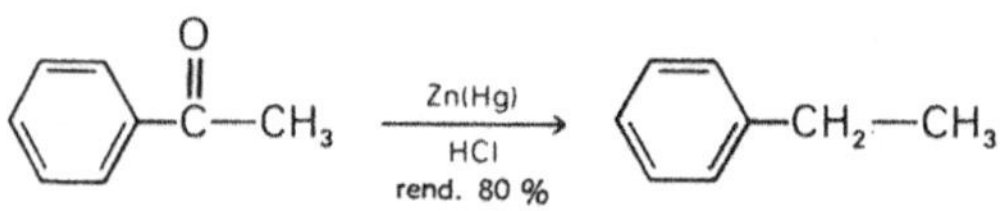

acetofenona　　　　etilbenceno

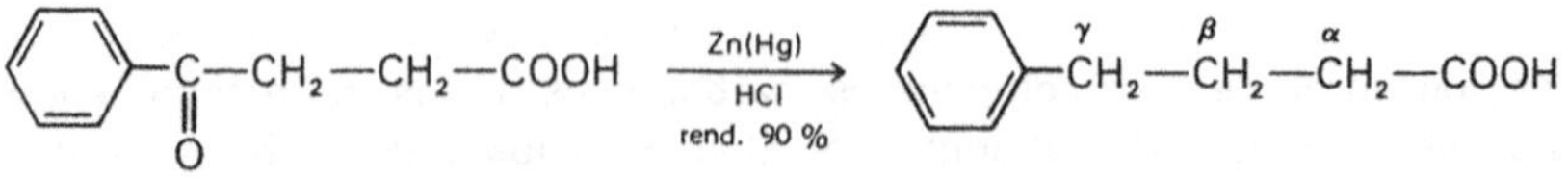

ácido β-benzoilpropiónico　　　　ácido 4-fenilbutanoico, IUPAC
ácido γ-fenilbutírico

Condiciones básicas: La reducción de Wolff-Kishner consiste en la reducción de una hidrazona en medio básico.

aldehído o cetona — hidrazina — una hidrazona

una hidrazona

En la Sec. 13-14 discutiremos la preparación de hidrazonas a partir de hidrazina, $H_2N—NH_2$; conviene señalar aquí, sin embargo, que tanto los aldehídos como las cetonas se reducen por tratamiento con hidrazina y una base fuerte a temperatura elevada. La presencia en el aldehído o cetona de grupos sensibles a las bases determinará el uso de otro método de reducción.

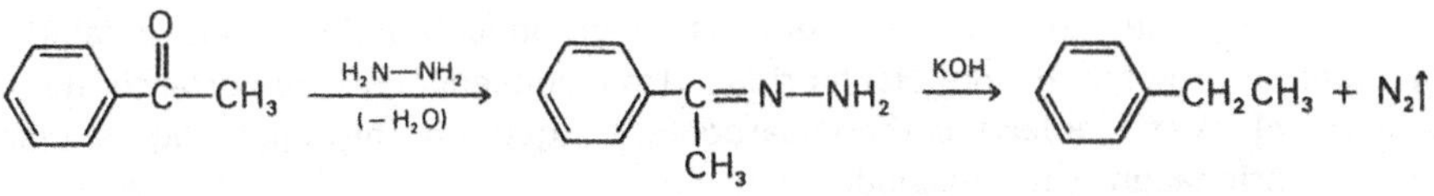

acetofenona — hidrazona de acetofenona — etilbenceno

Condiciones neutras: Al tratar un compuesto orgánico que contiene azufre con un sistema metal-hidrógeno, se rompen generalmente los enlaces azufre-carbono (desulfuración). Los aldehídos y cetonas tratados con tioglicol, $CH_2SH—$ $—CH_2SH$, forman tioacetales.

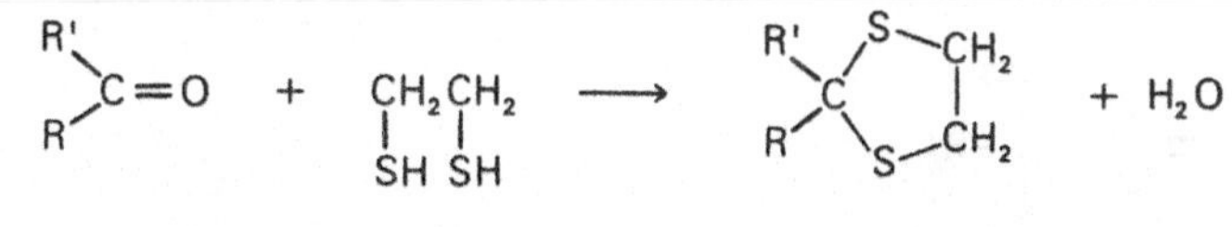

aldehído o cetona — etilen (tioglicol) — un tioacetal

R' = —H o alquilo

La reacción se discute con detalle en la Sec. 13-14. Aquí sólo veremos que al tratar el tioacetal con un catalizador, níquel Raney recién preparado, se forma el hidrocarburo correspondiente.

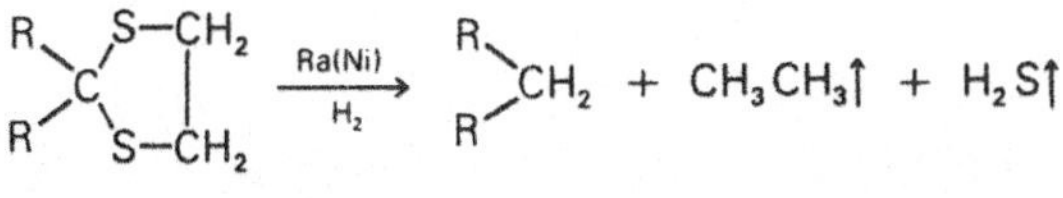

Tanto la formación del tioacetal como las reacciones de desulfuración ocurren en medio neutro.

El níquel Raney se prepara tratando aleación de níquel y aluminio con una base; los átomos de aluminio de la estructura metálica se eliminan por oxidación con la base fuerte, dejando libre níquel metal finamente dividido saturado con hidrógeno.

$$NiAl_2 + 6OH^- \longrightarrow Ni\downarrow + 2AlO_3^{3-} + 3H_2\uparrow$$

13-13 ADICIONES NUCLEOFILAS AL GRUPO CARBONILO

Casi todos los nucleófilos fuertes, sean iones (como CN^-, R^-), o moléculas (como NH_3, H_2O), atacarán al grupo carbonilo de un aldehído o una cetona en el centro de baja densidad electrónica que es el átomo de carbono.

1. La reacción de Grignard con aldehídos y cetonas ya ha sido discutida con detalle (Cap. 9 Alcoholes).

2. El cianuro de hidrógeno se adiciona al grupo carbonilo de los aldehídos de la manera prevista dando cianhidrinas. Una consecuencia importante de la formación del nuevo enlace carbono-carbono, es que por hidrólisis de la cianhidrina se obtiene un α hidroxiácido.

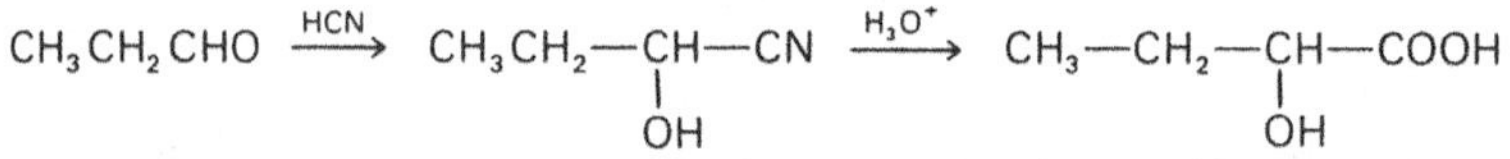

propionaldehído — cianhidrina del propionaldehído — ácido α-hidroxibutírico

Los halogenuros de hidrógeno, al contrario de HCN, no se adicionan a estas funciones carbonílicas, pues el equilibrio está desplazado en la dirección opuesta.

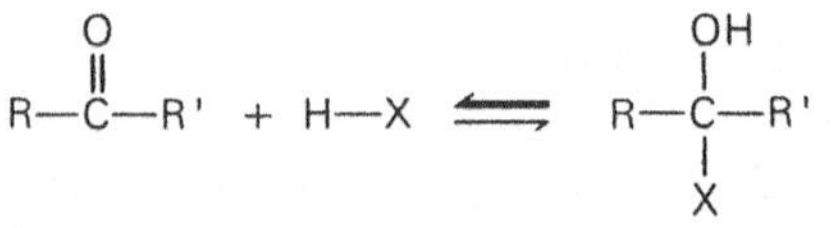

R' = —H
o alquilo

3. Aunque en la adición de agua a aldehídos y cetonas el equilibrio está desplazado hacia el compuesto carbonílico, los alcoholes reaccionan apreciablemente.

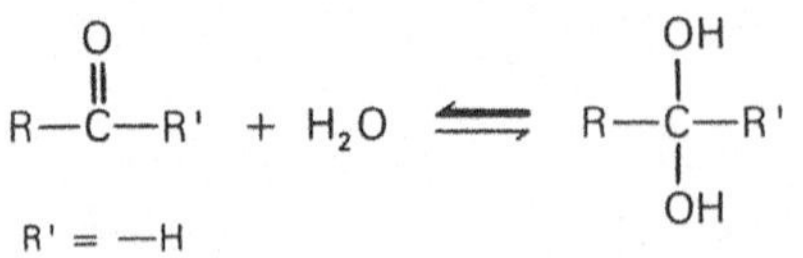

R' = —H
o alquilo

Los aldehídos originan primero *hemiacetales* y por reacción con un segundo equivalente de alcohol dan *acetales*.

General

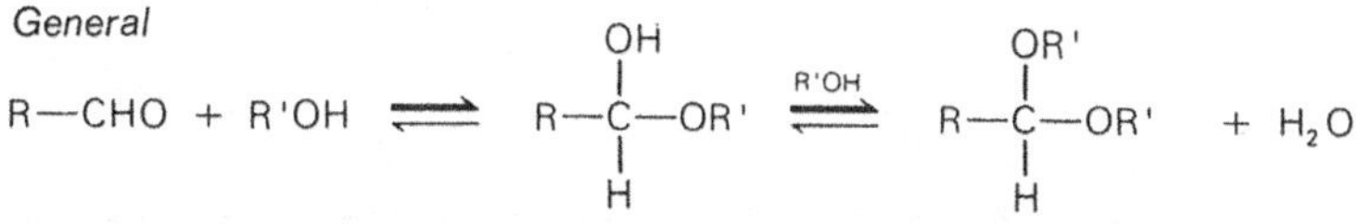

Específico

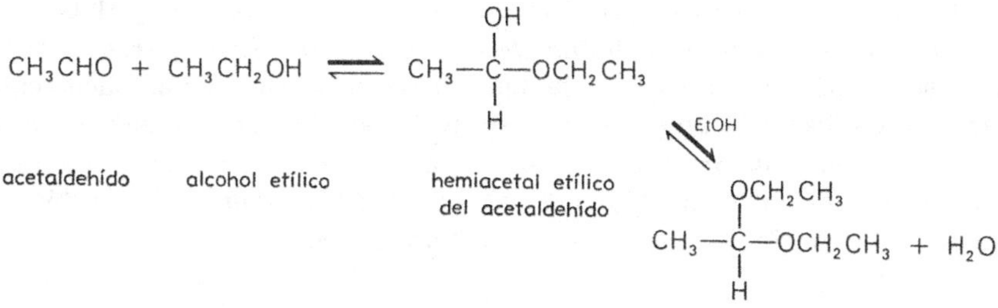

acetaldehído alcohol etílico hemiacetal etílico del acetaldehído

acetal dietílico del acetaldehído

La reacción inversa, hidrólisis de un acetal, procede rápidamente en presencia de trazas de ácido, pero la hidrólisis catalizada por base es mucho más lenta.

Las cetonas también dan hemiacetales por tratamiento con alcohol, pero la reacción subsiguiente, que conduciría al acetal, es mucho más difícil y raras veces se consigue directamente.

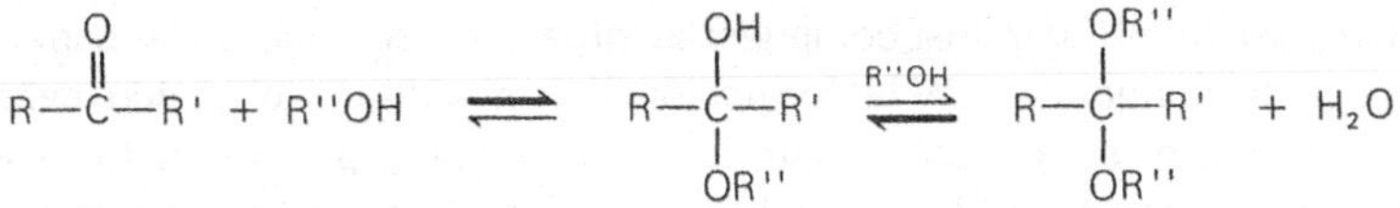

La síntesis indirecta de acetales no entra en el tema de este apartado; no obstante los acetales de glicoles 1,2 y sus tioanálogos se pueden formar directamente. Frecuentemente se usa el etilen glicol, HO—CH_2—CH_2—OH; el etilen ditiol, HS—CH_2—CH_2—SH que es el análogo sulfurado; y el 2-mercaptoetanol, HS—CH_2—CH_2—OH, todos los cuales reaccionan a través de sus dos grupos funcionales.

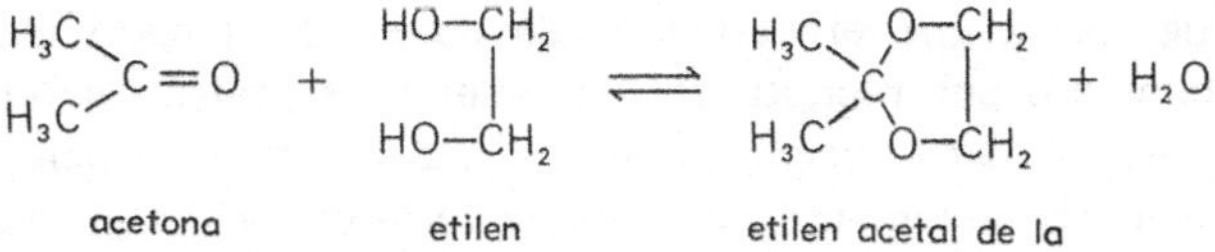

acetona etilen glicol etilen acetal de la acetona

Escribir la estructura de los acetales formados a partir del etilen ditiol y del 2-mercaptoetanol y revisar la reducción de tiocetales con níquel Raney (Sec. 13-12).

4. La adición de bisulfito sódico, $NaHSO_3$, al grupo carbonilo de aldehídos, metil cetonas, y algunas cetonas cíclicas proporcionan el aducto de bisulfito sódico. *El bisulfito se adiciona como H^+ y $NaSO_3^-$*, y no como Na^+ y HSO_3^-, ya que *el azufre se halla unido al átomo de carbono carbonílico.* La reacción es útil en la separación y purificación de los compuestos que forman fácilmente el aducto, que es insoluble en etanol acuoso. Se puede convertir el aducto bisulfítico en cianhidrina por tratamiento con cianuro acuoso, evitándose de esta forma el empleo de HCN líquido, que es un producto acusadamente tóxico. Recuérdese la hidrólisis de cianhidrinas a α-hidroxiácidos.

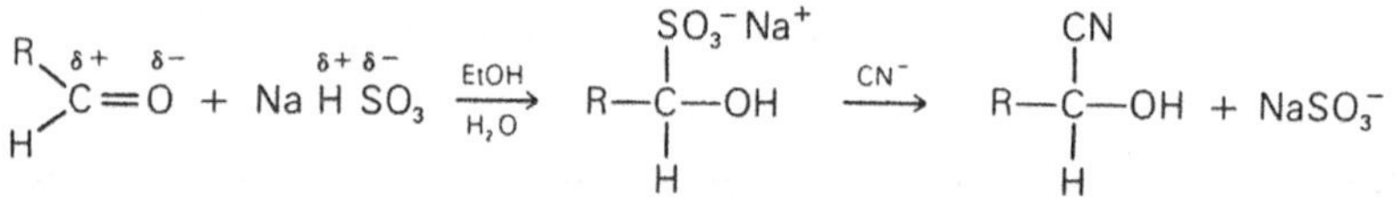

aducto sólido   una cianhidrina

13-14 REACCIONES CON AMONIACO Y MOLECULAS RELACIONADAS CON EL AMONIACO; PREPARACION DE DERIVADOS SOLIDOS DE LOS COMPUESTOS CARBONILICOS

Un aspecto importante de la química orgánica es el análisis cualitativo orgánico que consiste en identificar los compuestos orgánicos por métodos espectrales y por reacciones conocidas. En la formación de un químico orgánico cabe incluir un curso completo sobre esta materia. Supongamos por ejemplo que tenemos un compuesto desconocido (líquido) y que hemos podido averiguar que se trata de una cetona (mediante ensayos rápidos que veremos en la próxima sección). ¿Cuál de las muchas cetonas conocidas (o desconocidas hasta ahora) es la nuestra?

Uno de los métodos químicos utilizados para determinar la identidad de un compuesto desconocido es su conversión, *por una serie de reacciones conocidas,* en otro compuesto conocido (o que se puede preparar a partir de materias primas conocidas). El segundo compuesto se llama *derivado,* y normalmente los reactivos se escogen de forma que el derivado sea un sólido, puesto que los sólidos se purifican fácilmente por recristalización. Además se puede determinar el punto de fusión y el punto de fusión mixto con una muestra conocida. La probabilidad de identificar correctamente el compuesto problema aumenta por supuesto con la preparación de dos o más derivados y su comparación con los de la muestra patrón. Todos los derivados de aldehídos y cetonas que veremos a continuación se preparan a partir de reactivos relacionados con el amoníaco (o con hidrazina, $H_2N—NH_2$, que está relacionada estructuralmente con el amoníaco).

Iminas: Los aldehídos y cetonas, en presencia de amoníaco, están en equilibrio con las *aldiminas* o *cetiminas,* pero generalmente el equilibrio está desplazado hacia el compuesto carbonílico; estas *iminas* inestables, o *bases de Schiff, no* se usan como derivados. Conocemos las iminas por que son intermedios en la reducción de nitrilos (Sec. 13-5) y en la reacción de Grignard de nitrilos (Sec. 13-9).

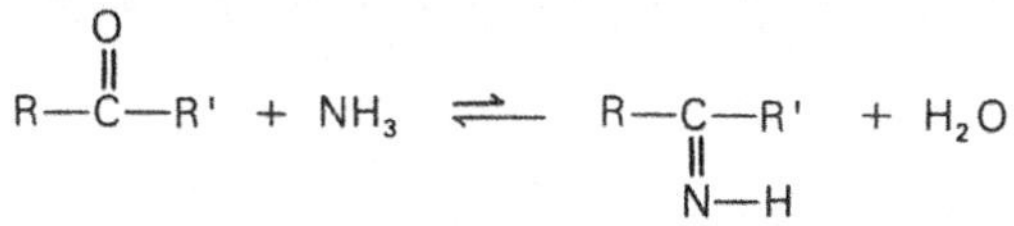

R = —H o alquilo

una imina

Oximas: La hidroxilamina $H_2N—OH$, da aldoximas con los aldehídos, y cetoximas con las cetonas. Puesto que el doble enlace carbono-nitrógeno impide la rotación y la inversión sobre el nitrógeno, existe la posibilidad de encontrar dos isómeros geométricos.

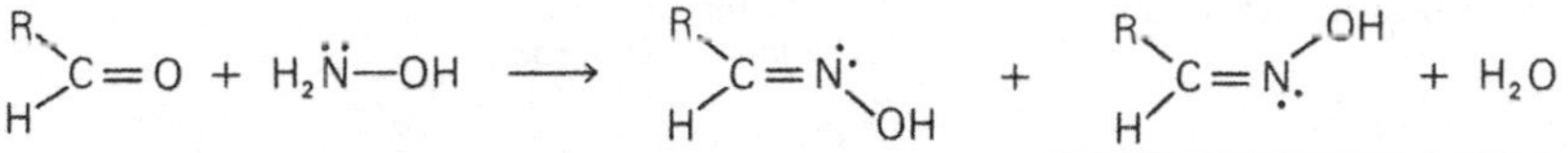

un aldehído — una sin aldoxima — una aldoxima anti

El isómero sin de los aldehídos (comparar con cis, «igual») es el que tiene el —H y el —OH en el mismo lado del enlace doble carbono-nitrógeno; en el isómero anti (comparar con trans, «al otro lado») están en lados opuestos.

Las cetoximas se pueden denominar de dos maneras, ya que la relación entre los grupos —OH y —R no está determinada intrínsecamente.

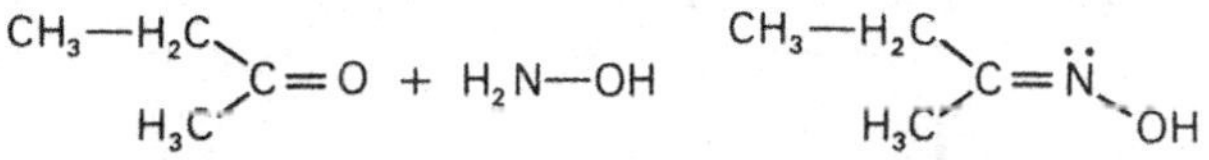

metil etil cetona

sin-metil etil cetoxima (*anti*-etil metil cetoxima)

El isómero que se forma en cantidades más grandes es, como se puede deducir de consideraciones estéreas, el que tiene el grupo —OH y el grupo —R más voluminoso en posición anti. Generalmente se observa también el otro isómero, aunque sólo sea como indicios. Esta isomería geométrica desempeña un papel importante en la transposición de Beckman de oximas (Sec. 15-26).

Las aldoximas se pueden deshidratar con pentóxido de fósforo, P_2O_5; el nitrilo (cianuro) que se forma puede sufrir transformaciones posteriores.

$$R{-}CH{=}N{-}OH \xrightarrow{P_2O_5} R{-}C{\equiv}N + H_2O$$

Hidrazonas: La hidrazina, $H_2N{-}NH_2$, reacciona con los aldehídos y las cetonas para dar hidrazonas.

General

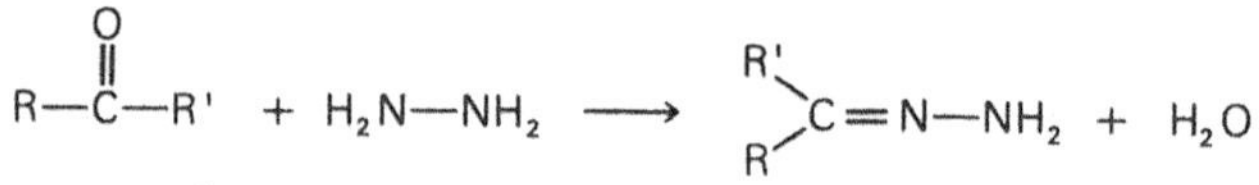

R' = —H ó
alquilo

Específico

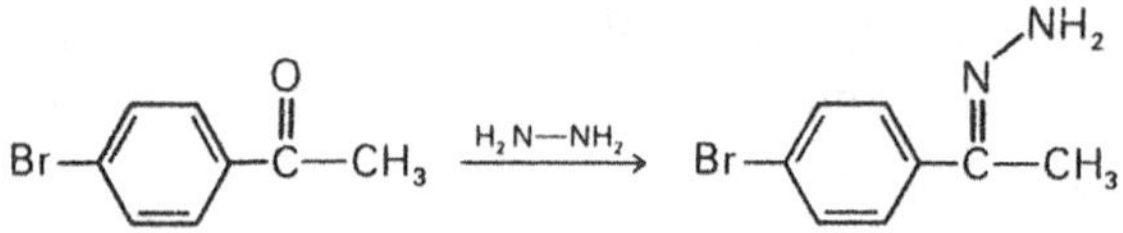

p-bromoacetofenona

hidrazona de la *p*-bromoacetofenona

Recuérdese el uso de las fenilhidrazonas en la reducción de Wolff-Kishner (Sec. 13-12). El mecanismo de formación de todos estos derivados implica un ataque nucleófilo sobre el grupo carbonilo.

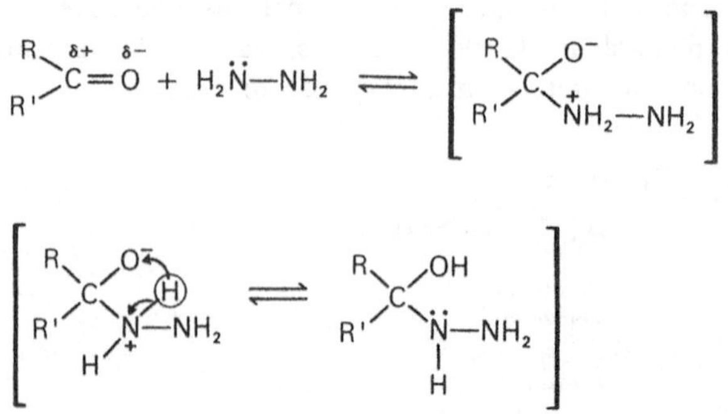

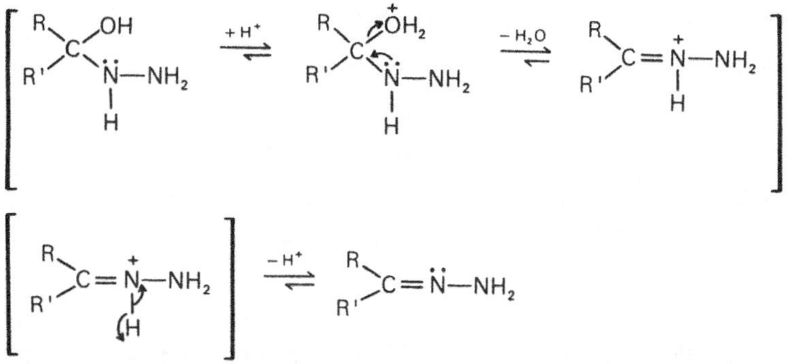

El peso molecular de las hidrazonas no es mucho más elevado que el de los compuestos carbonílicos de partida, por lo que suelen ser líquidos o sólidos de bajo punto de fusión. Por esta razón se utilizan corrientemente tres fenilhidrazinas:

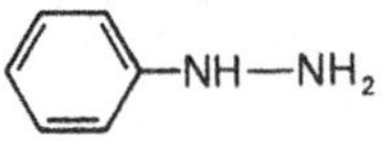

fenilhidrazina

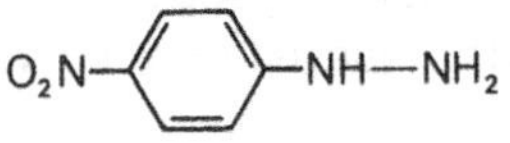

p-nitrofenilhidrazina

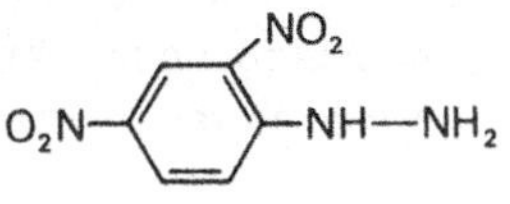

2,4-dinitrofenilhidrazina (2,4-DNPH)

El último de estos compuestos forma 2,4-dinitrofenilhidrazonas de colores vivos que van del amarillo al rojo intenso, según las posibilidades de conjugación del derivado formado.

1. Formular las reacciones del acetaldehído y la acetofenona con *(a)* hidrazina y *(b)* con las tres fenilhidrazinas (un total de ocho ecuaciones).

2. Calcular el porcentaje de aumento de peso del derivado con relación al compuesto carbonílico original en los ocho casos.

Semicarbazonas: La semicarbazida, $H_2H—NH—CO—NH_2$, que es una amida derivada de la hidrazina, reacciona con los aldehídos y las cetonas dando semicarbazonas. Si tenemos en cuenta que se trata de una hidrazina sustituida no podremos tener duda de cuál de los dos grupos $—NH_2$ de la semicarbazida participa en la reacción.

$$\underset{\text{acetaldehído}}{CH_3CHO} + \underset{\text{semicarbazida}}{H_2NNH{-}CONH_2} \longrightarrow \underset{\text{semicarbazona del acetaldehído}}{CH_3CH{=}N{-}NH{-}CONH_2} + H_2O$$

ciclopentanona semicarbazida semicarbazona de la ciclopentanona

> Escribir la reacción de cada uno de los reactivos discutidos en la Sec. 13-14 (excepto NH_3 con acetona, ciclopentanona y benzaldehído (en total 18 ecuaciones).

13-15 REACCION DEL HALOFORMO

Las metil cetonas, CH_3—CO—, y ciertos otros compuestos reaccionan con los iones hipohalogenosos, XO^-, originando la sal de un ácido carboxílico, $—COO^-$, y el haloformo correspondiente, CHX_3, que da nombre a la reacción.

$$R{-}CO{-}CH_3 \xrightarrow[\text{base}]{X_2} R{-}COO^- + CHX_3$$

La reacción del haloformo proporciona, además de una prueba cualitativa rápida de ciertos grupos funcionales, un método de gran importancia para preparar ácidos carboxílicos. Por ejemplo, la formación de aril metil cetonas por acilación de Friedel y Crafts proporciona la materia prima deseada para la preparación de ácidos carboxílicos aromáticos.

El reactivo, el ion hipohalogenoso, XO^-, se prepara a partir de un halógeno y una base. Corrientemente se utiliza el yodo. El cloro es más barato y se usa a escala preparativa; también puede utilizarse el bromo.

$$I_2 + 2NaOH \longrightarrow \underset{\text{hipoyodito sódico}}{Na^+OI^-} + Na^+I^- + H_2O$$

$$Na^+OI^- \underset{}{\overset{H_2O}{\rightleftharpoons}} \underset{\text{ácido hipoyodoso}}{HOI} + Na^+\,OH^-$$

Los compuestos que dan esta reacción son: las metil cetonas, CH_3—CO—; los alcoholes secundarios que pueden oxidarse a metil cetonas en las condiciones de la reacción, $CH_3-\underset{OH}{\underset{|}{CH}}-$; el acetaldehído pero no otros aldehídos sencillos; y el etanol pero no otros alcoholes primarios. En todos los casos se obtiene la sal del ácido carboxílico inmediatamente inferior y el haloformo. Se prefiere el hipoyodito para las pruebas de identificación porque el yodoformo, CHI_3, es un sólido amarillo con un olor característico de yodo, mientras que el cloroformo, $CHCl_3$, y el bromoformo, $CHBr_3$, son líquidos que pueden desprenderse de la mezcla de reacción como gases, y por lo tanto no aislables o identificables cuando la reacción se efectúa en vasija abierta. Para aislar los ácidos carboxílicos se necesita una acidificación previa.

General

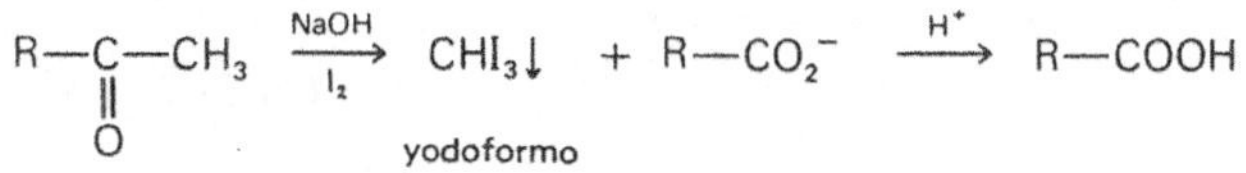

Específico

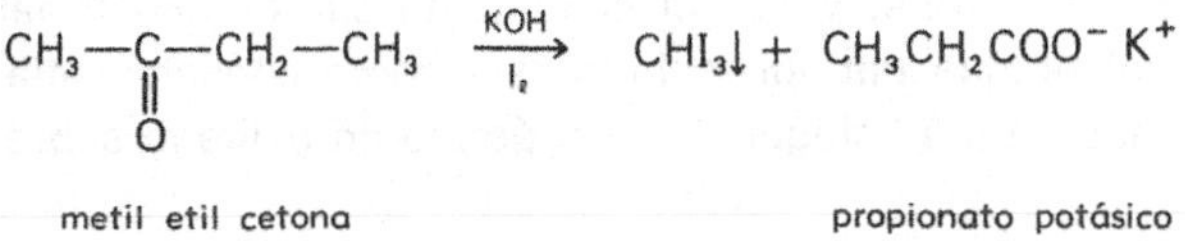

Mecanismo

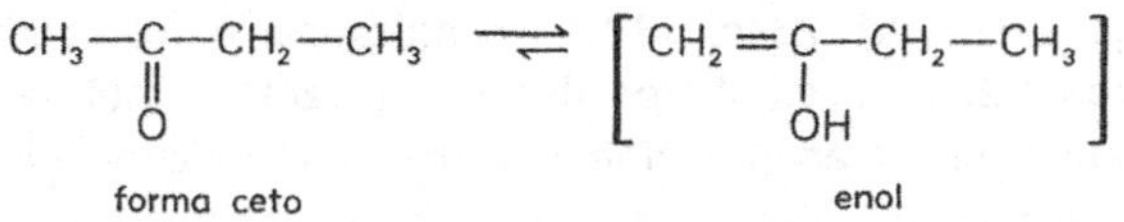

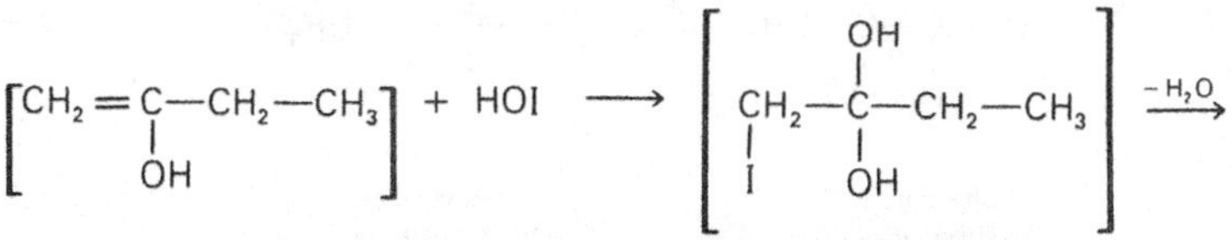

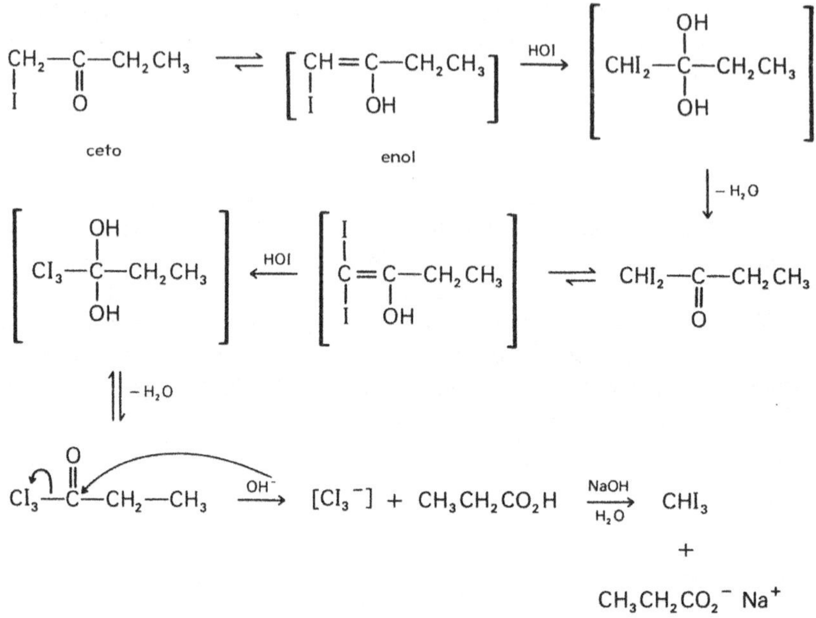

Tres hechos a señalar sobre el mecanismo de la reacción: (1) las halometil cetonas dan esta reacción y son intermedios de ella; (2) se forman por adición a la forma enólica de la cetona; y (3) el compuesto carbonílico trihalosustituido es muy susceptible al ataque por iones hidróxido como consecuencia del efecto atrayente de electrones de los halógenos y del átomo de oxígeno sobre el carbono adyacente.

13-16 TRANSPOSICION PINACOLINICA

Tratando las cetonas con amalgama de magnesio, Mg(Hg), que se prepara de manera análoga a Zn(Hg) (Sec. 13-12), e hidrolizando el producto resultante se obtienen glicoles 1,2. (Los aldehídos dan una mezcla compleja de productos). El glicol *vecinal* sufre una transposición por tratamiento con ácido, migrando el grupo metilo *con su par de electrones,* para dar una cetona.

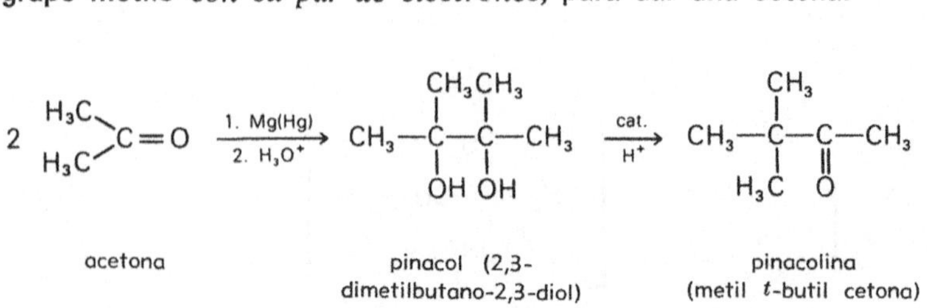

Este tipo de cetonas y los productos derivados de sus reacciones son a veces difíciles de sintetizar por otros métodos. El nombre de la reacción deriva del compuesto formado a partir de la acetona. Adviértase en el siguiente mecanismo de reacción que el protón actúa como un catalizador.

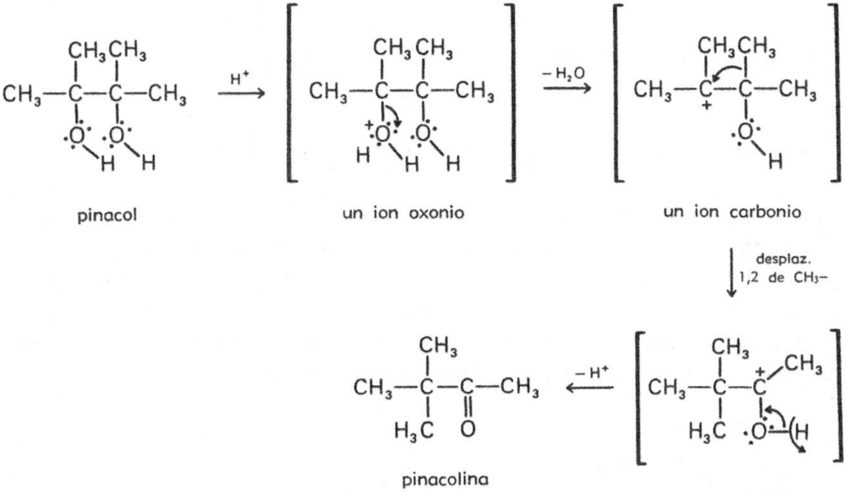

Las cetonas aril alquílicas, como la acetofenona, forman el pinacol con aluminio amalgamado. Las cetonas diarílicas dan fácilmente el pinacol en alcohol isopropílico a la luz del sol; el pinacol, insoluble en el alcohol, se obtiene directamente en estado de gran pureza. Esta última reacción demuestra claramente la facilidad y utilidad de algunas reacciones fotoquímicas.

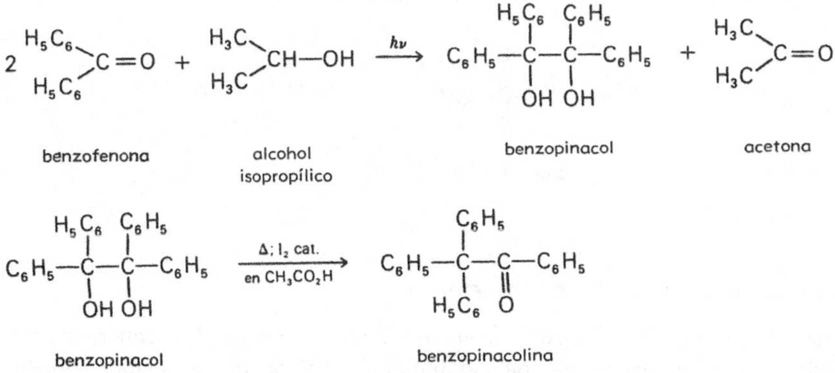

13-17 TRIMERIZACION CICLICA DE ALDEHIDOS

Aunque el formaldehído se tiene normalmente en solución acuosa, la evaporación de esta disolución proporciona un sólido que es una mezcla del polímero lineal, *paraldehído,* y el trimero cíclico, *trioxano.*

$$—CH_2—O—(CH_2—O)_x—CH_2—O— \xrightarrow{\Delta} CH_2O\uparrow \xleftarrow{\Delta}$$ 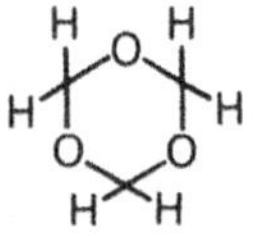

paraformaldehído — formaldehído — trioxano

Los dos dan por descomposición térmica el formaldehído gaseoso que puede utilizarse directamente en transformaciones como la reacción de Grignard.

Concentrando de manera análoga disoluciones acuosas de acetaldehído se obtiene el trímero cíclico *paraldehído.* El acetaldehído (P. Eb. 20°) se recupera tratando el trímero con ácido caliente. Los aldehídos superiores se obtienen sin dificultad en forma aldehídica más bien que como trímeros.

$$3CH_3CHO \underset{}{\overset{H^+}{\rightleftharpoons}}$$ 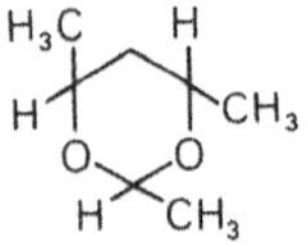

paraldehído

El tricloroacetaldehído (cloral) es un ejemplo interesante de un compuesto estable con dos grupos hidroxilos en el mismo carbono. ¿Por qué razón este grupo funcional diol está estabilizado?

$$CCl_3—CHO + H_2O \longrightarrow$$ 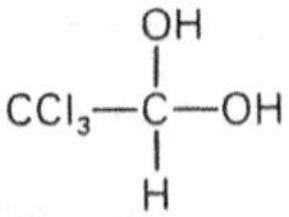

cloral — hidrato de cloral

13-18 DESHIDRATACION CICLICA DE LAS CETONAS

Incluso la acetona, la más sencilla de las cetonas, es estable con respecto a la trimerización, al contrario de los aldehídos discutidos en la sección anterior;

sin embargo las cetonas experimentan una trimerización cíclica *con pérdida de agua* bajo la influencia de los ácidos sulfúrico o clorhídrico.

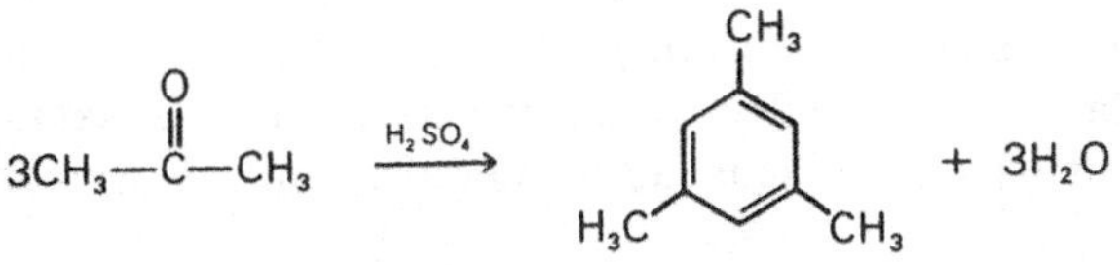

mesitileno

Las cetonas cíclicas, en particular, originan compuestos muy interesantes, y aunque los rendimientos no sean muy buenos, los productos de partida son generalmente baratos. La reacción procede por condensación de un grupo carbonilo con un grupo CH_2 en α del carbonilo de otra molécula.

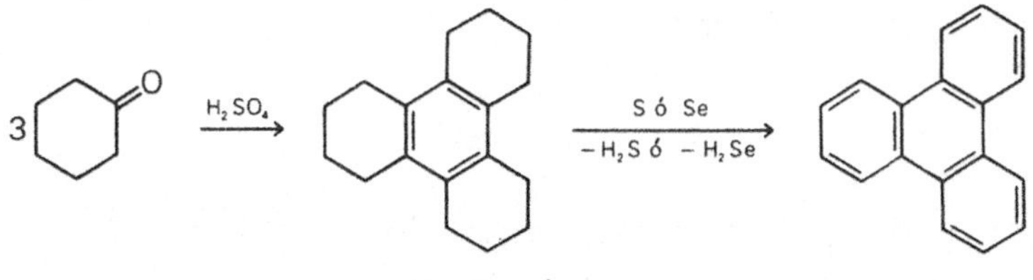

ciclohexanona dodecahidrotrifenileno trifenileno

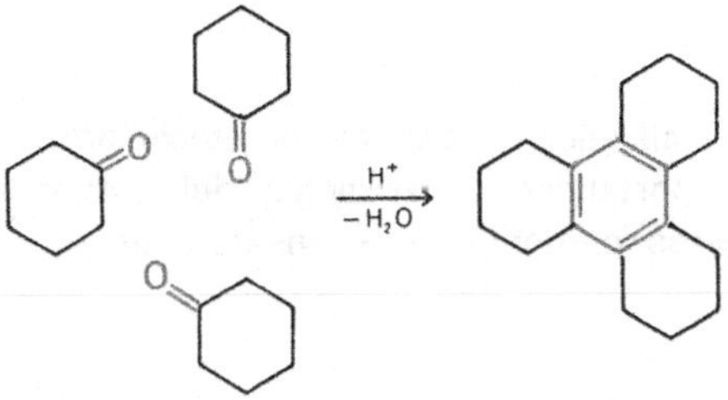

> **1.** ¿Cómo se prepararía 1,3,5-trifenilbenceno?
>
> **2.** Escribir la estructura del producto esperado de la reacción de 2-butanona con ácido sulfúrico. ¿Cómo reaccionaría este producto con azufre o selenio?

REACCIONES DE CONDENSACION DE ALDEHIDOS Y CETONAS

La formación de nuevos enlaces carbono-carbono no sólo tiene especial interés en química orgánica, sino que es de vital importancia en sistemas biológicos, particularmente en las etapas de síntesis de productos naturales. Los aldehídos y las cetonas sufren varias reacciones de condensación generalmente en presencia de base. Muchas de estas reacciones de laboratorio tienen su réplica en las plantas y los animales. Todas las reacciones de condensación se pueden comprender fácilmente y sistematizar utilizando tres factores: la polarización del grupo carbonilo, la enolización de los hidrógenos en α, y la estabilidad reforzada de los compuestos carbonílicos α,β-insaturados que se forman.

13-19 CONDENSACION ALDOLICA

La forma enólica de un aldehído o cetona pierde fácilmente un protón en presencia de una base y el ion estabilizado por resonancia puede atacar entonces la función carbonilo de una segunda molécula. Para ilustrar la reacción consideremos la condensación de acetaldehído para dar un β-hidroxialdehído, llamado corrientemente *aldol,* que pierde con facilidad una molécula de agua formando un aldehído α,β-insaturado, crotonaldehído.

Global

$$2CH_3CHO \xrightarrow[-H_2O]{OH^-\text{ cat.}} \left[CH_3{-}\underset{\displaystyle OH}{\underset{|}{C}H}{-}CH_2{-}CHO\right] \xrightarrow[-H_2O]{} CH_3{-}CH{=}CH{-}CHO$$

acetaldehído — aldol — crotonaldehído

Nótese que el ion hidroxilo es un catalizador, y que en el mecanismo se toman en consideración tres factores importantes: polarización del carbonilo, enolización y estabilidad de los compuestos carbonílicos α,β-insaturados.

Mecanismo

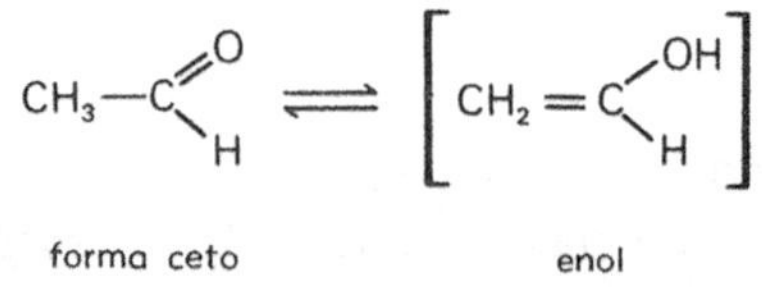

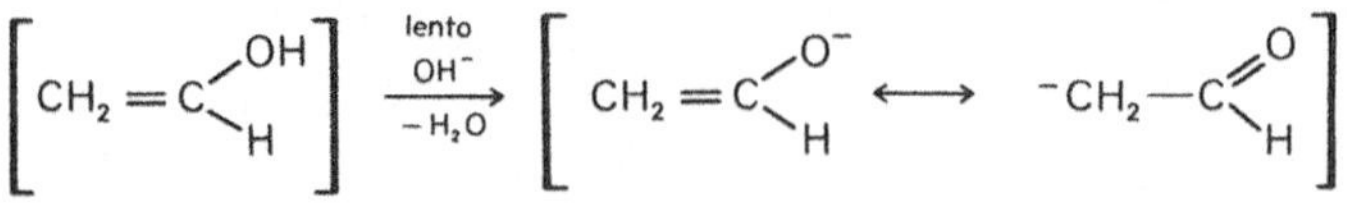

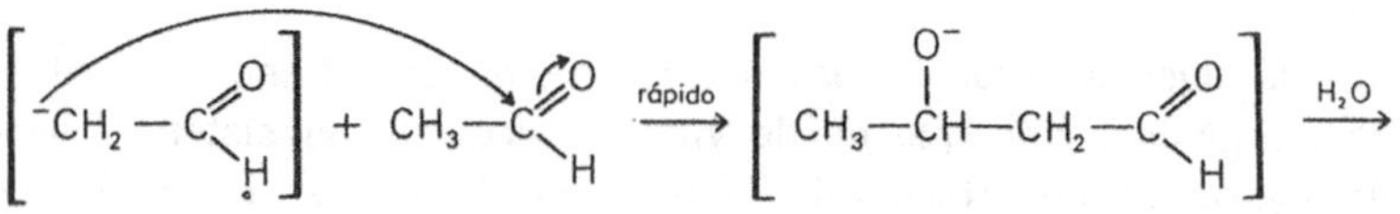

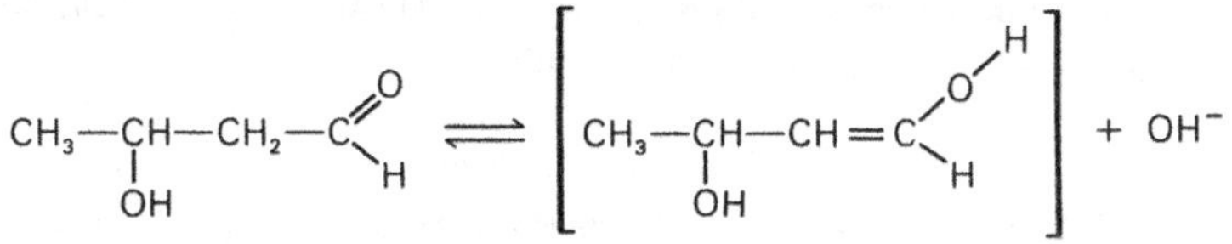

ceto　　　　enol

aldol
(β-hidroxibutiraldehído)

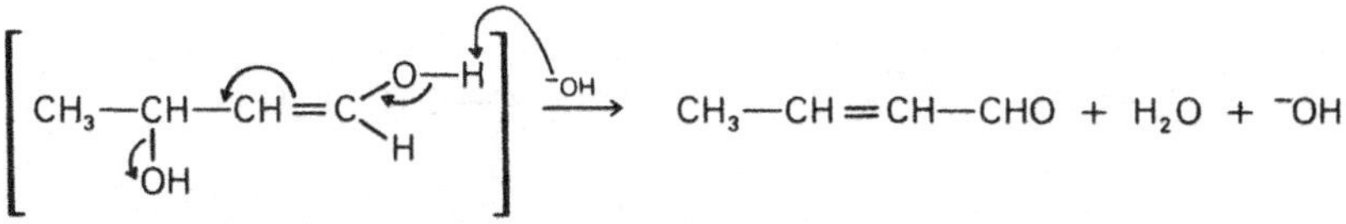

forma enólica del aldol　　　　crotonaldehído

La reacción de condensación *no puede* usarse ventajosamente con dos aldehídos diferentes, puesto que existen cuatro productos posibles de condensación cuya separación puede resultar difícil.

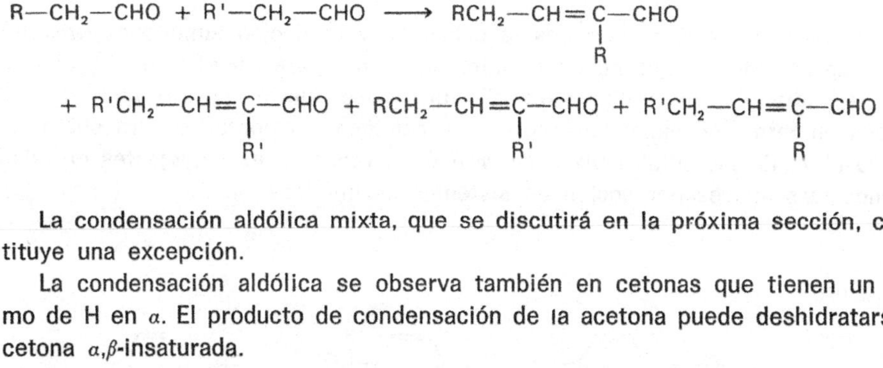

La condensación aldólica mixta, que se discutirá en la próxima sección, constituye una excepción.

La condensación aldólica se observa también en cetonas que tienen un átomo de H en α. El producto de condensación de la acetona puede deshidratarse a cetona α,β-insaturada.

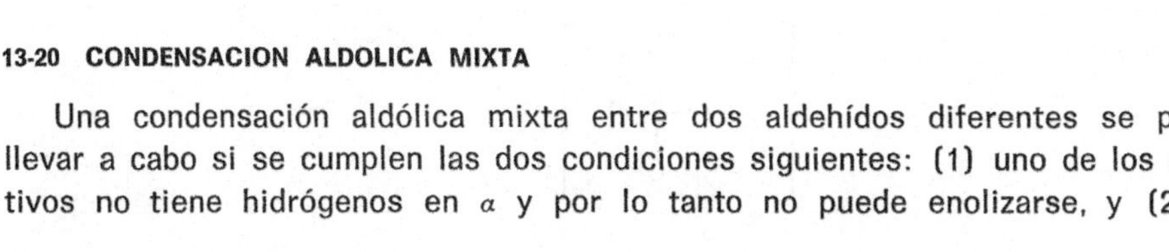

13-20 CONDENSACION ALDOLICA MIXTA

Una condensación aldólica mixta entre dos aldehídos diferentes se podrá llevar a cabo si se cumplen las dos condiciones siguientes: (1) uno de los reactivos no tiene hidrógenos en α y por lo tanto no puede enolizarse, y (2) el segundo compuesto carbonílico, que tiene H en α, se añade lentamente a la mezcla del primer reactivo y base diluida.

$$C_6H_5\text{—CHO (con base)} + CH_3CHO \text{ (añadido lentamente)} \xrightarrow[OH^-]{dil.} C_6H_5\text{—CH=CH—CHO} + H_2O$$

aldehído cinámico

$$C_6H_5\text{—CHO} + C_6H_5\text{—}\overset{\overset{\large O}{\|}}{C}\text{—}CH_3 \xrightarrow{OH^-} C_6H_5\text{—CH=CH—}\underset{\underset{\large O}{\|}}{C}\text{—}C_6H_5 + H_2O$$

benzalacetofenona

> Formular un mecanismo razonable para cada uno de los ejemplos citados.

13-21 REACCION DE CANNIZZARO

La reacción de Cannizzaro es la oxidación y reducción simultánea (*dismutación*) de un aldehído que no tenga hidrógenos en α para dar el alcohol y el ácido correspondientes. Se utiliza para ello una base fuerte, por lo que el ácido queda en forma de sal y se precisa una acidificación posterior para obtener el ácido libre. En las células vivas ocurren óxido-reducciones semejantes en condiciones más suaves por acción de sistemas enzimáticos.

Específico

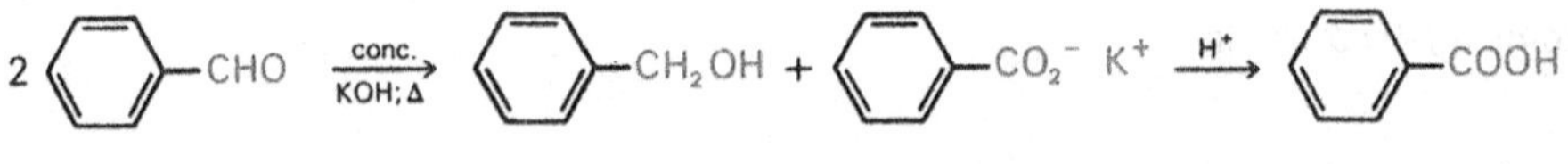

benzaldehído alcohol bencílico benzoato potásico ácido benzoico

Mecanismo

$$C_6H_5\text{—}\overset{\overset{\large O}{\|}}{C}\text{—H} + HO^- \rightleftharpoons \left[C_6H_5\text{—}\underset{\underset{\large OH}{|}}{\overset{\overset{\large O^-}{|}}{C}}\text{—H} \right]$$

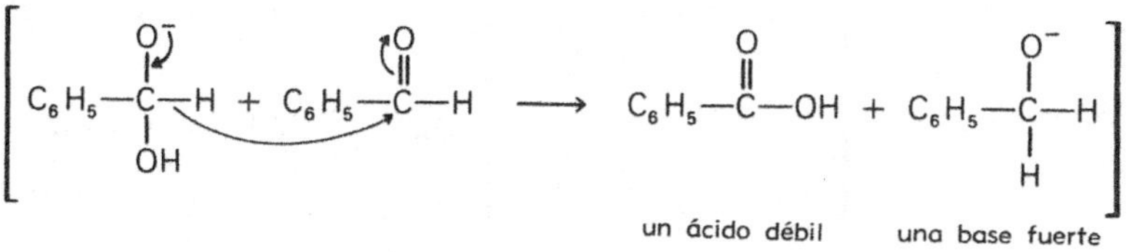

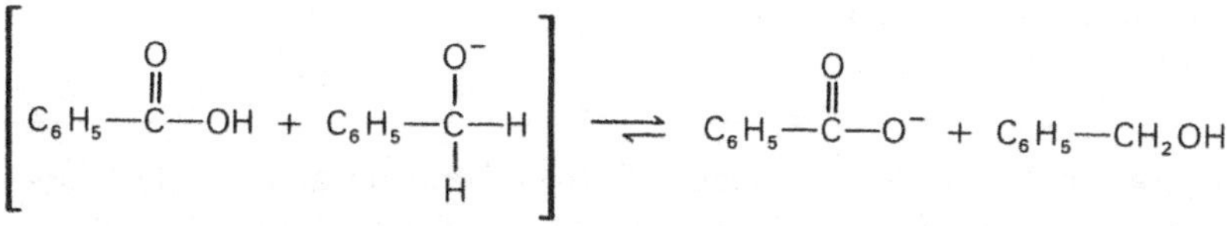

$$C_6H_5{-}CO_2^- \xrightarrow{H^+} C_6H_5{-}CO_2H$$

> Escribir los productos de la reacción de Cannizzaro de cada una de las siguientes moléculas: formaldehído, trifenilacetaldehído y trimetilacetaldehído.

13-22 REACCION DE CANNIZZARO CRUZADA

Escogiendo convenientemente los reactivos y las condiciones de reacción, se puede efectuar la reacción de Cannizzaro entre dos aldehídos diferentes siempre que ninguno de los dos posean hidrógenos en α. Generalmente uno de los componentes es el formaldehído, ya que se oxida más fácilmente a ácido que la mayoría de los aldehídos.

$$C_6H_5{-}CHO + CH_2O\ (xs) \xrightarrow[OH^-;\Delta]{conc.} C_6H_5{-}CH_2OH + HCO_2^- \xrightarrow{H^+} HCO_2H$$

La preparación de pentaeritritol, tetra(hidroximetil) metano, constituye un interesante ejemplo de la utilización conjunta de la condensación aldólica y la reacción de Cannizzaro cruzada. Consiste en tres condensaciones aldólicas sucesivas del acetaldehído, seguidas de una reacción de Cannizzaro cruzada con formaldehído.

$$CH_3CHO + CH_2O\ (xs) \xrightarrow{OH^-} \left[HO{-}CH_2{-}\underset{\displaystyle CH_2OH}{\overset{\displaystyle CH_2OH}{\underset{|}{\overset{|}{C}}}}{-}CHO \right] \xrightarrow[CH_2O]{OH^-} \underset{\text{pentaeritritol}}{C(CH_2OH)_4} + HCO_2^-$$

El pentaeritritol se emplea en la fabricación de plásticos y resinas; su tetranitrato es un explosivo muy potente.

> Escribir la estructura del compuesto $C_{10}H_{20}O_5$ formado al tratar la ciclohexanona con un exceso de formaldehído (en medio básico).

ENSAYOS CUALITATIVOS

13-23 REACCIONES DE OXIDACION

Tanto el ion Ag^+ como el ion Cu^{++} son oxidantes suaves que se reducen a Ag^0 y Cu^+ por acción de aldehídos alifáticos que a su vez son oxidados a ácidos carboxílicos. Varios ensayos de aldehídos utilizan complejos de estos iones. Para el ensayo de Tollens se usa $Ag(NH_3)_2^+$, la solución de Benedict se compone de $Cu(citrato)_2^{--}$, y el reactivo de Fehling de $Cu(tartrato)_2^{--}$.

$$\underset{\text{ácido cítrico}}{HO_2C{-}CH_2{-}\underset{\displaystyle CO_2H}{\underset{|}{C}}(OH){-}CH_2{-}CO_2H} \qquad \underset{\text{ácido tartárico}}{HO_2C{-}CH(OH){-}CH(OH){-}CO_2H}$$

El ensayo de Tollens se puede realizar con todos los aldehídos pero los otros dos sólo son positivos con aldehídos alifáticos. Los tres dan resultados negativos con las cetonas.

Ensayo de Tollens:

$$R{-}CHO + \underset{\text{solución incolora}}{Ag(NH_3)_2^+} \longrightarrow \underset{\text{espejo de plata}}{Ag^0\downarrow} + R{-}CO_2^- \xrightarrow{H^+} R{-}CO_2H$$

Ensayo de Benedict:

$$R{-}CHO + \underset{\text{solución azul oscura}}{Cu(citrato)_2^{--}} \longrightarrow \underset{\text{óxido cuproso generalmente rojo}}{Cu_2O\downarrow} + R{-}CO_2^-$$

Ensayo de Fehling: $R{-}CHO + Cu(tartrato)_2^{--} \longrightarrow Cu_2O\downarrow + R{-}CO_2^-$
solución azul oscura

Es interesante señalar que la prueba de Tollens se conoce también como *ensayo del espejo de plata,* puesto que un tubo de ensayo lavado con ácido nítrico diluido y caliente y enjuagado con agua destilada puede platearse con el metal depositado en esta reacción.

Otra prueba positiva para los aldehídos es la de *Schiff*, que consiste en tratar el problema con un colorante decolorado. La solución se colorea de rosa a violeta con los aldehídos: las cetonas no dan reacción. La química de esta reacción es compleja, sustancialmente el aldehído cambia la estructura del colorante.

13-24 BISULFITO SODICO

Los aldehídos, las metil cetonas sin impedimento estéreo, y algunas cetonas cíclicas forman un aducto insoluble en alcohol cuando se tratan con bisulfito sódico, $NaHSO_3$, como ya apuntamos en la Sec. 13-13. Esta reacción se utiliza como una prueba cualitativa rápida y como medio de separar de una mezcla dichos compuestos carbonílicos. Tratando el aducto con ácidos o bases diluidas se regenera el compuesto carbonílico.

1. Mostrar qué componentes de cada una de las parejas siguientes puede obtenerse puro por medio del bisulfito sódico: acetona y alcohol isopropílico; alcohol etílico y acetaldehído.

2. Revisar la Sec. 13-15 (reacción del haloformo) e indicar cómo se pueden diferenciar los siguientes compuestos por medio de dicha reacción: etanol y metanol, propionaldèhído y acetaldehído y acetofenona y fenilacetaldehído.

13-25 DERIVADOS SOLIDOS

Revisar la Sec. 13-14 advirtiendo que la formación rápida de derivados de alto peso molecular, como las 2,4-dinitrofenilhidrazonas de aldehídos y cetonas, puede servir también como prueba cualitativa de la presencia de estos compuestos y que además permiten establecer su identidad por determinación del punto de fusión y del punto de fusión mixto. Por ejemplo el acetaldehído (P. E. 21°) y la acetona(P. E. 56°) forman *p*-nitrofenilhidrazonas que funden a 129° y 152° respectivamente.

La fenilhidrazona de la acetona tiene un punto de fusión de 42°, mientras que los valores de la literatura para el punto de fusión de la fenilhidrazona del acetaldehído son 63° y 99°. Sugerir una explicación de los dos puntos de fusión observados en el último compuesto.

LECTURAS RECOMENDADAS

Ensayos cualitativos

Daniels, R., C. C. Rush, and L. Bauer: The Fehling and Benedict Tests, *J. Chem. Educ.*, **37**, 205 (1960).

Morrison, J. D.: Qualitative Test for Ketones, Aromatic Aldehydes, and Aliphatic Aldehydes, *J. Chem. Educ.*, **42**, 554 (1965). Describe el uso de CrO_3-H_2SO_4 en agua.

Seelye, R. N., and T. A. Turney: The Iodoform Reaction, *J. Chem. Educ.*, **36**, 572 (1959).

Shine, H. J.: Preparation of 2,4-Dinitrophenylhydrazones: Demonstrating Acid Catalysis, *J. Chem. Educ.*, **36**, 575 (1959).

Tautomería cetoenólica

Dawber, J. G., and M. M. Crane: Keto-Enol Tautomerism: A Thermodynamics and Kinetic Study, *J. Chem. Educ.*, **44**, 150 (1967). Estudio del ester acetoacético.

Lockwood, K. L.: Solvent Effect on the Keto-Enol Equilibrium of Acetoacetic Ester, *J. Chem. Educ.*, **42**, 481 (1965).

Ward, C. H.: Keto-Enol Tautomerism of Ethyl Acetoacetate, *J. Chem. Educ.*, **39**, 95 (1962). Describe la determinación experimental del contenido en enol.

Otros

Hurd, C. D.: Hemiacetals, Aldals and Hemialdals, *J. Chem. Educ.*, **43**, 527 (1966).

Moore, D. R.: The Art and the Science of Perfumery, *J. Chem. Educ.*, **37**, 434 (1960).

Schultz, H. P., and J. P. Sichels: The Pyrolytic Decomposition of Carboxylate Salts to Ketones, *J. Chem. Educ.*, **38**, 300 (1961).

PROBLEMAS; SERIE I

Esta serie de problemas está proyectada como ayuda en el estudio y repaso del Cap. 13. Constituye también un repaso de los capítulos anteriores. Todos los ejemplos han sido tomados de la literatura e ilustran una reacción discutida en la sección del capítulo que se indica. Completar los nombres y estructuras cuando sea necesario y responder a las preguntas adicionales.

Sección 13-1

1. $H{-}C{\equiv}C{-}CH_2OH \xrightarrow[\text{rend. 40 \%}]{CrO_3;\ H} H{-}C{\equiv}C{-}CHO$

¿nombre? propiolaldehído

Sección 13-2

2. 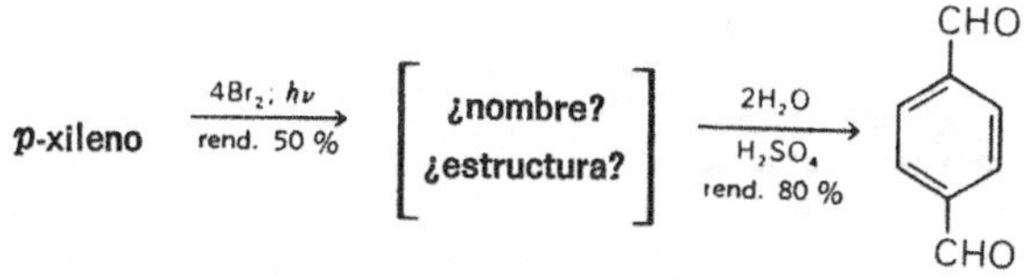

aldehído terftálico

¿Cuál es el rendimiento final en aldehído partiendo del hidrocarburo?

Sección 13-3

3. 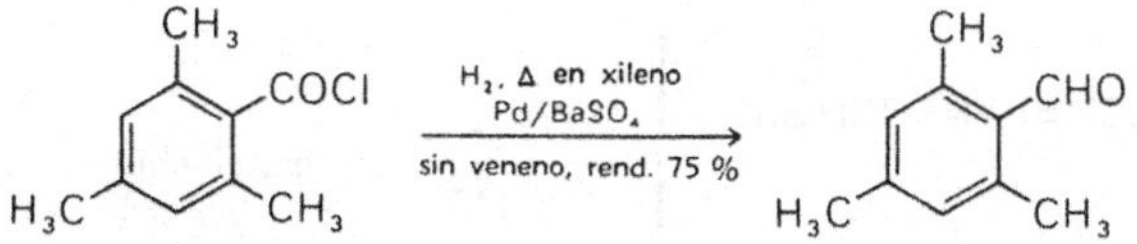

cloruro de mesitoilo aldehído mesitoico

La reacción de Rosenmund se efectúa normalmente burbujeando hidrógeno a través de una solución tibia o caliente del cloruro de ácido en la que está suspendido el catalizador (generalmente envenenado). Explicar por qué en el ejemplo anterior no se envenena el catalizador.

4. cloruro de β-naftoilo $\xrightarrow[\text{azufre-quinoleína, rend. 80 \%}]{H_2 \text{ en xileno } Pd/BaSO_4}$ aldehído β-naftoico

5. cloruro de 3-fenantroilo $\xrightarrow[\text{sin veneno, rend. 90 \%}]{\text{Pd/BaSO}_4\text{ 180°; H}_2}$ 3-fenantraldehído

Sección 13-4

6. 1-clorometilnaftaleno $\xrightarrow[\text{2. H}_2\text{O rend. 75 \%}]{\text{1. HMTA}}$

7. 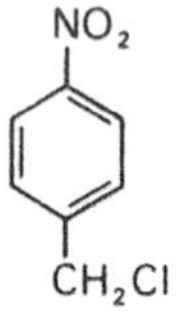 $\xrightarrow[\text{rend. 60 \%}]{\text{1. HMTA; 2. H}_3\text{O}}$

cloruro de *p*-nitrobencilo

8. yoduro de *n*-heptilo $\xrightarrow[\text{rend. 45 \%}]{\text{1. HMTA; 2. H}_3\text{O}^+\text{; }\Delta}$ *n* heptaldehído

se elimina al formarse por arrastre de vapor

Sección 13-5

9. 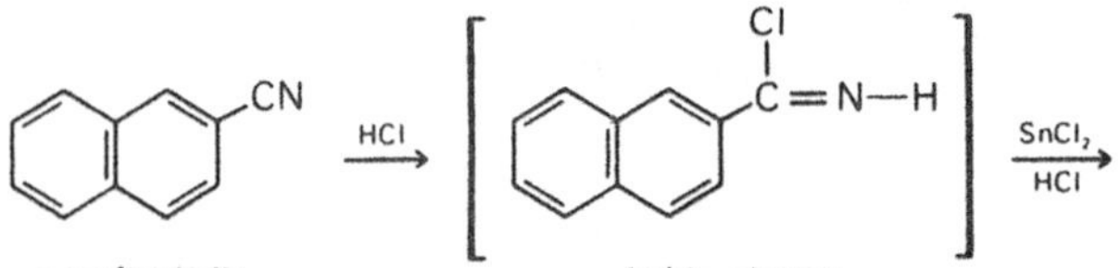

β-naftonitrilo imido cloruro

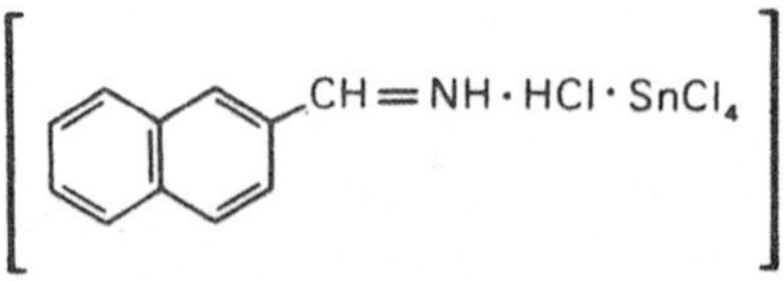

$\xrightarrow[\text{rend. 75 \%}]{\text{H}_2\text{O; }\Delta}$ β naftaldehído

complejo clorhidrato-aldimina-
-cloruro estannico

Sección 13-6

10. 9-bromofenantreno $\xrightarrow[\text{3. H}_2\text{SO}_4\text{; rend. 45 \%}]{\text{1. Mg en éter seco; 2. HC(OEt)}_3}$ fenantreno-9-aldehído

(9-fenantrencarboxaldehído)

Sección 13-7

11. *o*-xileno $\xrightarrow[\text{rend. } 75\ \%]{4Br_2,\ h\nu,\ 150°}$ [¿nombre? ¿estructura?] $\xrightarrow[\text{rend. } 75\ \%]{1.\ EtOH\text{-}H_2O(KO_2C\ CO_2K)}$ **aldehído *o*-ftálico**

rendimiento total?

Sección 13-9

12. **9-cianofenantreno** $\xrightarrow[2.\ H_3O^+]{1.\ CH_3MgI}$ **9-acetilfenantreno**
rend. 55 %

Sección 13-11

13. 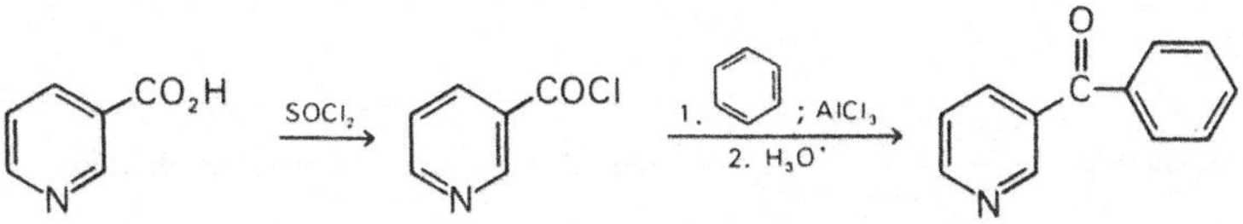

ácido nicotínico

3-benzoilpiridina
95 % rendimiento total

14. 

1,4-difenil-2-buten-1,4-diona

Sección 13-12

15. 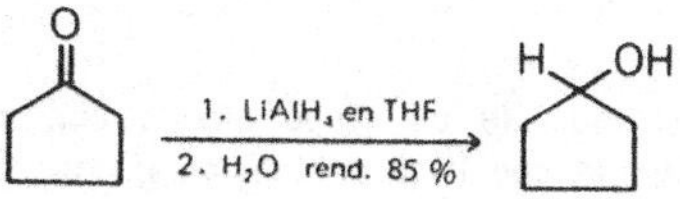

16. 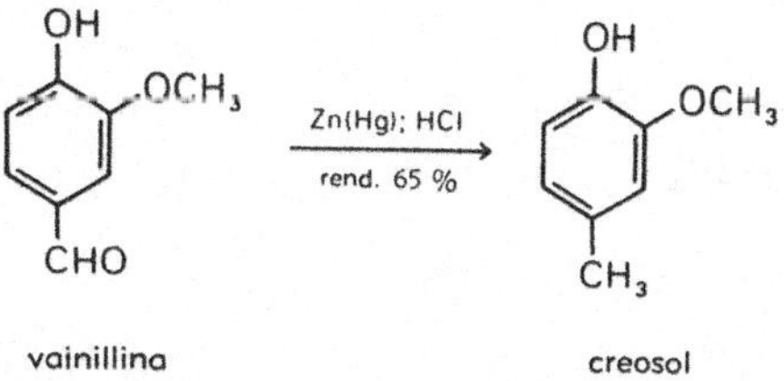

vainillina

creosol

17. 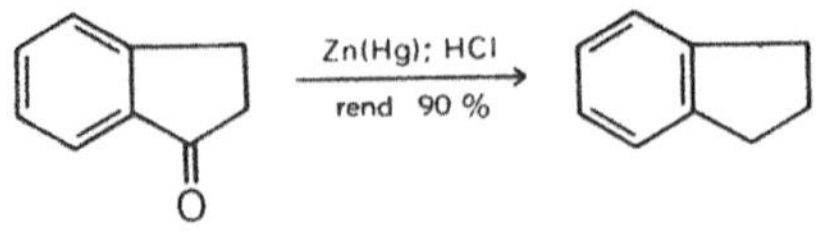

1-indanona ¿nombre?

18. 2-acetilfenantreno $\xrightarrow[\text{rend. 45 \%}]{\text{Zn(Hg); HCl}}$ 2-etilfenantreno

19. ácido 6-cetoundecanoico $\xrightarrow[\text{rend 90 \%}]{H_2NNH_2;\ KOH}$ ácido undecanoico

20. fenil *n*-hexil cetona $\xrightarrow[\text{rend. 45 \%}]{H_2N{-}NH_2,\ KOH}$

Sección 13-13

21. *m*-nitrobenzaldehído $\xrightarrow[\text{25°; 5 días rend. 85 \%}]{CH_3OH(xs),\ \text{HCl (vestigios)}}$ dimetilacetal del *m*-nitrobenzaldehído

Sección 13-14

22. 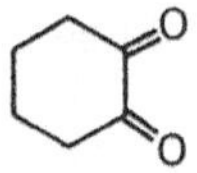 $\xrightarrow[\text{rend. 75 \%}]{H_2NOH}$ 1,2-ciclohexadiona dioxima

1,2-ciclohexanodiona

Sección 13-16

23. La transposición pinacolínica es la migración concertada de un grupo alquilo con pérdida simultánea de una molécula de agua. Adviértase la semejanza con la desaminación nitrosa de una α-hidroxiamina.

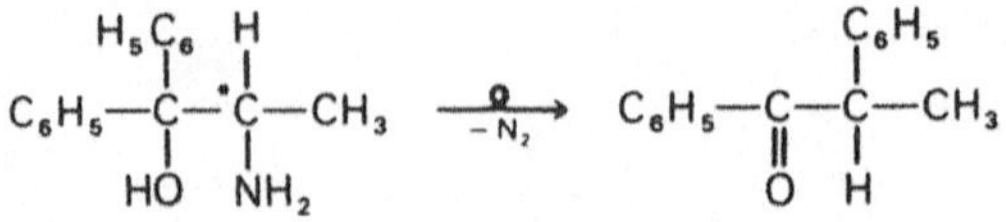

isómero D isómero L

Sección 13-17

24. A partir de glioxal y cetomalonaldehído se forman hidratos en reacciones análogas a las, del cloral (p. 328). Escribe la estructura de cada hidrato.

glioxal y cetomalonaldehído

Sección 13-21

25. *m*-hidroxibenzaldehído $\xrightarrow[2.\ H_2O]{1.\ 50\%\ KOH}$ alcohol y ácido correspondientes

(94 % de *cada uno*)

Sección 13-22

26. 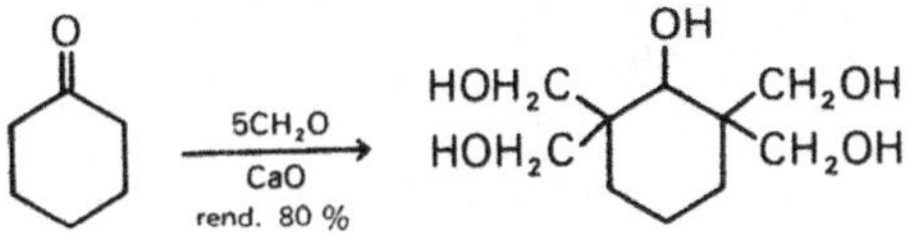

2,2,6,6-tetra(hidroximetil)-ciclohexanol

Sección 13-23

27. **vainillina** $\xrightarrow[2.\ H_3O^+\ \text{rend. } 80\ \%]{1.\ Ag_2O;\ NaOH}$ **ácido vainillico**

PROBLEMAS; SERIE II

1. Nombrar los productos de partida *y* dar la fórmula estructural *y* el nombre del o de los productos. Si no hay reacción escribir N.R.

★(*a*) 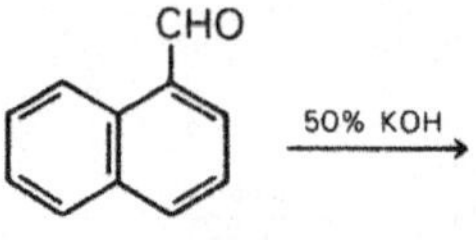

★(*b*) 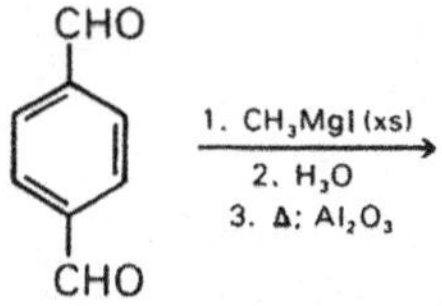

★(*c*) 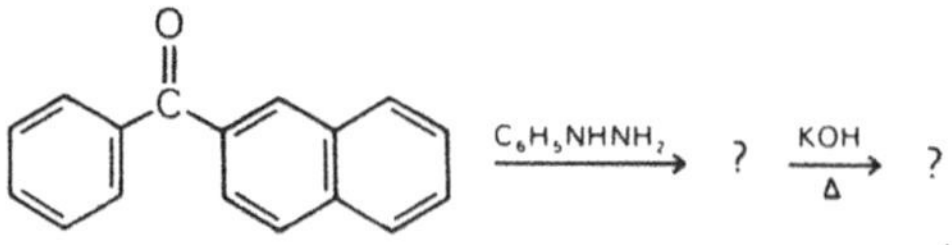

★(*d*) 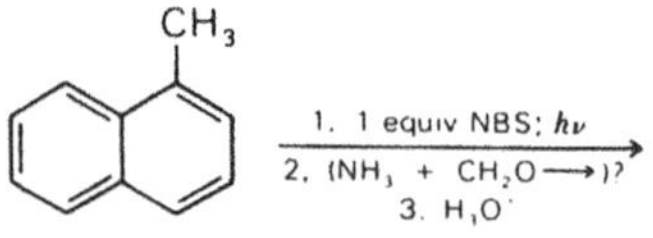

(*e*) 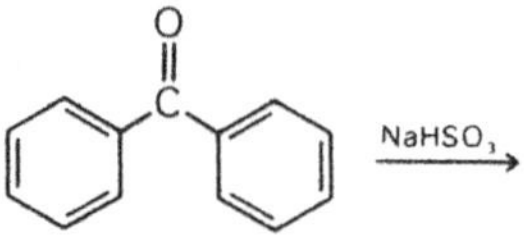

(*f*) 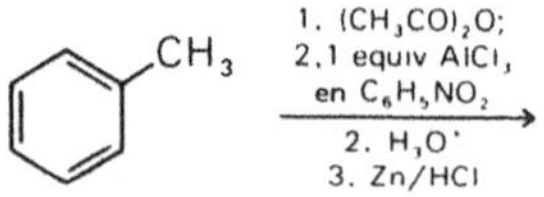

★(*g*) 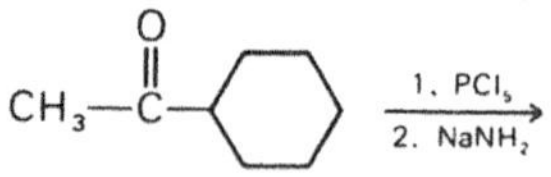

(*h*) 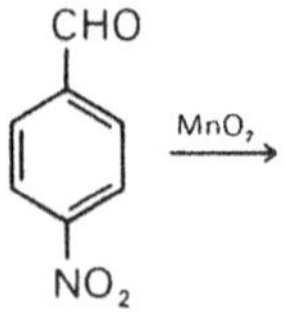

★(*i*) 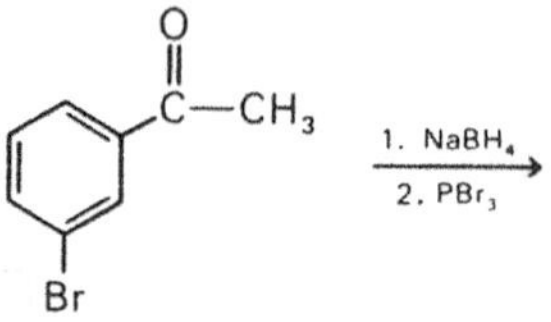

(*j*) 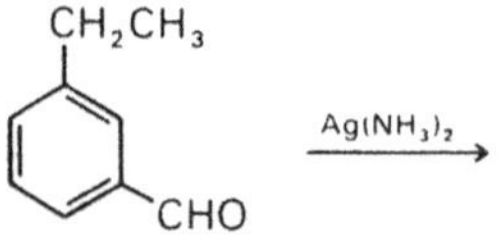

2. Nombrar los productos de partida *y* dar la fórmula estructural *y* el nombre del o de los productos. Si no hay reacción escribir N.R.

(*a*) 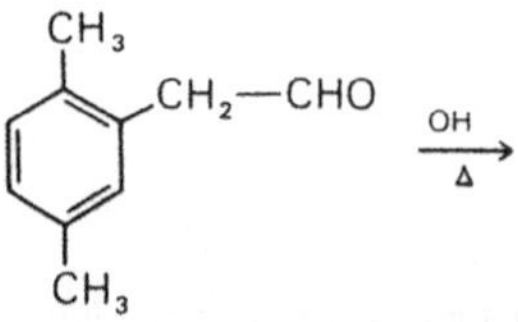

(*b*) 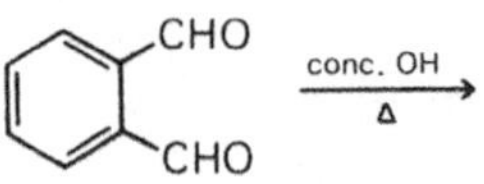

Formular un mecanismo razonable para esta reacción.

★(*c*) 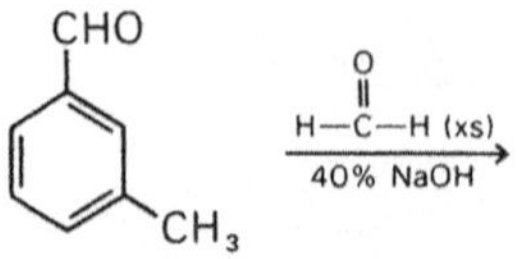

(*d*) 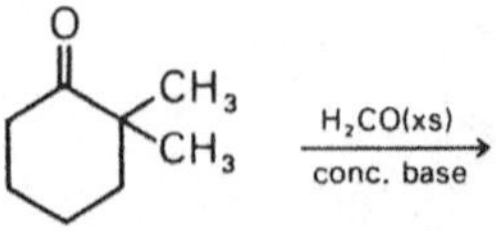

★(*e*) $CH_3-\overset{O}{\overset{\|}{C}}-CH_2-CH_2-\overset{O}{\overset{\|}{C}}-CH_3 \xrightarrow[2.\ Ra\ (Ni)]{1.\ HSCH_2CH_2SH\ (xs)}$

(*f*) 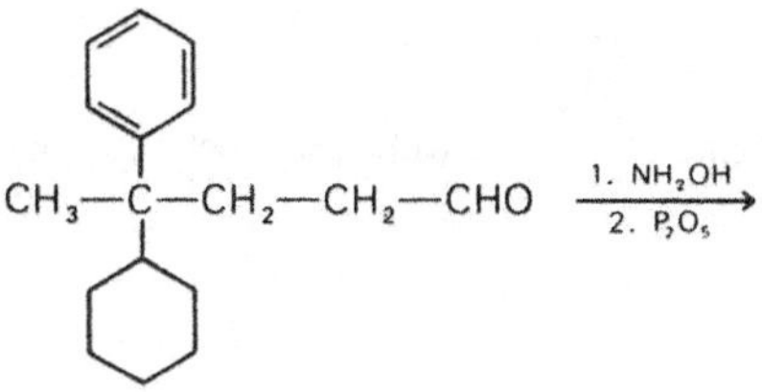

(*g*) 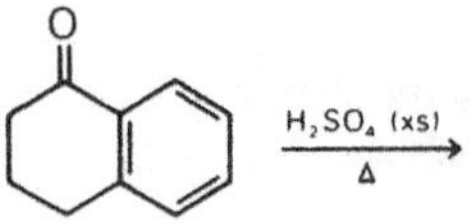 (producto de trimerización cíclica)

★(*h*) 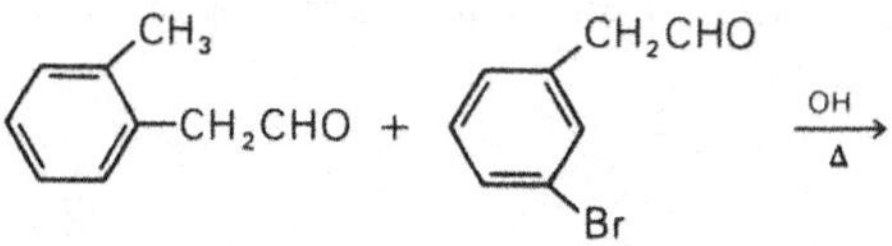

(*i*) 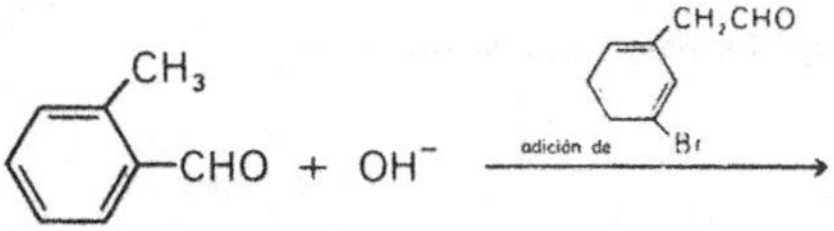

Formular un mecanismo razonable para esta reacción.

(*j*) 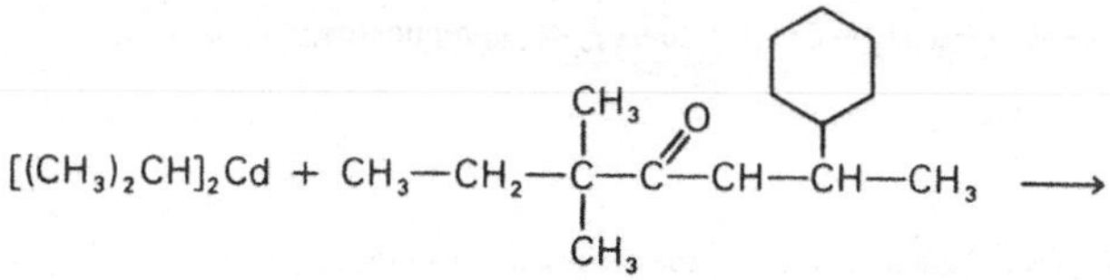

★(*k*) 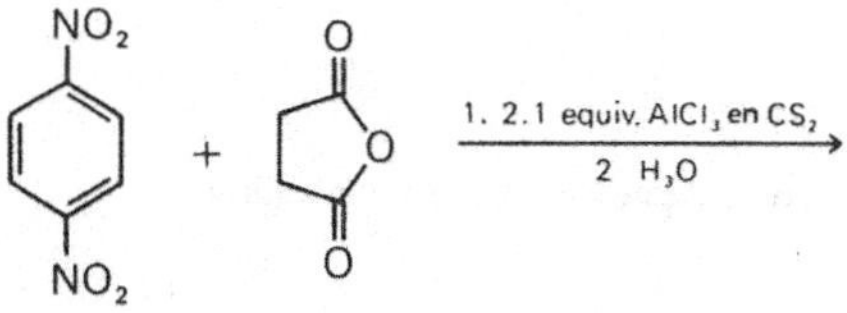

★(*l*) 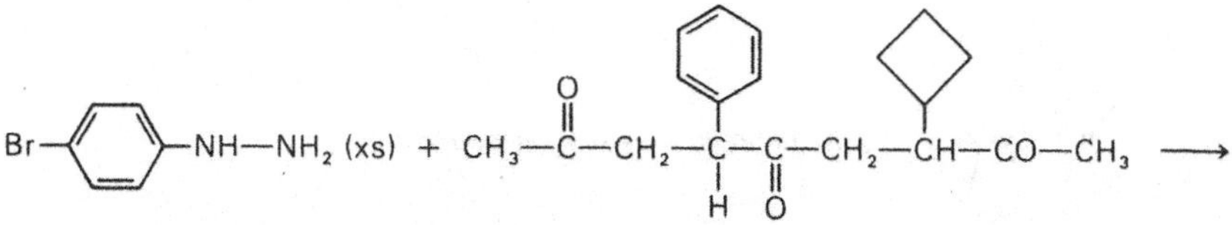

3. Indicar una síntesis de los siguientes compuestos a partir de las materias primas dadas empleando si es necesario disolventes y reactivos inorgánicos:

★(*a*) 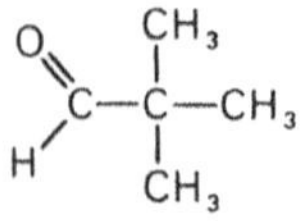 a partir de coque, C, y cal, CaO

★(*b*) 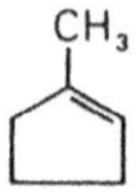 a partir de fenol y metanol

★(*c*) 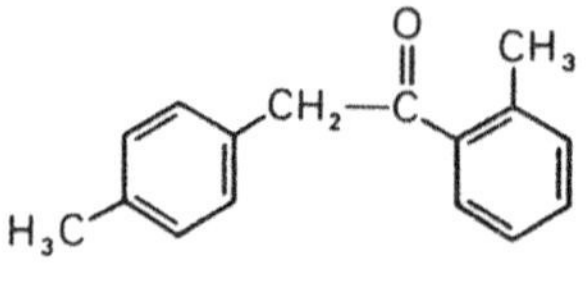 a partir de tolueno por intermedio de un compuesto organocádmico

★(*d*) 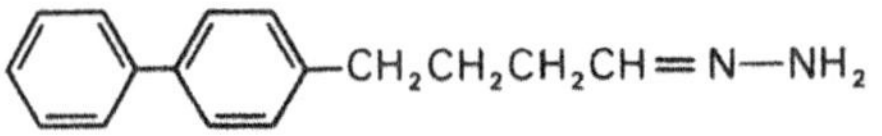 a partir de benceno y ácido succínico

★(*e*)  espiropentano, a partir de formaldehído y acetileno

(*f*) 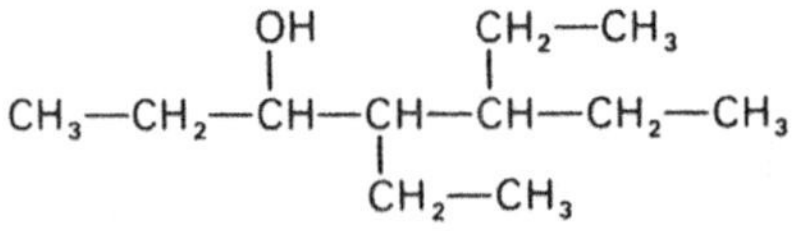 a partir de compuestos de C_1 a C_4

(*g*) *n*-butil hemiacetal del isobutiraldehído, a partir de alcoholes de C_1 a C_3

(*h*) 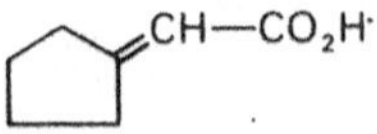 a partir de  por intermedio de una cianhidrina

(*i*) 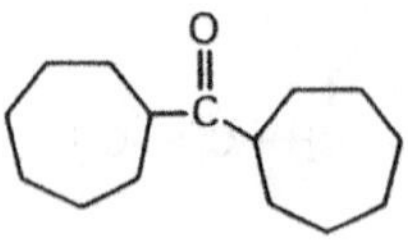 a partir de bromuro de cicloheptilo

4. Cuando

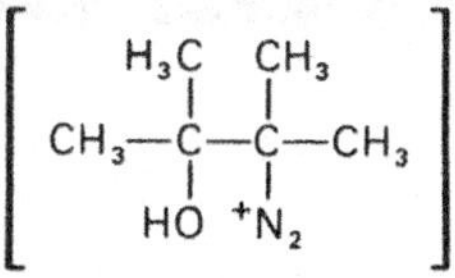

se forma por tratamiento de la correspondiente amina con ácido nitroso, el producto final, aislado de la solución, da una prueba del yodoformo positiva, un ensayo de Schiff negativo, y produce una oxima. Dar el producto final, el mecanismo de su formación y mostrar claramente la estereoquímica de la oxima.

5. Sugerir un mecanismo razonable para la reacción

$$\text{5-cloro-2-pentanona} \xrightarrow[\text{rend. 80 \%}]{\text{NaOH}} \text{metil ciclopropil cetona}$$

6. Los acetales y los cetales son grupos protectores útiles en muchas síntesis.

(*a*) Completar los nombres y las estructuras del ejemplo siguiente y calcular los rendimientos totales máximo *y* mínimo que podamos esperar:

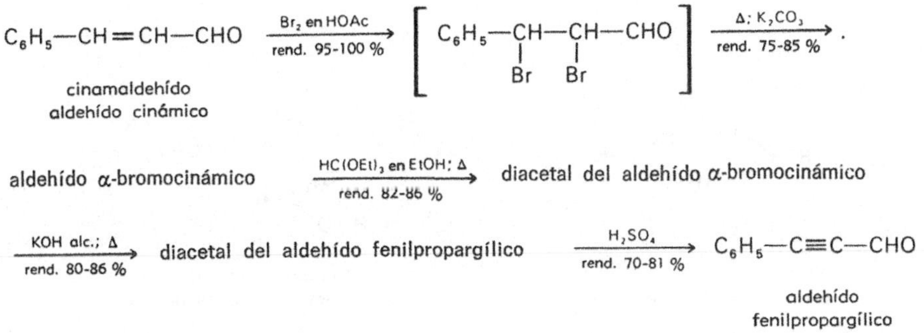

(b) Predecir el producto o productos que se originará(n) al tratar directamente C_6H_5—CH=CBr—CHO con una base fuerte como KOH alcohólica.

Capítulo catorce

La química de los ácidos carboxílicos y sus derivados se relaciona y depende principalmente de la distribución electrónica de carga sobre los átomos adyacentes al grupo carbonilo. Los ácidos orgánicos, como los alcoholes tienen puntos de ebullición relativamente altos en relación con su peso molecular a causa de los enlaces de hidrógeno. Las estructuras dímeras y polímeras, preponderantes en estado líquido, son la causa de que el ácido tenga un peso molecular efectivo elevado (ver Fig. 14-1).

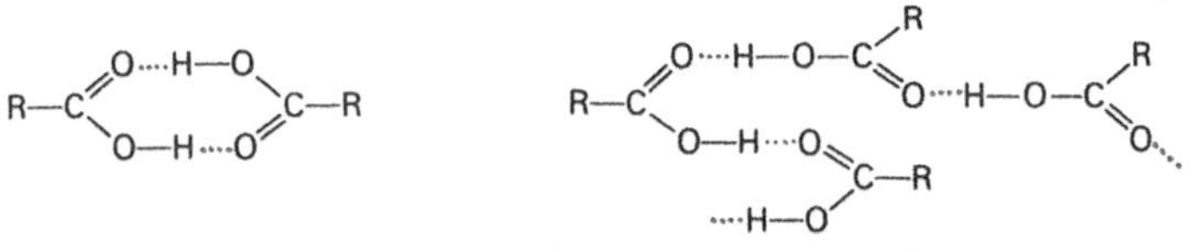

estructura dímera por puentes de hidrógeno

estructura polímera por puentes de hidrógeno

Figura 14-1. Enlaces de hidrógeno en los ácidos carboxílicos.

Los ácidos carboxílicos son ácidos moderadamente fuertes, como lo prueba el que se disuelvan en bicarbonato sódico, $NaHCO_3$, que es una base débil. Se forman también sales de ácidos con hidróxido sódico diluido y otras bases fuertes; la mayoría de las sales sódicas, potásicas y amónicas de los ácidos de bajo peso molecular son solubles en agua.

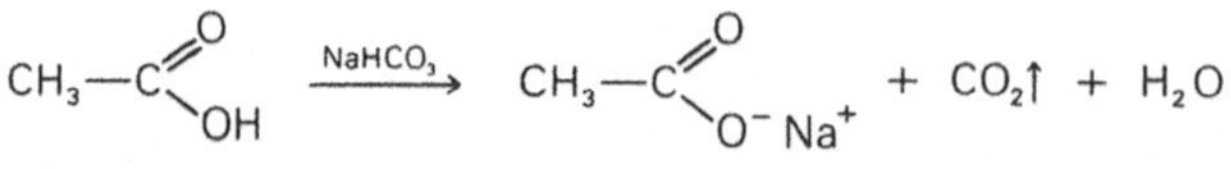

ácido acético

acetato sódico

Acidos carboxilicos

NOMENCLATURA

Gran parte de los términos inferiores de las series homólogas de ácidos saturados se aislaron de fuentes naturales hace muchos años. Por esta razón se denominan todavía por sus nombres vulgares que están basados en la fuente natural o en alguna propiedad característica, como el olor del compuesto. En el sistema IUPAC se añade al nombre del hidrocarburo del mismo número de átomos de carbono la terminación *-oico* y la palabra *ácido*. Así, por ejemplo, $CH_3(CH_2)_7CH_2COOH$ es el ácido decanoico. En la Tabla 14-1 se dan otros ejemplos.

Un grupo funcional muy corriente derivado del carboxilo es el grupo *acilo* o *aroilo*. La nomenclatura de los halogenuros de ácido utiliza estas designaciones:

General

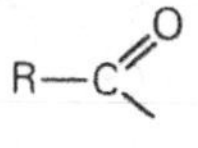

grupo acilo

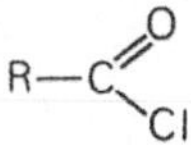

cloruro de acilo (cloruro de ácido)

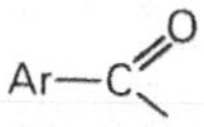

grupo aroilo

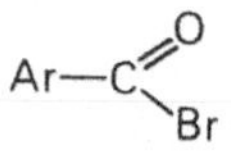

bromuro de aroilo (bromuro de ácido)

Específico

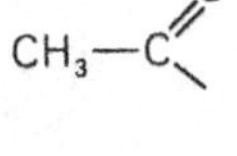

grupo acetilo

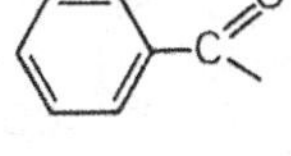

grupo benzoilo

Ejemplo

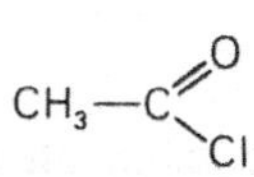

cloruro de acetilo

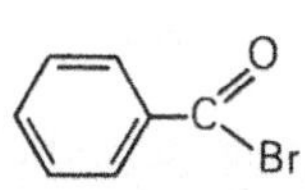

bromuro de benzoilo

Tabla 14-1. Acidos carboxílicos representativos.

$H-\overset{\overset{\displaystyle O}{\|}}{C}-O-H$ ácido fórmico (ácido metanoico, IUPAC)	$CH_3-\overset{\overset{\displaystyle O}{\|}}{C}-OH$ ácido acético (ácido etanoico)	$CH_3-CH_2-\overset{\overset{\displaystyle O}{\|}}{C}-OH$ ácido propiónico (ácido propanoico)
$CH_3(CH_2)_2COOH$ ácido *n*-butírico (ácido butanoico)	$CH_3(CH_2)_3COOH$ ácido valeriánico (ácido pentanoico)	$CH_3(CH_2)_4COOH$ ácido caproico (ácido hexanoico)
$CH_3(CH_2)_6COOH$ ácido caprílico (ácido octanoico)	$CH_3(CH_2)_8COOH$ ácido cáprico (ácido decanoico)	$CH_3(CH_2)_{10}COOH$ ácido láurico (ácido dodecanoico)
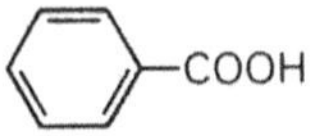 ácido benzoico	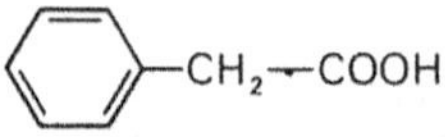 ácido fenilacético	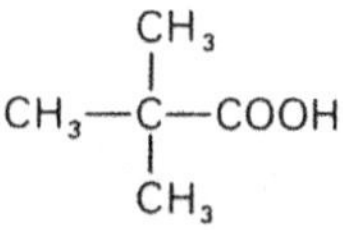 ácido trimetilacético (ácido 2,2-dimetilpropanoico)

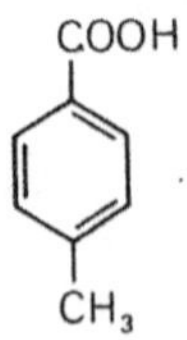 ácido *p*-toluico	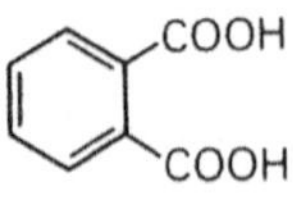 ácido ftálico	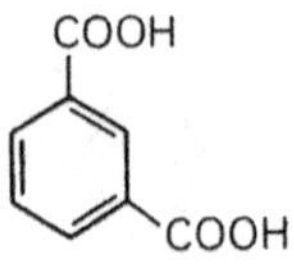 ácido isoftálico	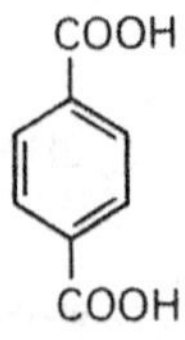 ácido terftálico

Por sustituciones sobre los grupos acilo o aroilo se obtienen otros compuestos que poseen diferentes nombres característicos (ver Tabla 14-2). La nomenclatura de estos grupos funcionales se discutirá en el próximo capítulo, aunque las relaciones químicas mutuas se tratarán al final del presente (Secs. 14-18 a 14-23).

Tabla 14-2. Derivados de ácido.

Estructura	*Nombre*
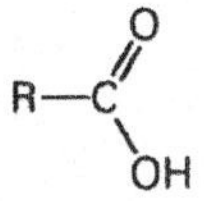	ácidos carboxílicos
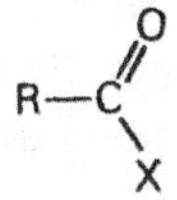	halogenuros de ácido
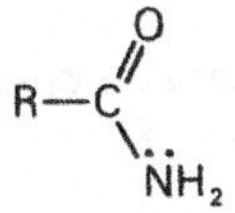	amidas
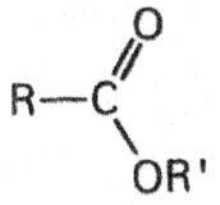	esteres
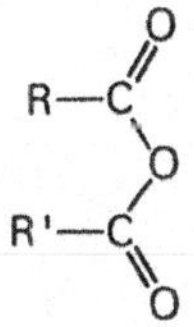	anhídridos
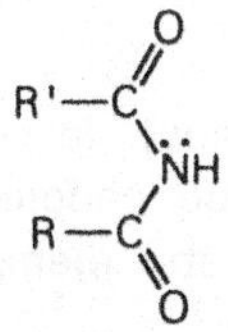	imidas

ACIDEZ

14-1 CONSTANTES DE IONIZACION, pH Y pK_a

Los ácidos carboxílicos son considerablemente más ácidos que los fenoles, pero incluso *dentro* de estos dos tipos de compuestos las acideces relativas varían apreciablemente. ¿Cómo podremos aplicar una escala cuantitativa apropiada al concepto de acidez?

Recuérdese que la expresión de acción de masas de un ácido monoprótico, HA, en agua, es

$$HA \rightleftharpoons H^+ + A^-$$

ó

$$K_a = \frac{[H^+][A^-]}{[HA]}$$

donde $[H^+]$ = concentración de protones en el equilibrio, moles por litro (M)
$[HA]$ = concentración de A^- en el equilibrio, moles por litro (M)
$[A^-]$ = concentración de HA en el equilibrio, moles por litro (M)
K_a = constante de equilibrio

Como ejemplo específico consideremos el ácido acético, cuya constante de ionización es aproximadamente 10^{-5}.

$$HOAc \rightleftharpoons H^+ + OAc^- \quad K = 10^{-5}$$

$$K = \frac{[H^+][OAc^-]}{[HOAc]} = 10^{-5}$$

Sabemos que en el agua, H_2O,

$$H_2O \rightleftharpoons H^+ + OH^- \quad K_w = 10^{-14}$$

o

$$K_w = [H^+][OH^-] = 10^{-14}$$

Adviértase que en soluciones diluidas (0,1 M, o menos), la concentración de agua permanece aproximadamente constante, por lo que podemos englobar su concentración (55 M) en el valor de K_w. Consideremos otro ejemplo, el fenol:

$$C_6H_5—OH \rightleftharpoons C_6H_5—O^- + H^+$$

$$K_a = \frac{[C_6H_5—O^-][H^+]}{[C_6H_5OH]} = 10^{-10}$$

Dado que los ácidos se disuelven en bases débiles como el bicarbonato sódico, y que los fenoles requieren una base mucho más fuerte como el hidróxido sódico, podemos escribir que el orden de acidez es $CH_3CO_2H > C_6H_5—OH > H_2O$.

Cuantitativamente, cuanto más grande sea el valor de la constante de equilibrio, más ácido será el compuesto. Como los valores exponenciales, tales como 10^{-14} ó 10^{-20} y aún más $1{,}75 \times 10^{-5}$, son engorrosos de manejar, podemos *definir* una escala más conveniente:

$$pK_a \equiv -\log [K_a]$$

Recuérdese que un logaritmo es un exponente. En el caso del ácido acético,

$$pK_a = -\log(10^{-5}) = -(-5) = +5.$$

Viendo la definición de pH,

$$pH \equiv -\log [H^+]$$

podemos hacer resaltar la similitud de la definición de pK_a. *Cuanto más pequeño es el* pK_a *más ácido es el compuesto.*

Acido:	$CH_3{-}CO_2H$ >	$C_6H_5{-}OH$ >	H_2O >	$R{-}OH$
pK_a	5	10	14	16-18

De la misma manera definiríamos el pK_b de las aminas orgánicas, $R{-}NH_2$, que son compuestos básicos.

14-2 EFECTO DE LA RESONANCIA SOBRE LA ACIDEZ

Cabe preguntarse: *¿Por qué* los ácidos orgánicos son ácidos mucho más fuertes que otras moléculas que contienen la función —O—H? La explicación de este fenómeno es la siguiente: El anión carboxilato originado por pérdida del protón está más estabilizado por resonancia que la molécula de ácido primitivo.

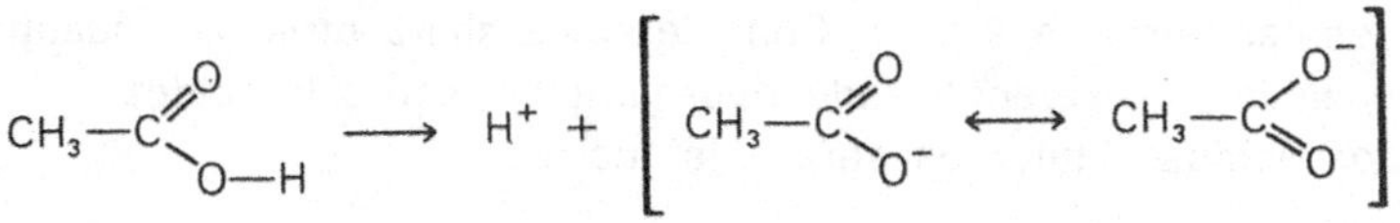

Como el anión carboxilato tiene dos estructuras de resonancia equivalentes, y el ácido una sola, el anión es relativamente más estable. Al estar favorecida la pérdida del protón, estos compuestos son fuertemente ácidos. Además de la descripción por enlace de valencia del anión (dos estructuras de resonancia equivalentes), podemos imaginarlo también en términos de orbitales moleculares. En este caso la densidad de carga electrónica está deslocalizada, o desplegada, sobre los dos átomos de oxígeno, participando también el orbital *p* del átomo de carbono (ver Fig. 14-2). Los ácidos tienen valores de pK_a de 4 a 6.

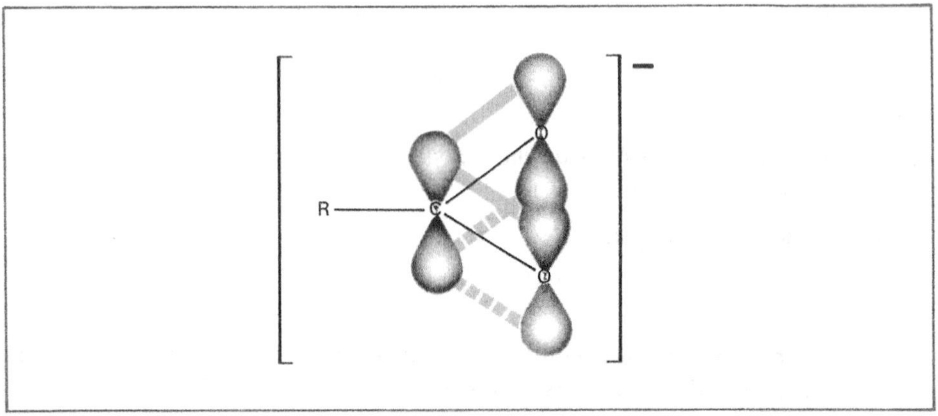

Figura 14-2. Representación del orbital molecular del anión carboxilato.

Por otra parte, los alcoholes tienen valores del pK_a comprendidos entre 16 y 18, y no pueden escribirse estructuras de resonancia que contribuyan de manera significativa al híbrido de resonancia. Los iones fenólicos *están* estabilizados por resonancia, pero las formas que llevan la carga en el anillo no tienen energía comparable a la de estructuras con la carga negativa sobre un átomo más electronegativo como el oxígeno.

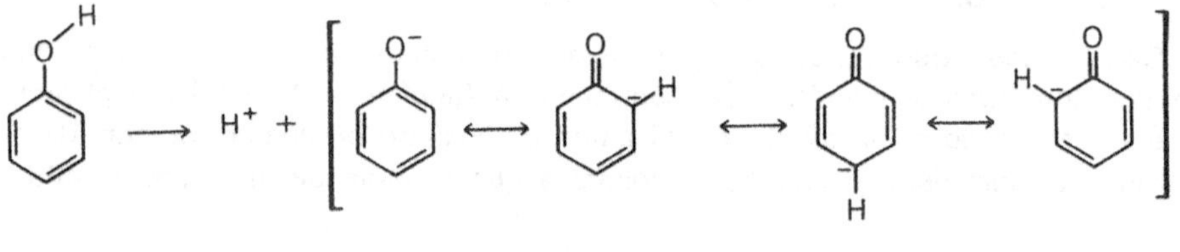

El pK_a de los fenoles varía de 9 a 11. Consideremos ahora otros compuestos en los que la resonancia y los efectos inductivos influyen sobre la acidez:

¿Cuál de los dos ácidos siguientes será más fuerte?

$CH_3CH_2CO_2H$ ó $CH_2{=}CH{-}CO_2H$

ácido propanoico — ácido acrílico

Considerando la estabilización por resonancia del anión, las formas escritas nos indican que el anión del ácido α,β-insaturado tiene una estabilización por resonancia más grande.

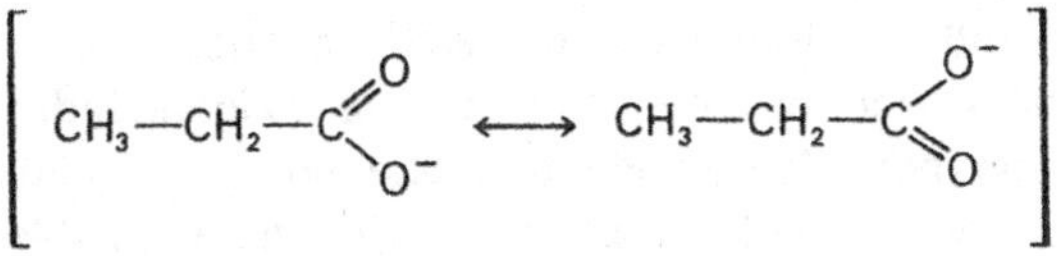

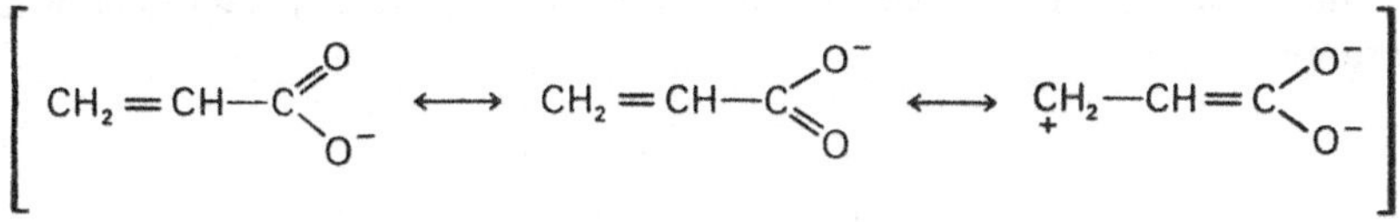

El modelo de orbitales moleculares nos conduce a la misma conclusión (Fig. 14-3).

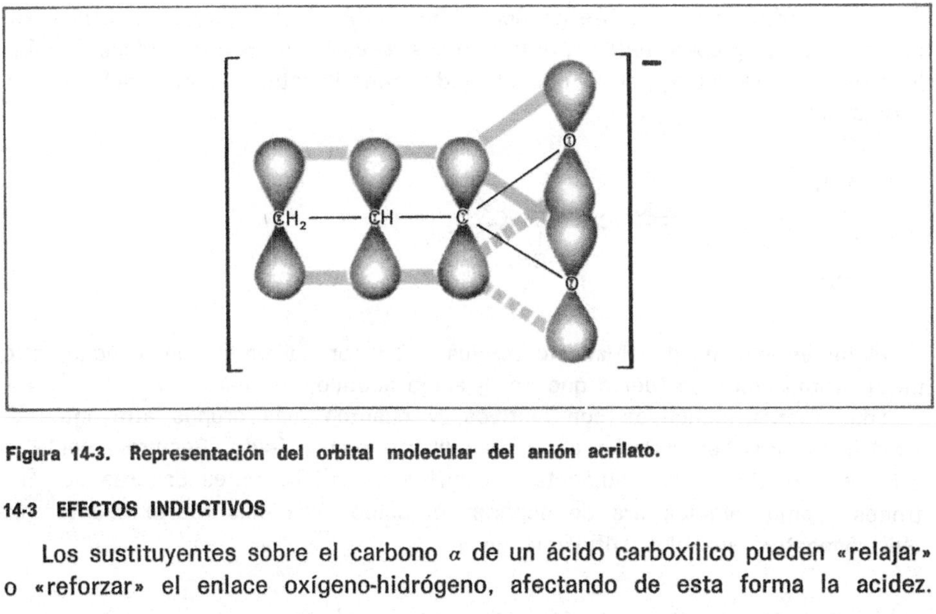

Figura 14-3. Representación del orbital molecular del anión acrilato.

14-3 EFECTOS INDUCTIVOS

Los sustituyentes sobre el carbono α de un ácido carboxílico pueden «relajar» o «reforzar» el enlace oxígeno-hidrógeno, afectando de esta forma la acidez.

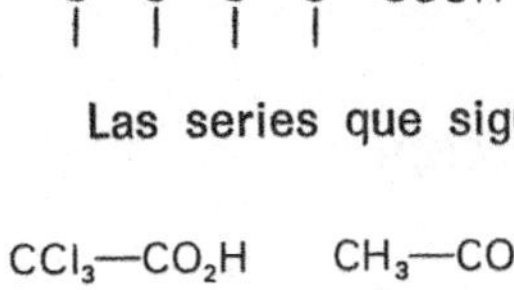

Las series que siguen demuestran este punto:

$CCl_3—CO_2H$	$CH_3—CO_2H$	$(CH_3)_3C—CO_2H$
pK_a 0,70	4,75	5,03

Tomando como referencia los átomos de hidrógeno del ácido acético, vemos que los átomos de cloro del tricloroacético relajan el enlace oxígeno-hidrógeno al atraer electrones del oxígeno por efecto inductivo que opera a través de los enlaces. La densidad electrónica del enlace oxígeno-hidrógeno está desplazada y concentrada junto al oxígeno, debilitando el enlace y facilitando la salida del protón.

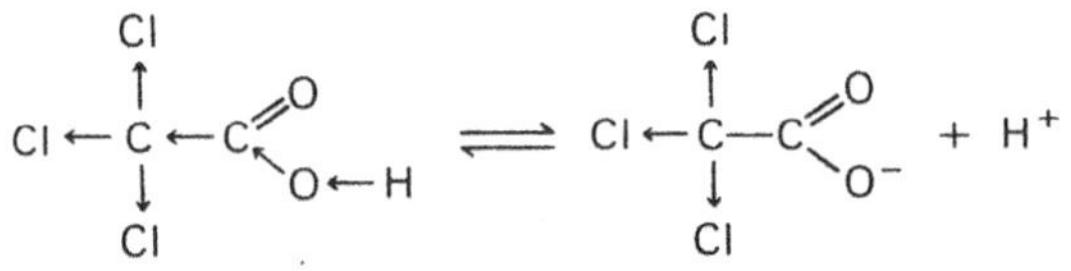

Existen pruebas de la acción de este efecto electrónico a través del espacio hasta el centro de interés. Se conoce como un *efecto de campo*. Por otra parte, puesto que los grupos metilo *dan* electrones al carbono en α, el enlace oxígeno-hidrógeno se refuerza, por lo que el ácido trimetilacético es más débil que el propio acético.

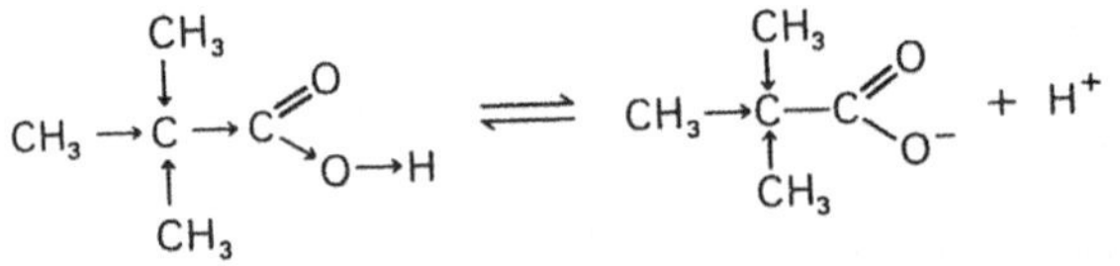

El incremento de densidad electrónica alrededor del átomo de oxígeno retiene al protón con más fuerza que en el ácido acético.

Los efectos inductivos son aditivos, y cuantos más grupos atrayentes de electrones tiene el carbono en α más fuerte es el ácido. Recíprocamente el ácido se debilita cuando aumenta el número de sustituyentes dadores de electrones. Como también era de esperar, el ácido será más fuerte cuanto más electronegativo sea el sustituyente en α.

	$CH_3—CO_2H$	$< CH_2—CO_2H$	$< Cl—CH—CO_2H$	$< CCl_3—CO_2H$
		Cl	Cl	
pK_a	4,76	2,81	1,29	0,08

	$CH_3—CO_2H$	$< CH_2—CO_2H$	$< CH_2—CO_2H$	$< CH_2—CO_2H$	$< CH_2—CO_2H$
		I	Br	Cl	F
pK_a	4,76	3,13	2,87	2,81	2,66

14-4 TRANSMISION DE EFECTOS INDUCTIVOS

Hemos centrado la discusión del efecto inductivo sobre el ácido acético y sus derivados α-sustituidos; el efecto disminuye rápidamente si el sustituyente se coloca más lejos en la cadena carbonada.

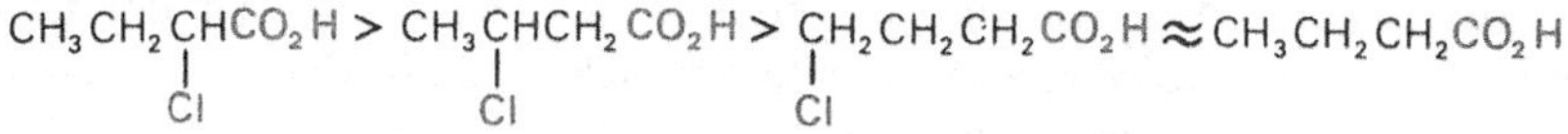

K_a $1{,}4 \times 10^{-3}$ $8{,}9 \times 10^{-5}$ $3{,}0 \times 10^{-5}$ ≈ $1{,}5 \times 10^{-5}$

El efecto inductivo sólo se transmite eficazmente a través de dos o tres enlaces carbono-carbono excepto en las moléculas insaturadas en las que el enlace múltiple le ayuda a propagarse. Para comprender este comportamiento de los enlaces múltiples, recuérdese que los electrones π son más desplazables que los de los enlaces σ. Por ejemplo, $ClCH{=}CH{-}CO_2H$ es un ácido aproximadamente tan fuerte como $CH_3{-}CH{-}CO_2H$.
|
Cl

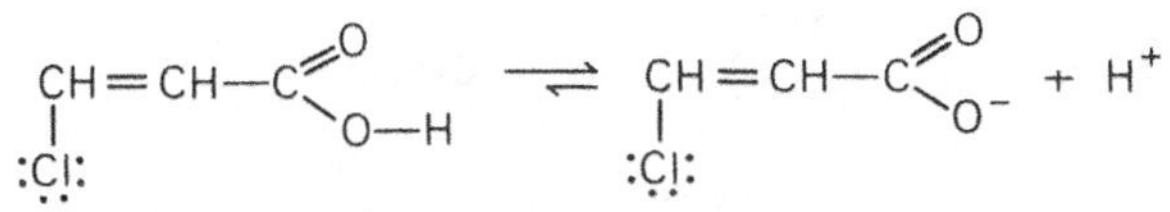

El átomo de cloro atrae los electrones del doble enlace, con lo que el carbono en α queda parcialmente positivo y se comporta de manera análoga al que tiene el átomo de cloro unido directamente al carbono en α.

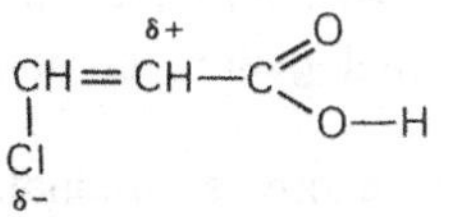

análogo a

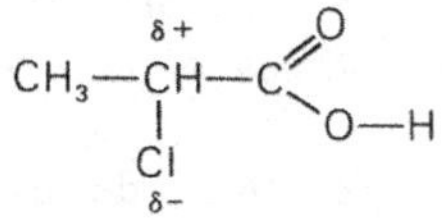

PREPARACION

Todos los métodos de preparación de ácidos carboxílicos enumerados ahora ya han sido expuestos con anterioridad y constituyen un esquema de repaso.

14-5 REACCIONES DE OXIDACION

Los reactivos del tipo permanganato potásico, $KMnO_4$, o los compuestos de Cr(VI) como CrO_3, $K_2Cr_2O_7$ y Na_2CrO_4 forman ácidos carboxílicos por oxidación de (a) alcoholes primarios (con rendimientos medianos o buenos, Sec. 9-5);

(b) alquenos (rendimientos medianos a buenos, mezclas si se trata de olefinas no simétricas, Sec. 5-6); aldehídos (excelente, pero los aldehídos se obtienen generalmente con dificultad e incluso entonces la materia prima puede ser un derivado de ácido, Sec. 13-1); (c) alquinos, (mediano, pero los acetilenos también se obtienen a veces con dificultad, y los asimétricos conducen a mezclas, Sec. 9-6); y (d) alquil arenos (bueno a excelente, especialmente los del tipo Ar—CH_3, Sec 4-6). *En pequeña escala* se obtienen ácidos carboxílicos con buen rendimiento por reacción de los alquenos y alquinos con ozono, O_3, seguida de oxidación a fondo con H_2O_2 (Secs. 4-7 y 5-6).

14-6 REACCION DEL HALOFORMO

La reacción del haloformo es, además de un ensayo adecuado de ciertos grupos funcionales, un método importante para preparar ácidos carboxílicos (revisar la Sec. 13-15). La reacción se efectúa normalmente tratando una metil cetona con hipoclorito sódico obtenido a partir de cloro e hidróxido sódico. La reacción se efectúa en un vaso de precipitados (en la vitrina), y el cloroformo se evapora en la atmósfera al hervir la mezcla. Obsérvese que en este proceso degradativo se pierde un átomo de carbono.

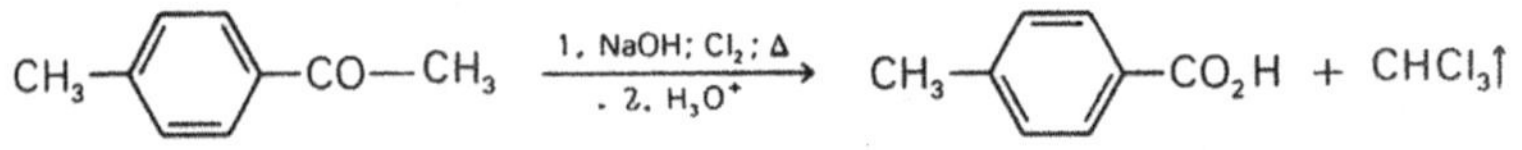

p-metilacetofenona

ácido *p*-toluico
(ácido *p*-metilbenzoico)

14-7 CARBONATACION DE REACTIVOS DE GRIGNARD

Revísese la formación y reacciones de los compuestos de Grignard expuestas en halogenuros (Cap. 8) y alcoholes (Cap. 9). Préstese particular atención a los grupos que son incompatibles porque reaccionan con el halogenuro organomagnésico *en formación.*

La carbonatación de los reactivos de Grignard y de los reactivos organolíticos es un método sintético *excelente* para obtener ácidos carboxílicos alifáticos y aromáticos.

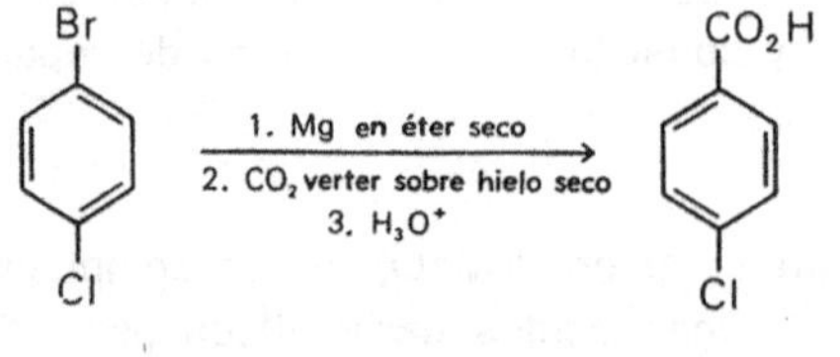

p-bromoclorobenceno

ácido *p*-clorobenzoico

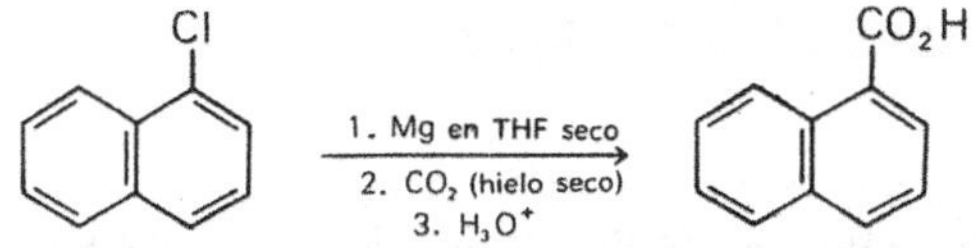

1-cloronaftaleno
(α-cloronaftaleno)

ácido 1-naftalencarboxílico
(ácido α-naftoico)

14-8 HIDROLISIS DE NITRILOS

Los halogenuros alifáticos y los aromáticos con sustituyentes fuertemente atractores, por ejemplo, $—NO_2$ o —CN, pueden convertirse en nitrilos, por un mecanismo S_N2, refluyéndolos con un cianuro alcalino en etanol acuoso. Los halogenuros aromáticos sin activar se convierten en nitrilos por acción de KCN-$Cu_2(CN)_2$-piridina.

La hidrólisis del nitrilo con una base, o por reflujo prolongado con un ácido produce amoníaco y la sal del ácido (o el mismo ácido).

$$CH_2{=}CH{-}CH_2Cl \xrightarrow[\text{EtOH}]{Cu_2(CN)_2} CH_2{=}CH{-}CH_2CN \xrightarrow[H_2O]{HCl} CH_2{=}CH{-}CH_2COOH$$

rend. 80 % rend. 80 %

cloruro de alilo — cianuro de alilo — ácido vinilacético (ácido 3-butenoico)

La amida intermedia, R—CO—NH_2, puede aislarse si la solución fría de nitrilo en ácido sulfúrico concentrado se vierte sobre agua de hielo.

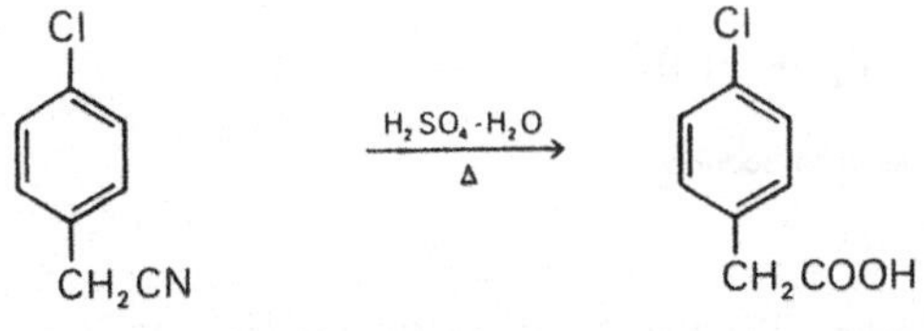

cianuro de *p*-clorobencilo
p-clorofenilacetonitrilo

ácido *p*-clorofenilacético

> Formúlese un mecanismo razonable para la reacción
>
> $$R{-}C{\equiv}N \xrightarrow[2.\ H_2O]{1.\ H_2SO_4} R{-}CO{-}NH_2$$

SINTESIS CON COMPUESTOS CON GRUPOS METILENO ACTIVOS

14-9 SINTESIS MALONICA

Compuestos como el malonato de etilo, el fenilacetonitrilo y la cianacetona

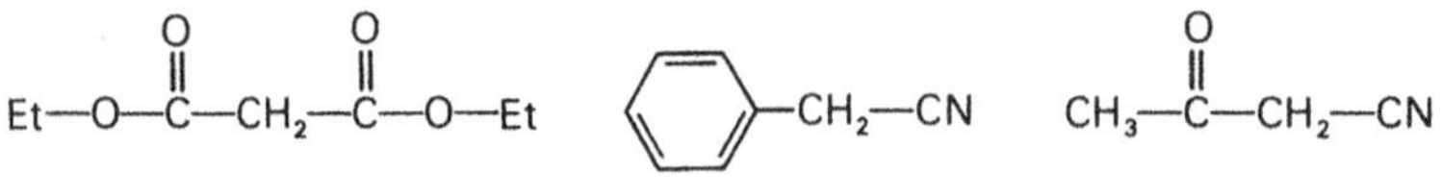

malonato de erilo — fenilacetonitrilo — cianacetona

que contienen un grupo metileno flanqueado por dos sustituyentes atractores de electrones, se llaman compuestos con *metileno activo* por la facilidad con que se forma el anión (—CH—)$^-$ al tratarlos con una base. Se pueden escribir estructuras de resonancia del anión en las que la carga negativa está colocada sobre los sustituyentes atractores de electrones.

Los halogenuros de alquilo primarios y secundarios se convierten con buen rendimiento en ácidos carboxílicos con dos átomos de carbono adicionales

$$R\text{—}X \longrightarrow R\text{—}CH_2\text{—}COOH$$

por desplazamiento S_N2 del ion halogenuro por el anión malonato. El malonato de etilo reacciona con etóxido sódico (Na + EtOH) formando el anión que origina el desplazamiento S_N sobre el halogenuro de alquilo.

$$\underset{\text{malonato de etilo}}{CH_2(CO_2Et)_2} \xrightarrow[\text{en EtOH}]{\text{NaOEt}} \underset{\text{malonato de etilo sodado}}{Na^+\bar{C}H(CO_2Et)_2} + EtOH$$

$$\bar{C}H(CO_2Et)_2 + \underset{\text{bromuro de } n\text{-propilo}}{CH_3CH_2CH_2\text{—}Br} \longrightarrow \underset{n\text{-propilmalonato de etilo}}{CH_3CH_2CH_2\text{—}CH(CO_2Et)_2} + Br^-$$

Como el ester malónico manoalquilado, p. ej. el *n*-propilmalonato de etilo, tiene un átomo de hidrógeno ácido adicional, se puede alquilar otra vez, con el mismo halogenuro o con otro mediante una nueva reacción. *Siempre* se recupera algo de ester malónico sin reaccionar y algo de producto dialquilado, aunque el producto principal de la reacción sea el compuesto monoalquilado.

$$CH_3CH_2CH{-}CH(CO_2Et)_2 \xrightarrow{NaOEt} CH_3CH_2CH_2{-}\bar{C}(CO_2Et)_2Na^+$$

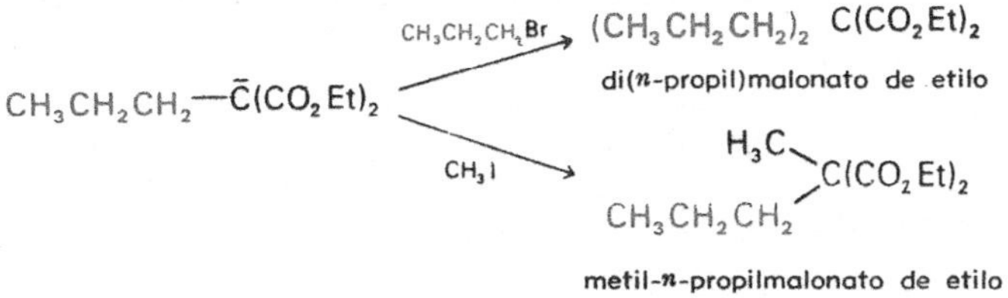

Los compuestos alquilados como los de los ejemplos anteriores, se convierten en diácidos por hidrólisis y posteriormente en monoácidos por descarboxilación térmica.

Ejemplo $$CH_3CH_2CH_2{-}CH(CO_2Et)_2 \xrightarrow[2.\ H_3O^+]{1.\ OH^-} CH_3CH_2CH_2{-}CH(COOH)_2$$

$$\underset{\text{ácido } n\text{-propilmalónico}}{CH_3CH_2CH_2{-}CH(COOH)_2} \xrightarrow[\Delta \text{ a } 180° \text{ seco } - CO_2]{\Delta \text{ a } 100° \text{ en } H^+ \text{ o}} \underset{\text{ácido pentanoico}}{CH_3CH_2CH_2CH_2COOH}$$

1. Escríbanse las ecuaciones correspondientes a la hidrólisis y subsiguiente descarbolixación de los dos esteres malónicos dialquilados de los ejemplos anteriores. Nómbrense todos los compuestos.

2. Indíquese una síntesis razonable del ácido octanoico a partir del ácido pentanoico. (*Aviso*: Efectúese una reacción de Grignard antes de la síntesis malónica.)

Se han descrito hasta ahora las características esenciales de la síntesis malónica, pero se discutirán en detalle cuatro aspectos del método que podemos plantear como preguntas:

1. ¿Por qué se forma el anión malonato tan fácilmente?

2. ¿Qué halogenuros se pueden utilizar en esta síntesis?

3. ¿Qué métodos especiales se emplean para preparar los esteres monometil- y monofenilmalónicos?

4. ¿Cómo está relacionada la síntesis malónica con la alquilación del ester acetoacético y la del ester cianacético, mencionados junto al ester malónico en la Sec. 8-7?

14-10. ¿POR QUE SE FORMA EL ANION MALONATO TAN FACILMENTE?

La acidez del malonato de etilo se explica en términos de estabilización por resonancia del anión formado a partir del ester y una base fuerte. Se pueden escribir tres formas:

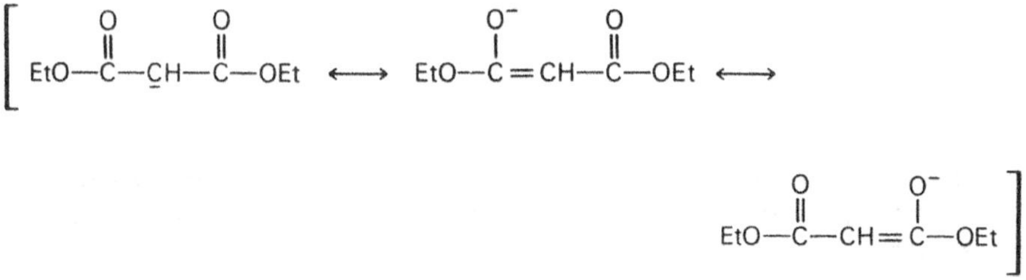

1. Dibújese la imagen del orbital molecular del anión malonato.
2. Considérense las estructuras de enlace de valencia y las representaciones de orbitales moleculares del anión derivado del acetoacetato de etilo, CH_3—CO—CH_2—COOEt, y del anión derivado del cianacetato de etilo, NC—CH_2—COOEt. Nótese que puesto que los esteres etílicos de estos tres compuestos se utilizan frecuentemente, los compuestos se denominan sencillamente ester malónico, ester acetoacético y ester cianacético.

14-11 ¿QUE HALOGENUROS SE UTILIZAN?

Estas alquilaciones son generalmente desplazamientos S_N2, y por lo tanto propias de halogenuros primarios y secundarios. Los halogenuros de alilo y bencilo pueden utilizarse aun cuando la solvolisis (etanolisis) S_N1 competitiva deba ser tenida en cuenta. Se emplean condiciones de reacción tales que minimicen este otro tipo de reacción de los halogenuros de alilo y bencilo.

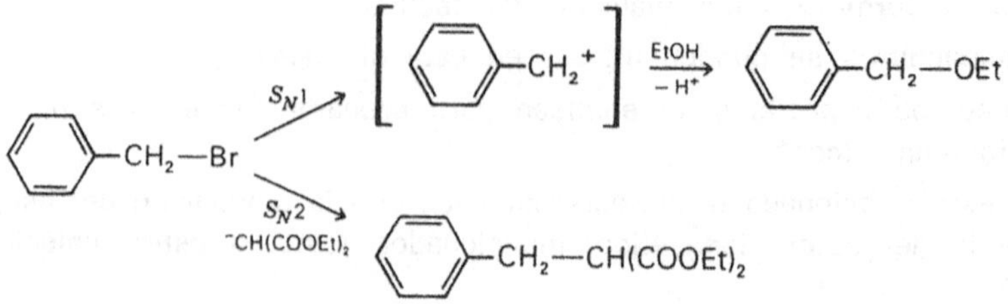

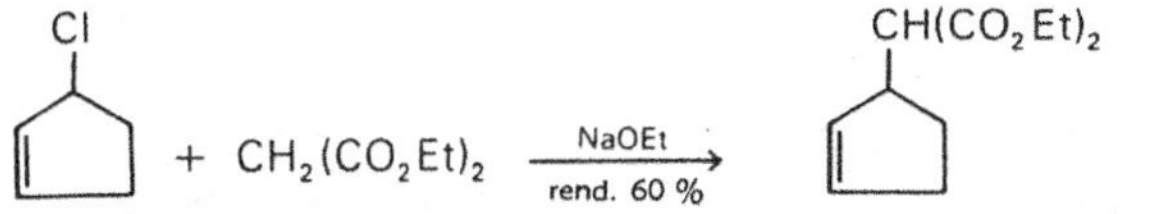

3-clorociclopenteno 2-ciclopenteno-1-malonato de etilo

Los halogenuros terciarios constituyen otro caso diferente. Como la alquilación se lleva a cabo en presencia de una base fuerte, NaOEt, la reacción principal con los halogenuros terciarios es una eliminación E_2. Consideremos como ejemplo el bromuro de *ter*-butilo.

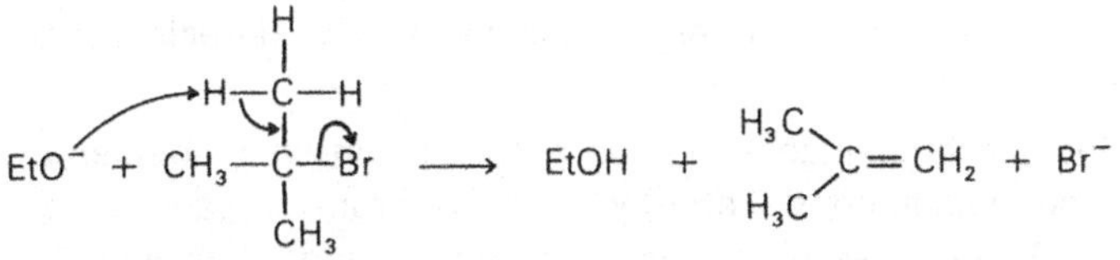

bromuro de *t*-butilo isobutileno

Podríamos ajustar las condiciones de reacción de forma tal que la concentración de ion etóxido fuera mínima y la de ion malonato máxima. Aunque esto es posible, recuérdese que *el anión malonato es de por sí una base fuerte,* y que por lo tanto la eliminación seguiría siendo predominante:

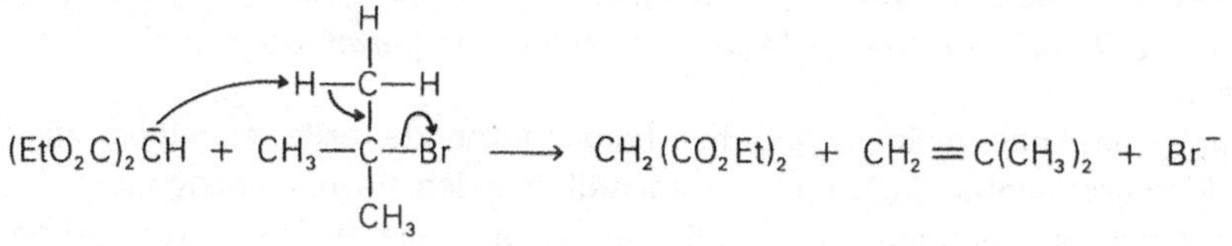

Los compuestos derivados de halogenuros terciarios se preparan por otros métodos que no se discuten en este texto.

En esta reacción se emplean a veces dihalogenuros que conducen a compuestos cíclicos. De esta forma se pueden obtener con rendimientos moderadamente buenos compuestos cíclicos de cuatro, cinco y seis eslabones.

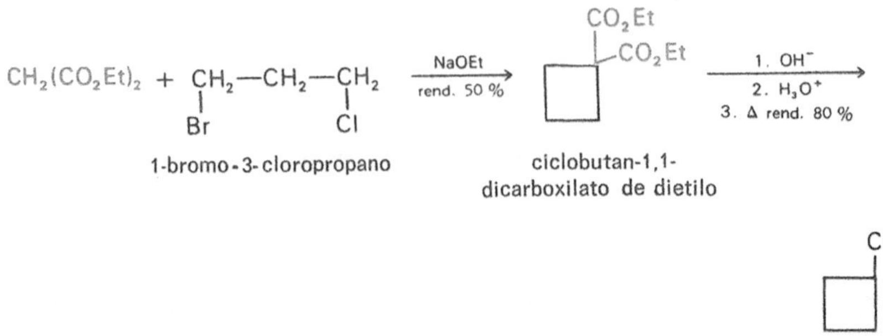

1-bromo-3-cloropropano

ciclobutan-1,1-dicarboxilato de dietilo

ácido ciclobutan-carboxílico

1. Calcúlese el rendimiento total en monoácido de la síntesis mencionada más arriba.

2. El ácido ciclobutancarboxílico se puede preparar con un rendimiento del 20 % a partir del malonato de etilo y del 1,3-dibromopropano (bromuro de trimetileno). Formúlense todos los pasos de la síntesis. El *diácido* se obtiene con un rendimiento del 21 al 23 % sobre el malonato de etilo y el dibromuro. Calcúlese el *intervalo* de rendimiento en la etapa de descarboxilación.

3. ¿Por qué el rendimiento del apartado 1 es algo mayor que el del apartado 2?

La elección de un halogenuro en particular, está regida por muchas de las consideraciones estudiadas en la reacción de Grignard (ver Sec. 9-10); sin embargo el *metilmalonato de etilo no se puede preparar directamente* (ver Sec. 14-12).

Por último, hay que señalar que los halogenuros de arilo sencillos no se prestan a desplazamientos S_N2, en contraposición a los nitrohalobencenos y los cianhalobencenos. A continuación se discute la síntesis de los esteres fenilmalónicos sencillos.

14-12 ¿QUE METODOS ESPECIALES SE EMPLEAN PARA SINTETIZAR ESTERES METILMALONICOS Y FENILMALONICOS?

Al intentar obtener el metilmalonato de etilo, CH_3—$CH(COOEt)_2$, se obtienen como productos de reacción el malonato de etilo sin reaccionar, $CH_2(COOEt)_2$, el producto de dialquilación, dimetilmalonato de etilo, $(CH_3)_2C(COOEt)_2$, y el producto esperado. Como sus puntos de ebullición son análogos, es virtualmente imposible separar estos compuestos por el método usual de purificación, la destilación fraccionada.

$$CH_2(COOEt)_2 \xrightarrow[CH_3I]{NaOEt} CH_3{-}CH(COOEt)_2 \xrightarrow[CH_3I]{NaOEt} (CH_3)_2C(COOEt)_2$$

p. eb. 198° 199° 196°

Los tres diesteres se hidrolizan a velocidades diferentes, lo que se aprovecha para separarlos basándose en consideraciones cinéticas en vez de en consideraciones termodinámicas. Los tres esteres estarán hidrolizados al cabo de un tiempo grande (equilibrio), pero cuanto más pequeño sea el sustituyente, más rápida será la hidrólisis (cinética). El compuesto dimetílico puede obtenerse por supuesto empleando un exceso de yoduro de metilo, con lo que la dialquilación será la reacción principal.

La síntesis del metilmalonato de etilo, susceptible todavía de alquilarse, se puede efectuar de la siguiente manera:

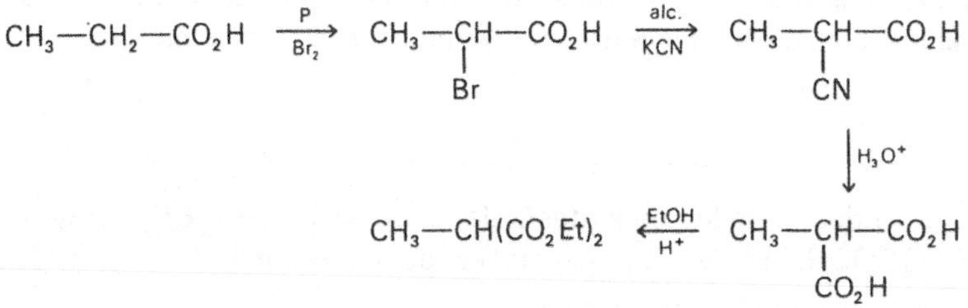

Esta secuencia se discutirá de nuevo al tratar las reacciones de ácidos (Sec. 14-17).

El fenilmalonato de etilo, $C_6H_5{-}CH(COOEt)_2$, se prepara en dos etapas: (1) condensación catalizada por base, seguida de (2) reacción de decarbonilación con pérdida de CO. El primer paso es la alquilación del fenilacetato de etilo, $C_6H_5{-}CH_2{-}COOEt$, compuesto con metileno activo, por medio del oxalato de etilo, EtOOC—COOEt.

Global

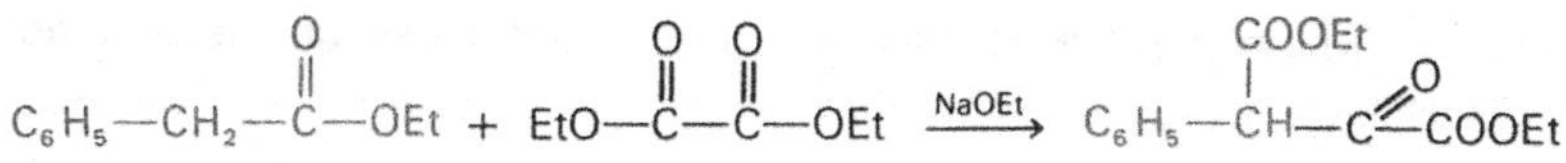

Mecanismo

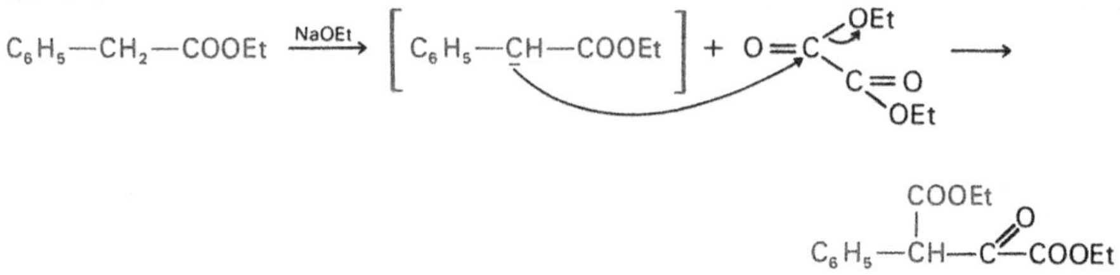

El α-cetoester intermedio, $-\overset{O}{\overset{\|}{C}}-COOEt$, pierde fácilmente CO, a temperatura elevada, por la acción catalítica de polvo de vidrio.

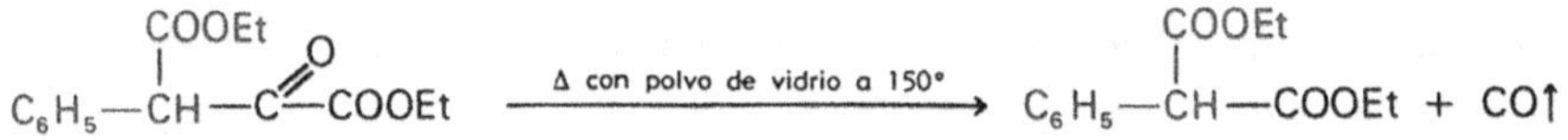

Tanto el fenilmalonato de dietilo como el metilmalonato de dietilo pueden sufrir después una alquilación, una hidrólisis y una descarboxilación.

1. Formúlense dos métodos de síntesis del compuesto CH_3—CH_2—CH_2—CH_2—$CH(CH_3)COOH$, empleando reacciones de alquilación.

2. Formúlese un método para preparar

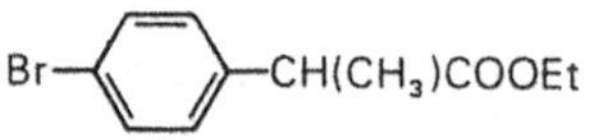

3. El fenilcianacetato de etilo, C_6H_5—CH(CN)—COOEt, no se puede preparar a partir de un halogenuro de arilo y cianacetato de etilo, NC—CH_2—COOEt, por las mismas razones que el fenilmalonato de etilo no se puede preparar directamente a partir de un halogenuro de arilo y malonato de etilo. El fenilcianacetato de etilo se prepara a partir del fenilacetonitrilo, C_6H_5—CH_2—CN, compuesto con metileno activo, y carbonato de dietilo, EtO—COOEt, en presencia de etóxido sódico (una sola etapa, rendimiento 75 %). Formúlese la reacción total e indíquese un mecanismo razonable de reacción.

14-13 ¿QUE OTROS COMPUESTOS CON METILENO ACTIVADO SE PUEDEN UTILIZAR?

En general se pueden emplear otros compuestos con metileno activo como el ester acetoacético (o acetilacético), CH_3COCH_2COOEt, y el ester cianacético, $CNCH_2COOEt$, aplicándose las mismas precauciones y restricciones que las descritas para el ester malónico. La estructura del compuesto con metileno activo condiciona la naturaleza de la base y del disolvente a utilizar; con compuestos muy ácidos como el nitrometano se emplea sólo hidróxido sódico diluido, pero los compuestos de débil carácter ácido como el fenilacetonitrilo requieren bases fuertes en un disolvente inerte ($NaNH_2$ en benceno o tolueno). Hay que señalar estas variantes aunque no serán ampliadas en el texto ni introducidas en los problemas.

Los esteres acetilacéticos alquilados

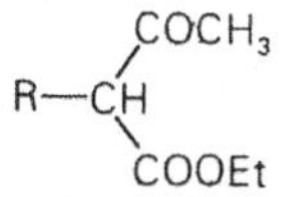

se convierten en *metilcetonas* o en *ácidos caboxílicos* según la concentración de la base utilizada en la secuencia de reacción.

Las *bases diluidas* atacan el carbonilo del ester dando la metil cetona; mientras que las *bases concentradas* atacan el carbonilo cetónico y originan el *ácido caboxílico.*

Base diluida:

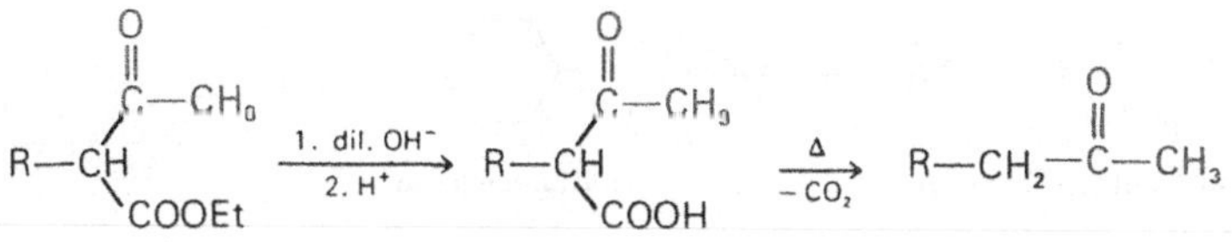

Base fuerte:

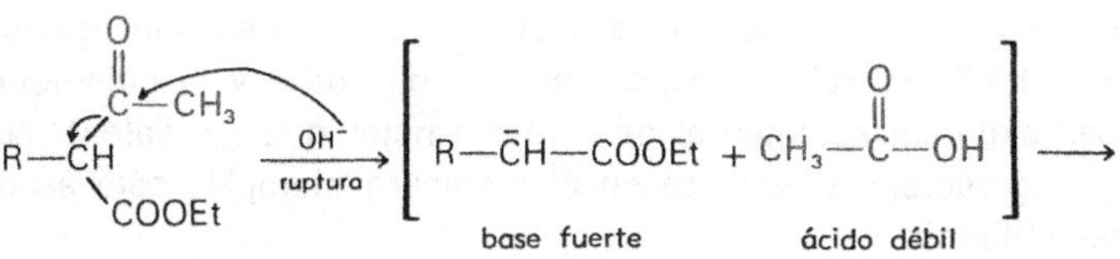

$$[R—CH_2—COOEt + CH_3COO^-] \longrightarrow R—CH_2—COO^- \xrightarrow[H_3O^+]{dil.} R—CH_2—COOH$$

Adviértase que con las bases fuertes se obtiene el mismo diácido que por síntesis malónica.

Los esteres cianacéticos alquilados se pueden hidrolizar al ácido malónico correspondiente y descarboxilar después.

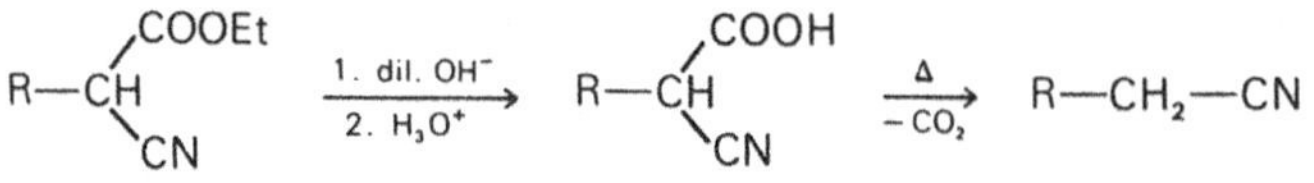

1. Indíquense tres síntesis de $CH_3CH_2CH_2CH_2COOH$ utilizando 1-bromopropano y *(a)* ester malónico, *(b)* ester acetoacético, y *(c)* ester cianacético.

2. Escríbanse síntesis de 2-pentanona, ácido butanoico, 3-etil-2-pentanona, y ácido 2-metilbutanoico, utilizando como únicos compuestos orgánicos el etanol y el ester acetoacético.

REACCIONES

14-14 FORMACION DE SALES Y PIROLISIS

Los ácidos carboxílicos solubles en agua forman sales con $NaHCO_3$, desprendiendo CO_2, en una reacción característica que sirve como ensayo cualitativo. En capítulos anteriores ya han sido citados varios ejemplos de descarboxilación de sales de ácido (ver Secs. 2-12 y 7-17), especialmente la pirólisis de sales con cal sodada, NaOH—CaO, para formar hidrocarburos,

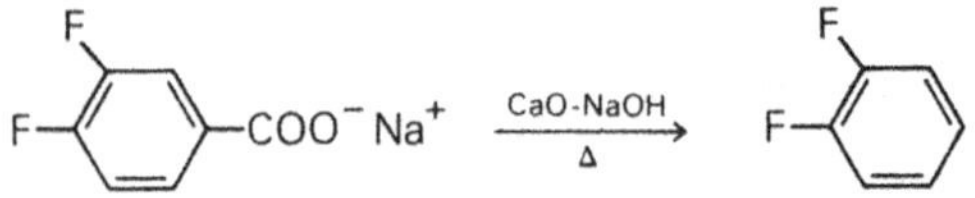

3,4-difluorbenzoato sódico — *o*-difluorbenceno

y la fácil descarboxilación de las sales de ácidos aromáticos con sustituyentes atractores de electrones; p. ej., el 2,4,6-trinitrobenzoato sódico da por calefacción el 1,3,5-trinitrobenceno. La cromita de cobre y la quinoleína se utilizan para descarboxilar directamente los ácidos (mejor que las sales). Nótese la retención de configuración geométrica en el siguiente ejemplo; sólo se obtiene el 5 % de trans-estilbeno.

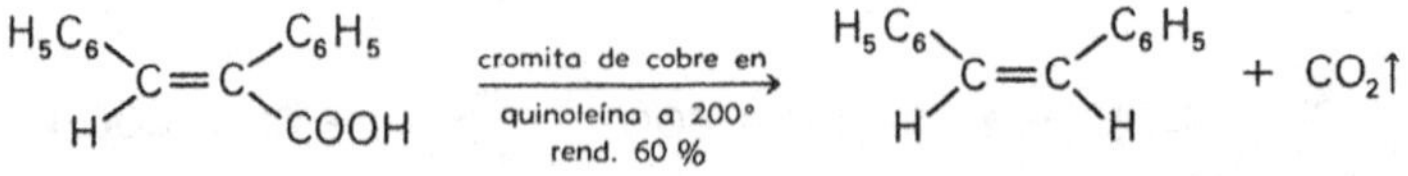

ácido α-fenilcinámico *trans* — *cis*-estilbeno

14-15 REACCION DE HUNSDIECKER

También se forman sales de ácidos carboxílicos tratando ácidos con óxidos

Tabla 14-3. Ejemplos de la reacción de Hunsdiecker.

$$\underset{\displaystyle CH_2CH_3}{CH_3CH_2CHCOO^-Ag^+}\text{(seco!)} \xrightarrow[\text{rend. 75 \%}]{Br_2 \text{ en } CCl_4 \text{ seco}} \underset{\displaystyle CH_2CH_3}{CH_3CH_2CHBr} + CO_2\uparrow + AgBr\downarrow$$

$$n\text{-}C_{15}H_{31}COO^-Ag^+ \xrightarrow[\text{rend. 20 \%}]{Cl_2 \text{ en } CCl_4 \text{ seco}} n\text{-}C_{15}H_{31}Cl$$

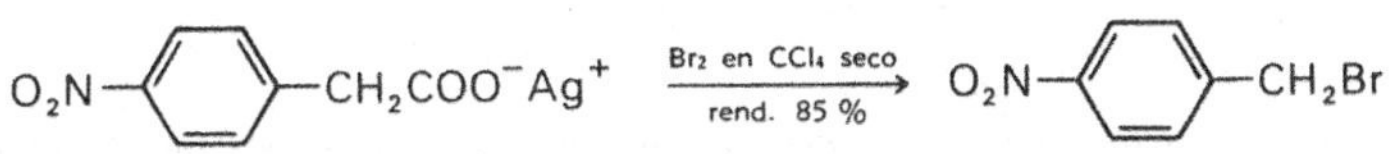

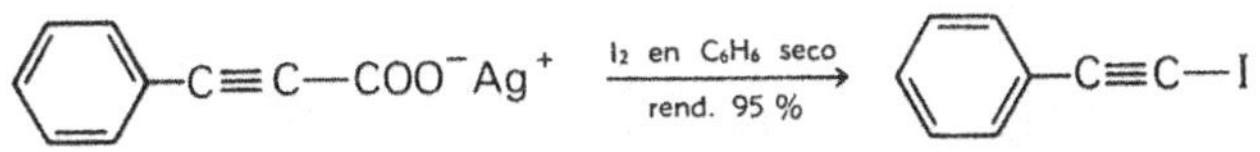

$$HOOC(CH_2)_5COOH \xrightarrow[\text{3. } Br_2 \text{ en } CCl_4 \text{ seco; rend. 45 \%}]{\text{1. } Ag_2O \text{ húmedo; 2. secar la sal}} Br(CH_2)_5Br$$

dibromuro de pentametileno

húmedos o hidróxidos de metales pesados. La reacción más corriente emplea óxido de plata húmedo.

$$CH_3CH_2CH_2CO_2H \xrightarrow[Ag_2O]{\text{húmedo}} CH_3CH_2CH_2CO_2^-\,Ag^+$$

ácido butanoico — butanoato de plata

Refluyendo una suspensión de la sal de plata seca de un ácido carboxílico alifático, en tetracloruro de carbono, a la que se añade lentamente un halógeno (Br_2) se forma el halogenuro *(bromuro), de alquilo inmediatamente inferior.*

$$R{-}COO^-Ag^+ \xrightarrow{X_2} R{-}X + AgX + CO_2$$

Los rendimientos son más bajos en la serie aromática, y la reacción posee un interés limitado en este caso. Los ejemplos de la Tabla 14-3 sugieren el alcance de la reacción.

> Nómbrense los ácidos de partida y los halogenuros producidos en los ejemplos de la Tabla 14-3.

14-16 REDUCCION CON HIDRURO DOBLE DE ALUMINIO Y LITIO

Los ácidos carboxílicos se reducen con buen rendimiento a alcoholes primarios por medio del $LiAlH_4$ (*no* $NaBH_4$) en éter seco o tetrahidrofurano. Dado que los ácidos contienen un átomo de hidrógeno activo, R—COOH, se desprende 1 mol de H_2 por cada grupo ácido que se reduce, con lo que se desperdicia un cuarto del $LiAlH_4$.

$$R{-}\overset{\overset{\displaystyle O}{\|}}{C}{-}OH + LiAlH_4 \longrightarrow \left[R{-}\overset{\overset{\displaystyle O}{\|}}{C}{-}O\ LiAlH_3 \right] + H_2\uparrow$$

.No obstante la reacción se emplea corrientemente, aunque en pequeña escala y con ácidos costosos.

$$\underset{\text{ácido trimetilacético}}{(CH_3)_3C{-}COOH} \xrightarrow[\text{2. } H_3O^+ \text{ rend. 90 \%}]{\text{1. } LiAlH_4} \underset{\text{alcohol neopentílico}}{(CH_3)_3C{-}CH_2OH}$$

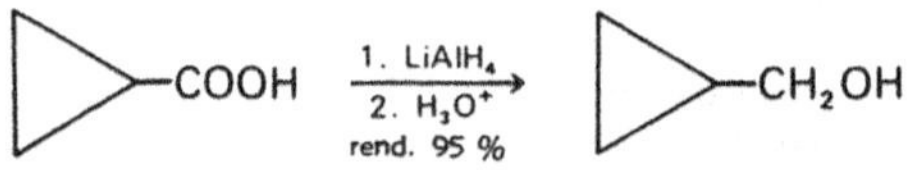

ácido ciclopropancarboxílico   ciclopropilmetanol

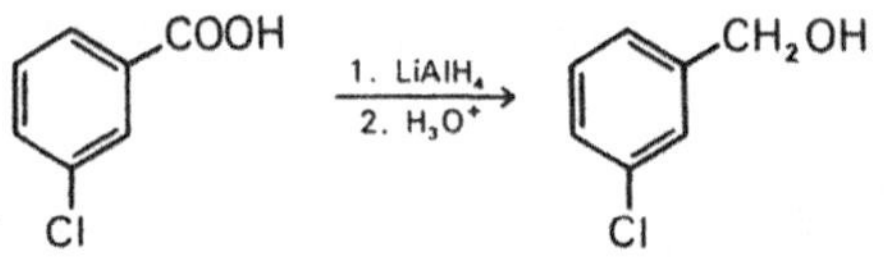

ácido *m*-clorobenzoico   alcohol *m*-clorobencílico

Los esteres, preparados directamente de los ácidos o sus derivados, no consumen ion hidruro extra y se reducen frecuentemente con $LiAlH_4$. Además los esteres metílicos o etílicos son generalmente más solubles en los disolventes usados en esta reacción, éter o tetrahidrofurano, que los ácidos correspondientes.

$$R{-}COOH + R'OH \xrightarrow{H^+} R{-}COOR' \xrightarrow[\text{2. } H_3O^+]{\text{1. } LiAlH_4} R{-}CH_2OH + R'OH$$

14-17 REACCION DE HELL-VOLHARD-ZELINSKI

Los átomos de hidrógeno de un carbono adyacente a un grupo carboxilo se pueden reemplazar por bromo o cloro en presencia de fósforo. Sólo los hidrógenos en α son reactivos, pero todos ellos son reemplazables sucesivamente. Esta reacción se emplea en determinaciones de estructura.

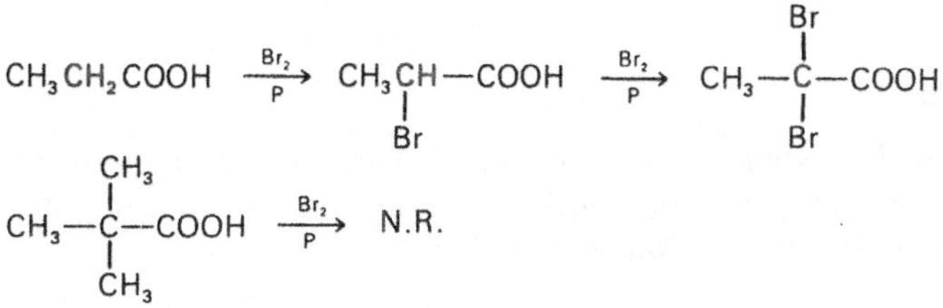

La reacción se ha usado mucho en la síntesis de aminoácidos, puesto que el α-bromoácido pasa a aminoacido por tratamiento con amoníaco en exceso.

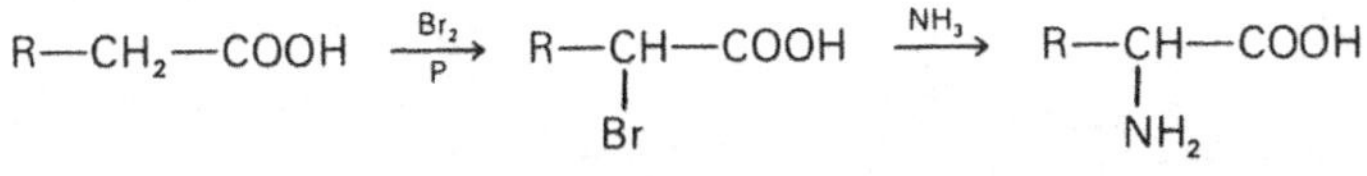

un α-aminoácido

REACCIONES DE FORMACION DE DERIVADOS DE ACIDO: VISION DE CONJUNTO

Esta sección es un adelanto del próximo capítulo en el que se ampliarán las reaciones de los ácidos carboxílicos que se discutan aquí. En esta breve presentación se pretende situar el conjunto de reacciones relacionadas en un marco adecuado, donde sólo aparezca lo esencial del Capítulo 15.

14-18 ESTERES

La esterificación de Fischer es un método sencillo de preparación de esteres utilizando la reacción reversible de alcoholes primarios o secundarios (*ni* alcoholes terciarios *ni* fenoles) con ácidos carboxílicos en presencia de vestigios de ácido mineral como HCl o H_2SO_4.

General

$$R-\overset{O}{\overset{\|}{C}}-OH + R'-OH \xrightarrow{H^+} R-\overset{O}{\overset{\|}{C}}-O-R' + H_2O$$

Específico

$$HOOC-C\equiv C-COOH \xrightarrow[\text{vestigios, rend. 85 \%}]{CH_3OH(xs)} H_3CO_2C-C\equiv C-CO_2CH_3$$

ácido acetilendicaboxílico — acetilendicarboxilato de metilo

Generalmente el equilibrio está desplazado hacia el ester y aún se puede mejorar el rendimiento por destilación simultánea del agua formada con benceno o tolueno. Los fenoles reaccionan lentamente y el equilibrio está desplazado hacia la izquierda.

14-19 CLORUROS DE ACIDO

Los cloruros son los halogenuros de ácido empleados con más frecuencia en el trabajo sintético. Se preparan por acción directa del cloruro de tionilo, $SOCl_2$, o del pentacloruro de fósforo, PCl_5, sobre el ácido.

General

$$R-\overset{\overset{O}{\|}}{C}-OH \xrightarrow{SOCl_2} R-\overset{\overset{O}{\|}}{C}-Cl + SO_2\uparrow + HCl\uparrow$$

Especıfico

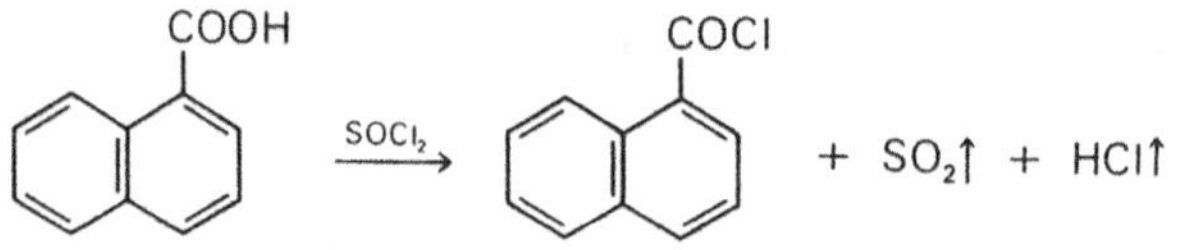

ácido α-naftoico — cloruro de α-naftoilo

Por tratamiento de los cloruros de ácido con un alcohol o un ion alcóxido se obtienen esteres; ambas reacciones son irreversibles, y constituyen un excelente método de esterificación de ácidos poco reactivos. La hidrólisis de los cloruros de ácido también es irreversible.

$$R-\overset{\overset{O}{\|}}{C}-Cl + R'-OH \longrightarrow R-\overset{\overset{O}{\|}}{C}-O-R' + HCl$$

$$R-\overset{\overset{O}{\|}}{C}-Cl + R'O^- Na^+ \longrightarrow R-\overset{\overset{O}{\|}}{C}-O-R' + Na^+ Cl^-$$

14-20 ANHIDRIDOS

El método de síntesis de anhídridos depende del tipo deseado:

$$R-\overset{\overset{O}{\|}}{C}-O-\overset{\overset{O}{\|}}{C}-R \qquad R-\overset{\overset{O}{\|}}{C}-O-\overset{\overset{O}{\|}}{C}-R'$$

simétrico — asimétrico

El anhídrido acético, $CH_3-\overset{\overset{O}{\|}}{C}-O-\overset{\overset{O}{\|}}{C}-CH_3$, se utiliza en la preparación de otros anhídridos y se obtiene generalmente por un método especial. La cetena,

CH=C=O, es una molécula muy reactiva que se prepara por pirólisis de la acetona, y que da fácilmente adiciones de Markownikoff sobre el doble enlace C=C. Por adición de ácido acético (abreviadamente HOAc) se obtiene el anhídrido acético, Ac_2O.

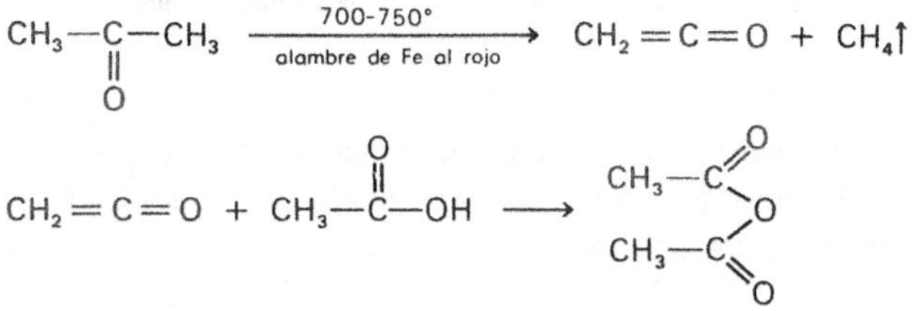

Escribir los productos esperados de las reacciones:

1. Cetena y agua.
2. Cetena y etanol.

Otros anhídridos simétricos se preparan a partir de anhídrido acético y un ácido carboxílico. Basta que el anhídrido deseado y su ácido hiervan más alto que el ácido acético; eliminando éste en continuo de la mezcla de reacción a reflujo se desplaza el equilibrio hacia la derecha.

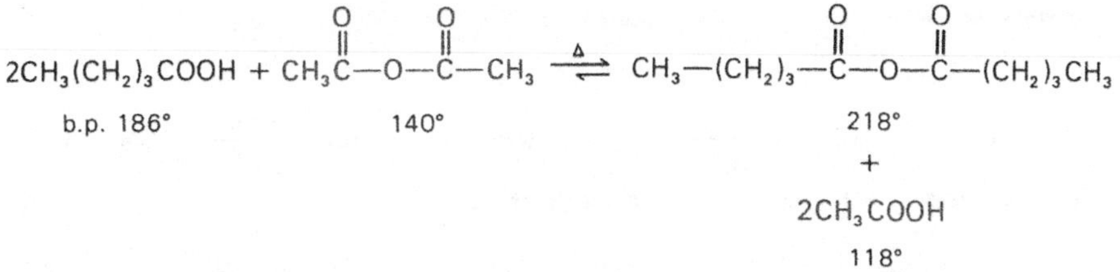

Los anhídridos asimétricos se forman irreversiblemente por acción de un cloruro de ácido sobre la sal sódica del otro ácido.

Los anhídridos cíclicos, especialmente los de ciclos de cinco o seis miembros, se forman fácilmente por pérdida de agua del correspondiente diácido por acción del calor.

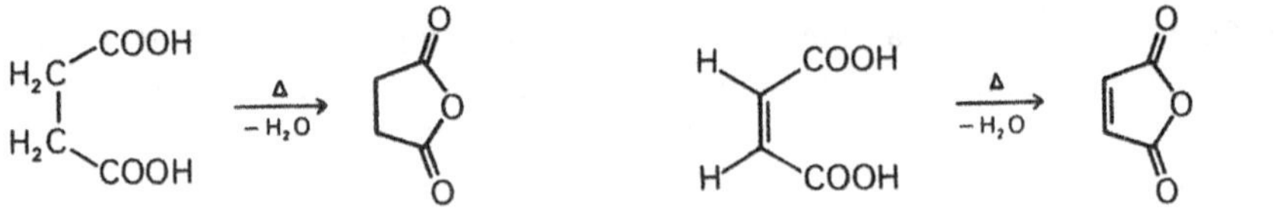

ácido succínico — anhidrido succínico — ácido maleico — anhidrido maleico

> Recuérdese el uso del anhídrido succínico en la reacción de Friedel y Crafts (Sec. 7-9) y del anhídrido maleico en la reacción de Diels-Alder (Cap. 6). Dese un ejemplo de cada uno de estos usos.

14-21 AMIDAS

Se obtienen amidas por acción del amoníaco, NH_3, aminas primarias, $R—NH_2$, y aminas secundarias, R_2NH, sobre los tres derivados de ácido discutidos más arriba (es decir esteres, cloruros de ácido y anhídridos) (ver Tabla 14-4).

Tabla 14-4. Ejemplos de formación de amidas.

$$CH_3—\overset{O}{\overset{\|}{C}}—OCH_3 + NH_3 \longrightarrow CH_3—\overset{O}{\overset{\|}{C}}—NH_2 + CH_3OH$$

acetato de metilo — acetamida

$$CH_3—\overset{O}{\overset{\|}{C}}—Cl + 2CH_3NH_2 \longrightarrow CH_3—\overset{O}{\overset{\|}{C}}—NH—CH_3 + HCl \xrightarrow{CH_3NH_2} CH_3\overset{+}{N}H_3Cl^-$$

cloruro de acetilo — metilamina — *N*-metilacetamida

$$CH_3—\overset{O}{\overset{\|}{C}}—O—\overset{O}{\overset{\|}{C}}—CH_3 + 2NH_3 \longrightarrow CH_3—\overset{O}{\overset{\|}{C}}—NH_2 + CH_3—\overset{O}{\overset{\|}{C}}—O^-NH_4^+$$

anhidrido acético — acetato amónico

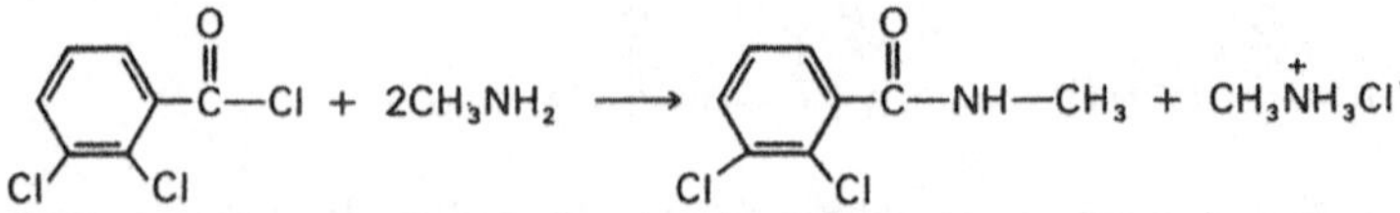

cloruro de 2,3-diclorobenzoilo — 2,3-dicloro-*N*-metilbenzamida

Las sales amónicas de los ácidos carboxílicos, R—COO$^-$NH$_4^+$, se convierten en amidas por pirólisis.

$$R{-}COOH \xrightarrow{NH_4OH} R{-}COO^-NH_4^+ \xrightarrow{\Delta} R{-}\overset{\overset{\large O}{\|}}{C}{-}NH_2 + H_2O$$

14-22 IMIDAS

Las imidas cíclicas son análogos nitrogenados de los anhídridos.

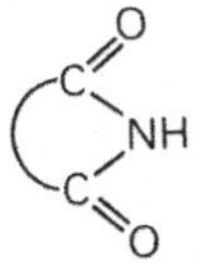

y las únicas tratadas en este texto. Se dan a continuación algunos ejemplos típicos

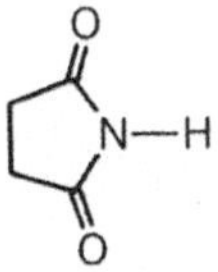

succinimida

recuérdense las bromaciones con NBS

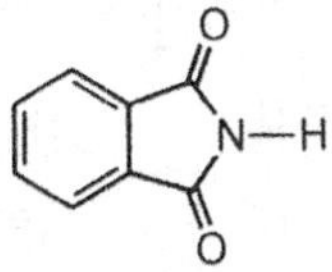

ftalimida

útil en la síntesis de aminoácidos

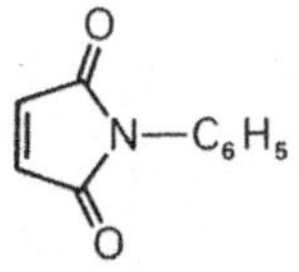

N-fenilmaleimida

utilizada en reacciones de Diels-Alder

Para evitar confusiones en la nomenclatura, adviértase la diferencia entre acet*amida* y acet*imida* y entre succin*amida* (una diamida) y succin*imida* (una imida).

$$CH_3{-}\overset{\overset{\large O}{\|}}{C}{-}NH_2$$

acet*amida*

$$CH_3{-}\overset{\overset{\large O}{\|}}{C}{-}NH{-}\overset{\overset{\large O}{\|}}{C}{-}CH_3$$

acet*imida*

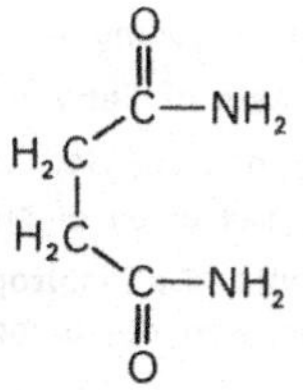

succin*amida*

14-23 NITRILOS (CIANUROS)

Estrictamente hablando, los nitrilos no están relacionados con los derivados de ácido discutidos más arriba; p. ej., no tienen grupo carbonilo. De hecho, puesto que el ion cianuro reacciona como un ion halogenuro se le denomina un *seudohalogenuro;* los nitrilos se pueden estudiar conjunta y adecuadamente con los halogenuros orgánicos. Además de las hidrólisis de nitrilos a amidas y ácidos, los nitrilos se pueden preparar por deshidratación de amidas con P_2O_5 o $SOCl_2$.

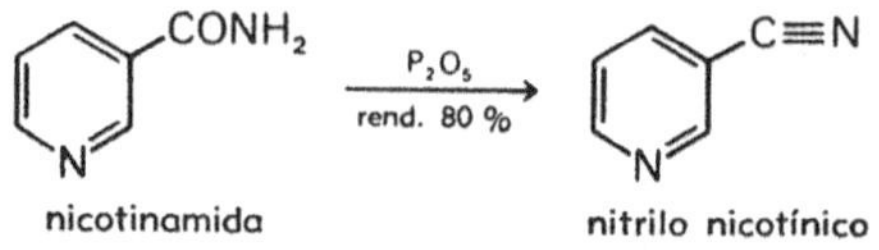

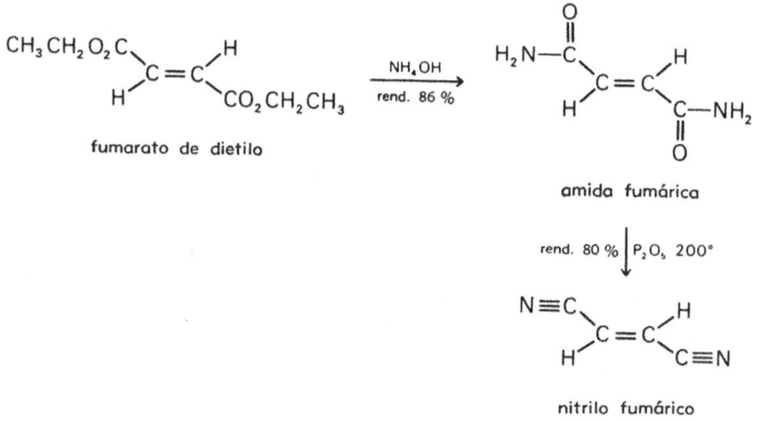

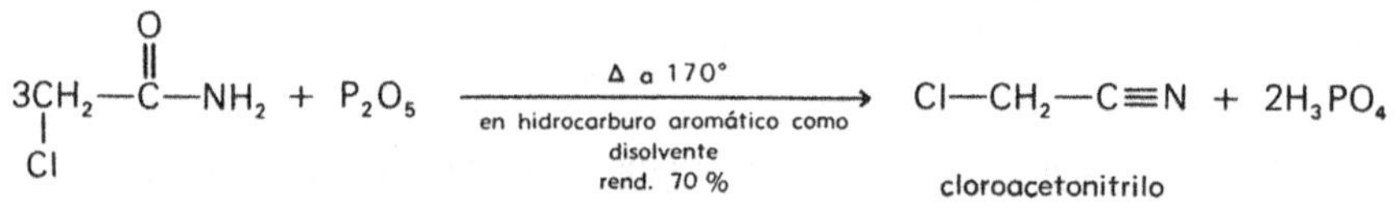

LECTURAS RECOMENDADAS

Brown, H. C.: New Selective Reducing Agents., *J. Chem. Educ.*, **38**, 173 (1961).

Gibson, D. M.: The Biosynthesis of Fatty Acids., *J. Chem. Educ.*, **42**, 236 (1965).

Green, D. E.: The Synthesis of Fat., *Sci. Am.*, **202** (2), 46 (1960). Demuestra el papel del coenzima A en la formación de grasas en el cuerpo.

Hoogenboom, B. E.: Homolytic, Cationotropic, and Anionotropic Reactions, *J. Chem. Educ.* **41**, 639 (1964). Incluye una discusión de la ionización de varios tipos de ácidos.

PROBLEMAS

1. (*a*) Dar la fórmula estructural y el nombre de los 18 esteres que se pueden formar a partir de las siguientes materias primas *e* indicar un método de preparación diferente de la esterificación de Fischer:

Alcoholes: CH_3OH CH_3CH_2OH 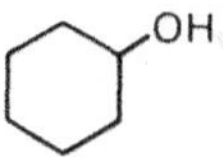 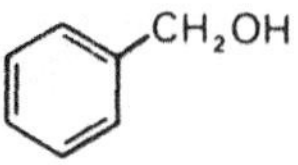

Fenoles: 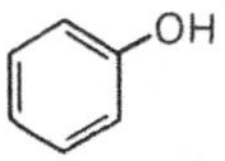 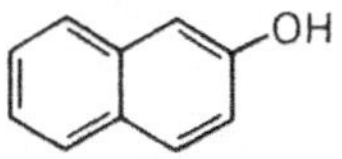

Acidos: CH_3CO_2H 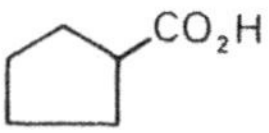 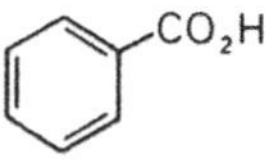

(*b*) Indicar la síntesis de estos tres ácidos, utilizando un método de preparación diferente para cada uno de ellos.

(*c*) Indicar una síntesis del cloruro de ácido derivado de cada ácido.

(*d*) Indicar una síntesis para cada anhídrido que se pueda preparar a partir de los tres ácidos (nueve anhídridos).

2. Indíquese la preparación de los siguientes compuestos empleando en algún momento del proceso una alquilación de los esteres malónico, acetilacético o cianacético.

★(*a*) 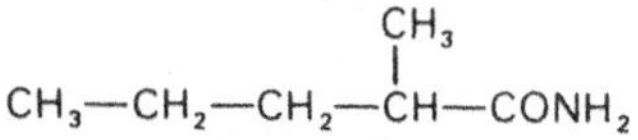

★(*b*) 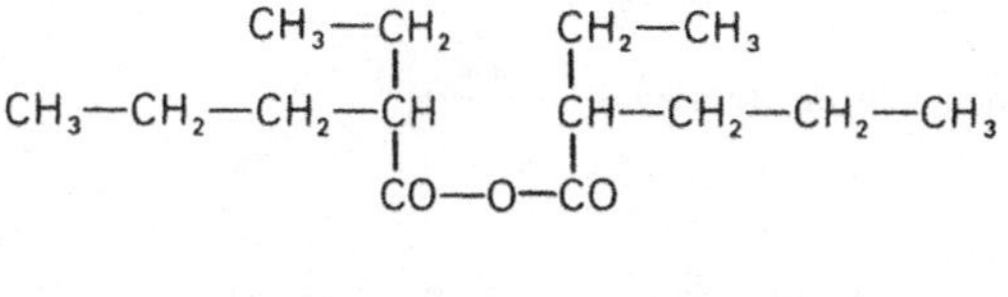

(*c*) $(CH_3)_2CH—CO_2CH_3$

(*d*) 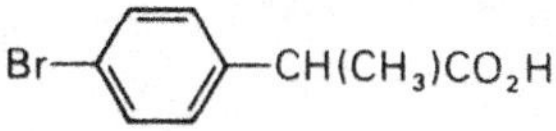

★(*e*) 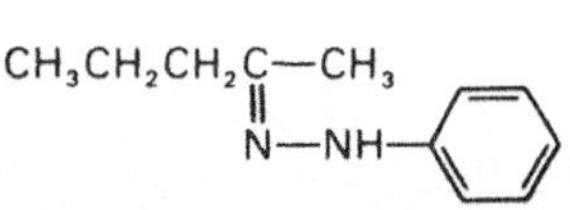

(*f*) 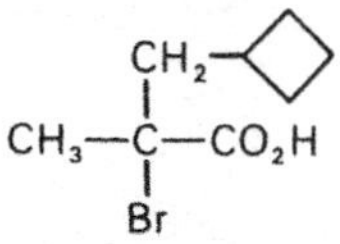

*(*g*) 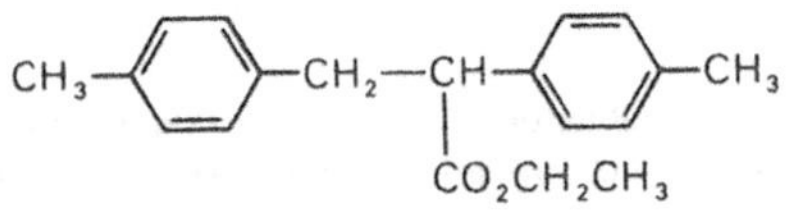

★ **3.** Dispónganse los siguientes compuestos en orden de acidez decreciente y justifíquese la la respuesta.

(*a*) 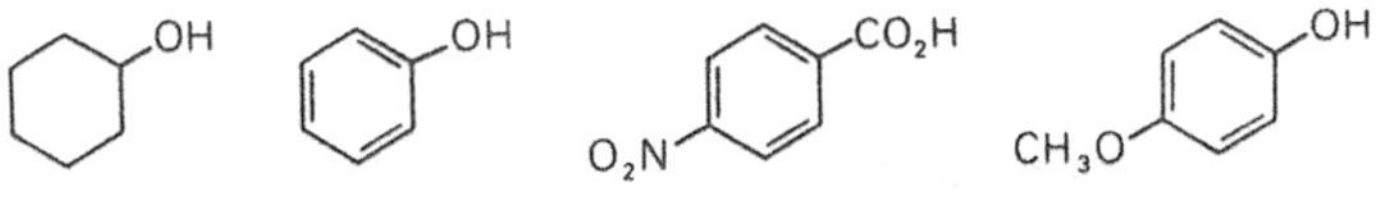

(*b*) 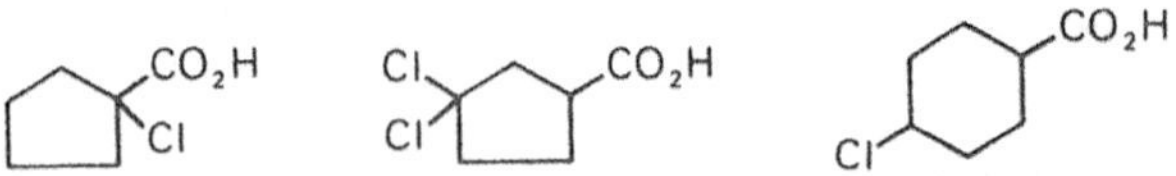

(*c*) 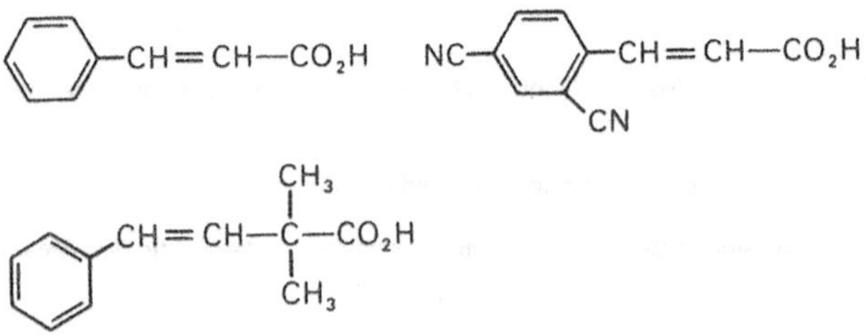

4. Dar la fórmula estructural de los compuestos de partida y el nombre y la fórmula estructural del o de los productos. Si no ocurre reacción, escríbase N.R.

(*a*) dietilmalonato de etilo $\xrightarrow[\text{2. } H_3O^+ \text{ 3. } \Delta]{\text{1. } OH^-}$

(*b*) bromuro de *p*-bromobencilo + malonato de etilo (xs) $\xrightarrow[\text{NaOEt}]{\text{1 equiv.}}$

(*c*) malonato de etilo sodado + 2-bromo-2-metilbutano $\longrightarrow$

*(*d*) ácido *n*-heptanoico $\xrightarrow[\text{3. } H_3O^+ \text{ 4. } SOCl_2 \text{ 5. } NH_3]{\text{1. P; } Br_2 \text{ 2. alc. KCN}}$

(*e*) cianacetato de metilo (xs) + bromuro de *n*-butilo $\xrightarrow{\text{1 equiv NaOEt}}$

★(*f*) producto de (*e*) + 3-fenil-1-bromopropano $\xrightarrow{\text{1 equiv NaOEt}}$

(*g*) producto de (*f*) $\xrightarrow[\text{2. } H_3O^+]{\text{1. conc. base}}$

★(*h*) producto de (*f*) $\xrightarrow[\text{2. } H_3O^+ \text{ 3. } \Delta]{\text{1. dil. } OH^-}$

(*i*) ciclopentilcarboxilato de plata $\xrightarrow{Br_2 \text{ en } CCl_4 \text{ seco}}$

(*j*) producto de (*i*) $\xrightarrow[\text{KCN}]{\text{alc.}}$

★(*k*) ácido 2,6-dimetilbenzoico $\xrightarrow[H^+]{CH_3OH}$

(*l*) acetona $\xrightarrow[\text{alambre de Fe}]{700°}$

(*m*) producto (*l*) + ácido isobutírico

★(*n*) fenilacetato de amonio $\xrightarrow{\Delta}$

(*o*) producto de (*n*) $\xrightarrow{P_2O_5}$

(*p*) *O*-acetilsalicilato potásico $\xrightarrow{KHCO_3}$

★(*q*) 2,6-diclorotolueno $\xrightarrow{KMnO_4}$

★(*r*) 4,5-dimetil-1-acetonaftaleno $\xrightarrow[\text{2. } H_3O^+]{\text{1. } I_2\text{; KOH}}$

★(*s*) 3,5-dimetildibromobenceno $\xrightarrow[\text{3. } H_3O^+ \text{ 4. } SOCl_2 \text{ 5. } NH_3 \text{ 6. } P_2O_5]{\text{1. Mg en THF seco 2. Hielo seco}}$

Capítulo quince

En el Capítulo 14 se han presentado relaciones sencillas entre los ácidos carboxílicos y sus derivados. En este Capítulo se examinan dichos derivados con más detalle. La importancia del estudio de estos grupos funcionales se incrementa a causa de la existencia en la naturaleza de esteres (condimentos y perfumes) y amidas (proteínas). Los grupos funcionales más reactivos como los halogenuros de ácido y los anhídridos, permiten al químico realizar ciertas transformaciones químicas que no son fácilmente realizables con los ácidos.

Los esteres tienen con frecuencia olores agradables bien definidos que posibilitan su empleo como aditivos sintéticos de alimentos y bebidas.

$CH_3CO_2CH_2CH_2CH(CH_3)_2$

acetato de isopentilo
aroma de plátano

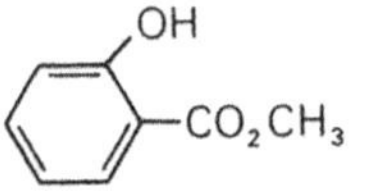

salicilato de metilo
aroma de gaulteria

$CH_3CH_2CO_2CH_2CH(CH_3)_2$

propianato de isobutilo
aroma de ron

ESTERES

Todos los esteres se pueden considerar formalmente derivados de la reacción de un ácido carboxílico con un alcohol o un fenol. Ciertos esteres se preparan en la práctica por un camino menos directo.

$$R—\overset{\overset{\displaystyle O}{\|}}{C}—OH + R'—OH \rightleftharpoons R—\overset{\overset{\displaystyle O}{\|}}{C}—O—R' + H_2O$$

La distribución electrónica sobre el grupo carbonilo de los ácidos difiere considerablemente de la de los aldehídos y cetonas como resultado de la participación de los electrones incompartidos del átomo de oxígeno adyacente.

Derivados de los ácidos carboxílicos: Esteres, halogenuros de ácido, anhídridos, amidas, nitrilos

Aldehídos y cetonas: 

Esteres: 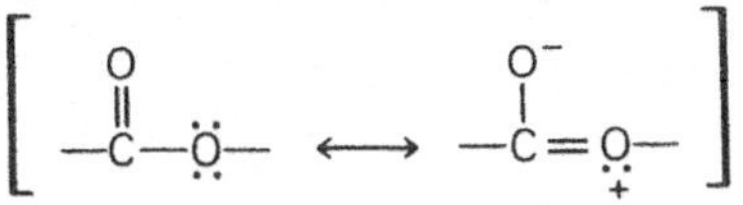

El carbono carbonílico de los esteres no es tan susceptible a un ataque nucleófilo, aunque los nucleófilos fuertes pueden ocasionar desplazamientos. También se pueden escribir estructuras de resonancia, análogas a las del grupo ester, en los otros derivados de ácido que tengan electrones incompartidos sobre el átomo adyacente al grupo carbonilo como en el caso de los halogenuros de ácido R—CO—$\ddot{\underset{\cdot\cdot}{Cl}}$: y de las amidas R—CO—$\ddot{N}H_2$.

NOMENCLATURA DE LOS ESTERES

Los nombres de los esteres se escriben en dos palabras. La primera deriva del ácido cambiando el sufijo *-ico* por *-ato*; la segunda deriva del alcohol o fenol (nombrado como resto alquílico). Por ejemplo CH_3COOCH_3 es el acetato de metilo. Ver Tabla 15-1.

Tabla 15-1. Ejemplos de nomenclatura de esteres.

$$\underset{\text{alcohol metílico}}{CH_3OH} + \underset{\text{ácido propanoico}}{CH_3CH_2COOH} \longrightarrow \underset{\text{propanoato de metilo}}{CH_3CH_2\text{—}\overset{\overset{\displaystyle O}{\|}}{C}\text{—}OCH_3} + H_2O$$

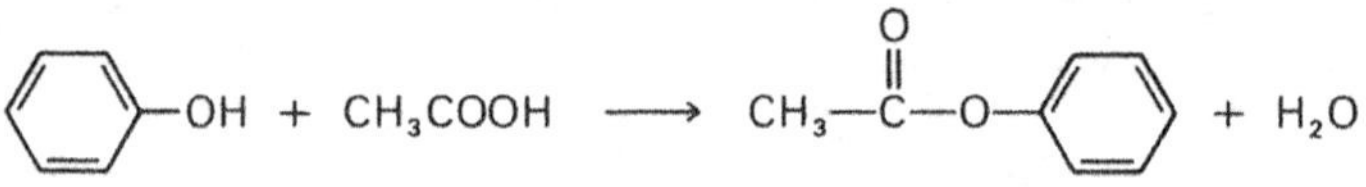

"alcohol fenílico" ácido acético acetato de fenilo

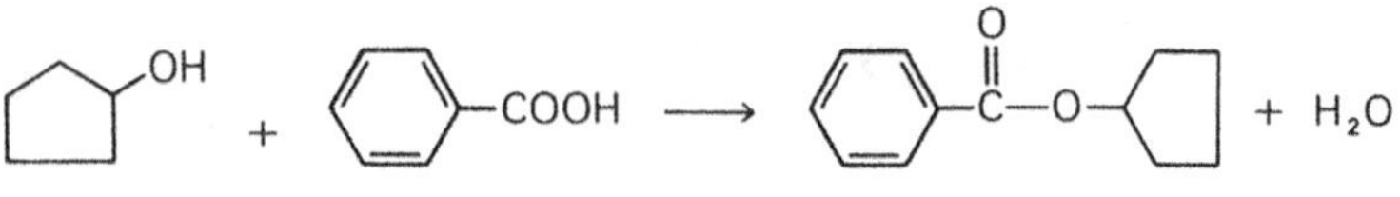

alcohol ciclopentílico ácido benzoico benzoato de ciclopentilo

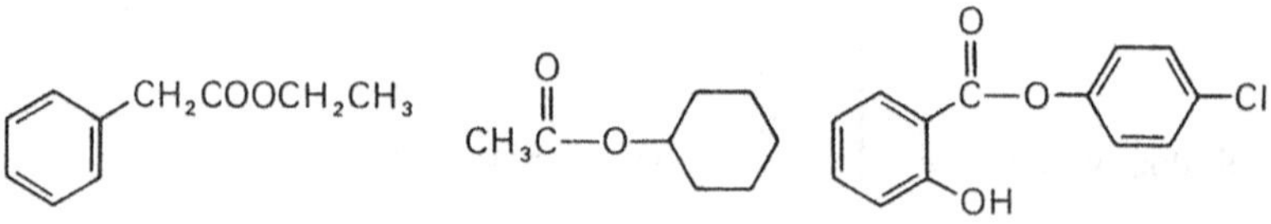

fenilacetato de etilo acetato de ciclohexilo salicilato de *p*-clorofenilo

PREPARACION DE ESTERES

15-1 ESTERIFICACION DE FISCHER

La esterificación directa de un ácido con un alcohol primario o secundario da resultados satisfactorios si se realiza refluyendo un exceso de alcohol (que actúa como reactivo y disolvente) con el ácido carboxílico en presencia de unas gotas de ácido sulfúrico concentrado o de ácido clorhídrico.

$$R{-}COOH + R'{-}OH \xrightleftharpoons{H^+} R{-}COOR' + H_2O$$

Esta reacción de *equilibrio* se conoce con el nombre de *esterificación de Fischer.* Los alcoholes terciarios en caliente y en presencia de ácido se deshidratan fácilmente; los fenoles reaccionan muy despacio y se esterifican por otros métodos. Con los ácidos impedidos estéreamente se emplean técnicas diferentes (Sec. 15-2).

Puesto que el mecanismo de la esterificación de Fischer es reversible, se recurre, para obtener rendimientos máximos, a procedimientos que desplacen el equilibrio del lado del ester, como puede ser el utilizar un exceso de alcohol o el de eliminar el agua a medida que se forma.

General $$R{-}\overset{\overset{O}{\|}}{C}{-}OH + R'{-}OH \xrightleftharpoons{H^+} R{-}\overset{\overset{O}{\|}}{C}{-}OR' + H_2O$$

Global $$C_6H_5{-}COOH + CH_3OH \xrightleftharpoons{H^+} C_6H_5{-}COOCH_3 + H_2O$$

Mecanismo

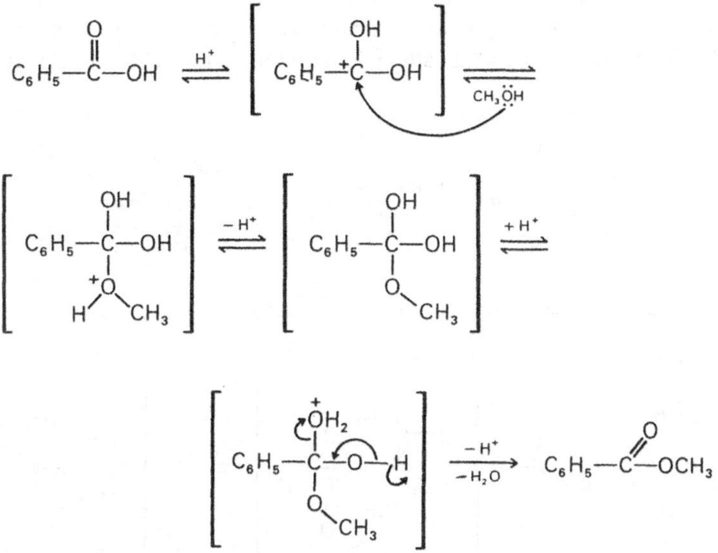

Para elucidar este mecanismo se ha empleado el $CH_3{}^{18}OH$. Adviértase que el *átomo de oxígeno del alcohol* es el que forma la unión con el grupo acilo en el ester.

$$C_6H_5{-}COOH + CH_3{}^{18}OH \xrightleftharpoons{H^+} C_6H_5{-}\overset{O}{\overset{\|}{C}}{-}{}^{18}OCH_3 + H_2O$$

> Suponiendo que se prepara ácido benzoico (por reacción de Grignard) a partir de $C\,{}^{18}O_2$, con los dos oxígenos marcados, calcular el porcentaje de ^{18}O en el benzoato de metilo preparado por esterificación con CH_3OH.

15-2 ESTERIFICACION DE ACIDOS CON IMPEDIMENTO ESTEREO

Existe un método de esterificación muy adecuado para los ácidos carboxílicos estéreamente impedidos como los ácidos benzoicos orto disustituidos. El ácido orgánico se disuelve en ácido sulfúrico concentrado, y la disolución resultante se vierte lentamente sobre el alcohol anhidro frío. Los ácidos voluminosos no dan la esterificación de Fischer porque no se puede formar el intermedio adecuado con geometría tetraédrica.

En las condiciones que estudiamos ahora, la formación del ion acil carbonio, estabilizado por resonancia, alivia la tensión estérea del ácido de partida.

Global

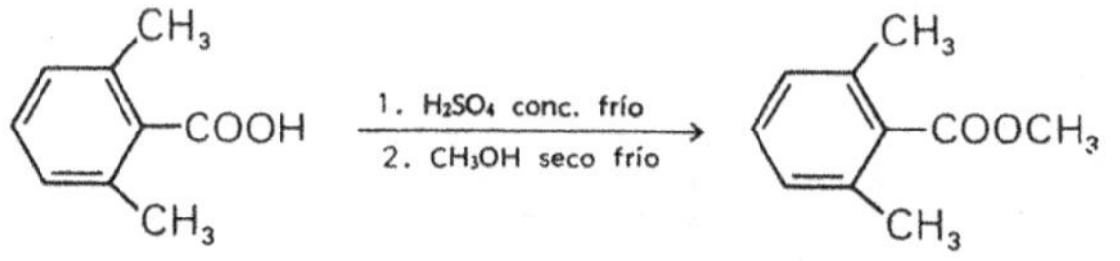

ácido 2,6-dimetilbenzoico — 2,6-dimetilbenzoato de metilo

Mecanismo

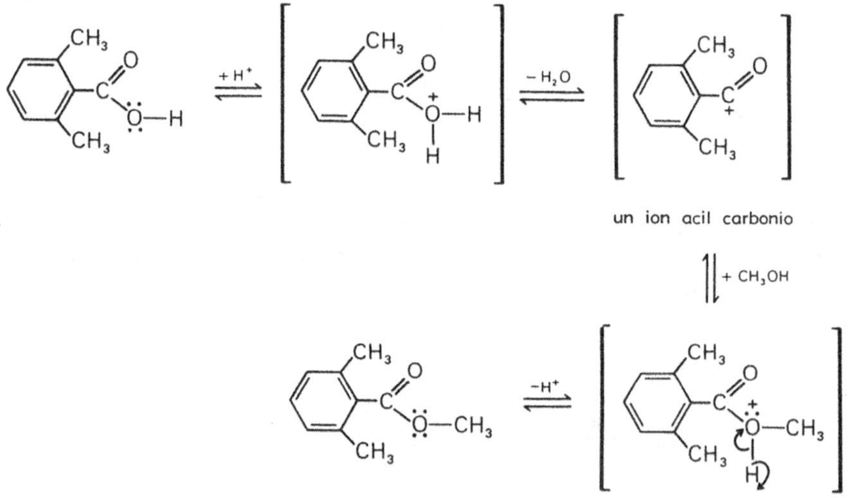

Todos los pasos de este mecanismo son reversibles y por lo tanto la hidrólisis de los esteres impedidos puede efectuarse disolviendo el ester en ácido sulfúrico concentrado frío y vertiendo la mezcla sobre agua de hielo.

15-3 ESTERIFICACION DE FENOLES

La reacción directa de un fenol con un ácido carboxílico en presencia de ácido mineral conduce al ester muy lentamente, y además el equilibrio está desplazado del lado de los productos iniciales. Se suele emplear derivados de ácido más reactivos como los cloruros de ácido o los anhídridos. Los alcoholes también se esterifican con cloruros de ácido o anhídridos (Secs. 15-16 y 15-21).

Global

$$R-\overset{\displaystyle O}{\overset{\|}{C}}-Cl + Ar-OH \longrightarrow R-\overset{\displaystyle O}{\overset{\|}{C}}-O-Ar + HCl$$

Mecanismo

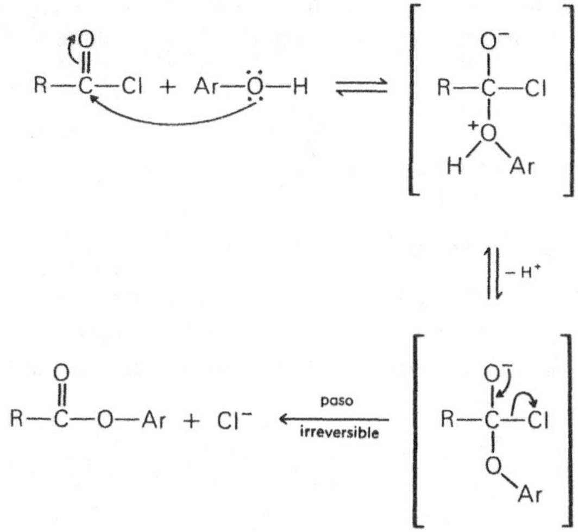

El equilibrio en este caso está desplazado hacia el ester y no es reversible por adición de cloruro de hidrógeno al ester. El ion cloruro, un nucleófilo débil, no ataca con eficacia al grupo carbonilo del ester.

Con los anhídridos cíclicos, los *alcoholes* dan primero el monoester, que se convierte en diester por posterior reacción con más alcohol. La utilidad de esta reacción se ve en el siguiente ejemplo, en el que el anhídrido pasa a cloruro de ácido hemiester, que puede utilizarse en reacciones de acilación de Friedel y Crafts.

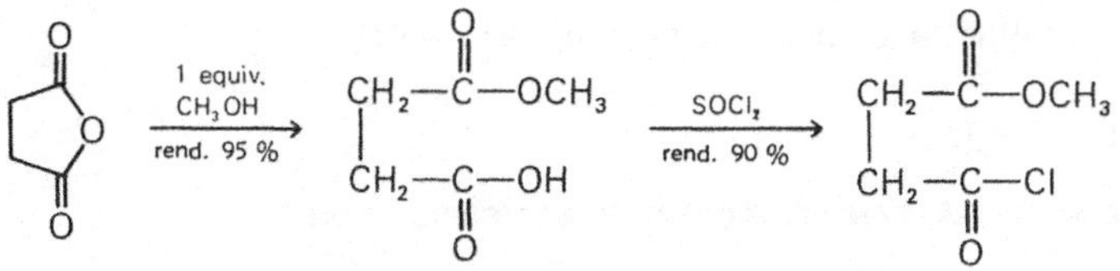

anhidrido succínico — succinato ácido de metilo — cloruro de β-carbometoxipropionilo

Los fenoles reaccionan con los anhídridos dando sólo el monoester; el diester no se obtiene ni tratando el anhídrido con exceso de fenol.

15-4 ESTERES A PARTIR DE SALES DE ACIDO Y HALOGENUROS DE ALQUILO

El anion carboxilato, como otros aniones discutidos en la Sec. 8-7 puede originar reacciones S_N2 con halogenuros de alquilo primarios o secundarios. En los halogenuros terciarios se produce una competición entre las reacciones de eliminación y sustitución. Cuando se utiliza carboxilato de plata existe una tendencia adicional a la esterificación por formación de un halogenuro de plata insoluble.

$$R{-}COOH \xrightarrow[\text{húmedo}]{Ag_2O} R{-}COO^-Ag^+ \xrightarrow[S_N2]{R'{-}X} R{-}\overset{\overset{\displaystyle O}{\|}}{C}{-}O{-}R' + AgX\downarrow$$

15-5 ESTERES METILICOS VIA DIAZOMETANO

Contrariamente a la esterificación de Fischer en la que se dan condiciones de equilibrio reversible, la reacción con diazometano, CH_2N_2, es una *reacción irreversible* de formación de esteres metílicos puesto que se desprende nitrógeno gaseoso.

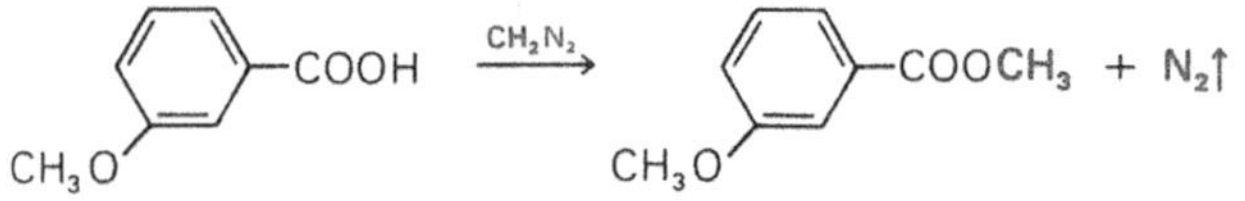

ácido *m*-metoxibenzoico   *m*-metoxibenzoato de metilo

El ester se obtiene directamente, muy puro y con buen rendimiento. Otros compuestos diazoalquílicos más elevados no tienen aplicación extensiva en la formación de esteres alquílicos porque dan numerosas reacciones competitivas.

La eficacia del diazometano en la formación de esteres metílicos radica en la acidez del átomo de hidrógeno del carboxilo.

Otros compuestos que tengan un protón ácido también darán la reacción. Los fenoles por ejemplo dan el éter metílico correspondiente. Los alcoholes originan éteres metílicos, aunque generalmente se requiere un catalizador ácido, como BF_3, que haga resaltar la acidez del protón del —OH.

REACCIONES DE LOS ESTERES

15-6 HIDROLISIS (INVERSO DE LA ESTERIFICACION) Y SAPONIFICACION

La hidrólisis catalizada por un ácido es una reacción reversible; el mecanismo es el inverso de la esterificación de Fischer, a partir de agua, ácido mineral y el ester (Sec. 15-1).

Pero si se utiliza una base la reacción no es reversible, se consume un equivalente de la base y se forma la sal carboxílica. La reacción se llama *saponificación*, proceso de fabricación de jabón, puesto que las sales de los ácidos carboxílicos elevados son jabones. Para obtener el ácido carboxílico libre en una reacción de saponificación se precisa una etapa adicional de acidificación.

Global $$\underset{\text{acetato de metilo}}{CH_3COOCH_3} \xrightarrow{Na^+\ OH^-} \underset{\text{acetato sódico}}{CH_3COO^-Na^+} + \underset{\text{metanol}}{CH_3OH}$$

Mecanismo

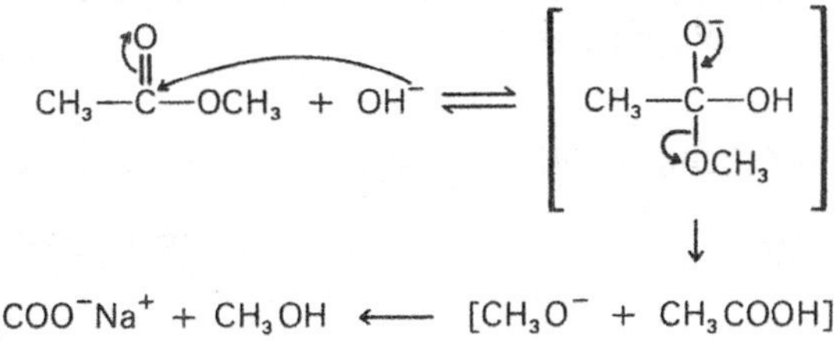

base fuerte ácido débil

15-7 AMONOLISIS: FORMACION DE AMIDAS

La reacción de compuestos con amoníaco se llama *amonolisis* (compárese con hidrólisis). En el caso de los esteres se obtienen amidas; también se pueden usar las aminas primarias y secundarias, R—NH_2 y R_2NH.

$$CH_3COOCH_3 + \ddot{N}H_3\ (xs) \longrightarrow CH_3CONH_2 + CH_3OH$$

> Considerando los mecanismos descritos previamente en este capítulo, formúlese un mecanismo razonable para la amonolisis de los esteres.

15-8 TRANSESTERIFICACION

Al tratar un ester con un alcohol (diferente del que ha servido para formarlo) se puede producir un intercambio en la llamada *transesterificación*. Como la esterificación de Fischer de ácidos con alcoholes es una reacción reversible la transesterificación puede efectuarse calentando el ester con un exceso de otro alcohol.

General $$R{-}\overset{O}{\overset{\|}{C}}{-}OR' + R''{-}OH \overset{H}{\rightleftharpoons} R{-}\overset{O}{\overset{\|}{C}}{-}OR'' + R'{-}OH$$

Específico

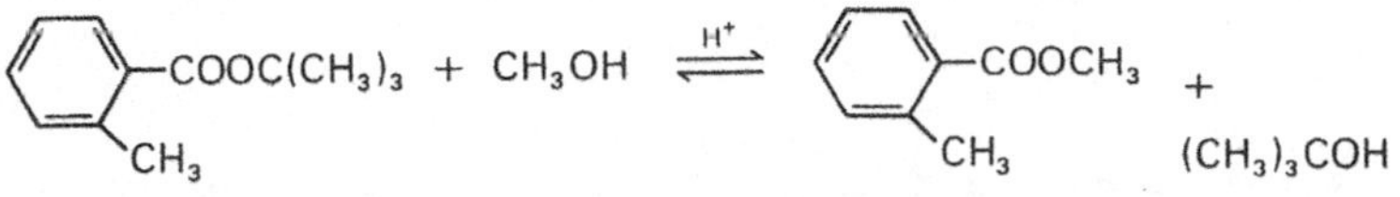

o-toluato de *ter*-butilo *o*-toluato de metilo

La transesterificación es también una reacción de equilibrio, por lo que se necesita introducir algún factor que favorezca el desplazamiento de la reacción hacia la derecha, sin lo cual se obtendrá una mezcla de compuestos. El desplazamiento del equilibrio necesario se puede conseguir por formación de un ester más estable (menor impedimento estéreo en el ejemplo anterior), por eliminación del ester o del alcohol que se formen, o utilizando un exceso de alcohol. La mezcla metanol-acrilato de metilo es el componente de menor punto de ebullición (61-63°) en el ejemplo siguiente.

$$CH_2{=}CHCOOCH_3 + CH_3CH_2CH_2CH_2OH \underset{\text{rend. 90 \%}}{\overset{\text{vestigios } H^+}{\rightleftharpoons}} CH_2{=}CHCOOCH_2CH_2CH_2CH_3 + CH_3OH$$

acrilato de metilo, p. eb. 80° — alcohol *n*-butílico, 117° — acrilato de *n*-butilo 145° + CH_3OH metanol 65°

p. eb. de la mezcla 62-63°

> La transesterificación del acrilato de metilo con otros alcoholes se ha efectuado con buenos rendimientos. Formúlense las reacciones y nómbrese el ester formado.
>
> **1.** alcohol 2-etilhexílico, 95 %
>
> **2.** alcohol furílico, 86 %
>
> **3.** alcohol alílico, 70 %
>
> **4.** alcohol bencílico 81 %

15-9 REDUCCION A ALCOHOLES

Uno de los mejores métodos para reducir esteres a alcoholes primarios puros con rendimientos altos es el tratamiento del ester con hidruro doble de aluminio y litio en éter o THF, seguida de hidrólisis. Con un mol de reactivo se reducen dos grupos ester. Una ventaja más de la reacción es que las sales intermedias, que se hidrolizan en una etapa ulterior, son solubles en estos disolventes.

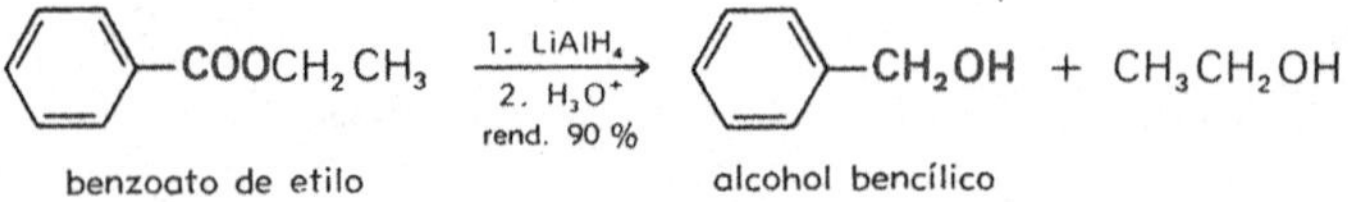

benzoato de etilo — alcohol bencílico

$$\underset{\text{adipato de etilo}}{CH_3CH_2OOC{-}(CH_2)_4{-}COOCH_2CH_3} \xrightarrow[\text{2. } H_3O^+]{\text{1. } LiAlH_4} \underset{\text{1,6-hexandiol}}{HOCH_2{-}(CH_2)_4{-}CH_2OH}$$

rend. 80 %

Existen otros métodos de reducción útiles, pero frecuentemente son menos seguros o convenientes que el que usa el hidruro de aluminio y litio. Por ejemplo, el sodio metálico en alcohol o la reducción catalítica ($CuCr_2O_4$ a 250° y 20 a 30 átm. de hidrógeno) operan con reactivos más baratos y se utilizan industrialmente. La reducción catalítica del adipato de etilo rinde también un 80 % en 1,6-hexandiol, pero la reducción con hidruro es mejor en pequeña escala.

$$\underset{\text{oleato de etilo}}{CH_3(CH_2)_7CH{=}CH(CH_2)_7COOCH_2CH_3} + 4Na + 3CH_3CH_2OH \xrightarrow{\text{rend. 50 \%}}$$

$$\underset{\substack{\text{9-octadecen-1-ol} \\ \text{(alcohol oleico)}}}{CH_3(CH_2)_7CH{=}CH(CH_2)_7CH_2OH} + 4CH_3CH_2ONa$$

15-10 LA REACCION DE GRIGNARD

Tratando un ester con dos equivalentes de un reactivo de Grignard se obtienen alcoholes terciarios en los que dos al menos de los grupos alquilo o arilo deben ser iguales. Revísese esta reacción en la Sec. 9-16.

HALOGENUROS DE ACIDO: NOMENCLATURA Y PREPARACION

15-11 NOMENCLATURA DE LOS HALOGENUROS DE ACIDO

Los halogenuros de ácido, R—CO—X, se conocen también como *halogenuros de acilo.* (En las secciones siguientes se tratan únicamente los cloruros de ácido por ser los que se emplean con más frecuencia.) Se nombran como halogenuros del grupo acilo del que derivan. En la Tabla 15-2 se dan ejemplos.

Tabla 15-2. Ejemplos de nomenclatura de cloruros de ácido.

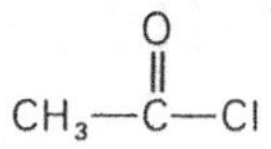	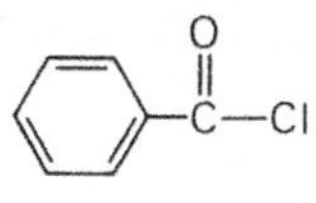	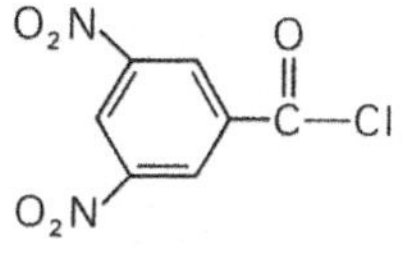
cloruro de acetilo	cloruro de benzoilo	cloruro de 3,5-dinitrobenzoilo

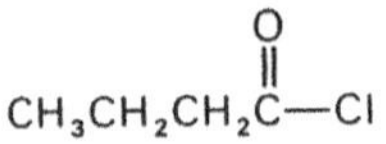

cloruro de butanoilo

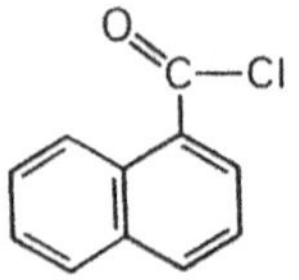

cloruro de α-naftoilo

15-12 PREPARACION DE CLORUROS DE ACIDO

Los cloruros de ácido se utilizan mucho en síntesis cuando el ácido no es suficientemente reactivo. Los ácidos se convierten en cloruros de ácido por tratamiento con cloruro de tionilo, $SOCl_2$. Es un buen método, puesto que los productos gaseosos (HCl y SO_2) se eliminan de la mezcla de reacción, con lo que desplazan el equilibrio. El exceso de cloruro de tionilo (E. 77°) se elimina fácilmente quedando el cloruro de ácido en tal estado de pureza que frecuentemente se utiliza sin posterior purificación.

p. f. 122° p. eb. 77° p. eb. 197°

REACCIONES DE LOS CLORUROS DE ACIDO

15-13 HIDROLISIS

La hidrólisis de cloruros de ácido proporciona ácidos con buen rendimiento, pero rara vez se utiliza como método de preparación. (¿Por qué?) La hidrólisis es una reacción irreversible que se efectúa con agua o hidróxido acuoso, obteniéndose en este caso la sal del ácido; el ácido libre se obtiene por acidificación.

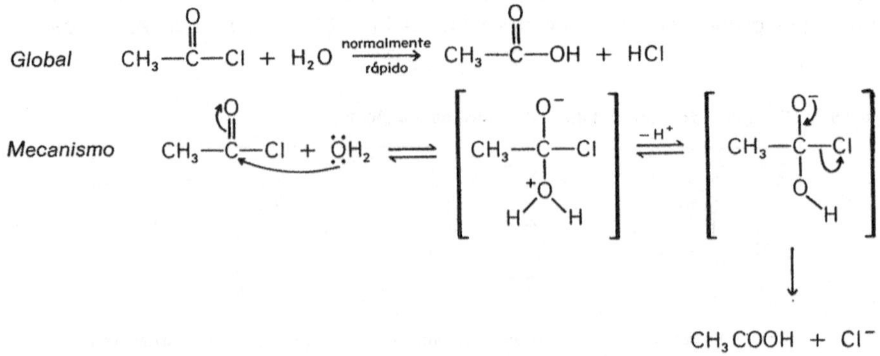

15-14 FORMACION DE ANHIDRIDOS

Las sales de los ácidos carboxílicos reaccionan irreversiblemente con los halogenuros de ácido para dar anhídridos.

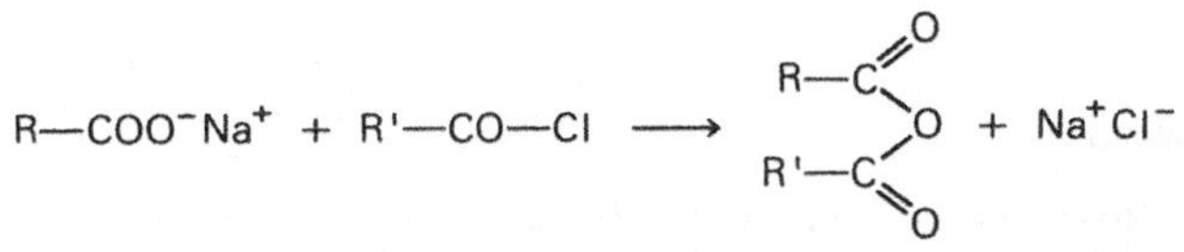

Recuérdese que el anhídrido acético se prepara a partir de cetena y ácido acético, y que los anhídridos simétricos se obtienen de ácidos carboxílicos más altos por tratamiento con anhídrido acético (ver 7-10 y 14-20).

La reacción de sales de ácido con halogenuros de ácido es un buen método para preparar los anhídridos asimétricos.

$$CH_3CH_2COO^-Na^+ + CH_3COCl \longrightarrow CH_3CH_2\overset{O}{\overset{\|}{C}}-O-\overset{O}{\overset{\|}{C}}CH_3 + Na^+Cl^-$$

propionato sódico — cloruro de acetilo — anhídrido acético propanoico

15-15 FORMACION DE AMIDAS

Las amidas se preparan por reacción de amoníaco, aminas primarias o aminas secundarias con un cloruro de ácido o con un ester. Las aminas terciarias forman sales con los cloruros de ácido pero no dan amidas. Se requieren dos equivalentes de amoníaco o de la amina, ya que el segundo reacciona con el HCl liberado.

$$CH_3CH_2COCl + 2NH_3 \longrightarrow CH_3CH_2CONH_2 + NH_4Cl$$

cloruro de propanoilo — propanamida

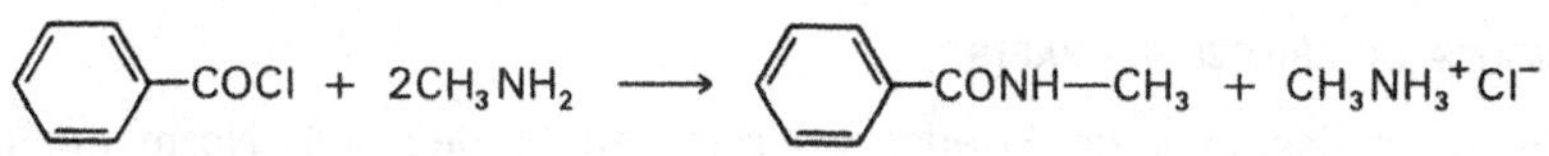

cloruro de benzoilo — metilamina — *N*-metilbenzamida

15-16 ALCOHOLISIS: FORMACION DE ESTERES

Tanto los alcoholes como los fenoles reaccionan con los cloruros de ácido dando el correspondiente ester.

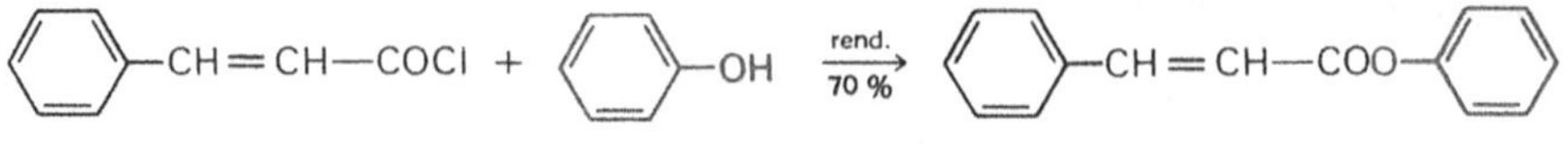

cloruro de cinamoilo — fenol — cinamato de fenilo + HCl

15-17 REDUCCION DE ROSENMUND

Se llama reducción de Rosenmund a la reducción controlada de los cloruros de ácido para preparar aldehídos (ver Sec. 13-3).

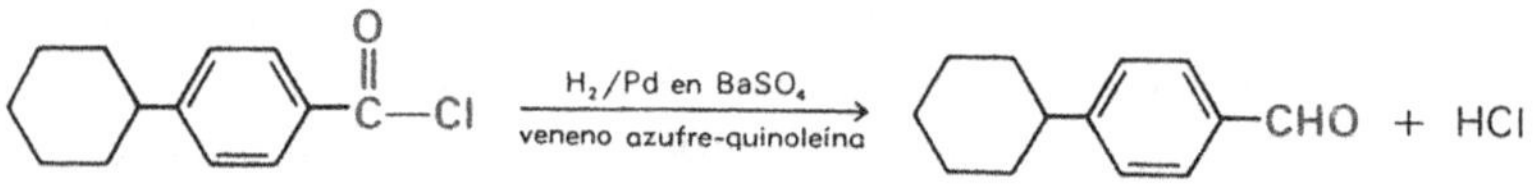

cloruro de *p*-ciclohexilbenzoilo — *p*-ciclohexilbenzaldehído

15-18 CETONAS VIA COMPUESTOS DE DIALQUIL CADMIO

En la Sec. 13-10 se trató de la preparación de cetonas por reacción de compuestos de dialquil cadmio con cloruros de ácido. Los compuestos organocádmicos son menos reactivos que los correspondientes reactivos de Grignard a partir de los cuales se preparan.

$$2[CH_3CH_2CH_2CH_2MgBr] + CdCl_2 \longrightarrow [(CH_3CH_2CH_2CH_2)_2Cd]$$

$$[(CH_3CH_2CH_2CH_2)_2Cd] + CH_3COCl \xrightarrow[75\ \%]{\text{rend.}} CH_3COCH_2CH_2CH_2CH_3$$

metil *n*-butil cetona

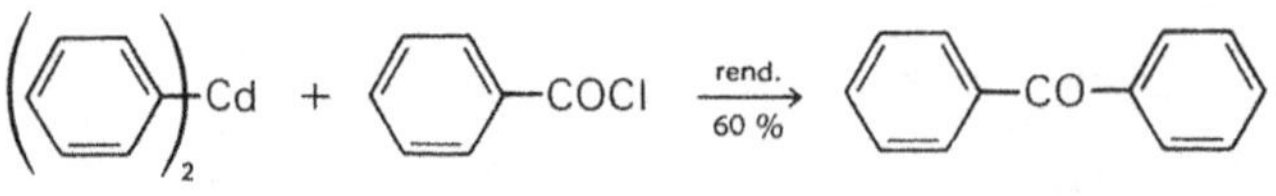

difenilcadmio — cloruro de benzoilo — benzofenona

15-19 ACILACIONES DE FRIEDEL Y CRAFTS

Revísense las acilaciones de Friedel y Crafts en la Sec. 7-9. Normalmente se utilizan tanto los cloruros de ácido como los anhídridos. Los cloruros de ácido requieren 1,1 equiv. de $AlCl_3$, mientras que los anhídridos, que contienen dos grupos carbonilo, requieren 2,1 equiv. Recuérdese que cada grupo carbonilo se compleja con 1 equiv. de $AlCl_3$; el 0,1 equiv. restante actúa como catalizador. La reacción con la mayoría de los bencenos monosustituidos conduce principalmente al isómero para

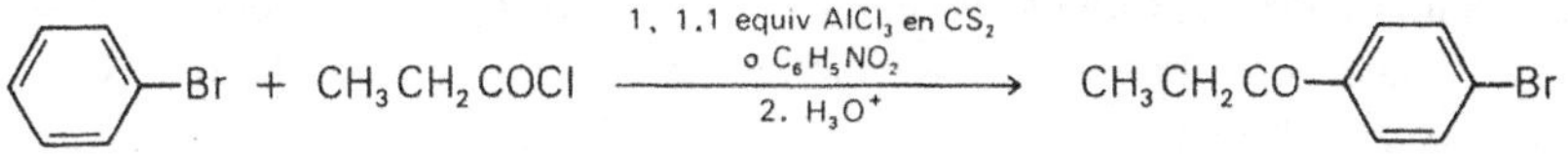

bromobenceno — cloruro de propanoilo — *p*-bromofenil etil cetona

15-20 ENSAYOS CUALITATIVOS

Los halogenuros de ácido tratados con nitrato de plata alcohólico precipitan rápidamente el halogenuro de plata, aunque otros compuestos con halógeno activo (halogenuros terciarios, de alilo, de bencilo) también dan el precipitado inmediatamente.

ANHIDRIDOS

15-21 QUIMICA DE LOS ANHIDRIDOS

Los anhídridos se nombran a partir del ácido o de los ácidos de los que derivan formalmente. Los anhídridos mixtos llevan el nombre de cada ácido, escribiéndose primero, normalmente, el más sencillo. Se dan ejemplos en la Tabla 15-3.

Tabla 15-3. Ejemplos de nomenclatura de anhídridos.

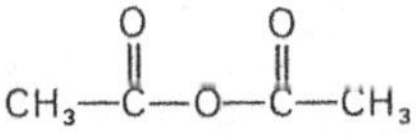

anhídrido acético

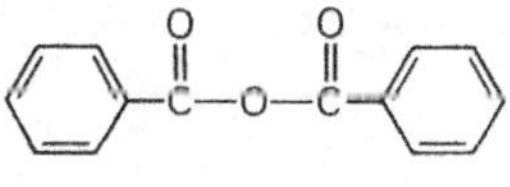

anhídrido benzoico

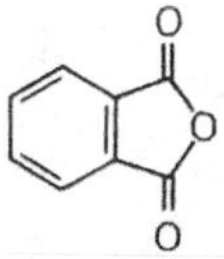

anhídrido ftálico

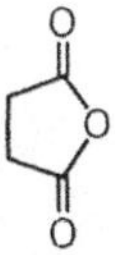

anhídrido succínico

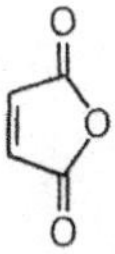

anhídrido maleico

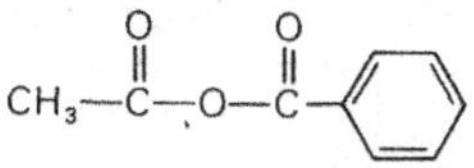

anhídrido acético benzoico

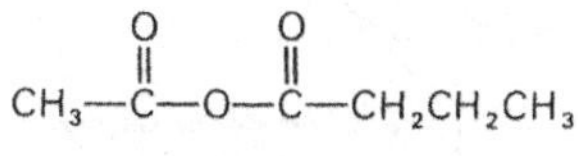

anhídrido acético butanoico

Gran parte de la química de los anhídridos expuesta en los dos párrafos siguientes ha sido tratada previamente en las secciones señaladas. Escríbanse ejemplos representativos de cada preparación y reacción de las descritas más abajo. Escríbase un mecanismo razonable de una de las reacciones de los anhídridos.

El anhídrido acético y los mixtos de acético se pueden preparar a partir de la cetena (Sec. 14-20); los anhídridos simétricos más altos se preparan con anhídrido acético (Sec. 7-10). En general los anhídridos mixtos se preparan con halogenuros de acilo y sales de ácidos carboxílicos (Sec. 15-14).

Los anhídridos, como los cloruros de ácido, dan con facilidad reacciones de hidrólisis (Sec. 15-13), alcoholisis (Sec. 15-16) y amonolisis con amoníaco, aminas primarias y aminas secundarias (Sec. 15-15).

15-22 SINTESIS DEL NAFTALENO UTILIZANDO ANHIDRIDO SUCCINICO

La acilación de Friedel y Crafts del benceno y sus derivados con anhídrido succínico, seguida de otras transformaciones que incluyen una ciclación, constituye un excelente método de síntesis de derivados del naftaleno que no se pueden preparar por sustitución directa del naftaleno o sus derivados. El esquema básico en cinco pasos se ilustra con la preparación del 1-metil-7-bromonaftaleno; sin embargo el alcance de esta síntesis es mucho más grande, como puede apreciarse al considerar las posibles variantes.

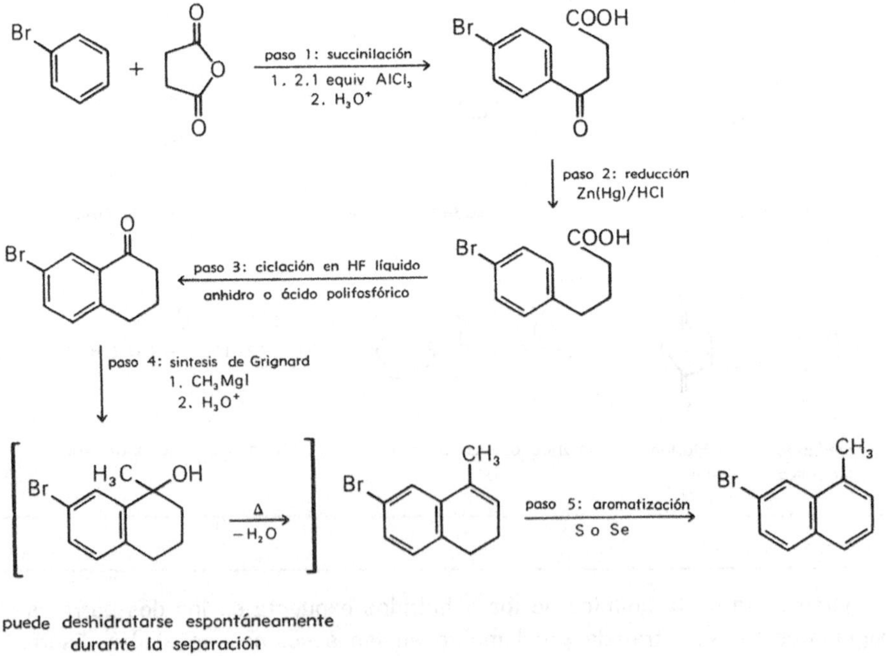

Variantes en la síntesis naftalénica

Paso 1: En la succinilación inicial se puede emplear cualquier compuesto aromático policíclico que sufra acilación de Friedel y Crafts. La posición del grupo succinilo entrante está determinada por los sustituyentes ya existentes en el sistema aromático. Los rendimientos varían de regulares a buenos; en el ejemplo mencionado el rendimiento es del 75 % si se usa exceso de bromobenceno como disolvente.

Paso 2: En este paso se utiliza corrientemente la reducción de Clemmenson (Sec. 13-12). En vez de reducir la función carbonilo, se puede tratar el compuesto aromático succinilado (cetoácido) con un *exceso* de reactivo de Grignard e hidrogenar después de hidratar. Se necesita un exceso de reactivo de Grignard a causa del hidrógeno activo del grupo carboxilo, —COOH. Supongamos, por ejemplo, que efectuamos la reacción con C_6H_5MgBr en el caso citado arriba, Después de tal variación se procede a la ciclación.

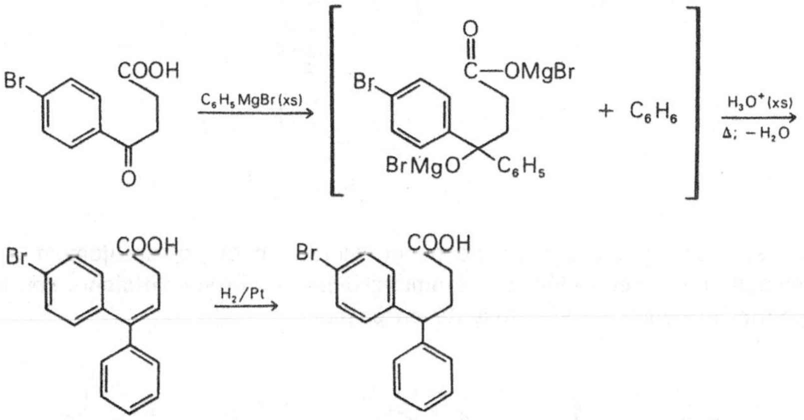

Paso 3: Para efectuar la ciclación se utilizan por lo menos tres métodos diferentes. Uno de los mejores es disolver el ácido en fluoruro de hidrógeno anhidro líquido (en la vitrina). El principal inconveniente es el manejo del fluoruro de hidrógeno para el que deben utilizarse recipientes en platino, cobre, o plástico, pues reacciona con el vidrio ($HF + SiO_2 \rightarrow SiF_4 + H_2O$). Los rendimientos son, sin embargo, del 80 al 90 % y apenas hay reacciones secundarias.

Quizás el mejor método sea disolver el ácido orgánico en ácido polifosfórico, es decir ácido fosfórico al que se ha adicionado pentóxido de fósforo. Es un excelente agente de deshidratación y el proceso se lleva a cabo en un vaso de precipitados en baño maría.

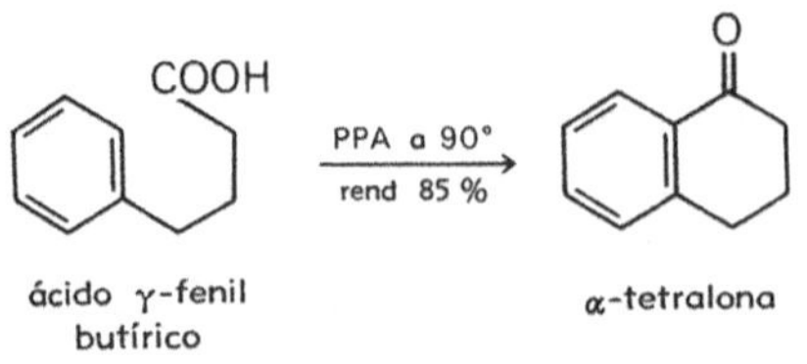

El tercer método, utilizado en el pasado, es una reacción de Friedel-Crafts interna. El ácido se convierte en cloruro de ácido mediante $SOCl_2$, se trata después con $AlCl_3$, y finalmente se hidroliza la mezcla de reacción con ácido mineral diluido. Este método en tres etapas, más bien engorroso, ha sido sustituido por los otros dos discutidos más arriba.

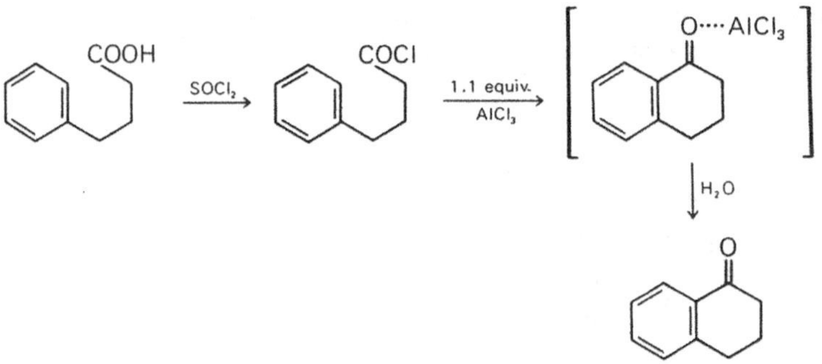

Paso 4: Este paso, por supuesto, se puede omitir. En el primer ejemplo se obtendría después de la reducción y la aromatización, el 2-bromonaftaleno, sobre el que se podría introducir un sustituyente en posición α.

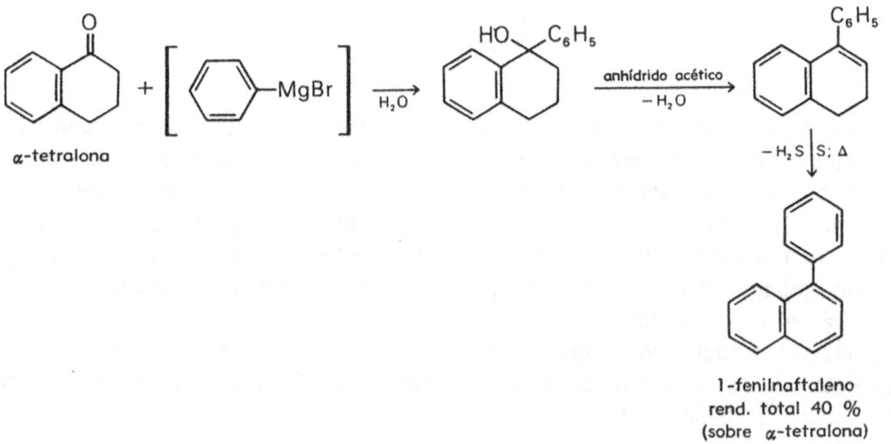

Paso 5: La deshidrogenación o aromatización con azufre o selenio es un paso clásico, aunque se hayan utilizado otros agentes de deshidrogenación o aceptores de hidrógeno.

Al proyectar síntesis de naftalenos por este método considérese bien la orientación del naftaleno sobre el papel. Primero investigar qué sustrato aromático bencénico se necesita como materia de partida, notando que las transformaciones de Grignard (en pasos 2 y 4) colocan los sustituyentes sólo en la posición α del naftaleno final. Con este esquema los sustituyentes β deben estar ya en los compuestos aromáticos originales; también los sustituyentes β finales pueden estar presentes en el derivado bencénico de partida. Adviértase finalmente que un grupo funcional presente en todos los pasos del esquema puede someterse al final a nuevas reacciones. Así, por ejemplo, con el átomo de bromo del ejemplo anterior se puede efectuar una nueva transformación.

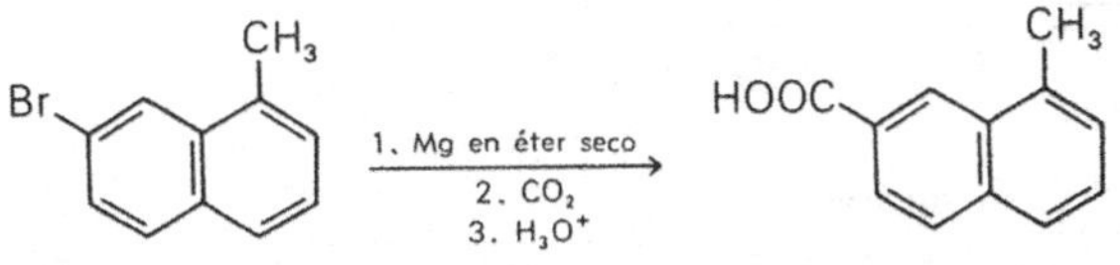

Proyéctense síntesis razonables de los siguientes compuestos:

(a)

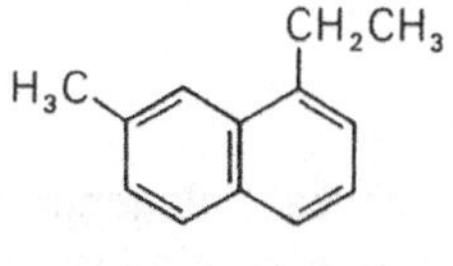

(b)

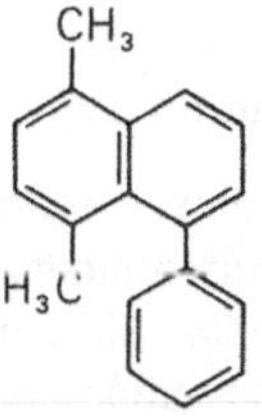

(c)

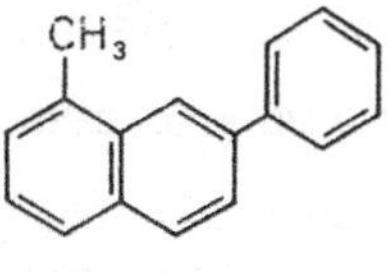

AMIDAS

15-23 NOMENCLATURA

La nomenclatura de amidas se basa en el nombre del ácido del que deriva formalmente. Se suprime la terminación *-oico* y se añade el sufijo *-amida*. Los sustituyentes en el nitrógeno amídico se nombran como *N* derivados (ver Tabla 15-4).

Tabla 15-4. Ejemplos de nomenclatura de amidas.

$H-\overset{O}{\overset{\parallel}{C}}-NH_2$	$H-\overset{O}{\overset{\parallel}{C}}-N(CH_3)_2$	$CH_3-\overset{O}{\overset{\parallel}{C}}-NH_2$
formamida	*N,N*, dimetilformamida (DMF)	acetamida

$CH_3CH_2CH_2CH_2CONH_2$

pentanamida

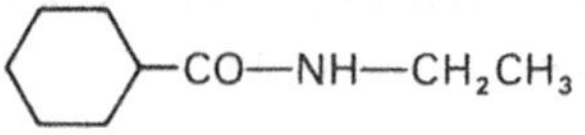

N-etilciclohexancarboxamida

$$H_2N-\overset{\overset{\displaystyle O}{\|}}{C}-CH_2-CH_2-\overset{\overset{\displaystyle O}{\|}}{C}-NH_2$$

succinamida

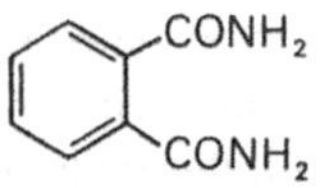

ftalamida

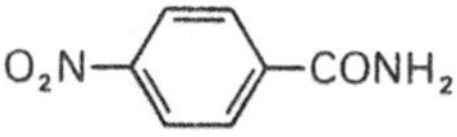

p-nitrobenzamida

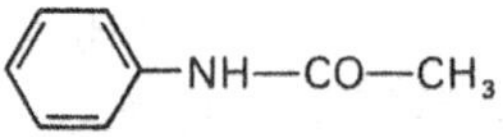

acetanilida

PREPARACION DE AMIDAS

15-24 A PARTIR DE DERIVADOS DE ACIDO

Las amidas se pueden preparar por reacción de esteres, halogenuros de ácido y anhídridos con amoníaco y con aminas primarias o secundarias (Secs. 15-7, 15-15 y 15-21). La pirólisis de sales de amonio secas, formadas por reacción de ácidos carboxílicos con hidróxido amónico, es también un buen método de formación de amidas.

$$CH_3CH_2COOH \xrightarrow{NH_4OH} CH_3CH_2COO^-NH_4^+ \xrightarrow{\Delta;\ \text{sal seca}} CH_3CH_2CONH_2$$

Ilustrar cada una de las nueve reacciones de amonolisis señaladas más arriba con un ejemplo específico. Nombrar los materiales de partida y los productos.

15-25 HIDROLISIS DE NITRILOS

Aunque la hidrólisis total de nitrilos (cianuros) conduce a ácidos carboxílicos, la amida intermedia se aisla a veces con buen rendimiento. El nitrilo se disuelve en ácido clorhídrico o sulfúrico concentrado, se abandona la disolución a temperatura ambiente (o ligeramente superior), y finalmente se vierte la mezcla sobre hielo machacado.

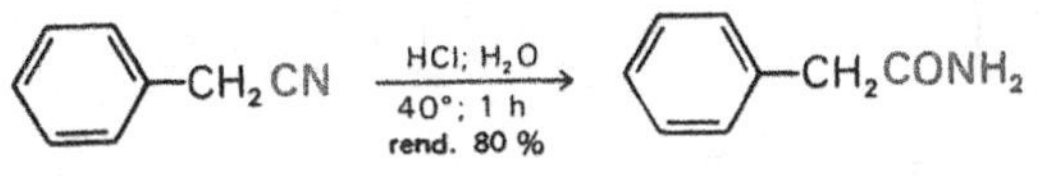

cianuro de bencilo fenilacetamida

15-26 TRANSPOSICION DE BECKMAN DE LAS OXIMAS

La hidroxilamina, $H_2N—OH$, reacciona con las cetonas para dar oximas. Aunque son posibles dos isómeros, normalmente se obtiene mayor proporción de la oxima en la que el grupo más voluminoso es anti con respecto al —OH (ver Sec. 13-14).

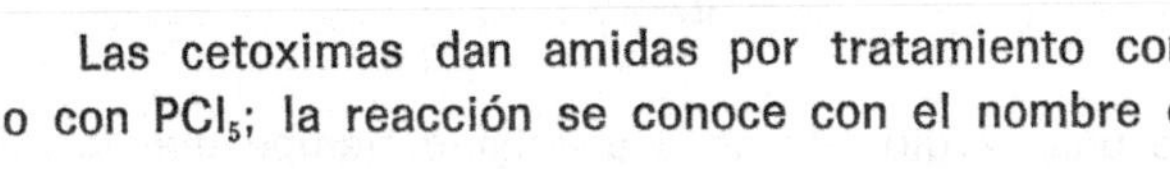

R'-más grande que R- cetoxima

Las cetoximas dan amidas por tratamiento con ácido sulfúrico concentrado o con PCl_5; la reacción se conoce con el nombre de *transposición de Beckman.*

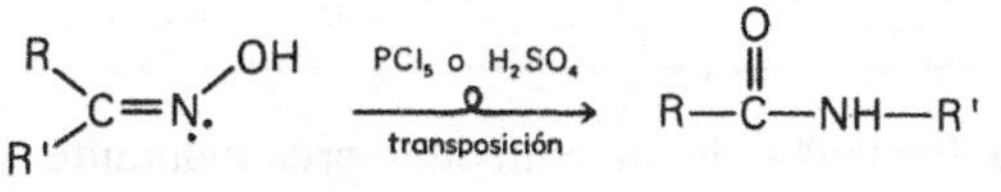

Se pueden formar dos amidas, pero generalmente se obtiene en mayor proporción la que deriva de la migración del grupo anti (con respecto al —OH) de la oxima. Aunque se forman también varios subproductos, la transposición de una cetoxima alifatico-aromática da un 80-90 % de la amida resultante de la migración anti.

El mecanismo en catálisis ácida es el siguiente:

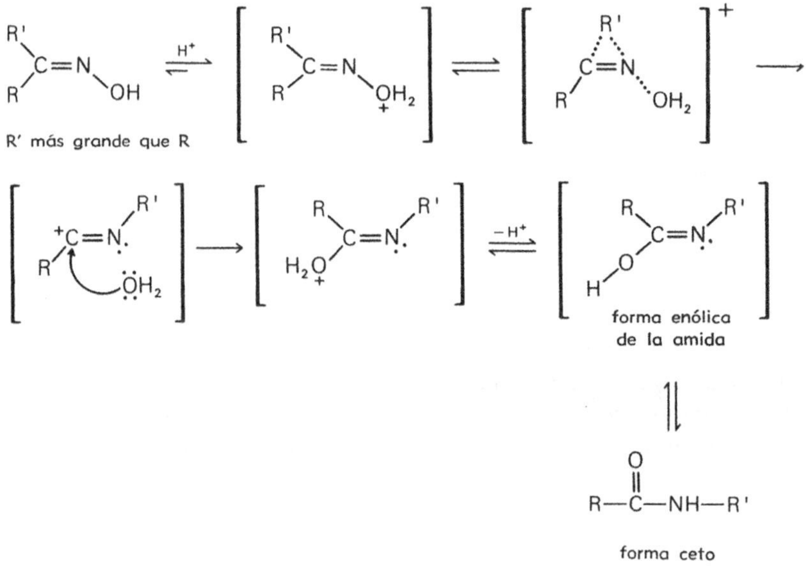

Ejemplo

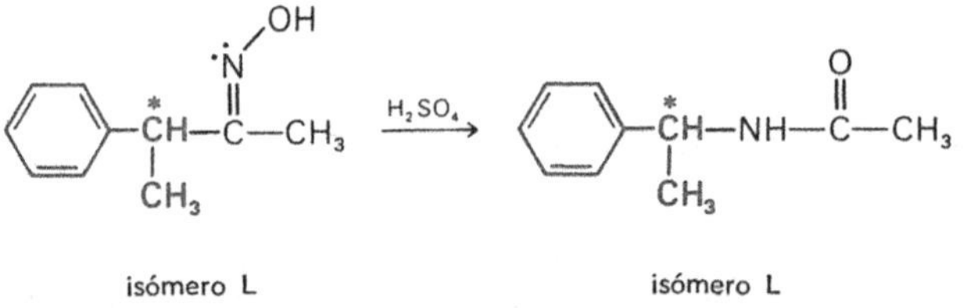

Adviértase que se produce una pérdida de agua al mismo tiempo que la migración del grupo más voluminoso del carbono al nitrógeno. Por ello hay *retención* de configuración en la migración de un átomo de carbono ópticamente activo.

Formúlese la transposición de Beckman de la cetoxima preponderante derivada de cada una de las siguientes cetonas:

1. metil etil cetona → *N*-etilacetamida (rend. 80 % con PCl_5)
2. benzofenona → benzanilida (rend. 99 % con HI)
3. ciclohexanona → ϵ-caprolactama (90 % con H_2SO_4)

REACCIONES DE LAS AMIDAS

15-27 HIDROLISIS

La hidrólisis de las amidas se puede efectuar con ácido o con base. En medio ácido los productos son el ácido carboxílico y la sal amónica, y en medio básico la sal del ácido y amoníaco o la amina orgánica. La hidrólisis básica debe ir seguida de un paso de acidificación si se desea al ácido libre. Análogamente se pueden obtener las aminas en la hidrólisis ácida basificando la disolución.

$$R{-}\overset{\overset{\displaystyle O}{\|}}{C}{-}NHR' \xrightarrow{H_3O^+} R{-}COOH + R'{-}\overset{+}{N}H_3$$

$$R{-}\overset{\overset{\displaystyle O}{\|}}{C}{-}NHR' \xrightarrow[H_2O]{OH^-} R{-}CO\bar{O} + R{-}NH_2$$

15-28 NITRILOS POR DESHIDRATACION DE AMIDAS

El pentóxido de fósforo es un agente deshidratante fuerte, capaz de convertir las amidas en nitrilos. Los ejemplos citados en la Tabla 15-5 ilustran la utilidad de esta reacción. Recuérdese que los nitrilos se preparan también tratando los halogenuros con CN^- (Sec. 8-7).

Tabla 15-5. Ejemplos de formación de nitrilos por deshidratación de amidas.

General

$$3R{-}\overset{\overset{\displaystyle O}{\|}}{C}{-}NH_2 + P_2O_5 \longrightarrow 3R{-}C{\equiv}N + 2H_3PO_4$$

Específico

$$\underset{\text{ácido isobutírico}}{(CH_3)_2CHCOOH} \xrightarrow[\text{rend. 90 \%}]{SOCl_2} \underset{\text{cloruro de isobutirilo}}{(CH_3)_2CHCOCl} \xrightarrow[\text{rend. 80 \%}]{NH_3} \underset{\text{isobutiramida}}{(CH_3)_2CHCONH_2}$$

$$\downarrow \text{rend. 70-85 \%} \quad P_2O_5\,;\ 200^\circ$$

$$\underset{\text{isobutironitrilo}}{(CH_3)_2CH{-}CN}$$

$$HOOC—(CH_2)_7—COOH \xrightarrow[\Delta]{NH_3} \left[H_2N—\overset{\overset{\displaystyle O}{\|}}{C}—(CH_2)_7—\overset{\overset{\displaystyle O}{\|}}{C}—NH_2 \right]$$

ácido azelaico — azelamida

$$\downarrow P_2O_5 \text{ o gel de silicio } \Delta$$

$$NC—(CH_2)_7—CN$$

azelanitrilo

rend. total 65 % (compárese con la siguiente reacción de desplazamiento)

$$Br—(CH_2)_7—Br \xrightarrow[\text{rend. 80 \%}]{KCN} NC—(CH_2)_7—CN$$

1,7-dibromoheptano

15-29 REDUCCION A AMINAS

La reducción de amidas con $LiAlH_4$ proporciona aminas primarias, secundarias y terciarias con excelentes rendimientos.

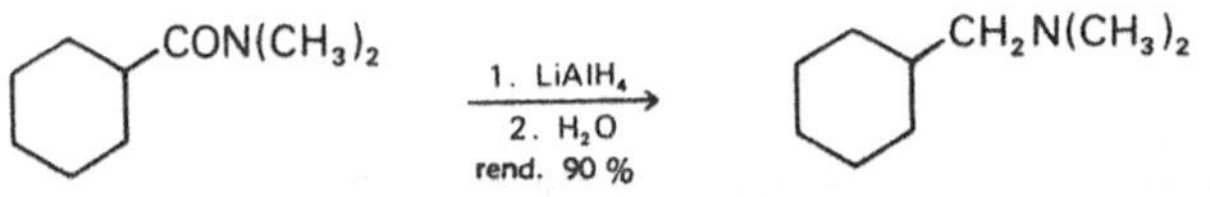

N,N-dimetilciclohexan-carboxamida — *N,N*-dimetilciclohexilmetilamina

15-30 REACCION DE HOFMANN: AMINAS PRIMARIAS PURAS A PARTIR DE AMIDAS

La conversión de una amida no sustituida en la amina primaria inmediatamente inferior se llama *reacción de Hofmann* y se realiza por medio de un ion hipohalogenoso, OX^-. Como fuentes del ion hipohalogenoso se emplean una base fuerte y un halógeno, como $NaOH—Br_2$ o $KOH—Cl_2$, o la *N*-bromosuccinimida en medio acuoso básico.

$$Br_2 + 2OH^- \longrightarrow Br^- + BrO^- + H_2O$$

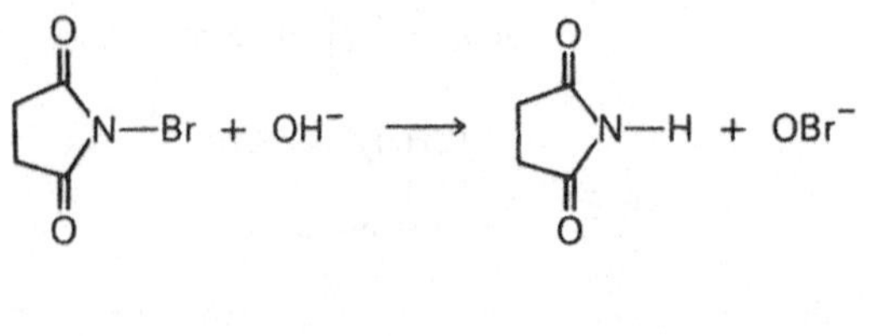

El mecanismo en varios pasos contiene aspectos mecanísticos nuevos que comentaremos después.

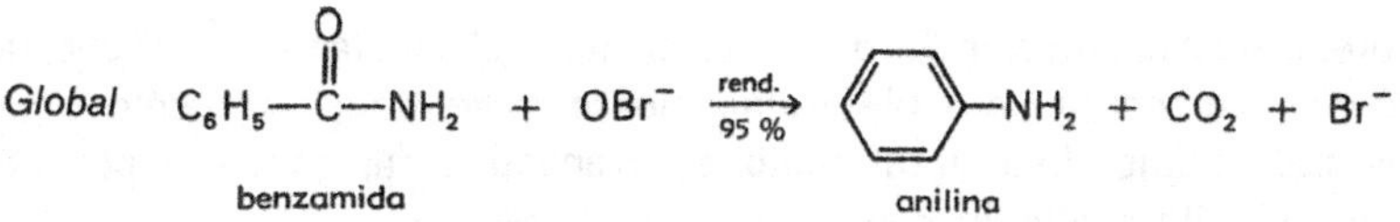

Mecanismo

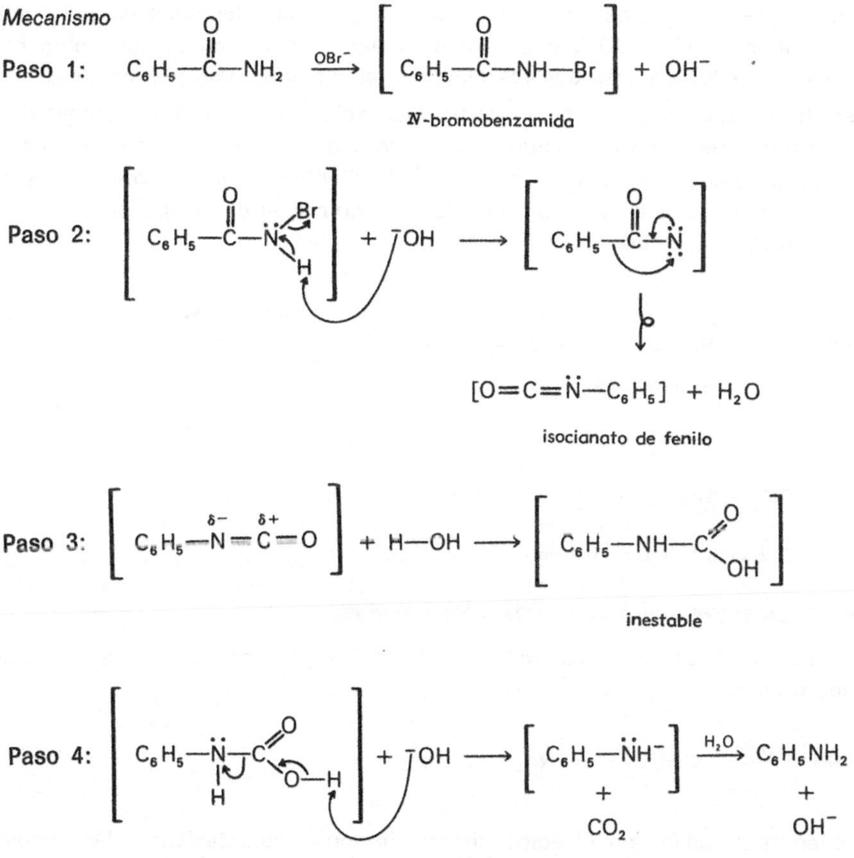

Paso 1: Las N-haloamidas son compuestos conocidos que se forman por acción de un halógeno y una base sobre las amidas.

$$CH_3CONH_2 \xrightarrow[\text{rend. 50 \%}]{Br_2\,;\,KOH} CH_3CONHBr$$

acetamida — N-bromoacetamida

Muchos de estos compuestos se utilizan como agentes de halogenación radicalaria de igual forma que la NBS (Sec. 8-3). La reacción de Hofmann se realiza corrientemente sin aislar ni purificar la *N*-haloamida.

Paso 2: Nótese que el intermedio de la formación del isocianato contiene un átomo de nitrógeno sin carga pero electrónicamente deficiente, pues sólo tiene seis electrones rodeándolo. Este intermedio se transpone rápidamente por migración de un grupo arilo o alquilo *con su par de electrones.*

Paso 3: Los isocianatos adicionan agua o alcohol con facilidad para dar ácidos carbámicos, $>$N—COOH, o sus esteres llamados *uretanos.* Los polímeros que derivan de estos esteres son los plásticos conocidos como *poliuretanos.*

Paso 4: Aunque el grupo ácido carboxílico sobre el *N* (ácidos carbámicos) es inestable con respecto al dióxido de carbono y a la amina, los esteres correspondientes, uretanos, son estables. La descarboxilación catalizada por base proporciona el anión de la amina, que por reacción con agua da la amina.

Otro ejemplo de la reacción es:

$$H_2N{-}CO{-}\overset{\alpha}{C}H_2{-}\overset{\beta}{C}H(CH_3){-}CH_2{-}CH_2{-}CO{-}NH_2$$

β-metiladipamida

$$\Big\downarrow \text{NaOBr} \;\; \text{rend. 70 \%}$$

$$H_2N{-}CH_2{-}CH(CH_3){-}CH_2{-}CH_2{-}NH_2$$

2-metil-1,4-diaminobutano

15-31 SAPONIFICACION Y REACCION CON ACIDO NITROSO

Las amidas se detectan cualitativamente por saponificación, ya que liberan amoníaco o amina.

$$R{-}CONH_2 \xrightarrow{H_2O} R{-}COOH + NH_3$$

También reaccionan con el ácido nitroso de forma característica; las amidas de aminas primarias desprenden nitrógeno, mientras que las amidas monosustituidas dan el correspondiente *N*-nitroso derivado.

$$R{-}CO{-}NH_2 + HONO \longrightarrow R{-}COOH + N_2\uparrow + H_2O$$

$$R{-}CO{-}NHR' + HONO \longrightarrow R{-}CO{-}N(NO){-}R' + H_2O$$

NITRILOS

15-32 NOMENCLATURA

Los nitrilos, también llamados cianuros, no derivan directamente de los ácidos carboxílicos, puesto que carecen del grupo carboxilo presente en los demás grupos funcionales tratados en este capítulo. Sin embargo, su conversión a ácidos carboxílicos y derivados discutida en este capítulo y en el anterior justifica su inclusión aquí. Corrientemente se utilizan dos sistemas de nomenclatura: como *nitrilos* tomando nombre del ácido al que pueden ser hidrolizados, o como *cianuros* precediendo al nombre del resto alquilo o arilo al que van unidos (ver Tabla 15-6).

Tabla 15-6. Ejemplos de nomenclatura de nitrilos.

CH_3CN acetonitrilo (cianuro de metilo)	CH_3CH_2CN propionitrilo (cianuro de etilo)	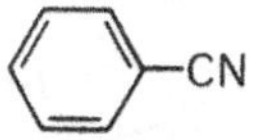 benzonitrilo (cianuro de fenilo)
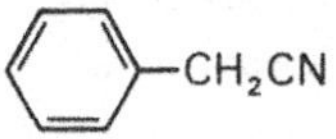 fenilacetonitrilo (cianuro de bencilo)	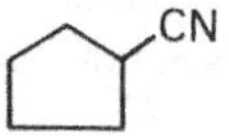 ciclopentanonitrilo (cianuro de ciclopentilo)	

PREPARACION Y REACCIONES DE NITRILOS

> Las preparaciones y reacciones de nitrilos de las dos secciones siguientes ya han sido descritas. Escribir un ejemplo específico ilustrando cada una.

15-33 PREPARACION DE NITRILOS

Los halogenuros de alquilo primarios y secundarios y los halogenuros aromáticos *activados* originan desplazamientos S_N2 con ion cianuro en alcohol (Secs. 8-7 y 8-10). Los halogenuros terciarios dan reacciones de eliminación.

Los halogenuros aromáticos ordinarios no reaccionan por desplazamiento, pero la conversión puede efectuarse utilizando KCN y $Cu_2(CN)_2$ en piridina (Sec. 8-9). La deshidratación de amidas no sustituidas da nitrilos (Sec. 15-28).

15-34 REACCIONES DE NITRILOS

Los nitrilos sufren hidrólisis catalizada por ácidos y saponificación básica, dando el ácido o su sal (Sec. 14-8). Si la reacción catalizada por ácido se detiene antes de la hidrólisis total se puede aislar la amida (Sec. 15-25). La reducción de nitrilos con hidruro de aluminio y litio conduce a aminas primarias (Sec. 16-5). Los nitrilos reaccionan con el reactivo de Grignard, la reacción de un aril nitrilo con CH_3MgX proporciona, previa hidrólisis,una aril metil cetona (Sec. 13-9).

LECTURAS RECOMENDADAS

Amoore, J. E., J. W. Johnston, Jr., and M. Rubin: The Stereochemical Theory of Odor, *Sci. Am.*, **210** (2), 42 (1964). Sugiere que hay siete olores fundamentales, basándose en la geometría de las terminaciones nerviosas receptoras olfativas.

Caserio, M. C.: Reaction Mechanisms in Organic Chemistry, I. The Experimental Approach; II. The Reaction Intermediate, *J. Chem. Educ.*, **42**, 570, 627 (1965). Una excelente presentación de la importancia de los mecanismos de reacción ilustrada con muchos ejemplos interesantes.

Cash, R. V.: Nucleophilic Reactions at Trigonally Bonded Carbon, *J. Chem. Educ.*, **41**, 108 (1964).

Collier, H. O. J.: Aspirin, *Sci. Am.*, **209** (5), 96 (1963). Repasa la química y efectos de la droga más usada.

Hurd, C. D.: Acid Anhydride Functionality, *J. Chem. Educ.*, **44**, 454 (1967). Discute el concepto general del anhídrido E=C—E—C=E (con un enlace libre en cada C), donde E=O, S, N, y algunas veces carbono.

Jacobson, M., and M. Beroza: Insect Attractants, *Sci. Am.*, **211** (2), 20 (1964). La estructura química y el aislamiento de algunos perfumes de insectos.

Leisten, J. A.: Homogeneous Catalysis, *J. Chem. Educ.*, **43**, 23 (1964).

Roderick, W. R.: Current Ideas on the Chemical Basis of Olfaction, *J. Chem. Educ.*, **43**, 510 (1966). Discute la relación de tamaño y estructura de perfumes.

Rose, A. H.: New Penicillins, *Sci. Am.*, **204** (3), 66 (1961). Síntesis de penicilinas con varias cadenas laterales.

Sterrett, F. S.: The Nature of Essential Oils, I. Production; II. Chemical Constituents, Analysis, *J. Chem. Educ.*, **39**, 203, 246 (1962).

PROBLEMAS

1. Dar el nombre o la fórmula estructural de cada uno de los siguientes esteres y halogenuros de ácido:

(*a*) benzoato de ciclopropilo

★(*b*) hexanoato de *n*-hexilo

(*c*) acetato de 3-etiloctilo

★(*d*) $CH_3—C_6H_4—CO_2CH_2CH_2—C_6H_5$

(*e*)

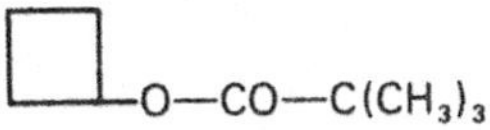

★(*f*)

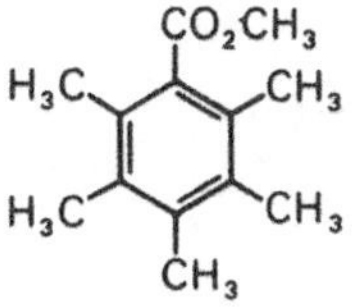

(*g*) $C_6H_5CO_2C_6H_5$

(*h*) $CH_3O_2C(CH_2)_2CO_2CH_2CH_3$

★(*i*) $CH_3—C_6H_4COCl$

(*j*) $CH_3(CH_2)_8COBr$

(*k*)

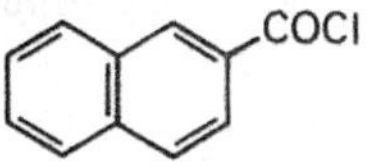

★(*l*) cloruro de 3-metilhexanoilo

(*m*) fluoruro de *p*-fluorbenzoilo

★(*n*) bromuro de 2,4-dibromo-1-naftoilo

2. Dar el nombre o la fórmula estructural de cada uno de los siguientes anhídridos y amidas

(*a*) $CH_3COOCOCH_2CH_2CH_3$

★(*b*)

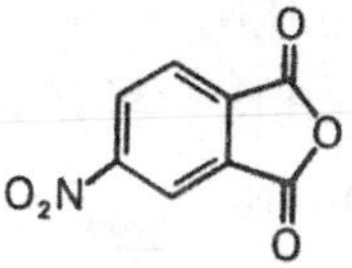

(*c*)

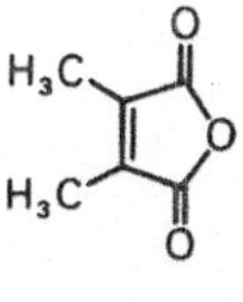

★(*d*) anhídrido propanoico para-*n*-propilbenzoico

(*e*) anhídrido butanoico

(*f*) anhídrido α-naftoico β-naftoico

★(*g*)

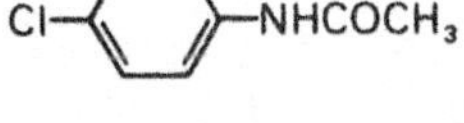

★(*h*)

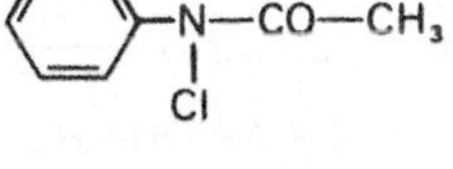

(*i*)

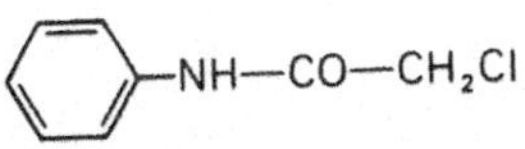

★(*j*)

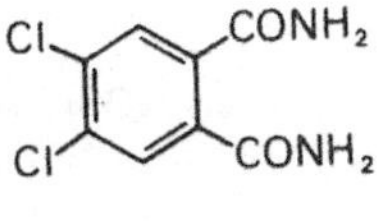

(*k*) *N,N*-dimetilhexamida

(*l*) 2,3-dicianbenzamida

★(*m*) 2,2-dimetilsuccinamida

(*n*) *N*-ciclohexilacetamida

3. Dar el nombre o la fórmula estructural de cada una de las siguientes imidas y nitrilos:

★(*a*) $CH_3CH_2CONHCOCH_2CH_3$

(*b*) $CH_3CH_2CH_2CH(OH)CH_2CN$

★(*c*)

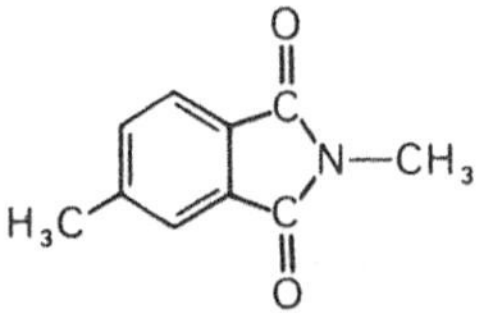

(*d*) 2,3-dimetilsuccinimida

★(*e*) cianuro de *p*-cianobencilo

(*f*) α-cianotolueno

★(*g*) heptanimida

(*h*) *N*-bromomaleimida

4. Dar la fórmula estructural (o el nombre) de las materias primas y la fórmula estructural y nombre de los productos. Si no hubiera reacción escríbase N.R.

★(*a*) $C_6H_5CH_2COOH + CH_3CH_2CH_2CH_2OH \xrightarrow{H^+}$

(*b*) ácido pentanoico $\xrightarrow{Ag_2O}$

(*c*) producto de (*b*) + $CH_3CH_2CH_2CH{=}CH{-}CH_2Br \longrightarrow$

★(*d*) 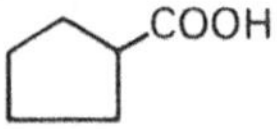 + $CH_2N_2 \longrightarrow$

(*e*) ciclopentanol + $CH_2N_2 \xrightarrow{H^+}$

(*f*) 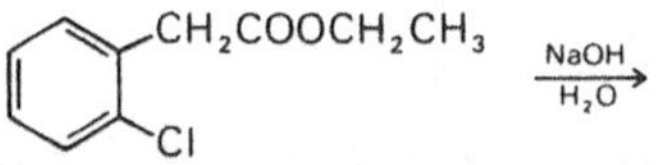

★(*g*) 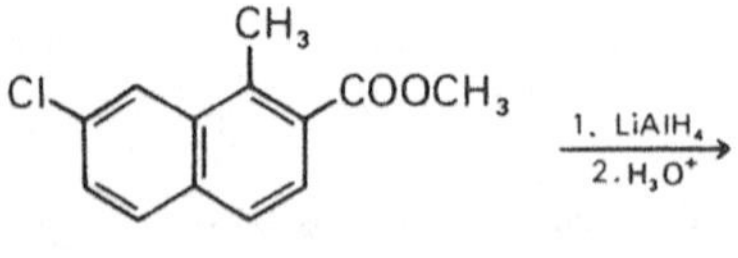

(*h*) $(CH_3CH_2)_2CHCOOH + SOCl_2 \longrightarrow$

(*i*) producto de (*h*) + $(CH_3)_2NH \longrightarrow$

(*j*) producto de (*h*) + $CH_3CH(OH)CH_3 \longrightarrow$

★(*k*) 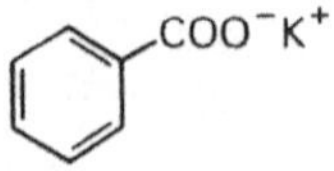 + $CH_3COBr \longrightarrow$

(*l*) fenóxido sódico + CH_3COBr ⟶

(*m*) 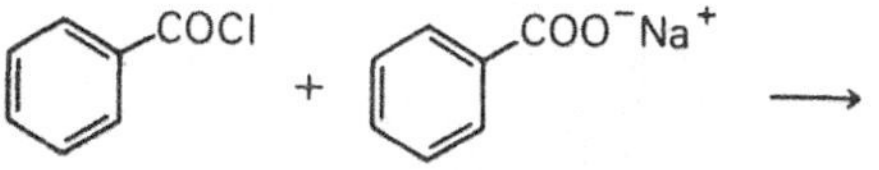

★(*n*) 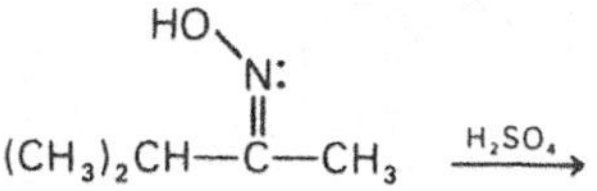

(*o*) *N,N*-dietilciclopentancarboxamida $\xrightarrow[2.\ H_3O^+]{1.\ LiAlH_4}$

(*p*) succinimida $\xrightarrow[NaOH]{Br_2}$

★ **5.** Un estudiante poco familiarizado con los mecanismos orgánicos intenta efectuar las siguientes reacciones. Explicar por qué estos procedimientos son sintéticamente pobres y sugerir caminos mejores para llegar a los compuestos.

(*a*) 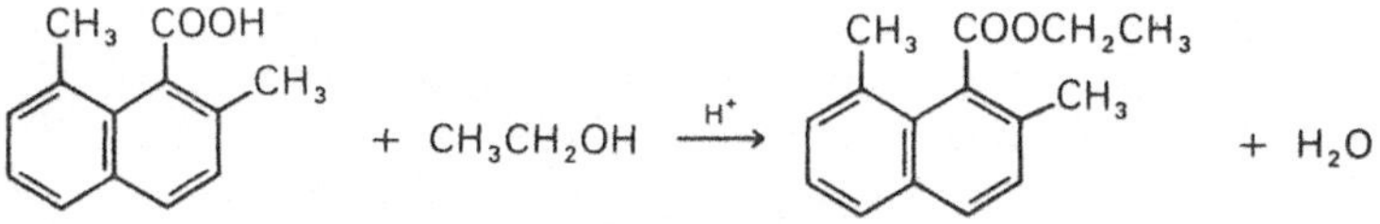

(*b*) 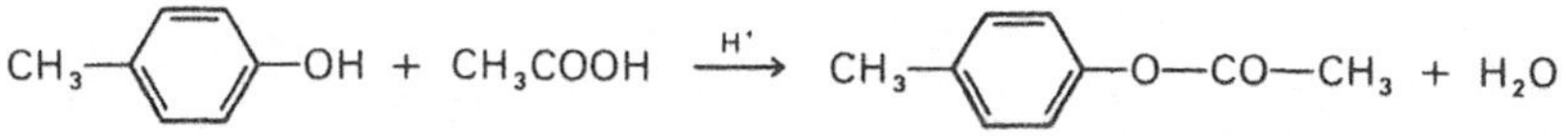

(*c*) 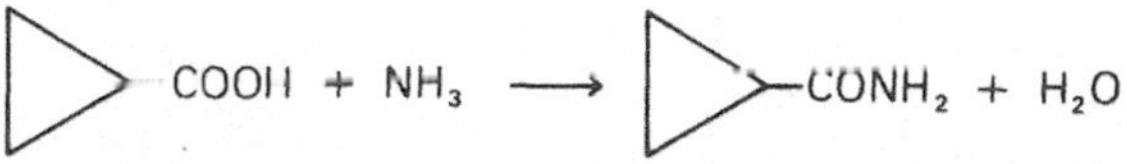

(*d*) $CH_3CH_2CH_2CN \xrightarrow[H_2O;\ \Delta]{NaOH} CH_3CH_2CH_2CONH_2$

(*e*) 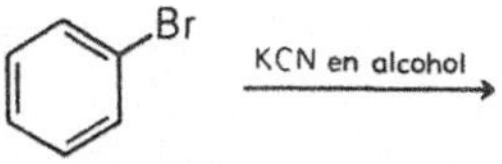

★ **6.** Mostrar cómo se pueden preparar los siguientes compuestos a partir de naftaleno, benceno, metanol y anhídrido succínico.

(*a*) 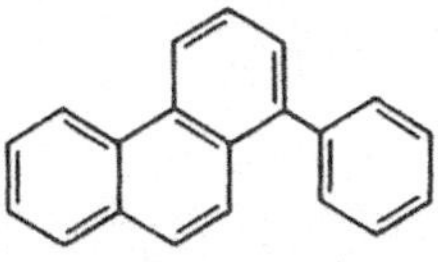

(*b*) 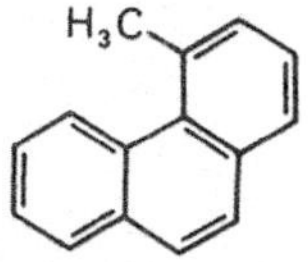

(c) 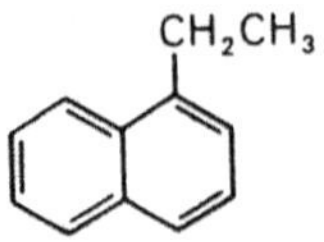

(d) 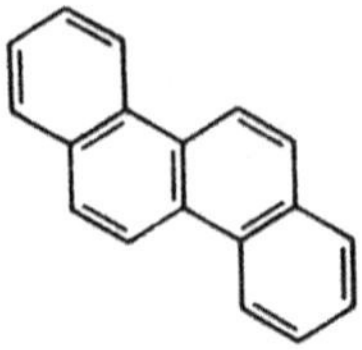

Capítulo dieciseis

Este capítulo concluye la discusión detallada de grupos funcionales sencillos que se hallan corrientemente en sistemas alifáticos, aromáticos y heterocíclicos. Esto no significa que hayamos expuesto aquí todos los grupos funcionales orgánicos posibles; se han omitido muchos, otros se han mencionado solo brevemente, y continuamente se sintetizan grupos nuevos.

Incluiremos los siguientes apartados: (1) compuestos que pueden reducirse a aminas aromáticas, (2) preparaciones y reacciones de las aminas alifáticas, aromáticas y heterocíclicas, y (3) las transformaciones de las sales de diazonio, $Ar—N_2^+X^-$, preparadas a partir de las aminas aromáticas primarias, $Ar—NH_2$.

NITROCOMPUESTOS AROMATICOS: IMPORTANTES PIEZAS FUNDAMENTALES EN QUIMICA AROMATICA SINTETICA

Recordar que el grupo nitro es un sustituyente polar atrayente de electrones; pueden escribirse dos estructuras de resonancia.

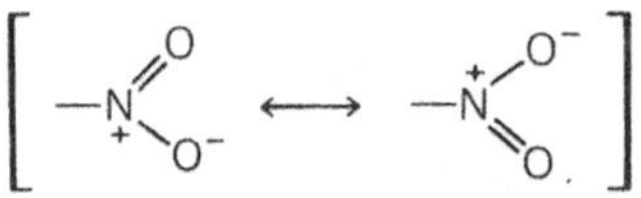

El grupo nitro es un sustituyente fuertemente desactivador y metadirigente en la sustitución electrófila aromática. Muchos grupos funcionales Y se pueden introducir en un hidrocarburo aromático por el siguiente camino:

$$\mathrm{Ar—H} \longrightarrow \mathrm{Ar—NO_2} \longrightarrow \mathrm{Ar—NH_2} \longrightarrow \left[\mathrm{Ar—N_2^+}\right] \longrightarrow \mathrm{Ar—}Y$$

En este esquema de síntesis, los nitrocompuestos aromáticos son intermedios importantes.

Aminas y compuestos de diazonio

16-1 PREPARACION

Casi todos los hidrocarburos aromáticos, muchos de los cuales son directamente asequibles a partir del alquitrán, pueden nitrarse por la acción de los ácidos nítrico y sulfúrico; sin embargo, la posición que toma el grupo entrante, depende del esquema particular de sustitución de cada hidrocarburo (Sec. 7-11).

$$\text{Ar—H} \xrightarrow[\text{H}_2\text{SO}_4]{\text{HNO}_3} \text{Ar—NO}_2$$

Debido al efecto desactivante de un grupo nitro, la dinitración no es usualmente una reacción secundaria seria. Los isómeros nitrados de muchos hidrocarburos se separan fácilmente por destilación fraccionada, arrastre con vapor o cristalización fraccionada.

16-2 REACCIONES

La reducción de los compuestos nitrados puede producir diversos productos según las condiciones de la reacción y el reductor empleado; por ejemplo,

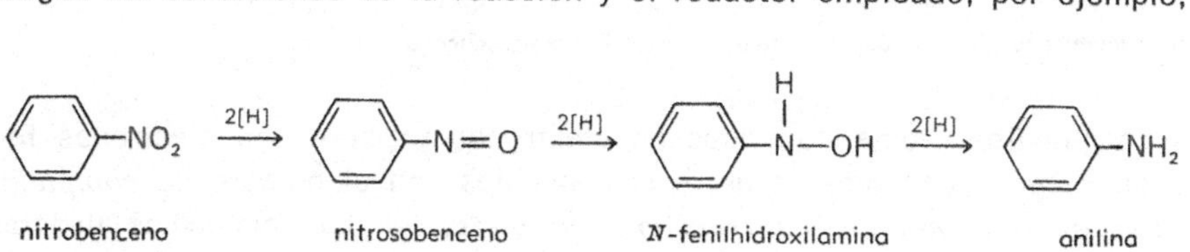

nitrobenceno nitrosobenceno *N*-fenilhidroxilamina anilina

Aquí discutiremos sólo la reducción total de los nitrocompuestos en disolución ácida, que da el grupo funcional amino. El reactivo usual es un sistema metal-ácido tal como el Fe o el Sn y HCl o H_2SO_4; pueden emplearse también $SnCl_2$ y $FeSO_4$.

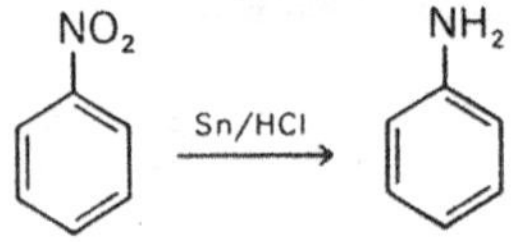

Es eficaz la reducción catalítica con hidrógeno y níquel Raney

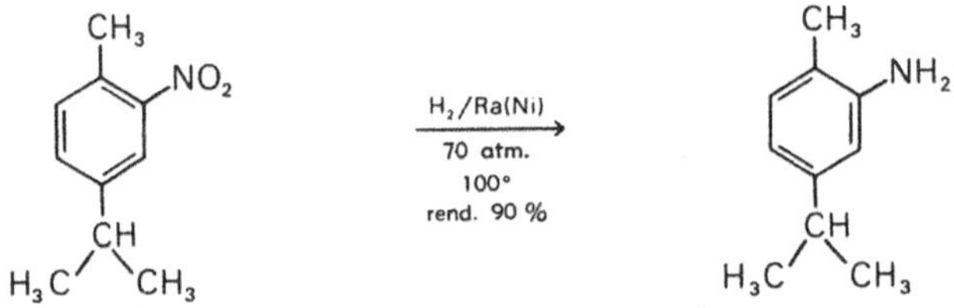

3-nitro-4-metilisopropilbenceno 3-amino-4-metilisopropilbenceno

16-3 COMPLEJOS DADOR-ACEPTOR

Teniendo en cuenta que los grupos nitro sustraen fuertemente electrones del sistema aromático π, la densidad de electrones π en el anillo de los polinitro compuestos aromáticos es menor que la de los correspondientes hidrocarburos aromáticos no sustituidos o de los que contienen sustituyentes dadores de electrones. Estos nitro y ciano compuestos se denominan *aceptores*, de ellos entresacamos como ejemplos corrientes:

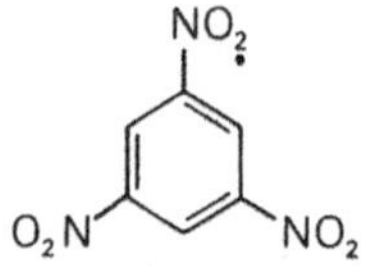

1,3,5-trinitrobenceno

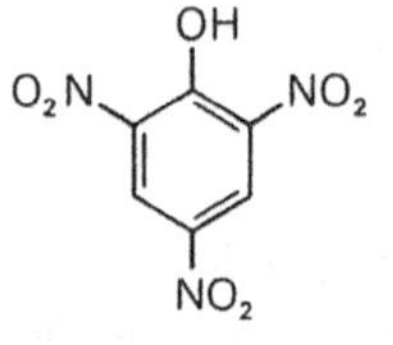

ácido pícrico

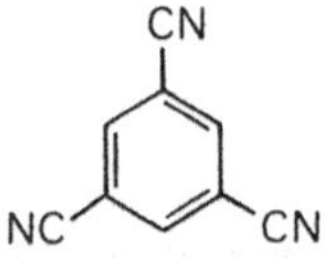

1,3,5-tricianobenceno

Los compuestos aromáticos ricos en electrones y pobres en electrones forman algunas veces compuestos entre sí conocidos con el nombre de *complejos dador-aceptor* o *complejos de transferencia de carga*. Las moléculas dadoras son compuestos aromáticos tan familiares como el benceno, bencenos metilsustituidos e hidrocarburos aromáticos polinucleares (naftaleno, antraceno, fenantreno) y sus derivados. Las moléculas aceptoras son las que contienen grupos fuertemente atrayentes de electrones como —NO_2 o —CN. Las combinaciones de esos dadores y aceptores dan lugar a nuevos complejos mantenidos por interacciones electrostáticas claramente fuertes del sistema electrónico π.

Por ejemplo, el tratamiento del naftaleno con ácido pícrico da lugar a un nuevo compuesto sólido. Muchos de esos complejos tienen puntos de fusión bien definidos.

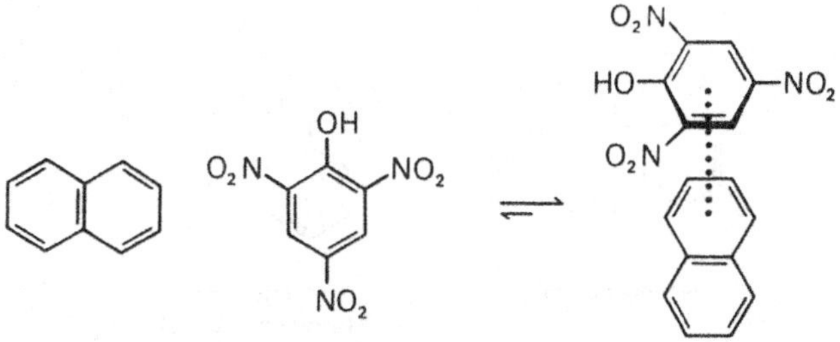

naftaleno "dador" | ácido pícrico "aceptor" | complejo-π o aducto

NOMENCLATURA DE AMINAS

Las aminas se denominan *primarias*, $R—NH_2$, secundarias R_2NH, o terciarias, R_3N, según que el átomo de nitrógeno lleve uno, dos o tres grupos alquilo o arilos respectivamente. Esas aminas tienen una estructura piramidal análoga a la del amoníaco y están en libertad de experimentar inversión análoga a la del amoníaco. Un átomo de nitrógeno unido a cuatro grupos está cargado positivamente y se conoce con el nombre de *sal de amonio cuaternario:*

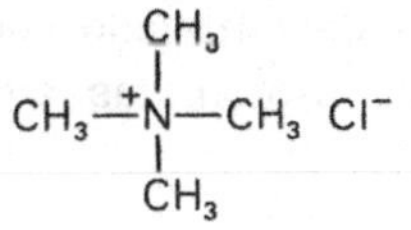

cloruro de tetrametilamonio

Esas sales no pueden invertirse. Los nombres de las aminas se escriben en una palabra, que se forma con el nombre de los grupos alquilo o arilo unidos al nitrógeno y el sufijo *amina*. La Tabla 16-1 indica algunos ejemplos.

Tabla 16-1. Aminas orgánicas representativas.

CH_3NH_2	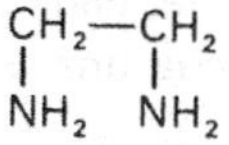	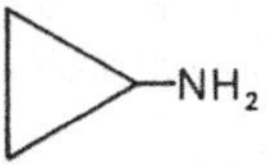
metilamina	etilendiamina	ciclopropilamina

$CH_3NHCH_2CH_3$

metiletilamina

$[(CH_3)_2CH]_2NH$

diisopropilamina

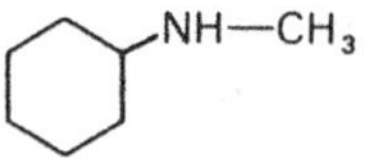

N-metilciclohexilamina

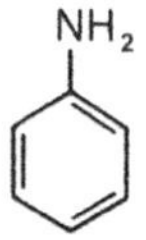

anilina

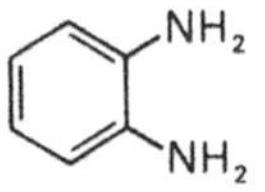

o-fenilendiamina

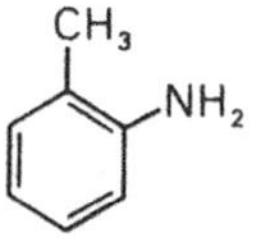

o-toluidina
(*o*-aminotolueno)

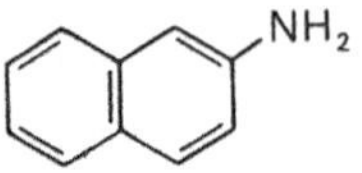

β-naftilamina

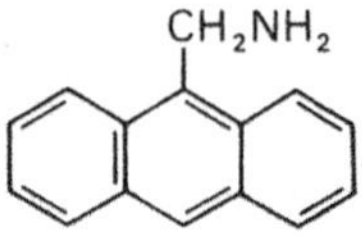

9-aminometilantraceno

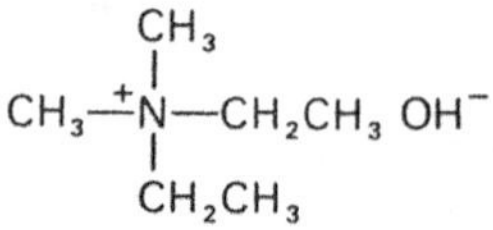

hidróxido de dimetil-dietilamonio

BASICIDAD DE LAS AMINAS

Teniendo en cuenta que las aminas contienen un átomo de nitrógeno con un par de electrones no compartidos que pueden aceptar un protón, las aminas son bases de Lewis. Por ejemplo,

$$CH_3CH_2\ddot{N}H_2 \xrightarrow{HCl} CH_3CH_2\overset{+}{N}H_3\ Cl^-$$

etilamina — hidrocloruro de etilamina

Incluso en disolución acuosa la amina está parcialmente protonada.

$$R{-}\ddot{N}H_2 + H_2O \rightleftharpoons R{-}\overset{+}{N}H_3 + OH^-$$

Como en el caso de los ácidos, la constante de equilibrio viene determinada por la concentración molar de cada una de las especies implicadas. Así,

$$K_b = \frac{[R\overset{+}{N}H_3][OH^-]}{[RNH_2]}$$

donde la concentración de agua (55 *M*) se ha incorporado ya en el valor numérico de K_b. El pK_b, definido por

$$pK_b \equiv -\log K_b$$

nos permite expresar las fortalezas de esas bases en números convenientes. Como en el pK_a, cuanto mayor sea el pK_b, menos fuerte será la base. Considérense los pK_b de algunas aminas alifáticas sencillas.

	$(CH_3)_2\ddot{N}H$ >	$CH_3\ddot{N}H_2$ >	$(CH_3)_3\ddot{N}$ >	$\ddot{N}H_3$
K_b	$5{,}2 \times 10^{-4}$	$4{,}4 \times 10^{-4}$	$5{,}4 \times 10^{-5}$	$1{,}8 \times 10^{-5}$
pK_b	3,28	3,36	4,26	4,75

Comparadas con el amoníaco, la mayoría de las aminas primarias y secundarias alifáticas son más fuertes porque los grupos alquilo aumentan la densidad electrónica en el átomo de nitrógeno por el efecto inductivo. Las aminas terciarias alifáticas, sin embargo, son generalmente bases más fuertes que el amoníaco pero más débiles que las aminas secundarias comparables. En las aminas terciarias el volumen estéreo de los grupos impide, en alguna extensión, la compresión de esos grupos alquilo en la transición de las aminas tricoordinadas a la sal amónica tetracoordinada.

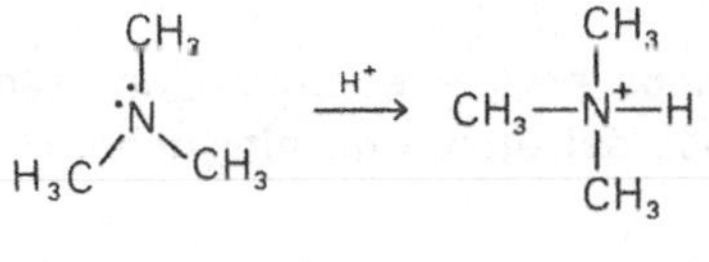

Existe menor interacción repulsiva alquilo-alquilo en las aminas terciarias que en las sales. Los hidróxidos de amonio cuaternarios son bases muy fuertes y están muy ionizados en disolución acuosa.

$$(CH_3)_4N^+ \ {}^-OH \rightleftharpoons (CH_3)_4N^+ + {}^-OH$$

Las moléculas de agua solvatan y ayudan así a dispersar la carga de los iones separados.

La mayoría de las *aminas aromáticas* son bases considerablemente más débiles que el amoníaco. El efecto de resonancia del grupo fenilo sobre el par de electrones no compartido disminuye la densidad electrónica en el átomo de nitrógeno.

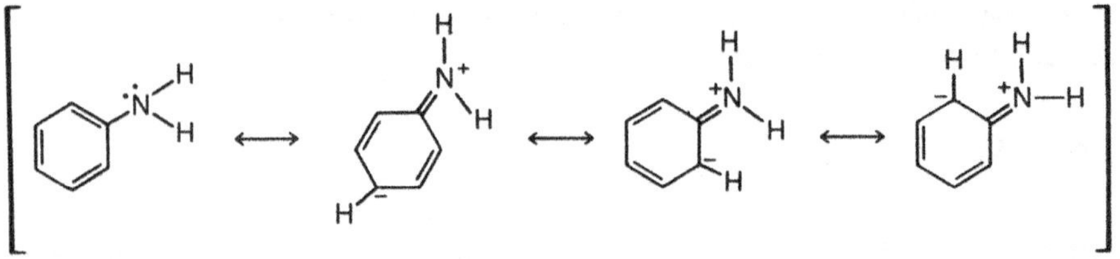

Las aminas aromáticas terciarias acumulan los efectos estéreos adicionales descritos anteriormente, y muchos de esos compuestos son débilmente básicos.

$$C_6H_5{-}NH_2 > (C_6H_5)_2NH > (C_6H_5)_3N$$

K_b	$4{,}6 \times 10^{-10}$	10^{-14}	la constante de basicidad no puede medirse en H_2O

Los sustituyentes del anillo aromático tienen efectos previsibles sobre la basicidad: los sustituyentes dadores de electrones aumentan la basicidad, mientras que los atrayentes de electrones la disminuyen.

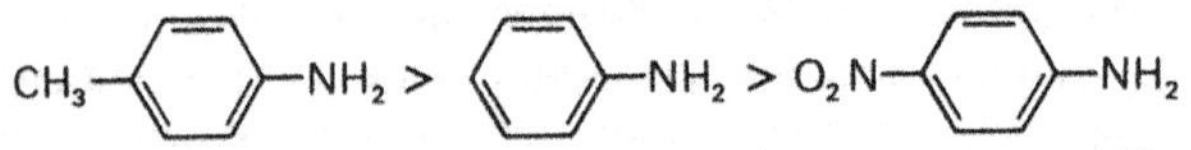

K_b	$1{,}2 \times 10^{-9}$	$3{,}8 \times 10^{-10}$	$1{,}1 \times 10^{-12}$
pK_b	8,92	9,42	11,96

Amidas, $R{-}C({=}O){-}\ddot{N}H_2$, no son compuestos básicos porque el efecto de resonancia disminuye la densidad electrónica alrededor del átomo de nitrógeno.

Imidas, $R{-}C({=}O){-}\ddot{N}H{-}C({=}O){-}R$, por otra parte, son considerablemente más ácidas que las amidas a consecuencia de la estabilización del anión por resonancia.

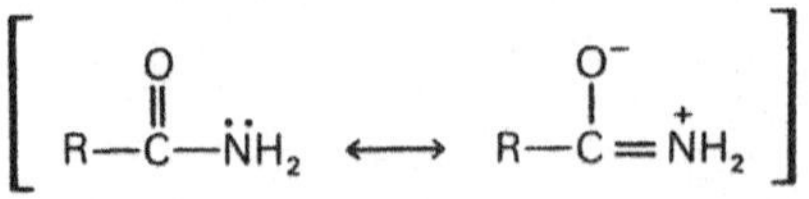

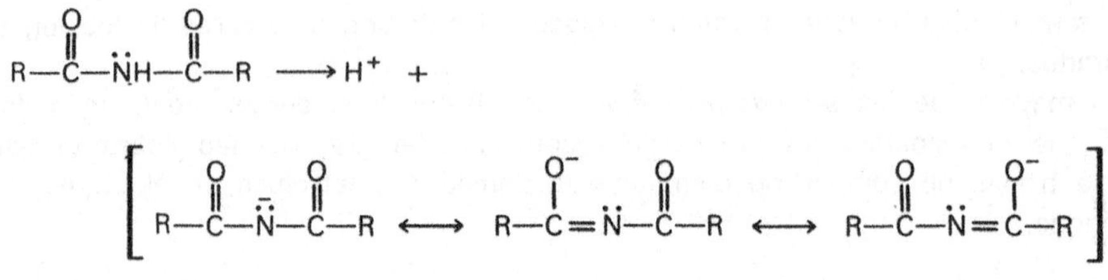

Las *sales de aminas* se forman por reacción de los ácidos inorgánicos u orgánicos con una amina. Esta reacción se emplea en la resolución de ácidos racémicos mediante aminas naturales. La base libre y la sal del ácido pueden obtenerse tratando la sal de la amina con una base más fuerte, tal como el hidróxido sódico. (El ácido resuelto se obtiene entonces acidificando separadamente la sal (ver Cap. 12).) Los ácidos inorgánicos dan usualmente sales solubles en aguà.

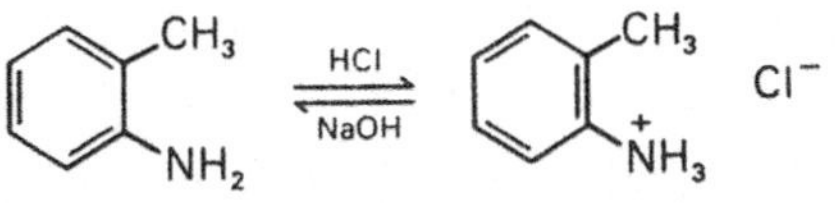

o-toluidina hidrocloruro de *o*-toluidina

Muchas aminas fuertemente básicas forman el carbonato por exposición a la atmósfera húmeda.

$$2CH_3CH_2\ddot{N}H_2 + CO_2 + H_2O \longrightarrow 2CH_3CH_2\overset{+}{N}H_3\ CO_3^{--}$$

etilamina carbonato de etilamina

PREPARACION DE AMINAS

16-4 REDUCCION DE NITROCOMPUESTOS

En la reducción de los nitrocompuestos aromáticos pueden emplearse la hidrogenación catalítica (hidrógeno con níquel Raney), sistemas metal-ácido (HCl o H_2SO_4 con Fe, Sn, o Zn), o polisulfuro amónico, NH_4S_xH. El polisulfuro amónico tiene la ventaja especial de reducir un sólo grupo nitro en presencia de varios; en casos asimétricos no es siempre posible predecir cuál de los grupos nitro se reducirá.

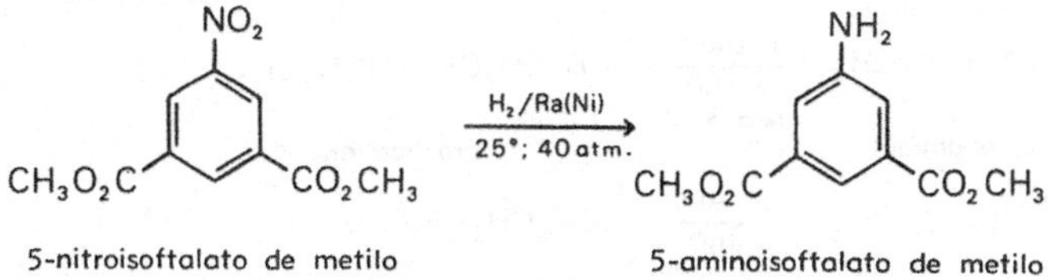

5-nitroisoftalato de metilo 5-aminoisoftalato de metilo

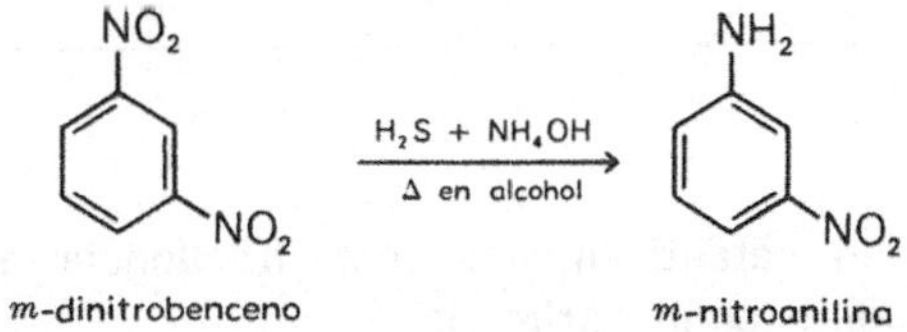

m-dinitrobenceno *m*-nitroanilina

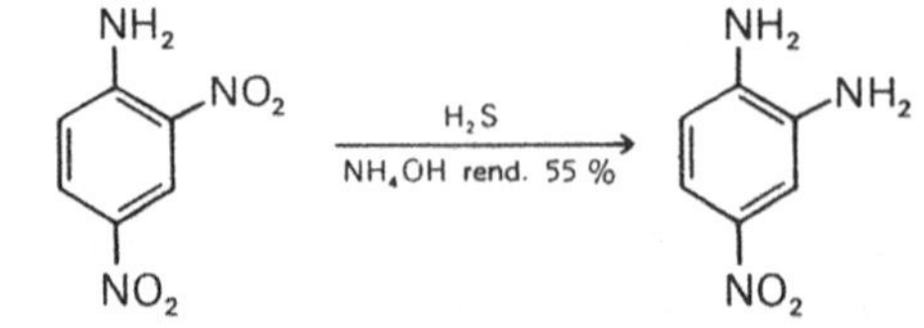

2,4-dinitroanilina → 4-nitrofenilendiamina (1,2-diamino-4-nitrobenceno)

16-5 REDUCCION DE NITRILOS Y AMIDAS

Las aminas primarias, R—CH_2NH_2, se forman por reducción de los nitrilos, R—C≡N, y de las amidas no sustituidas, R—$CONH_2$, con $LiAlH_4$. Las amidas sustituidas dan la amina correspondiente. Obsérvese que aunque el grupo carbonilo de los aldehídos, R—CHO, y cetonas, R—CO—R, se reduce con $LiAlH_4$ a los alcoholes correspondientes, R—CH_2OH y R—CHOH—R′, las amidas se reducen directamente a la amina. En la Tabla 16-2 se indican ejemplos.

Tabla 16-2. Ejemplos de preparación de aminas con $LiAlH_4$.

$CH_3CH_2CH_2CN$ *n*-butironitrilo	1. $LiAlH_4$ 2. H_2O → rend. 60 %	$CH_3CH_2CH_2CH_2NH_2$ *n*-butilamina
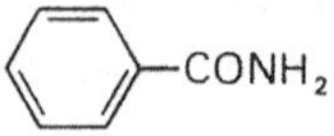 benzamida	1. $LiAlH_4$ 2. H_2O → rend. 85 %	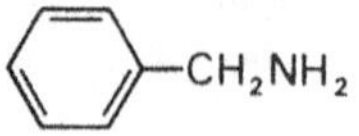 bencilamina
$CH_3CH_2CONHCH_2CH_3$ *N*-etilpropionamida	1. $LiAlH_4$ 2. H_2O → rend. 50 %	$CH_3CH_2CH_2NHCH_2CH_3$ etilpropilamina
$CH_3CON(CH_2CH_3)_2$ *N,N*-dietilacetamida	1. $LiAlH_4$ 2. H_2O → rend. 50 %	$(CH_3CH_2)_3N$ trietilamina

Los nitrilos pueden reducirse también catalíticamente (con frecuencia en presencia de NH_3) dando la correspondiente amina primaria.

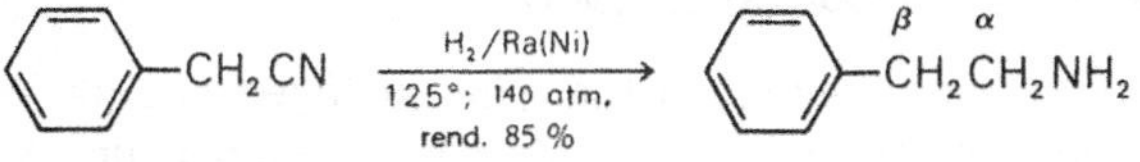

cianuro de bencilo → β-feniletilamina

$$N{\equiv}C{-}(CH_2)_8{-}C{\equiv}N \xrightarrow[NH_3;\ 125°\ 100\,atm.\ rend.\ 80\ \%]{H_2/Ra(Ni)} H_2N{-}(CH_2)_{10}{-}NH_2$$

sebaconitrilo → 1,10-decanodiamina (decametilendiamina)

16-6 AMINACION REDUCTORA DE ALDEHIDOS Y CETONAS

La reducción catalítica de aldehídos y cetonas en presencia de amoníaco da aminas primarias. En la Tabla 16-3 se indican ejemplos.

Tabla 16-3. Ejemplos de preparación de aminas a partir de aldehídos y cetonas.

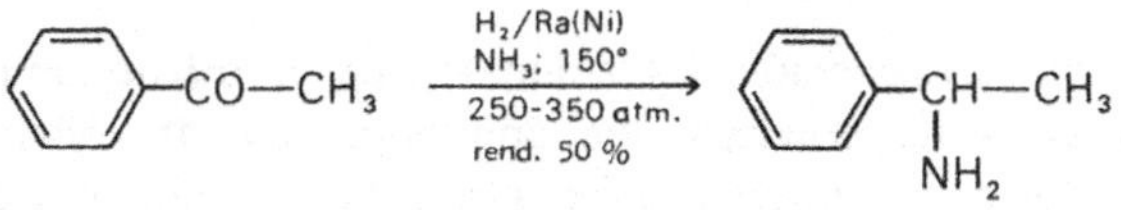

acetofenona → α-feniletilamina

$$CH_3{-}\overset{O}{\overset{\|}{C}}{-}CH_2CH_2CH_2CH_2CH_3 \xrightarrow[250\text{-}350\ atm.\ rend.\ 50\ \%]{H_2/Ra(Ni)\ NH_3;\ 150°} CH_3{-}\underset{NH_2}{\underset{|}{C}H}{-}CH_2CH_2CH_2CH_2CH_3$$

metilpentilcetona → 2-aminoheptano

$$CH_3(CH_2)_4CH_2CHO \xrightarrow[250\text{-}350\ atm.\ rend.\ 60\ \%]{H_2/Ra(Ni)\ NH_3;\ 150°} CH_3(CH_2)_4CH_2CH_2NH_2$$

n-heptaldehído → *n*-heptilamina

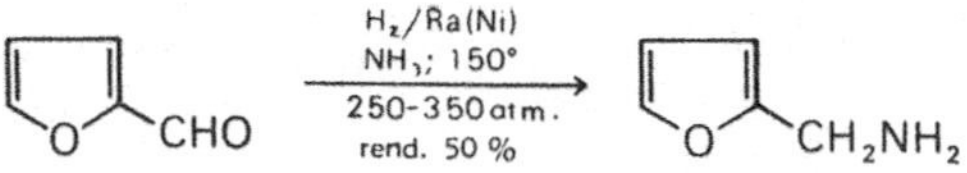

furfural → furilamina

16-7 ALQUILACION DEL AMONIACO O AMINAS CON HALOGENUROS

El desplazamiento nucleófilo del ion halogenuro de los halogenuros de alquilo por el amoníaco o las aminas primarias o secundarias conduce a una sal que, por pérdida de un protón, da una nueva amina. La amina recién formada es más básica que el amoníaco y compite favorablemente con él en las reacciones de desplazamiento posteriores.

$$H_3\ddot{N} + CH_3{-}I \xrightarrow{S_N2} H_3\overset{+}{N}{-}CH_3\ I^- \rightleftharpoons CH_3\ddot{N}H_2 + HI$$

$$CH_3\ddot{N}H_2 + CH_3{-}I \xrightarrow{S_N2} (CH_3)_2\overset{+}{N}H_2\ I^- \rightleftharpoons (CH_3)_2\ddot{N}H + HI$$

Tales desplazamientos continúan concurriendo hasta que se forma una sal amónica cuaternaria que no puede sufrir ulteriores reacciones.

$$(CH_3)_2\ddot{N}H + CH_3{-}I \longrightarrow (CH_3)_3\overset{+}{N}H\ I^- \rightleftharpoons (CH_3)_3\ddot{N} + HI$$

$$(CH_3)_3\ddot{N} + CH_3{-}I \longrightarrow (CH_3)_4\overset{+}{N}\ I^-$$

En consecuencia, la reacción del amoníaco con los halogenuros de alquilo da lugar a una mezcla de productos que son químicamente análogos. Aunque las aminas secundarias y terciarias no se preparan usualmente por este método, las primarias pueden obtenerse con rendimiento y pureza razonable empleando un gran *exceso* de amoníaco. La reacción se ha empleado para preparar aminoácidos a partir de α-halogenoácidos:

$$R{-}\underset{\substack{|\\ Br}}{CH}{-}COOH \xrightarrow{NH_3(xs)} R{-}\underset{\substack{|\\ NH_2}}{CH}{-}COOH$$

Aunque los halogenuros de arilo, que no sufren generalmente desplazamiento S_N2, no pueden emplearse, los halogenuros de arilo que contienen grupos nitro en orto y para dan las nitroanilinas correspondientes.

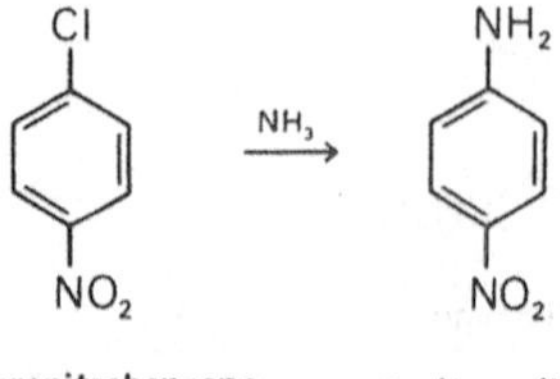

p-cloronitrobenceno *p*-nitroanilina

Un compuesto que se ha empleado con éxito en determinaciones de aminoácidos es el 2,4-dinitrofluorbenceno (2,4-DNFB), que reacciona con los aminoácidos libres o con el extremo amino libre de una proteína (ver también Cap. 17).

17).

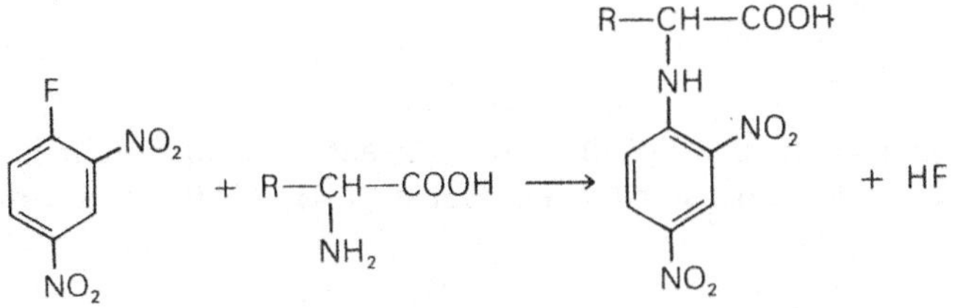

16-8 SINTESIS DE GABRIEL CON FTALIMIDA PARA AMINAS PRIMARIAS

Las alquilaminas primarias puras pueden obtenerse por alquilación de ftalimida; no existe posibilidad de contaminación por aminas secundarias y terciarias o por sales de amonio cuaternarias. Esta síntesis se funda en la acidez del protón de las imidas; el anión provoca desplazamiento dorsal (reacción S_N2) de un halogenuro de alquilo primario o secundario.

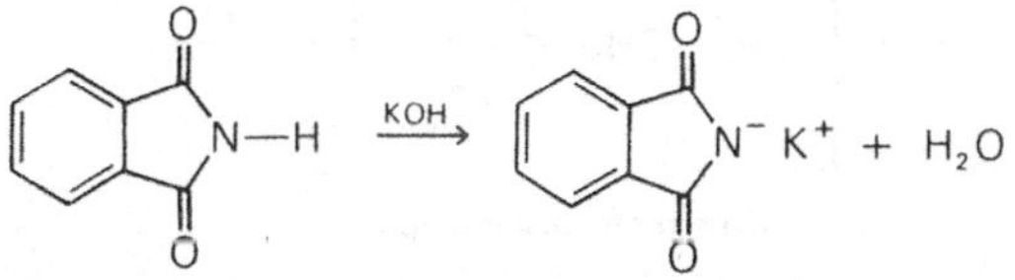

ftalimida

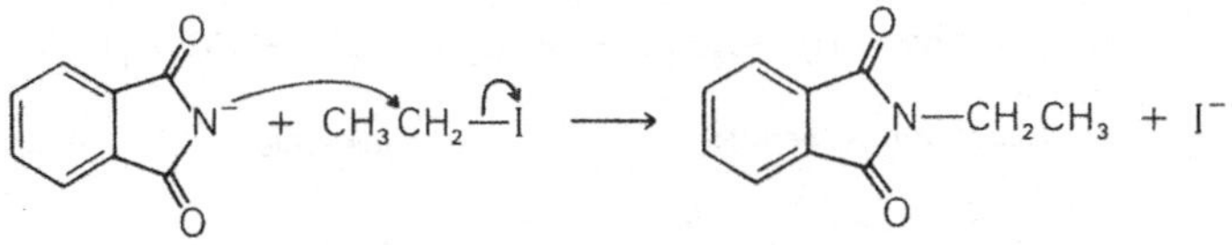

N-etilftalimida

La amina libre se obtiene entonces por saponificación de la *N*-alquilftalimida. Esta reacción se ha empleado con frecuencia en la síntesis de aminoácidos.

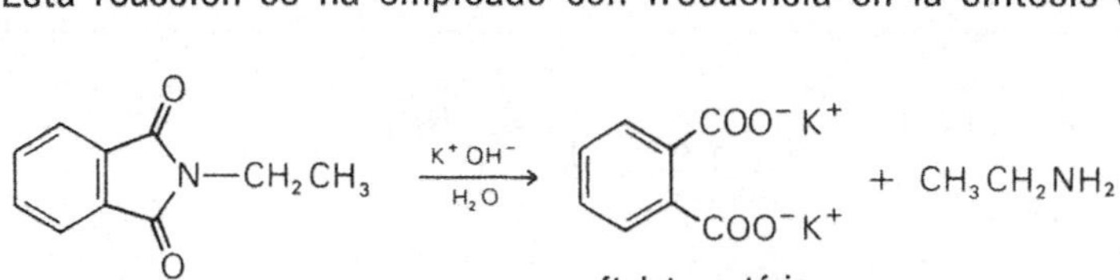

ftalato potásico

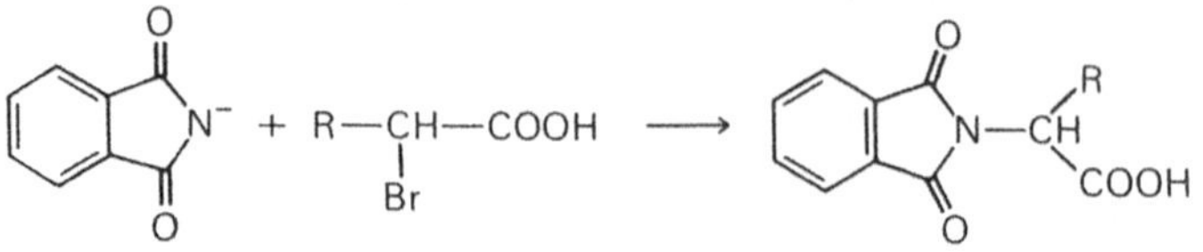

luego hidrólisis

16-9 REACCION DE HOFMANN

Esta reacción se expuso en la Sec. 15-30, pero, presentamos aquí el mecanismo de transposición con ejemplos adicionales (Tabla 16-4), debido a su utilidad en síntesis.

Global

$$C_6H_5—CH_2—\overset{O}{\overset{\|}{C}}—NH_2 \xrightarrow[\text{rend. 60-85 \%}]{\text{KOBr}} C_6H_5—CH_2NH_2 + CO_2 + K^+Br^-$$

fenilacetamida — bencilamina

Mecanismo

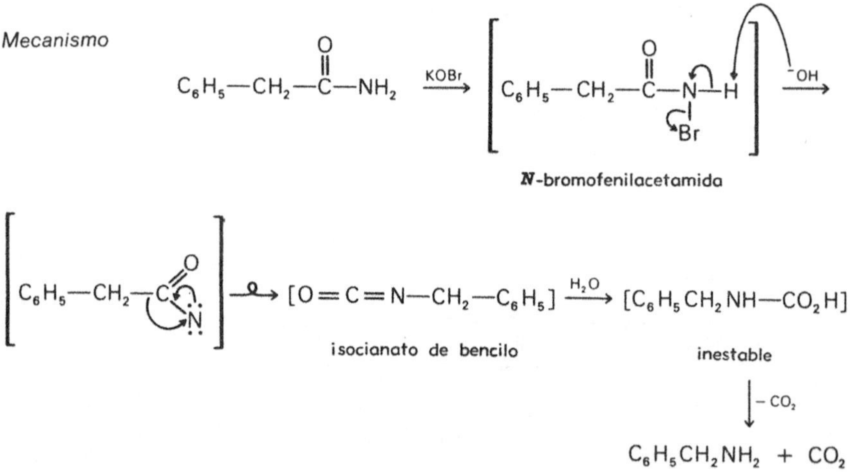

Tabla 16-4. Ejemplos de transposición de Hofmann.

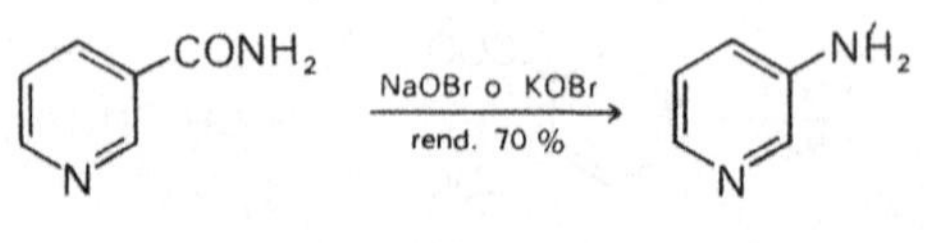

nicotinamida — 3-aminopiridina

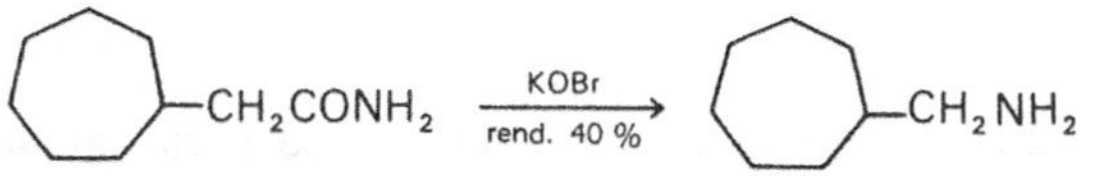

cicloheptilacetamida aminometilcicloheptano

La reacción de Hofman también tiene lugar con algunas imidas en condiciones análogas:

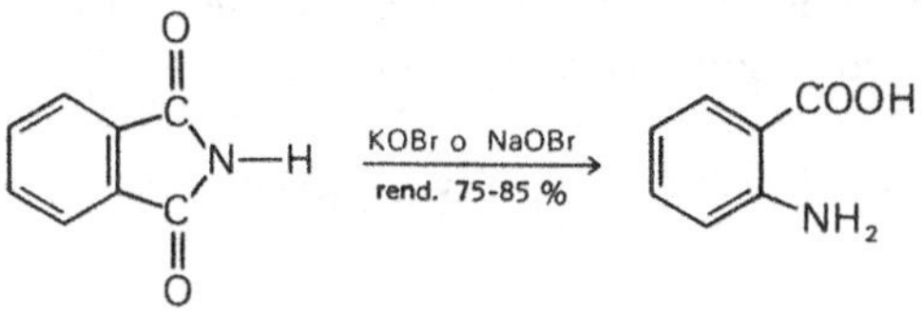

ftalimida ácido antranílico

REACCIONES DE AMINAS

Las siguientes reacciones de las aminas se han presentado ya en la sección indicada: (1) formación de sal con ácidos (este capítulo, Basicidad de aminas), (2) formación de amida por reacción de amoníaco, aminas primarias o secundarias con halogenuros de acilo (Sec. 15-24) o anhídridos (Sec. 15-21), (3) alquilación con halogenuros primarios o secundarios o halogenuros aromáticos activados (Sec. 16-7).

Escribir un ejemplo concreto para ilustrar cada una de las anteriores reacciones y nombrar los materiales de partida y los productos.

16-10 REACCION CON ACIDO NITROSO

Las reacciones de las aminas alifáticas con ácido nitroso son suficientemente distintas como para emplearlas en distinguir entre aminas primarias, secundarias y terciarias.

Primarias: $R—\ddot{N}H_2 \xrightarrow{HONO} R—OH + N_2\uparrow$ observar desprendimiento de N_2

Secundarias: $R_2\ddot{N}H \xrightarrow{HONO} R_2N—NO$ observar la formación de *N*-nitroso amina

Terciarias: $R_3\ddot{N} \xrightarrow{HONO}$ N.R. en esas condiciones; puede observarse formación de sal

Las aminas primarias reaccionan con ácido nitroso para dar una sal de alquildiazonio inestable, $R—N_2$, que pierde fácilmente nitrógeno, dando el ion carbonio reactivo intermedio, R^+. En presencia de agua el ion carbonio puede dar el alcohol, R—OH, aunque generalmente no es éste un método bueno de preparación de alcoholes. El ion carbonio puede dar otras reacciones características, tales como la pérdida de un protón, dando una olefina. Con frecuencia esos iones carbonio primarios se transponen dando un ion secundario o terciario más estable, que sufre a continuación la reacción.

$$R—NH_2 \xrightarrow{HONO} [R—N_2^+] \xrightarrow{-N_2} [R^+] \rightsquigarrow [R'^+]$$

$$[R^+] \begin{cases} \xrightarrow{-H^+} \text{olefina} \\ \xrightarrow{H_2O} \text{alcohol} \end{cases} \quad \text{y} \quad [R'^+] \begin{cases} \xrightarrow{-H^+} \text{olefina} \\ \xrightarrow{H_2O} \text{alcohol} \end{cases}$$

> Cuando se trata un α amino alcohol con ácido nitroso ocurre una reacción análoga a la transposición pinacolínica (Sec. 13-16). Formúlese un mecanismo razonable para la reacción de cada uno de los compuestos siguientes y predecir los productos:
>
> **1.** $\begin{array}{l}(CH_3)_2C—C(CH_3)_2 \\ \quad\quad\;\; | \quad\;\; | \\ \quad\quad\; HO \;\; NH_2\end{array}$
>
> **2.** 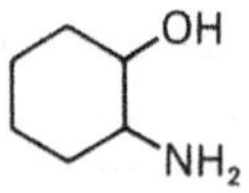 considérense ambos isómeros cis y trans

Las alquilaminas secundarias dan una *N*-nitrosoamina relativamente estable e insoluble en agua, probablemente por ataque del par de electrones no compartido sobre el ion nitrosonio, NO^+, seguido de la pérdida de un protón.

$$R_2\ddot{N}—H + [\overset{+}{N}O] \longrightarrow \left[R_2—\underset{+}{\overset{\overset{\displaystyle O}{\|}\!\!\!\!\;N\;|}{N}}—H \right] \xrightarrow{-H^+} R_2\ddot{N}—\ddot{N}{=}O + H^+$$

Las *aminas aromáticas* dan también reacciones de ensayo características con ácido nitroso, pero difieren un tanto de las observadas con las alquilaminas.

Primarias: $Ar—NH_2 \xrightarrow{HONO} [Ar—\overset{+}{N}_2]$ observar los productos coloreados de copulación con Ar—OH

Secundarias: $Ar—NHR \xrightarrow{HONO} Ar—N(NO)—R$ observar la capa de *N*-nitrosoamina insoluble en agua

Terciarias: $Ar—NR_2 \xrightarrow{HONO} p\text{-}O{=}N—Ar—NR_2$ observar la nitrosación en *C* por identificación del producto

Inversamente a las aminas alifáticas primarias, las aminas primarias aromáticas, dan sales de diazonio relativamente estables en disolución acuosa entre 0 y 5°. Esas sales son importantes intermedios químicos de gran utilidad, y sus transformaciones se exponen en las últimas secciones de este capítulo. Pueden copularse con compuestos aromáticos muy reactivos tales como fenoles y *N*,*N*-dialquil aminas aromáticas, dando lugar a azocompuestos Ar—N=N—Ar, muchos de los cuales son colorantes importantes.

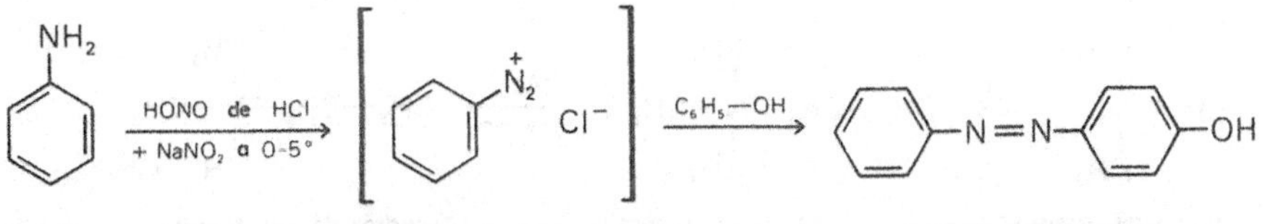

anilina — cloruro de benceno diazonio — *p*-hidroxiazobenceno

Escribir un mecanismo razonable para la reacción de una sal de diazonio con fenol. Considerar las discusiones previas sobre la sustitución electrófila aromática.

Las aminas secundarias aromáticas, como las alifáticas dan *N*-nitrosocompuestos con ácido nitroso.

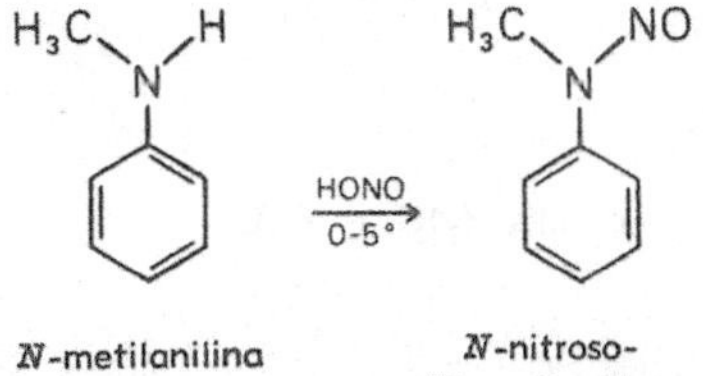

N-metilanilina — *N*-nitroso-*N*-metilanilina

Las aminas aromáticas terciarias no dan reacción con ácido nitroso excepto cuando el núcleo aromático contiene un sustituyente fuertemente repelente de electrones, tal como un grupo dialquilamino. En esos casos el producto es un *C*-nitroso compuesto que resulta del ataque electrófilo del *ion nitrosonio,* NO^+, que es un electrófilo muy débil. Si la posición para está bloqueada, el ataque puede ocurrir en la posición orto; se observa poca o ninguna sustitución en meta.

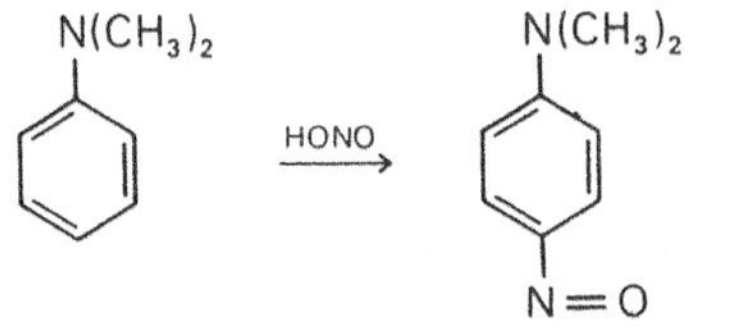

N,N-dimetilanilina — *p*-nitroso-*N,N*-dimetilanilina

16-11 ELIMINACION (DEGRADACION) DE HOFMANN DE HIDROXIDOS DE AMONIO CUATERNARIOS

El tratamiento de una amina terciaria con un halogenuro de alquilo (con frecuencia yoduro de metilo) da el halogenuro (yoduro) de amonio cuaternario. Esas sales pueden convertirse en el hidróxido por tratamiento con óxido de plata húmedo, Ag_2O.

$$CH_3{-}CH_2{-}\ddot{N}(CH_3)_2 \xrightarrow{CH_3I} CH_3{-}CH_2{-}\overset{+}{N}(CH_3)_3\ I^- \xrightarrow[\text{húmedo}]{Ag_2O} CH_3{-}CH_2{-}\overset{+}{N}(CH_3)_3\ {}^-OH$$

dimetiletilamina — yoduro de trimetiletilamonio — hidróxido de trimetiletilamonio

La pirólisis de esos hidróxidos de amonio cuaternarios (a unos 140°) tiene lugar de una manera clara, dando una olefina y la amina terciaria. Esta reacción se conoce con el nombre de eliminación o degradación de Hofmann. La reacción tiene lugar a través de una eliminación E_2; el ion hidróxido ataca a un hidrógeno en β.

Global $$CH_3{-}CH_2{-}\overset{+}{N}(CH_3)_3\ OH^- \xrightarrow{\Delta} CH_2{=}CH_2 + N(CH_3)_3 + H_2O$$

Mecanismo

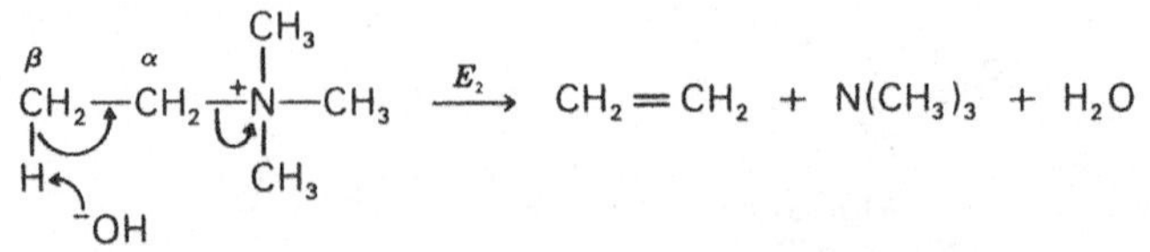

La amina terciaria recién formada es un excelente grupo saliente. En los casos que pueden formarse varios alquenos, el producto principal es la olefina menos sustituida, esto es, $CH_2{=}CH_2$, excepto si una de las olefinas posibles tiene estabilidad adicional por conjugación. Esto se opone a la deshidrohalogenación básica de los halogenuros de alquilo, en la que se forma la olefina más sustituida (Sec. 4-2).

$$CH_3{-}CH_2{-}\underset{\displaystyle Br}{\underset{|}{CH}}{-}CH_3 \xrightarrow{NaOEt} \underset{80\%}{CH_3CH{=}CHCH_3} + \underset{20\%}{CH_3CH_2CH{=}CH_2}$$

$$\overset{\gamma}{CH_3}\overset{\beta}{CH_2}{-}\underset{{}^{+}N(CH_3)_3\ {}^{-}OH}{\underset{|}{\overset{\alpha}{CH}}}{-}\overset{\beta'}{CH_3} \xrightarrow{\Delta} \underset{5\%}{CH_3CH{=}CHCH_3} + \underset{95\%}{CH_3CH_2CH{=}CH_2} + H_2O + N(CH_3)_3$$

Para el curso de esta reacción importan tres factores (1) la estabilidad de la olefina, (2) la acidez del hidrógeno β que se elimina, y (3) las interacciones estéreas en el estado de transición. La eliminación preferente de etileno, se debe probablemente al efecto estéreo más que al efecto inductivo sobre la acidez del hidrógeno en β. En el ejemplo siguiente, la conjugación del doble enlace con el anillo aromático estabiliza a la vez el estado de transición y el producto; existe también elevada acidez del protón en β.

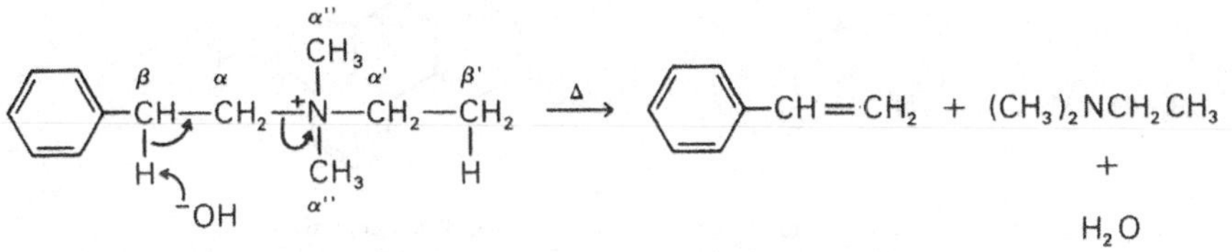

El carácter trans de la reacción puede demostrarse por muchos ejemplos; a continuación indicamos dos.

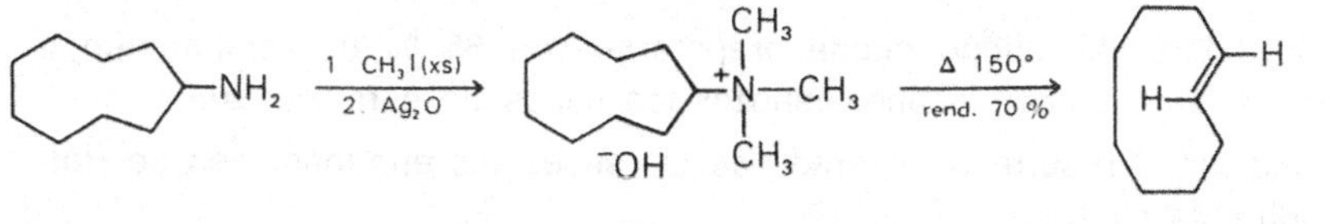

ciclononilamina — hidróxido de trimetil-ciclononilamonio — *trans*-ciclononeno

La reacción es concertada; tiene lugar en un paso. En condiciones en las que no se isomerizan los materiales de partida o los productos, la reacción ocurre por trans eliminación. De ahí que la ciclononilamina dé *trans*-ciclononeno, y el isómero eritro dé *cis*-α-metilestilbeno, mientras que el treo da la forma trans.

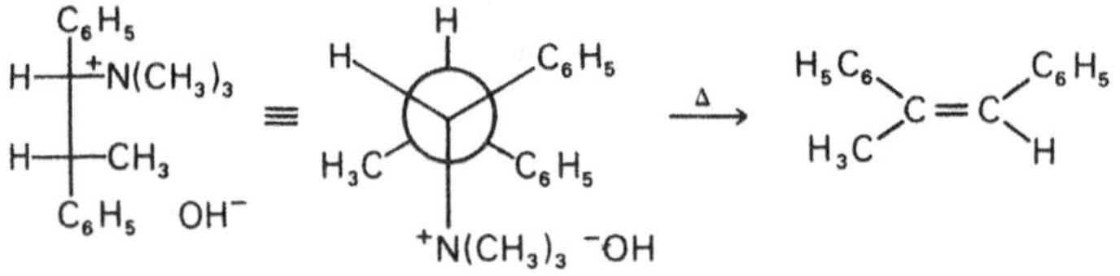

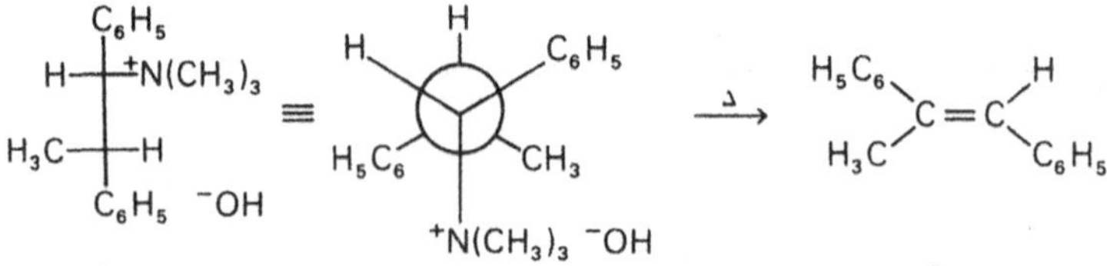

Puesto que muchos productos naturales contienen un átomo de nitrógeno en forma de función amina, los resultados de sucesivas degradaciones de Hofmann pueden dar información acerca del compuesto original. Muchos alcaloides, incluyendo los siguientes, se han sometido a tal serie de reacciones:

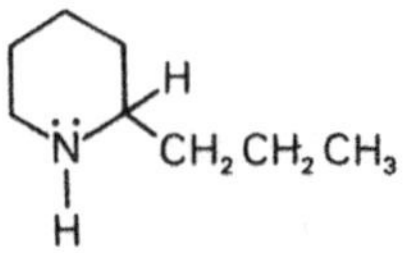

conina
veneno de la cicuta

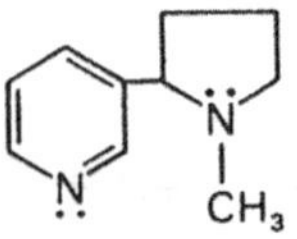

nicotina
alcaloide del tabaco

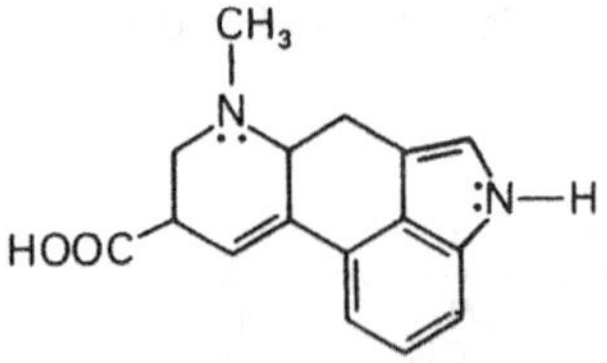

ácido lisérgico del
cornezuelo del centeno
(el LSD es la dietilamida,
no natural)

1. El 1,11-Dodecadieno puede prepararse con 65 % de rendimiento a partir de 1,12-diaminododecano. Esbozar los pasos de esta síntesis.

2. Indicar el resultado esperado de las sucesivas eliminaciones de Hofmann sobre la coniina.

3. El hidróxido de trimetilciclopropilamonio da 1,2-dibromopropano cuando se calienta a 325° y el vapor resultante se absorbe en bromo. ¿Qué significado tiene este experimento?

16-12 SUSTITUCION ELECTROFILA AROMATICA

El par de electrones no compartido del átomo de nitrógeno de una amina aromática aumenta fuertemente la densidad electrónica del anillo aromático, especialmente en las posiciones orto y para debido a los efectos de resonancia. El grupo dimetilamino, —N$(CH_3)_2$, es uno de los sustituyentes activantes más enérgicos en la sustitución electrófila aromática. Incluso electrófilos débiles como el ion nitrosonio, NO^+, y los iones diazonio aromáticos, Ar—N_2^+, reaccionarán con las aminas aromáticas.

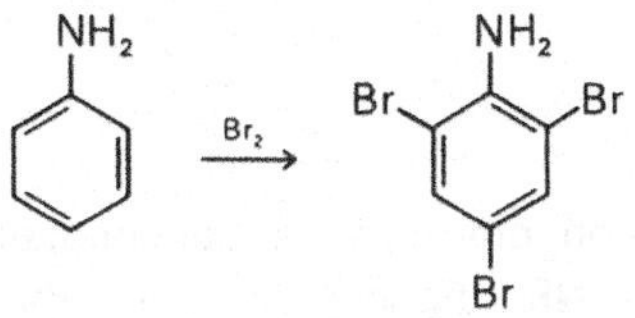

Los compuestos aromáticos con una elevada densidad electrónica π, tales como los fenoles y las aminas primarias, son particularmente susceptibles a la oxidación por reactivos tales como Cr(VI) y HNO_3. Los productos resultantes se conocen con el nombre de *quinonas:*

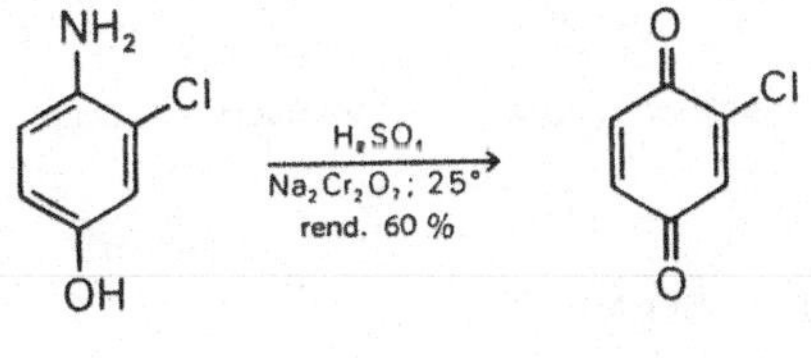

4-amino-3-clorofenol   cloro-*p*-benzoquinona

La protección de las funciones —OH y —NH_2 permite transformaciones tales como la nitración:

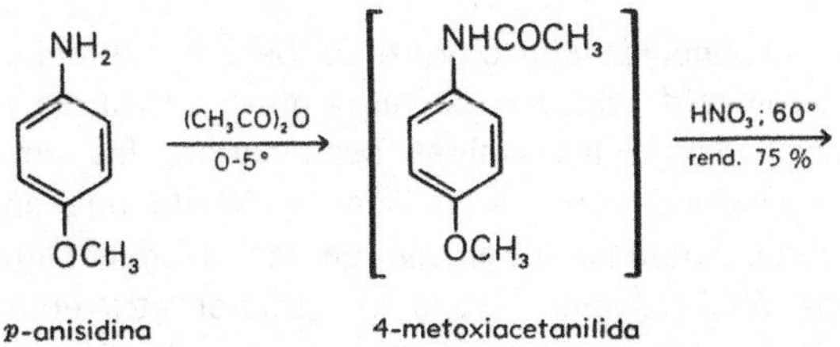

p-anisidina   4-metoxiacetanilida

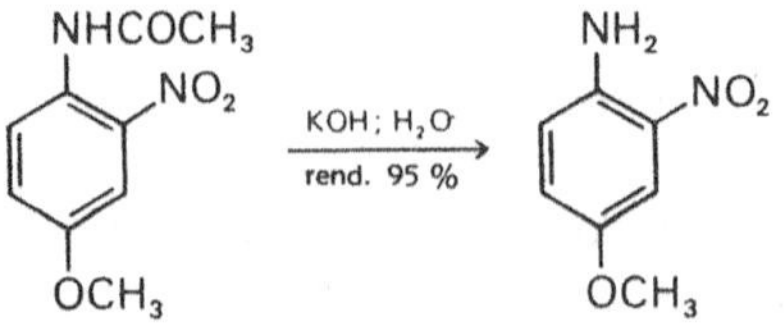

2-nitro-
4-metoxiacetanilida

2-nitro-
p-anisidina

ANALISIS CUALITATIVO

16-13 EL ENSAYO DE HINSBERG

Las aminas primarias y secundarias reaccionan con cloruros de bencenosulfonilo Ar—SO_2Cl, para dar Ar—SO_2—NHR o ArSO_2—NR_2, bencenosulfonamidas, en una reacción análoga a la observada con los cloruros de los ácidos carboxílicos (R—NH_2 + Ar—CO—Cl ⟶ Ar—CO—NHR), que dan amidas de los ácidos carboxílicos. La reacción se lleva a cabo en disolución básica con el fin de neutralizar el HCl formado en la reacción.

Aminas primarias: $$R{-}\ddot{N}H_2 \xrightarrow[OH^-]{C_6H_5SO_2Cl} C_6H_5SO_2\bar{N}{-}R\ Na^+ \xrightarrow{H^+} C_6H_5SO_2NHR\downarrow$$

soluble en agua — insoluble en ácido

Aminas secundarias: $$R_2\ddot{N}H \xrightarrow[OH^-]{C_6H_5SO_2Cl} C_6H_5SO_2NR_2\downarrow$$

insoluble en base

Aminas terciarias: $$R_3\ddot{N} \xrightarrow[OH^-]{C_6H_5SO_2Cl}$$ **N.R. pero algunas veces se observa la formación de sal; la neutralización da la amina**

El tratamiento de una amina desconocida con cloruro de bencenosulfonilo en solución básica da la bencenosulfonamida *soluble* de las aminas primarias o la bencenosulfonamida *insoluble* derivada de las aminas secundarias; las aminas terciarias no dan derivado, pero algunas veces se forma la sal de una amina terciaria. A diferencia de las carboxiamidas, el protón de las bencenosulfonamidas primarias es relativamente ácido debido a que el carácter atrayente de electrones de los átomos de azufre y de oxígeno contiguos estabiliza el anión.

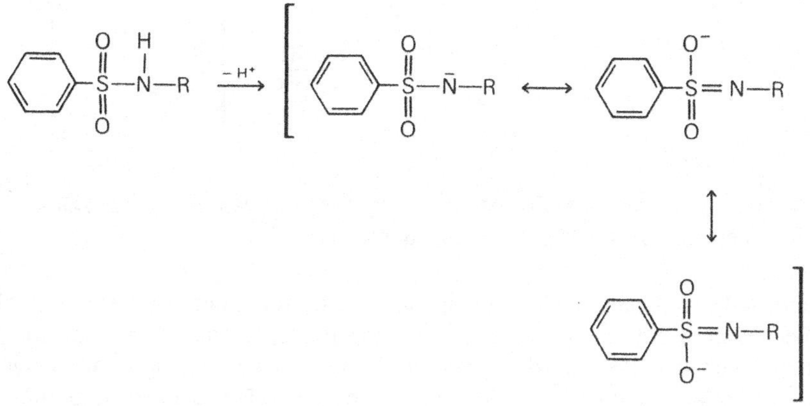

La acidificación de la mezcla de reacción homogénea de las aminas primarias da la bencenosulfonamida insoluble de la amina primaria. El ensayo de Hinsberg puede emplearse para la determinación cualitativa del tipo de amina y separar las aminas primarias, secundarias y terciarias. La amina se regenera por hidrólisis básica de la bencenosulfonamida.

SALES DE DIAZONIO AROMATICAS

16-14 INTRODUCCION DE GRUPOS FUNCIONALES EN UN SISTEMA AROMATICO

Muchas de las síntesis anteriormente expuestas implican la reacción directa entre un sustrato aromático y reactivos que forman un sistema aromático con un nuevo grupo funcional. Considérese el conjunto de reacciones de sustitución electrófila aromática (Cap. 7). En muchos casos, sin embargo, las condiciones que se requieren para tales reacciones directas dan lugar a reacciones secundarias serias sobre otros grupos funcionales ya presentes; en otros casos, los grupos ya existentes no dirigen el nuevo sutituyente a la posición deseada. Algunas veces la influencia directriz o la desactivación impide que el ataque ocurra. Esas dificultades pueden, con frecuencia, superarse introduciendo un grupo nitro, reduciéndolo a la función amina, llevando a cabo otras transformaciones en la molécula y eliminando luego el grupo amino o reemplazándolo por otro grupo funcional a través de las sales de diazonio. Las sales de diazonio son importantes intermedios en síntesis orgánica y encuentran amplio uso en la preparación de una clase de compuestos conocida con el nombre de colorantes azoicos (ver Sec. 16-15). Las sales de diazonio aromáticas, Ar—N_2^+, con una notable excepción, no se aislan debido a que detonan violentamente en estado seco. El cloruro de bencenodiazonio puede prepararse a partir del benceno:

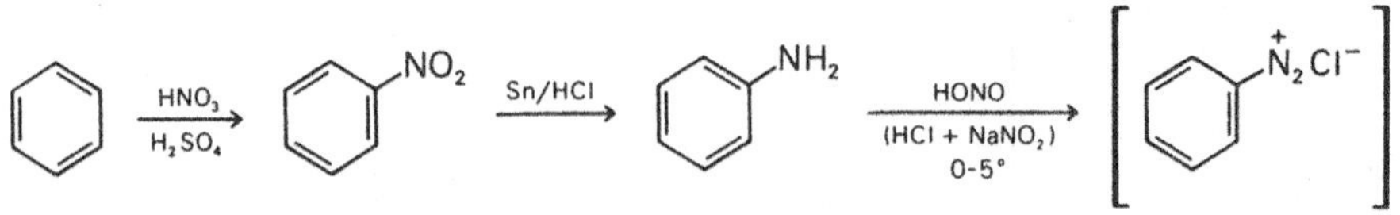

La Tabla 16-5 relaciona transformaciones representativas de esas sales de diazonio que discutiremos en los párrafos sucesivos.

Hidrógeno, —H: Con mucha frecuencia se emplea un grupo amino (o nitro) en una molécula para obtener un efecto activador (o desactivador) y la posición de sustitución deseada. Después de servir para este objeto, el grupo amino puede diazoarse y tratarse luego con ácido hipofosforoso, H_3PO_2 acuoso, que reemplaza el grupo diazonio por un átomo de hidrógeno. Un ejemplo excelente de este proyecto de síntesis es la preparación del *m*-bromotolueno a partir del tolueno. La bromación directa del tolueno conduce casi exclusivamente a una mezcla de los isómeros orto y para bromados. Sin embargo, una reacción de sal de diazonio permite emplear la influencia dirigente del grupo amino y eliminarlo luego.

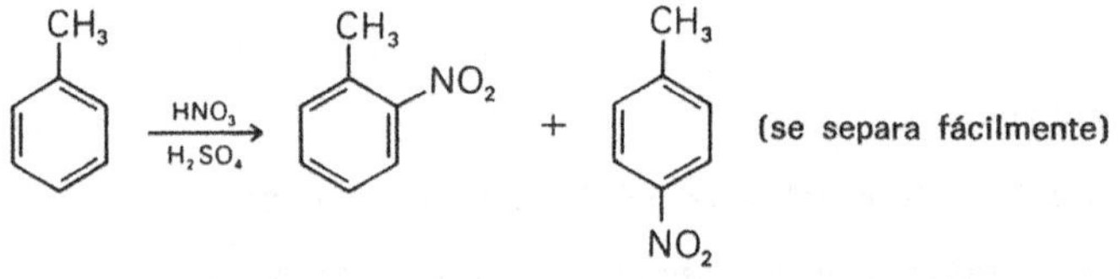

tolueno **líquido** **p. f. 54°**

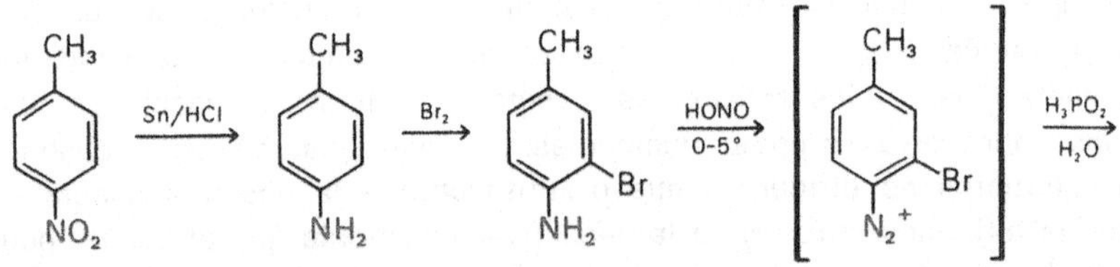

p-nitrotolueno **p-toluidina** **3-bromo-4-aminotolueno**

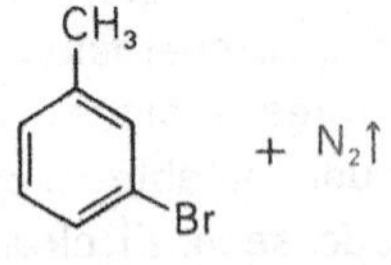

***m*-bromotolueno**

Tabla 16-5. Reacciones de las sales de diazonio.

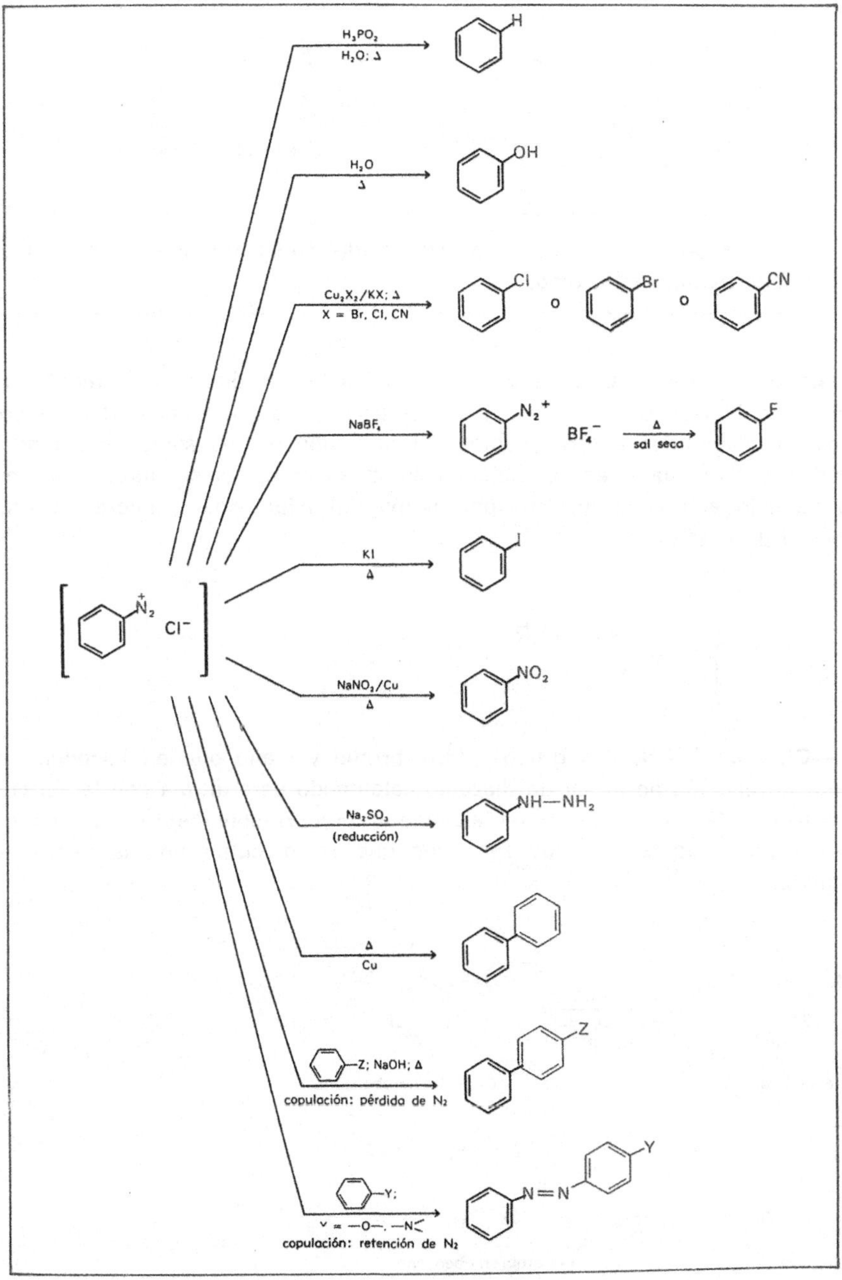

Otro ejemplo, en la serie del bifenilo es:

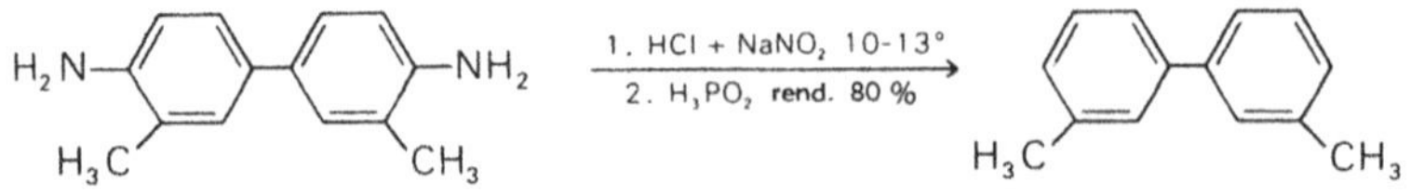

o-toluidina 3,3'-dimetilbifenilo

> Sugerir un método para sintetizar ácido 2,4,6-tribromobenzoico a partir del ácido *m*-aminobenzoico.

Grupo hidroxilo, —OH: La conversión de sales de diazonio en fenoles ocurre fácilmente hirviendo la sal en agua. Comparar esta síntesis de fenoles con las otras dos discutidas anteriormente: (1) la fusión de las sales de ácidos sulfónicos, que tiene lugar en condiciones drásticas, y (2) el desplazamiento nucleófilo de halogenuros aromáticos por el ion hidróxido, que requiere un esquema especial de sustitución.

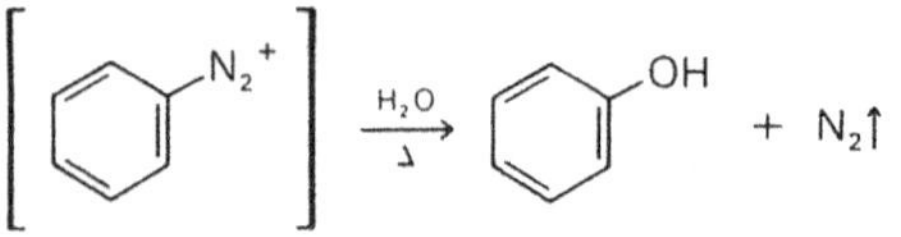

—Cl, —Br, —CN: Los grupos cloro, bromo y ciano pueden introducirse mediante la reacción de la sal de diazonio calentando esta última con la sal cuprosa apropiada y las sales de metal alcalino o el correspondiente HX. Los grupos yodo y fluor requieren otros reactivos que se discuten en las secciones siguientes.

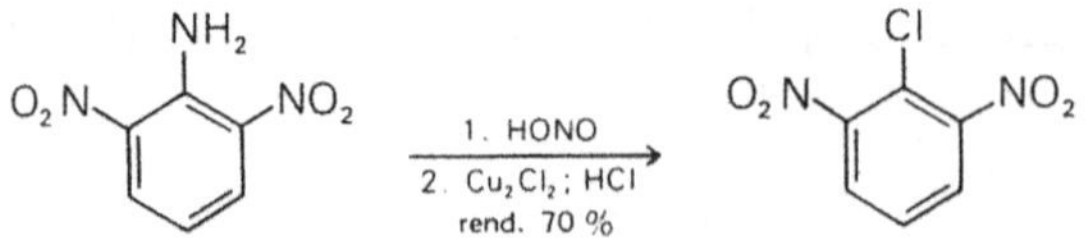

2,6-dinitroanilina 2,6-dinitroclorobenceno

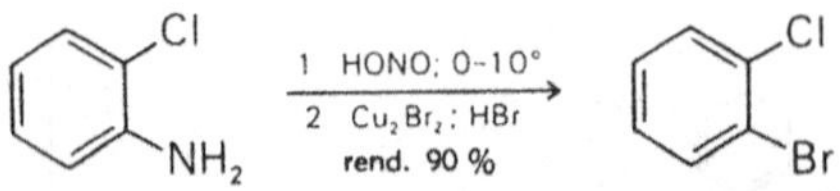

o-cloroanilina *o*-clorobromobenceno

Formular las reacciones siguientes:

1. *m*-clorobenceno a partir de *m*-cloroanilina, rendimiento 91 a 94 %

2. *m*-bromobenceno a partir de *m*-bromoanilina, rendimiento 80 a 87 %

3. *o*-bromofenol a partir de *o*-anisidina con un rendimiento de 88 a 93 %

Fluor, —F: En general las sales de diazonio son compuestos solubles en agua que se descomponen violentamente cuando están secas. El fluorborato, $ArN_2^+BF_4^-$, es excepcional en cuanto es insoluble en agua y generalmente puede aislarse sin peligro. La sal de diazonio, tal como el cloruro, se prepara de la manera usual tratando la amina en disolución en ácido clorhídrico con una disolución fría de nitrito sódico. El fluorborato se obtiene en forma de precipitado por adición de fluorborato sódico. Entonces puede aislarse, purificarse por recristalización hasta punto de descomposición constante, secarse, y descomponerse térmicamente. El nitrógeno y el trifluoruro de boro se escapan en forma de gases, y el último puede volver al ciclo.

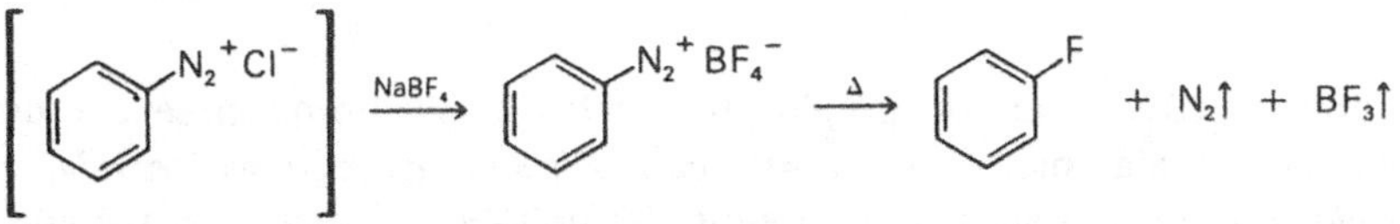

cloruro de benceno-diazonio — fluoborato de benceno-diazonio — fluorbenceno

$$BF_3 + NaF \longrightarrow NaBF_4$$

Cuando hay grupos nitro en el anillo aromático, la descomposición térmica es con frecuencia explosiva; como moderador para «diluir» la sal de diazonio, se usa con frecuencia arena o algún otro material inerte.

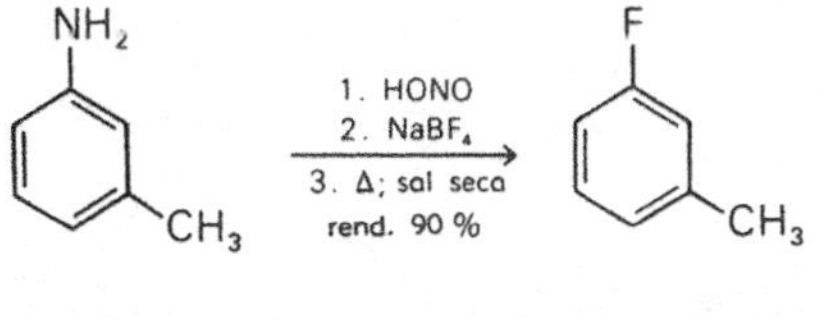

m-toluidina — *m*-fluortolueno

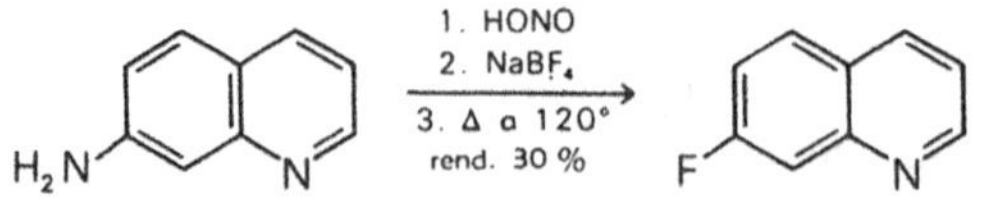

7-aminoquinoleina 7-fluorquinoleina

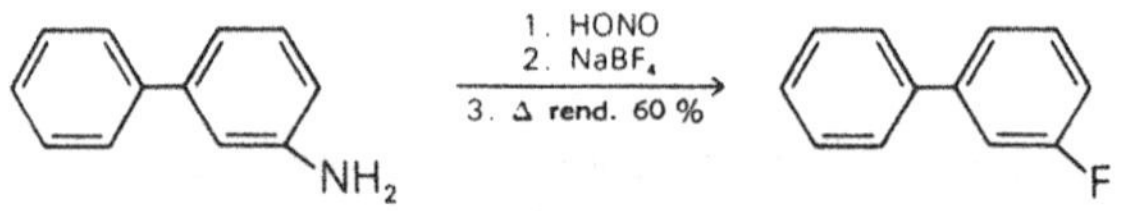

3-aminobifenilo 3-fluorbifenilo

Yodo, —I: El grupo yodo puede introducirse tratando la disolución de la sal de diazonio con yoduro potásico.

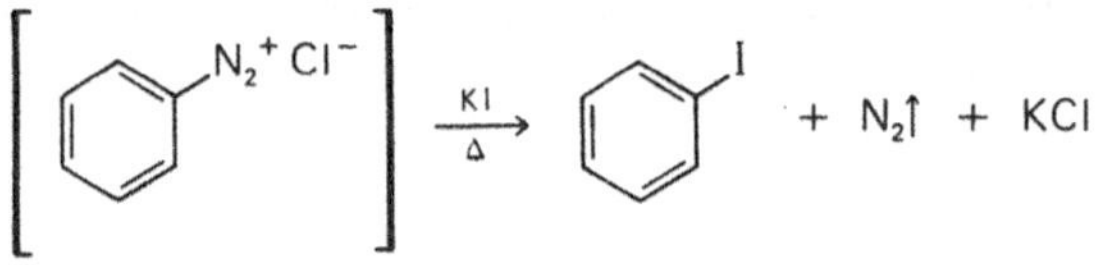

Grupo nitro, —NO$_2$: Incluso el propio grupo nitro puede introducirse por una reacción de sal de diazonio, pero *la nitración directa, cuando es posible, es mejor método.* Un ejemplo sacado de la serie del naftaleno ilustra esos métodos.

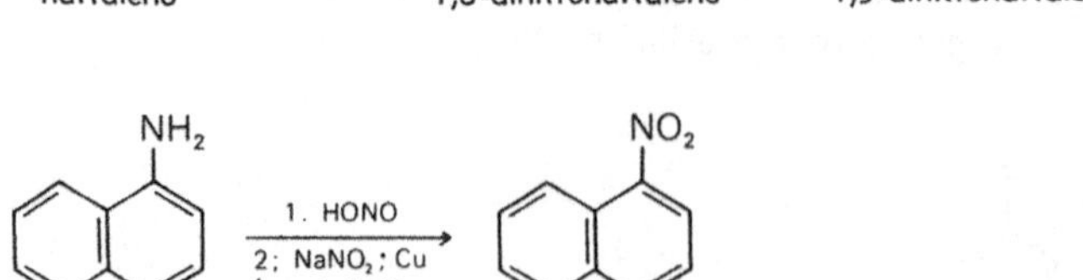

naftaleno 1,8-dinitronaftaleno 1,5-dinitronaftaleno

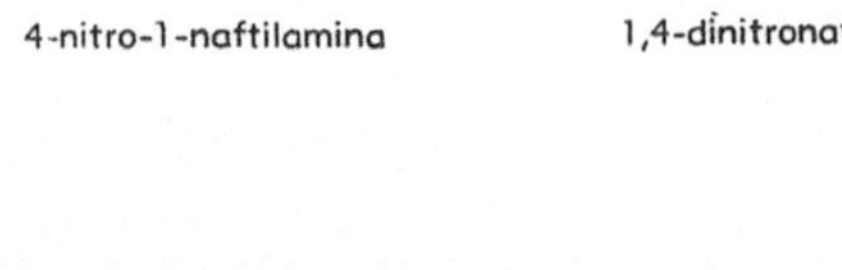

4-nitro-1-naftilamina 1,4-dinitronaftaleno

El cobre finamente dividido para esta reacción se prepara por reducción del sulfato cúprico con sulfito sódico.

$$CuSO_4 + SO_3^{--} + H_2O \longrightarrow Cu\downarrow + 2SO_4^{--} + 2H^+$$

> Sugerir un método para sintetizar 4-nitro-1-naftilamina a partir de naftaleno. *Precaución:* la nitración directa de la α-naftilamina pudiera esperarse que llevara a la formación de naftoquinona.

—NH—NH₂: El sulfito sódico reducirá también directamente las sales de diazonio, dando la correspondiente fenilhidracina.

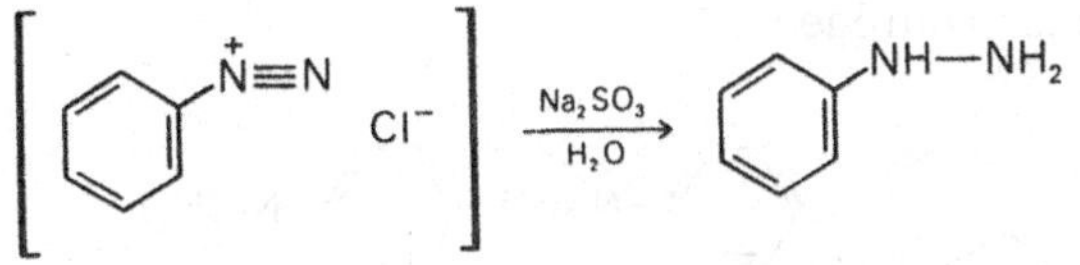

Grupo fenilo: Los bifenilos simétricos, que pueden prepararse también calentando los halogenuros de arilo con cobre metálico finamente dividido (reacción de Ullmann), se obtienen al calentar las sales de diazonio con cobre finamente dividido. Otra manera corriente de preparar cobre para la descomposición de la sal de diazonio consiste en la reducción del sulfato cúprico por la hidroxilamina.

$$Cu^{++} + 2H_2N{-}OH \longrightarrow Cu\downarrow + N_2\uparrow + 2H_2O + 2H^+$$

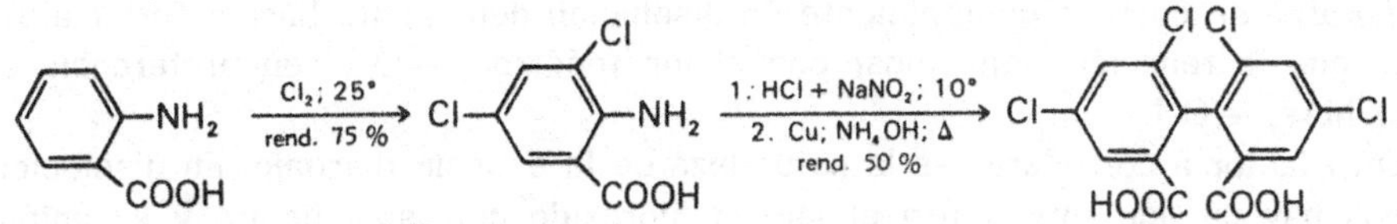

ácido antranílico — ácido 3,5-dicloro-2-aminobenzoico — ácido D,L-4,4′,6,6′-tetraclorodifénico

Bifenilos para sustituidos: Los bifenilos para sustituidos resultan de la descomposición de las sales de diazonio en presencia de bencenos sustituidos. Esta copulación ocurre con *pérdida* de nitrógeno.

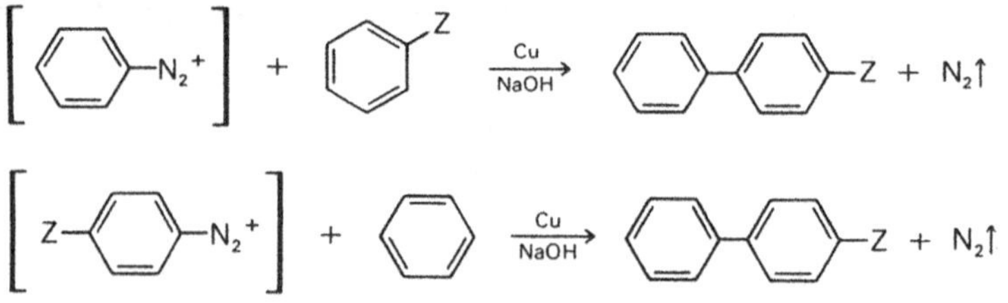

16-15 REACCIONES DE COPULACION DE LOS IONES DIAZONIO

Los compuestos que contienen el enlace azo, —N=N—, pueden formarse por copulación de las sales de diazonio con las moléculas aromáticas que contengan sustituyentes fuertemente dadores de electrones tales como $—NR_2$, —OH, o $—O^-$. La importancia comercial de esta reacción estriba en la preparación de tintes y otras materias colorantes. Nótese la posibilidad de isomería cis-trans alrededor del doble enlace nitrógeno-nitrógeno.

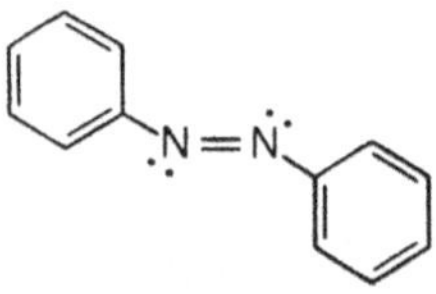

trans-azobenceno

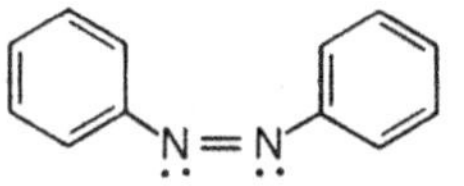

cis-azobenceno

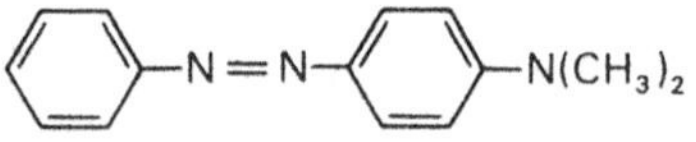

p-dimetilaminobenceno (amarillo manteca) carcinogénico

La acidez de la disolución en la que tiene lugar la copulación de los iones con las aminas o los fenoles, es un factor crítico. Las *aminas* se copulan generalmente en disolución débilmente ácida (pH 6 a 7), en la que predomina la concentración de amina, $—NR_2$, frente a la de ion amonio, $—\overset{+}{N}R_2H$. Por otra parte los *fenoles*, se copulan generalmente en disolución débilmente básica (pH 7 a 8), en la que la reacción tiene lugar con el ion fenóxido, $—O^-$, con preferencia al fenol libre, —OH.

Otro factor a considerar es la naturaleza de la especie diazonio. En disolución acuosa hay un equilibrio entre el ion, el hidróxido correspondiente, y su anión.

$$[ArN_2^+] \rightleftharpoons [ArN{=}N{-}OH] \rightleftharpoons [Ar{-}N{=}N{-}O^-]$$

ion diazonio — diazohidróxido — ion diazoato

Puesto que el ion diazonio libre es la especie más electrófila, debe existir una concentración apreciable para efectuar la copulación.

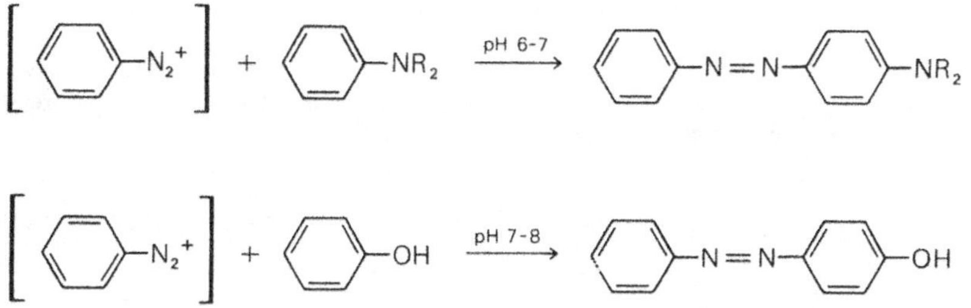

LECTURAS RECOMENDADAS

Ensayos cualitativos y reacciones

Baumgarten, R. J.: Aliphatic Deaminations in Organic Synthesis, *J. Chem. Educ.*, **43**, 398 (1966). Discute las reacciones del tipo R—NH_2 → R—Y.

Fanta, P. E., y C. S. Wang: Limitation of the Hinsberg Method for Primary Amines, *J. Chem. Educ.*, **41**, 280 (1964).

Frigerio, N. A.: The Coupling of Diazonium Salts, *J. Chem. Educ.*, **43**, 142 (1966).

Hein, G. H.: The Reaction of Tertiary Amines with Nitrous Acid, *J. Chem. Educ.*, **40**, 181 (1963).

Valentine, J. L., J. B. Entriken, y M. W. Hanson: A Test for the Subclasses of Aliphatic Amines, *J. Chem. Educ.*, **41**, 569 (1964).

Weiss, H. M.: Selective Reduction of Dinitro Compounds, *J. Chem. Educ.*, **43**, 384 (1966). Discute la reducción de los nitrocompuestos aromáticos con sulfuro amónico.

Otras

Brown, H. C.: The Chemistry of Molecular Shapes, *J. Chem. Educ.*, **36**, 424 (1959). Relaciona los efectos estéreos con las basicidades observadas para las aminas.

Idoux, J. P.: Conformational Analysis and Chemical Reactivity, *J. Chem. Educ.*, **44**, 495 (1967). Predicción estereoquímica de los productos de las reacciones de eliminación de aminas.

Plummer, A. J., y F. F. Yonkman: Antihypertensive and Diuretic Agents: Past, Present and Future, *J. Chem. Educ.*, **37**, 179 (1960). Discute el empleo clínico de algunos compuestos nitrogenados.

PROBLEMAS

1. Explicar por qué cada una de las siguientes reacciones no es un método factible de preparación del producto dado y mostrar cómo se puede sintetizar este producto con buen rendimiento y gran pureza. Empléese cualquier material de partida.

★(*a*) 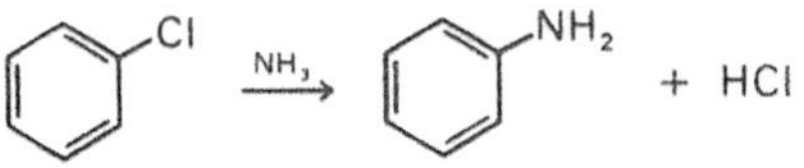

★(*b*) 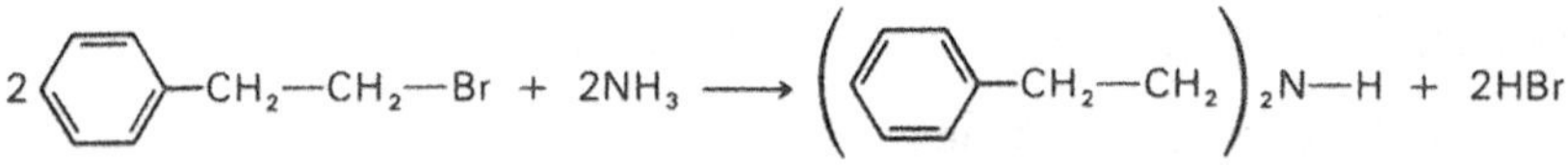

(*c*) 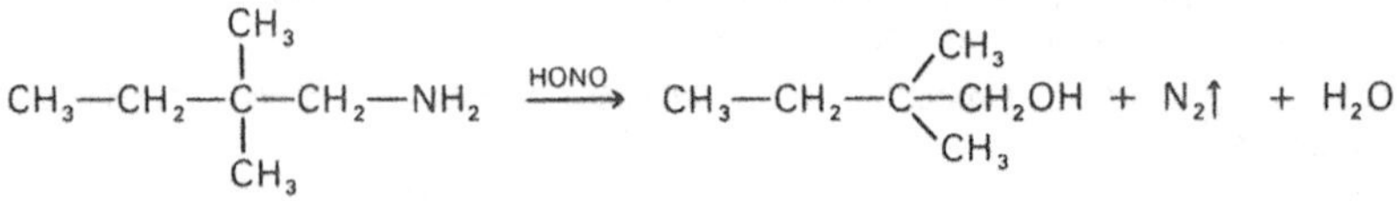

★(*d*) 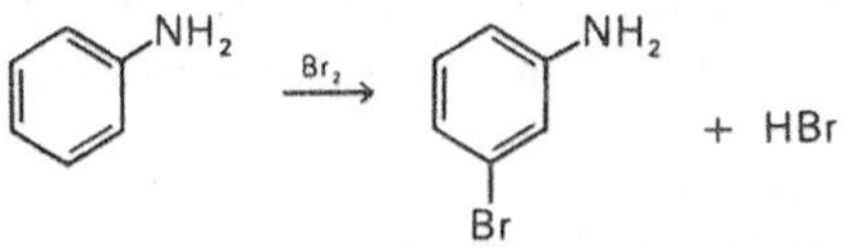

(*e*) 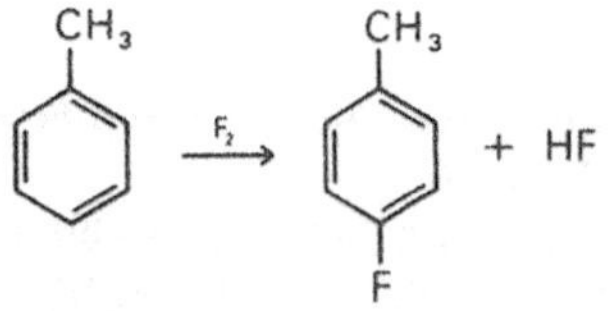

★(*f*) 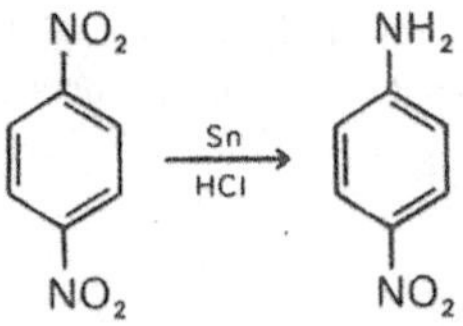

(*g*) 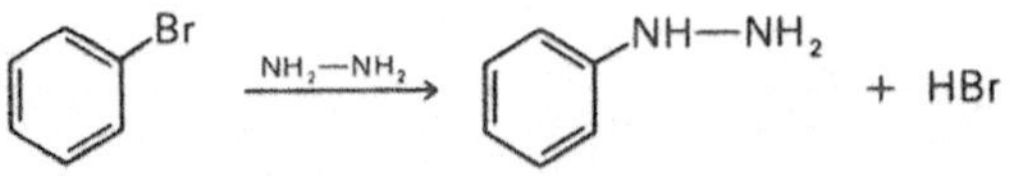

★(*h*) 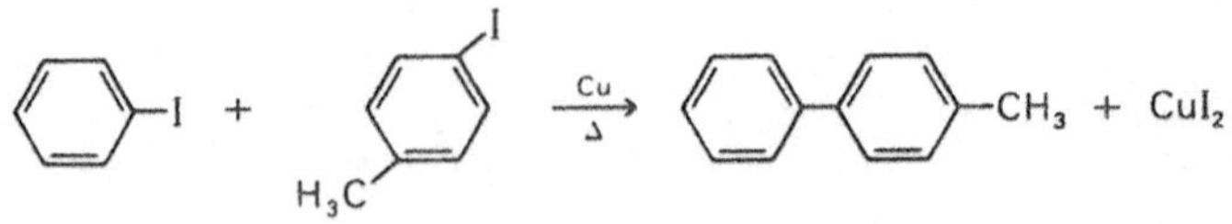

2. Ordenar los siguientes compuestos según la basicidad decreciente.

(*a*) tolueno, bencilamina, amoniaco, acetimida.

★(*b*) *n*-propilamina, trifenilamina, *p*-toluidina, amoniaco, acetimida, acetamida

★(*c*) *o*-cresol, *o*-toluidina, ácido *o*-metilbenzoico, ftalimida, alcohol *o*-metilbencílico

(*d*) hidróxido de tetrametilamonio, hidróxido sódico, *n*-butalimina, anilina

3. Nombrar el(los) material(es) de partida y dar el nombre y la fórmula estructural para el(los) producto(s). Si no hubiera reacción, escribir N.R. Si hubiera reacción, indicar el mecanismo y describirlo mediante una frase o pocas palabras.

(*a*)
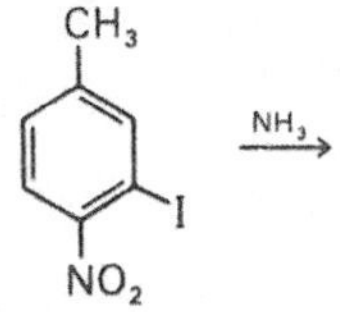

★(*b*)
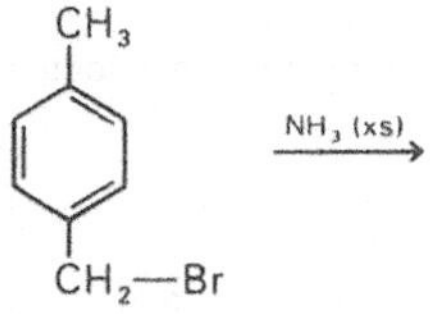

(*c*)
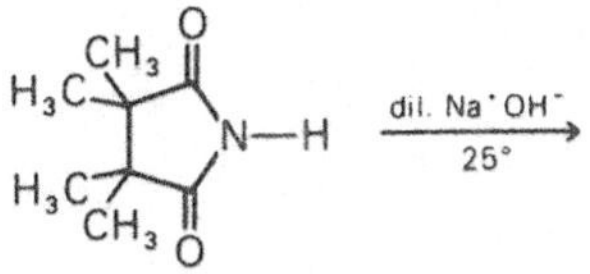

★(*d*) $CH_3CH_2CH_2CH_2CH_2\overset{O}{\overset{\|}{C}}NH_2 \xrightarrow[Br_2]{NaOH}$

★(*e*) $CH_3-\overset{+}{N}(CH_2CH_3)(CH_3)-CH_2-CH_2-CH{=}CH_2 \quad OH^- \xrightarrow{\Delta}$

(*f*)
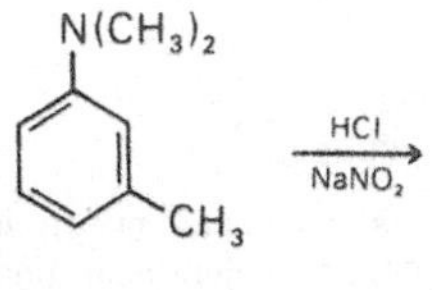

★(*g*)
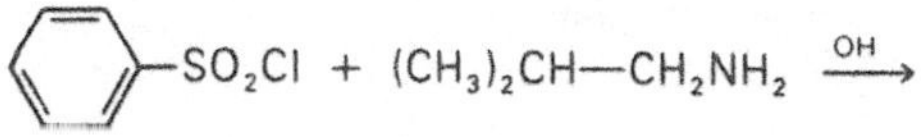

PROBLEMAS DE REPASO PARA LOS CAPITULOS 9 A 16

1. Nombrar los siguientes compuestos e indicar un método químico sencillo, fundado en las diferencias de acidez y basicidad, para separar cada una de las mezclas siguientes y recuperar cada compuesto en forma pura:

(*a*) 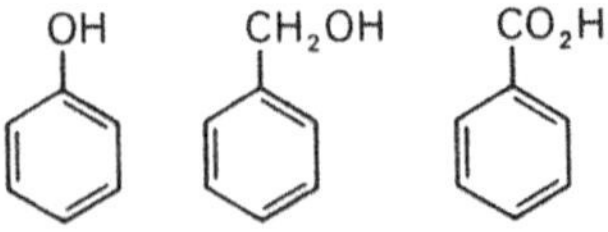

(*b*) 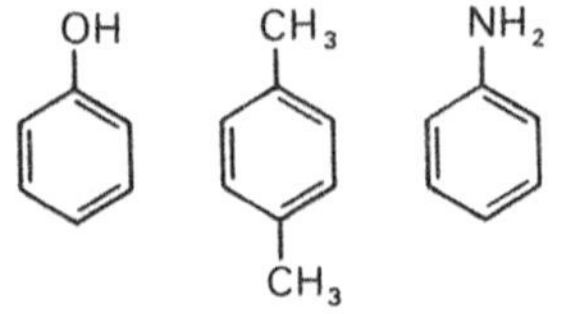

(*c*) 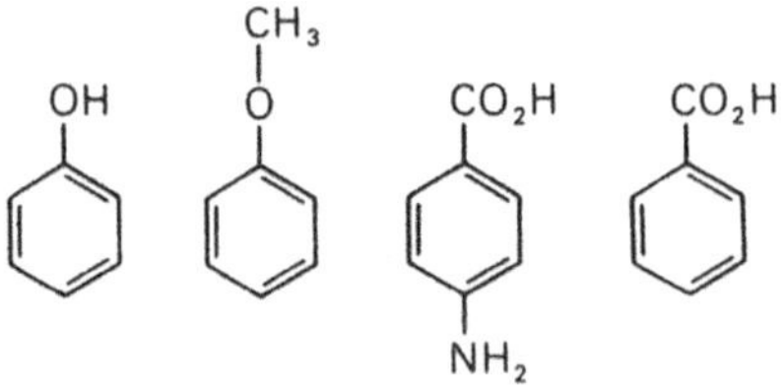

2. Formular las transformaciones siguientes empleando fórmulas de proyección:

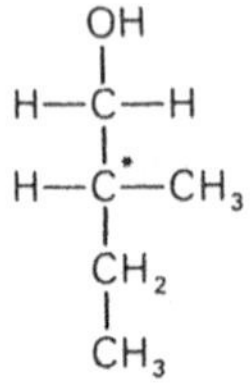

$\xrightarrow{KMnO_4}$ $C_5H_{10}O_2$ $\xrightarrow{SOCl_2}$ C_5H_9OCl $\xrightarrow[Pd \cdot BaSO_4]{H_2}$

$C_5H_{10}O$ $\xrightarrow[CH_2O]{Ca(OH)_2}$ $C_6H_{14}O_2$ **(no resoluble)**

$\downarrow KMnO_4$

$C_6H_{10}O_4$ (ácido, no resoluble) $\xleftarrow{KMnO_4}$ racémico $C_6H_{12}O_3$ (ácido, resoluble)

3. Escribir la fórmula de los hidroxiácidos ópticamente activos más sencillos que por oxidación darían:

(*a*) un ácido meso-dicarboxílico, $C_nH_{2n-2}O_4$

(*b*) un ácido dicarboxílico ópticamente activo

(*c*) un ácido dicarboxílico inactivo, $C_nH_{2n-2}O_4$, que no tenga isómeros ópticos

4. Una persona no familiarizada con el mecanismo de las reacciones orgánicas puede intentar llevar a cabo las reacciones químicas indicadas a continuación. Establecer y justificar una alternativa o acompañar el esquema que esperariais que siguiera cada una de ellas.

(*a*) $(CH_3)_3CBr + NaNH_2 \xrightarrow{\text{tolueno}} (CH_3)_3C{-}NH_2 + NaBr$

(*b*) 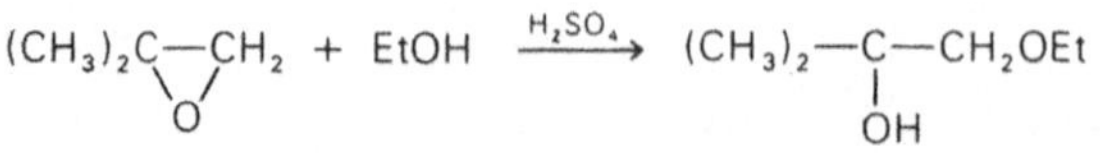

(*c*) *trans*-2-bromociclohexanol $\xrightarrow{HBr}$ *cis*-1,2-dibromociclohexano

5. ¿Qué sustrato reacciona más rápidamente con acetato de plata en ácido acético? Dar una razón para cada elección.

(*a*) $CH_3CH_2CH_2{-}Br$ o $CH_3{-}CH(Br){-}CH_3$

(*b*) $C_6H_5{-}CH_2{-}Cl$ o $C_6H_5{-}CH_2CH_2Cl$

(*c*) $CH_3{-}\ddot{\underset{\cdot\cdot}{O}}{-}CH_2Cl$ o $CH_3CH_2CH_2{-}Cl$

(*d*) $CH_3{-}CH(Cl){-}CH_3$ o $CH_3{-}CH(I){-}CH_3$

6. Disponer la siguiente serie de compuestos en orden creciente de acidez dando una explicación teórica del lugar de cada ácido en la serie:

(*a*) H_2O, $CH_3CH_2CH_2CH_2OH$, Cl_3CCO_2H, $CH_3CH_2CH_2CO_2H$, $CH_3CH_2CH(Br)CO_2H$, $BrCH_2CH_2CH_2CO_2H$

(*b*) CH_3CO_2H, ICH_2CO_2H, $ClCH_2CO_2H$, FCH_2CO_2H

(*c*)

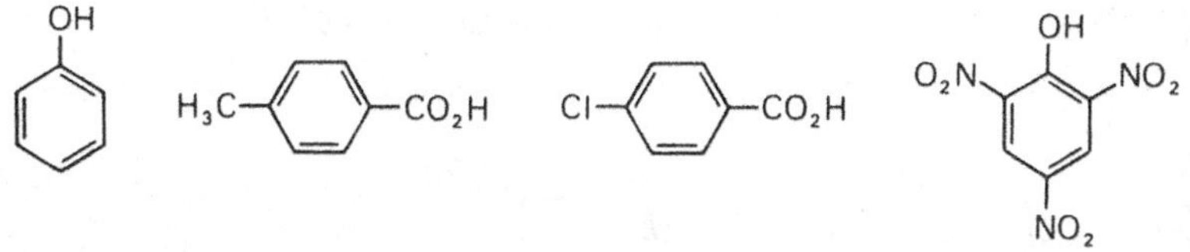

7. Dar la estructura de (*a*) y (*b*):

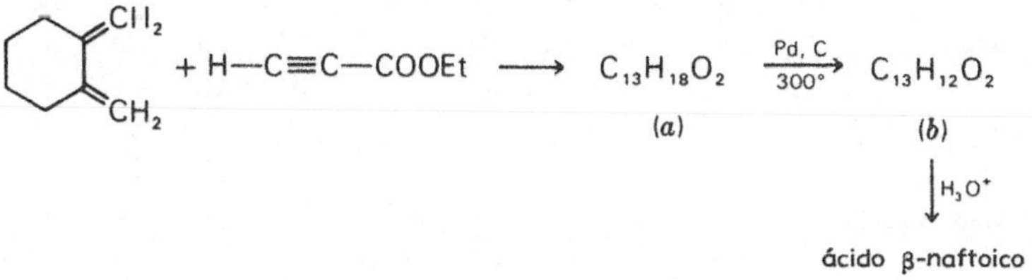

8. Disponer la siguiente serie de compuestos en orden creciente de basicidad y explicarlo:

(*a*)

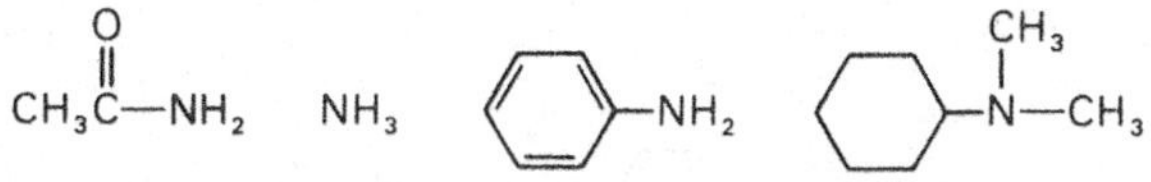

(*b*)

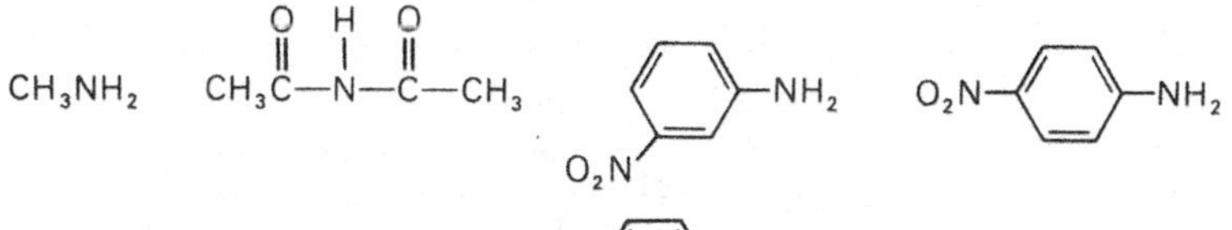

(*c*)

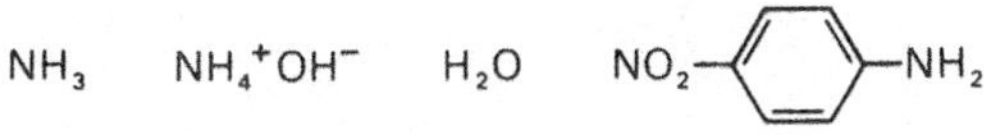

9. Sintetizar los siguientes compuestos a partir de materiales fácilmente asequibles:

(*a*) *m*-cresol

(*b*) ácido benzoico de nitrobenceno

(*c*) 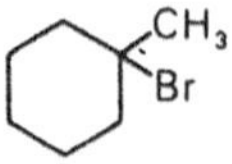 de ciclohexanol

(*d*) 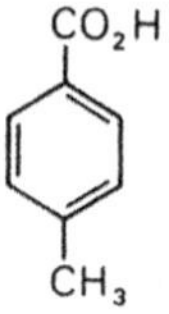

(*e*) $OCHCH_2CH_2CH_2CH_2CHO$ de ciclohexanol

(*f*) 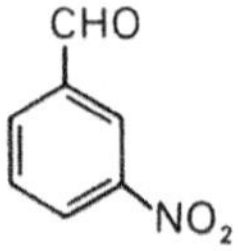

(*g*) 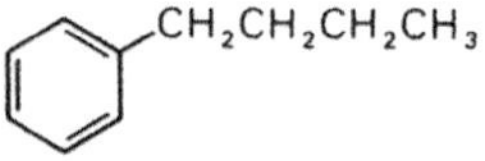

(*h*) 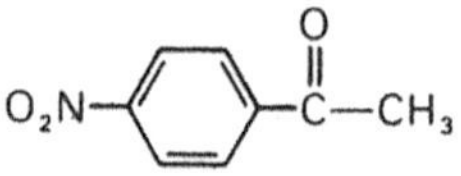

(*i*) 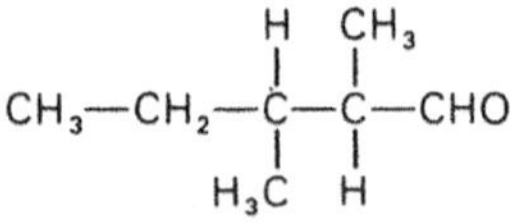

(*j*) 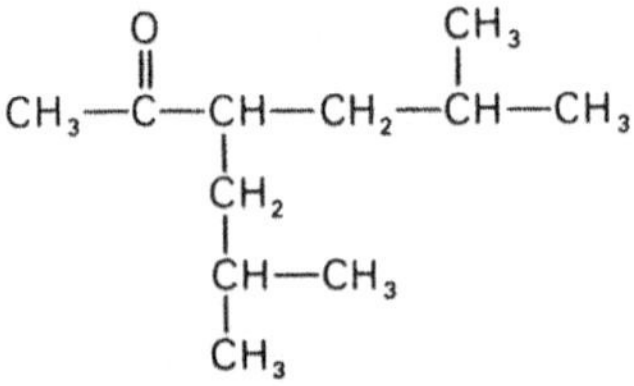

(*k*) 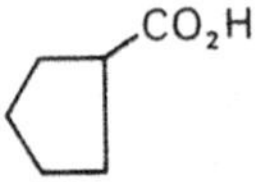 de 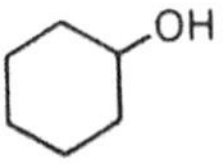

(*l*) 1,8-octanodiol de ácido adípico

(*m*) ácido 5-bromopentanoico de ácido adípico

(*n*) 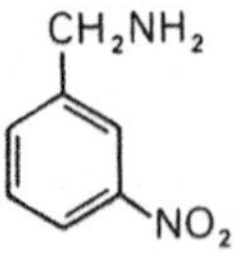 de *m*-dinitrobenceno

(*o*) 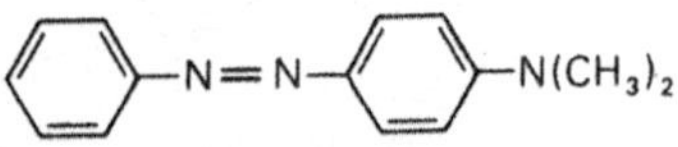

(*p*) 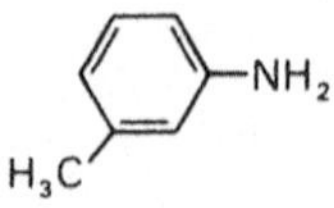 de ácido benzoico

(*q*) 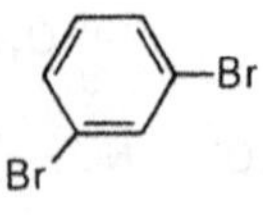 de benceno

10. Nombrar los materiales de partida y dar la estructura y el nombre de los productos. Si no hubiera reacción, escribir N.R. Un carbono con asterisco indica un isómero óptico puro. Indicar si la reacción es estereoespecífica.

(*a*) 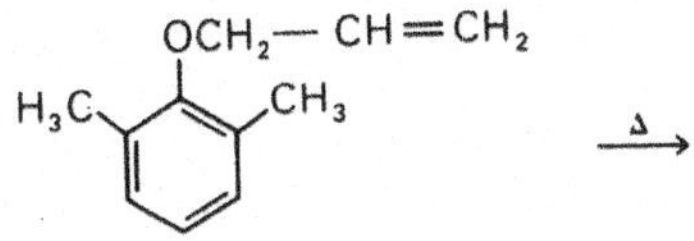

(*b*) 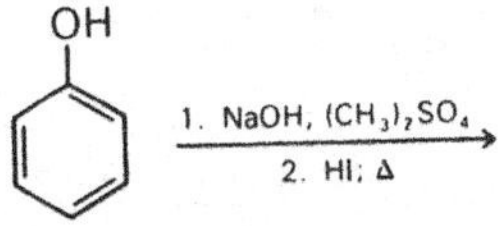

(*c*) 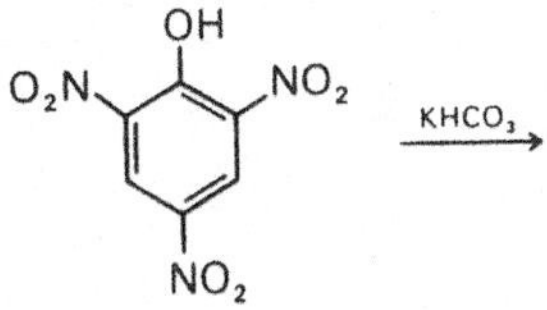

(*d*) 

(*e*) 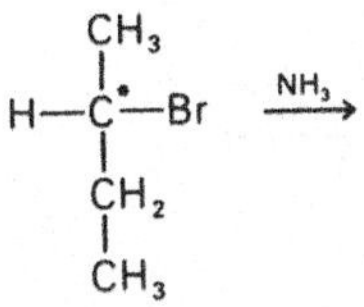

(*f*) 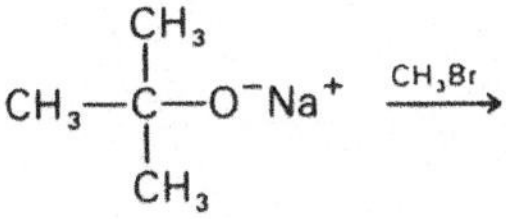

(*g*) 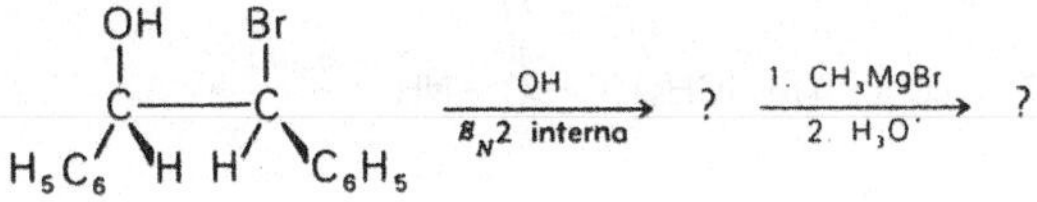

(*h*) $CH_3Br + (C_6H_5)_3P \xrightarrow{\text{base fuerte}}$

(*i*) producto de (*h*) + 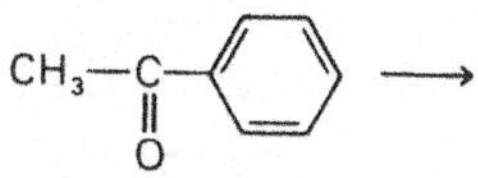

(*j*) 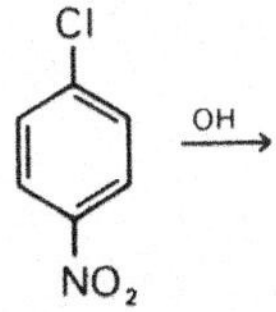

(*k*) 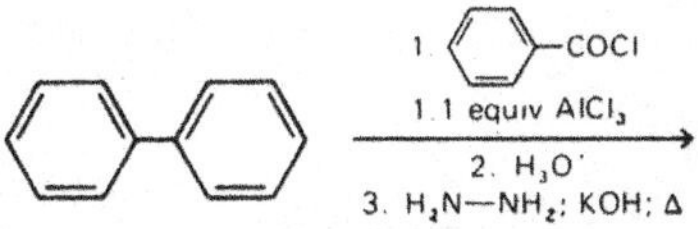

(*l*) 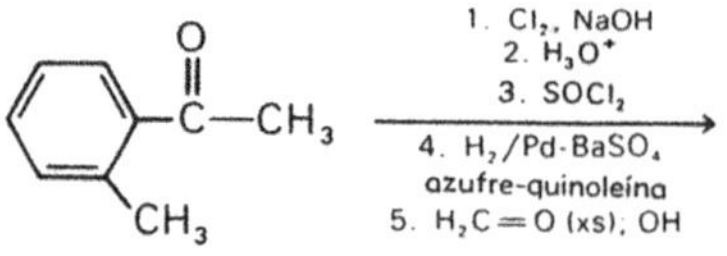

(*m*) 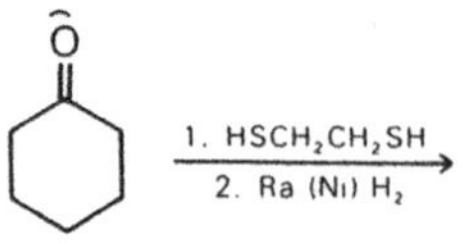

(*n*) 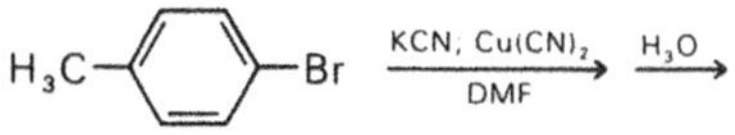

(*o*) $BrCH_2CH_2Br \xrightarrow{Mg}$

(*p*) $CH_3CH_2CH_2CH_2CO_2H \xrightarrow{CH_2N_2}$

(*q*) 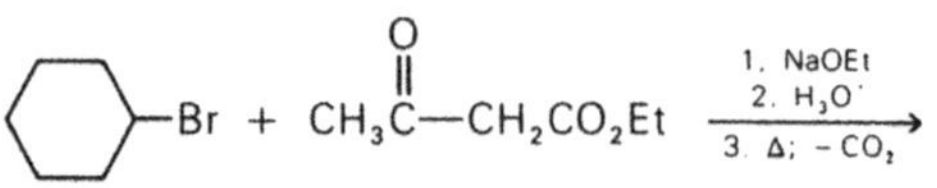

(*r*) 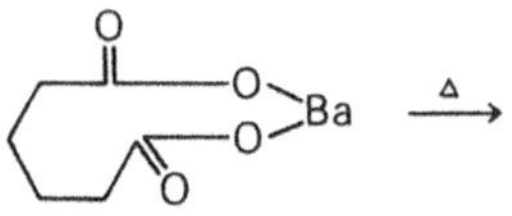

(*s*) 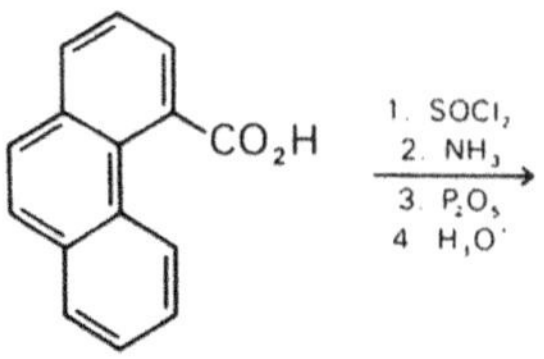

(*t*) 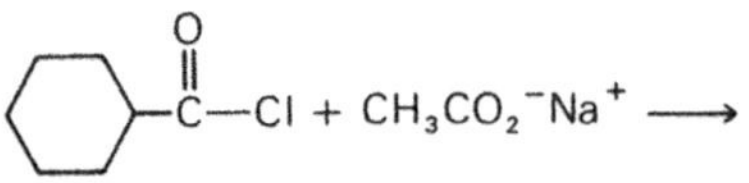

(*u*) $(CH_3)_3C-\overset{O}{\overset{\|}{C}}-NH_2 \xrightarrow[HCl]{NaNO_2}$

(*v*) $CH_3-\overset{O}{\overset{\|}{C}}-NH-C_6H_5 \xrightarrow{LiAlH_4}$

(*w*) 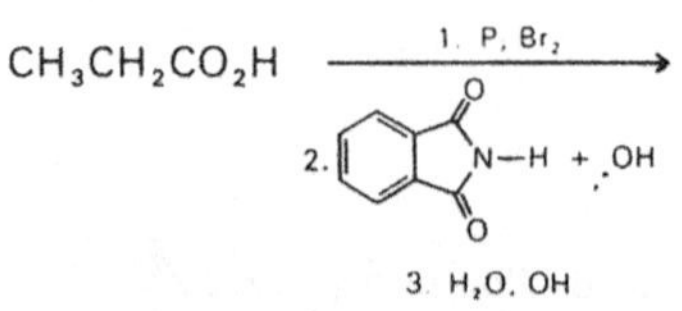

(*x*) 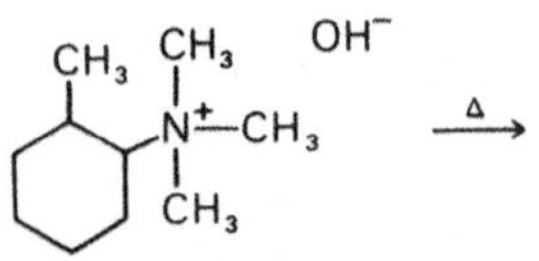

(*y*) 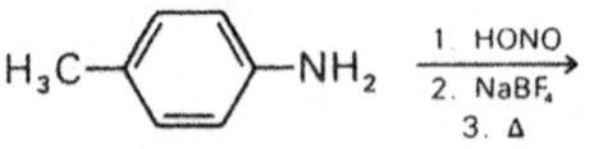

(*z*) 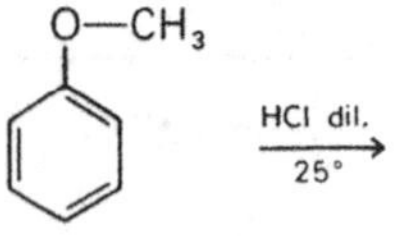

Parte tercera
Compuestos orgánicos de interés biológico

Capítulo diecisiete

Aunque todos los componentes orgánicos que contienen un grupo amino, —NH_2, y un grupo carboxilo, —COOH, son aminoácidos, sólo estudiaremos en este capítulo los α-aminoácidos

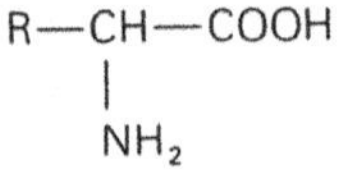

y, en particular, los que se han obtenido por hidrólisis de las proteínas naturales. Las proteínas son moléculas orgánicas grandes compuestas por muchas unidades de aminoácidos ensamblados por uniones amídicas, denominadas también *enlaces peptídicos*. Una molécula compuesta de dos aminoácidos es un *dipéptido*, si está compuesta por tres aminoácidos, un *tripéptido*, y en general las que resultan de unir muchos aminoácidos se denominan *polipéptidos* o *proteínas*.

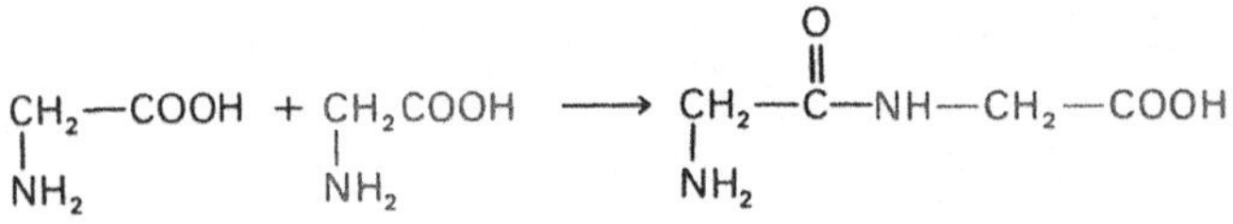

glicina glicina glicilglicina (un dipéptido)

El extremo amínico libre de un péptido se escribe, por convención, a la izquierda, y el carboxilo libre a la derecha.

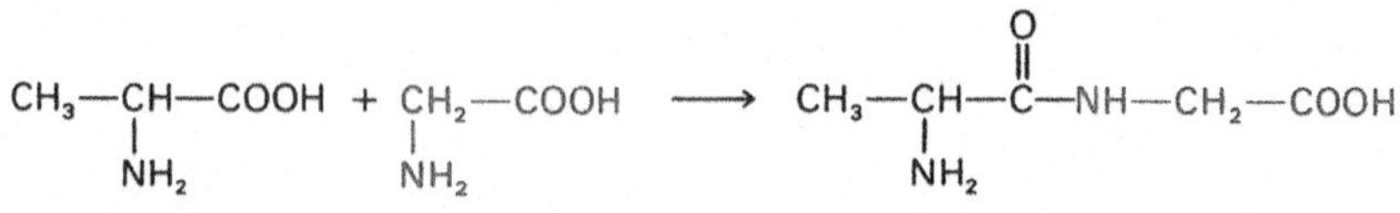

alanina (Ala) glicina (Gli) alanilglicina (Ala-Gli)

Aminoácidos y proteínas

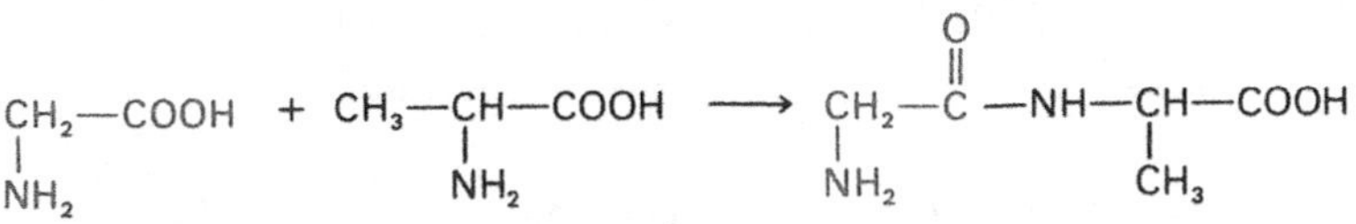

glicina (Gli) alanina (Ala) glicilalanina (Gli-Ala)

La Tabla 17-1 reúne los α-aminoácidos naturales aislados en la hidrólisis de proteínas de orígenes tan diversos como gelatina, fibras musculares, lana, tejido tiroidal y coral. Ejemplos conocidos de proteínas son la oxitocina (proteína hormonal), la insulina y el ACTH.

Tabla 17-1. α-aminoácidos obtenidos de proteínas

Aminoácidos alifáticos neutros:

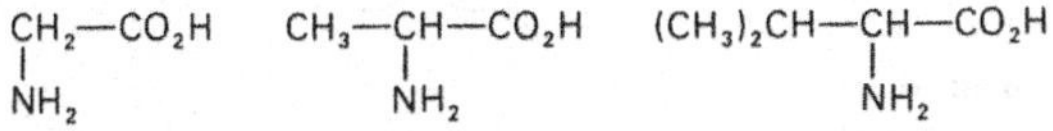

glicina (Gli) alanina (Ala) valina (Val)

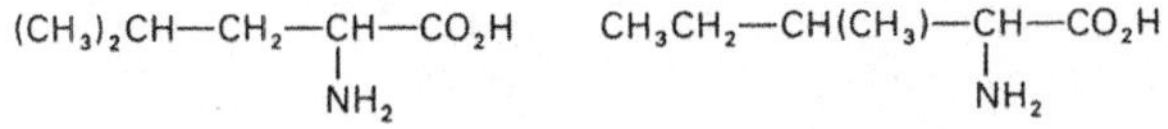

leucina (Leu) isoleucina (Ileu)

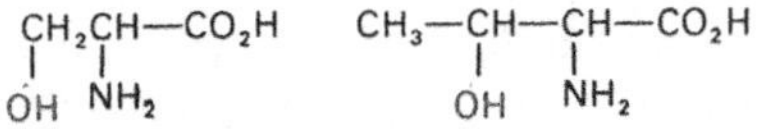

serina (Ser) treonina (Tre)

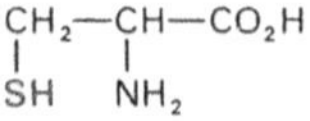

cisteína (CiSH)

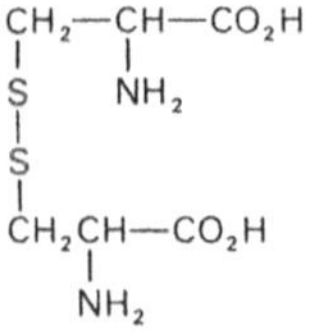

cistina (CiS-SCi)

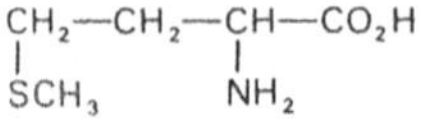

metionina (Met)

Aminoácidos alifáticos básicos:

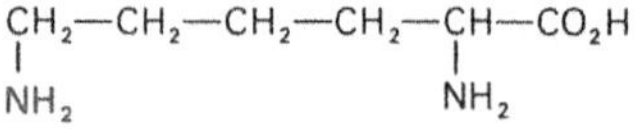

lisina (Lis)

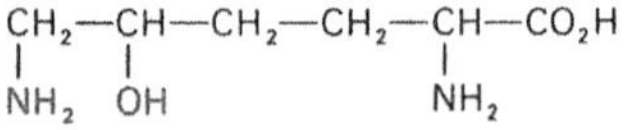

δ-hidroxilisina (Lis-OH)

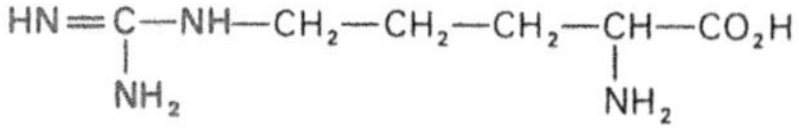

arginina (Arg)

Aminoácidos alifáticos ácidos:

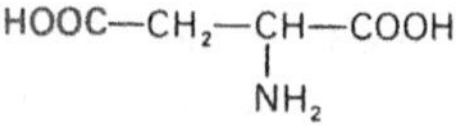

ácido aspártico (Asp)

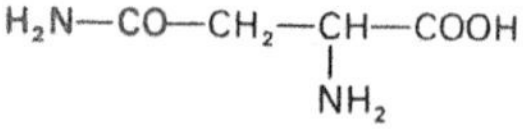

asparagina (Asp-NH₂)

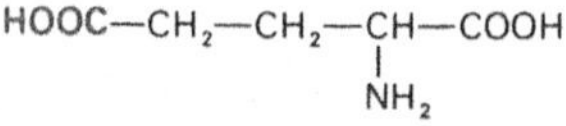

ácido glutámico (Glu)

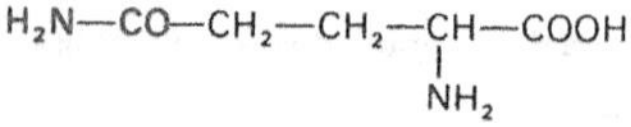

glutamina (Glu-NH₂)

Aminoácidos aromáticos neutros:

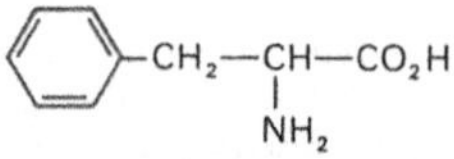

fenilalanina (Fen)

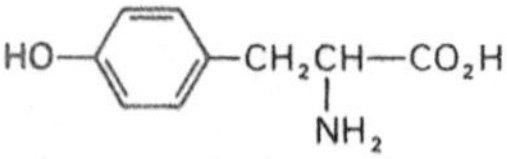

tirosina (Tir)

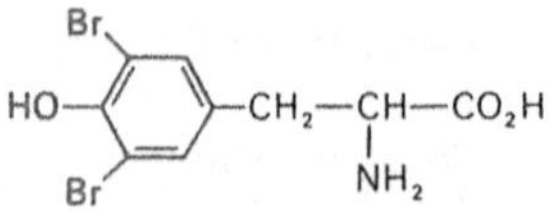

3,5-dibromotirosina

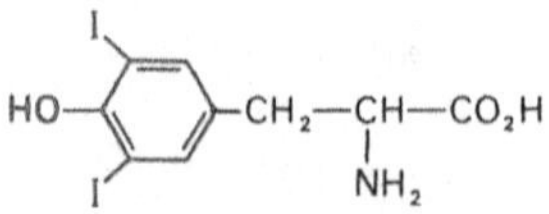

3,5-diyodotirosina

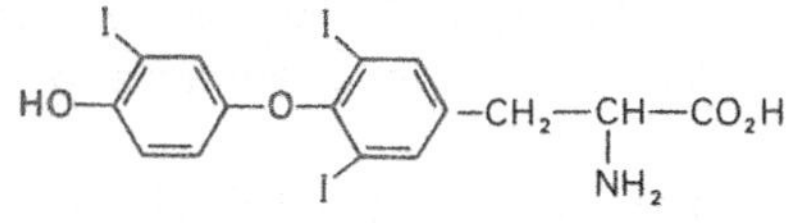

3,3',5 triyodotiroxina

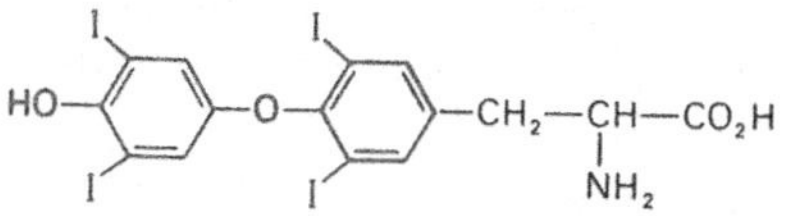

tiroxina

Aminoácidos heterocíclicos neutros:

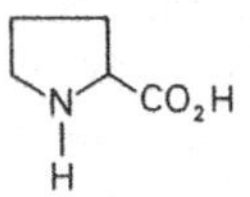

prolina (Pro)

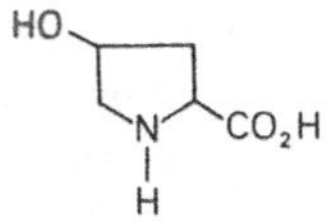

hidroxiprolina (Hipro)

Aminoácidos heterocíclicos básicos:

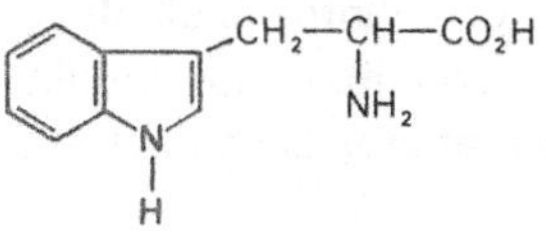

triptófano (Tri)

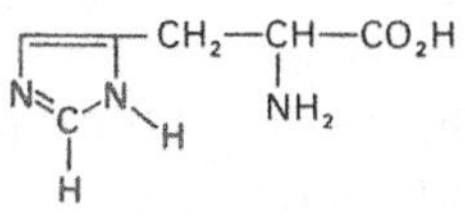

histidina (His)

NOMENCLATURA Y ESTRUCTURA

Los compuestos reseñados en la Tabla 17-1 se pueden nombrar con el sistema IUPAC, pero la mayoría de los aminoácidos, como otros productos naturales, tienen nombres vulgares que recuerdan su origen, sus propiedades, o alguna circunstancia característica de su aislamiento. Generalmente se utilizan estos nombres primitivos, a los que para mayor comodidad se han asignado abreviaturas normalizadas. Estas abreviaturas sirven para designar la *estructura general,* si están separadas por *comas,* o la estructura *específica* si van separadas por *guiones*. Por ejemplo, una primera investigación en la determinación estructural de un tripéptido, indica que el compuesto contiene glicina, alanina y valina (gli, ala, val); el trabajo posterior demuestra que el orden específico es alanina (grupo amino terminal), valina y glicina (carboxilo terminal), por lo que se designa ala-val-gli.

Los aminoácidos con un número igual de grupos amino y carboxilo, se denominan *aminoácidos neutros,* mientras que los que tienen un número más grande de grupos amino, como la lisina, $CH_2(NH_2)CH_2CH_2CH_2CH(NH_2)COOH$, se llaman *básicos*, y los que tienen más grupos carboxílicos como el ácido aspártico,

$HOOCCH_2CH(NH_2)COOH$, se llaman *ácidos*. En la Tabla 17-1 se ha seguido esta clasificación, señalando al mismo tiempo qué ácidos son aromáticos o heterocíclicos.

La configuración óptica de todos los aminoácidos de la Tabla 17-1 está relacionada con la del L-gliceraldehído; aunque los aminoácidos de origen natural tengan configuración L, se pueden sintetizar los D aminoácidos. En la naturaleza se han encontrado también algunos aminoácidos de configuración D provenientes en general de productos metabólicos de organismos inferiores. La D-alanina, la D-valina y la D-fenilalanina se han aislado e identificado en hidrolizados de polipéptidos de ciertos compuestos producidos por bacterias. La Tabla 17-2 muestra las estructuras (y las fuentes) de algunos aminoácidos aislados de materiales no proteicos.

Casi todos los aminoácidos son compuestos orgánicos sólidos, cristalinos, de elevado punto de fusión (o descomposición). Generalmente son solubles en agua e insolubles (o muy poco solubles) en los disolventes orgánicos corrientes. Las disoluciones acuosas presentan altas constantes dieléctricas, y la estructura de los aminoácidos solvatados, es predominantemente dipolar y no covalente, como hemos escrito implícitamente hasta ahora. La estructura dipolar se llama también forma *zwitterion*.

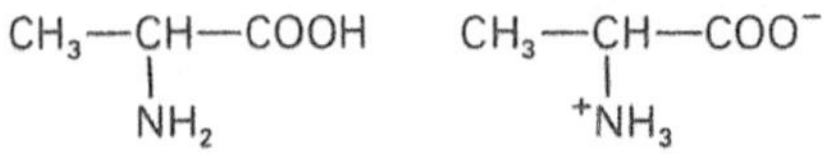

alanina   forma dipolar (zwitterion)

Dado que todos los aminoácidos contienen por lo menos un grupo ácido y un grupo básico (—COOH y —NH_2), las especies que existirán en solución dependerán del equilibrio ácido-base que se establezca, y por lo tanto del pH. Como es

Tabla 17-2. Aminoácidos de origen no proteico

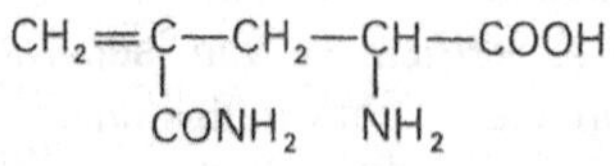

γ-metilenglutamina
(tulipanes)

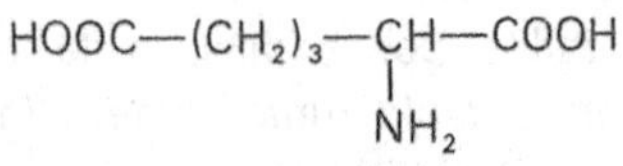

ácido α-aminoadípico
(orina humana)

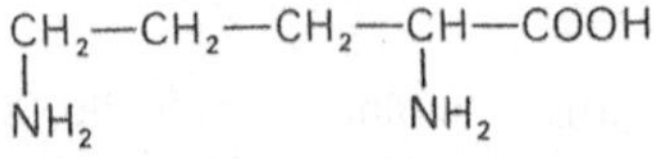

L-ornitina
(excremento de aves)

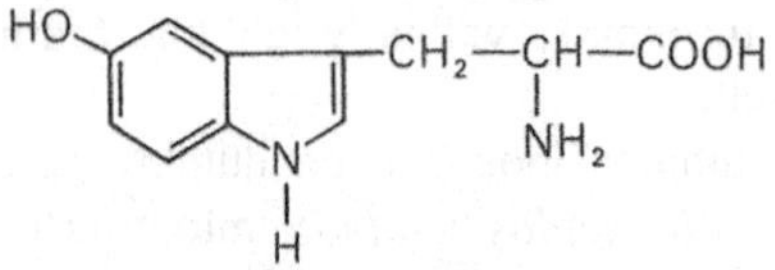

5-hidroxitriptófano
(sapos tropicales)

4-metilprolina (manzanas) | D-penicilamina (penicilina)

lógico, en medio ácido (pH bajo), predomina el catión, la forma dipolar es importante hacia pH 6, y el anión se forma en medio básico (pH alto).

$$\underset{\text{medio ácido}}{CH_3-\underset{{}^+NH_3}{\underset{|}{C}H}-CO_2H} \underset{H^+}{\overset{OH^-}{\rightleftharpoons}} \underset{\substack{\text{zwitterion}\\ \text{pH 6,00}}}{CH_3-\underset{{}^+NH_3}{\underset{|}{C}H}-CO_2^-} \underset{H^+}{\overset{OH^-}{\rightleftharpoons}} \underset{\text{medio básico}}{CH_3-\underset{NH_2}{\underset{|}{C}H}-CO_2^-}$$

Bajo la influencia de un campo eléctrico el catión aminoácido (en medio ácido) migra hacia el polo negativo (cátodo); en condiciones básicas el anión migra hacia el polo positivo (ánodo). El *punto isoeléctrico* es el pH en el que predomina el zwitterión, que, dado su carácter, no migra bajo la influencia de un campo eléctrico. El punto isoeléctrico de la mayoría de los aminoácidos neutros está comprendido entre pH 5 y 6, en los ácidos oscila entre pH 2 y 3, y en los básicos corresponde a un pH 9 a 11. Ya que el punto isoeléctrico es característico de cada aminoácido, puede servir como medio de identificarlo.

SINTESIS DE AMINOACIDOS

17-1 AMONOLISIS DE ACIDOS α-HALOGENADOS

Al tratar un ácido carboxílico (que tenga al menos un átomo de hidrógeno en α) con bromo y cantidades catalíticas de fósforo rojo (o PCl_3) se forma el α-bromoácido con buen rendimiento. El tratamiento subsiguiente de este bromoácido con un *gran exceso* de amoníaco (para evitar la dialquilación), conduce al aminoácido racémico.

$$\underset{\text{ácido propanoico}}{CH_3CH_2CO_2H} \xrightarrow[\text{cat. P. rojo}]{Br_2} \underset{\text{ácido D, L-2-bromopropanoico}}{CH_3-\underset{Br}{\underset{|}{C}H}-CO_2H} \xrightarrow[\text{rend. 70 \%}]{NH_3\,(xs)} \underset{\text{D, L-alanina}}{CH_3-\underset{NH_2}{\underset{|}{C}H}-CO_2H}$$

$$(CH_3)_2CHCH_2COOH \xrightarrow[\text{rend. 88 \%}]{Br_2,\ \text{cat. } PCl_3} (CH_3)_2CHCH(Br)COOH \xrightarrow[\text{rend. 50 \%}]{NH_3(xs)} (CH_3)_2CHCH(NH_2)COOH$$

ácido isovalérico — ácido α-bromoisovalérico — D, L-valina

17-2 SINTESIS DE LA FTALIMIDA DE GABRIEL

La síntesis de aminoácidos por medio de la ftalimida es análoga a la descrita en la Sec. 16-8 para preparar aminas primarias puras a partir de halogenuros.

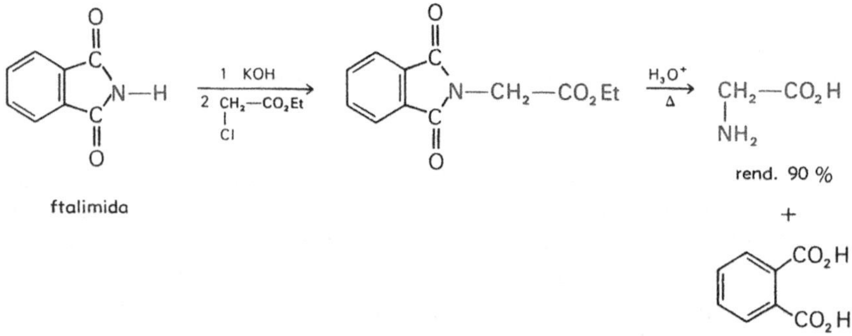

17-3 EMPLEO DE LA HEXAMETILENTETRAMINA

La hexametilentetramina (HMTA), además de ser un reactivo útil en la conversión de halogenuros en aldehídos (Sec. 13-4), se emplea en la síntesis de aminas a partir de halogenuros, y de aminoácidos a partir de α-halogenoácidos. La sal de amonio cuaternaria intermedia se forma con buenos rendimientos y se escinde fácilmente en medio ácido.

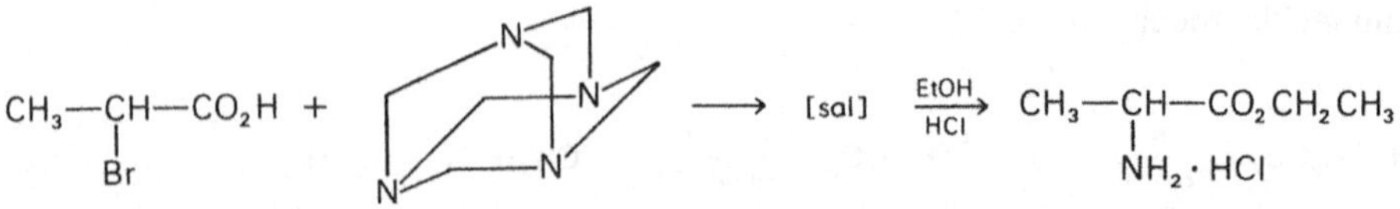

ácido α-bromopropanoico — HMTA — hidrocloruro de etil alanina, rend. 93 %

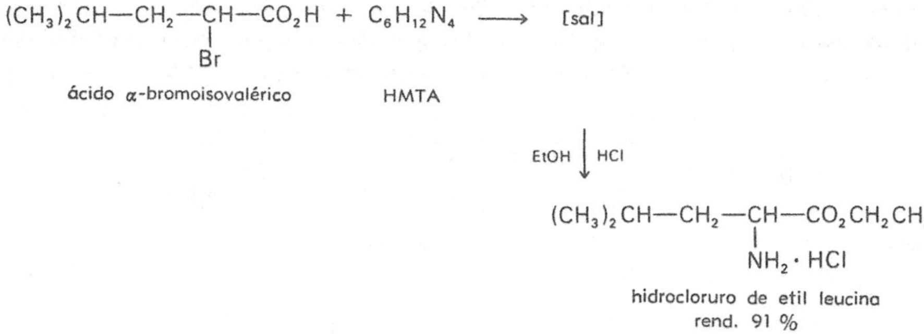

17-4 SINTESIS DE STRECKER

Las cianhidrinas, preparadas a partir de aldehídos y cianuro de hidrógeno, se pueden convertir en α-aminonitrilos que por hidrólisis dan los α-aminoácidos.

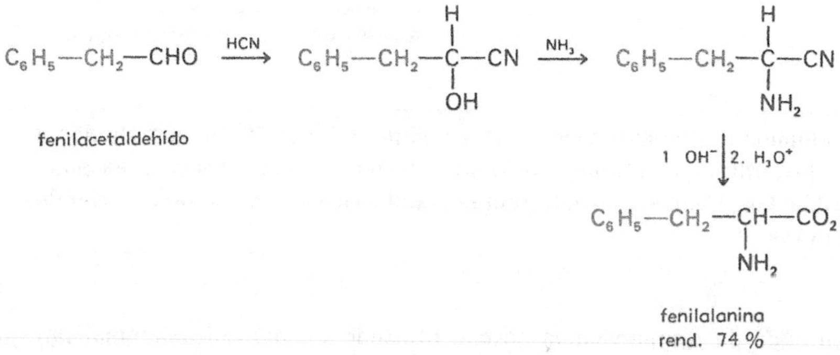

Para evitar el manejo del cianuro de hidrógeno, que es tóxico, se puede efectuar la conversión directa del aldehído en α-aminonitrilo utilizando cianuro amónico. Este método permite introducir un carbono radioactivo:

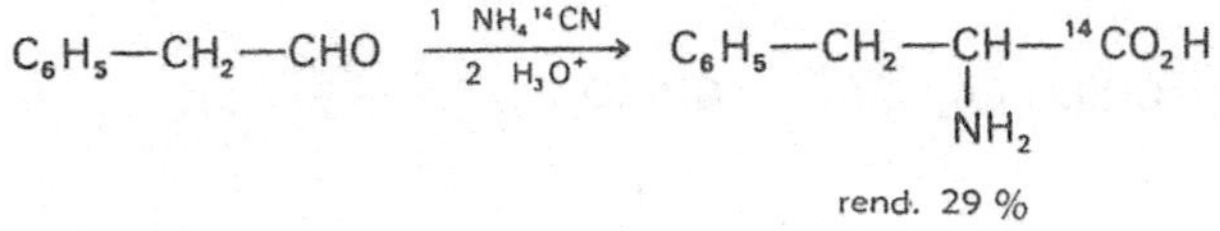

17-5 SINTESIS MALONICA

Recuérdese que el ester malónico es un reactivo muy útil para preparar ácidos carboxílicos a partir de halogenuros ($R—CH_2X \rightarrow RCH_2—CH_2COOH$, Sec. 14-9). Por lo tanto se podrá emplear directamente o a través de sus derivados nitrogenados en la síntesis de aminoácidos. La síntesis directa de un α-aminoácido racémico a partir del halogenuro correspondiente está detallada en el esquema siguiente para el caso de la leucina; se integran dos átomos de carbono por síntesis malónica y se introduce la función amino por amonolisis del α-bromoácido

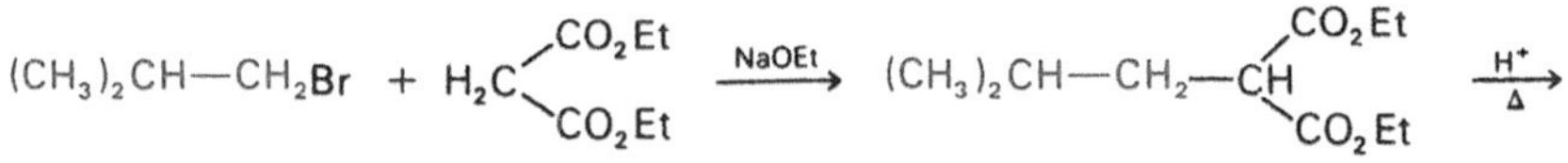

bromuro de isobutilo — isobutilmalonato de etilo

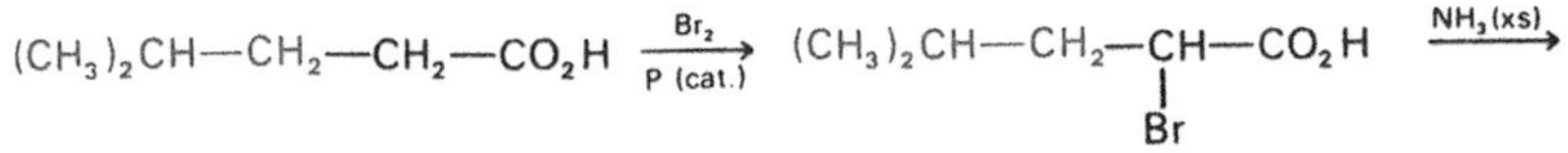

ácido 4-metilpentanoico — ácido 2-bromo-4-metilpentanoico

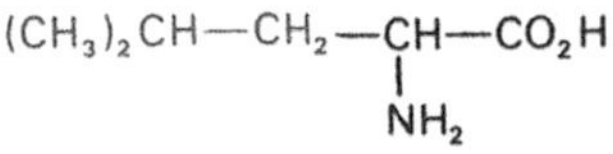

leucina con un rend. del 30 %
calculado sobre el ácido 4-metilpentanoico

La fenilalanina se obtiene con un rendimiento del 60 % sometiendo el malonato de etilo y el cloruro de bencilo a una serie de reacciones análogas. Escribir los pasos de esta secuencia de reacciones y nombrar todos los productos.

En la sintesís de α-aminoácidos se han utilizado también el aminomalonato de etilo, $H_2N—CH(CO_2Et)_2$, y sus derivados acilados, $R—CO—NH—CH(CO_2Et)_2$. Estos reactivos pueden alquilarse en el carbono marcado en rojo, y se preparan por reacción del ácido nitroso sobre el ester malónico seguida de reducción y acilación.

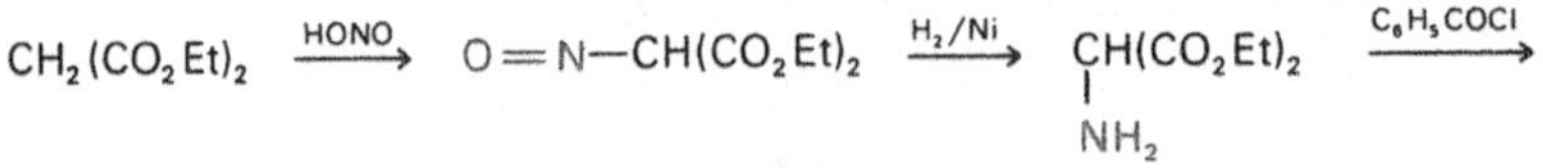

malonato de etilo — nitrosomalonato de etilo — aminomalonato de etilo

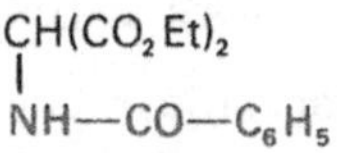

N-benzoilaminomalonato
de etilo

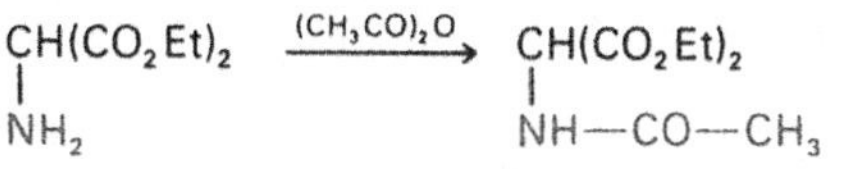

N-acetilaminomalonato de etilo

La ventaja del uso de estos compuestos radica en el hecho de poseer ya un grupo amino (protegido), por lo que se requieren pocos pasos para la síntesis total de un isómero óptico determinado.

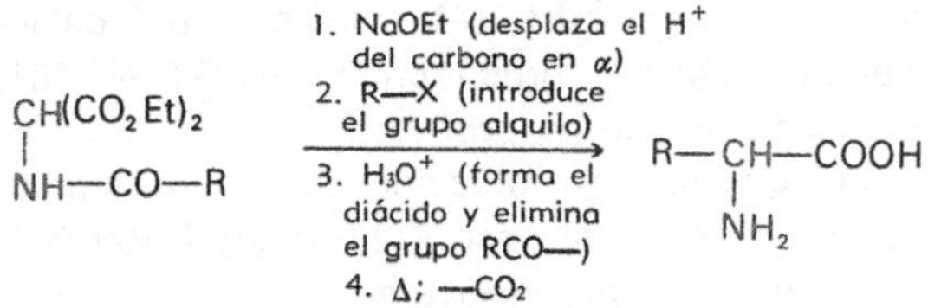

Fórmulese la síntesis de la leucina a partir del malonato de etilo utilizando el derivado *N*-benzoilado. El rendimiento global calculado sobre el ester malónico es del 30 %.

17-6 RESOLUCION DE AMINOACIDOS

Los métodos de síntesis descritos en las secciones anteriores conducen a la mezcla racémica del aminoácido; para obtener el isómero óptico puro debe resolverse dicha mezcla. Los métodos corrientes de resolución han sido descritos en el Cap. 12. La resolución enzimática es posible algunas veces, pero, para resolver los aminoácidos *N*-sustituidos o las amidas o esteres del aminoácido con el grupo amino libre, se utiliza más la formación de diastereómeros. El tratamiento de la DL-*N*-benzoilfenilalanina con cinconina, por ejemplo, proporciona una sal insoluble que contiene el isómero D.

Formúlense las ecuaciones de la resolución indicada.

SINTESIS DE PEPTIDOS (PROTEINAS)

Volvamos a la discusión de la síntesis de péptidos a partir de aminoácidos. Supongamos, por ejemplo, que deseamos realizar la siguiente transformación:

$$\underset{\displaystyle NH_2}{\overset{}{A}}\text{—COOH} + \underset{\displaystyle NH_2}{B}\text{—COOH} \longrightarrow \underset{\displaystyle NH_2}{A}\text{—CO—NH—B—COOH}$$

donde A y B representan aminoácidos libres o péptidos.

La síntesis de péptidos requiere precauciones especiales y condiciones relativamente suaves para evitar la racemización de los aminoácidos (o de los mismos péptidos) que los componen y para obtener buenos rendimientos de los péptidos deseados. La síntesis clásica de un péptido como el diseñado arriba, comprende cinco pasos: (1) protección del grupo A—NH_2, (2) protección del grupo B—COOH, (3) activación del grupo A—COOH, (4) formación del enlace peptídico (unión amídica), y (5) eliminación del grupo protector del A—NH_2. Veremos más adelante que la eliminación del grupo protector de B—COOH no requiere atención especial. Es evidente que sin la protección conseguida en los pasos (1) y (2), la reacción que se produce en el paso (4) originaría también el péptido que contuviera los aminoácidos en un orden inverso.

17-7 PROTECCION DEL GRUPO AMINO

Corrientemente se emplea el grupo carbobenzoxi, C_6H_5—CH_2—O—CO—, abreviadamente Cbz—, ya que se elimina con facilidad del péptido recién formado, en condiciones suaves. El reactivo utilizado, el cloruro de carbobenzoxilo, se prepara por acción del fosgeno sobre el alcohol bencílico.

$$C_6H_5CH_2OH + Cl\text{—}\overset{\displaystyle O}{\overset{\|}{C}}\text{—}Cl \xrightarrow[\text{rend.}]{95\ \%} C_6H_5CH_2O\text{—}\overset{\displaystyle O}{\overset{\|}{C}}\text{—}Cl + HCl$$

Este cloruro reacciona con las aminas de igual forma que los cloruros de ácidos carboxílicos ordinarios.

$$\underset{\displaystyle NH_2}{CH_2COOH} \xrightarrow[2.\ H_3O^+]{1.\ C_6H_5\text{—}CH_2OCOCl;\ OH^-} \underset{\displaystyle NH\text{—}COOCH_2C_6H_5}{CH_2COOH}$$

glicina — carbobenzoxiglicina

El grupo ftalilo, cuya eliminación posterior es también fácil, puede introducirse por calefacción del aminoácido con anhídrido ftálico; es otro método de protección del grupo amino para impedir que forme enlace peptídico.

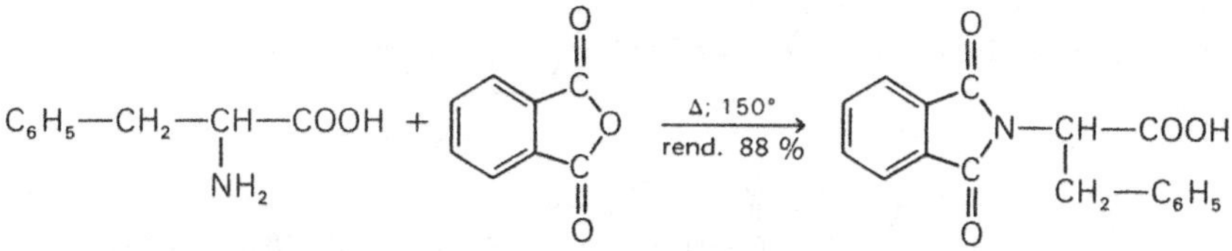

L-fenilalanina anhídrido ftálico ftalil-L-fenilalanina

17-8 PROTECCION DEL GRUPO CARBOXILO

La función ácido carboxílica se protege por conversión en sal sódica (con base) o en un ester inerte (con alcohol y vestigios de ácido mineral). El ester se desdobla después por hidrólisis en condiciones suaves.

17-9 ACTIVACION DEL GRUPO CARBOXILO DE LOS AMINOACIDOS O PEPTIDOS CON *N* PROTEGIDO

La activación del grupo carboxilo se efectúa convirtiéndolo en el cloruro de ácido (con cloruro de tionilo) o en un ester muy reactivo, como el de *p*-nitrofenilo. Como agente de deshidratación que facilita la esterificación en condiciones suaves se emplea la *N*,*N*-diciclohexilcarbodiimida. $C_6H_{11}—N{=}C{=}N—C_6H_{11}$.

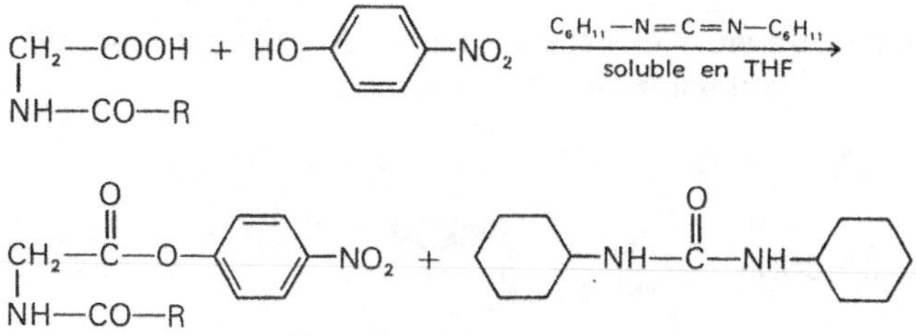

N,*N*-diciclohexilurea (insoluble en THF)

17-10 FORMACION DE ENLACE PEPTIDICO

Cuando se ha protegido un grupo carboxilo y un grupo amino de dos aminoácidos, solamente puede formarse el enlace peptídico en un sentido.

La formación del enlace amida a partir de una amina y un ácido, implica la eliminación de agua,

$$—NH_2 + HOOC— \longrightarrow —NH—CO— + H_2O$$

pudiéndose utilizar de nuevo la *N*,*N*-diciclohexilcarbodiimida. Aunque por simple calefacción de los dos compuestos se formaría el enlace peptídico deseado, el empleo de la carbodiimida en THF proporciona una reacción más segura en condiciones más suaves.

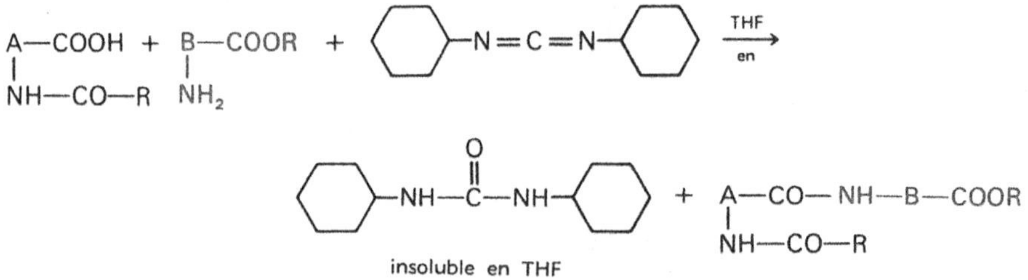

17-11 ELIMINACION DEL GRUPO PROTECTOR DE LA FUNCION AMINA

El paso final, es la eliminación del grupo protector ftalilo o carbobenzoxilo. Este último se elimina por hidrogenolisis con hidrógeno y paladio. El grupo intermedio *N*-carboxilo es inestable y se descarboxila espontáneamente.

$$\underset{\displaystyle \text{NH—COO—CH}_2\text{—C}_6\text{H}_5}{\text{A—CO—NH—B—COOR}} \xrightarrow{H_2/Pd} \left[\underset{\displaystyle \text{NH—COOH}}{\text{A—CO—NH—B—COOR}}\right] + C_6H_5CH_3 \longrightarrow$$

$$\underset{\displaystyle \text{NH}_2}{\text{A—CO—NH—B—COOR}} + CO_2$$

El grupo ftalilo se elimina tratando el peptido con el *N*-protegido con hidrazina en alcohol, formándose la ftalilhidrazida.

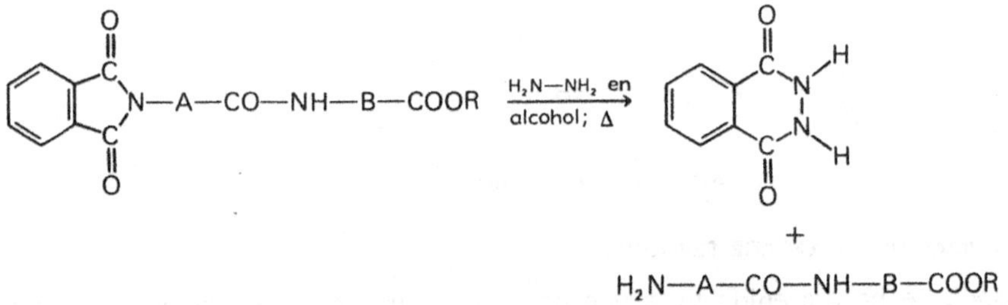

17-12 SINTESIS PEPTIDICA AUTOMATIZADA

Recientemente se ha desarrollado un procedimiento sintético para preparar con buenos rendimientos péptidos ópticamente puros; los aminoácidos pueden incorporarse al péptido en un orden determinado. Dado que todos los pasos se pueden efectuar en una sola vasija de reacción, por medio de operaciones de adición y filtración automáticas, se ha llamado a dicha vasija una *máquina de síntesis de péptidos.*

La clave del método está en el uso de un polímero insoluble, al que se une el péptido en formación. El polímero de poliestireno, que contiene grupos clorometilo, —CH_2Cl, se trata con la sal de un aminoácido con protección sobre el *N*; el grupo protector se elimina y se incorpora otro aminoácido por el mismo método. En todos los casos las reacciones ocurren en la superficie del polímero insoluble portador del aminoácido o del péptido. Por fin, cuando ya se ha incorporado el número deseado de unidades de aminoácidos, el péptido se separa del polímero. En la Tabla 17-3 se da un ejemplo de este proceso químico.

Tabla 17-3 Esquema de las reacciones utilizadas en la síntesis automatizada de péptidos

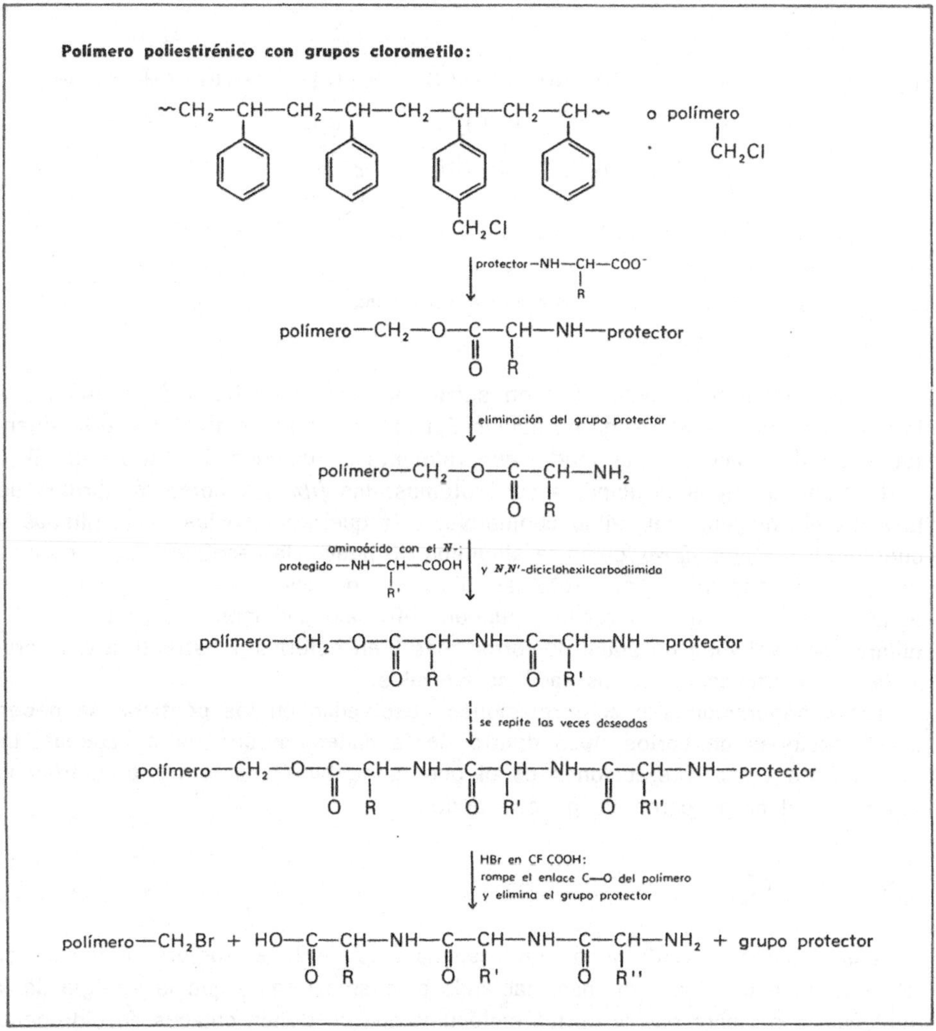

ESTRUCTURA FISICA DE LAS PROTEINAS

En las secciones anteriores se ha tratado la síntesis y constitución química de los péptidos. Queda por ver la naturaleza física y la configuración de las proteínas.

Las proteínas, polímeros formados por muchas unidades de aminoácidos, tienen frecuentemente pesos moleculares superiores a 10.000. La espina dorsal de estas moléculas la constituyen las uniones amida (enlaces peptídicos), mientras que los otros grupos funcionales que pueden existir en los aminoácidos quedan como ramificaciones de esta estructura fundamental; por ejemplo,

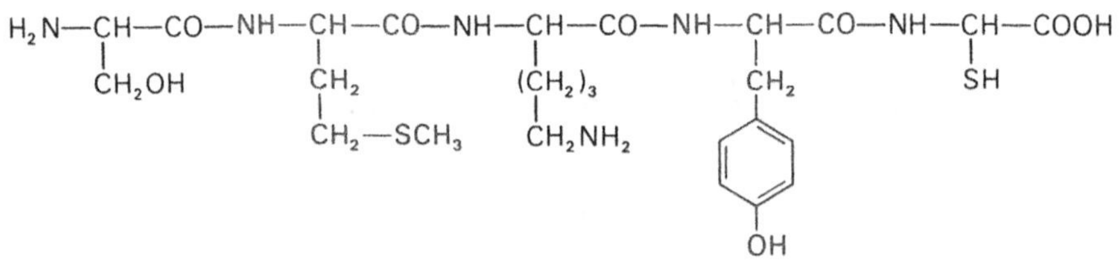

seriltreonilisiltirosilcisteína

Estos grupos funcionales pueden sufrir interacciones obligando a adoptar a la molécula una configuración particular. Por otra parte pueden establecerse puentes entre dos cadenas, por medio generalmente de uniones disulfuro —S—S—.

Existen dos tipos principales de proteínas: las *fibrosas* como la fibroína de la seda, el colágeno del tejido conjuntivo, y la queratina de las uñas, plumas y cuernos, y las *globulares* como la albúmina de huevo, la caseína y las proteínas del plasma sanguíneo. Las proteínas fibrosas son generalmente insolubles en agua; tienen estructura alargada y pueden sufrir elongaciones. Las proteínas globulares son solubles en agua, de forma más bien esférica y estructura entrecruzada por interacciones de las cadenas laterales.

Las configuraciones y conformaciones observadas en los péptidos se deben a interacciones de varios tipos dentro de la cadena o con otras cadenas. La principal de estas interacciones es el puente de hidrógeno entre el hidrógeno amídico y el grupo carbonilo de otra amida.

$$>N-H\cdots O=C<$$

Los puentes de hidrógeno son responsables de la estructura helicoidal de algunas moléculas de proteínas, haciendo al mismo tiempo que la energía de la molécula sea menor que la de las moléculas que no tienen enlaces de hidrógeno.

Por otra parte cada unión amida tiende a adoptar la conformación en la que se consigue el máximo recubrimiento entre los electrones p del nitrógeno y los π del enlace carbonílico.

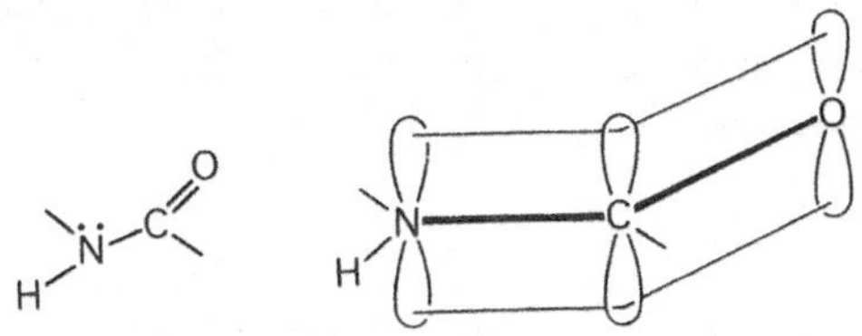

Un segundo tipo de enlace que puede ocurrir en una molécula de proteína, o entre moléculas de proteínas, es la unión disulfuro covalente, —S—S—. La oxidación, por ejemplo, de un grupo sulfhidrilo, —SH, como el de la cisteína

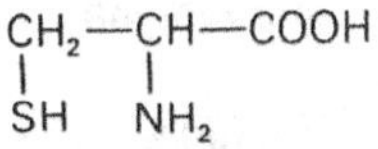

conduce a un puente disulfuro como el de la cistina

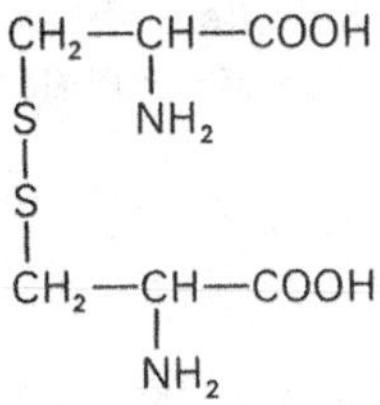

Los puentes disulfuro se pueden romper por reducción.

La geometría exacta de los péptidos, condicionada por los enlaces de hidrógeno y los puentes disulfuro, es el factor clave en la determinación de sus propiedades físicas, químicas y fisiológicas. Se dice que una proteína se *desnaturaliza,* si por algún proceso se hacen variar estas características secundarias de la proteína. Métodos corrientes de desnaturalización de la proteína son el tratamiento con ácidos, bases, disolventes orgánicos, rayos-X, o incluso la simple agitación mecánica. La proteína desnaturalizada es menos soluble en agua y menos activa fisiológicamente; con frecuencia ha sufrido una fragmentación. Aunque los detalles de los procesos de desnaturalización no han sido aclarados en muchos casos, se sabe que las proteínas más cristalinas no pueden cristalizar después de ser sometidas a estos tratamiento.

DETERMINACION ESTRUCTURAL

Para poder sintetizar un péptido o proteína análogo a los naturales es necesario conocer qué aminoácidos lo forman y el *orden* en el que están dispuestos en la molécula. Podemos obtener esta información por combinación de varios métodos desarrollados con fines de determinaciones estructurales. En las secciones siguientes se discuten algunos de ellos.

17-13 HIDROLISIS TOTAL Y PARCIAL

Por reflujo prolongado de un péptido complejo con ácido clorhídrico al 20 %, o ácido sulfúrico al 20 %, se consigue su hidrólisis y se obtienen los aminoácidos que lo constituyen. La hidrólisis total seguida del aislamiento cuantitativo, y de la identificación de cada uno de los aminoácidos, nos indica qué aminoácidos están presentes y sus proporciones relativas. Es una operación manual molesta, por lo que se han construido analizadores automáticos de aminoácidos que determinan la cantidad de cada aminoácido presente en un tiempo máximo de dos horas consumiendo menos de un gramo de proteína.

Si la hidrólisis ácida se detiene antes de que sea total, la disolución resultante contiene, además de algunas unidades de aminoácidos, pequeños fragmentos peptídicos con di-, tri-, tetra- y pentapéptidos. Por análisis individual de estos fragmentos y conociendo el contenido total en aminoácidos, es posible deducir el *orden* de los aminoácidos en la proteína original. Si en la hidrólisis total o parcial se emplea una base, se provoca una racemización del carbono ópticamente activo.

17-14 ANALISIS DE GRUPOS AMINO TERMINALES

Un péptido que no sea cíclico tendrá un grupo amino y un grupo carboxilo terminales. Cualquier información referente a los aminoácidos terminales facilitará la determinación del orden de las uniones amídicas en la molécula. Para obtenerla, se pueden emplear los siguientes procedimientos aplicables al péptido original o a los fragmentos peptídicos más pequeños obtenidos por hidrólisis parcial.

El tratamiento de un péptido con ácido nitroso, seguido de hidrólisis, conduce a un α-hidroxiácido derivado del grupo amino terminal.

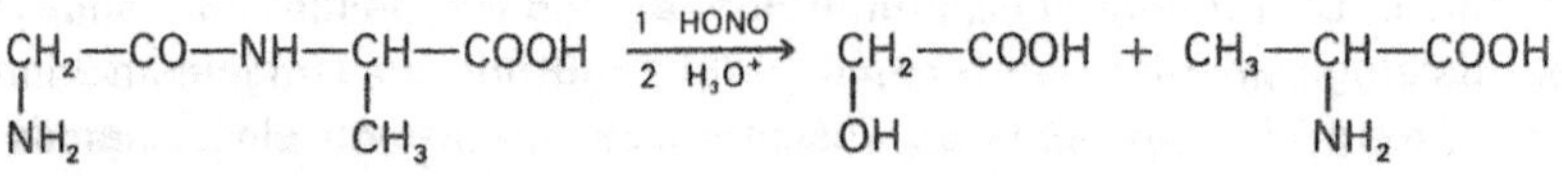

glicilalanina — ácido láctico — alanina

Esta reacción es análoga a la que experimentan las aminas primarias por acción del ácido nitroso (Sec. 16-10). El segundo paso de este procedimiento, la hidrólisis, libera, no sólo el hidroxiácido, sino también aminoácidos y péptidos pequeños.

Otro método empleado en la determinación de grupos amino terminales implica un desplazamiento nucleófilo aromático del átomo de flúor del 2,4-dinitrofluorbenceno (2,4-DNFB). Recuérdese que los grupos nitro en orto y para de un átomo de halógeno aromático, hacen que éste sea más reactivo en los desplazamientos nucleófilos (ver Sec. 8-10).

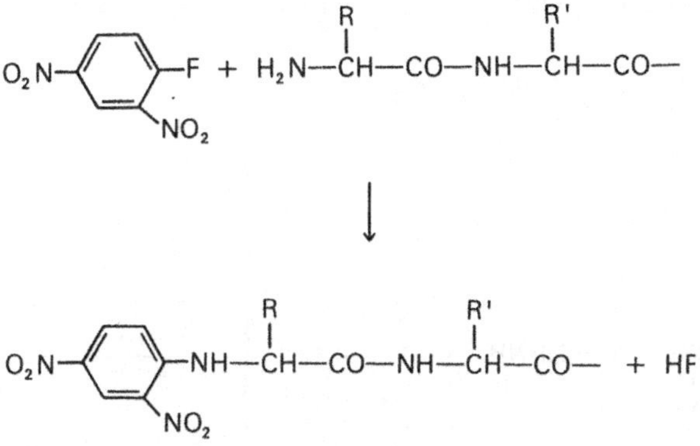

La hidrólisis subsiguiente del péptido y proteína original *N*-sustituido rinde el *N*-2,4-dinitrofenilaminoácido, a la vez que otros aminoácidos y pequeños péptidos.

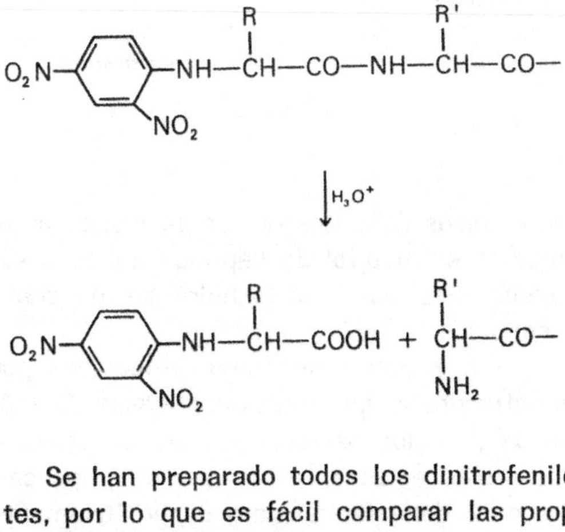

Se han preparado todos los dinitrofenilderivados de los aminoácidos corrientes, por lo que es fácil comparar las propiedades de un derivado desconocido con las de los derivados conocidos.

17-15 ANALISIS DE GRUPOS CARBOXILO TERMINALES

El carboxilo terminal libre de un péptido o proteína se determina químicamente tratando la molécula con un exceso de hidrazina. Todas las uniones *amida* se convierten en hidrazidas, —CO—NHNH$_2$, mientras que el grupo carboxilo permanece sin alterar. Tratando la mezcla de reacción con un exceso de benzaldehído todas las hidrazidas de aminoácidos se convierten en benzal derivados, —CO—NH—N=CH—C$_6$H$_5$, pudiéndose separar fácilmente el aminoácido con el grupo carboxílico libre. La separación está facilitada por el aumento del peso molecular del benzal derivado de las hidrazidas, puesto que el aminoácido tiene un peso molecular relativamente bajo.

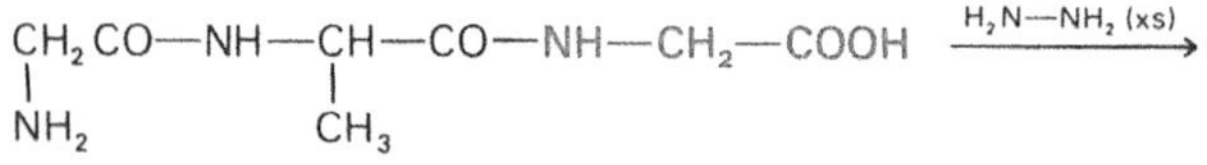

glicilalanilglicina

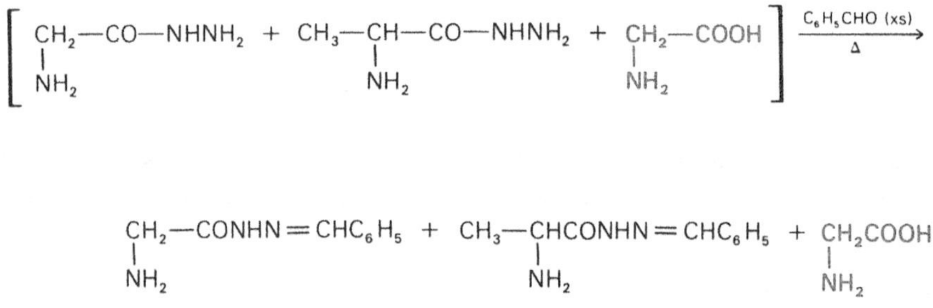

fácilmente separable

17-16 HIDROLISIS ENZIMATICA

Además de los métodos puramente químicos descritos en las secciones antecedentes que se aplican a la determinación estructural de péptidos, se ha visto que ciertos enzimas, de naturaleza polipeptídica, catalizan la hidrólisis de péptidos al nivel de determinadas uniones amídicas.

Se ha investigado a fondo sobre ciertos enzimas digestivos producidos por el páncreas, como la tripsina, la quimiotripsina y las carboxipeptidasas A y B. Para ilustrar su utilidad en el análisis de péptidos basta una breve descripción de su acción. La tripsina hidroliza únicamente enlaces en los que el grupo carbonilo está sobre un aminoácido con una cadena lateral cargada positivamente como la lisina o arginina. La hidrólisis catalizada por quimotripsina requiere que el grupo carbonilo sea adyacente a un aminoácido con un anillo aromático como la fenilalanina o la tirosina. Tanto la tripsina como la quimotripsina catalizan la hidrólisis de enlaces peptídicos internos, por lo que se las denomina *endopeptidasas*.

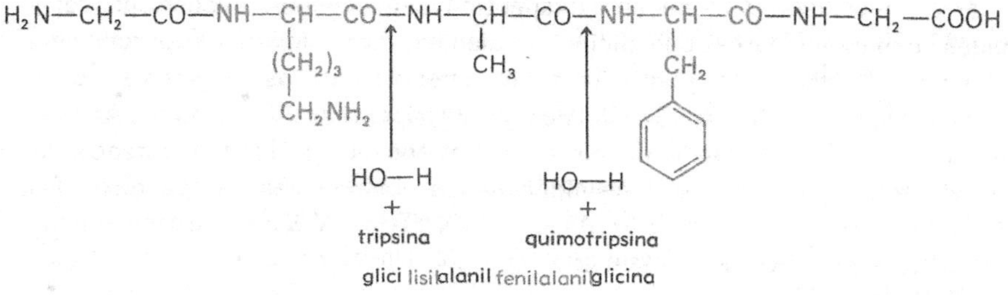

Las carboxipeptidasas A y B catalizan la hidrólisis de enlaces peptídicos terminales y se llaman *exopeptidasas*. La carboxipeptidasa A exige que el aminoácido terminal contenga un anillo bencénico, mientras que la carboxipeptidasa B opera sobre los enlaces de aminoácidos adyacentes a residuos terminales básicos como lisina o arginina. En resumen, utilizando adecuadamente los enzimas se consigue hidrolizar un polipéptido de manera selectiva.

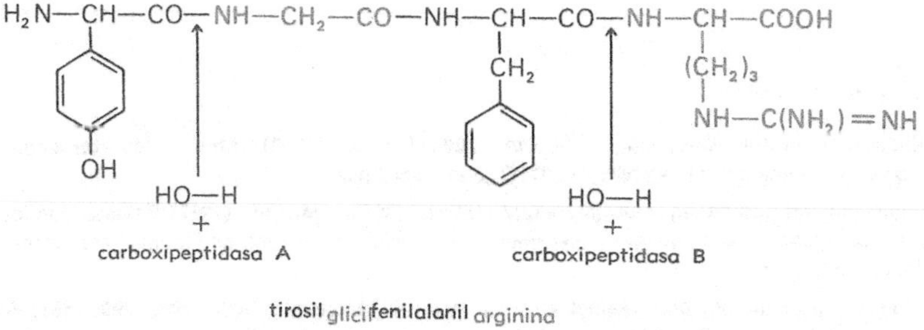

1. Un péptido ópticamente activo, $C_{18}H_{23}O_5N_5$, da por hidrólisis parcial los siguientes compuestos en proporciones no especificadas: Gli, Gli-Gli, Gli-Ala, Gli-Ala-Gli, y un tripéptido X. El análisis de grupos terminales del compuesto original no da resultados satisfactorios a pesar de que se hicieron ensayos con ácido nitroso, 2,4-DNFB, e hidrazina (seguida de benzaldehído), en diferentes condiciones experimentales.

El tripéptido **X** se caracterizó como sigue. Por tratamiento de **X** con ácido nitroso (y posterior hidrólisis) se obtiene ácido α-hidroxi-β-fenilpropanoico y un dipéptido **Y**. Tratando este dipéptido con 2,4-DNFB (y posterior hidrólisis ácida) se obtiene un *N*-2,4-dinitrofenil derivado ópticamente inactivo y un aminoácido que se convierte en ácido láctico por tratamiento con ácido nitroso.

Escribir la estructura del compuesto original. ¿Cuántos estereoisómeros del compuesto original desconocido pueden existir?

2. La hidrólisis total de un hexapéptido desconocido proporciona cantidades equimoleculares de glicina y alanina. Por hidrólisis parcial del problema se obtienen en cantidades no especificadas los siguientes compuestos: Gli, Ala, Gli-Gli, Gli-Gli-Ala, y un tripéptido **A**. Tratando **A** con ácido nitroso e hidrolizando después, se obtiene ácido láctico. Tratando **A** con hidrazina y después con benzaldehído, se obtiene alanina. La hidrólisis del producto resultante de tratar **A** con 2,4-DNFB da *N*-2,4-dinitrofenilglicina y un dipéptido **B**, que por tratamiento con 2,4-DNFB (e hidrólisis) da *N*-2,4-dinitrofenilalanina.

El hexapéptido original tratado con hidrazina y benzaldehído rinde alanina. El examen de grupos terminales del hexapéptido (por medio de 2,4-DNFB) demuestra que en posición terminal existe glicina.

Escribir una estructura del hexapéptido original utilizando los datos indicados. ¿Permiten dichos datos determinar una estructura única? En caso negativo, ¿qué estructuras adicionales son consistentes con la información que tenemos?

LECTURAS RECOMENDADAS

Alxander, P.: Radiation-imitating Chemicals, *Sci. Am.*, **202** (1), 99 (1960). Muestra la interacción de varias mostazas nitrogenadas [R—N($CH_2CH_2Cl)_2$] con proteínas.

Gally, J. H.: Bence-Jones Proteins and Antibodies, *J. Chem. Educ.*, **44**, 56 (1967). Revisa los estudios sobre proteínas poco comunes que aparecen en la orina de pacientes de una rara enfermedad, el mieloma múltiple.

Kendrew, J. C.: The Three-dimensional Structure of a Protein Molecule, *Sci. Am.*, **205** (6), 96 (1961). Extensa discusión sobre la determinación por rayos-X de mioglobina, formada por unas 150 unidades de aminoácidos (2.600 átomos), y la forma en que la proteína se dispone alrededor del átomo de hierro.

Li, C. H.: The ACTH Molecule, *Sci. Am.*, **209** (1), 46 (1963). Discute el papel de esta proteína adrenocortitrópica en términos de estructura y función.

Neurath, N.: Protein-digesting Enzymes, *Sci. Am.*, **211** (6), 68 (1964). Discute la acción hidrolítica de la tripsina, quimotripsina, y carboxipeptidasa.

Perutz, M. F.: The Hemoglobin Molecule, *Sci. Am.*, **211** (5), 64 (1964). Discute la determinación de la estructura de la hemoglobina por medio de rayos-X.

Stein, W. H., y S. Moore: The Chemical Structure of Proteins, *Sci. Am.*, **204** (2), 81 (1961). Describe la determinación de la estructura de la insulina y ribonucleasa, señalando la importancia del analizador de aminoácidos automático.

Zuckerkandt, E.: The Evolution of Hemoglobin, *Sci. Am.*, **212** (5), 110 (1965). Compara las cadenas de hemoglobina humana con las de gorila, cerdo, caballo y mioglobina de ballena.

Capítulo dieciocho

Los polihidroxialdehídos (aldosas) y las polihidroxicetonas (cetosas) son los compuestos principales de la clase conocida como azúcares o *sacáridos*. Como su composición corresponde en muchos casos a la fórmula general $C_x(H_2O)_x$, los azúcares pertenecen a una clase más amplia de compuestos denominada *hidratos de carbono,* que son, con frecuencia, polímeros de azúcares sencillos.

Los *monosacáridos* son azúcares sencillos que no sufren hidrólisis, los *disacáridos* se hidrolizan dando dos azúcares diferentes o dos equivalentes de un mismo azúcar, los trisacáridos dan tres equivalentes de azúcar y así sucesivamente hasta los sacáridos de alto peso molecular, los *polisacáridos,* que por hidrólisis dan muchos azúcares diferentes o muchos equivalentes de un azúcar determinado. El término *oligosacáridos* se utiliza a veces para designar sacáridos que contienen de dos a seis residuos de azúcares sencillos.

En este texto discutiremos principalmente las reacciones, síntesis y determinación estructural de los azúcares sencillos naturales que se han aislado de la sangre, orina, miel, leche, madera y otras sustancias naturales. Como ejemplos corrientes de hidratos de carbono citemos la glucosa, un monosacárido; la sacarosa, el azúcar de mesa, un disacárido; la lactosa, otro disacárido encontrado en la leche; y la celulosa, un polisacárido. También se encuentran en la naturaleza azúcares en los que un grupo hidroxilo está reemplazado por un grupo amino (aminoazúcares) y otros en los que el grupo hidroxilo está ausente (desoxiazúcares).

NOMENCLATURA Y ESTRUCTURA

18-1 ESTRUCTURA GENERAL

Los azúcares tienen corrientemente entre tres y siete átomos de carbono y se conocen como *aldosas* o *cetosas*, según la forma en que se halle el grupo carbonilo. El número de átomos de carbono se indica en el nombre general; por ejemplo, los azúcares de seis carbonos se llaman *aldohexosas* o *cetohexosas*. Las cetosas se nombran también insertando -ul en el nombre de la aldosa: las cetohexosas serán según esta nomenclatura *hexulosas* (ver Tabla 18-1).

Azúcares e hidratos de carbono

Tabla 18-1. Nomenclatura general de azúcares

Número de carbonos	*Grupo funcional*	
	Aldehídos (aldosas)	*Cetonas (cetosas)*
3	una triosa (aldotriosa) $CHO—CHOH—CH_2OH$	una triulosa (una cetotriosa) $CH_2OH—CO—CH_2OH$
4	una tetrosa (aldotetrosa) $CHO—(CHOH)_2—CH_2OH$	una tetrulosa (cetotetrosa) $CH_2OH—CO—CHOH—CH_2OH$
5	una pentosa (aldopentosa) $CHO—(CHOH)_3—CH_2OH$	una pentulosa (cetopentosa) $CH_2OH—CO—(CHOH)_2—CH_2OH$
6	una hexosa (aldohexosa) $CHO—(CHOH)_4—CH_2OH$	una hexulosa (cetohexosa) $CH_2OH—CO—(CHOH)_3—CH_2OH$
7	una heptosa (aldoheptosa) $CHO—(CHOH)_5—CH_2OH$	una heptulosa (cetoheptosa) $CH_2OH—CO—(CHOH)_4—CH_2OH$

18-2 CONFIGURACION ABSOLUTA

La mayoría de los azúcares naturales contienen por lo menos un carbono asimétrico y la configuración esteroquímica absoluta del *átomo de carbono asimétrico que recibe el número más alto,* está relacionada con el D(+)-glĭceraldehído. Algún azúcar aislado de fuentes naturales pertenece a la serie L. La serie óptica se define por la estereoquímica del carbono asimétrico más alto.

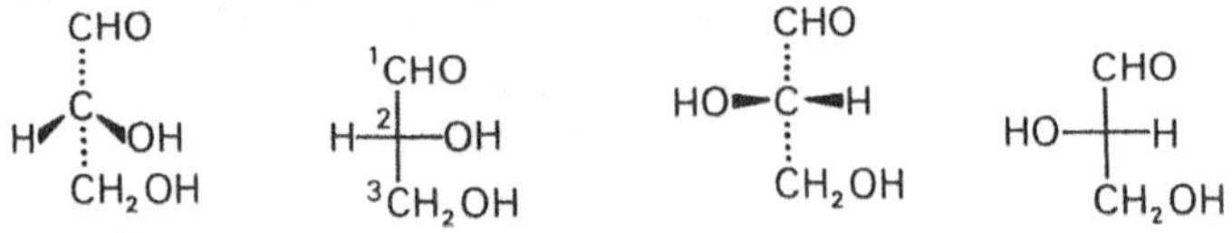

D-gliceraldehído L-gliceraldehído

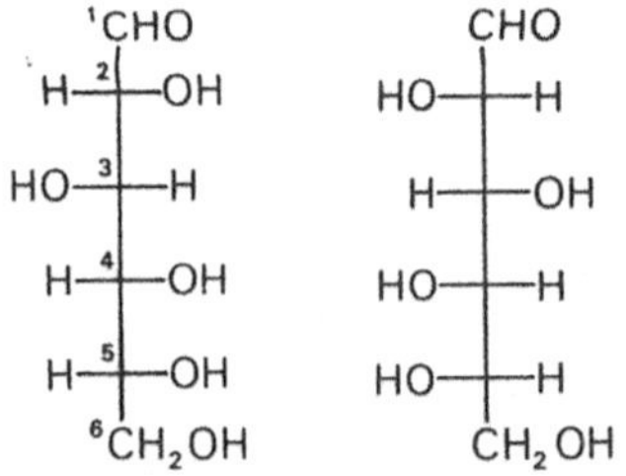

D-glucosa L-glucosa

Al igual que otros productos naturales aislados y estudiados en los primeros años de la química, los azúcares recibieron nombres comunes que se han conservado. Las Tablas 18-2 y 18-3 muestran las aldosas y cetosas de la serie D. Las imágenes especulares de las proyecciones reseñadas en estas tablas representarían las correspondientes series L.

18-3 FORMACION DE ETERES CICLICOS

Los aldehídos y las cetonas reaccionan con un equivalente de un alcohol dando hemiacetales y hemicetales (Sec. 13-13).

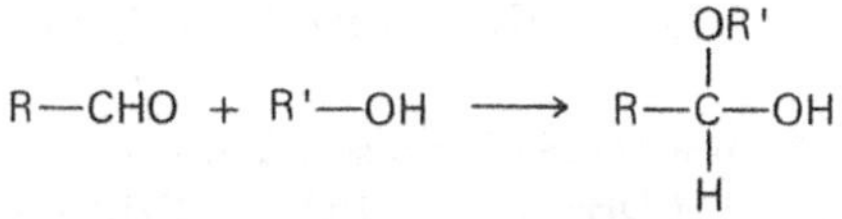

un aldehído un hemiacetal

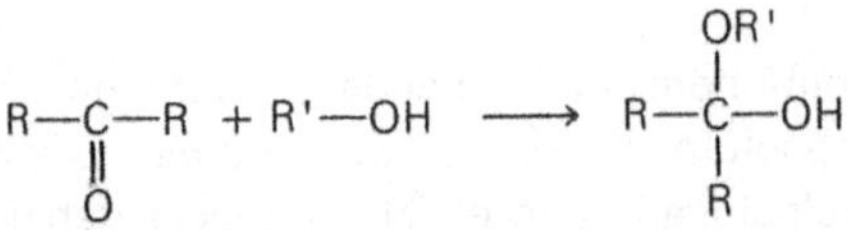

una cetona un hemicetal

Tabla 18-2. D-aldosas de tres a seis carbonos

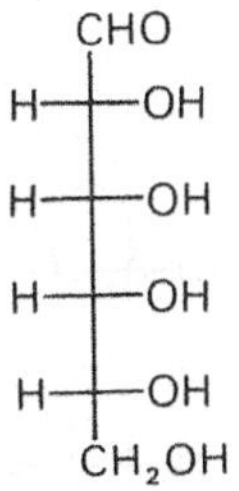

D(+)-alosa

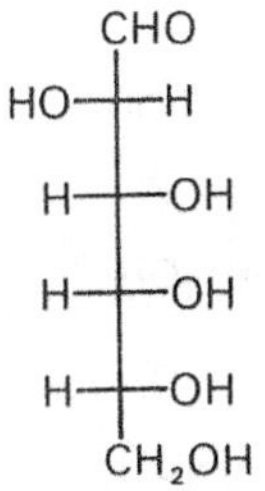

D(+)-altrosa

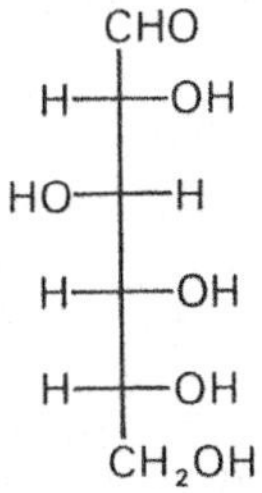

D(+)-glucosa

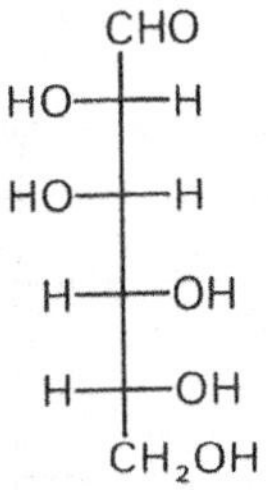

D(+)-manosa

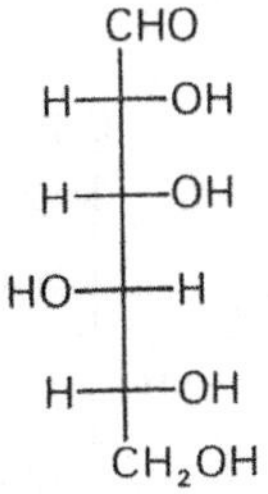

D(−)-gulosa

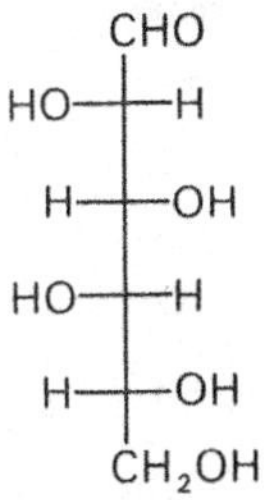

D(−)-idosa

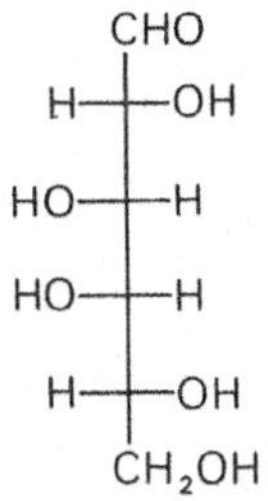

D(+)-galactosa

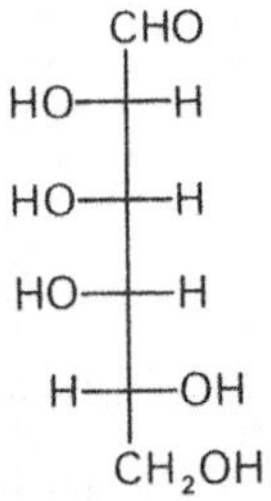

D(+)-talosa

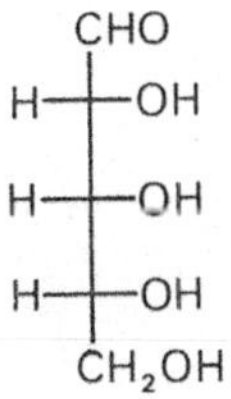

D(−)-ribosa

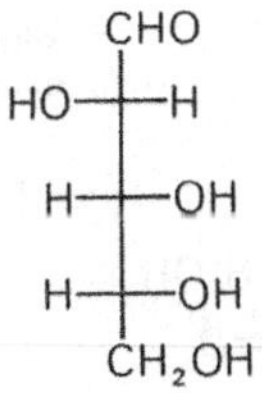

D(−)-arabinosa

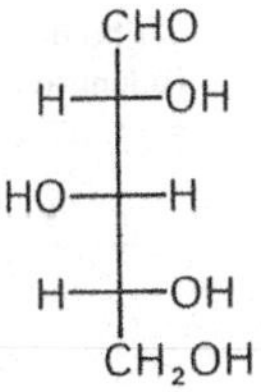

D(+)-xilosa

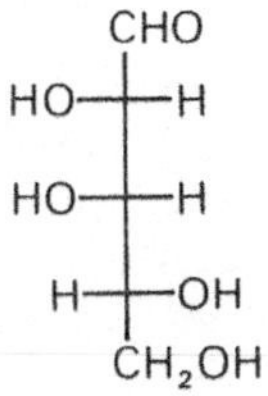

D(−)-lixosa

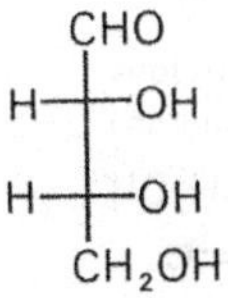

D(−)-eritrosa

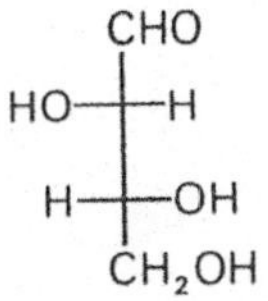

D(−)-treosa

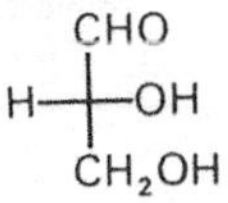

D(+)-gliceraldehído

Tabla 18-3. D-cetosas de tres a seis carbonos

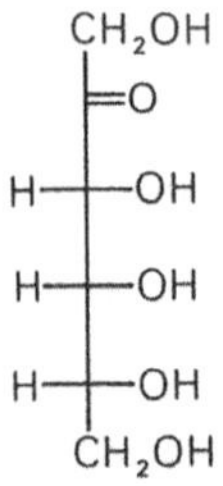

D-alosa
(D-psicosa)

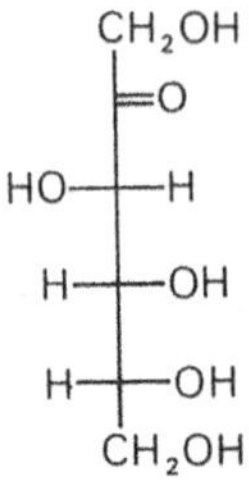

D-fructosa
(levulosa)

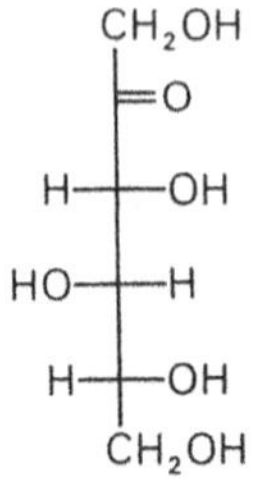

D-sorbosa

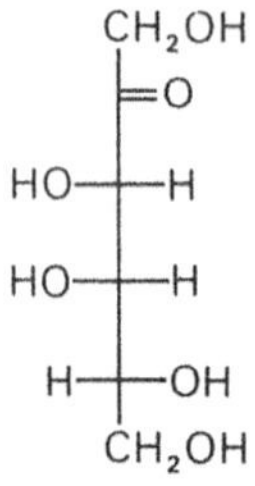

D-tagatosa

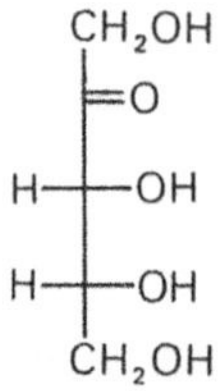

D-ribulosa
(adonosa)

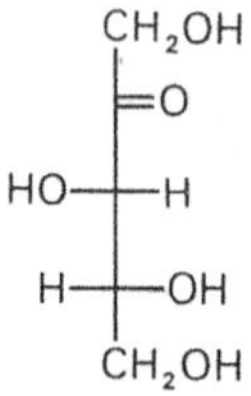

D-xilulosa
(D-lixulosa)

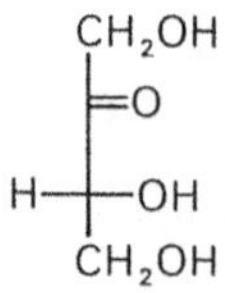

D-eritrulosa
(D-treulosa)

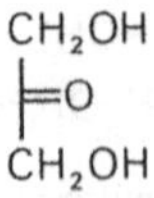

dihidroxiacetona

Si los grupos carbonilo e hidroxilo están convenientemente situados en la misma molécula, se forman fácilmente hemiacetales cíclicos de cinco y seis eslabones.

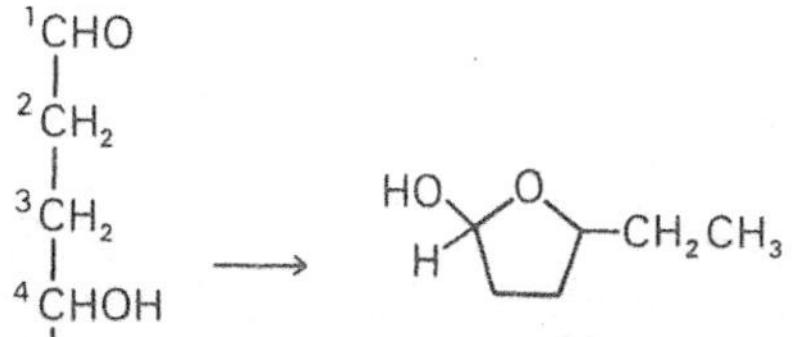

furanosa
un hemiacetal cíclico
de cinco eslabones

un γ-hidroxialdehído

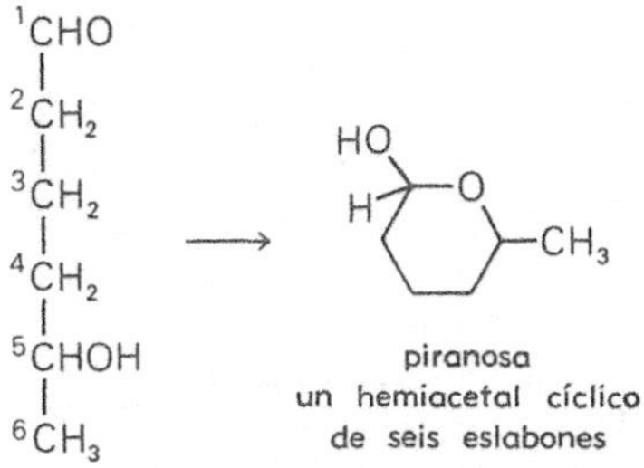

piranosa
un hemiacetal cíclico
de seis eslabones

un δ-hidroxialdehído

Las estructuras obtenidas recuerdan al furano y pirano, y los hemiacetales cíclicos de azúcares se conocen como *furanosas* (ciclos pentagonales) o *piranosas* (ciclos hexagonales).

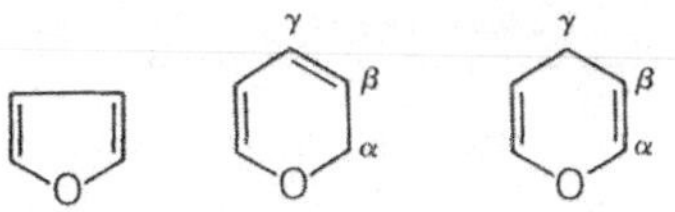

furano α-pirano γ-pirano

La formación de hemiacetales o hemicetales cíclicos en los azúcares origina un nuevo centro de asimetría en el carbono carbonílico de una molécula que ya es ópticamente activa. Puesto que el nuevo centro está junto a otro de configuración específica, las dos posible configuraciones ópticas no tendrán la misma probabilidad de formación, constituyendo un ejemplo de inducción asimétrica interna (Sec. 12-19).

En disolución, los dos hemiacetales cíclicos están en equilibrio a través de la forma abierta, el aldehído o la cetona. Cuando cada hemiacetal puro se coloca en disolución, la rotación óptica cambia hasta que en las dos formas alcanzan el equilibrio entre sí y con el aldehído o la cetona; este cambio de configuración se llama *mutarrotación.*

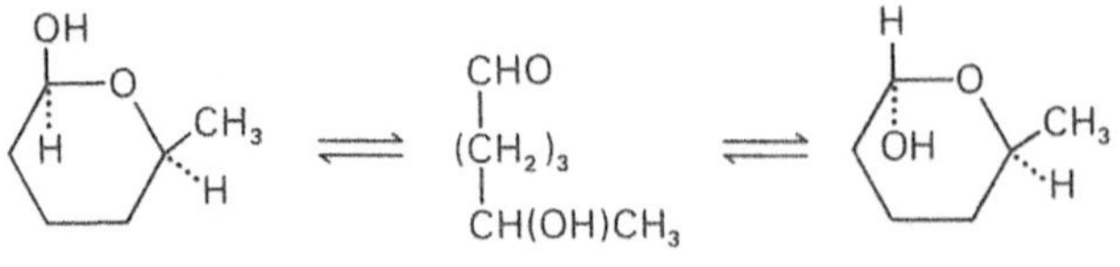

isómero β — forma aldehídica abierta — isómero α

Tabla 18-4. Formación de acetales de D-glucosa y D-fructosa
El asterisco marca el nuevo centro de asimetría

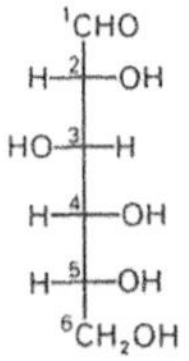 D-glucosa	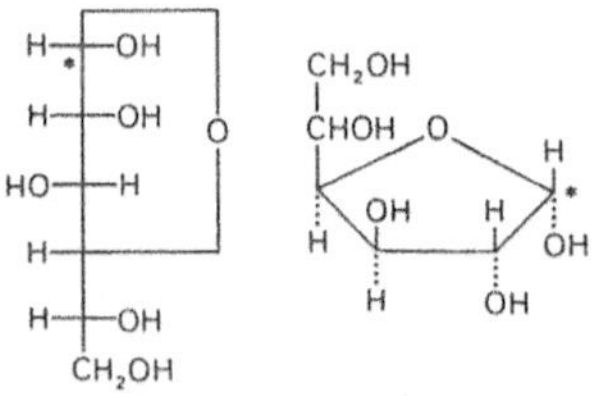 α-D-glucofuranosa	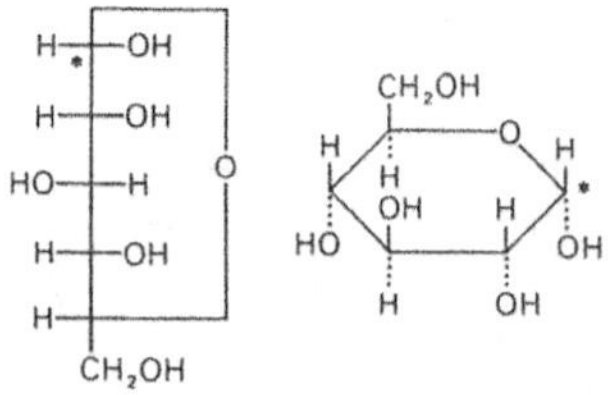 α-D-glucopiranosa
	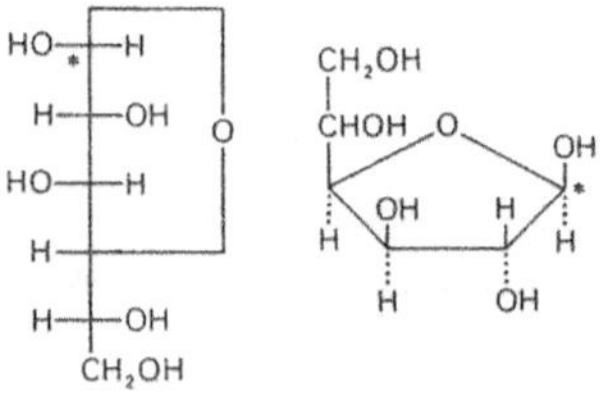 β-D-glucofuranosa	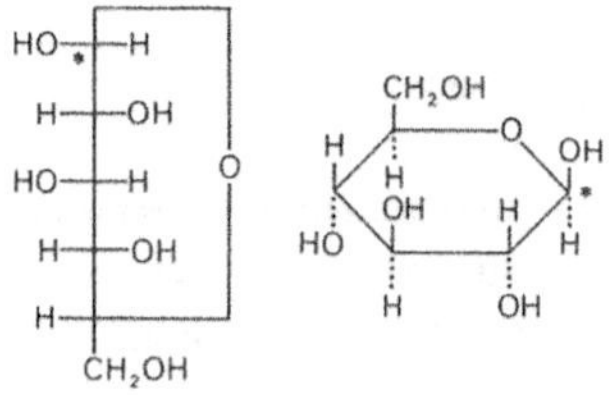 β-D-glucopiranosa
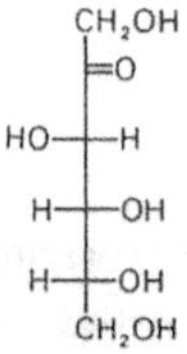 D-fructosa	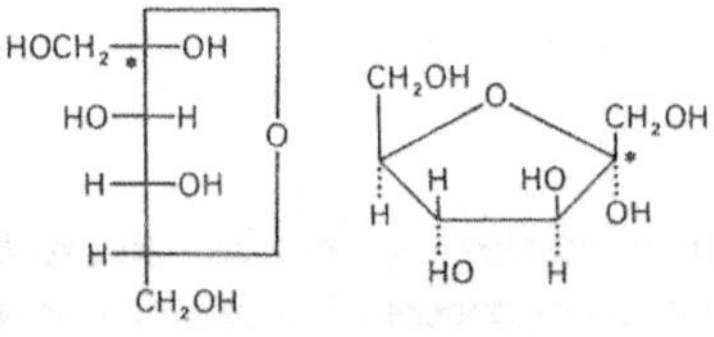 α-D-fructofuranosa	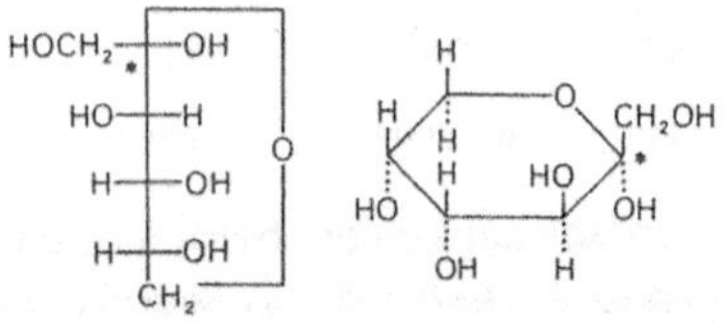 α-D-fructopiranosa
	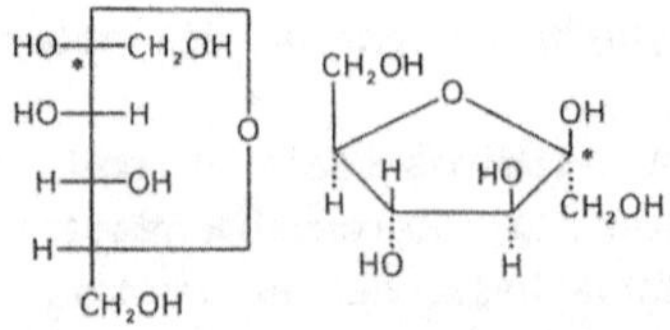 β-D-fructofuranosa	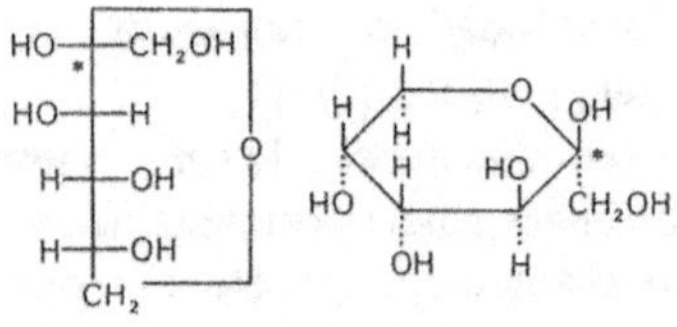 β-D-fructopiranosa

Se ha establecido una convención que permite nombrar y dibujar (en fórmulas de proyección o en representaciones tridimensionales) sin ambigüedad los isómeros formados. Si el grupo hidroxilo del nuevo centro asimétrico se coloca en el lado derecho de una fórmula de proyección o hacia abajo en una representación tridimensional, el compuesto se denomina isómero α. El isómero β es el que tiene el —OH hacia la izquierda o hacia arriba. Estos epímeros de azúcares se conocen también como *anómeros*. En la Tabla 18-4 se presentan ejemplos con D-glucosa y D-fructosa.

18-4 GLUCOSIDOS

La formación de un éter sobre el centro asimétrico recién creado de una furanosa o piranosa da lugar a la creación de compuestos conocidos como *furanósidos* o *piranósidos*; en general glicósidos. Puesto que la mayoría de los azúcares existen en disolución en forma hemiacetálica o hemicetálica y no como aldehídos o cetonas libres, al tratar un azúcar con metanol o etanol clorhídrico se forma una mezcla de los dos esteres epímeros, metílico o etílico, y de los glicósidos metílico o etílico.

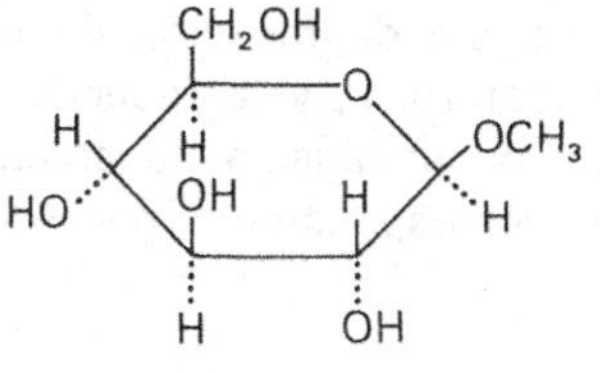

metil β-D-glucopiranósido

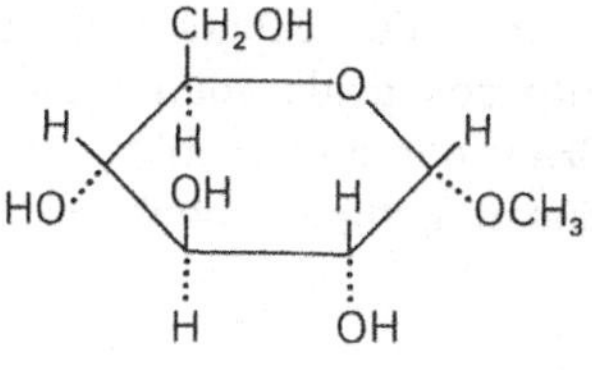

metil α-D-glucopiranósido

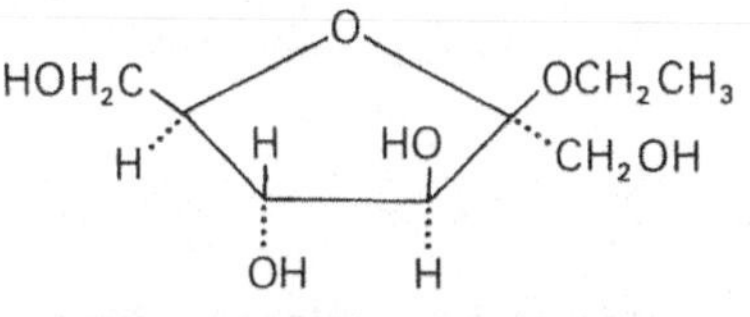

etil β-D-fructofuranósido

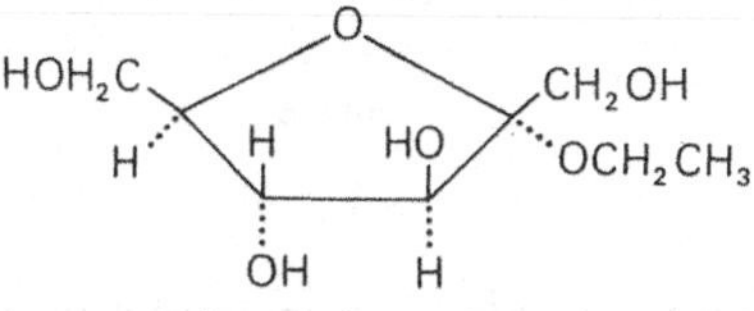

etil α-D-fructofuranósido

18-5 ANALISIS CONFORMACIONAL

El anillo de piranosa, como el de ciclohexano, está sometido a cambios conformacionales. A pesar de que la sustitución de un átomo de carbono del ciclohexano por un átomo de oxígeno en las piranosas modifica ligeramente la geometría del ciclo, *la conformación preferida de las piranosas es la forma silla*. Si tomamos el α-D-glucopiranósido de metilo como ejemplo, la conformación preferida vendrá determinada por las interacciones diaxiales 1,3. Al igual que en los ciclohexanos, las conformaciones preferidas serán las que presenten menores interacciones diaxiales 1,3, es decir, el mayor número de sustituyentes ecuatoriales.

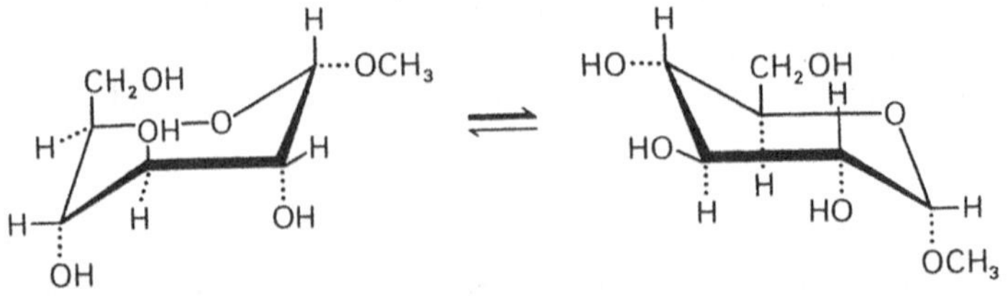

metil α-D-glucopiranósido

REACCIONES DE LOS AZUCARES

18-6 REDUCCION DE AZUCARES

La determinación estructural de un nuevo azúcar debe comenzar por la investigación del número de carbonos que contiene, y de las posibles ramificaciones de la cadena. Dos reacciones de reducción de azúcares, sin degradación de la cadena, son el tratamiento con ácido yodhídrico, HI, y fósforo, P, y la reducción del grupo aldehído, —CHO, a hidroximetilo, —CH_2OH, con amalgama de sodio.

Los azúcares se reducen completamente al alcano correspondiente por tratamiento con HI y P.

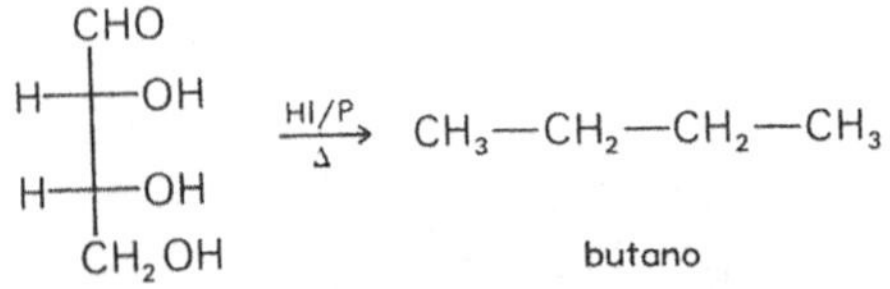

D-eritrosa

Los grupos hidroxilo se convierten en primera instancia en funciones yodadas, que se reducen a continuación con fósforo (Sec. 2-8). Es una reacción utilizada corrientemente en el trabajo preliminar de determinación estructural de azúcares.

Se puede obtener más información adicional sobre la estructura de los azúcares, en especial las cetonas, si el grupo carbonilo del azúcar se convierte primero en cianhidrina y se hidroliza a hidroxiácido antes de la reducción final. Como el grupo carboxilo no es reducido por HI y P, las aldosas dan ácidos de cadena lineal, y las cetosas ácidos ramificados, cuya estructura depende de la posición del grupo carbonilo en el azúcar.

Esta secuencia de reacciones produce ácidos con un átomo de carbono más (el del HCN) que el azúcar de partida.

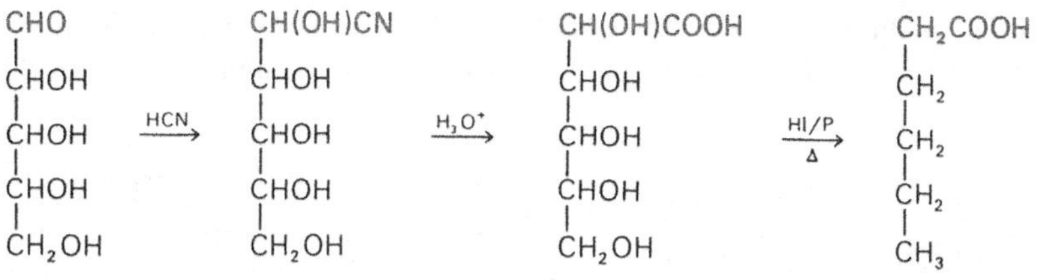

una aldopentosa una cianhidrina ácido hexanoico

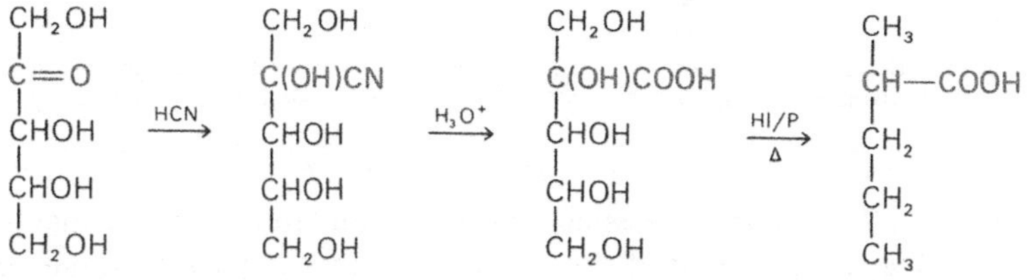

una 2-cetopentosa ácido 2-metilpentanoico

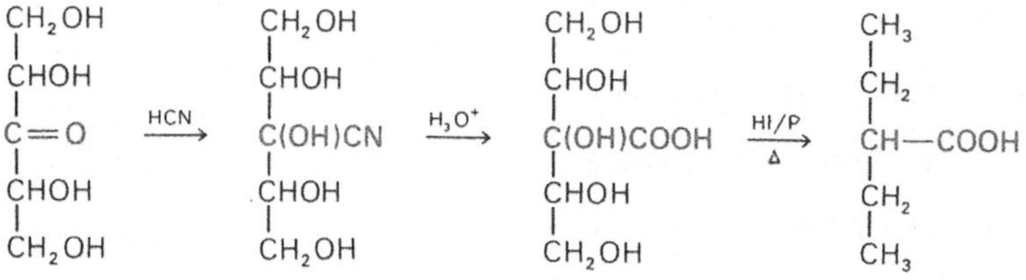

una 3-cetopentosa ácido 2-etilbutanoico

Formular la secuencia de reacciones descritas con los siguientes compuestos:

1. glucosa

2. fructosa

3. gliceraldehído

4. dihidroxiacetona

La reducción de un aldehído a grupo hidroximetilo se consigue en condiciones suaves tratando el azúcar con amalgama de sodio Na(Hg), y agua. El sodio reacciona con agua con violencia casi explosiva, en cambio la amalgama de sodio libera el hidrógeno del agua mucho más lentamente. La aplicación de esta reacción a los azúcares proporciona información sobre la estereoquímica del producto de partida. Compárese la actividad óptica de los productos de reducción derivados de la D(—)-eritrosa y de la D(—)-treosa; la primera origina un producto ópticamente inactivo (meso), mientras que la última da un producto activo.

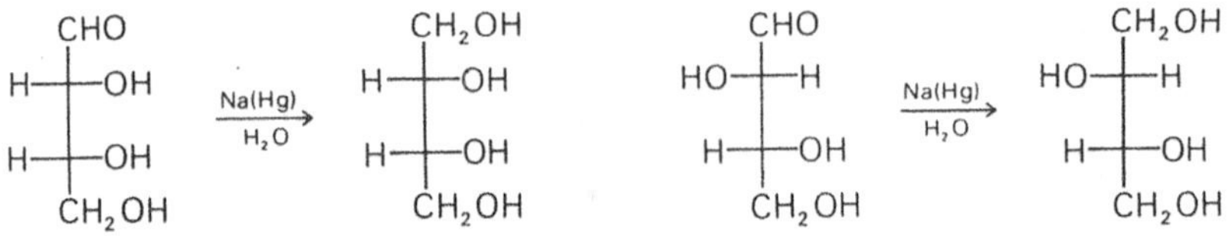

D(—)-eritrosa | 1,2,3,4-butantetraol ópticamente inactivo | D(—)-treosa | 1,2,3,4-butantetraol ópticamente activo

> Dados los siguientes pares de isómeros, dar un método para su identificación basándose en la actividad óptica antes y después de tratamiento con Na(Hg) y H_2O.
>
> **1.** D(—)-ribosa y L(+)-ribosa
>
> **2.** D(—)-ribosa y D(+)-xilosa
>
> **3.** D(—)-arabinosa y D(+)-xilosa
>
> **4.** L(+)-lixosa y D(—)-arabinosa

18-7 OXIDACION DE AZUCARES

La oxidación controlada de azúcares proporciona también productos útiles en la determinación estructural. Comparando la actividad óptica antes y después de la oxidación, se obtiene información de tipo estereoquímico. Entre los muchos reactivos que se utilizan en la oxidación de azúcares sólo discutiremos aquí tres: (1) el ácido nítrico en caliente, (2) el bromo o ácido hipobromoso, y (3) el ácido peryódico, HIO_4.

El ácido nítrico diluido en caliente oxida las funciones aldehído y los grupos hidroximetilo terminales a ácidos carboxílicos. El bromo o el ácido hipobromoso oxidan sólo los aldehídos (los grupos hidroximetilo no son oxidados) a ácidos.

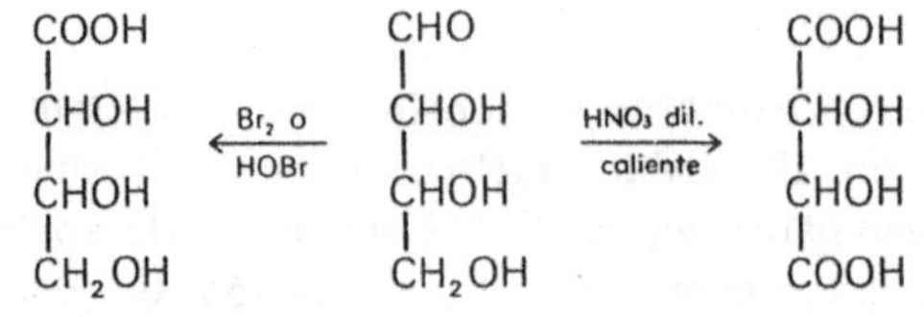

un monoácido | una aldotetrosa | un diácido

La oxidación con Br_2 o HOBr no cambia la asimetría general de los azúcares, mientras que el uso del ácido nítrico introduce con frecuencia elementos de simetría en las moléculas. Compárense los resultados estereoquímicos de las oxidaciones de D(—)-eritrosa y D(—)-treosa.

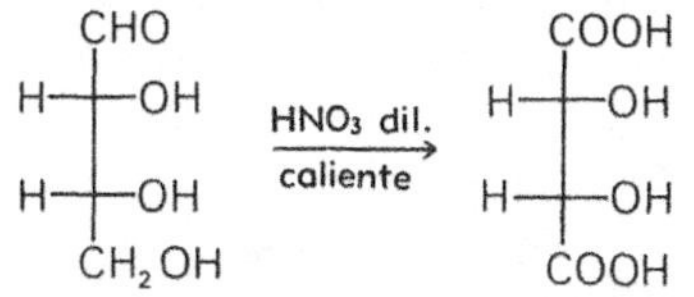

D(—)-eritrosa — ácido *meso*-tartárico ópticamente inactivo

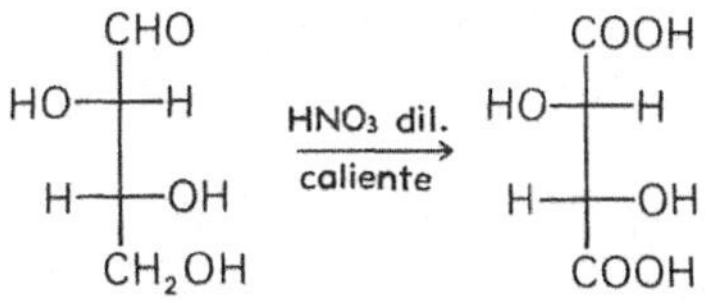

D(—)-treosa — ácido D-tartárico ópticamente activo

> ¿Qué aldohexosas (Tabla 18-2) darán los mismos diácidos por tratamiento con ácido nítrico diluido en caliente? ¿Qué diácidos serán ópticamente inactivos?

El ácido peryódico, HIO_4, es uno de los agentes oxidantes de tipo medio más útiles en la determinación estructural de azúcares. Actúa rompiendo los glicoles vecinales —CH(OH)—CH(OH)—, para dar aldehídos.

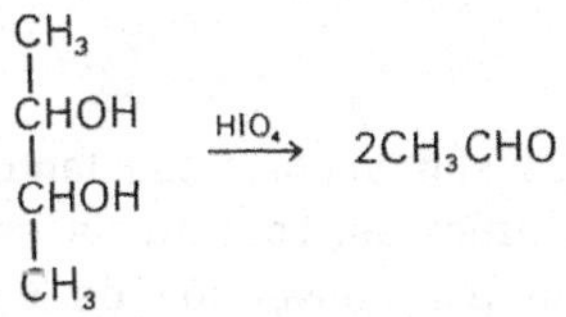

Los grupos hidroxilo terminales (primarios) dan formaldehído, CH_2O, pero los hidroxilos internos flanqueados por grupos hidroximetileno dan ácido fórmico. El ácido fórmico es también uno de los productos de la oxidación de los α-hidroxialdehídos.

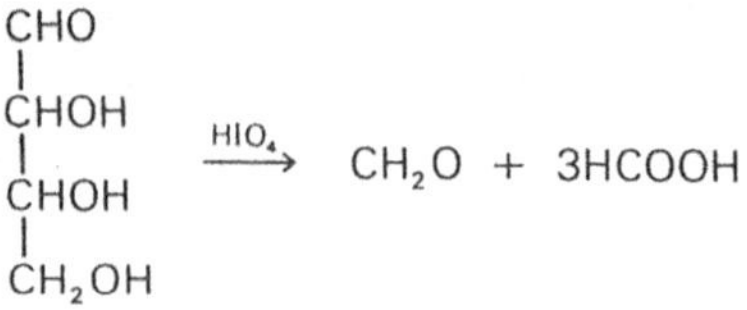

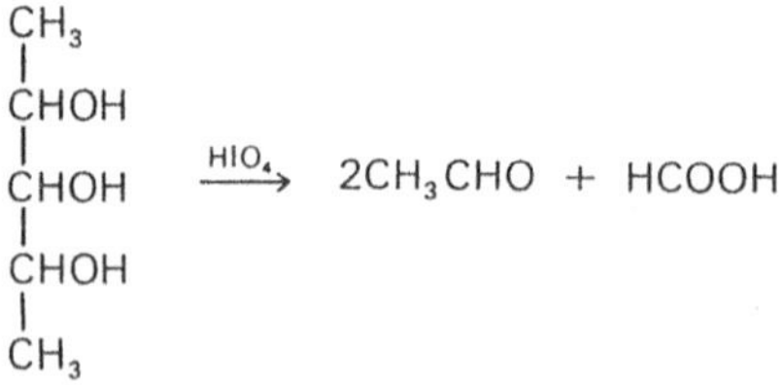

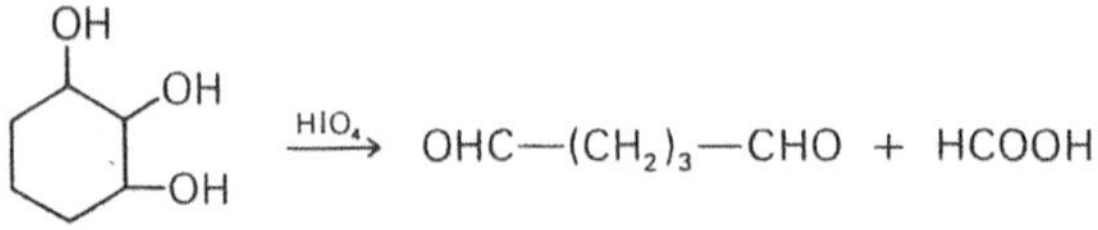

Tal y como lo hemos discutido aquí, este método da información sobre la estructura general de los azúcares pero no sobre su estereoquímica.

¿Qué productos de entre los siguientes deben producirse en la oxidación peryódica de la D-glucosa? ¿Qué otras aldohexosas darán los mismos productos en idénticas condiciones?

1. $2CH_2O + 4HCOOH$

2. $C_2HO + 5HCOOH$

3. $3CH_2O + 4HCOOH$

18-8 ALARGAMIENTO DE LA CADENA CARBONADA

Las técnicas de alargamiento de la cadena carbonada son importantes tanto en la determinación estructural como en la síntesis de azúcares. La síntesis de Kiliani consiste en la adición de un átomo de carbono por conversión de un azúcar en su cianhidrina y reducción del correspondiente ácido a aldehído. El proceso global comprende alguna reacción estudiada en la Sec. 18-6. La síntesis se realiza en tres pasos: azúcar $\xrightarrow{HCN}$ cianhidrinas epímeras $\xrightarrow{H_3O^+}$ α-hidroxiácidos epímeros $\xrightarrow[H_2O]{Na(Hg)}$ azúcares epímeros con un átomo de carbono más (ver Tabla 18-5).

Tabla 18-5. Ejemplo de síntesis de Kiliani

Paso 1: formación de cianhidrina

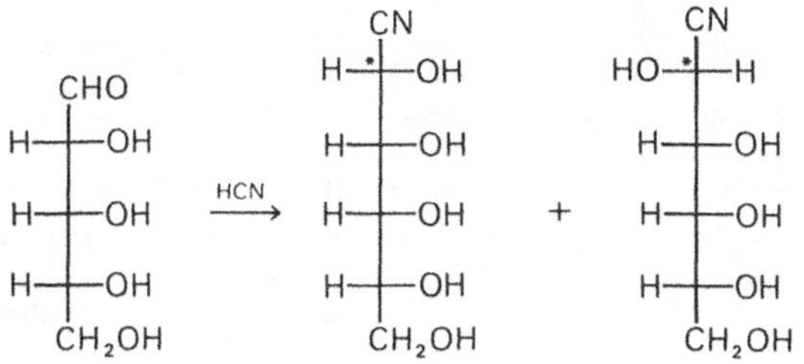

D(–)-ribosa — cianhidrinas epímeras

Paso 2a: hidrólisis a α-hidroxiácido

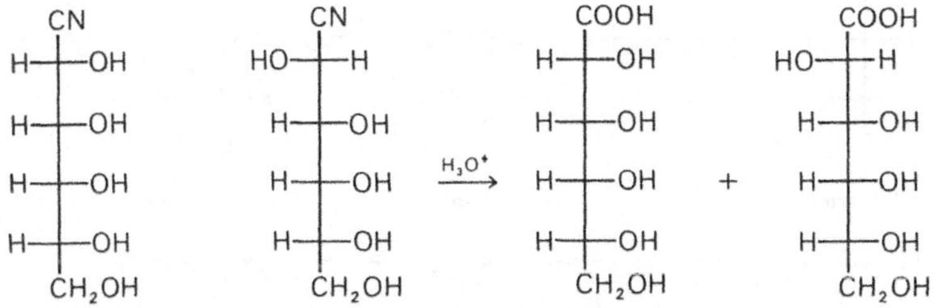

cianhidrinas epímeras — α-hidroxiácidos epímeros

Paso 2b: formación espontánea de lactosa

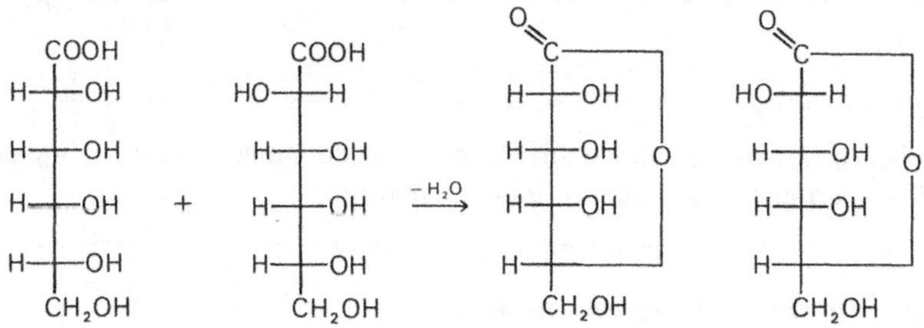

α-hidroxiácidos epímeros — lactonas epímeras

Paso 3: formación de aldehídos por reducción de las lactonas

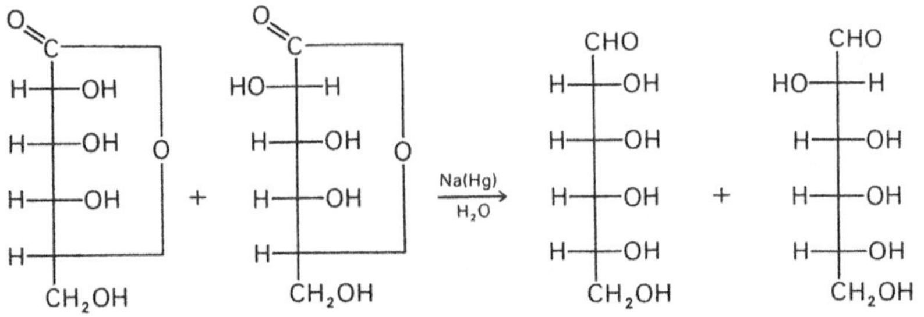

lactonas epímeras D(+)-alosa D(+)-altrosa

Global:

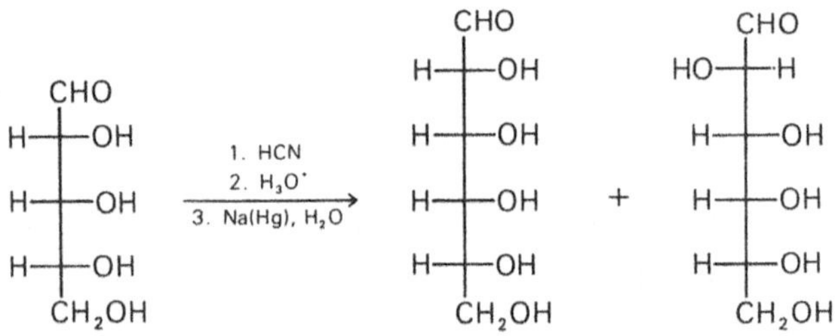

D(−)-ribosa D(+)-alosa D(+)-altrosa

Una lactona es un ester interno. Como son compuestos cíclicos, se forman espontáneamente si la esterificación conduce a ciclos de cinco o seis miembros. La reducción de lactonas a aldehídos se puede realizar con Na(Hg) y H_2O, con $NaBH_4$, o con Zn y ácido acético. Todos estos sistemas son agentes reductores suaves que proporcionan el aldehído con un mínimo de reducción posterior a alcohol.

¿Qué azúcares se obtendrán por síntesis de Kiliani sobre el D-gliceraldehído? Formular los pasos de esta secuencia.

18-9 DECRECIMIENTO DE LA CADENA CARBONADA

Disponemos de dos esquemas para la degradación sistemática de azúcares: la degradación de Wohl (modificada) que es el inverso de la síntesis de Kiliani, y la degradación de Ruff que utiliza un sistema oxidante a base de agua de bromo y después un sistema de descarboxilación con H_2O_2 y Fe^{3+}.

Paso 1. Formación de oxima:

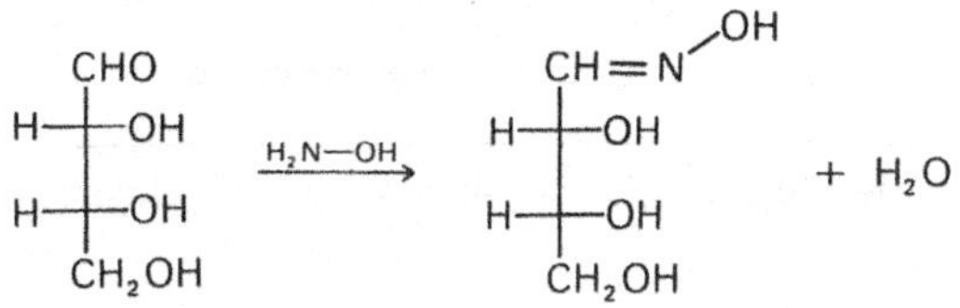

D-eritrosa   oxima de la D-eritrosa

Paso 2. Deshidratación de la oxima:

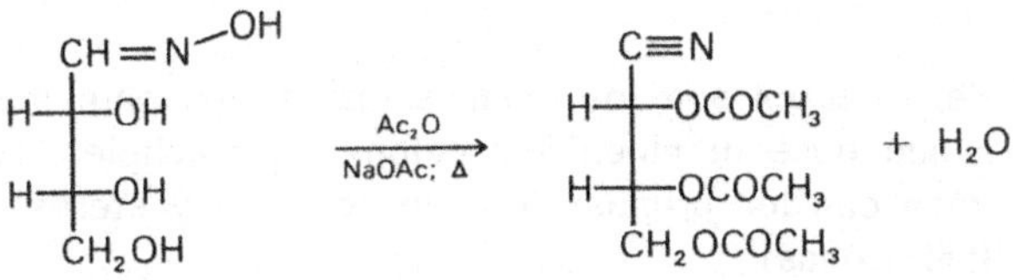

oxima de la D-eritrosa   triacetato de la cianhidrina del D-gliceraldehído

Paso 3. Eliminación del carbono del grupo ciano:

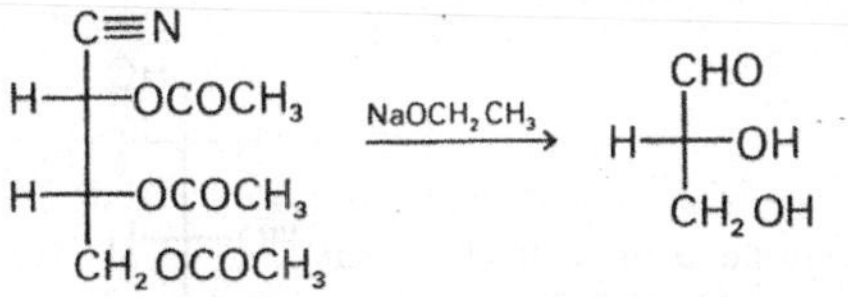

D-gliceraldehído triacetato de la cianhidrina   D-gliceraldehído

El primer paso de la degradación de Wohl es sencillamente la formación de una oxima; en el segundo se realiza la deshidratación de la oxima y la acetilación de los grupos hidroxilo. En el paso final se eliminan el carbono del nitrilo y los grupos acetilo.

La degradación de Ruff es esencialmente la descarboxilación de la sal cálcica correspondiente al azúcar original.

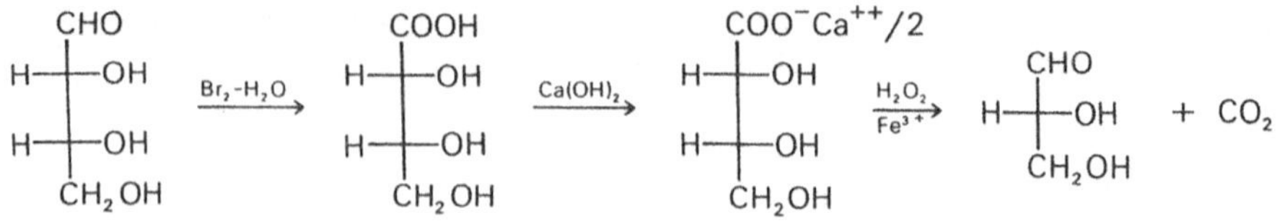

D-eritrosa D-gliceraldehído

1. Formúlese la degradación de Ruff de (*a*) D-glucosa y (*b*) D-galactosa.

2. ¿Qué otros azúcares originarán D-arabinosa y D-lixosa por degradación de Wohl?

3. Formúlense estas reacciones.

ENSAYOS CUALITATIVOS Y DERIVADOS

Los ensayos cualitativos de azúcares son los mismos que sirven para identificar los grupos funcionales que poseen: aldehídos, cetonas, y alcoholes. Los derivados de azúcares se forman con los grupos hidroxilo (esteres y éteres) o con el grupo carbonilo (fenilhidrazonas)

18-10 ENSAYOS CUALITATIVOS

Los reactivos de Fehling, Cu(tartrato)$_2^{--}$, y Tollens, Ag(NH$_2$)$_2^+$, dan resultados positivos con aldosas y cetosas, pero no con los glicósidos (éteres del grupo hemiacetálico) porque la forma carbonílica de cadena abierta está desplazada en el equilibrio por el hemiacetal cíclico.

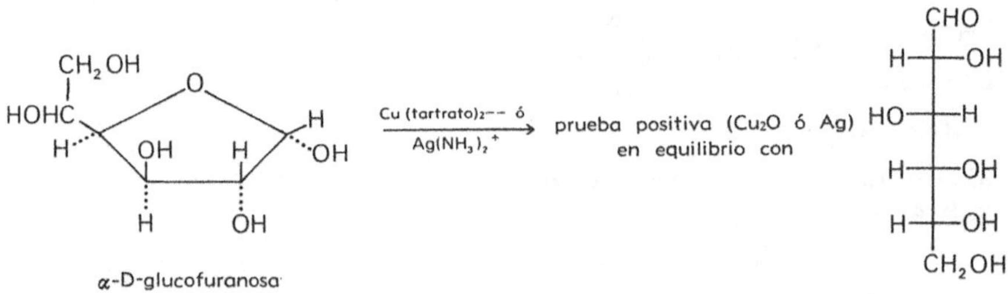

α-D-glucofuranosa

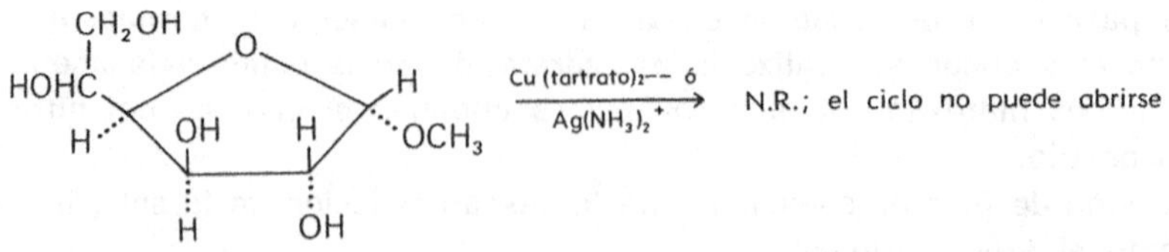

metil α-D-glucofuranósido

Los azúcares que dan un ensayo positivo se denominan *azúcares reductores*. El ensayo de Schiff, válido para aldehídos sencillos, es negativo con los azúcares y sus glucósidos. Estos ensayos de aldehídos y cetonas están descritos en la Sec. 13-23.

18-11 ESTERES Y ETERES

Los acetatos de azúcares son los derivados de tipo ester más corrientes y se preparan calentando el azúcar con ácido acético y acetato sódico o dejando el azúcar a temperatura ambiente en una mezcla de anhídrido acético y piridina (Sec. 9-19).

Los éteres más empleados son los de metilo o etilo que se forman tratando los azúcares con ácido clorhídrico alcohólico o con sulfato de dimetilo (o dietilo) y una base. El grupo éter glucosídico (un acetal o un cetal) es uno de los grupos que se hidrolizan más fácilmente con ácido diluido.

Escríbanse las ecuaciones químicas (incluyendo conformaciones preferidas de los compuestos) de las siguientes reacciones:

1. Acción del sulfato de dimetilo e hidróxido sódico sobre el metil α-glucopiranósido, para formar tetra-*O*-metil-α-D-glucopiranósido.

2. El producto obtenido en 1, tratado con HCl al 5 % da tetra-*O*-metil-α-D-glucopiranosa.

18-12 FENILHIDRAZONAS Y OSAZONAS

Al tratar las aldosas y cetosas con un equivalente de fenilhidrazina se obtiene la fenilhidrazona del grupo carbonilo. La fenilhidrazona así preparada sigue reaccionando en presencia de exceso de fenilhidrazina, dando una bisfenilhidrazona llamada *osazona*. Esta reacción ulterior se debe a la oxidación del hidroxilo adyacente al grupo aldehído o cetona. La formación de osazona destruye la asimetría en C_2, por lo que esta reacción se emplea para establecer estructuras de compuestos epímeros en C_2 (ver Tabla 18-6).

1. Escribir la estructura de al menos un azúcar que forme la misma osazona que la D-glucosa y la D-fructosa.

2. Dar la estructura de varios compuestos que tratados con fenilhidrazina conduzcan a esta osazona:

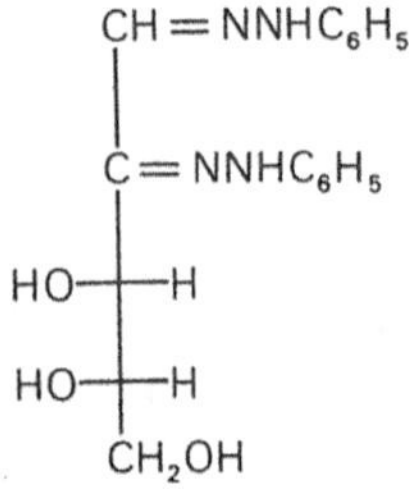

Tabla 18-6. Relación entre D-glucosa y D-fructosa

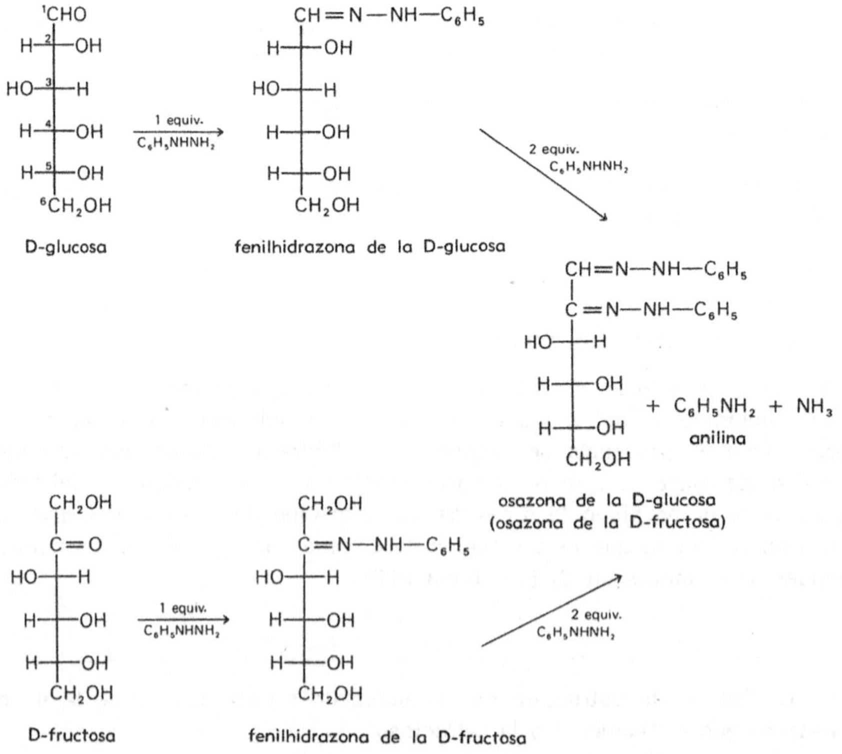

18-13 ACETONIDOS

Un glicol 1,2-*cis* se identifica por su reacción con acetona en presencia de $ZnCl_2$. El producto formado llamado *acetónido* es un cetal cíclico. La reacción se efectúa también con buenos rendimientos empleando como catalizadores HCl y $CuSO_4$. Puesto que se forma un ciclo de cinco miembros, los glicoles trans no sufren esta reacción.

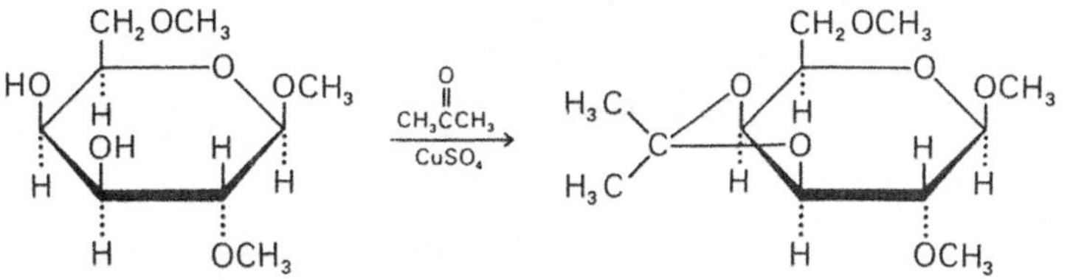

metil-2,6-di-*O*-metil-β-galactósido

Para configuraciones y rotaciones, referirse a las Tablas 18-2 y 18-3.

1. Un compuesto **A**, $C_6H_{12}O_6$, da pruebas positivas con los reactivos de Felhing y Tollens y ensayo de Schiff negativo. Tratando **A** con HI y P se obtiene *n*-hexano; tratando **A** con HCN, después con H_3O^+, y por fin con HI y P se obtiene ácido *n*-heptanoico. El tratamiento de **A** con ácido nítrico diluido conduce a un diácido ópticamente activo.

La degradación de Ruff del compuesto **A** rinde una aldopentosa **B** (de rotación negativa), que, oxidada con HNO_3, conduce a un diácido **X** ópticamente activo. La degradación de Ruff del compuesto **B** da una aldotetrosa **C** (rotación negativa) de la que se obtiene por oxidación un diácido ópticamente activo **Y**. El compuesto **C** da por degradación de Ruff, otro compuesto **D** con rotación positiva que se puede oxidar a un ácido ópticamente inactivo **Z**.

(*a*) Escribir estructuras para los compuestos **A** a **D** y **X** a **Z**. (*b*) Formular la osazona derivada del compuesto **A**. ¿Qué otros azúcares darán la misma osazona?

2. Un compuesto **S**, $C_6H_{12}O_6$, tiene rotación negativa, da positivo el ensayo de Tollens y negativo el de Schiff. Con fenilhidrazina forma primero una fenilhidrazona y después una osazona. Al tratarlo con HI y P se obtiene *n*-hexano, y al tratarlo con HCN, ácido, y HI se obtiene ácido *n*-heptanoico. Después de tratado con Na(Hg) y H_2O da por reacción con anhídrido acético un hexaacetato. La oxidación nítrica de **S** produce un diácido ópticamente activo. El esquema de su degradación de Wohl es el siguiente:

$$\text{Compuesto S} \xrightarrow[\text{de Wohl}]{\text{degradación}} \begin{matrix}\text{aldopentosa}\\ \text{(rotación negativa)}\end{matrix} \xrightarrow{HNO_3} \text{diácido ópticamente activo}$$

$$\downarrow \text{degradación de Wohl}$$

$$\begin{matrix}\text{aldotetrosa}\\ \text{(rotación positiva)}\end{matrix} \xrightarrow{HNO_3} \text{diácido ópticamente inactivo}$$

Por síntesis de Kiliani, HCN, H_3O^+, y Na(Hg), se obtienen dos aldoheptosas, una de las cuales por oxidación da un diácido ópticamente inactivo.

Dar el nombre y la estructura del compuesto **S**.

DI- Y POLISACARIDOS

Los polisacáridos son polímeros compuestos por varias unidades de azúcares unidas por enlaces éter. Los azúcares se encuentran generalmente en forma de furanósidos o piranósidos y la unión éter se efectúa normalmente en el carbono anomérico. En la naturaleza se encuentran muchos polisacáridos. A continuación se discuten los cuatro disacáridos más corrientes: la sacarosa, la lactosa, la maltosa y la celobiosa.

18-14 SACAROSA

El azúcar corriente de mesa, la sacarosa, es un disacárido que se obtiene de la remolacha de azúcar o de la caña de azúcar. La sacarosa es un azúcar no reductor, que por hidrólisis da D-glucosa y D-fructosa; el que la sacarosa no sea reductora, muestra que los monosacáridos están unidos por un enlace éter entre los carbonos anoméricos y que por lo tanto no puede existir en equilibrio con la forma de cadena abierta. Por metilación completa de la sacarosa se obtiene un derivado octametilado, que por hidrólisis, da la correspondiente glucopiranosa y fructofuranosa. La unión de los ciclos (α o β) se determina por reacciones enzimáticas. La sacarosa es la α-D-glucopiranosil-β-D-fructofuranosa.

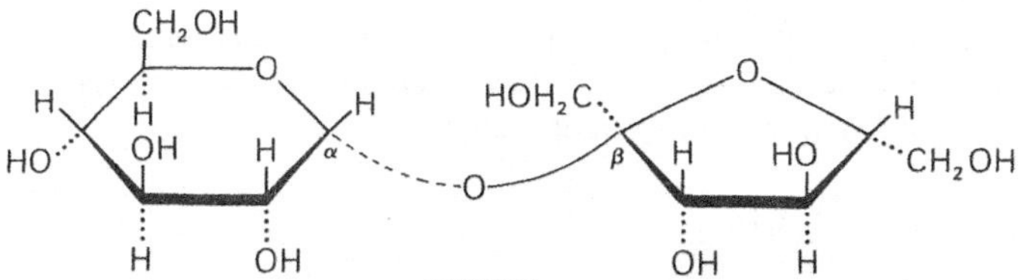

sacarosa

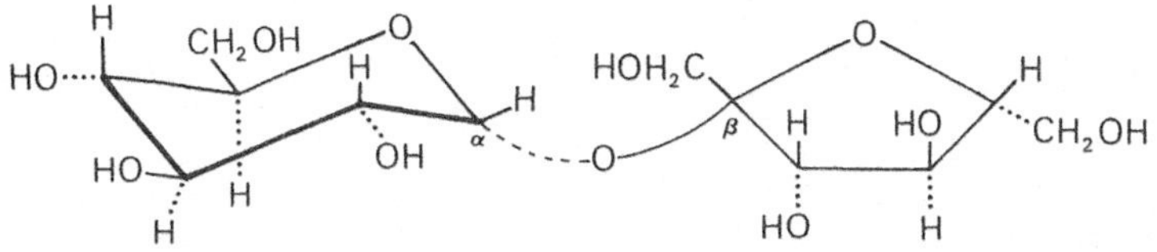

conformación preferida

18-15 LACTOSA

La lactosa, un azúcar reductor, se encuentra en la leche de vaca y en la leche humana. Por hidrólisis se obtiene D-glucosa y D-galactosa; se ha comprobado que es la 4-*O*-β-D-galactopiranosil-D-glucopiranosa. El 4-*O* indica que la unión se establece en posición 4, y no en el carbono anomérico.

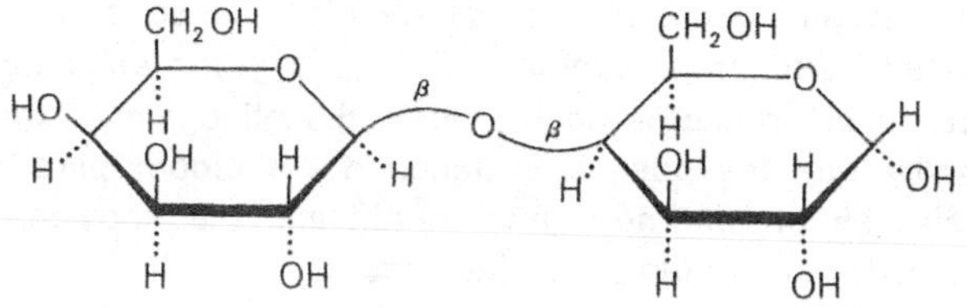

lactosa

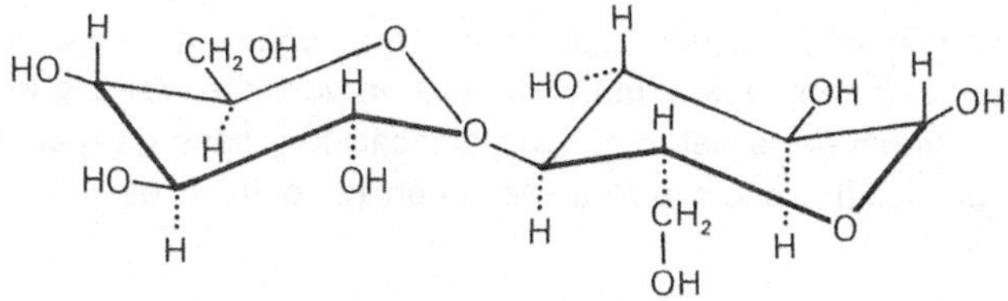

conformación preferida

18-16 MALTOSA, ALMIDON, GLICOGENO

El almidón es un polisacárido complejo que sirve como reserva de hidratos de carbono en la mayoría de las plantas. Por hidrólisis total del almidón se obtiene sólo D-glucosa; la hidrólisis parcial conduce a maltosa, un disacárido de glucosa con carácter reductor. Existen, por supuesto, muchas maneras de unir estas dos unidades de azúcares; en la maltosa se trata de una unión 1,4, y el compuesto es la 4-*O*-α-D-glucopiranosil-D-glucopiranosa.

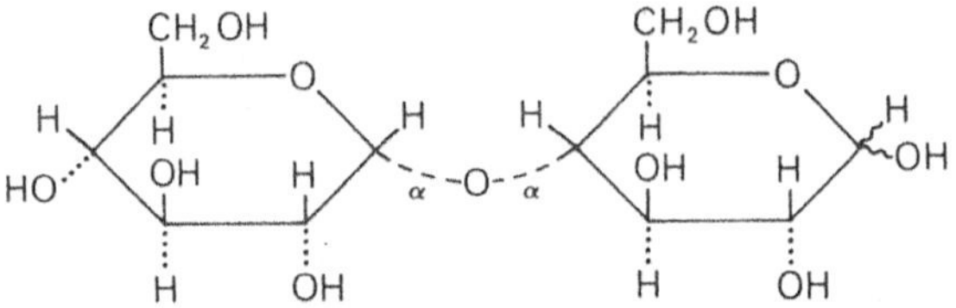

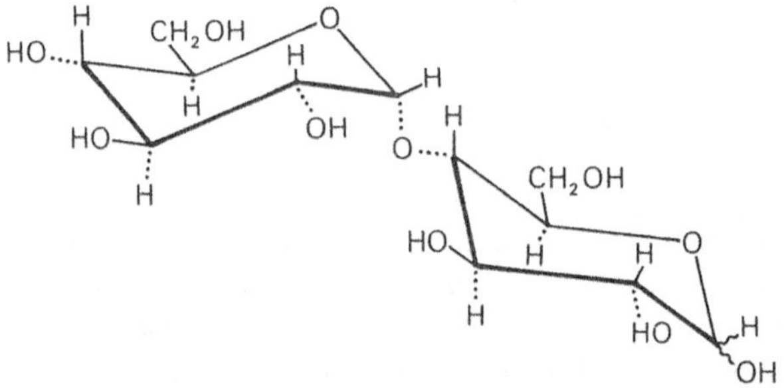

Es interesante señalar que el glicógeno, la reserva de hidratos de carbono de los animales, es notablemente similar al almidón. El hígado y los músculos son fuentes ricas en glicógeno. Los productos de hidrólisis del glicógeno, D-glucosa y maltosa son los mismos que los que se obtienen del almidón; parece, sin embargo, que el glicógeno es un polímero más ramificado. La estructura exacta de estas sustancias no está completamente elucidada.

18-17 CELOBIOSA Y CELUOSA

La celulosa es el principal constituyente de la madera, donde se encuentra en las paredes celulares, y el compuesto químico más importante del algodón. La celulosa es un polímero lineal de la celobiosa, un disacárido a base de glucosa, como la maltosa, de la que se diferencia porque la unión glicosídica es *β*.

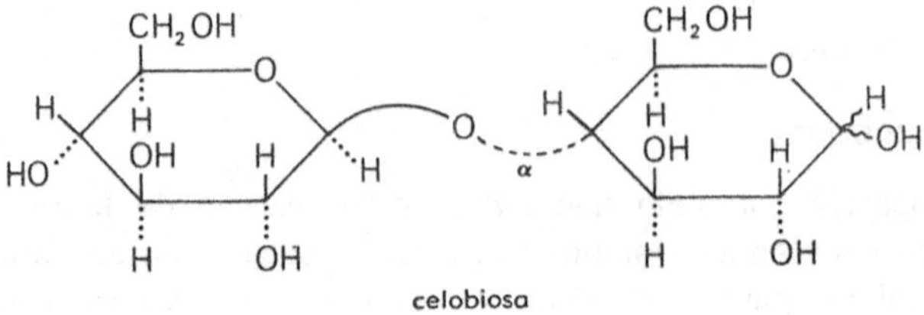

celobiosa

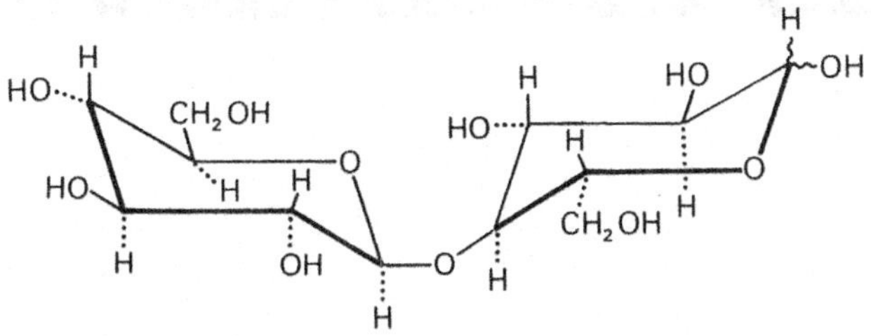

conformación preferida

LECTURAS RECOMENDADAS

Farber, E.: Philosophy and Carbohydrate Chemistry, *J. Chem. Educ.*, **37**, 245 (1960).

Hanson, K. R.: The Configuration of (—)-Shikimic Acid and Certain Biochemically Related Compounds, *J. Chem. Educ.*, **39**, 418 (1962).

Horecker, B. L.: Pathways of Carbohydrate Metabolism and Their Physiological Significance, *J. Chem. Educ.*, **42**, 244 (1965).

Rosenblatt, D. H.: A Panoramic Approach to the Proof of Configuration of Aldohexoses, *J. Chem. Educ.*, **42**, 271 (1965).

Sickels, J. P., and H. P. Schultz: Evidence for the Configuration of C_1 of D-Glucose, *J. Chem. Educ.*, **41**, 343 (1964).

Sunderwith, S. G., and G. G. Olson: Conformational Analysis of the Pyranoside Ring, *J. Chem. Educ.*, **39**, 410 (1962).

Capítulo diecinueve

Los esteroides son productos naturales que contienen el esqueleto ciclopentanoperhidrofenantreno.

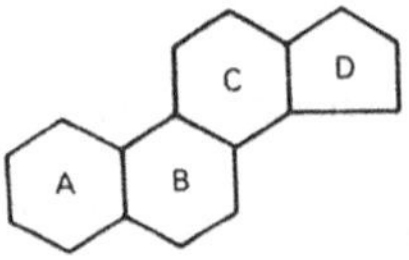

ciclopentanoperhidrofenantreno

Son esteroides los siguientes tipos de moléculas: los esteroles (como el colesterol) de animales, plantas, levadura y hongos; los ácidos biliares; las agluconas cardiotónicas (estimulantes del corazón); las hormonas sexuales masculinas y femeninas; los esteroides adrenocorticales como la cortisona; los venenos de los sapos; y los anticonceptivos orales. En este texto trataremos solamente los tipos más representativos en la química de los esteroides.

19-1 NOMENCLATURA Y ESTRUCTURA

La característica general de los esteroides es el esqueleto de ciclopentanoperhidrofenantreno, en el que los ciclos se denominan A, B, C y D. Además, los esteroides contienen generalmente funciones oxigenadas (con frecuencia en C_3), y muchos son portadores de grupos metilo en C_{10} y C_{13}.

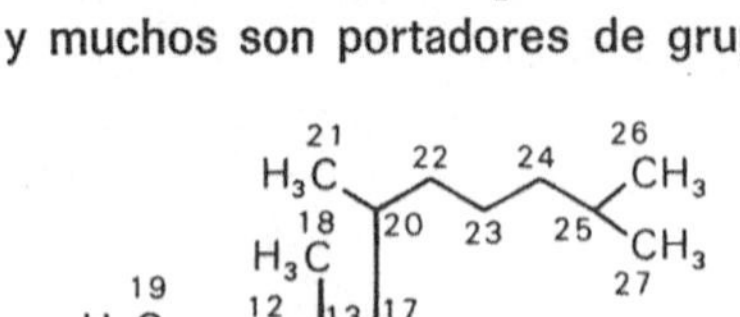

numeración de esteroides (colestano)

Esteroides

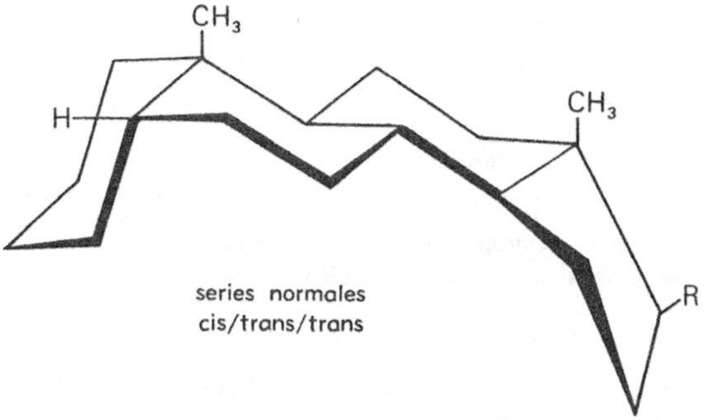

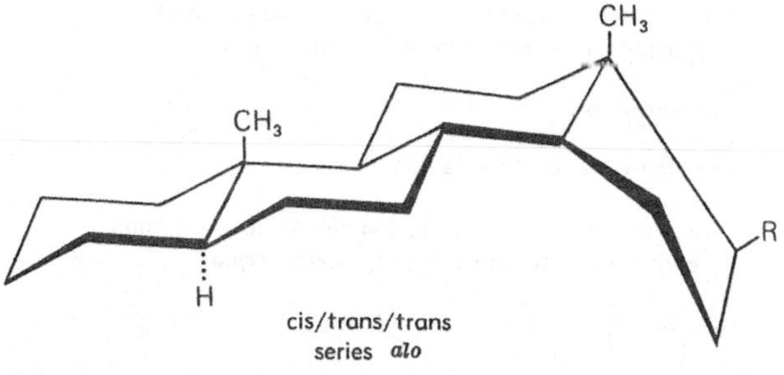

Las uniones entre los ciclos B-C y C-D son siempre trans, pero la unión entre A y B puede ser cis o trans, dando lugar a dos series de compuestos: serie normal (cis) y serie alo (trans). *En consecuencia, los esteroides de estructura conocida juegan un papel importante en el estudio de mecanismos de reacción en los que deba precisarse la conformación de un anillo de ciclohexano y de sus sustituyentes.* Como se puede ver en las representaciones conformacionales, el núcleo esteroídico es casi plano, y los sustituyentes se denominan α (línea de puntos) si están debajo del plano, y β (línea continua) si se hallan encima del plano; se utiliza una línea ondulada para indicar que el sustituyente tiene una configuración desconocida o sin especificar. Además de la nomenclatura α y β, que indica la posición de los sustituyentes con relación al plano del núcleo, también se puede utilizar la de axial o ecuatorial con respecto al anillo al que va unido el sustituyente.

De igual forma que otros productos naturales, los esteroides tienen nombres comunes, que reflejan su origen biológico o sus efectos fisiológicos, y que siguen todavía en uso. Se utilizan también varios prefijos para nombrar compuestos sintéticos relacionados con los productos naturales (ver Tabla 19-1).

Tabla 19-1. Algunos prefijos de esteroides

Prefijo	*Significado*
nor	eliminación de grupos metilos, degradación de cadena lateral, o contracción de ciclo
homo	expansión de ciclo
seco	ruptura de ciclo con adición de dos átomos de hidrógeno en los átomos terminales
iso	un isómero o compuesto con estructura análoga (término muy corriente pero muy vago)
epi	un epímero
anhidro	producto de deshidratación
dehidro	producto de deshidrogenación de enlaces carbono-carbono o carbono-oxígeno; por ejemplo $-\underset{\vert}{C}H-\underset{\vert}{C}H- \longrightarrow \;>C=C<$ ó $>CH-OH \longrightarrow \;>C=O$
deoxo o desoxo	hidrocarburo correspondiente a un compuesto carbonílico $>C=O \longrightarrow \;>CH_2$
deoxi o desoxi	hidrocarburo correspondiente a un alcohol $>CH-OH \longrightarrow \;>CH_2$

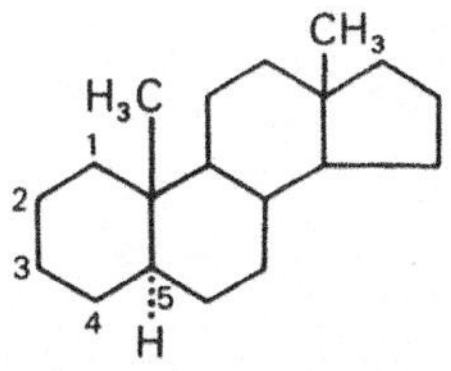

5 α-androstano

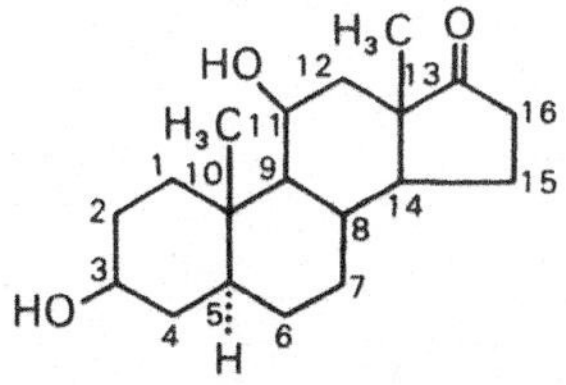

5 α-androstano-3 β, 11 β-diol-17-ona
(11 β-hidroxiepiandrosterona)

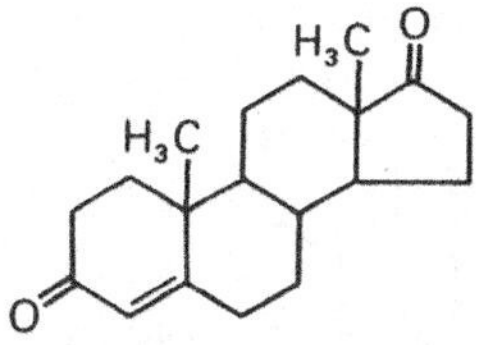

androst-4-en-3,17-diona

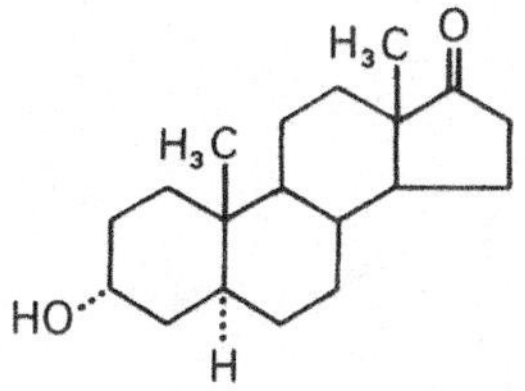

androsterona
(3 α-hidroxi-5 α-androstan-17-ona)

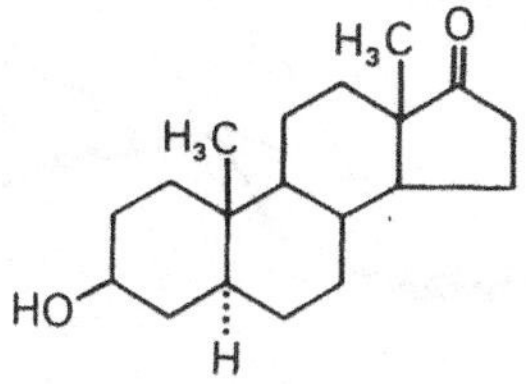

epiandrosterona
(3 β-hidroxi-5 α-androstan-17-ona)

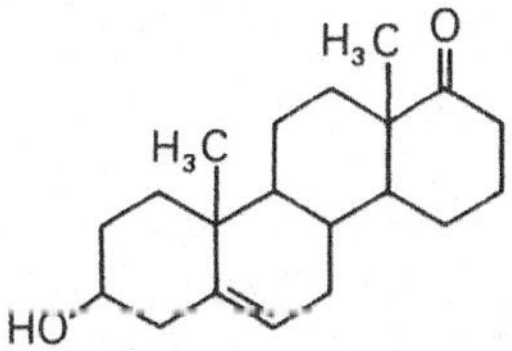

dehidroepiandrosterona
(3 β-hidroxiandrost-5-en-17-ona)

19-2 ESTEROLES

Los esteroles, alcoholes esteroídicos sólidos, se clasifican de acuerdo con su origen en *zoosteroles* (de animales), *fitosteroles* (de plantas), y *micosteroles* (de levadura y hongos).

El colesterol es probablemente el esteroide mejor conocido. Es un zoosterol que se encuentra en los tejidos animales como componente estructural de las membranas celulares; está presente en todos los tejidos, pero se aisla preferentemente de los cálculos biliares, que lo contienen en gran proporción. El coprosterol (coprostanol), es un esteroide muy similar, que se encuentra en las heces de los seres humanos y animales carnívoros. Estos dos esteroides se convierten por reducción en los hidrocarburos correspondientes, que son epímeros y se denominan *colestano* y *coprostano*.

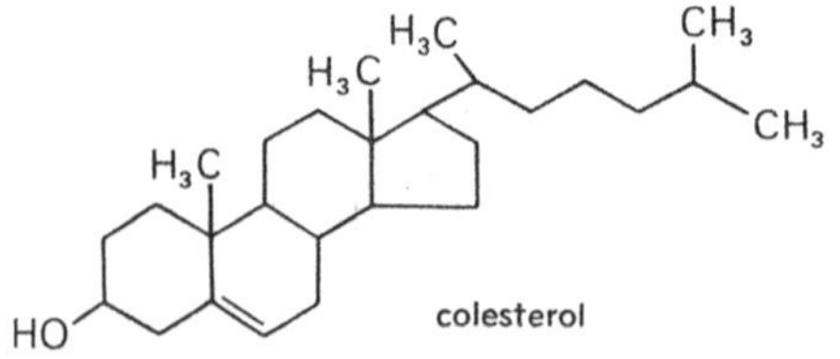

colesterol

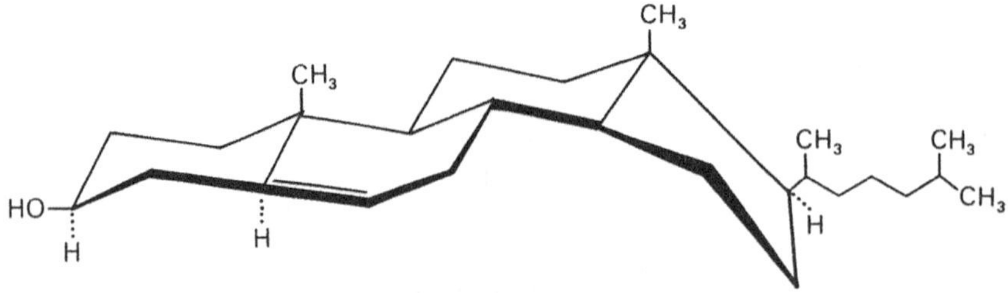

(conformación preferida)

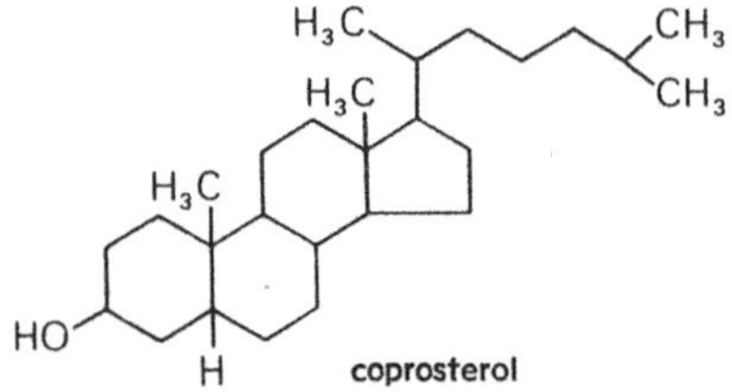

coprosterol
(coprostanol)

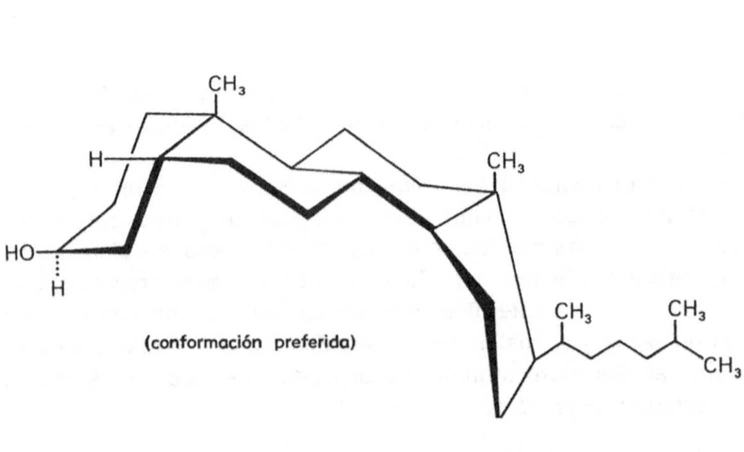

(conformación preferida)

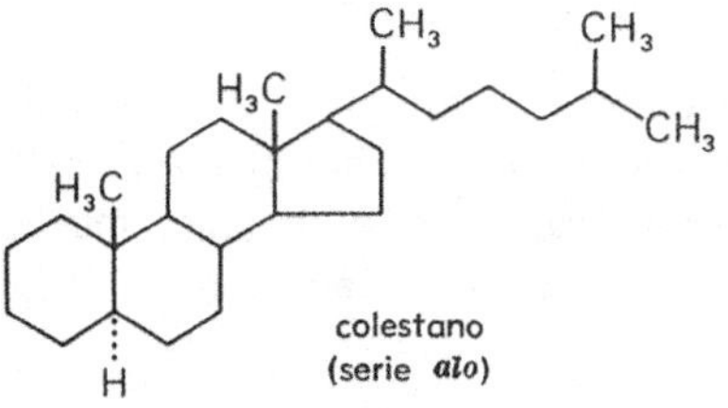

colestano
(serie *alo*)

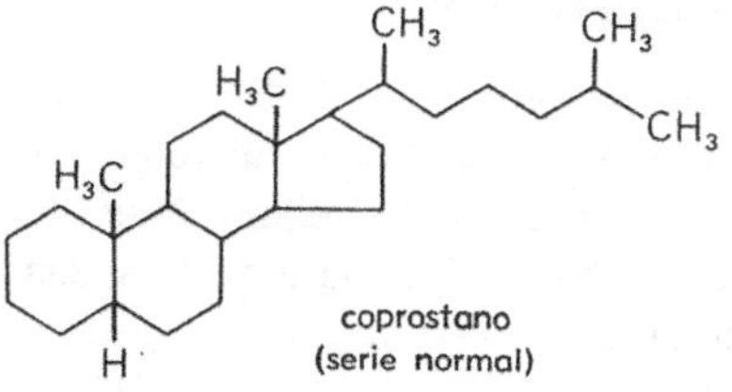

coprostano
(serie normal)

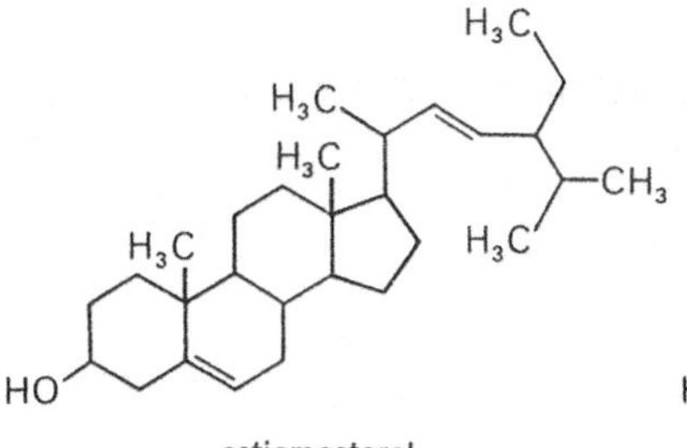

estigmasterol

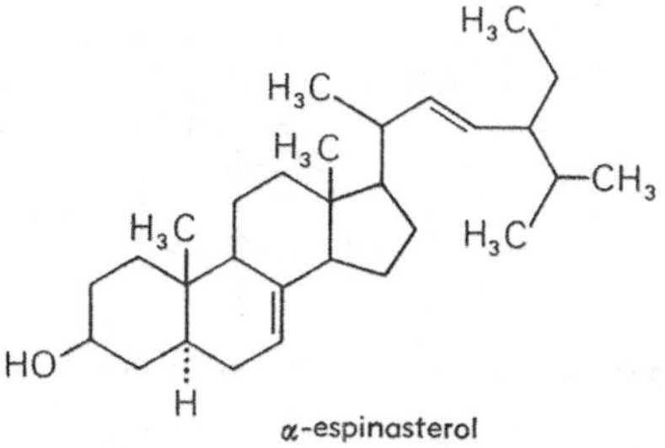

α-espinasterol

El ergosterol, principal esteroide de la levadura, es un micosterol que se convierte en vitamina D_2 por irradiación. Esta transformación fotoquímica despertó mucho interés hacia los años 1920, y ya a partir de 1960 se ha dedicado especial atención a la naturaleza de los estados electrónicos excitados que intervienen en ella. Al irradiar con luz ultravioleta el ergosterol no se obtiene directamente o como único producto la vitamina D_2; se ha comprobado que el *cis*-taquisterol es un intermedio.

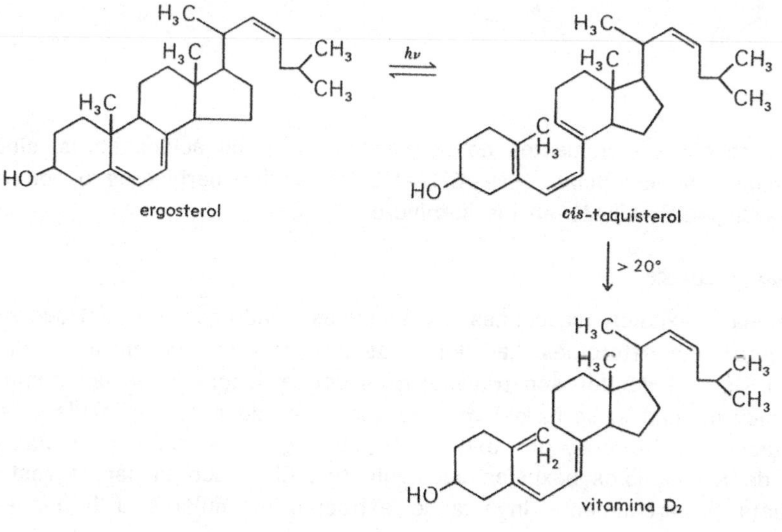

19-3 ACIDOS BILIARES

Los ácidos biliares son hidroxiácidos esteroídicos integrantes de las sales biliares. Estas son agentes emulsionantes que promueven la hidrólisis y absorción de las grasas en la región intestinal. Sintetizados en el hígado, muchos ácidos biliares tienen estructuras basadas en la del ácido colánico o en la del ácido alocolánico.

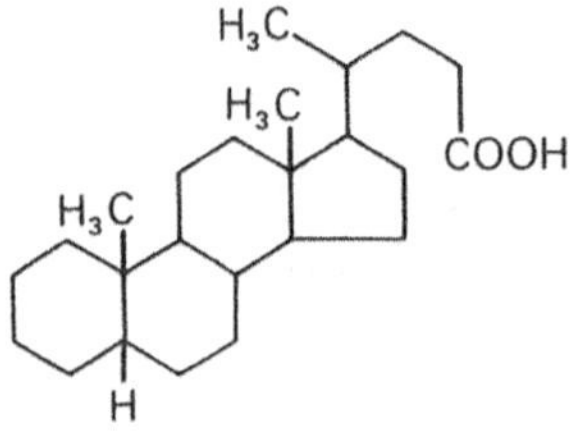

ácido colánico

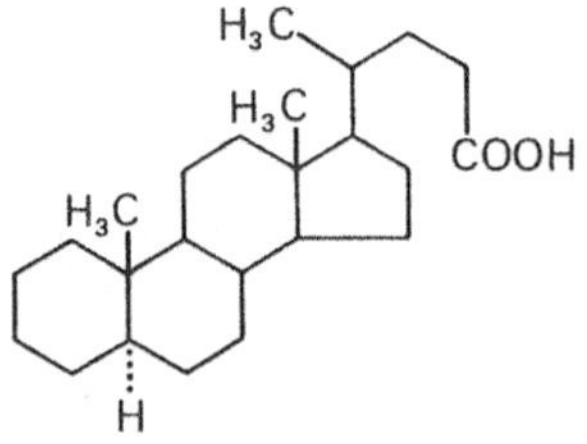

ácido *alo*colánico

Las posiciones corrientes de hidroxilación se ilustran en el ejemplo del ácido cólico ,el ácido 3α, 7α, 12α-trihidroxicolánico, que es el ácido biliar preponderante en la bilis humana.

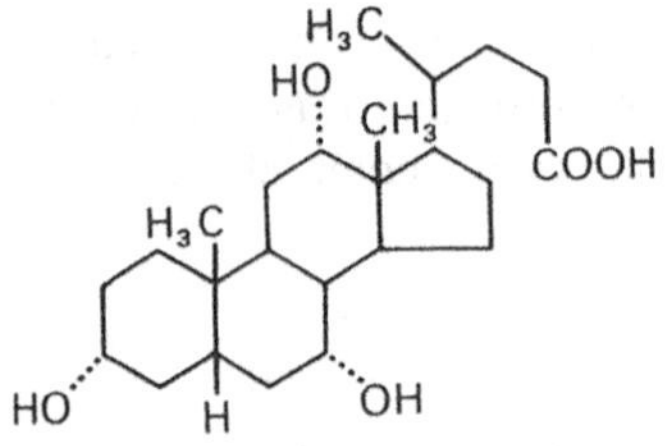

ácido cólico

Generalmente estos compuestos no se encuentran como ácidos libres, sino formando amidas con la glicina, $H_2N—CH_2—COOH$, en los herbívoros o con la taurina, $H_2N—CH_2—CH_2—SO_3H$, en los carnívoros.

19-4 HORMONAS SEXUALES

Las hormonas sexuales masculinas y femeninas (andrógenos y estrógenos respectivamente) son esteroides. Las hormonas naturales se encuentran en las glándulas del sistema genital, son transportadas por la sangre, y tienen efectos fisiológicos muy marcados. Se ha demostrado que se producen en el lóbulo anterior de la glándula pituitaria, por extirpación quirúrgica de dicha glándula, y observación de los cambios sexuales subsiguientes. El estado inicial se restablece completa o parcialmente inyectando extractos glandulares u hormonas sintéticas. Es muy difícil clasificar las hormonas como *estrictamente* masculinas o femeninas, exceptuando el caso de la progesterona, que es la hormona sexual típicamente femenina. Casi todas las demás muestran actividad fisiológica en ambos sexos. El estudio de la relación entre la estructura y la actividad fisiológica (que se discute más adelante) ha permitido conocer qué características químicas son necesarias para que un compuesto tenga una actividad determinada.

Las hormonas sexuales femeninas, los estrógenos, se ensayan examinando los despojos vaginales de ratas ovarectomizadas; las reacciones positivas se caracterizan por una excitación del estro que viene acompañado de cambios en el aspecto del revestimiento vaginal. Los concentrados de orina y los extractos de placenta de mujeres o yeguas en gestación muestran gran actividad en estos bioensayos. Como la concentración de sustancias activas es muy baja, hace falta un volumen grande de orina o muchos kilos de placenta para aislar los esteroides puros.

Estrógenos naturales son el estriol, estradiol, estrona y pregnandiol. La relación química entre los tres primeros es la siguiente:

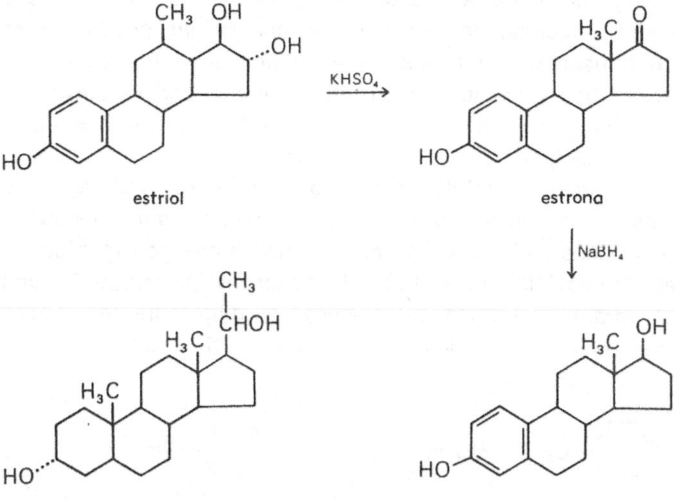

Por reducción de la estrona con hidruros metálicos se obtiene casi exclusivamente el isómero 17β, que tiene más actividad fisiológica que la estrona. En terapéutica se utiliza en forma de benzoato del hidroxilo fenólico.

Formular las siguintes reacciones que muestran las relaciones de los ácidos biliares con una serie de hormonas sexuales. Por oxidación del pregnandiol (con ácido crómico) se obtiene pregnandiona, que se puede reducir a pregnano por tratamiento con Zn(Hg) y HCl. El bisnorcolanato de metilo tratado con bromuro de fenilmagnesio (y posteriormente con ácido) da una olefina que se puede oxidar a cetona. La reducción de esta cetona origina pregnano.

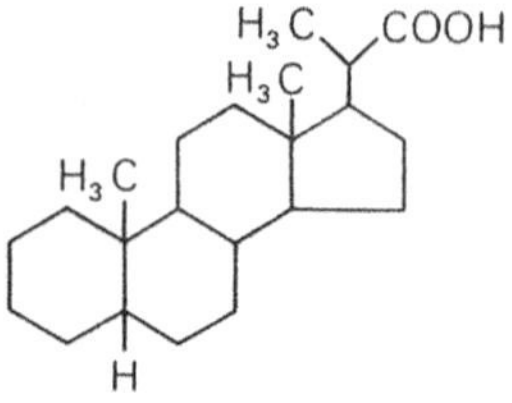

ácido bisnorcolánico

Se ha realizado la síntesis total de muchas hormonas sexuales naturales y algunas han sido preparadas por varios métodos independientes. En casi todos los esquemas de síntesis, los ciclos A y B del esteroide derivan de naftalenos sustituidos o de derivados relacionados con ellos de manera que puedan formar los anillos C y D a continuación. Los pasos clave de una de estas síntesis se reseñan en la Tabla 19-2. Obsérvese que aunque los cuatro ciclos requeridos se forman en la reacción inicial, el anillo D sufre una oxidación (pérdida de un átomo de carbono) y nueva ciclación.

Se han preparado compuestos sintéticos relacionados estructuralmente con los estrógenos. Algunos tienen actividad estrogénica elevada, pero pocos son tan activos como las hormonas naturales. Los compuestos sintéticos más activos son los basados en el dihidroxidialquilestilbeno, llamados *estibestroles*. El doble enlace no es esencial para la actividad estrogénica; el dihidrodietilestilbestrol (hexesterol) es aproximadamente tan eficaz como el dietilestilbestrol.

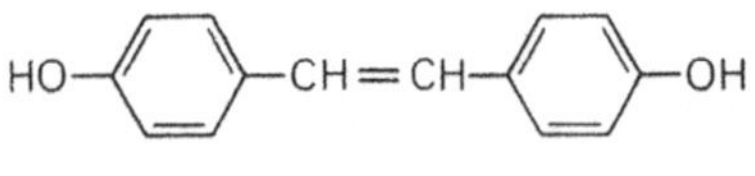

4,4'-dihidroxiestilbeno
(estilbestrol)

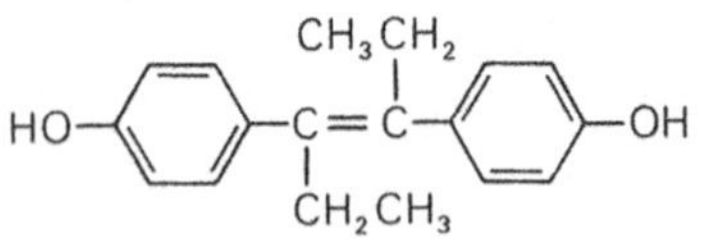

dietilestilbestrol

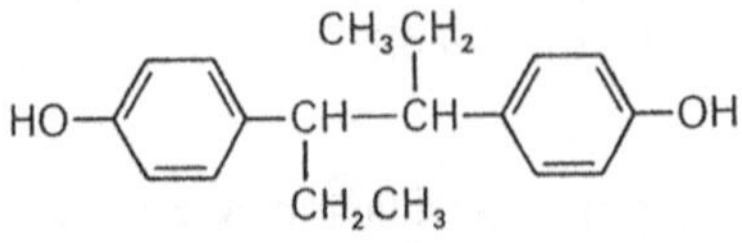

dihidrodietilestilbestrol
(hexestrol)

El corpus luteum, un pequeño cuerpo amarillo del ovario, produce derivados de la progesterona y del pregnano.

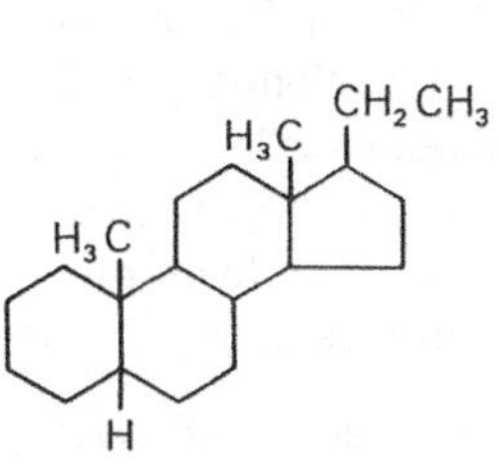

pregnano

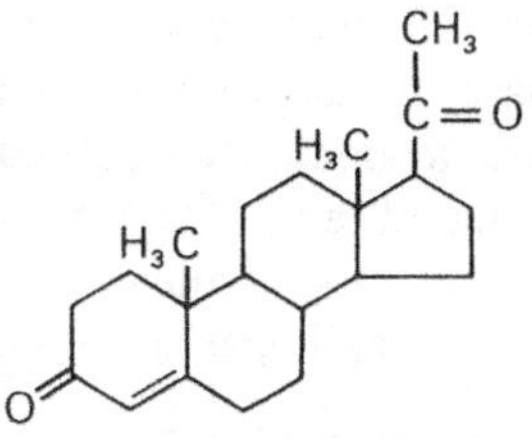

progesterona
(4-pregnen-3,20-diona)

Estos compuestos crean en el revestimiento del útero condiciones favorables para el óvulo fecundado. Una vez fecundado el óvulo continúa la producción de hormonas y el estro y la posterior ovulación se detienen.

Tabla 19-2. Algunos pasos en una síntesis de la estrona

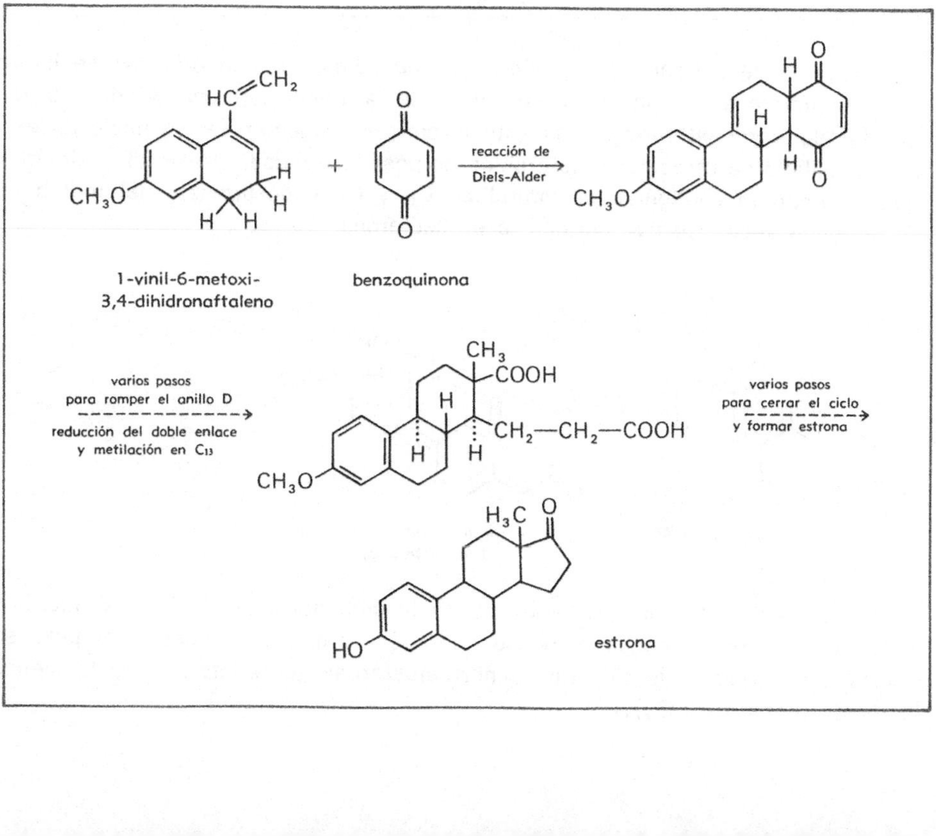

En un esfuerzo para establecer relaciones entre la estructura y la actividad fisiológica, se siguen estudiando muchos productos naturales. Podemos preguntarnos, por ejemplo: El grupo carbonilo en C_3 (o en C_{20}) de la progesterona, ¿es esencial para su actividad? ¿Qué modificaciones de la cadena lateral de la progesterona afectan su actividad fisiológica?

Sobre la progesterona se ha obtenido la información que sigue. Indíquese por medio de qué modificaciones químicas de la molécula se han obtenido los compuestos necesarios para llegar a dichos resultados.

1. El acetato del enol de la progesterona muestra una actividad casi tan grande como la de la misma progesterona (Sec. 14-20).

2. La reducción total del carbonilo en C_{20} destruye la actividad, pero si sólo se reduce a grupo hidroxilo la actividad se conserva.

3. La 21-etil progesterona es inactiva.

4. La introducción de un grupo carbonilo en C_6 como el enlace doble en C_4 son esenciales para la actividad de la progesterona.

Un grupo de anticonceptivos sintéticos de administración oral que se hallan en el comercio se basan en la estructura de la 19-nortesterona. Al descubrirse que la 19-norprogesterona es tan activa como la progesterona, se inició un examen detallado de otros 19-noresteroides de posible utilidad. El esteroide sintético que no tiene la configuración natural en C_{14} y C_{17} y desprovisto del metilo en C_{19} es ocho veces más activo que la progesterona.

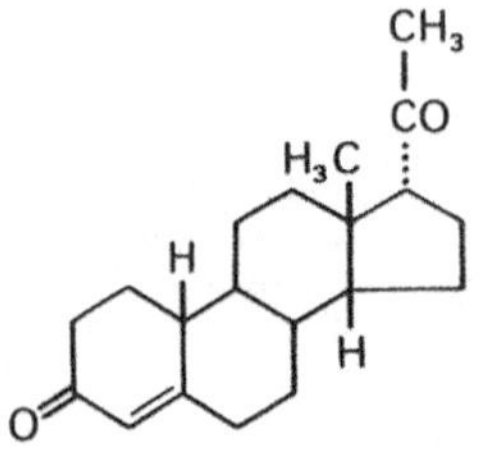

19-nor-14 α, 17 α-progesterona

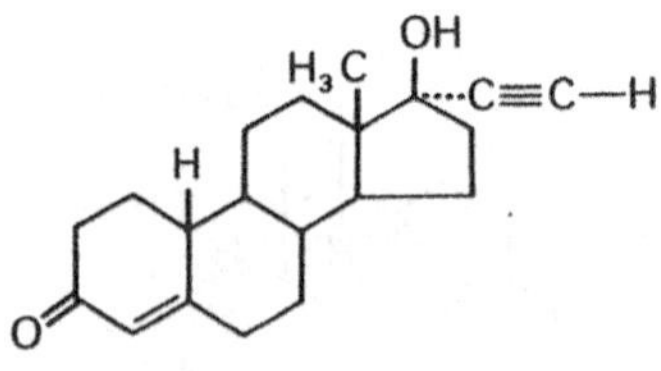

17 α-etinil-19-nortestosterona (noretisterona)

La 19-nortestosterona, preparada por reducción del ciclo A del éter metílico del estradiol, tiene menos actividad androgénica que la testosterona, pero se utiliza para preparar la 17α-etinil-19-nortestosterona (noretisterona) y la olefina derivada (entre C_5 y C_{10}).

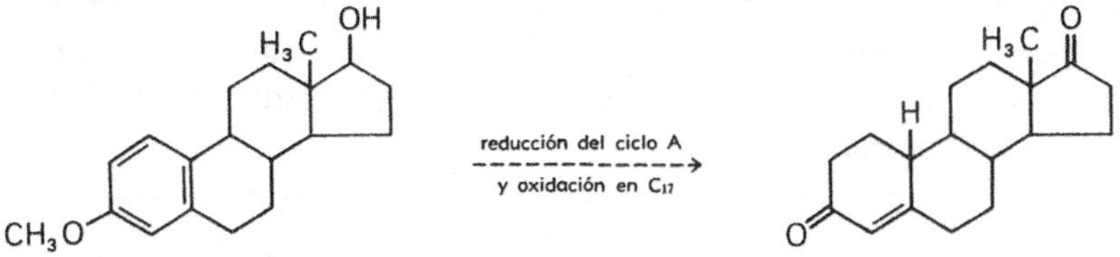

éter metílico del estradiol — 19-nortestosterona

Las hormonas sexuales masculinas, andrógenos, se han aislado de la orina (de hombres, mujeres y eunucos) y de extractos testiculares. Se ha desarrollado un método de bioensayo basado en la medida del área de crecimiento de cresta de capón. Otros métodos miden (en miligramos) el incremento de las vesículas seminales de ratones castrados.

Uno de los andrógenos más potentes es la testosterona (por haberse extraído de testículos), que se administra en forma de propionato por sus efectos y actividad prolongada en el crecimiento de la vesícula seminal. En la orina del hombre se encuentran tres andrógenos adicionales: la androsterona, la dehidroisoandrosterona y la 3-clorodehidroisoandrosterona.

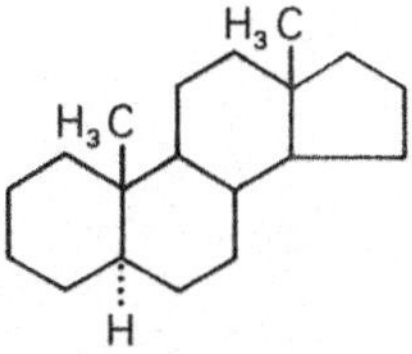

androstano
(etio*alo*colano)

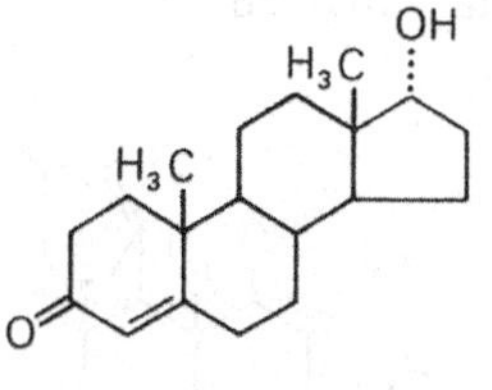

testosterona

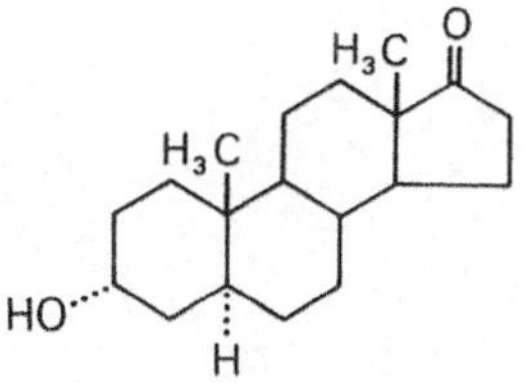

androsterona

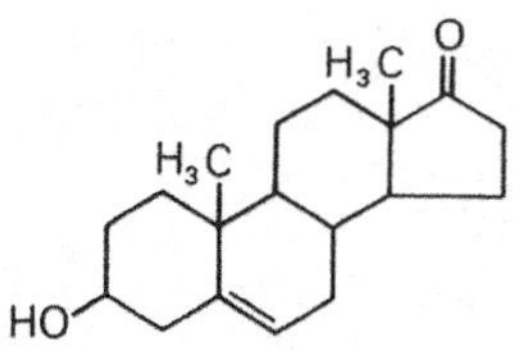

dehidroisoandrosterona

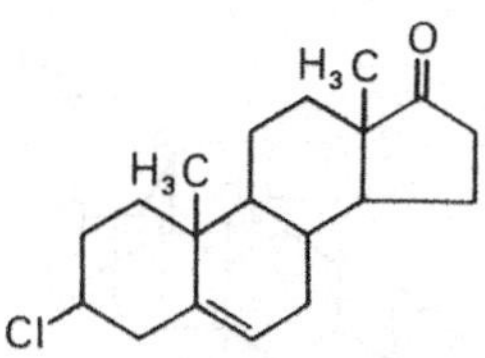

3-clorodehidroisoandrosterona

También se ha aislado un compuesto inactivo identificado como 3α-etiocolanol-17-ona. Obsérvese que el grupo ceto en C_{17} es característico de los andrógenos.

Propóngase un método para distinguir químicamente los cuatro andrógenos discutidos más arriba. Establézcanse relaciones estructurales entre ellos y con el androstano.

19-5 OTROS ESTEROIDES

Los *glicósidos cardiotónicos,* aislados de plantas, se escinden por hidrólisis ácida en un azucar y un esteroide. El fragmento esteroídico se denomina *aglicona* o *genina.* Los compuestos más conocidos de este grupo se obtienen por hidrólisis de la digital, mezcla glicosídica aislada de la digital purpúrea, *Digitalis purpúrea.* La digitalina es una sustancia muy utilizada para aumentar la actividad cardíaca, ya que incrementa la intensidad de las contracciones de los músculos cardíacos disminuyendo su velocidad. Estos glicósidos tienen una afinidad específica hacia los músculos del corazón cuando se administran por vía oral o intravenosa. Son enormemente eficaces en pequeñas dosis (0,3 mg al día).

Por hidrólisis de la digital se obtienen principalmente tres agliconas o geninas que contienen un ciclo de lactona α,β-insaturado (ester cíclico) entre otras semejanzas estructurales. Tanto el grupo hidroxilo en C_{14} (β) como la lactona no saturada son indispensables para la actividad.

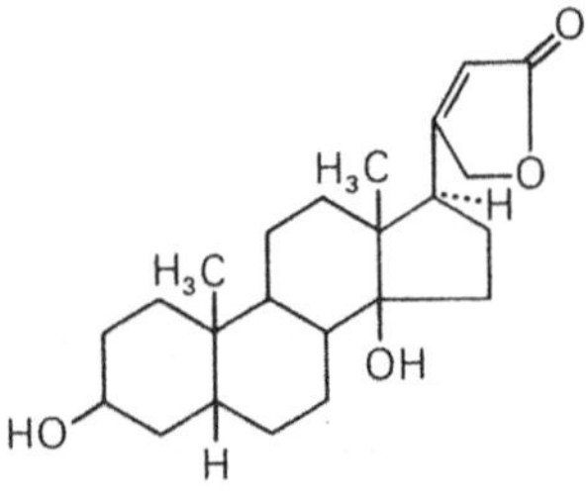

digitoxigenina

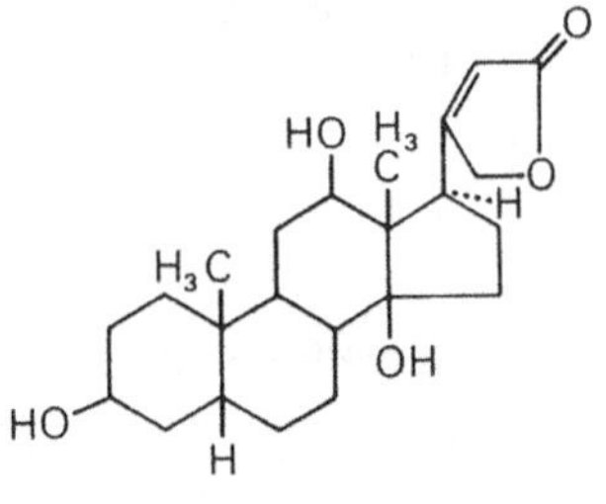

digoxigenina

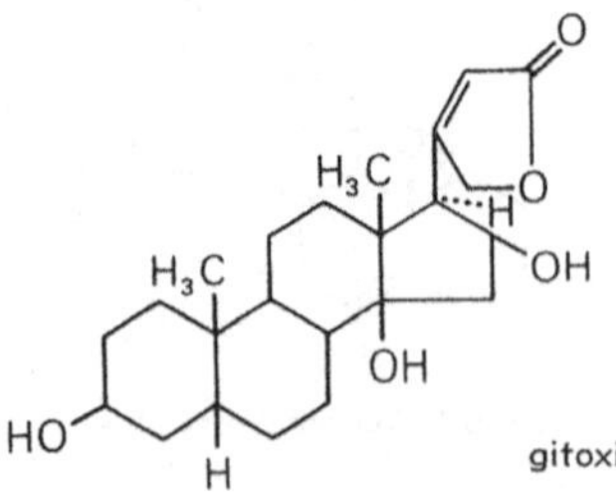

gitoxigenina

El veneno excretado por el sapo vulgar, *Bufo vulgaris,* produce una actividad fisiológica análoga a la de la digital. Las geninas derivadas de él por hidrólisis, se denominan *bufogeninas.* Los venenos naturales del sapo son esteres de suberilarginina de las bufogeninas. La bufotalina es sólo uno de los muchos venenos del sapo estudiados a fondo.

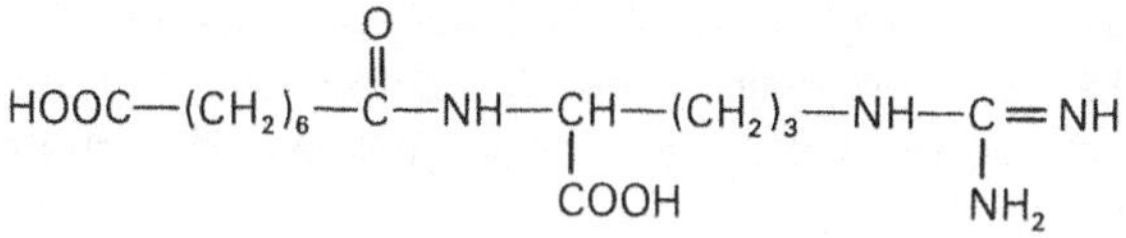

suberilarginina

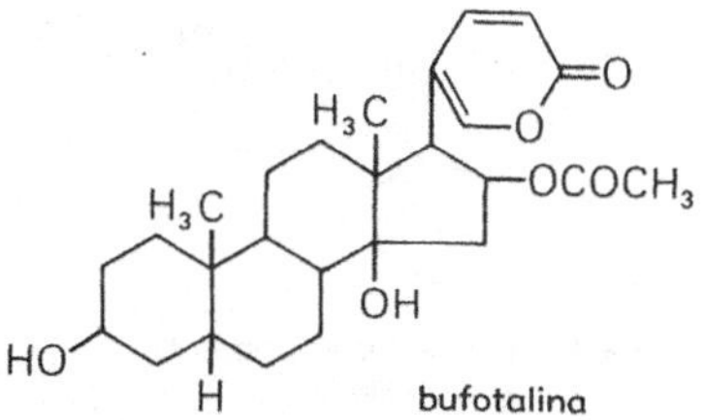

bufotalina

Las *sapogeninas esteroídicas* son glicósidos de esteroides capaces de producir espumas estables en solución acuosa. Las agliconas cardiotónicas, o geninas, son sapogeninas, pero representan una clase especial por su acción selectiva sobre el corazón. Otras sapogeninas se han utilizado como venenos y también pueden formar compuestos moleculares con alcoholes y fenoles. Así la digitonina, glicósido de la digitogenina, forma un compuesto molecular insoluble, con los esteroles con hidroxilo en C_3 ecuatorial, pero no con los que lo tienen axial. Esta reacción de precipitación tiene importancia en la elucidación de la estereoquímica en C_3 de muchos esteroides.

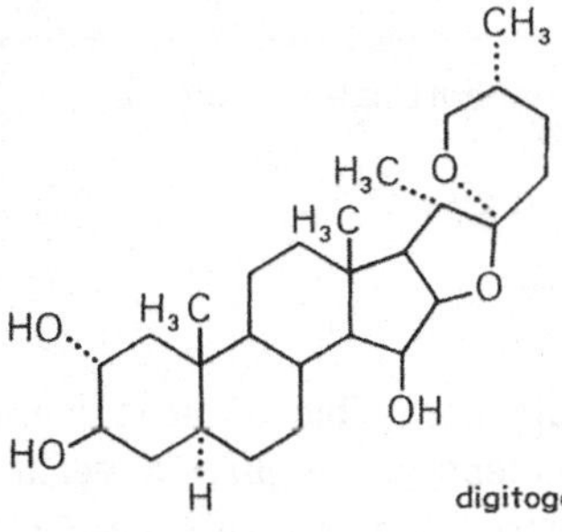

digitogenina

Los esteroides aislados de la estructura externa o corteza de las glándulas suprarrenales de buey se denominan *esteroides adrenocorticales.* De los 28 que han sido aislados sólo hay 6 con actividad para mantener la vida de perros cuyas glándulas suprarrenales han sido extirpadas quirúrgicamente. Una de las propiedades fisiológicas importantes de las hormonas adrenocorticales es su aptitud para promover la síntesis de hidratos de carbono, almacenados en forma de glicógeno (Sec. 18-16) en el hígado. Controlan también el equilibrio de electrolitos en los fluidos del cuerpo. La cortisona, bajo forma de acetato en C_{21}, tiene muchas aplicaciones médicas, aliviando incluso las artritis reumáticas. El cortisol tiene también múltiples aplicaciones.

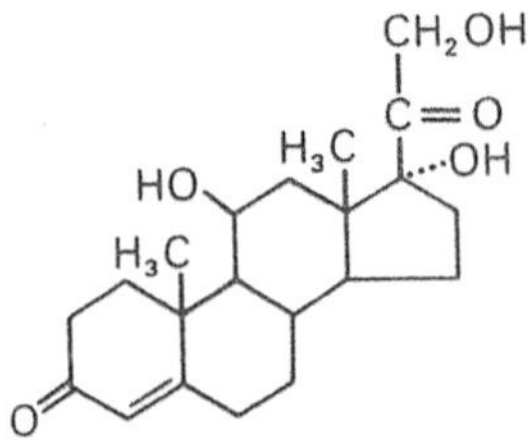

cortisol

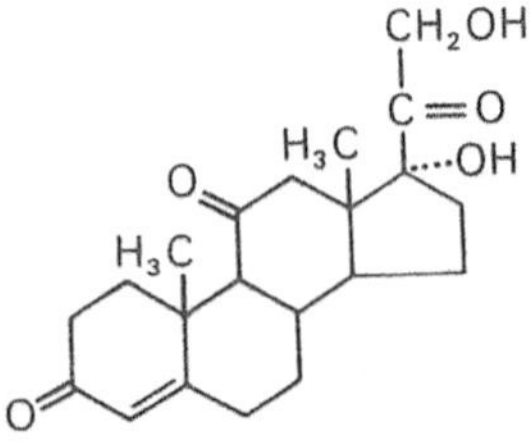

cortisona

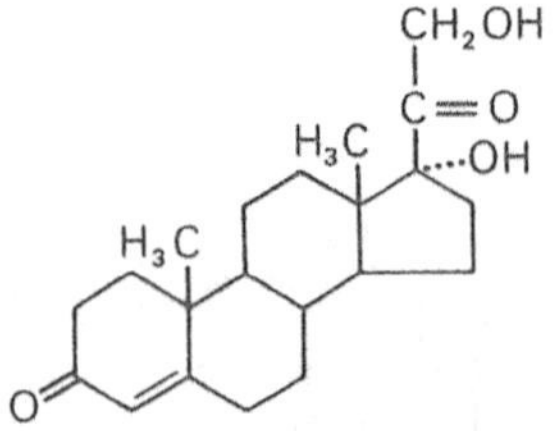

17 α-hidroxidesoxicorticosterona (cortexolona)

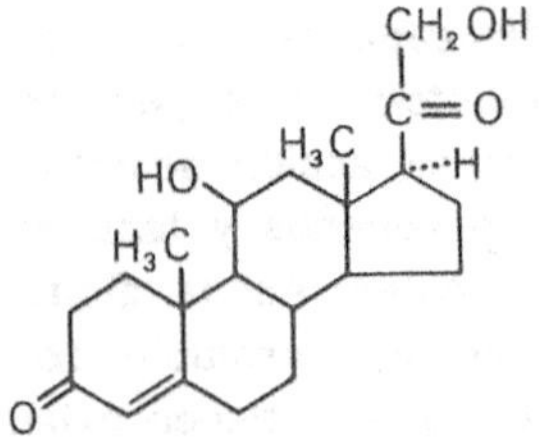

corticosterona

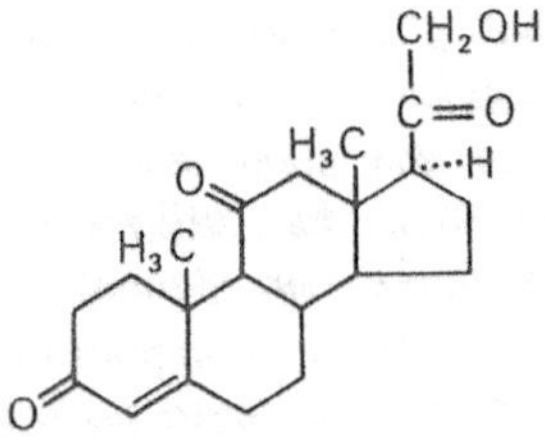

11-dehidrocorticosterona

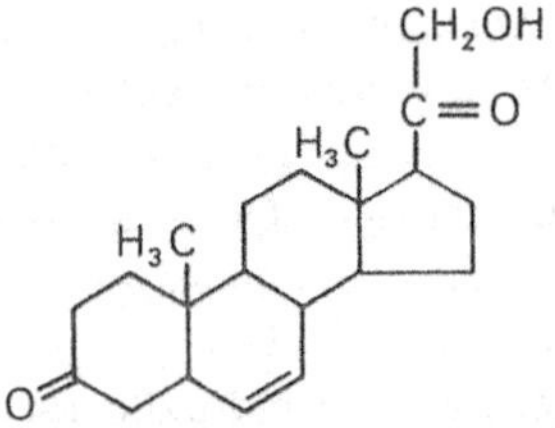

11-desoxicorticosterona (cortexona)

> Nombrar cada uno de los seis esteroides adrenocorticales indicados, como derivados del pregnano.

19-6 BIOSINTESIS DEL COLESTEROL

Una de las series más fascinantes de estudios químicos y bioquímicos condujo a la elucidación del esquema biosintético del colesterol *in vivo* a partir de moléculas orgánicas pequeñas. En 1913 se descubrió que los animales en cuya dieta faltaba el colesterol podían producirlo por sí mismos. Los estudios químicos y bioquímicos se iniciaron en la década de 1930, cuando se demostró que el colesterol aislado de ratas sometidas a una dieta enriquecida en agua pesada, D_2O, contenía deuterio en una proporción mitad que la de los fluidos del cuerpo. Esto indicaba que la mitad del hidrógeno (o deuterio) provenía del agua y que por lo tanto el colesterol se sintetiza probablemente a partir de pequeños fragmentos químicos. Más tarde se encontró que el deuterioacetato, CD_3COO^-, suministrado a las ratas se incorporaba en el colesterol en una proporción tan grande que parecía como si el acetato se descompusiera primero a agua y el esteroide se formara en su presencia; el acetato era, más probablemente, un precursor directo. Otros compuestos de bajo peso molecular como acetaldehído, CH_3CHO, acetamida, CH_3CONH_2, acetona, CH_3COCH_3, y butirato, $CH_3CH_2CH_2COO^-$, también fueron incorporados; sin embargo, la eficacia de la incorporación parecía depender de la facilidad con la que dichas moléculas se podían transformar en acetato, CH_3COO^-. A partir de este momento el trabajo sobre la biosíntesis del colesterol se realizó con acetato marcado isotópicamente como $^{14}CH_3COOH$, $CH_3{}^{14}COOH$, ó $^{13}CH_3{}^{14}COOH$. Más tarde, para facilitar el manejo y la eficacia de la incorporación, el colesterol marcado se preparó incubando estos compuestos con hígado de rata troceado, en lugar de alimentar animales sanos.

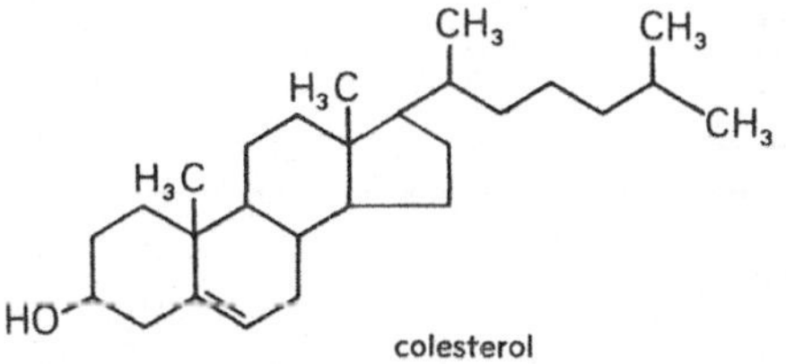

colesterol

Los estudios de degradación de la cadena lateral de colesterol sintetizado a partir de $CH_3{}^{14}COOH$ y $^{14}CH_3COOH$ conducen a la misma conclusión: la cadena lateral está formada como sigue:

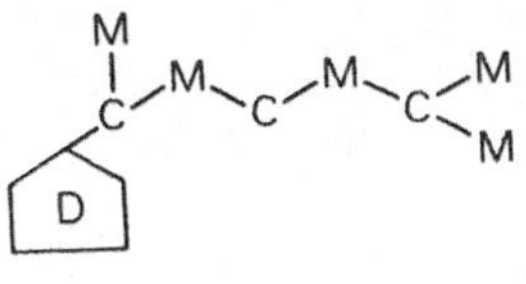

donde C es un carbono carboxílico del acetato y M el carbono metílico del acetato. Los detalles químicos se reseñan en la Tabla 19-3.

Tabla 19-3. Degradación de la cadena lateral del colesterol †

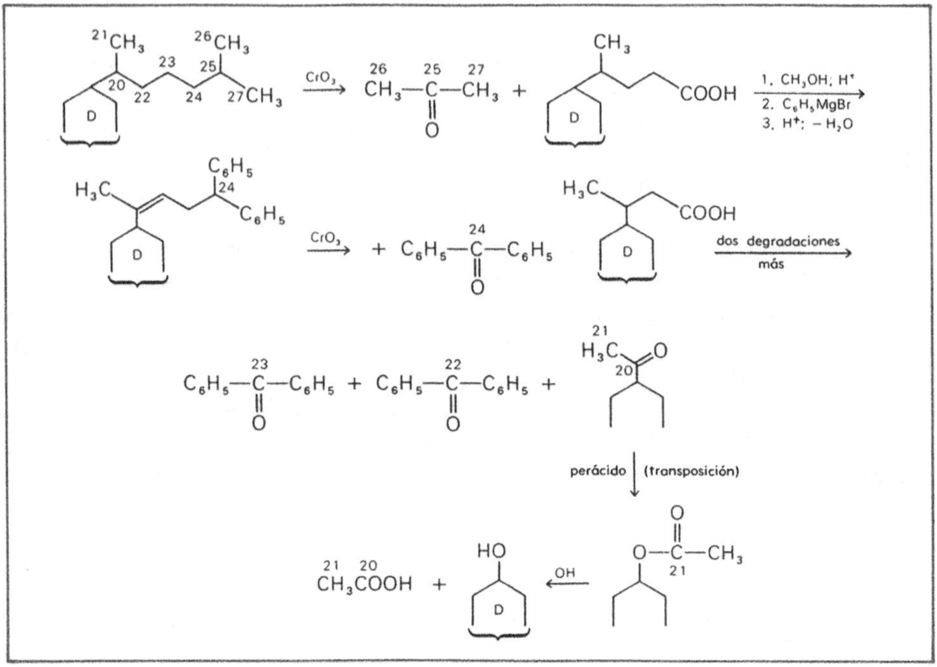

† Se han numerado los carbonos originales del colesterol.

Mediante una serie de reacciones de oxidación se rompieron los ciclos A, B, C y D en fragmentos más pequeños, que a su vez fueron degradados según un esquema que permitía seguir la actividad de cada átomo de carbono. El resultado obtenido fue el siguiente:

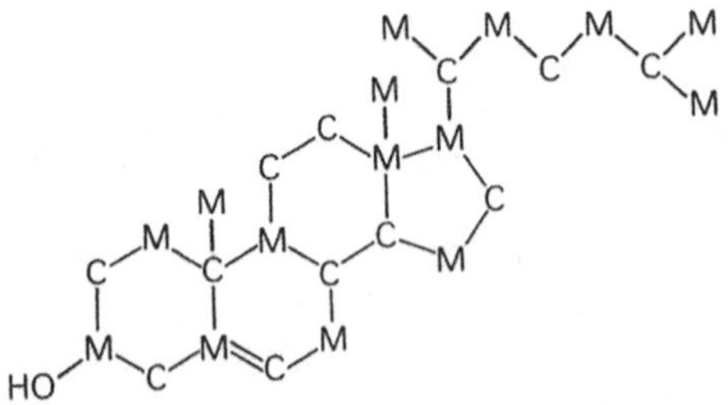

Al descubrirse que el ácido mevalónico $HOCH_2CH_2$—(HO)C(CH_3)CH_2COOH, se incorporaba al colesterol con muy buen rendimiento, se pudo aclarar parcialmente *cómo* se unen los fragmentos de acetato y qué intermedios concretos están implicados. Al comprobarse que el carbono del carboxilo no se incorpora, se supuso la existencia de un precursor activo de *cinco* carbonos. Se ha comprobado la formación de mevalonato a partir de acetato en los tejidos hepáticos, y además que sólo el isómero dextrorrotatorio tiene actividad biológica.

LECTURAS RECOMENDADAS

Beyler, R. E.: Some Recent Advances in the Field of Steroids, *J. Chem. Educ.*, **37**, 491 (1960).

Collier, H. O. J.: Kinins, *Sci. Am.*, **207** (2), 111 (1962). Discute el grupo de hormonas proteínicas dilatadoras de los vasos sanguíneos y motrices de los músculos lisos.

Davidson, E. H.: Hormones and Genes, *Sci. Am.*, **212** (6), 36 (1965). Discusión sobre las hormonas, sus fuentes, su naturaleza química y su función.

Lerner, A. B.: Hormones and Skin Color, *Sci. Am.*, **205** (1), 99 (1961). Efecto de las hormonas sobre la melanina, el pigmento moreno de la piel.

Levey, R. H.: The Thymus Hormone, *Sci. Am.*, **211** (1), 66 (1964). El papel de la gándula timo en la elaboración de la sangre y el origen de los anticuerpos.

Papkoff, H., and C. H. Li: Hormone Structure and Biological Activity, *J. Chem. Educ.*, **43**, 41 (1966).

Sarrett, L. H.: The Hormones, *J. Chem. Educ.*, **37**, 185 (1960).

Capítulo veinte

Los alcaloides son compuestos orgánicos ópticamente activos, que contienen nitrógeno y que se aislan generalmente de las plantas; estas bases tienen una notable actividad fisiológica. Se las denominó primero «álcalis vegetales», pero ha prevalecido el nombre de *alcaloides.* Se encuentran en casi todas las partes de ciertas plantas y especialmente en las hojas, semillas, raíces y cortezas. La proporción más alta de alcaloides suele hallarse en las partes del vegetal de crecimiento más activo. Pocas veces se encuentra un solo alcaloide en una planta dada; casi siempre está acompañado por otros íntimamente relacionados con él por su estructura y origen biosintético. Las mezclas complejas de bases sólidas se obtienen por extracción de la planta con etanol y pueden separarse por cristalización fraccionada u otros métodos. Además de su interés medicinal y fisiológico, los alcaloides representan para el químico orgánico una excelente piedra de toque en lo referente a determinación estructural y síntesis total.

Entre los alcaloides encontramos desde aminas monocíclicas sencillas hasta tri- o tetraminas policíclicas muy complejas. Sus propiedades físicas y químicas y sus actividades fisiológicas varían mucho de unos a otros. Compárense la conina, colchicina y emetina en la Tabla 20-1.

Los alcaloides se pueden nombrar por el sistema IUPAC, pero los más complejos se denominan por sus nombres vulgares derivados de su actividad fisiológica o de alguna circunstancia alusiva a su aislamiento o determinación estructural. En este capítulo se reúnen alcaloides representativos de los principales grupos heterocíclicos nitrogenados: pirrolidina, piperidina (y piridina), quinoleína (e isoquinoleína), e indol.

pirrolidina

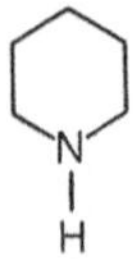

piperidina

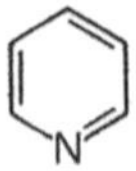

piridina

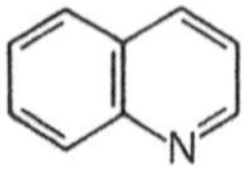

quinoleína

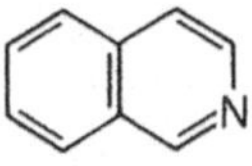

isoquinoleína

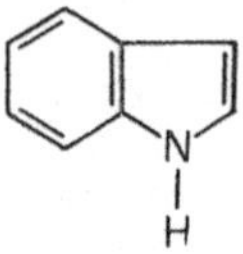

indol

Alcaloides

ALCALOIDES PIRROLIDINICOS

20-1 HIGRINA

La higrina, que se encuentra en la hoja de coca, es uno de los alcaloides conocidos más volátiles.

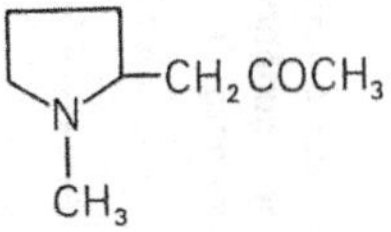

higrina

De estructura sencilla, su síntesis se ha realizado por varios caminos. A continuación se describe la síntesis del ácido hígrico, uno de sus productos de degradación.

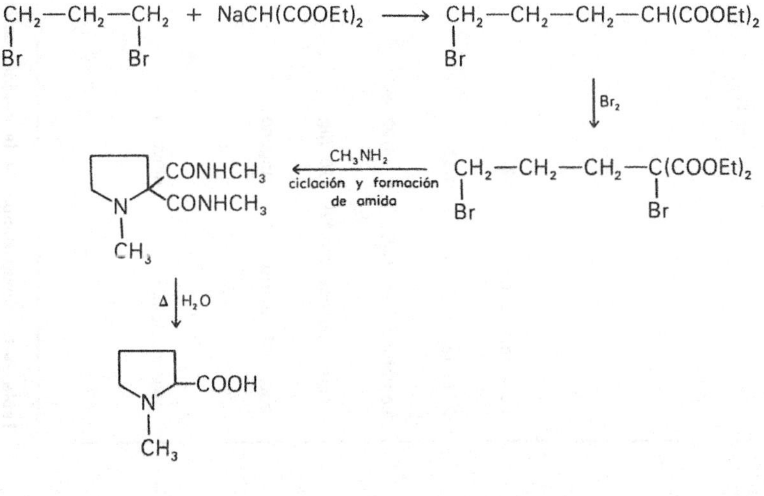

	Conina	*Colchicina*	*Dihidrocloruro de emetina*
	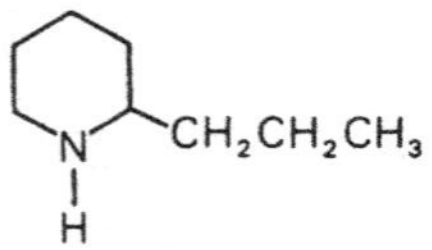	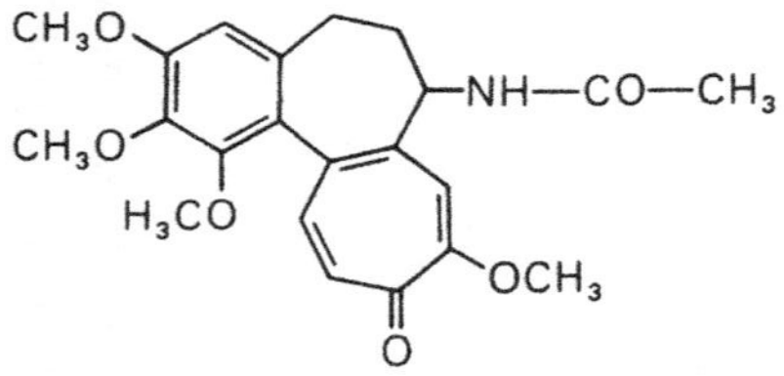	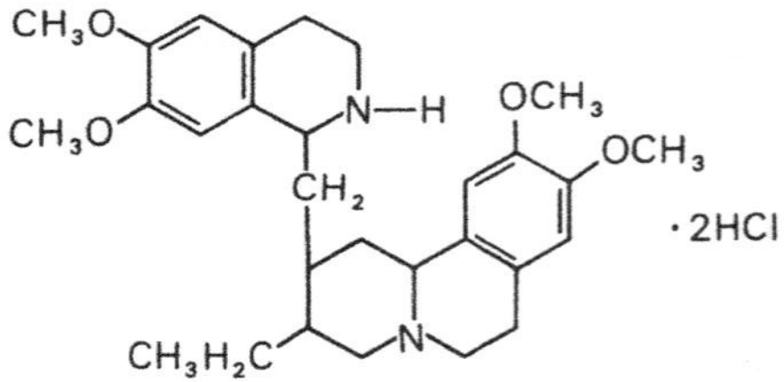
peso molecular	127	399	554
P. F. (aprox.)	—2°	157°	105°
solubilidad en H_2O	1 ml/90 ml	1 g/22 ml	1 g/7 ml
dosis humana mortal	120 mg	7 mg	> 60 mg
uso veterinario	ninguno	tratamiento de tumores mamarios en perros	tratamiento de infecciones pulmonares en ovejas y cabras
uso medicinal	ninguno	gota aguda (utilizado también en instalaciones genéticas para desdoblamiento de cromosomas)	amebiasis aguda, hepatitis amébica, abscesos amébicos

Tabla 20-1. Comparación de la conina, colchicina y emetina

20-2 HIOSCIAMINA, ESCOPOLAMINA, Y COCAINA

Estos tres alcaloides tienen un ciclo pirrolidínico incorporado en una estructura bicíclica llamada tropano.

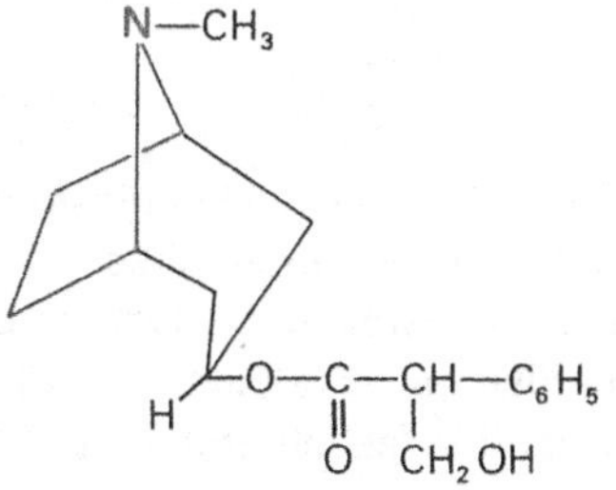

atropina

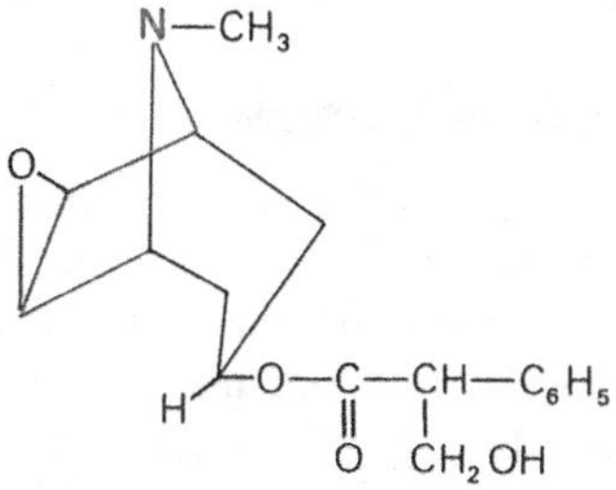

escopolamina

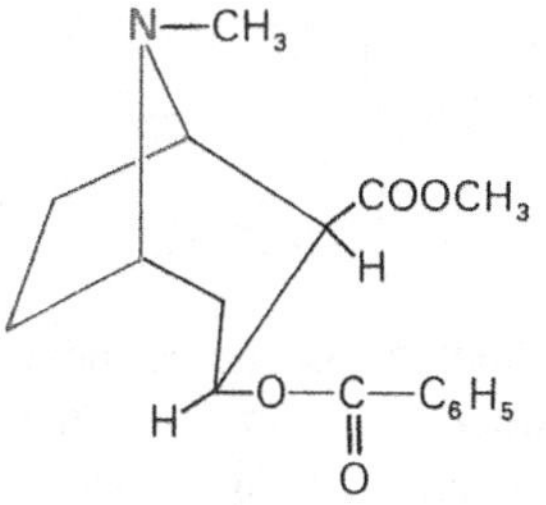

cocaína

Derivados corrientes son

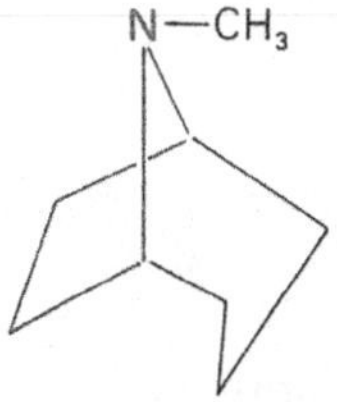

tropano

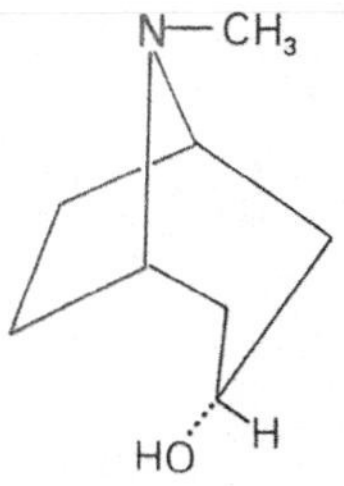

tropina

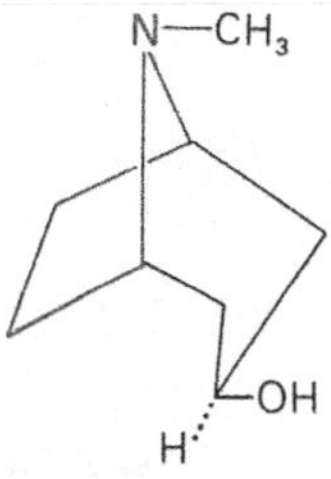

pseudotropina

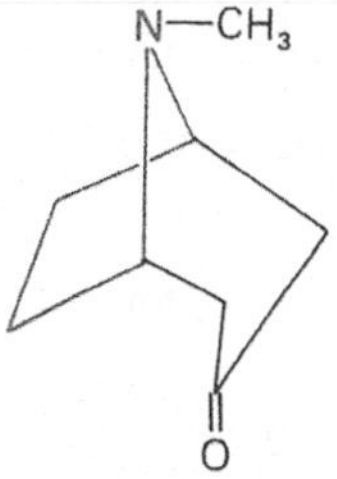

tropinona

La atropina es el racemato de la hiosciamina, que es el isómero levorotatorio aislado de *Atropa belladona*. El alcaloide, ópticamente lábil, se emplea como sulfato de atropina para suprimir las secreciones salivares, gástricas y del aparato respiratorio.

La escopolamina, conocida también como hioscina, es un alcaloide levorotatorio utilizado en medicina (en forma de hidrobromuro) como sedante y para reforzar el efecto analgésico de los narcóticos. Se ha utilizado además en el tratamiento del vértigo y de ciertas sicosis.

La cocaína, aislada de hojas de coca, es un narcótico que produce hábito y se utiliza en medicina como anestésico superficial en forma de hidrocloruro.

20-3 SINTESIS DE ALCALOIDES DEL TROPANO

La tropinona y sus derivados se sintetizan bajo «condiciones fisiológicas» a partir de especies químicas (o sus equivalentes) que pueden producirse naturalmente y ser incorporadas al esquema biosintético de estos compuestos. La incubación de una mezcla de dialdehído succínico, metilamina, y acetona a 25-30° en disolución tamponada a pH 5 produce pequeñas cantidades de tropinona.

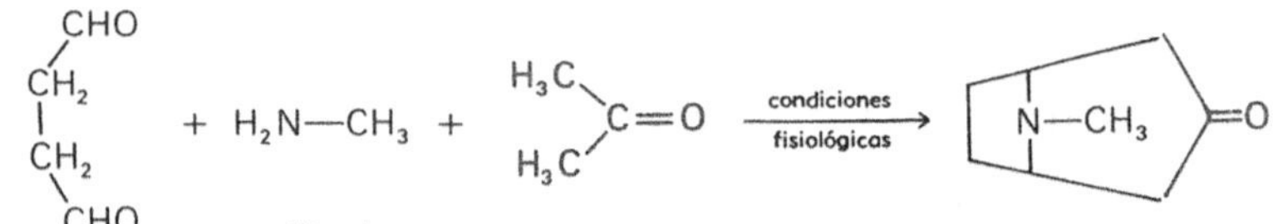

dialdehído succínico — metilamina — acetona — tropinona

Se obtienen mejores rendimientos empleando el ácido acetondicarboxílico (como sal cálcica), que se prepara por oxidación del ácido cítrico. De manera análoga se preparan otros compuestos de la serie de la cocaína a partir de los correspondientes hemiesteres.

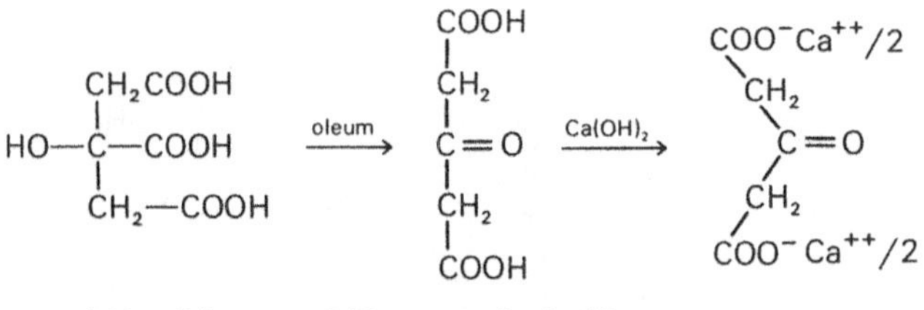

ácido cítrico — ácido acetondicarboxílico

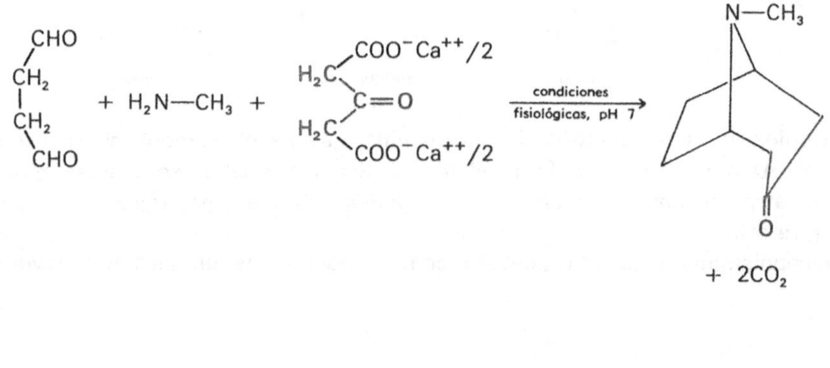

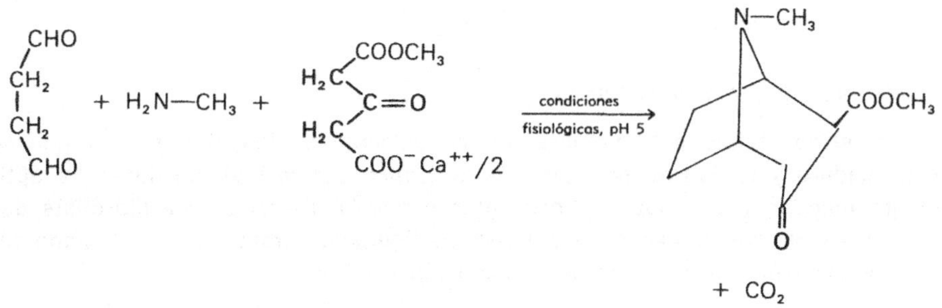

El que estas reacciones se puedan realizar *in vitro* en las mismas condiciones que las que se cumplen en las plantas vivas no debe tomarse como una prueba de que *in vivo* transcurren de la misma manera. Sin embargo, estas síntesis han constituido el punto de partida de los intentos clásicos de síntesis en la serie del tropano (ver el problema siguiente).

1. La seudopeletierina se ha obtenido con rendimientos casi cuantitativos por condensación del aldehído glutárico con metilamina y ácido acetondicarboxílico a pH 7 y 25°. Formular la reacción.

2. Formular los pasos de las siguientes síntesis químicas clásicas de la seudotropina, tropina y tropinona.

Después de convertir la suberona (cicloheptanona) en su oxima se reduce ésta a la correspondiente amina primaria. Por metilación exhaustiva de la amina, seguida de degradación de Hofmann (Sec. 16-11) se obtiene ciclohepteno.

Al convertir el ciclohepteno en su dibromuro (con Br_2) y tratarlo posteriormente con dimetilamina se obtiene una amina no saturada que por metilación exhaustiva y degradación de Hofmann da un dieno conjugado. Este dieno adiciona 1 mol de bromo en posición 1,4. Por calefacción del dibromuro en quinoleína se obtiene tropilidina, C_7H_8, que tratada con HBr y después con dimetilamina produce una dimetilamina diénica. El dieno fue tratado con sodio en alcohol (para reducir uno de los dos enlaces dobles) y con un equivalente de bromo. El compuesto resultante pierde, por calefacción, bromuro de metilo y bromuro de hidrógeno dando tropidina, $C_8H_{13}N$. El doble enlace de la tropidina adiciona un equivalente de bromuro de hidrógeno y por hidrólisis en disolución acuosa ácida del bromuro resultante se obtiene seudotropina. Por oxidación de ésta en CrO_3 se obtiene tropinona que reducida con Zn y HI da tropina.

ALCALOIDES PIPERIDINICOS Y PIRIDINICOS

20-4 PIPERINA, CONINA Y PELETIERINAS

La piperina recibió este nombre por encontrarse en los granos de pimienta blanca madura y en los de pimienta negra (*Piper nigrum*) sin madurar. Es ópticamente inactiva pero capaz de presentar isomería cis-trans; por hidrólisis del alcaloide se obtiene un ácido que tiene configuración trans, trans. El ácido pipérico puede oxidarse a piperonal y ácido piperonílico.

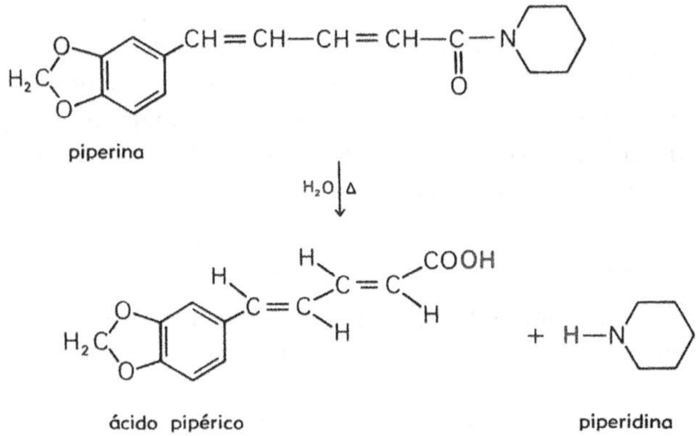

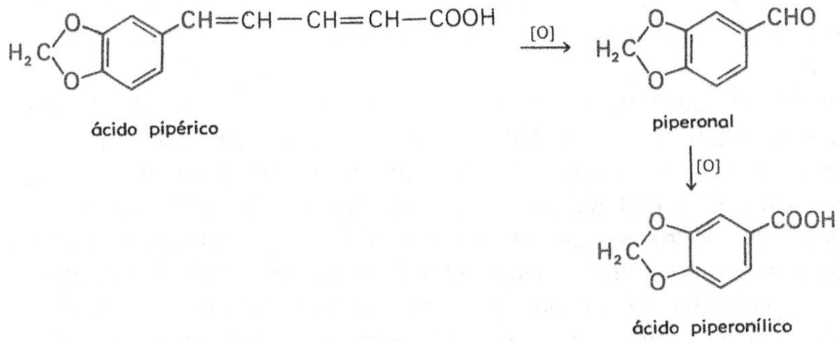

La piperina se ha utilizado como aditivo oloroso en el brandy y como insecticida contra las moscas caseras.

En la Tabla 20-1 se indicaron las propiedades esenciales de la conina, que es la principal sustancia tóxica de la cicuta. La deshidrogenación de la conina con polvo de zinc para dar 2-*n*-propilpiridina fue uno de los pasos clave en la determinación de su estructura. La D,L-conina se ha sintetizado por condensación a alta temperatura de acetaldehído con 2-metilpiridina (α-picolina) seguida de reducción con sodio en alcohol.

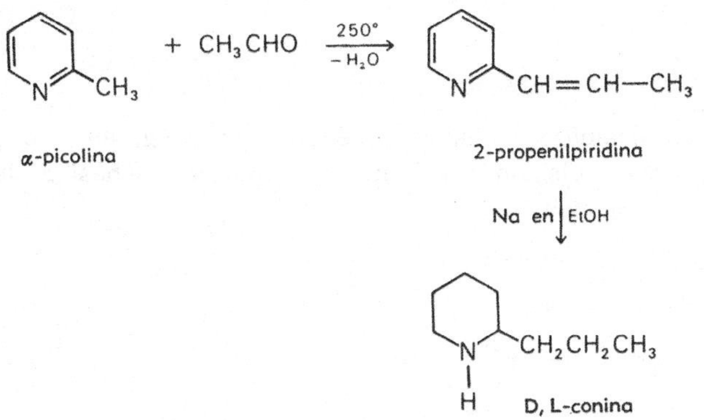

La peletierina es un aminoaldehído inestable que se extrae de la corteza de raíz de granado. Se ha utilizado (mezclada con otros alcaloides que la acompañan) en el tratamiento de la tenia solitaria. La isopeletierina, la metilisopeletierina y la seudopeletierina son alcaloides afines que se encuentran en la misma mezcla de extracción.

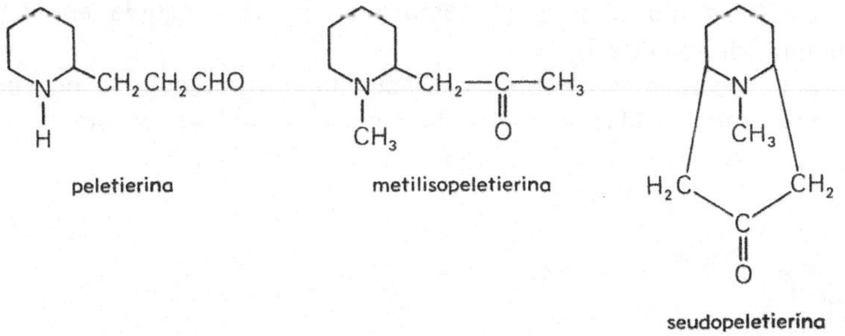

Tiene especial interés, entre estos alcaloides, la seudopeletierina (también llamada *N*-metilgranatoína), puesto que fue el producto natural de partida para la primera síntesis del ciclooctatetraeno (COT). El rendimiento global en COT a partir de seudopeletierina según la síntesis clásica (1911) fue del 3 %. La síntesis repetida en 1947 confirmó los primeros resultados, y el COT obtenido fue idéntico al preparado por tetramerización cíclica del acetileno a 50° en presencia de $Ni(CN)_2$ (rend. 80 a 90 %).

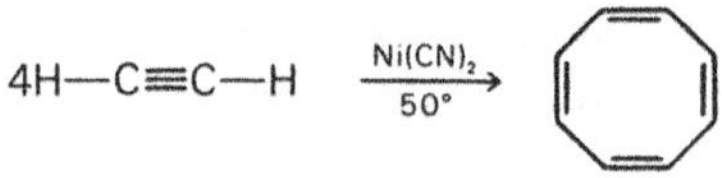

ciclooctatetraeno (COT)

20-5 NICOTINA Y OTROS ALCALOIDES DEL TABACO

La nicotina es el principal alcaloide del tabaco (género *Nicotiana*) en el que la acompañan otros compuestos relacionados con ella como la anabasina, la anatabina y sus derivados *N*-metilados.

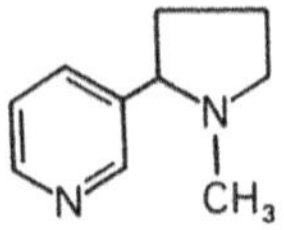

nicotina

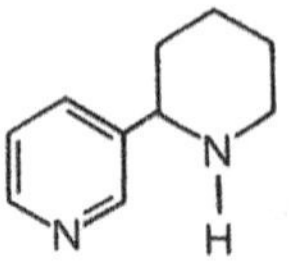

anabasina

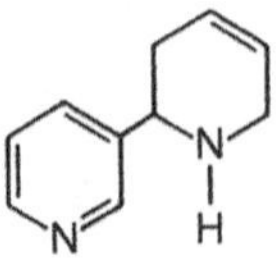

anatabina

La nicotina se encuentra en las hojas de tabaco secas, en una proporción del 2 al 8 %. El sulfato de nicotina en disolución acuosa al 40 % se utiliza como insecticida; anualmente se utilizan en Estados Unidos 500 toneladas de nicotina con este fin. La base libre, líquida, se absorbe a través de la piel, pero las sales sólidas no. La dosis mortal para el hombre de la base líquida es muy pequeña; unos 40 mg (por vía oral).

La estructura de la nicotina se estableció principalmente por estudio de sus productos de oxidación. Por oxidación fuerte la cadena lateral se convierte en ácido, dando el ácido nicotínico o *niacina* (ácido piridin-3-carboxílico).

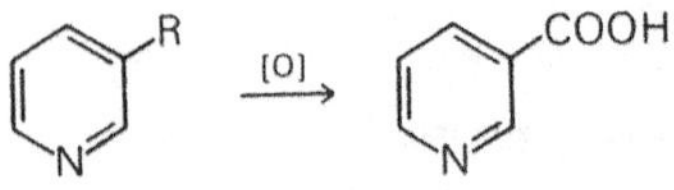

nicotina niacina

Se establece así la posición de la cadena lateral. Puesto que la nicotina se comporta como una amina diterciaria, la cadena lateral unida al anillo piridínico, no debe ser un simple anillo piperidínico (amina secundaria). Por oxidación con bromo se obtiene una dibromodicetona que por tratamiento con $Ba(OH)_2$ se descompone en ácido nicotínico, ácido malónico y metilamina.

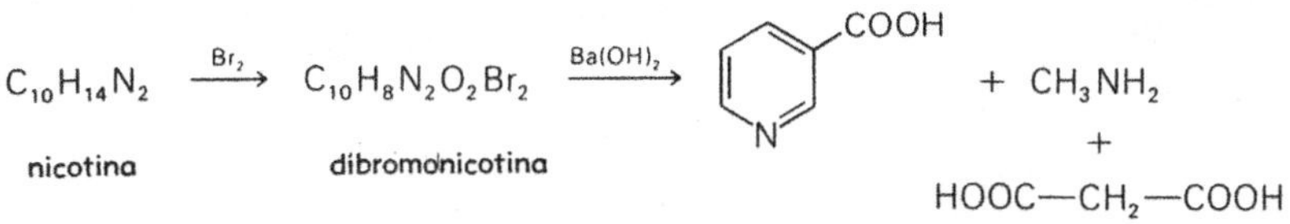

La formación de un fragmento tricarbonado indica que el ciclo de *N*-metil-pirrolidina se une por su posición 2, puesto que se obtiene un ácido con tres carbonos.

Damos a continuación una de las varias síntesis de la nicotina que se ha realizado (Tabla 20-2).

Tabla 20-2. Una síntesis de la nicotina

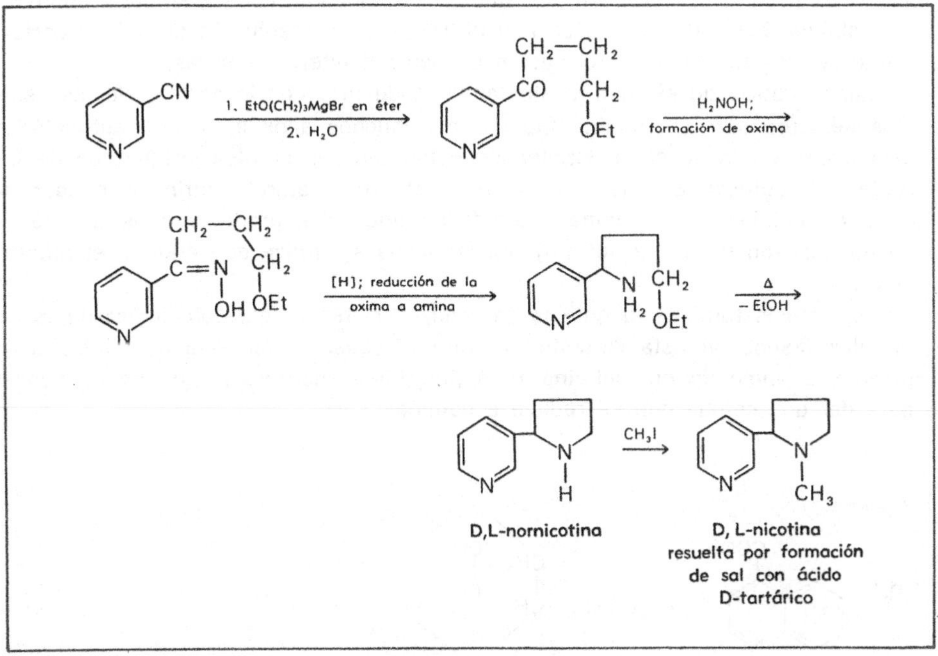

ALCALOIDES QUINOLEINICOS E ISOQUINOLEINICOS

20-6 CICONINA Y QUININA

El grupo de la quinoleína comprende más de 40 alcaloides, pero los más importantes son la cinconina y la quinina.

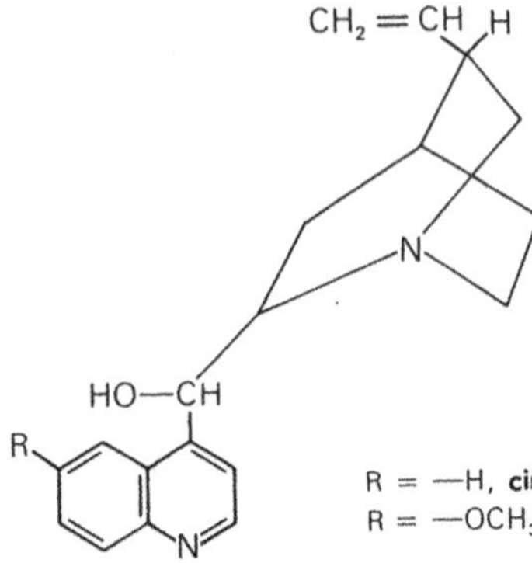

R = —H, cinconina
R = —OCH_3, quinina

Estos alcaloides contienen el anillo de quinoleína y un sistema cíclico de quinuclidina. Estas dos bases se han utilizado en la resolución de ácidos ópticamente activos mediante la formación de sales diastereoisómeras.

Junto a otros de estructura similar se encuentran en la corteza de las especies de *Cinchona*. La quinina fue durante muchos años el agente antimalárico más eficaz y aún se sigue empleando como tal. Los árboles, originarios de los Andes, se cultivan en Java. La corteza del árbol natural contine alrededor de 8 % de quinina, pero algunas variedades injertadas producen más del 15 % de quinina (en forma de sulfato). En medicina se utiliza el sulfato o el dihidrocloruro.

La síntesis total de la quinina se realizó en 1945. Aquí sólo indicaremos los grandes rasgos de esta síntesis: se forman separadamente la quinoleína apropiada y el ciclo de quinuclidina (una piperidina sustituida), que se condensan para dar una cetona que se reduce a quinina.

General:

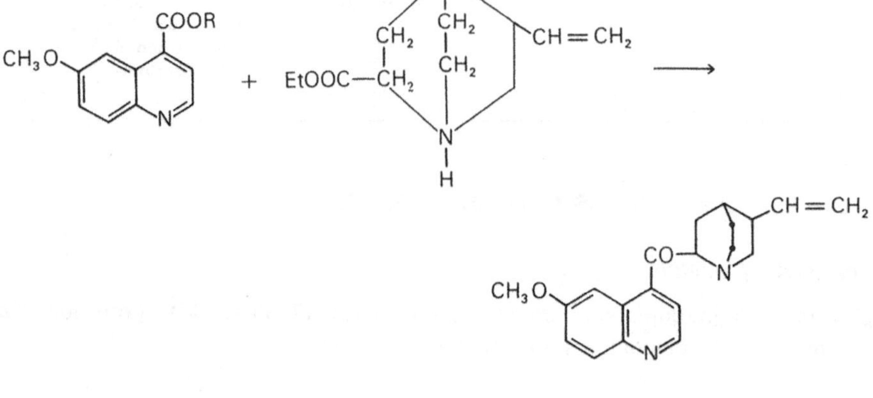

Síntesis de la quinoleína:

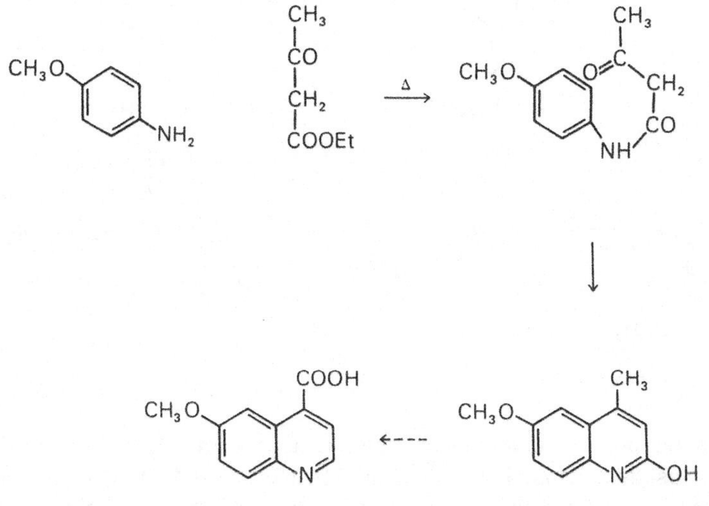

Síntesis de la piperidina sustituida:

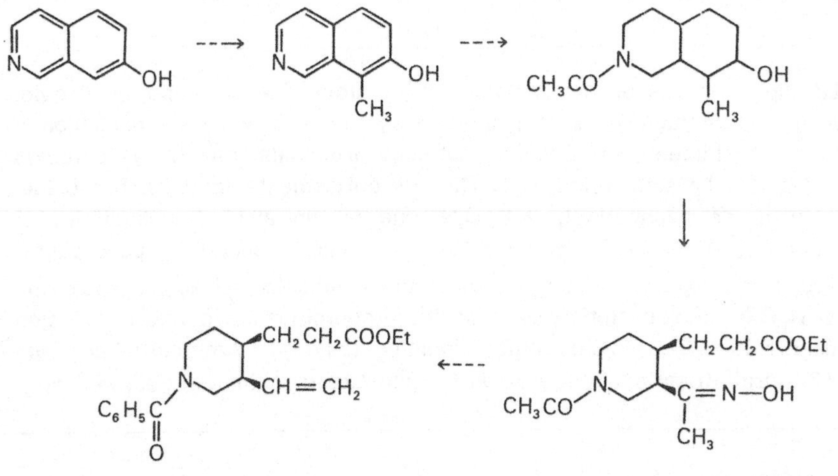

20-7 MESCALINA Y PAPAVERINA

La mescalina no contiene núcleo isoquinoleínico, pero se incluye con este grupo de alcaloides, del que el mejor ejemplo es la papaverina, por sus relaciones estructurales con los alcaloides del grupo de la isoquinoleína.

La mescalina tiene una estructura química muy sencilla y se puede sintetizar con facilidad en pocos pasos. Existen muchos métodos para hacerlo.

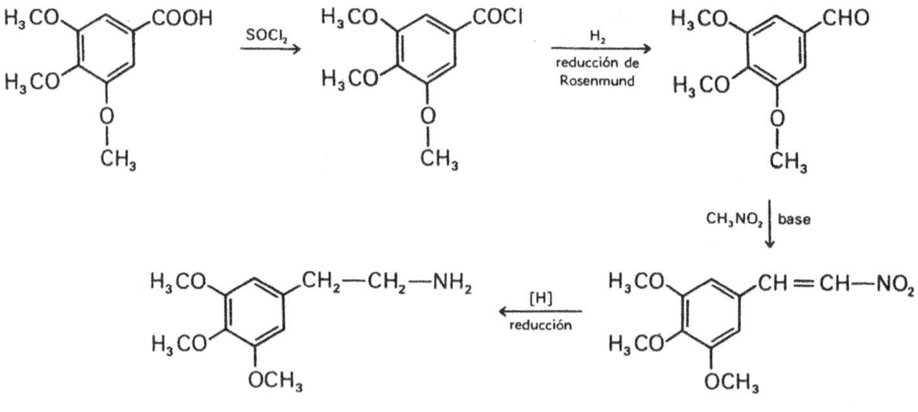

Mescalina

La mescalina es un potente alucinógeno, que se extrae de las puntas floridas de varias especies de cactus. Los indios de México y del Sudoeste de los Estados Unidos mastican rodajas secas de estos cactus, o beben sus extractos en ciertas ceremonias rituales. Los efectos estimulantes y las alucinaciones de color y sonido producidos se deben principalmente a la mescalina.

La papaverina es un un alcaloide isoquinoleínico encontrado en el opio. Deducir una estructura de la papaverina y sus productos de oxidación a partir de la siguiente información, obtenida principalmente en los estudios de oxidación. La papaverina, $C_{20}H_{21}O_4N$, es ópticamente inactiva. Por oxidación suave da papaverinol, $C_{20}H_{21}O_5N$, que es un alcohol secundario; el siguiente paso en la oxidación conduce a una cetona, la papaveraldina, $C_{20}H_{19}O_5N$. Por oxidación enérgica da un ácido dibásico, el ácido papaverínico, $C_{16}H_{13}O_7N$; la oxidación de este diácido proporciona ácido verátrico (ácido 3,4-dimetoxibenzoico), ácido metahemipínico (ácido 4,5-dimetoxiftálico), ácido 2,3,4-piridintricarboxílico, y ácido 6,7- dimetoxiisoquinolein-1-carboxílico.

20-8 ALCALOIDES DEL OPIO

El opio se prepara secando el líquido lechoso de las cápsulas seminales de la adormidera de opio, *Papaver somniferum*. El 25 % del material seco consiste en una mezcla de más de 20 alcaloides, entre los que predomina la morfina. La morfina y los compuestos con ella relacionados se tratan en la Sec. 20-9. La principal aplicación del opio es la fabricación de la morfina y narcóticos derivados.

La papaverina y los compuestos bencilisoquinoleínicos relacionados se han aislado y tienen alguna utilidad en medicina. La papaverina (en forma de hidrocloruro) se usa como antiespasmódico en los músculos lisos; no produce hábito pero sí está considerada como un narcótico.

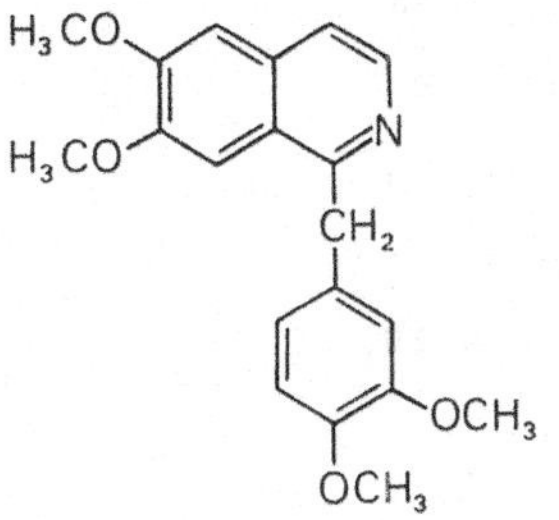

papaverina

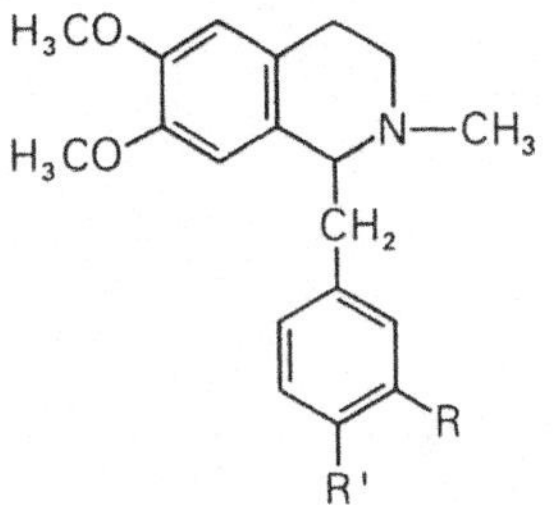

$R = R' = —OCH_3$, laudanosina
$R = —OH, R' = —OCH_3$, laudanina

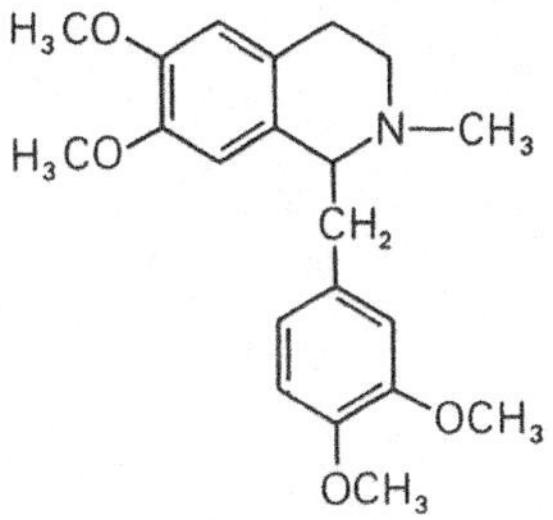

codamina

La narcotina (o gnoscopina) se encuentra también en el opio. No produce hábito y es un antitusivo mejor que la codeína, que es un constituyente de varios jarabes contra la tos.

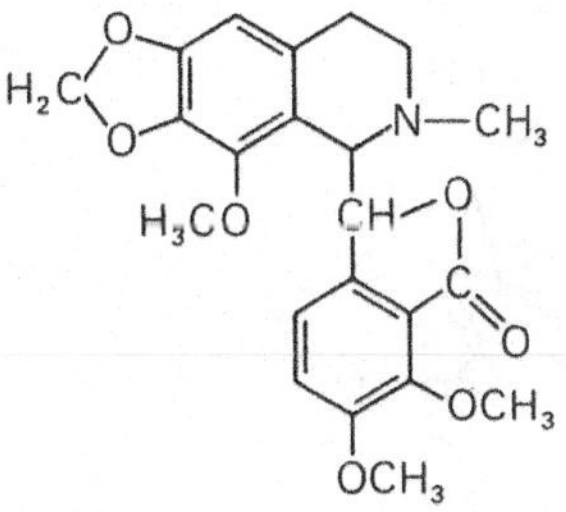

narcotina
(gnoscopina, narcotina racémica)

20-9 ALCALOIDES DE LA MORFINA

La Tabla 20-3 presenta los principales alcaloides encontrados en el opio; entre ellos la morfina, la codeína y la tebaía tienen estructuras relacionadas. Han sido estudiados con más detalle que los otros, no sólo por sus notables propiedades fisiológicas, sino también por la variedad de transformaciones que sufren.

Entre 1889 y 1925 se propusieron más de 20 estructuras diferentes de la morfina. Desde la elucidación de su estructura en 1925, varios grupos de químicos han conseguido su síntesis total.

La morfina es un narcótico que produce hábito, utilizado, bajo forma de sulfato, como analgésico y sedante. Tiene una acción depresiva muy marcada

Tabla 20-3. Principales alcaloides del opio

Compuesto	%
morfina	10-16
narcotina	4-8
codeína	0,8-2,5
papaverina	0,5-2,5
tebaína	0,5-2,0

sobre varias partes del sistema nervioso. El sulfato de codeína, aunque menos eficaz, también se usa como analgésico y como antitusivo; la codeína produce hábito. La tebaína tiene poco valor medicinal; en vez de narcosis produce convulsiones análogas a las observadas con estricnina (Tabla 20-4).

Tabla 20-4. Estructuras de la morfina, codeína y tebaína

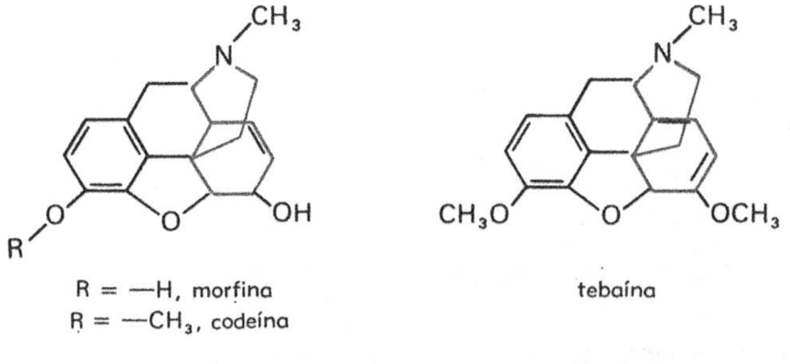

Obsérvese el núcleo de isoquinoleína reducido de estas estructuras (en trazo coloreado).

ALCALOIDES INDOLICOS

20-10. ESTRICNINA Y BRUCINA

La estricnina y la brucina se aislan, junto con otros alcaloides aparentados, de la semilla de *Strychnos nux-vomica.* Los dos alcaloides se presentan en formas ópticamente activas y se han empleado en la resolución de ácidos racémicos por formación de sales diastereómeras. La estricnina es el que tiene mayor actividad fisiológica. Es muy tóxica y produce convulsiones dolorosas; la dosis mortal es de 30 mg. En muy pequeña cantidad se puede utilizar como antídoto de dosis excesivas de depresivos del sistema nervioso central; una inyección intravenosa de barbiturato es, a su vez, un antídoto de la estricnina. La estricnina se utiliza también como veneno para las ratas y para cazar animales productores de pieles.

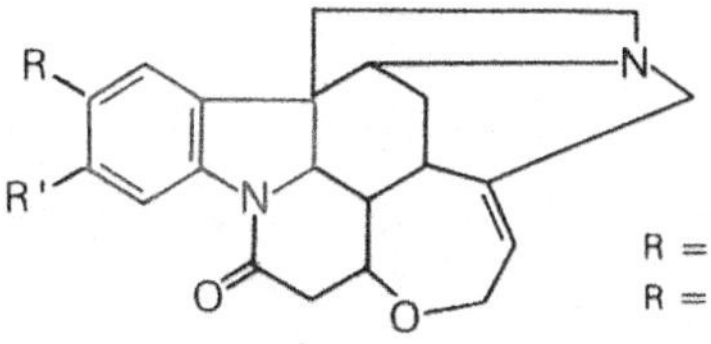

R = R' = —H, estricnina
R = R' = —OCH_3, brucina

Obsérvese el anillo indólico (trazo coloreado).

20-11 ALCALOIDES DEL CORNEZUELO; ACIDO LISERGICO

El cornezuelo es una mezcla de alcaloides peptídicos obtenidos del hongo *Claviceps purpúrea.* La droga actúa sobre el útero y los centros vasomotores y se emplea desde hace tiempo en medicina. La hidrólisis de los alcaloides del cornezuelo produce ácido lisérgico.

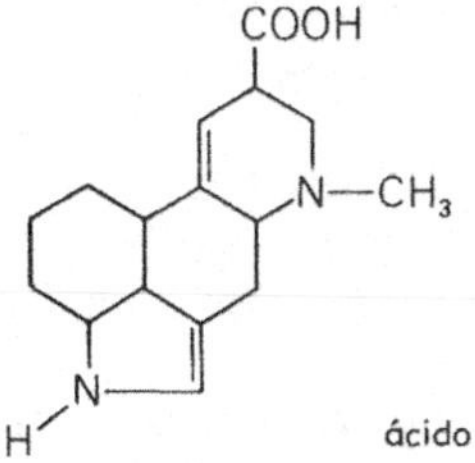

ácido D-lisérgico

La dietilamida correspondiente, conocida como LSD-25, es un potente alucinógeno, que provoca esquizofrenia temporal en individuos normales. El ácido lisérgico se sintetiza como se indica en la Tabla 20-5.

Tabla 20-5. Síntesis del ácido lisérgico

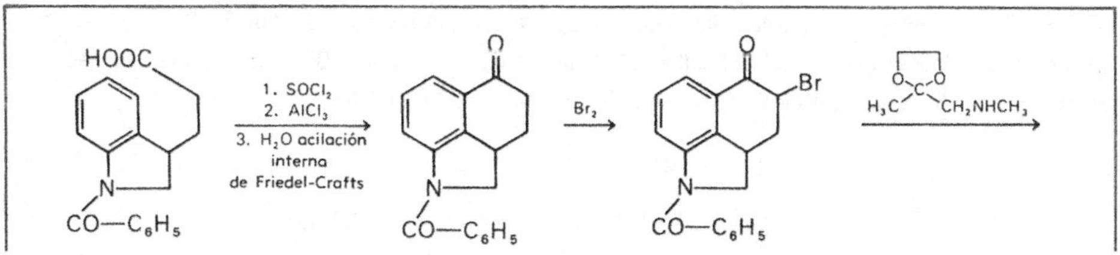

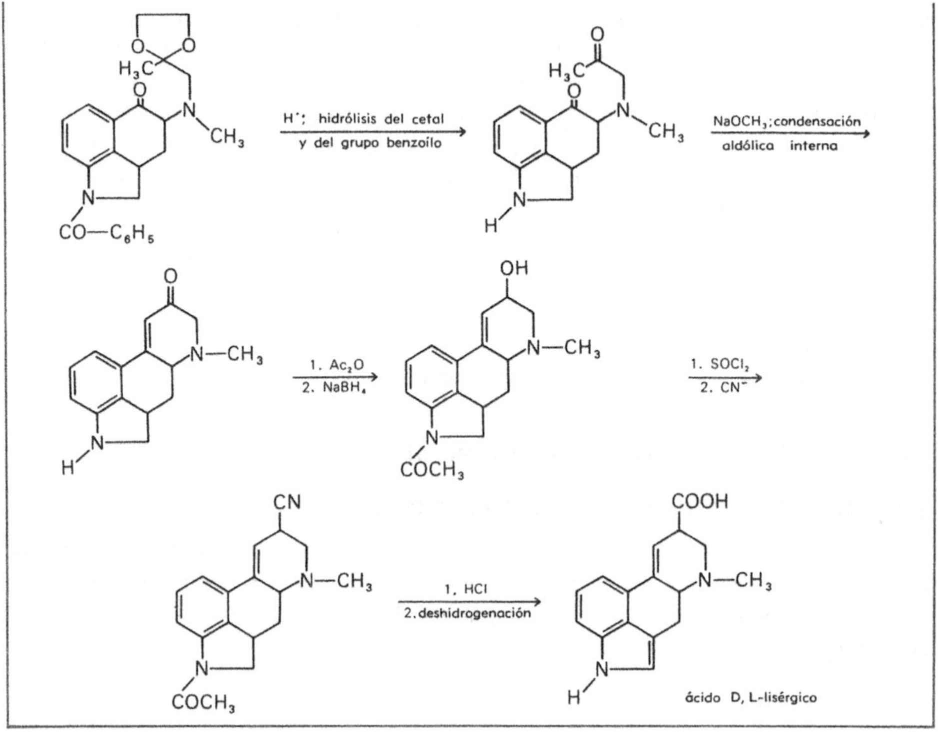

LECTURAS RECOMENDADAS

Barron, F., M. E. Jarvik, y S. Bunnell, Jr.: The Hallucinogenic Drugs, *Sci. Am.*, **210** (4), 29 (1964). Discute las drogas naturales y sintéticas, en particular las que contienen un anillo indólico.

Freedman, L. Z.: Truth Drugs, *Sci. Am.*, **202** (3), 145 (1960). Discute los usos de varios sueros alcaloídicos.

Huisgen, R.: Richard Willstätter, *J. Chem. Educ.*, **38**, 10 (1961). Describe entre otras las síntesis de la tropina a partir de cicloheptanona y la de ciclooctatetraeno a partir de pseudopeletierina.

Robinson, T.: Alkaloids, *Sci. Am.*, **201** (1), 113 (1959). Muestra las fuentes naturales y estructuras de muchos alcaloides.

Ray, R. L.: Alkaloids: The World's Pain Killers, *J. Chem. Educ.*, **37**, 451 (1960).

Sangster, A. W.: Determination of Alkaloid Structures, I. Isolation, Characterization, and Physical Methods; II. Chemical Methods, *J. Chem. Educ.*, **37**, 454, 518 (1960).

Capítulo veintiuno

COMPOSICION DE LOS ACIDOS NUCLEICOS

Los ácidos nucléicos (Fig. 21-1) son polímeros de alto peso molecular conpuestos por un esqueleto de esteres fosfóricos de azúcares al que van unidas varias bases heterocíclicas. Se llaman así porque fueron aislados de núcleos de células de pus en el siglo XIX. Ahora se sabe que entran en la composición de todas las células.

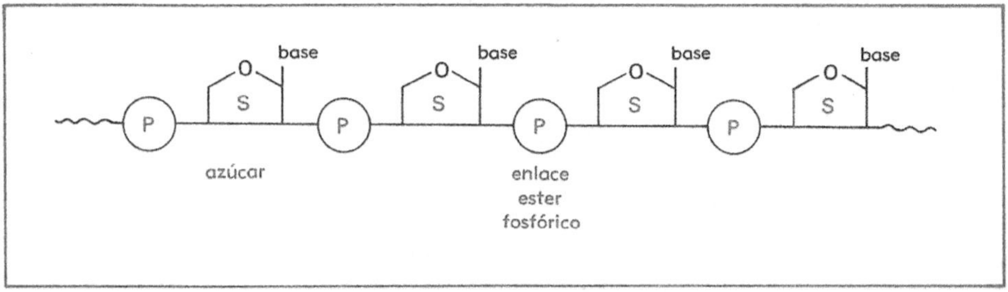

Figura 21-1. Representación diagramática de los ácidos nucleicos

Existen dos tipos principales de ácidos nucléicos: los que contienen el azúcar D-ribosa, llamados *ácidos ribonucléicos* (RNA), y los que contienen D-desoxiribosa, llamados *ácidos desoxiribonucléicos* (DNA)

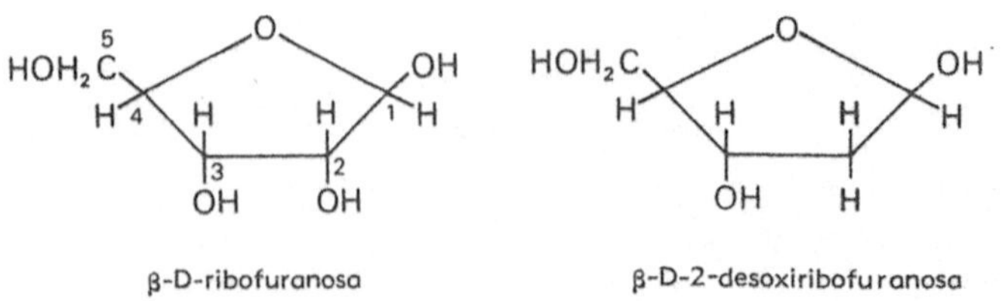

Acidos nucléicos

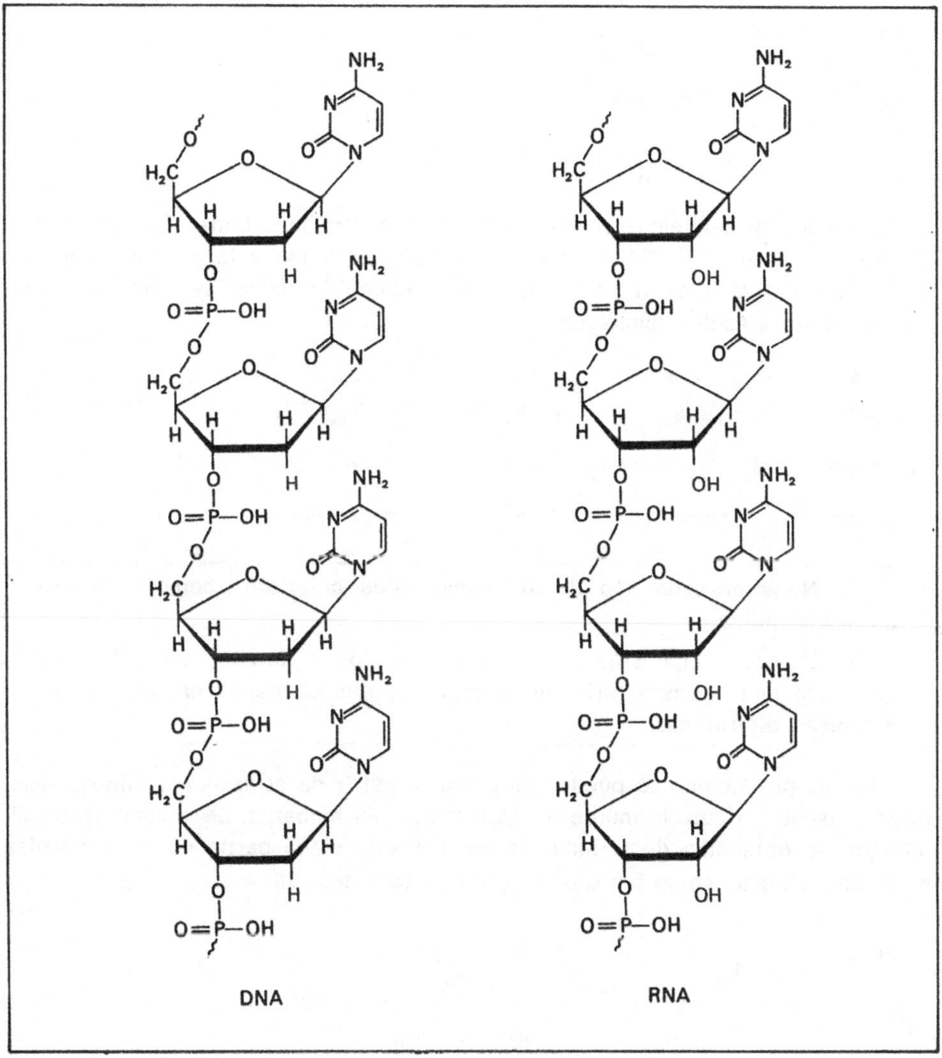

Figura 21-2. Ejemplos de DNA y RNA

Los dos se encuentran en las células de plantas y animales. En las secciones siguientes se discuten detalles de la constitución de los ácidos nucléicos. La Fig. 21-2 presenta ejemplos de moléculas sintéticas de DNA y RNA.

21-1 PIRIMIDINAS Y PURINAS

Las bases heterocíclicas del DNA y RNA derivan de la pirimidina o de la purina.

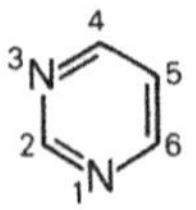

pirimidina

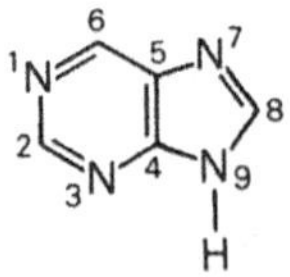

purina

En los ácidos nucléicos se han encontrado cuatro pirimidinas fundamentales: la citosina en DNA y RNA, el uracilo en RNA, la timina y la 5-metilcitosina en DNA. Otro derivado de la citosina, la 5-hidroximetilcitosina, se encuentra también en ciertos ácidos nucléicos.

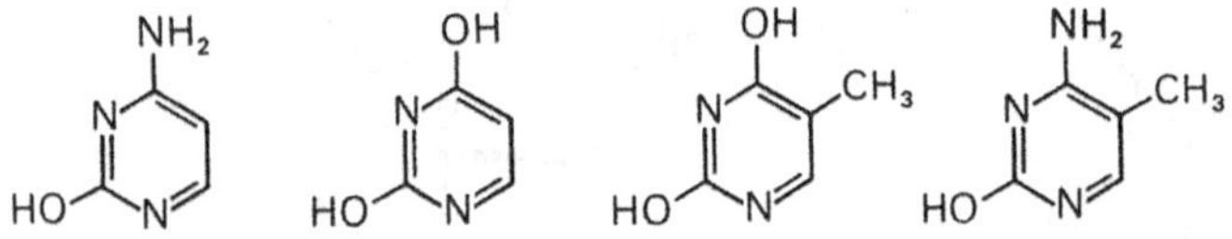

citosina uracilo timina 5-metilcitosina

> **1.** Nombrar cada uno de los compuestos anteriores como derivados de la pirimidina.
>
> **2.** Dichos compuestos se han representado en forma enólica. Mostrar que cada una de esas pirimidinas puede existir al menos en dos formas cetónicas diferentes.

Algunas pirimidinas se pueden sintetizar a partir de otras por medio de reacciones discutidas anteriormente en este texto. Sin embargo, se conocen procedimientos de obtención de pirimidinas en una sola etapa partiendo de moléculas de cadena abierta, como los dos indicados a continuación.

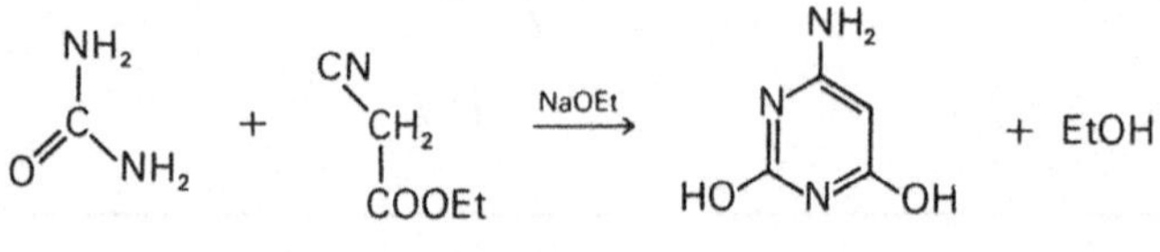

urea cianacetato de etilo 6-aminouracilo

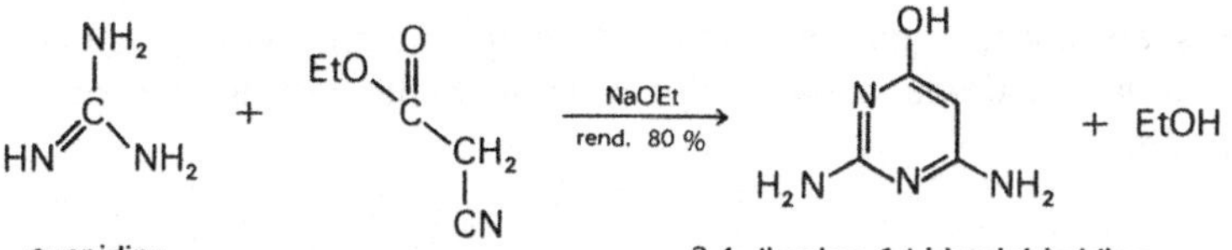

guanidina

2,4-diamino-6-hidroxipirimidina

Las purinas constituyen el segundo tipo de bases heterocíclicas encontradas en los ácidos nucléicos, y derivan formalmente de la fusión de un ciclo de imidazol con otro de pirimidina.

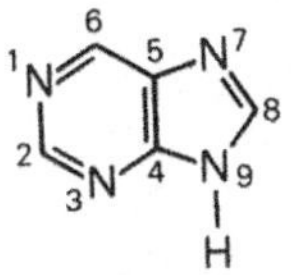

Las bases púricas más corrientes en DNA y RNA son la adenina y la guanina.

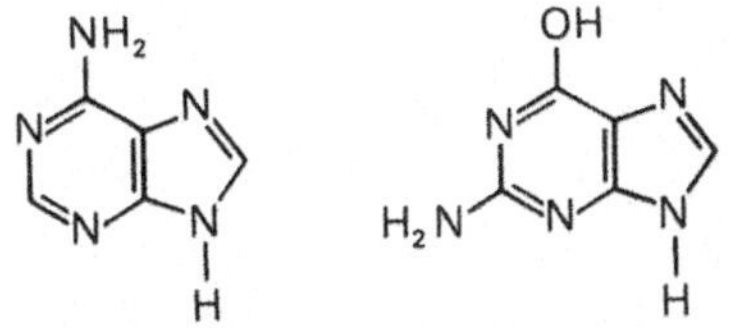

adenina
(6 aminopurina)

guanina
(2-amino-6-hidroxipurina)

1. Otras purinas obtenidas en la hidrólisis de ácidos nucléicos son la hipoxantina (6-hidroxipurina), la xantina (2,6-dihidroxipurina), y el ácido úrico (2,6,8-trihidroxipurina). Representar las estructuras cetónica y enólica de estos compuestos.

2. Uno de los ácidos nucléicos, el RNA soluble, puede contener hasta un 5 % de bases púricas y pirimidínicas «metiladas», como 2-metiladenina, 5-metilaminopurina, 5-metilcitosina. 1-metilguanina, y 6-hidroxi-2-metilaminopurina. Escribir las estructuras de estos compuestos.

La síntesis de sistemas púricos a partir de compuestos de cadenas abierta se emplea menos que los métodos consistentes en formar un núcleo de imidazol sobre uno ya existente de pirimidina, o un ciclo pirimidínico sobre un compuesto imidazólico. Existen muchos esquemas de síntesis que emplean como materia prima pirimidinas sustituidas; a continuación damos un ejemplo con la síntesis de ácido úrico, xantina y cafeína a partir del 6-aminouracilo por intermedio de la 5,6-diaminopirimidina.

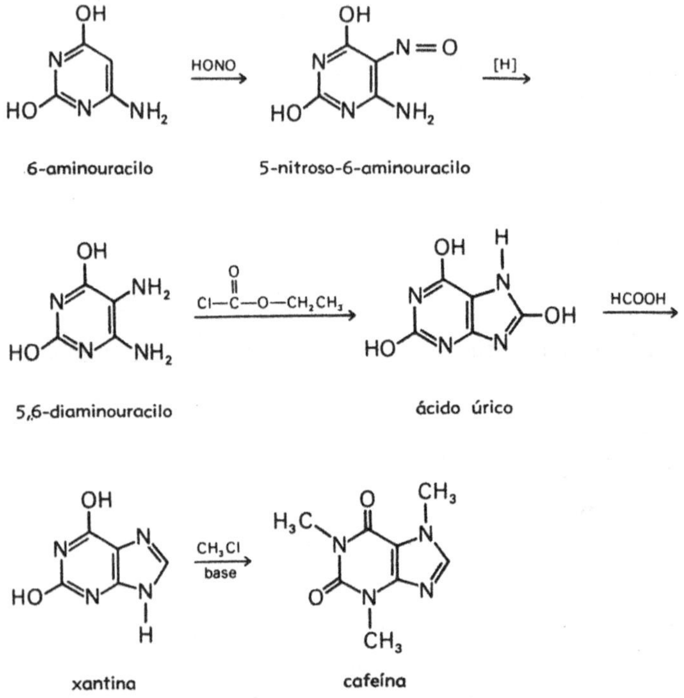

21-2 LOS AZUCARES EN LOS ACIDOS NUCLEICOS

En los ácidos nucléicos se ha encontrado ribosa y desoxiribosa, y la presencia de uno de estos azúcares indica si el compuesto es un RNA o un DNA. Es importante señalar que estos azúcares se encuentran en forma β-furanosa y no con estructura de piranosa.

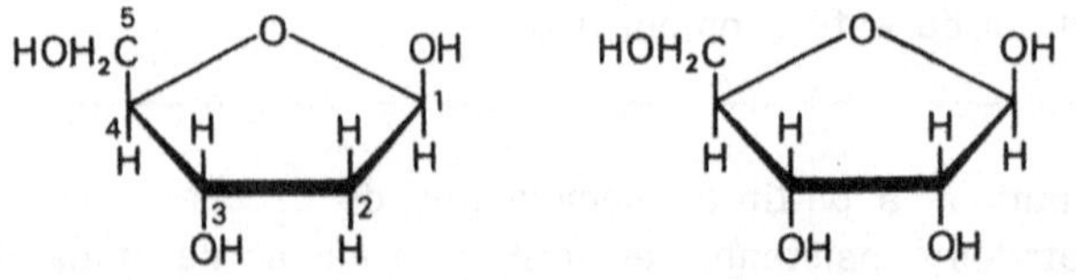

β-D-2-desoxiribofuranosa β-D-ribofuranosa

Las moléculas de azúcar están unidas entre sí por moléculas de ácido fosfórico con las que forman esteres en posición 3 en un azúcar y en posición 5 en el siguiente azúcar.

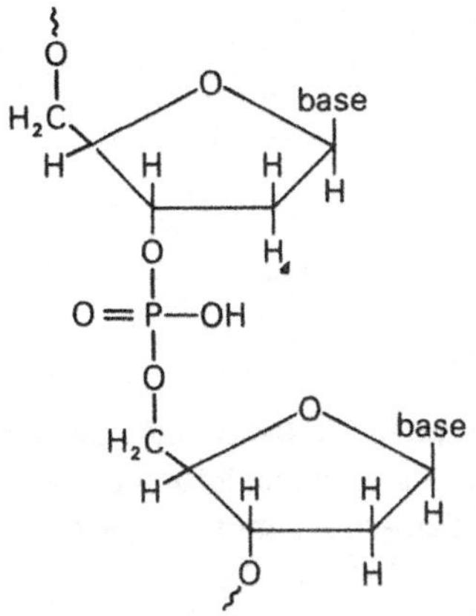

21-3 NUCLEOSIDOS

Una base unida a un azúcar constituye un *nucleósido*. Son las unidades fundamentales de los ácidos nucléicos, por lo que cada par base-azúcar recibe un nombre específico que refleja la naturaleza de sus dos componentes. La unión se realiza entre el C_1 del azúcar y la posición 1 de las pirimidinas o la 9 de las purinas. Podemos agrupar los nucleósidos en dos series, según el azúcar que contengan. Las moléculas ribosa-base son la adenosina, la guanosina, la citidina y la uridina; muy pocas veces se encuentra en RNA la ribotimidina (ribosa y timina).

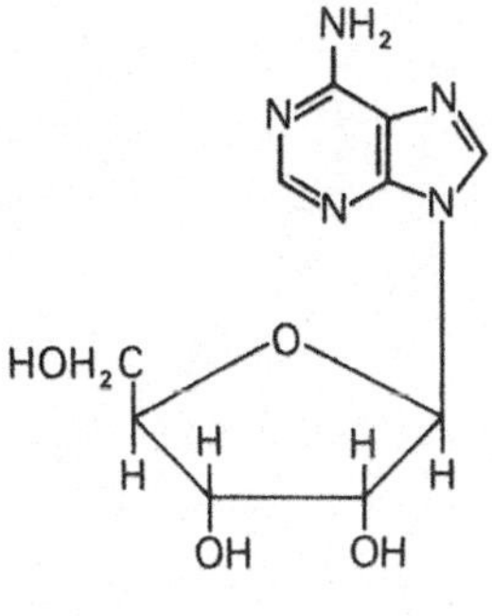

adenosina
(ribosa + adenina)

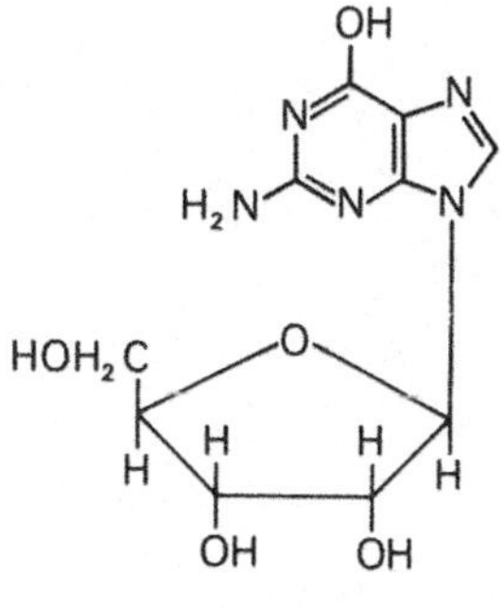

guanosina
(ribosa + guanina)

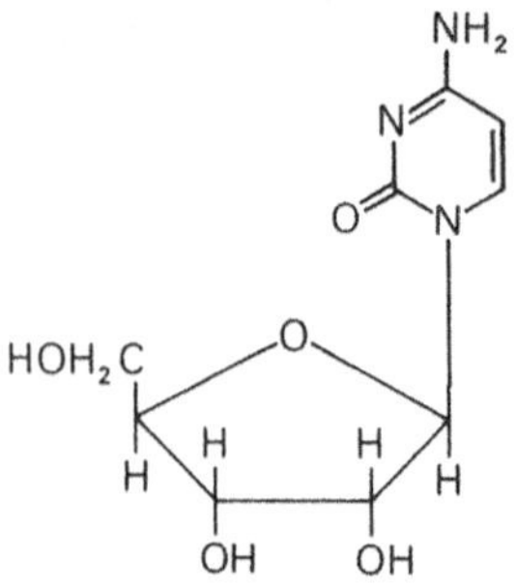

citidina
(ribosa + citosina)

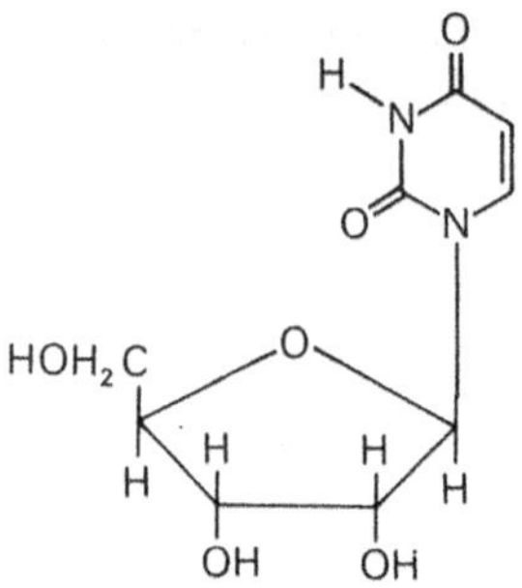

uridina
(ribosa + uracilo)

Los nucleósidos del DNA que se corresponden con los citados más arriba para el RNA son la desoxiadenosina, la desoxiguanosina y la desoxicitidina. También se ha encontrado desoxitimidina, llamada sencillamente timidina, pero en cambio no se ha aislado desoxiuridina.

Escribir las fórmulas estructurales de los nucleósidos encontrados en el DNA.

21-4 NUCLEOTIDOS

Los *nucleótidos* son fosfatos de nucleósidos. Entre los diferentes nucleótidos que se encuentran en las células y que pueden aislarse por extracción con ácido, nos limitaremos a estudiar los fosfatos de adenosina. La fosforilación de la ribosa, que tiene tres grupos hidroxilo, presenta el máximo interés cuando ocurre en C_5, originando el fosfato de adenosina (AMP), el difosfato de adenosina (ADP), y el trifosfato de adenosina (ATP).

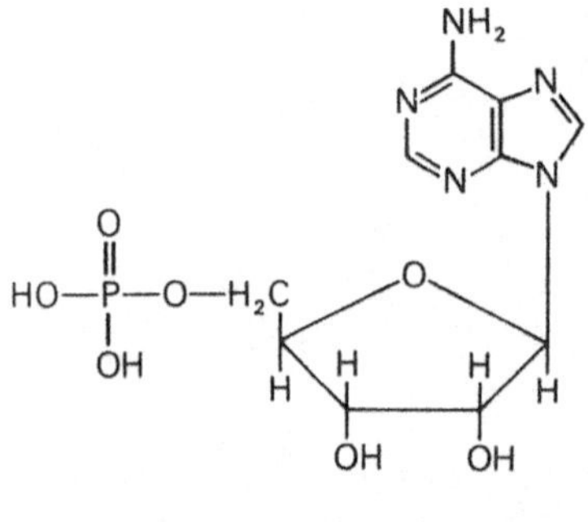

fosfato de 5′-adenosina (AMP)

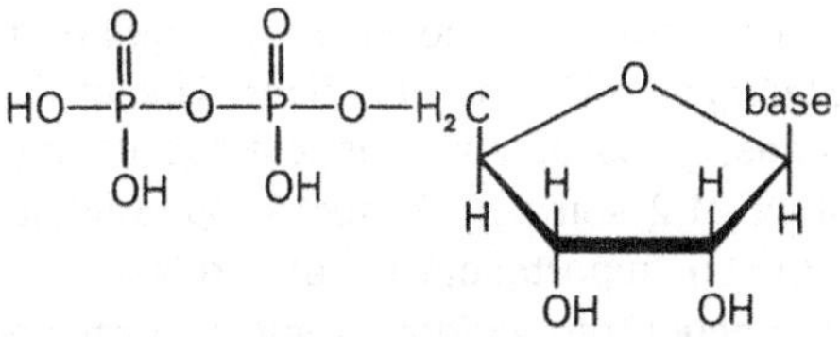

ADP

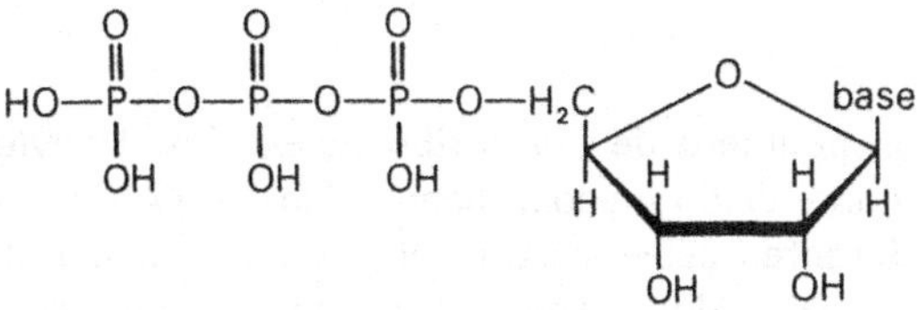

ATP

Los enlaces —P—O—P— tienen energía muy alta y se utilizan para efectuar determinadas transformaciones químicas en la célula. Todos los mono-, di- y trifosfatos posibles de adenosina, guanosina, citidina y uridina ocurren en la célula y han sido extraídos y separados.

Existe también la posibilidad de formación de fosfatos en las posiciones 2' y 3' de los ribonucleósidos y en la 3' de los desoxiribonucleósidos.

El monofosfato cíclico de 2', 3'-adenosina es un intermedio en la hidrólisis catalizada por enzimas del RNA; el producto final es una mezcla de los monofosfatos en 2' y 3'.

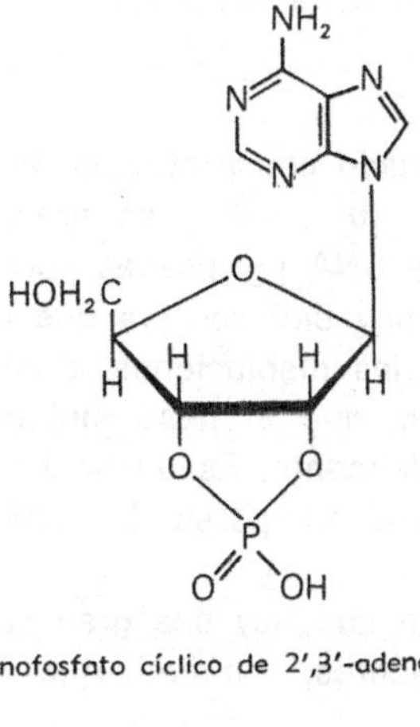

monofosfato cíclico de 2',3'-adenosina

Las moléculas resultantes de la unión de varios nucleótidos por medio de enlaces de ester fosfórico son los *polinucleótidos* o *ácidos nucléicos.* Los ácidos ribonucléicos se componen de ribonucleósidos, y los desoxiribonucléicos de desoxiribonucleósidos. Las moléculas de la Tabla 21-2 son ácidos nucléicos. Algunos ácidos nucléicos, descritos más adelante, tienen importancia en el proceso celular de síntesis de proteínas; a veces se encuentran unidos a ellas formando las *nucleoproteínas.*

ACIDOS DESOXIRIBONUCLEICOS

Un ácido desoxiribonucléico es un polímero de desoxiribonucleótidos. Conviene recalcar la generalidad del término ácido desoxiribonucléico (DNA) y no podemos afirmar que los DNA de diferentes especies o de diferentes órganos de una especie sean idénticos. Incluso el DNA del mismo órgano de dos individuos puede tener ligeras diferencias en el orden de los nucleótidos. Frecuentemente se precisa el origen del material, por ejemplo, DNA del timo de ternera.

21-5 ESTRUCTURA DEL DNA

Existen pruebas físicas y químicas que apoyan la idea de que el DNA es una doble hélice derecha compuesta de dos cadenas de polinucleótidos enrolladas sobre el mismo eje y entramadas por enlaces de hidrógeno entre las bases. La actividad biológica del DNA la determina, en parte, su capacidad para dirigir la síntesis de otras moléculas de DNA y esta función depende de la estructura helicoidal de las dos cadenas. Si se calienta una disolución de DNA, se rompen los puentes de hidrógeno y las cadenas se separan; por enfriamiento rápido de la disolución se obtienen las dos cadenas aisladas que carecen de actividad biológica. Si la disolución caliente se enfría lentamente, las dos cadenas se reasocian en forma de doble hélice y recuperan la actividad biológica.

21-6 ESTADO NATURAL Y COMPOSICION

El DNA se encuentra en los núcleos celulares asociado con proteínas de las que puede separarse. Su peso molecular oscila entre 10^6 y 10^9 y se presenta como una doble cadena en hélice. Las disoluciones de DNA purificadas parecen contener sólidos fibrosos, como asbesto, de manejo muy delicado, ya que operaciones sencillas, como la filtración o el pipeteo de las disoluciones, originan la ruptura de las cadenas. Cabe pensar, por lo tanto, que el peso molecular verdadero sea más alto que el encontrado experimentalmente. Es un hecho notable que el DNA de una sola célula humana contenga 10^6 pares de bases y forma una cadena de más de un metro de largo.

Los estudios sobre la composición del DNA indican que hay una gran variación entre las relaciones molares de las bases presentes; sin embargo, esta relación es aproximadamente constante en una especie determinada. El número de purinas, adenina (A) y guanina (G), es casi igual al número de bases pirimidínicas, citosina (C) y timina (T), y la suma de adenina y citosina es igual a la suma de guanina y timina. Simbólicamente,

Si	$A + G \cong C + T$
y	$A + C \cong G + T$
por lo tanto	$A \cong T$
y	$C \cong G$

Puesto que las relaciones entre A y T y entre C y G son aproximadamente la unidad, se ha supuesto que la adenosina y la timina (y la citosina y la guanina) están emparejadas de tal forma que producen la conformación helicoidal del DNA. En particular, la geometría molecular de las bases en cada par, favorece la formación de enlaces de hidrógeno entre ellas.

Los datos de rayos-X corroboran las conclusiones deducidas del examen de modelos moleculares en lo referente a dimensiones de las moléculas con puentes de hidrógeno. El tamaño total de ambos pares de bases (G-C y A-T) es el mismo: 10,7 A. Los intentos de construcción de modelos con otros pares de bases unidas por enlaces de hidrógeno, han dado moléculas de DNA con la conformación helicoidal de la doble cadena muy distorsionada.

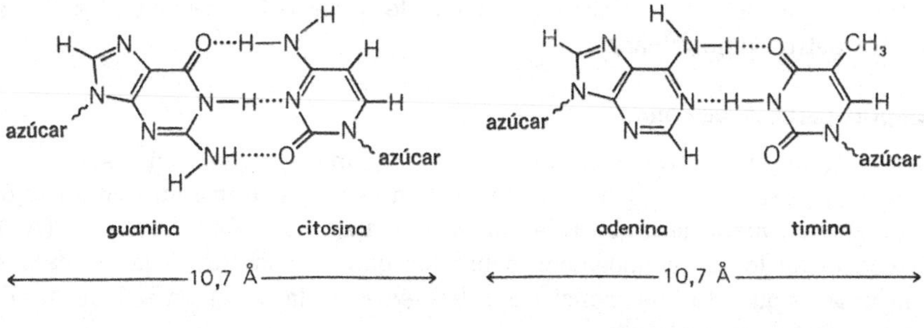

La determinación de la secuencia de nucleótidos en el DNA se efectúa por medios químicos de una forma análoga a la descrita en el Cap. 17 para la determinación de aminoácidos en proteínas, aunque la aplicación de tales métodos es más difícil en los ácidos nucléicos. En primer lugar es prácticamente imposible obtener una especie molecular de DNA única partiendo de fuentes naturales. En segundo lugar, los ácidos nucléicos sólo contienen cuatro nucleótidos muy similares en vez de los 20 aminoácidos que forman las proteínas. Finalmente, las técnicas y métodos químicos refinados empleados en la determinación de nucleótidos en DNA están en sus comienzos y necesitan un mayor desarrollo.

21-7 BIOSINTESIS DEL DNA

Aunque es muy difícil determinar con exactitud la naturaleza del DNA sintetizado en la célula viva, se ha conseguido demostrar experimentalmente que el DNA producido, es idéntico al DNA de partida. El proceso que tiene lugar es por lo tanto una duplicación de gran precisión. Al añadir DNA marcado con ^{15}N a una célula normal, se comprueba que el DNA producido en primera generación contiene un 50 % de ^{15}N y otro 50 % de N normal (^{14}N). Al cabo de varias generaciones, sólo se encuentra DNA normal (^{14}N) y DNA marcado al 50 %. Además, el DNA marcado al 50 % se puede desdoblar en una cadena que contiene ^{14}N y en otra que contiene el ^{15}N. Esto indica que la síntesis se realiza de tal forma que la cadena doble actúa sin enrollar, al menos parcialmente, y sirve de patrón de la nueva cadena.

Se ha encontrado un enzima natural que colabora en el proceso de replicación, dirigiendo una base determinada, capaz de establecer un enlace de hidrógeno con el patrón, hacia el final del polímero en crecimiento. Se necesita por lo menos una cadena de DNA como iniciador. Se ha demostrado que al tratar con este enzima una mezcla de fosfatos de los cuatro desoxiribonucleósidos, Mg^{++}, y un iniciador (como el DNA timo), se obtiene un DNA idéntico al iniciador. La ausencia de alguna de las especies hace disminuir la velocidad de incorporación y de síntesis. Este método de síntesis se puede utilizar para preparar DNA sintético si los nucleótidos poseen la geometría adecuada para formar enlaces de hidrógeno con las bases del iniciador. Los pares de bases en el DNA natural y artificial no varían, y demuestran las equivalencias mencionadas anteriormente: A equivale a T, G a C y la relación de pares A-T y pares G-C es constante en un patrón determinado.

21-8 FUNCION CELULAR DEL DNA

El DNA efectúa la información genética y como mencionamos en la Sec. 21-7, realiza réplicas exactas de sí mismo. Sirve también para transmitir información codificada al RNA mensajero que relaciona el lenguaje de las cuatro bases (A, T, G y C) con el de los 20 aminoácidos sobre los que se construyen las proteínas. En la sección siguiente mencionaremos brevemente la fascinante historia de la síntesis celular de proteínas.

ACIDOS RIBONUCLEICOS

21-9 ESTADO NATURAL, COMPOSICION Y TIPOS DE RNA

En las células vivas se han encontrado tres tipos principales de RNA: el RNA de ribosomas (rRNA), el RNA soluble o de transferencia (sRNA), y el RNA mensajero o transcriptor (mRNA). La Tabla 21-1 muestra una comparación de estos tres tipos de RNA. El RNA se encuentra en varias partes de las células junto con proteínas, de las que debe ser separado para su posterior estudio. Aunque la composición molar de las bases varía considerablemente según la fuente del RNA, la suma de adenina (A) y citosina (C) es igual a la suma de guanina (G) y uracilo (U) en una molécula determinada.

Tabla 21-1. Comparación de ácidos ribonucleicos (RNA)

	Fuente	*Proporción de RNA, %*	*Peso mol.*	*Comentarios*
rRNA:	ribosomas	80	100×10^4	metabólicamente estable
sRNA:	citoplasma soluble	15	$2{,}5 \times 10^4$	importante en el transporte de aminoácidos
mRNA:	ribosomas, citoplasma y núcleo	5	50×10^4	metabólicamente lábil; similar en composición de bases al DNA; llamado también D-RNA

21-10 ESTRUCTURA DEL RNA

Se sabe que el RNA es un polinuclótido de cadena sencilla que forma bucles sobre sí misma adoptando una estructura helicoidal (Fig. 21-3). El emparejamiento de bases puede ocurrir en la porción helicoidal de la molécula, pero existirán bases sin emparejar en los bucles. La experiencia indica que los procesos de codificación tienen lugar en estos bucles. Los bucles o rizos son particularmente ricos en bases metiladas, de las que sólo existe una cantidad limitada en las moléculas de RNA (ver el problema de la Sec. 21-1). Las moléculas de RNA tienen diferentes tamaños, existiendo en ellas varios bucles y secciones helicoidales.

21-11 BIOSINTESIS DEL RNA

La síntesis del RNA en la célula viva es un proceso excesivamente complejo; es evidente que tanto el DNA como el RNA pueden actuar como iniciadores o patrones en la síntesis del RNA. Se ha demostrado que el mRNA tiene una secuencia de bases similar a la que podría esperarse si el DNA hubiera actuado

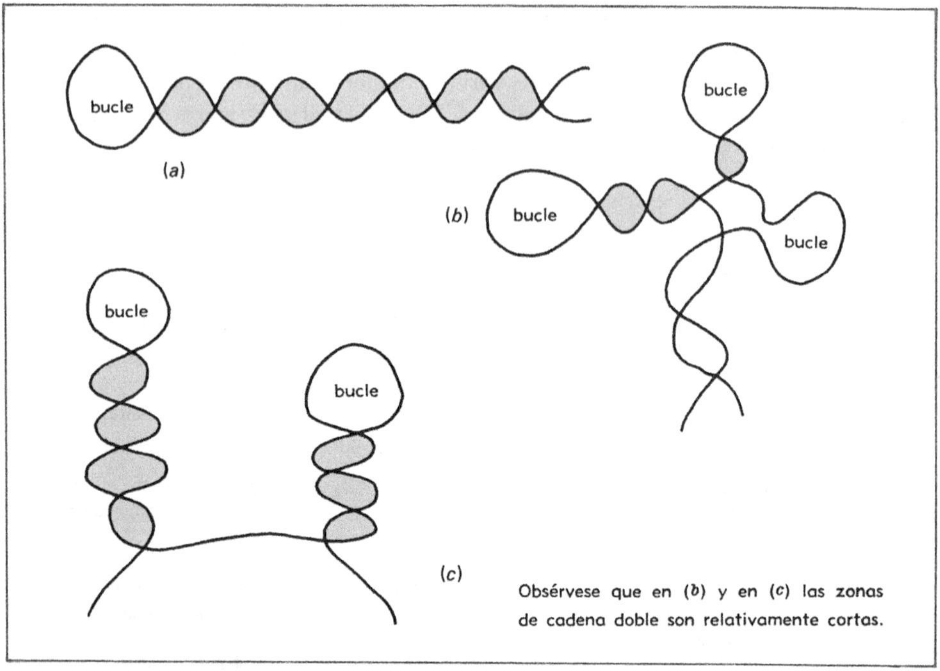

Figura 21-3. Representaciones esquemáticas de moléculas de RNA mostrando posibles bucles y configuraciones de emparejamiento de bases

como patrón, pero la composición de los rRNA y sRNA sólo corresponde en fracciones muy pequeñas a las bases complementarias de las moléculas de DNA.

Como en el caso del DNA, se ha encontrado un enzima que cataliza la formación de mRNA cuando se añade a una mezcla de incubación en la que existen los cuatro trifosfatos, Mn^{++}, y un iniciador DNA. Dado que el mRNA producido consta de una cadena única, se plantea el problema de saber si es reproducción de las dos cadenas de DNA o de una sola. La cuestión no está resuelta; nada más se sabe que la síntesis depende del iniciador DNA, de su origen, del sistema celular empleado y de otras variables.

21-12 FUNCION BIOLOGICA DEL RNA

Mientras que el DNA duplica la información genética, el mRNA la transforma de un código de 4 tipos (A, C, G, U) en otro de 20 (aminoácidos de las proteínas). Existen indicios de que el RNA está relacionado con la memoria y la inteligencia.

El RNA soluble, formado por unos 75 nucleótidos, tiene estructura helicoidal con bucles que constituyen la región codificadora en la que se encuentran las bases metiladas. En estas regiones de la molécula tienen lugar además las interconexiones del sRNA y del mRNA. El RNA soluble o de transferencia «reconoce» al enzima adecuado (el cual a su vez acepta el aminoácido correcto) y garantiza que el aminoácido se incorpore a la proteína en crecimiento, en la posición precisa, de acuerdo con el mRNA. Existe por lo menos una clase de sRNA específica de cada aminoácido, aunque a veces se ha encontrado más de un sRNA para un mismo aminoácido.

Una vez unido el aminoácido exacto al final del sRNA, que termina siempre con un grupo adenosina, el complejo es arrastrado hasta los ribosomas, donde tiene lugar la síntesis proteica en las condiciones dictadas por el mRNA. Se cree que un mRNA está asociado con cuatro a ocho ribosomas.

21-13 EL CODIGO GENETICO

¿Cuál es la naturaleza del código genético del mRNA? Si las cuatro bases fueran utilizadas independientemente, sólo podrían codificarse cuatro aminoácidos. Utilizando todas las combinaciones de las cuatro bases, tomadas de dos en dos, se podrían codificar 16 aminoácidos. Es evidente por lo tanto que el número mínimo de bases en una unidad codificadora dada debe ser tres, con lo que se consigue la codificación de 64 unidades diferentes. Puesto que se trata de unos 20 aminoácidos el grupo de tres, o *codon*, es más que suficiente. Esta idea está comprobada experimentalmente, ya que se ha encontrado un triplete de bases como mínimo para cada aminoácido corriente. En muchos casos se puede asignar a cada aminoácido más de un codon (ver Tabla 21-2).

El mecanismo de transmisión de información genética puede incluir también requisitos para la aparición de mutaciones, que son producto de un código genético defectuoso. Uno de los efectos del código por tripletes es que la eliminación de una base en la secuencia hace que el código sea ilegible por una gran porción de la cadena; sin embargo, la eliminación de una base y su reemplazamiento por otra hace que el código sea leído en regiones inferiores de la cadena. Por ejemplo, dado un código con tres bases diferentes

AUG | AUG | AUG | AUG | AUG | AUG | AUG | AUG | AUG |

supongamos que eliminamos una G. El resultado puede ser

AUG | AUG | AUG | AUG | AUA | UGA | UGA | UGA | UGA |

Insertemos ahora una base diferente, C, en un punto que no sea el mismo del que eliminamos G. El resultado es

AUG | AUG | AUG | AUG | AUA | UGC | AUG | AUG | AUG |

que se puede volver a leer como AUG, aunque sea en la parte inferior de la cadena. Por ello frecuentemente pequeños cambios simultáneos en la secuencia no alteran grandes regiones de la cadena.

Tabla 21-2. Tripletes para aminoácidos

Aminoácido	*Codon*
alanina	CAG, CCG, CUG
arginina	GAA, GCC, CUG
asparagina	CAA, CUA, UAA
ácido aspártico	GCA, GUA
cisteína	GUU
ácido glutámico	AAG, AUG
glutamina	AAC, UAC
glicina	GAG, GCG, GUG
histidina	ACC, AUC
isoleucina	AAU, CAU, UUA
leucina	CCU, UAU, UGU, UUC
lisina	AAA, AUA
metionina	AGU
fenilalanina	UCU, UUU
prolina	CAC, CCC, CUC
serina	ACG, CUU, UCC
treonina	ACA, CCA, UCA
triptófano	UGG
tirosina	ACU, AUU
valina	UUG

Investigar las consecuencias de añadir (o reemplazar) *dos* bases y de añadir (o reemplazar) *tres* bases en este código genético de tres letras.

El trabajo sobre codificación de aminoácidos se ha realizado por medio de experiencias como las descritas a continuación, que guardan una relación con los polinucleótidos sintéticos. Si una mezcla de ATP, GTP, Mg^{++}, K^{+}, y aminoácidos se incuba con extracto celular libre de determinadas bacterias, los aminoácidos se incorporan en una proteína aislable. El uso de aminoácidos marcados (^{14}C) permite identificar el aminoácido incorporado. Se destruye el DNA del extracto celular; se agota el mRNA por desactivación enzimática y se añade en lugar del RNA un polinucleótido sintético. A partir de la naturaleza del polinucleótido y de los aminoácidos incorporados en la proteína es posible determinar el código de los aminoácidos. Por ejemplo, cuando se añade poli U (UUUUUUUUU...) a tales sistemas, sólo se incorpora a la proteína fenilalanina, por lo que se asigna el triplete UUU a la fenilalanina. Un copolímero de A y U provoca la incorporación de fenilalanina, isoleucina, leucina y tirosina. Puesto que existen ocho tripletes de A y U, alguno de ellos debe codificar los aminoácidos mencionados. De esta forma se ha reunido la información presentada en la Tabla 21-2.

21-14 VIRUS

Un virus es en esencia un polinucleótido, como el DNA o el RNA, protegido por una envoltura de proteína. Los virus de las plantas contienen únicamente RNA, pero los virus animales y de bacterias pueden llevar RNA o DNA. Los virus han sido estudiados con mucho detalle y algunos se han obtenido en forma cristalina.

Existen virus de plantas esféricos como el virus del nabo amarillo y otros en forma de bastón como el virus del mosaico del tabaco (TMV), al que se ha dedicado mucha atención. El TMV contiene un 5 % de proteína. La proteína del TMV se compone de 2.100 subunidades de polipéptidos, en los que se ha establecido la secuencia completa de 164 aminoácidos. La proteína es una envoltura productora del RNA viriásico, habiéndose observado variaciones en su composición según la variedad de TMV.

Entre los virus aislados de animales, algunos contienen sólo RNA (poliomielitis, gripe y encefalitis) mientras que otros contienen DNA (vacuna, rabia y polioma). Se estudia mucho sobre los virus cancerígenos, que contienen DNA. Se ha comprobado que su composición en bases se parece mucho a la de las células que infectan.

Los virus que atacan a células de bacterias se llaman *bacteriófagos*. Se han estudiado con mucho detalle, puesto que es más difícil obtener la misma información con células de plantas o animales. Los bacteriófagos pueden contener DNA o RNA, por lo que se han utilizado para obtener gran parte de la información que tenemos sobre los ácidos nucléicos.

LECTURAS RECOMENDADAS

Fotosíntesis

Bassham, J. A.: New Aspects of Photosynthesis, *J. Chem. Educ.*, **38**, 151 (1961).

Bassham, J. A.: The Path of Carbon in Photosynthesis, *Sci. Am.*, **206** (6), 88 (1962). Indica las transformaciones de CO_2 a hidratos de carbono, aminoácidos y grasas con el concurso de la luz.

Park, R. B.: Advances in Photosynthesis, *J. Chem. Educ.*, **39**, 424 (1962).

Rabinowitch, E. I., y Govindjee: The Role of Chlorophyll in Photosynthesis, *Sci. Am.*, **213** (1), 74 (1965).

Wald, G.: Life and Light, *Sci. Am.*, **201** (4), 92 (1959). Papel de la luz en la fotosíntesis y visión.

RNA

Fraenkel-Conrat, H.: Ribonucleic Acid, the Simplest information-transmitting Molecule, *J. Chem. Educ.*, **40**, 216 (1963).

Hoagland, M. B.: Nucleic Acids and Proteins, *Sci. Am.*, **201** (6), 55 (1959). Papel del RNA en la síntesis de péptidos.

Hurwitz, J., y J. J. Furth: Messenger RNA, *Sci. Am.*, **206** (2), 41 (1962).

Moore, W. J., y H. R. Mahler: Introduction to Molecular Psychology, *J. Chem. Educ.*, **42**, 49 (1965). Buena discusión del papel de la acetilcolina en la transmisión de información y descripción de los experimentos que indican el papel del RNA en almacenaje de la memoria y transferencia.

Rich, A.: Polyribosomes, *Sci. Am.*, **209** (6), 44 (1963). Muestra la función de los ribosomas, partículas en las que las células sintetizan las proteínas.

Roth, J. S.: Ribonucleic Acid and Protein Synthesis, *J. Chem. Educ.*, **38**, 217 (1961).

DNA

Crick, F. H. C.: The Genetic Code, *Sci. Am.*, **207** (4), 66 (1962). Ver debajo el comentario sobre Nirenberg.

Deering, R. A.: Ultraviolet Radiation and Nucleic Acid, *Sci. Am.*, **207** (6), 135 (1962). Discute los cambios fundamentales en el DNA por acción de la radiación ultravioleta.

McClellan, A. L.: The Significance of Hydrogen Bonds in Biological Structures, *J. Chem. Educ.*, **44**, 547 (1967). Discute relaciones entre DNA, proteínas, lisozima y virus.

Nirenberg, M. W.: The Genetic Code, II, *Sci. Am.*, **208** (3), 80 (1963). Examina con detalle el código de tripletes de las bases en la síntesis de aminoácidos.

Sinsheimer, R. L.: Single-stranded DNA, *Sci. Am.*, **207** (1), 109 (1962). Discute un virus el ϕX174, y el DNA de cadena única que contiene.

Virus

Edgar, R. S., y R. H. Epstein: The Genetics of a Bacterial Virus, *Sci. Am.*, **212** (2), 70 (1965). Muestra el mapa genético del DNA del virus T4.

Fraenkel-Conrat, H.: The Genetic Code of a Virus, *Sci. Am.*, **211** (4), 46 (1964). Discusión sobre el virus del mosaico del tabaco, y de cómo cambios químicos artificiales efectúan la síntesis de mutantes.

Horne, R. W.: The Structure of Viruses, *Sci. Am.*, **208** (1), 48 (1963). Muestra la estructura tridimensional de los virus que poseen un alto grado de simetría.

Jacob, F., y E. L. Wollman: Viruses and Genes, *Sci. Am.*, **204** (6), 93 (1961). Discute los efectos de infecciones viriásicas de bacterias sobre la herencia.

Maramorosch, K.: Frieendly Viruses, *Sci. Am.*, **203** (2), 138 (1960). Discute los virus que causan variaciones como la de los colores en las flores.

Melnick, J. L.: Enteroviruses, *Sci. Am.*, **200** (2), 88 (1959). Discusión sobre los virus encontrados en los alimentos.

Rubin, H.: A Defective Cancer Virus, *Sci. Am.*, **210** (6), 46 (1964). Un virus que no puede formar su envoltura de proteína o reproducirse sin la presencia de otro virus.

Schaffer, F. L.: Poliomyelitis Virus, *J. Chem. Educ.*, **36**, 469 (1959).

Stewart, S. E.: The Polyoma Virus, *Sci. Am.*, **203** (5), 63 (1960). Discute la producción de tumores en animales de laboratorio y acusa a un virus como causa de los cánceres humanos.

Enzimas

Baker, B. R.: Interactions of Enzymes and Inhibitors, *J. Chem. Educ.*, **44**, 610 (1967). Discute fuerzas de enlace, puntos activos y enlaces hidrofóbicos.

Changeux, J.: The Control of Biochemical Reactions, *Sci. Am.*, **212** (4), 36 (1965). Discute el mecanismo de regulación sintética y la actividad de enzimas.

Frieden, E.: The Enzyme-Substrate Complex, *Sci. Am.*, **201** (2), 119 (1959). Descripción de métodos para estudiar interacciones en sustratos enzimáticos de vida corta.

Neilands, J. B., y S. Rogers: Progress in Enzyme Chemistry, *J. Chem. Educ.*, **39**, 154 (1962).

Rubin, R. T.: Some Aspects of Anti-Acetylcholinestrase Chemistry, *J. Chem. Educ.*, **36**, 306 (1959).

Otros

Adams, E.: Poisons, *Sci. Am.*, **201** (5), 76 (1959). Muestra cómo los materiales tóxicos son efectivos en el bloqueo de los pasos metabólicos normales.

Biochemistry Symposium, *J. Chem. Educ.*, **36**, 535-554 (1959). Discute enzimas, vitaminas, hormonas, ácidos nucleicos, genes, virus y fotosíntesis.

«The Cell», *Sci. Am.*, **205** (3) (1961). Un número entero dedicado a la célula y sus funciones bioquímicas.

Isaacs, A.: Interferon, *Sci. Am.*, **204** (5), 51 (1961). Describe la acción de la proteína, aislada de células animales, y de su efecto protector contra ataques de virus.

Isaacs, A.: Foreign Nucleic Acids, *Sci. Am.*, **209** (4), 46 (1963). Muestra cómo el interferón se protege contra otros ácidos nucleicos diferentes de sí mismo.

Ross, R. B.: Recent Advances in Chemotherapy of Cancer, *J. Chem. Educ.*, **36**, 368 (1959). Revisa los compuestos orgánicos que se utilizan en el tratamiento del cáncer.

Spiegelman, S.: Hybrid Nucleic Acids, *Sci. Am.*, **210** (5), 48 (1964). Discute la corriente de información en la célula.

Woodward, J. D.: Biotin, *Sci. Am.*, **204** (6), 139 (1961). Señala el papel de la biotina, una vitamina común, en la síntesis de purina.

Respuestas a los problemas seleccionados

CAPITULO 1

1. (*a*) C ⟶ Br (*b*) I ⟶ Cl
(*c*, *d*, *g*, *h*) ninguno

2. (*b*) 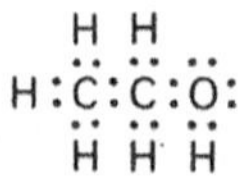

(*c*) 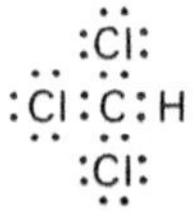

(*f*) 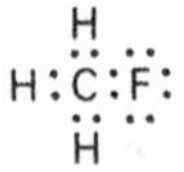

(*g*) 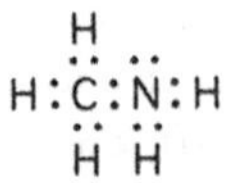

(*h*) H:C:::C:H

(*j*) 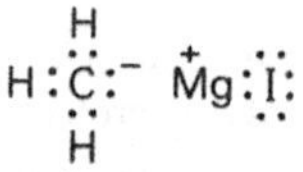

(*n*) 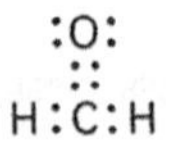

(*p*) 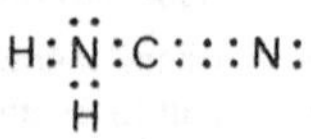

3. (*a*) 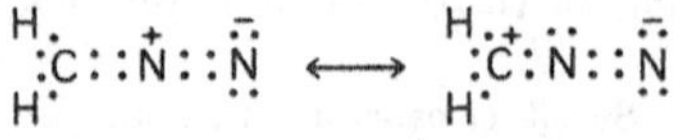

(*b*) 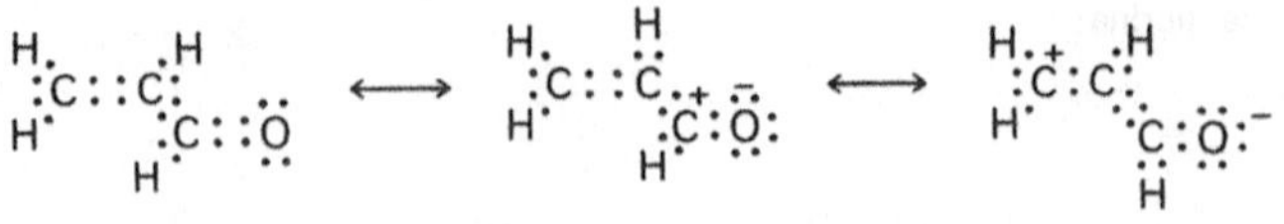

(*d*) 

(*g*) 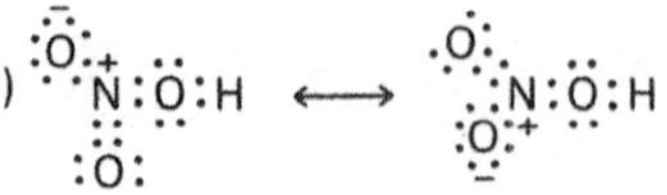

(*h*) 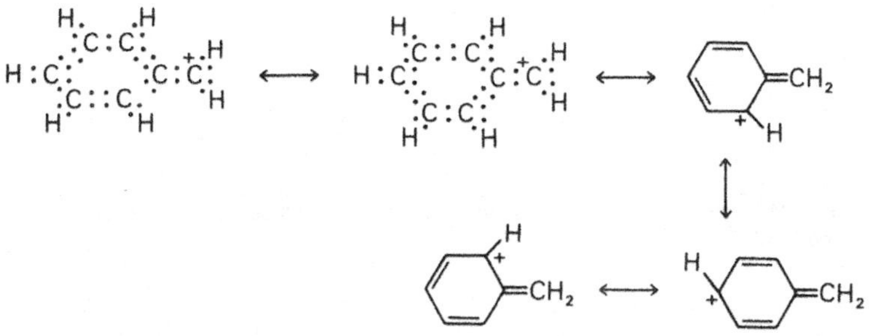

(*m*) 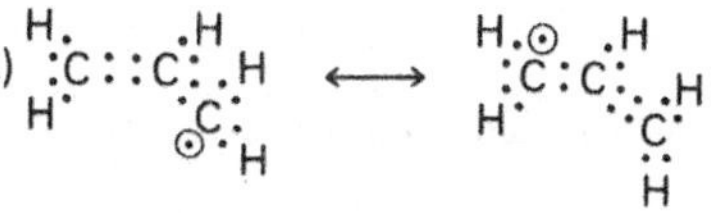

4. (*i*) 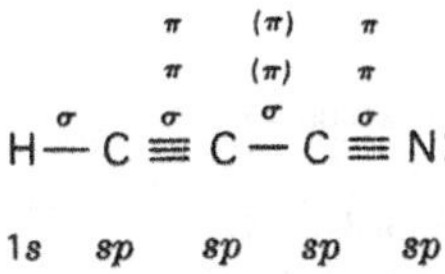 todos los ángulos 180°

(*ii*) 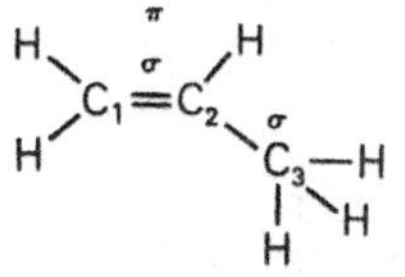

Todos los hidrógenos son 1*s*; C_1 y C_2 son sp^2; C_3 es sp^3; todos los enlaces C—H son σ, y todos los ángulos de 120° excepto H—C_3—C_2 que es de 109° 28'.

(*v*) 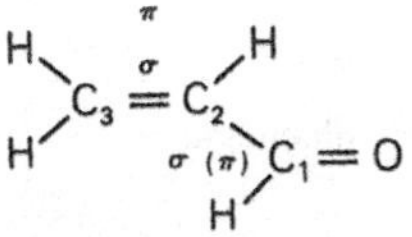

Todos los H son 1*s*, todos los C y el O son sp^2, el enlace C=O es σ y π, todos los ángulos son de 120°. Obsérvese el recubrimiento de los enlaces π entre C_1 y C_2.

(*vii*) 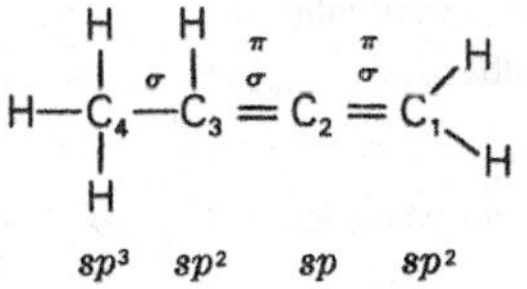

$\measuredangle H—C_1—C_2 = 120°$, $\measuredangle C_1—C_2—C_3 = 180°$, $\measuredangle H—C_3—C_2(C_4) = 120°$,
$\measuredangle H—C_4—C_3 = 109°28'$

(*x*) 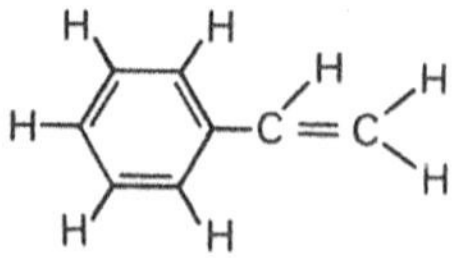

Todos los C son sp^2, los H son 1*s*, y los ángulos de 120°. Obsérvese el recubrimiento entre el anillo y el grupo vinilo.

5. (*a*) 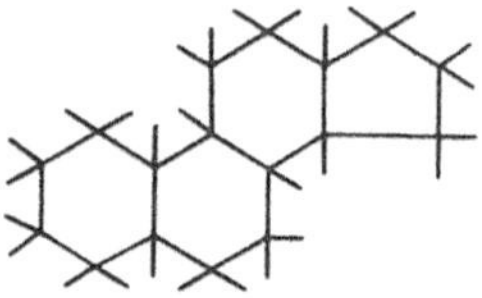

28 átomos de H en total

(*b*) alcohol secundario, enlace doble

(*c*) tres alcoholes secundarios, ácido

(*d*) fenol, alcohol secundario

(*e*) cetona, enlace doble, alcohol secundario

(*f*) dos cetonas, enlace doble, alcohol primario y secundario, aldehído

(*g*) tres cetonas, enlace doble, alcohol primario y terciario

CAPITULO 2

1. (*a*) $CH_3CH(CH_3)CH(CH_3)CH_3$
   1° 3° 1° 3° 1° 1°

   (*b*) $CH_3CH(CH_3)CH_2CH_2CH_3$
   1° 3° 1° 2° 2° 1°

   (*g*) $CH_3CH(CH_3)CH(CH_3)CH_2CH_2CH_2CH_3$
   1° 3° 1° 3° 1° 2° 2° 2° 1°

   (*k*) $CH_3C(CH_3)_2CH_2CH_2CH_3$
   1° 4° 1° 2° 2° 1°

2. (*a*) 2,3,4-tribromopentano
   (*b*) 2,2,3,3,4,4-hexametilpentano
   (*c*) 2-bromo-1-cloropropano
   (*f*) 3-fenilpentano
   (*g*) 2-fenilpropano o isopropilbenceno

4. **A:** 2,2,3,3,4,4,5,5-octametilhexano; **B:** 2-yodo-2,3,3-trimetilbutano; **C:** 2,2,3-trimetilbutano; **D, E:** 1-bromo-2,2,3,3,4,4,5,5-octametilhexano y 3-bromoetil-2,2,3,4,4,5,5-heptametilhexano; **F:** 2-bromo-2,3,3-trimetilbutano; **G, H:** 1-bromo-2,3,3-trimetilbutano y 1-bromo-2,2,3-trimetilbutano.

5. (*a*) yoduro de etilo (yodoetano), cloruro de ciclohexilo (clorociclohexano) ⟶ butano, diciclohexilo (ciclohexilciclohexano), etilciclohexano
   (*b*) propano, N.R.
   (*c*) yodociclopentano (yoduro de ciclopentilo) ⟶ yoduro de ciclopentilmagnesio
   (*d*) etanol (alcohol etílico) ⟶ ciclopentano, yoduro de etoximagnesio

(*f*) ciclopenteno ⟶ 1,2-dideuterociclopentano (ciclopentano-1,2-d_2)
(*h*) bifenilo ⟶ N.R.

7. (*a*) $(CH_3)_3C—Cl \xrightarrow{LiAlH}$

(*b*) 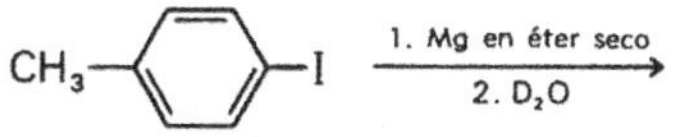

(*c*) $CH_2{=}CH—CH_2Br \xrightarrow[2.\ D_2/Pt]{1.\ Na}$

(*d*) 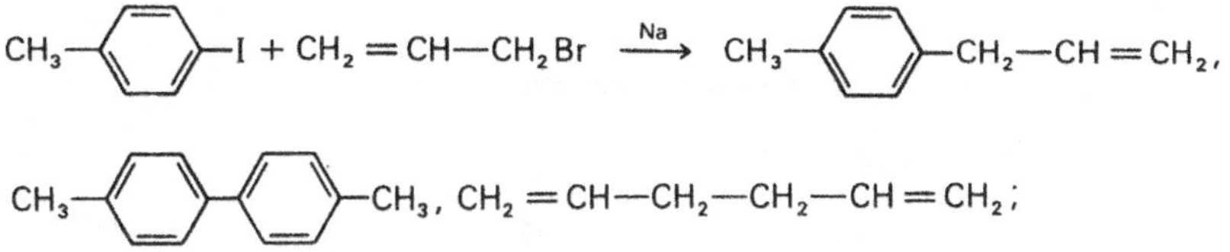

$CH_3—C_6H_4—CH_2—CH{=}CH_2 \xrightarrow{H_2/Pt}$

(*e*) $(CH_3)_3C—Cl \xrightarrow[2.\ Cl_2/h\nu]{1.\ Na}$
(cantidad limitada)

CAPITULO 3

1. (*a*) ciclohexilbenceno (fenilciclohexano)
(*b*) 1-cloro-2,2,-dimetilciclopentano
(*c*) *cis*- 1,2-dimetilciclopropano
(*d*) *cis*- 3-metilciclopentanol
(*f*) *cis*- 1,4-dibromociclohexano
(*i*) *cis*- 1,3-dibromociclobutano

2. (*a*)

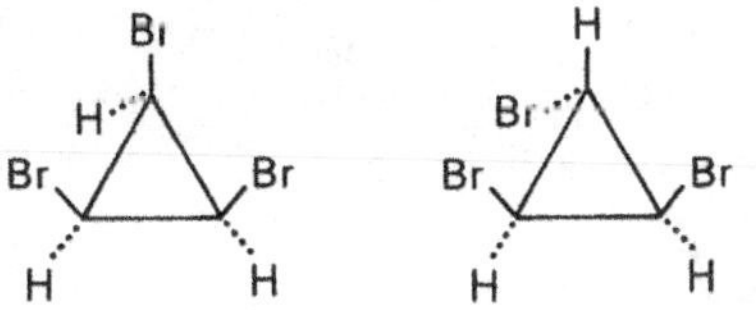

(*b*)

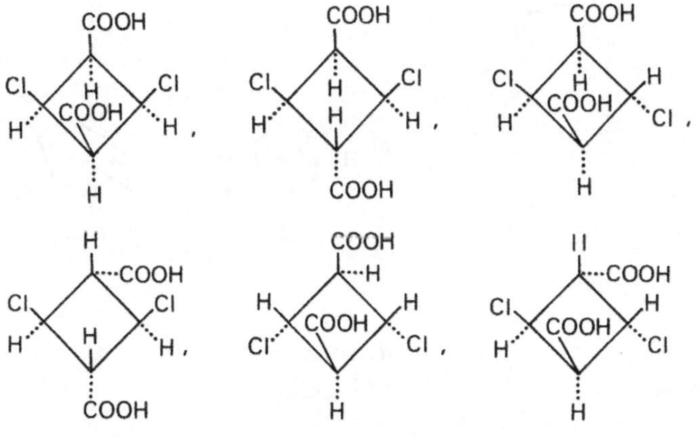

3. (*a*) 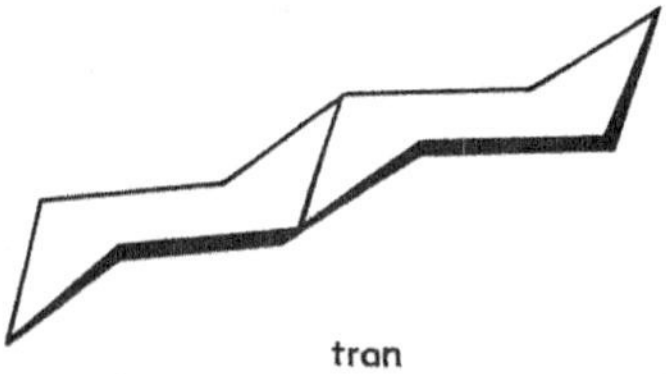

tran

cis

(*b*) más estable la trans (unión diecuatorial entre los ciclos)

4. 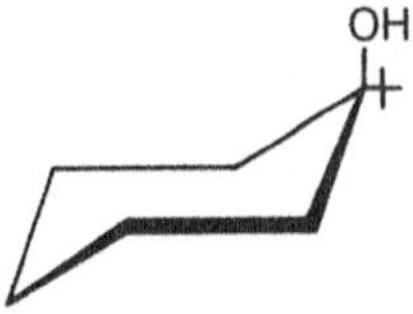

1,1-

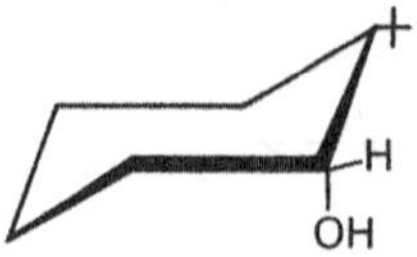

cis-1,2-

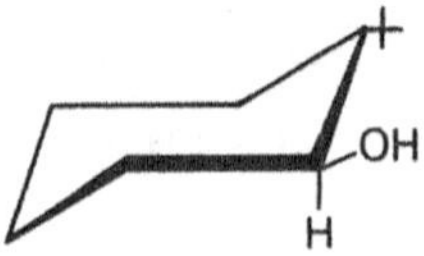

trans-1,2-

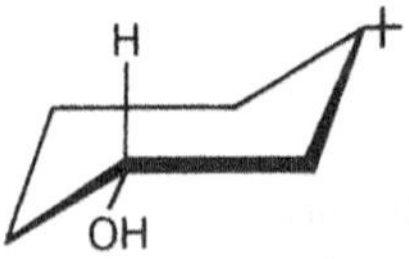

cis-1,3-

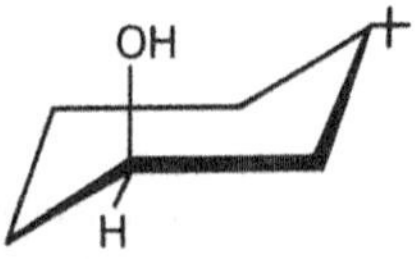

trans-1,3-

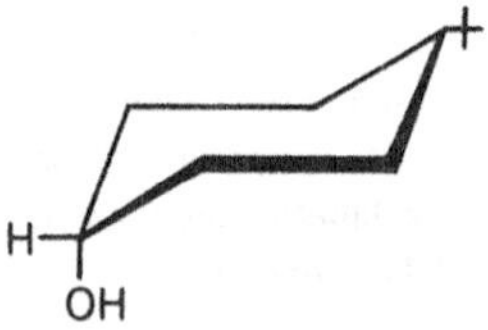

cis-1,4-

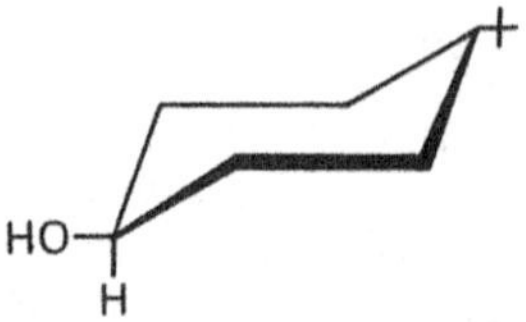

trans-1,4-

6. (*a*) 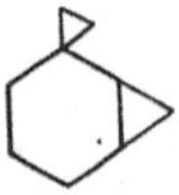

(*b*) 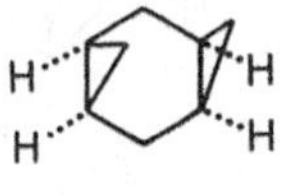

cis-

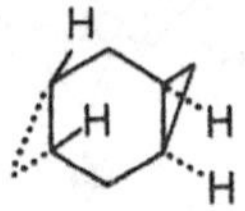

trans-

(*c*) 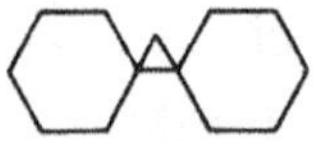

(*d*) 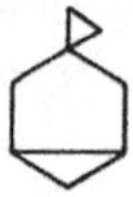

(*e*) 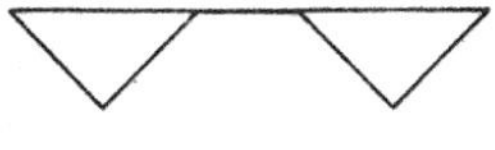

CAPITULO 4

1. (*a*) 3-hepteno, 2, cis y trans
   (*c*) 2,4-dimetil-6-etil-1,6-heptadieno, sin isómeros geométricos
   (*e*) 1,1,2,3,4,5-hexafenilciclopentadieno, sin isómeros geométricos
   (*g*) 1,3-ciclohexadieno, sin isómeros geométricos
   (*h*) 1-clorociclooctatetraeno
   (*i*) 1,2-divinilciclohexano, 2, cis y trans

2. (*b*) $CH_2{=}CH{-}CH_2CH_2CH_2CH_2CH_2CH_2CH{=}CH_2$

(*c*) 

(*f*) 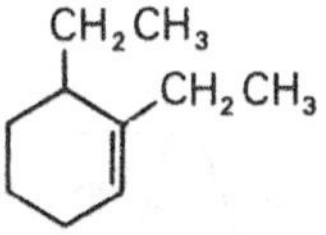

(*g*) $CH_2{=}CH{-}CH_2Br$

(*h*) $CH_2{=}CH{-}Cl$

(*j*) 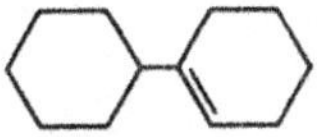

3. (*a*) Se puede prever la obtención de las olefinas más sustituidas

   (*c*) Se obtendrán las olefinas terminales

(*ii*) 1-fenil-2-propanol $\xrightarrow{Al_2O_3}$ 1-fenilpropeno

1-fenil-2-propanol $\xrightarrow{ThO_2}$ 3-fenilpropeno

Estadísticamente = 2:3

(*iv*) 4-penten-2-ol $\xrightarrow{Al_2O_3}$ 1,3-pentadieno

4-penten-2-ol $\xrightarrow{ThO_2}$ 1,4-pentadieno

Estadísticamente = 2:3

(*vi*) 1-metilciclohexanol $\xrightarrow{Al_2O_3}$ 1-metilciclohexeno

1-metilciclohexanol $\xrightarrow{ThO_2}$ exometilenciclohexano

Estadísticamente = 4:3

5. (*a*) ciclohexeno

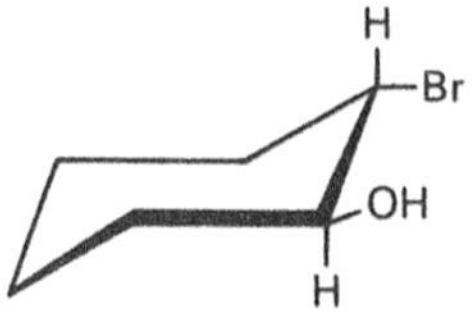

(*b*) 1-metil-2-isopropilciclohexeno

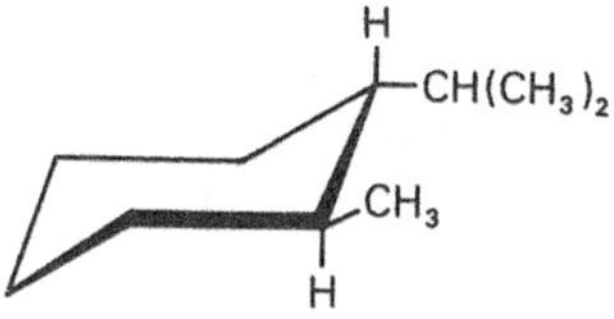

(*c*) 1-metilciclohexeno

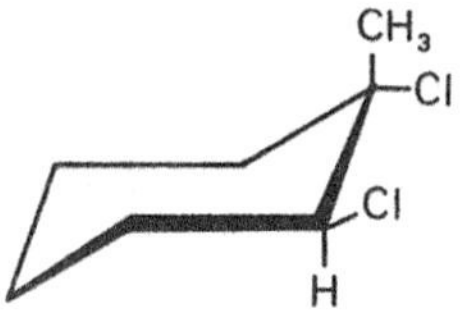

(*d*) 1-etilciclohexeno,

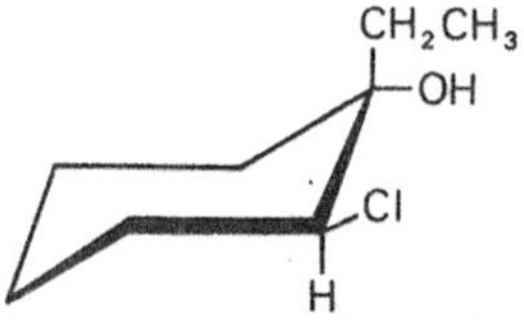

(*e*) 2,4,4-trimetilciclohexeno

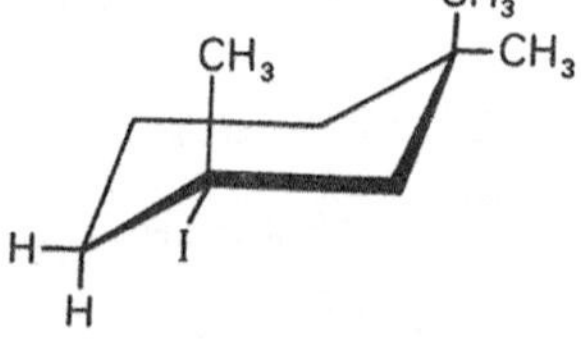

(*f*) 1.2-dimetilciclohexeno

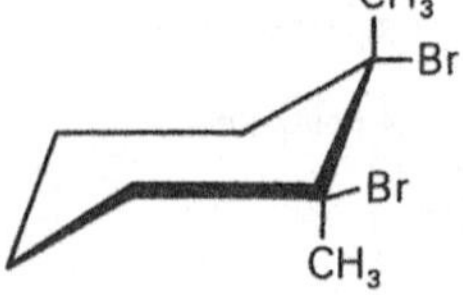

7. 2-hexeno *cis* y *trans*

8. El enlace π del etileno puede coordinarse con orbitales de los átomos metálicos.

CAPITULO 5

1. (*a*) metilciclopropilacetileno (*b*) vinilacetileno
(*d*) fenilacetiluro sódico (*f*) 3-etilpentin-3-ol

3. (*a*) fenilacetileno ⟶ 1,3-difenilpropino (fenilbencilacetileno)
(*b*) 1-buteno ⟶ 1-butino
(*c*) acetileno-d_2 ⟶ acetaldehído-d_4
(*e*) ciclobutilciclopentilacetileno ⟶ 1-ciclobutil-2-ciclopentiletano
(*f*) bromuro de etilo (bromoetano) ⟶ fenilacetileno-1-d_1
(*i*) 3,3-dibromo-2,2,5,5-tetrametilhexano ⟶ di-*ter*-butilacetileno

4. (*a*) $CaCO_3 \xrightarrow{\Delta} CaO \xrightarrow[\Delta]{C} CaC_2 \xrightarrow{H_2O} H{-}C{\equiv}C{-}H \xrightarrow{CuCl_2}$

$$H{-}C{\equiv}C{-}CH{=}CH_2 \xrightarrow[H_2SO_4]{H_2O,\ Hg^{++}} CH_3{-}\overset{\overset{\displaystyle O}{\|}}{C}{-}CH{=}CH_2$$

(*b*) $H{-}C{\equiv}C{-}CH{=}CH_2$ (obtenido en (a)) $\xrightarrow{HCl} H_2C{=}C(Cl){-}CH{=}CH_2 \xrightarrow{Br_2}$

$$CH_2(Br){-}C(Cl){=}CH{-}CH_2(Br)$$

5. **A** = 2-bromo-4-fenil-1-buteno ó 2-bromo-3-fenil-1-buteno,
B = 1,1-dibromo-4-fenilbutano ó 1,1-dibromo-3-fenilbuteno,
C = 4-fenilbutino ó 3-fenilbutino

7. X =

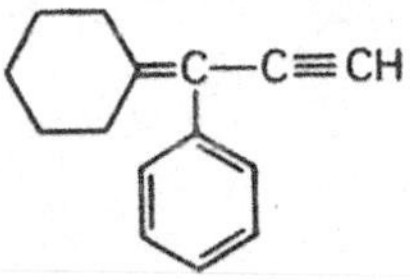

CAPITULO 6

1. El «alquitrán» puede originarse por polimerización 1,4 del producto final, 1,3-ciclohexadieno o por polimerización 1,2 del 3-bromociclohexeno intermedio.

2. (*a*)

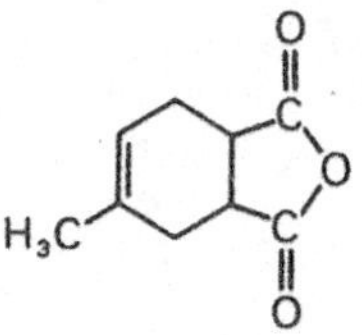

(*b*)

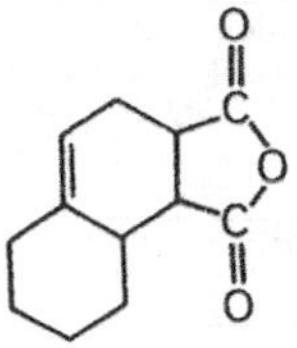

(*d*)

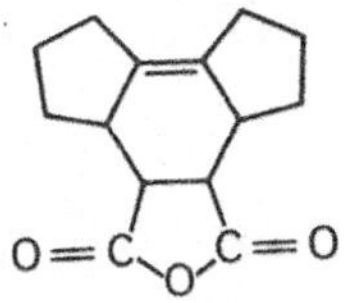

CAPITULO 7

1. calculado = 32,8 + 48,9 = 81,77; encontrado = 77,5; energía de estabilización = 81,7 — 77,5 = 4,2 kcal/mol

3. 9,10-dibromoantraceno

5. (*a*) (*i*) ⟶ ácido *meta*-sulfónico (*ii*) ⟶ isómeros orto y para.

Resonancia: (*i*) meta (atractor de electrones; desactivante, más lento que el benceno); (*ii*) *o*- y *p*- (donación de electrones del par incompartido del nitrógeno, activante, más rápido que el benceno).

Inductivo: (*i*) atractor ($>\overset{}{\underset{+}{C}}-\underline{O}$); (*ii*) el nitrógeno más electronegativo que el carbono.

Escribir en cada caso las estructuras resonantes del ion aronio intermedio.

(*c*) (*i*) 4-bromo-*o*-xileno; (*ii*) 4-bromo-*m*-xileno; (*iii*) 2-bromo-*p*-xileno (único producto de monosustitución posible). Obsérvese el efecto estéreo sobre el C_3 en (*i*) y sobre C_2 en (*ii*). Todos estos compuestos reaccionan más deprisa que el benceno porque el $—CH_3$ es dador de electrones.

(*f*) CH_3—  —CO—CH_2—CH_2—COOH más deprisa que el benceno; obsérvese el efecto estéreo sobre el C_2 del material de partida.

7. 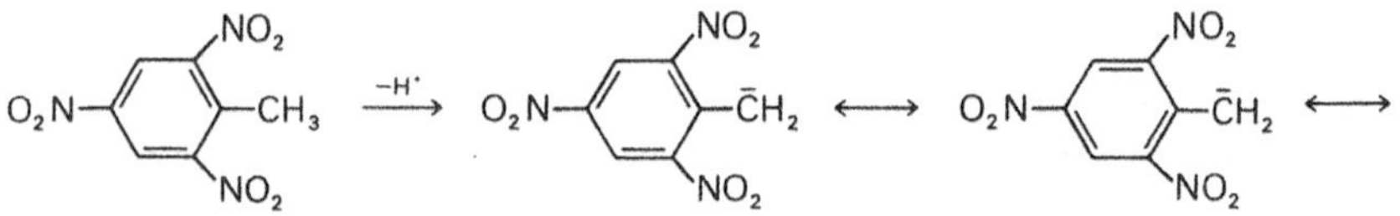

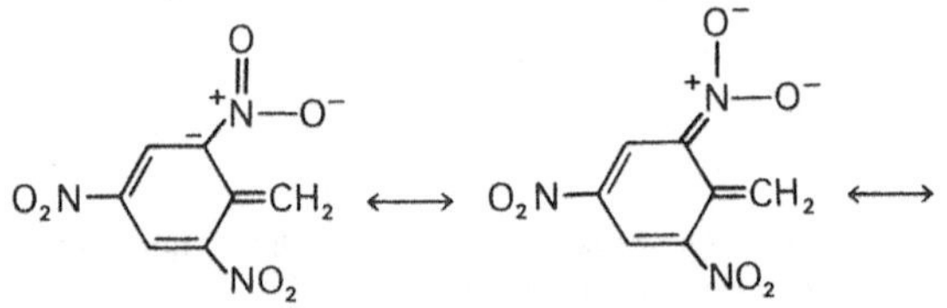

y las restantes estructuras de resonancia que implican los grupos $—NO_2$

8. (*a*) benceno $\xrightarrow[\text{1.1 equiv. } AlCl_3 \text{ en } CS_2\text{, después } H^+ \quad 2.\ Br_2/FeBr_3]{1.\ CH_3COCl}$

(*b*) benceno $\xrightarrow[2.\ CH_3COCl \quad \text{1.1 equiv. } AlCl_3 \text{ en } CS_2\text{, después } H_3O^+]{1.\ Br_2/FeBr_3}$

(*d*) *o*-xileno $\xrightarrow[2.\ HNO_3\text{-}H_2SO_4]{1.\ Br_2/FeBr_3}$

(*f*) benceno $\xrightarrow[3.\ \text{separación de isómeros} \quad 4.\ Sn/HCl]{1.\ Cl_2/FeCl_3 \quad 2.\ HNO_3\text{-}H_2SO_4}$

CAPITULO 8

1. Generalmente existe más de una respuesta correcta para cada apartado

(*a*) 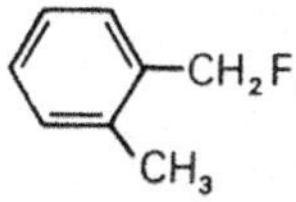 fluoruro de *o*-metilbencilo

(*b*) $CH_3CH_2CH_2CH_2Cl$, cloruro de *n*-butilo (1-clorobutano)

$(CH_3)_2CH—CH_2Cl$, cloruro de isobutilo (1-cloro-2-metilpropano)

(*c*) 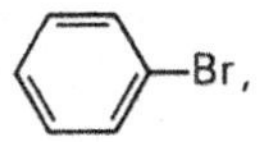 bromobenceno

(*d*) 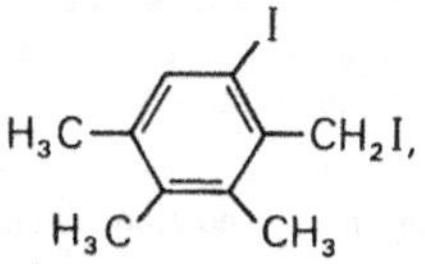 3,4,5-trimetil-2-yodometilyodobenceno

(*e*) $CH_3—CH(Br)—CH(Br)—CH_2CH_3$, 2,3-dibromopentano

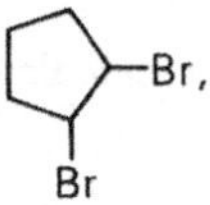 1,2-dibromociclopentano

(*f*) $CH_3(CH_2)_8CF_3$, 1,1,1,-trifluorodecano

(*g*) 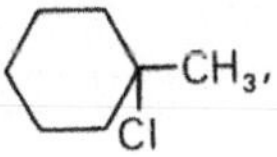 1-cloro-1-metilciclohexano

2. 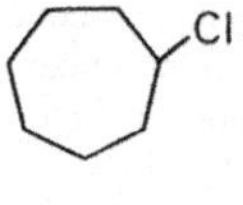 cloruro de cicloheptilo; 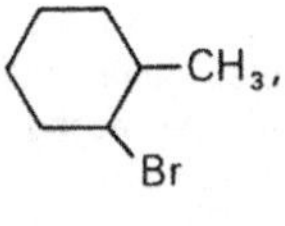 2-bromo-1-metilciclohexano;

2-, 3-, ó 4-haloheptano. El halogenuro puede ser primario o secundario, pero no vinílico, alílico, aromático o bencílico. El diagrama debe presentar el estado de transición en el punto de energía más alta.

3. $CH_2=CH—CH_2—Br$, bromuro de alilo. El diagrama debe mostrar un pequeño valle en la zona de energía más alta, debido a la existencia de un intervalo discernible como el ion alil carbonio.

4. (*a*) 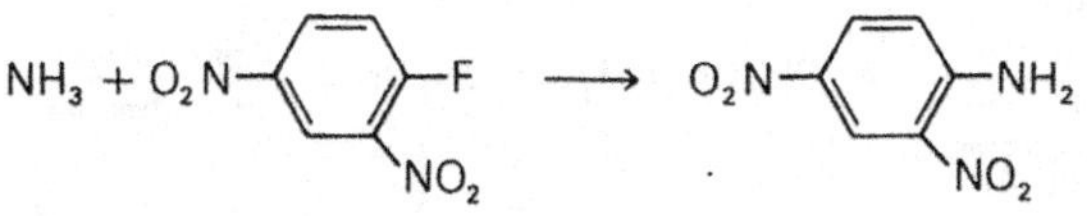

(*c*) Generalmente la velocidad de solvolisis en reacciones S_N1 está muy influenciada por los efectos de disolvente, por lo que los halogenuros terciarios, alílicos o bencílicos reaccionarán más deprisa en acetona, dado que es el disolvente más polar.

(*g*) 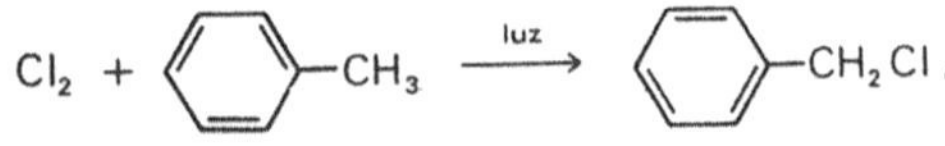

, cloruro de bencilo

(*i*) $(CH_3)_3C—F$, fluoruro de *t*-butilo

(*k*) $CH_3O^- + CH_3CH_2I \longrightarrow CH_3OCH_2CH_3$, metil etil éter

5. La bromación a baja temperatura en un disolvente polar origina Br^+, que se adiciona (junto al Br^-) al doble enlace. En la reacción a alta temperatura, en fase gaseosa, se genera Br·, que desplaza un H· de la posición alílica dando lugar a una reacción de sustitución.

6. (*a*) ciclohexeno ⟶ 1,2-dibromociclohexano *trans* (diecuatorial), adición electrófila de Br_2 al enlace doble.
(*b*) bromociclohexano ⟶ ciclohexanol, S_N2
(*c*) bromociclohexano ⟶ ciclohexeno, E_2
(*d*) *Advertencia*: se produce HOBr, que se adiciona al enlace doble
(*e*) 1,2-dimetilciclohexeno ⟶ 3-bromo-1,2-dimetilciclohexeno, sustitución radicalaria

(*k*) N.R.

(*n*) se origina el bencino intermedio, el cual en ausencia de otro aceptor, reacciona consigo mismo dando difenileno

(*t*) N.R. (*u*) N.R.

CAPITULO 9

1. Sólo se dan algunos ejemplos. Es importante señalar que las materias primas aconsejadas son más restrictivas que las disponibles comercialmente con el fin de obligar a practicar la escritura de transformaciones orgánicas. De hecho la mayoría de estos heptanoles son comerciales.

(*i*) $CH_3CH_2CH_2CH_2CH_2CH(OH)—CH_3$; 2-heptanol; alcohol secundario

$$CH_3CH_2CHO \xrightarrow[\text{4. óxido de etileno; 5. } H_3O^+\text{; hidrólisis; 6. HBr; } H^+]{\text{1. } NaBH_4\text{; 2. HBr; } H^+\text{; 3. Mg en éter seco}} CH_3CH_2CH_2CH_2CH_2Br \xrightarrow[\text{3. } H_3O^+\text{; hidrólisis}]{\text{1. Mg en éter seco; 2. acetaldehído}}$$

(*ii*) $(CH_3)_3C{-}CH_2CH_2CH_2OH$; 4,4-dimetil-1-pentanol; primario

$$CH_2O \xrightarrow[\text{3. Mg en éter seco; 4. } CH_3CHO\text{; 5. } H_3O^+\text{, hidrólisis}]{\text{1. } NaBH_4\text{; 2. HI, } H^+} CH_3{-}\underset{OH}{\underset{|}{CH}}{-}CH_3 \xrightarrow[\text{o } CrO_3]{KMnO_4} CH_3{-}\underset{O}{\underset{\|}{C}}{-}CH_3 \xrightarrow[\text{2. } NH_4Cl\text{-}H_2O]{\text{1 } [CH_3MgI]}$$

$$(CH_3)_3C{-}OH \xrightarrow[\text{3. óxido de etileno; 4. } H_3O^+]{\text{1. HBr; 2. Mg en éter seco}} (CH_3)_3C{-}CH_2CH_2OH \xrightarrow[\text{3. formaldehído; 4. } H_2O\text{, hidrólisis}]{\text{1. HBr, } H^+\text{; 2. Mg en éter seco}}$$

(*iii*) $CH_3CH_2CH_2{-}CH(OH){-}CH_2CH_2CH_3$; 4-heptanol; secundario

$$CH_3CH_2CHO \xrightarrow[\text{3. Mg en éter seco; 4. formiato de metilo}]{\text{1. } NaBH_4\text{; 2. } PBr_3}$$

$$CH_2O \xrightarrow{NaBH_4} CH_3OH \xrightarrow{HCOOH,\ H^+} \text{formiato de metilo}$$

$$CH_2O \xrightarrow{CrO_3} HCOOH \text{ (posible peroxidación)}$$

2. (*b*)

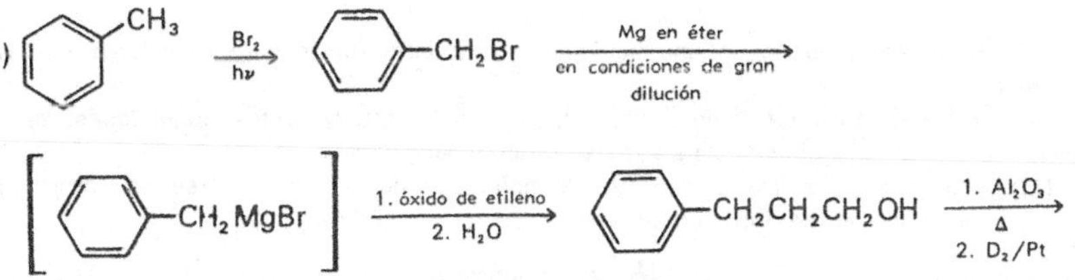

(*c*)

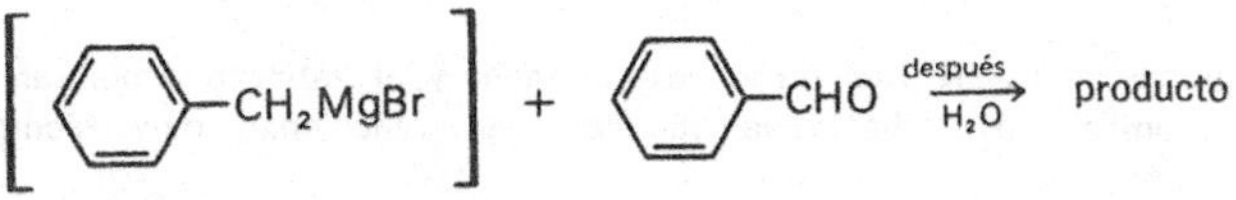

del apartado (*b*)

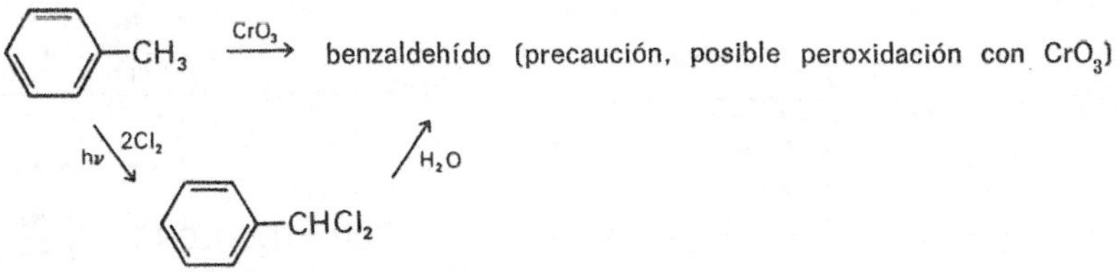

3. (*a*) N.R., los cloruros de arilo no reaccionan fácilmente en éter
(*b*) $(CH_3CH_2CH_2)_2C(OH)CH_2CH_3$ (*d*) $CH_3CH_2—CO—CH_3$
(*e*) benzaldehído (*f*) $CH_3CH_2O^-Na^+$, etóxido sódico
(*g*) $(CH_3)_2C{=}CH_2$ + CH_3CH_2OH + NaBr
(*i*) yoduro de bencilo (*m*) 1-pentanol

4. $C_{12}H_{16}$, es el ciclohexilbenceno, $C_{12}H_{16}O$ el 1-fenilciclohexanol, $C_{12}H_{12}$ el 2-fenil-1,3-ciclohexadieno, y $C_{12}H_{10}$ es el difenilo.

5. El compuesto **A** es el 3,3-dimetil-1,5-(ó 1,4- ó 2,4-) pentadiol.

6. (*a*) $CH_3CH(OH)CH_3 \xrightarrow{CrO_3} CH_3COCH_3$

$$CH_3CH_2CH(OH)CH_3 \xrightarrow[\substack{3.\ \text{acetona} \\ 4.\ H_3O^+}]{\substack{1.\ PBr_3 \\ 2.\ \text{Mg en éter seco}}}$$

(*c*) $$(CH_3)_2CHCH_2OH \xrightarrow[\substack{3.\ \text{acetona-véase } (a) \\ 4.\ H^+;\ \Delta\text{-deshidratación} \\ 5.\ H_2/Pt}]{\substack{1.\ HBr,\ H^+ \\ 2.\ \text{Mg en éter seco}}}$$

CAPITULO 10

1. (*a*) N.R., el bicarbonato no es una base suficientemente fuerte para reaccionar con el hidrógeno fenólico.
(*c*) N.R., generalmente los fenoles se nitrosan (—N=O) en estas condiciones, pero en el presente caso las posiciones orto y para están bloqueadas
(*d*) N.R., los fenoles, al revés que los alcoholes, no pueden convertirse en esteres por tratamiento con ácido carboxílico en presencia de un ácido inorgánico
(*g*) 2-naftol (*h*) 2,5-dimetilanisol

2. (*a*) El fenol se disuelve en NaOH (los otros no), el fenol y el estireno decoloran la disolución de KMn_4O (el anisol no). Obsérvese que los tres reaccionan muy fácilmente con Br_2/CCl_4.
(*b*) El ácido se disuelve en $NaHCO_3$, el ácido y el fenol se disuelven en NaOH, y el alcohol bencílico no tiene propiedades ácidas.

3. (*b*) $$\text{tolueno} \xrightarrow[\substack{2.\ \text{separación del isómero } p \\ 3.\ \text{fusión con KOH}}]{1.\ H_2SO_4}$$

(*d*) $$\text{benceno} \xrightarrow[\substack{4.\ H_3O^+;\ \Delta \\ 5.\ NaOH \\ 6.\ \text{bromuro de } n\text{-butilo}}]{\substack{1.\ HNO_3\text{-}H_2SO_4 \\ 2.\ Sn/HCl \\ 3.\ HCl\text{-}NaNO_2 \text{ at } 0°}}$$

$$CH_3CH_2CH_2CHO \xrightarrow[2.\ HBr;\ H^+]{1.\ NaBH_4}$$

CAPITULO 11

1. (*a*) *para*-bromoanisol
   (*c*) *ter*-butil ciclohexil éter, *ter*-butoxiciclohexano
   (*d*) tetrahidropirano
   (*f*) β-metoxinaftaleno, metil 2-naftil éter

3. (*c*) $NBS + H_2O \longrightarrow HOBr \rightleftharpoons Br^+ HO^-$

   El anisol sufre sustitución aromática electrófila en la posición para por acción de Br^+

4. 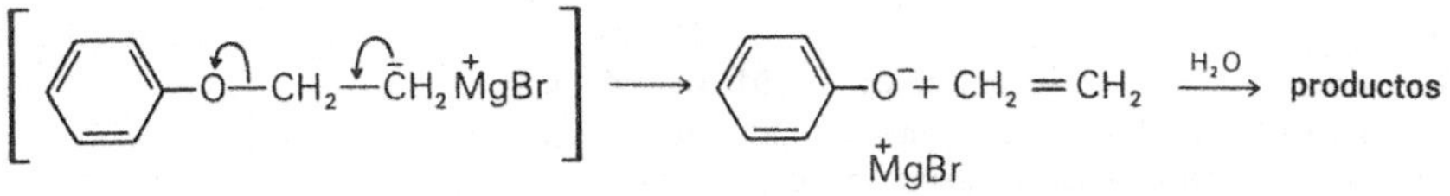

CAPITULO 12

Compuesto	*Número total posible de estereoisómeros*	*Número de formas ópticamente activas*	*Comentario*
(*b*)	8	8	4 pares D,L
			ciclos *cis*, OH arriba
			ciclos *cis*, OH abajo
			ciclos *trans*, OH arriba
			ciclos *trans*, OH abajo
(*c*)	2	0	*cis* y *trans*
(*d*)	ninguno	0	
(*f*)	2	2	un par D,L
(*g*)	8	8	D,L-*cis-cis*
			D,L-*cis-trans*
			D,L-*trans-trans*
			D,L-*trans-cis*
(*l*)	2	2	un par D,L
(*m*)	2^7	2^7	7 carbonos asimétricos diferentes

(*o*)	2	2	un par D,L (rotación restringida)
(*p*)	ninguno		rotación libre

2. (*a*) Como en (*o*) del problema anterior (*b*) aleno asimétricamente sustituido
   (*d*) no es posible la inversión en el átomo de hidrógeno
   (*e*) el *cis*-cicloocteno es inactivo, el isómero *trans* existe como par D,L

3. (*a*) inversión como la del amoníaco (*b*) rotación libre
   (*c*) isómeros *cis-trans*, pero ninguno ópticamente activo
   (*d*) cada isómero tiene un elemento de simetría
   (*e*) contiene un elemento de simetría

4. Ver Cap. 18.

CAPITULO 13: PROBLEMAS SERIE II

1. (*a*) α-naftaldehído ⟶ ácido α-naftoico + 1-hidroximetilnaftaleno
   (*b*) terftaldehído ⟶ *p*-divinilbenceno
   (*c*) fenil β-naftil cetona ⟶ fenilhidrazona de la fenil β-naftil cetona ⟶ 2-bencilnaftaleno
   (*d*) α-naftaldehído vía HMTA
   (*g*) metil ciclohexil cetona ⟶ ciclohexilacetileno
   (*i*) 1-(3-bromofenil)-1-bromoetano

2. (*c*) *m*-metilbenzaldehído ⟶ ácido fórmico + alcohol *m*-metilbencílico
   (*e*) 2,5-hexandiona ⟶ hexano
   (*h*) mezcla de cuatro productos
   (*k*) N.R., los grupos $—NO_2$ desactivan la reacción de Friedel-Crafts
   (*l*) *p*-bromofenilhidrazina + 3-ciclobutil-6-fenil-2,5,8-nonatriona ⟶ da la tri-*p*-bromofenil-hidrazona

3. (*a*)
$$C + CaO \xrightarrow{\Delta} CaC_2 \xrightarrow{H_2O} H—C\equiv C—H \xrightarrow[\substack{\text{3. } H_2O,\ Hg^{++}\ H_2SO_4 \\ \text{4. Al(Hg)} \\ \text{5. } H_2O}]{\substack{\text{1. } NaNH_2 \\ \text{2. } CH_3I}}$$

$$(CH_3)_2CH(OH)CH(OH)(CH_3)_2 \xrightarrow{H^+} CH_3COC(CH_3)_3 \xrightarrow[\substack{\text{3. } SOCl_2 \\ \text{4. } H_2/Pd\text{-}C \\ \text{envenenado con S}}]{\substack{\text{1. } X_2,\ NaOH \\ \text{2. } H^+}} \text{producto}$$

$$H—C\equiv C—H \xrightarrow[\substack{\text{3. } NaBH_4 \\ \text{4. HI}}]{\substack{\text{1. } O_3 \\ \text{2. reducción a fondo}}} CH_3I$$

(*b*) 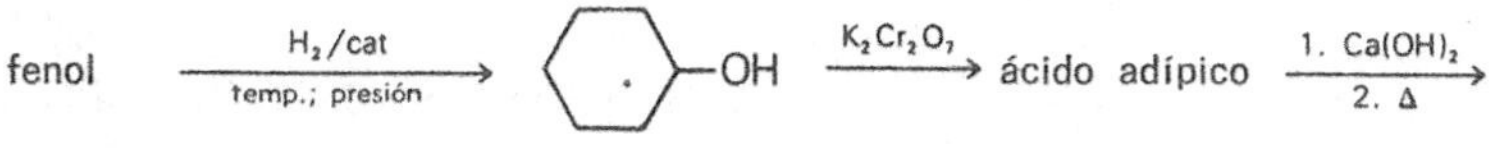

$$\text{ciclopentanona} \xrightarrow[\text{2. } H_2O \quad \text{3. } H^+;\ \Delta;\ -H_2O]{\text{1. } [CH_3MgI]} \text{producto}$$

$$CH_3OH \xrightarrow[\text{2. Mg en éter seco}]{\text{1. HI}}$$

(*c*) 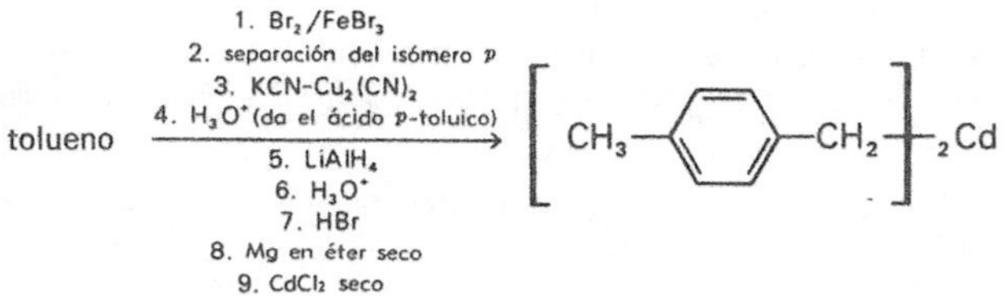

Utilícense los pasos 1 a 4 para obtener el ácido *orto*-toluico, que se convierte en cloruro de ácido con $SOCl_2$ y trátese con el reactivo de Cd.

(*d*) 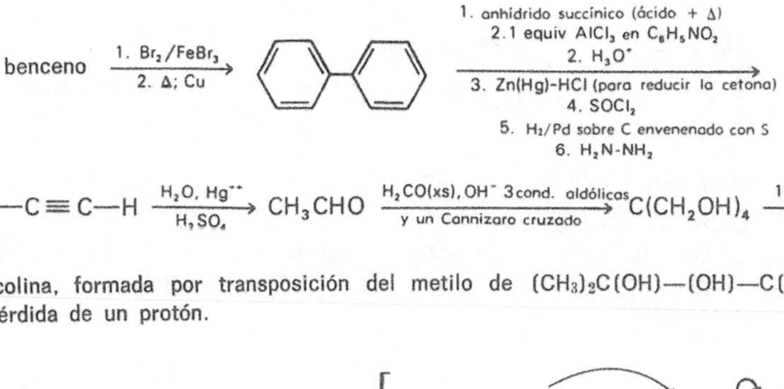

$$(e)\ H{-}C{\equiv}C{-}H \xrightarrow[H_2SO_4]{H_2O,\ Hg^{++}} CH_3CHO \xrightarrow[\text{y un Cannizaro cruzado}]{H_2CO(xs),\ OH^-\ \text{3 cond. aldólicas}} C(CH_2OH)_4 \xrightarrow[\text{2. Zn}]{\text{1. HBr; } H^+}$$

4. pinacolina, formada por transposición del metilo de $(CH_3)_2C(OH){-}(OH){-}C(CH_3)_2$, seguida de pérdida de un protón.

5. 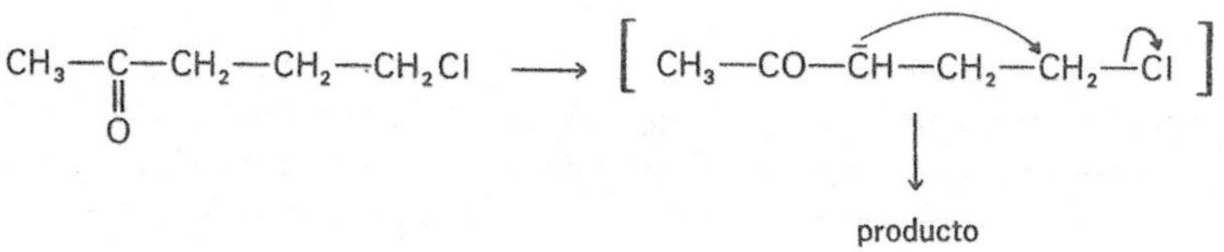

CAPITULO 14

2. (*a*) Preparar el ester metilmalónico a partir del ácido propiónico (Sec. 14-12)

$$CH_3{-}CH(COOEt)_2 \xrightarrow[\text{3. NaOH} \quad \text{4. } H^+ \quad \text{5. } \Delta;\ -CO_2]{\text{1. NaOEt} \quad \text{2. } CH_3CH_2CH_2Br} CH_3CH_2CH_2CH(CH_3)COOH \xrightarrow[\text{2. } NH_3]{\text{1. } SOCl_2}$$

(*b*) $CH_2(COOEt)_2 \xrightarrow[\text{3. NaOEt; 4. } CH_3CH_2Br]{\text{1. NaOEt; 2. } CH_3CH_2CH_2Br} CH_3CH_2CH_2(CH_3CH_2)C(COOEt)_2 \xrightarrow[\text{3. } \Delta;\ -CO_2;\ \text{4. } \Delta;\ Ac_2O]{\text{1. NaOH; 2. } H^+}$

(*e*) $CH_3COCH_2COOEt \xrightarrow[\text{3. NaOH; 4. } H^+;\ \text{5. } \Delta;\ -CO_2]{\text{1. NaOEt; 2. } CH_3CH_2Br} CH_3COCH_2CH_2CH_3 \xrightarrow{C_6H_5NHNH_2}$

(*g*) Preparar el ester *para*-toluilmalónico a partir de *p*-CH_3—C_6H_4—CH_2COOEt (ver Sec. 14-12) y efectuar una alquilación con α-bromo-*p*-xileno (el producto obtenido se hidroliza y descarboxila).

3. (*a*) El ácido carboxílico es más fuerte que los fenoles (el grupo CH_3O— facilita electrones al anillo aumentando la fuerza del enlace O—H), que a su vez son más fuertes que el alcohol.
(*b*) El efecto inductivo decae rápidamente cuando el —Cl se aleja del —COOH.
(*c*) Los grupos —CN atraen electrones (los dobles enlaces colaboran en la transmisión), el compuesto de referencia es el no sustituido, los grupos —CH_3 dan electrones al enlace O—H.

4. (*d*) $CH_3(CH_2)_4CH(CONH_2)_2$, *n*-pentilmalonamida

(*f*) $C_6H_5(CH_2)_3C(CN)(CH_2CH_2CH_2CH_3)COOCH_3$, 3-ciano-3-carbometoxi-1-feniloctano ó 2-*n*-butil-2-ciano--5-fenilpentanoato de metilo

(*h*) ácido 2-*n*-butil-5-fenilpentanoico
(*k*) N.R., impedimento estéreo
(*n*) fenilacetamida
(*q*) ácido 2,6-diclorobenzoico
(*r*) ácido 4,5-dimetil-1-naftoico
(*s*) 3,5-dimetilbenzonitrilo

CAPITULO 15

1. (*b*) $CH_3(CH_2)_4COO(CH_2)_5CH_3$
(*d*) *p*-toluato de 2-feniletilo
(*f*) pentametilbenzoato de metilo
(*i*) cloruro de toluilo (*o*-, *m*-, ó *p*-)

(*l*) $CH_3CH_2CH_2CH(CH_3)CH_2COCl$

(*n*) 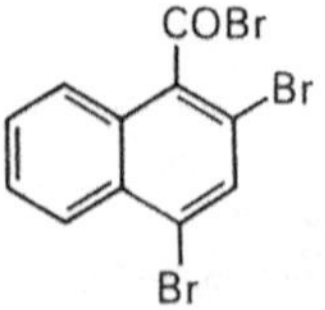

2. (*b*) anhídrido 4-nitroftálico

(*d*) 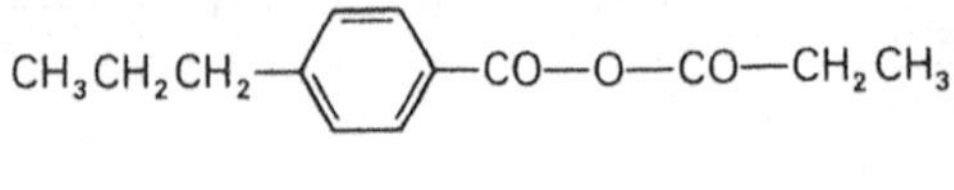

(*g*) *para*-cloroacetanilida

(*h*) *N*-cloroacetanilida

(*j*) 4,5-dicloroftalamida

(*m*) 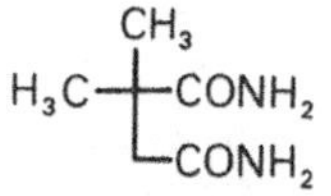

3\. (*a*) propanimida

(*c*) 4,*N*-dimetilftalimida

(*e*) 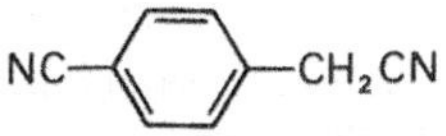

(*g*) $CH_3(CH_2)_5CO—NH—CO—(CH_2)_5CH_3$

4\. (*a*) fenilacetato de *n*-butilo

(*d*) ciclopentilcarboxilato de metilo

(*g*) 1-metil-7-cloro-2-naftoato de metilo

(*k*) anhídrido acético benzoico

(*n*) *N*-metilisobutiramida

5\. (*a*) Impedimento estéreo sobre el —COOH
(*b*) Los fenoles no dan la esterificación de Fischer
(*c*) Acidos + NH_3 ⟶ sales amónicas que por calefacción dan amidas
(*d*) Para detenerse en el estadio amida debe utilizarse un ácido
(*e*) Los haluros de arilo no originan reacciones S_N1 ó S_N2.

6\. (*a*) Succinilación del naftaleno en posición α, reducción de la cetona, ciclación en β-, con C_6H_5MgBr, etc.
(*b*) Succinilación del naftaleno en posición α, reacción con exceso de CH_3MgI, cierre sobre β, etc.
(*c*) Succinilación del benceno, reducción de la cetona, ciclación, tratamiento con 1 equiv. de CH_3MgI, etc.
(*d*) Intentar una doble succinilación del naftaleno en posiciones 1- y 5-, etc. Por razones estéreas es inadecuado intentar la succinilación en posiciones 1,8.

CAPITULO 16

1\. (*a*) El amoníaco no da reacciones de sustitución con los halogenuros de arilo que no tengan grupos atractores de electrones en las posiciones orto o para; reducción del nitrobenceno.
(*b*) Se origina una mezcla de aminas.

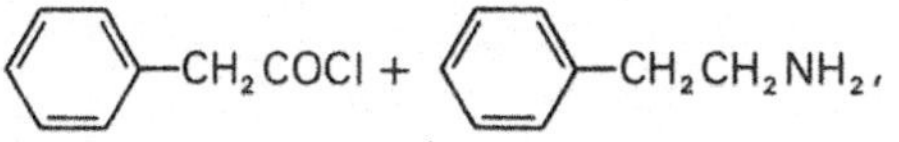, después reducción de la amida

(*d*) El $—NH_2$ es orto y para dirigente. Bromar el $C_6H_5NO_2$ y reducir después.
(*f*) Se formará una mezcla de varios diamino compuestos. Utilícese el polisulfuro amónico.
(*h*) Resultará una mezcla. Empléese $C_6H_5N_2^+ + C_6H_5CH_3 \xrightarrow[NaOH]{Cu}$

2\. (*b*) *n*-propilamina, amoníaco *para*-toulidina, trifenilamina, acetamida (neutra), acetimida (ácida) (*c*) *orto*-toluidina, alcohol *para*-metilbencílico, *orto*-cresol (un fenol), ftalimida, ácido *orto*-metilbenzoico.

3. (*b*) bromuro de *para*-metilbencilo ⟶ *para*-metilbencilamina, S_N2
(*d*) hexanamida ⟶ 1-aminopentano (*n*-pentilamina), transposición sobre un átomo de nitrógeno electrónicamente deficiente
(*e*) hidróxido de dimetiletil-3-butenilamonio ⟶ H_2O + 1,3-butadieno + dimetiletilamina; E_2
(*g*) cloruro de bencensulfonilo + isobutilamina ⟶ isobutilamina bencensulfonamida; ataque del par de electrones incompartidos del nitrógeno sobre el átomo de S.

Indice alfabético

Indice

				III	IV	V	VI	VII	2 He 4,0026
				5 B 10,811	6 C 12,01115	7 N 14,0067	8 O 15,9994	9 F 18,9984	10 Ne 20,183
				13 Al 26,9815	14 Si 28,086	15 P 30,9738	16 S 32,064	17 Cl 35,453	18 Ar 39,948
27 Co 58,9332	28 Ni 58,71	29 Cu 63,54	30 Zn 65,37	31 Ga 69,72	32 Ge 72,59	33 As 74,9216	34 Se 78,96	35 Br 79,909	36 Kr 83,80
45 Rh 102,905	46 Pd 106,4	47 Ag 107,870	48 Cd 112,40	49 In 114,82	50 Sn 118,69	51 Sb 121,75	52 Te 127,60	53 I 126,9044	54 Xe 131,30
77 Ir 192,2	78 Pt 195,09	79 Au 196,967	80 Hg 200,59	81 Tl 204,37	82 Pb 207,19	83 Bi 208,980	84 Po (210)	85 At (210)	86 Rn (222)

62 Sm 150,35	63 Eu 151,96	64 Gd 157,25	65 Tb 158,924	66 Dy 162,50	67 Ho 164,930	68 Er 167,26	69 Tm 168,934	70 Yb 173,04	71 Lu 174,97
94 Pu (242)	95 Am (243)	96 Cm (247)	97 Bk (247)	98 Cf (249)	99 Es (254)	100 Fm (253)	101 Md (256)	102 No (254)	103 Lw (257)

Tabla periódica de los elementos

I	II							
1 H 1,00797								
3 Li 6,939	**4** Be 9,0122							
11 Na 22,9898	**12** Mg 24,312							
19 K 39,102	**20** Ca 40,08	**21** Sc 44,956		**22** Ti 47,90	**23** V 50,942	**24** Cr 51,996	**25** Mn 54,9380	**26** Fe 55,847
37 Rb 85,47	**38** Sr 87,62	**39** Y 88,905		**40** Zr 91,22	**41** Nb 92,906	**42** Mo 95,94	**43** Tc (99)	**44** Ru 101,07
55 Cs 132,905	**56** Ba 137,34	**57** La 138,91	**58** al **71**	**72** Hf 178,49	**73** Ta 180,948	**74** W 183,85	**75** Re 186,2	**76** Os 190,2
87 Fr (223)	**88** Ra (226)	**89** Ac (227)	**90** al **103**					

LANTANIDOS	**58** Ce 140,12	**59** Pr 140,907	**60** Nd 144,24	**61** Pm (147)
ACTINIDOS	**90** Th 232,038	**91** Pa (231)	**92** U 238,03	**93** Np (237)

Los valores entre paréntesis son las masas atómicas de los isótopos de vida más larga o de los mejores conocidos.

Made in the USA
Monee, IL
19 November 2024

70602885R00334